经典案例荟萃

案例全面，囊括Flash所有应用
案例配对，掌握变化，学通技术
全面提升Flash操作技术

李新峰 编著

科学出版社
www.sciencep.com

北京希望电子出版社
Beijing Hope Electronic Press
www.bhp.com.cn

内 容 简 介

本书是Flash动画制作的中、高级教程，将常见的一些典型范例按照图形绘制、基础动画、AS 编程动画、游戏制作、贺卡、综合信息展示动画、小品相声、MV、数据库连接、网站制作几种不同类型分别进行介绍。既讲解了制作过程，又对这类动画的制作特点进行了归纳总结；既突出重点知识，又注重全面系统。通过这些典型实例的讲解，让读者抓住动画设计思路，掌握技术要点和技术难点。

本书实例丰富、图文并茂、语言流畅、内容繁简得当，由浅入深，使读者能十分容易掌握动画制作方法和知识要点。

本书配套的CD包含书中部分实例的源文件，特别适合于中、高级用户和Flash爱好者使用，也可作为相关院校或各种Flash培训班的教材使用。

需要本书或技术支持的读者，请与北京清河6号信箱（邮编：100085）发行部联系，电话：010-62978181（总机）010-82702660，传真：010-82702698，E-mail：tbd@bhp.com.cn。

图书在版编目（CIP）数据

Flash经典案例荟萃/李新峰编著.—北京：科学出版社，2009

ISBN 978-7-03-024935-7

Ⅰ.F… Ⅱ.李… Ⅲ.动画—设计—图形软件，Flash—教材 Ⅳ.TP391.41

中国版本图书馆CIP数据核字（2009）第112102号

责任编辑：秦　甲　　/责任校对：桑里德文化
责任印刷：凯　达　　/封面设计：盛　春　宇

科学出版社 出版
北京东黄城根北街16号
邮政编码：100717
http://www.sciencep.com
北京凯达印务有限公司
科学出版社发行　各地新华书店经销
*
2009年9月第　1　版　　开本：787×1092 1/16
2009年9月第1次印刷　　印张：28
印数：1-3000册　　字数：649 千字
定价：66.00元（配1张CD）

前 言

Adobe公司出品的Flash作为当今最为流行的矢量动画软件，越来越受到广大用户的喜爱。目前最新版本的Flash CS3比以前版本的Flash软件功能更为强大，操作也更加简便，使用的范围也越来越广泛。用户可以利用Flash这个创作平台，无限地发挥自己创意和灵感，让一件件界面精美、色彩艳丽、寓意丰富，且技术含量较高的Flash MV、游戏、网站、特效、电子杂志和课件等Flash作品，在普通计算机用户的手中诞生，让Flash动画具有更深远的流行空间。

本书是Flash的中、高级范例教程，书中将会给大家介绍在实际创作中，一些常见Flash作品的设计理念和实现过程。与市场上绝大多数Flash实例书相比，本书不仅对作品的制作过程进行了讲解分析，还对不同形式的Flash动画作品进行了总结归类，分出图形绘制、基础动画、AS编程动画、游戏、贺卡、综合信息展示、小品相声、MV、数据库连接、网站10种类型，根据动画类型的特点进行分类讲解，做到既重系统性又重针对性。同时，在每个范例的讲解前，对该动画的设计思想进行了系统分析；在制作过程的讲解中，对一些容易出错和关键的地方做了提示和说明；在制作完成后，又给出一些类似动画供读者练习，起到巩固所学知识、掌握类型特点的作用，让读者在学习之后，能够抓住这类动画作品的设计思路，掌握这类动画的技术要点和技术难点。

全书的主要内容如下。

第1章主要介绍Flash软件的基础知识、主要特点和基本操作界面。

第2章是Flash图形绘制范例。

第3章是基础动画范例，主要是逐帧动画、动作补间动画、形状补间动画、遮罩动画和时间轴特效。

第4章是AS编程动画范例，介绍如何使用AS程序编写动画。

第5章是游戏范例，讲解了简单游戏、脚本游戏、复杂游戏的制作。

第6章是Flash贺卡范例，介绍了新年卡、生日卡、思念卡3类贺卡的制作。

第7章是综合信息展示动画范例，介绍了多媒体课件、个人信息页、房地产宣传动画的制作。

第8章是Flash小品相声范例，介绍了小品和相声两类短剧的制作。

第9章是Flash MV范例，具体讲解了《我们的故事》和《风云决》的制作过程。

第10章是数据库连接范例，介绍了档案管理系统和电子相册两个范例。

第11章是网站制作范例，介绍了两类常见的Flash网站——商务网站和个人网站。

本书的读者对象是Flash软件的初、中及高级用户。书中既有基础的简单动画制作，也有专业的特色动画制作，对于刚起步的用户来说，本书是从入门开始逐步提高的阶梯；对于已经掌握了Flash软件使用方法的用户来说，本书是进一步提高水平向高级用户迈进的必备工具书；对于已经能创作特色作品的高级用户来说，本书是扩展知识范围、交流创作心得、提高技术水平的良师益友。

全书由易到难、由简单到复杂，逐步深入，让读者在学习实例的过程中逐步掌握Flash的精髓和要义。该书所配光盘含书中部分实例的源文件，读者可边学习边参考，使理论学习与上机实践相互结合。

本书由李新峰、朱晓华执笔编写。在出版过程中得到了北京希望电子出版社杜军编辑的大力支持和鼎立相助，在此表示深深的感谢。

由于编者水平有限，不足之处在所难免，希望广大读者批评指正。

作　者

第一章 Flash简介

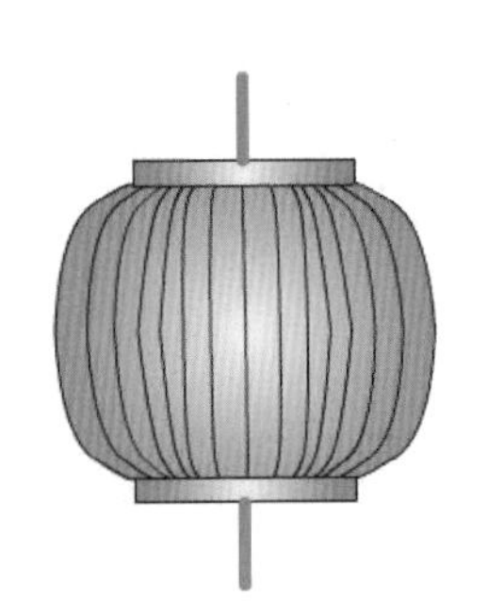

第二章 图形绘制

第三章 基础动画

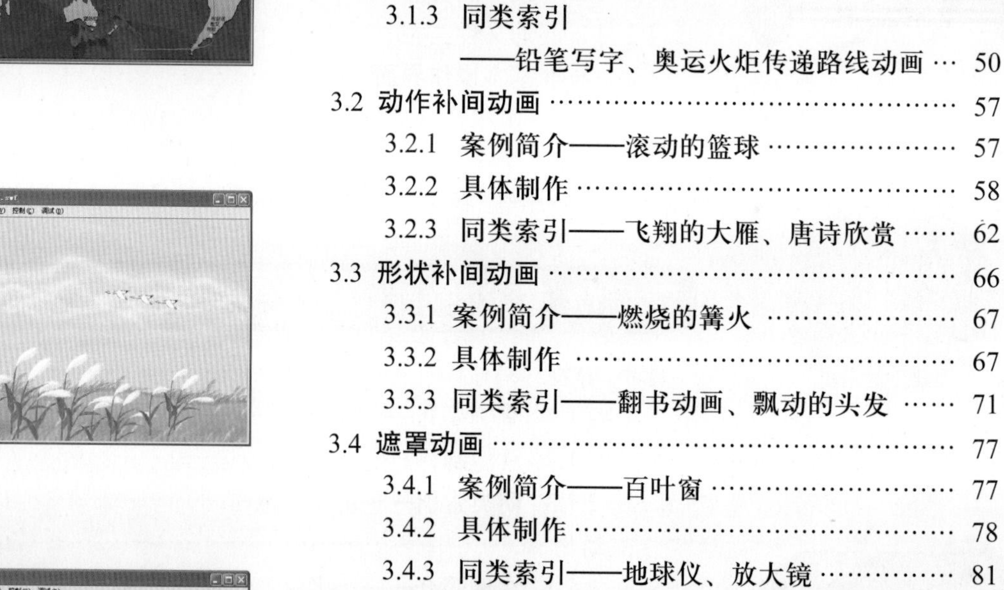

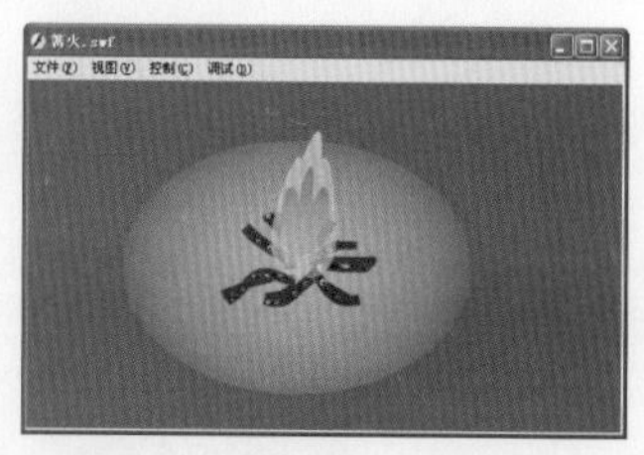

第四章 AS编程动画

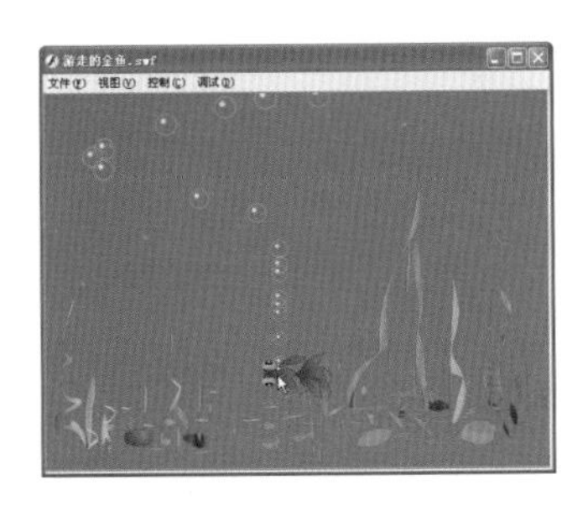

为奥运健儿加油!
今天距北京奥运会还有:
62天21时40分54秒
巅峰时刻 谁是英雄 祝福祖国明天更美好!

拼图游戏
文件(F) 视图(V) 控制(C) 调试(D)

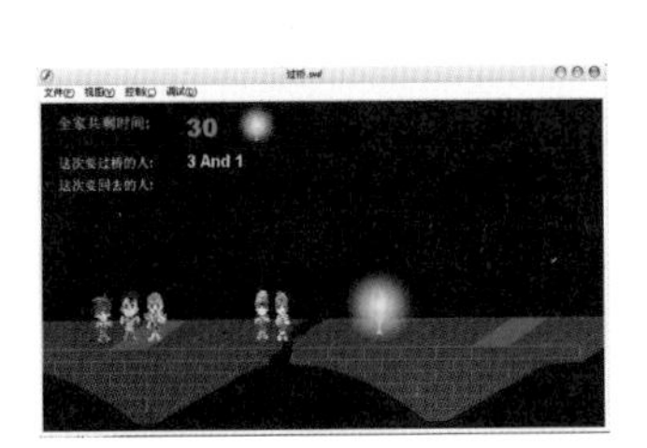

第五章 游戏制作

第六章 Flash 贺卡

第七章 综合信息展示动画

第八章 Flash 小品相声

第九章 Flash MV

第十章 数据库连接

第十一章 网站制作

第1章 Flash简介

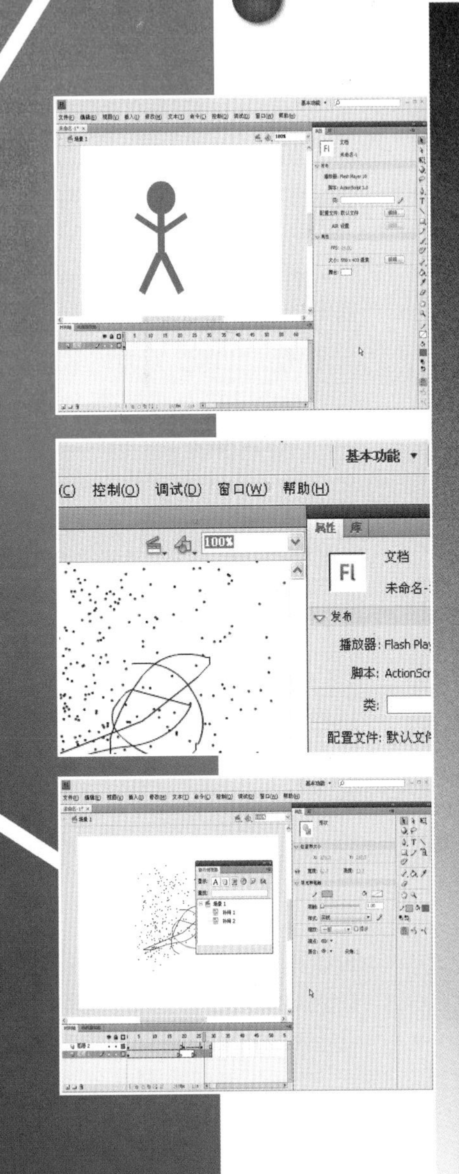

基本功能
(C) 控制(O) 调试(D) 窗口(W) 帮助(H)
属性 库
100%
Fl
文档
未命名-
发布
播放器: Flash Play
脚本: ActionScr
类:
配置文件: 默认文件

1.1 Flash 的历史

Flash 是目前使用最为广泛的网页动画和网站建设编辑软件之一。它的前身是美国人乔纳森·盖伊开发的 FutureSplash Animator 软件，1996 年，Macromedia 收购了 FutureSplash Animator，并改名为 Flash 1.0。此后，Macromedia 公司先后推出了 Flash 4.0、Flash 5.0、Flash MX、Flash MX 2004 和 Flash 8，其操作日益简单、功能日益强大，逐步成为了目前最流行的二维动画软件。2006 年，Adobe 公司又收购了 Macromedia 公司，将 Flash 改为其 CS3 系列软件之一，并于 2008 年推出了 Flash CS4，新的版本无论在界面还是功能上都做了很大改进，使得用户能更加得心应手地制作动画。

Flash 自推出以来，以其特有的简单易学、操作方便及适用于网络等优点，得到了广大用户的认可和喜爱，被广泛应用于互联网、多媒体演示以及游戏软件的制作等众多领域。

1.2 Flash 软件的特点

Flash 是矢量图形编辑和动画制作软件。它通过符号、按钮、层、帧和场景等一系列组件，能够让用户集成图形、声音、动画，以及影像文件等各种多媒体素材，制作出形式简捷却内容丰富、交互性强和极富感染力的动画作品。随着 Flash 软件功能的不断强大和完善，它为用户提供了一个更方便、更广阔的动画制作平台。其主要特点如下。

1．矢量图形，可以无限放大而不失真

在 Flash 中，使用矢量图形的一个优点就是，能够保证线条和文字的输出质量，使浏览者的计算机所能够实现最高输出质量。Flash 生成的网页绝不会在其实色和渐变色区域内产生模糊的像素。因此，在 Flash 生成的网页中，每个元素都非常清晰，特别是网页中的文字和标记等具有尖锐边缘的元素。

2．Flash 动画文件体积小，适合网络传输

在 Flash 中绘制的图像都是矢量图形，不是其他图形软件所使用的点阵技术。矢量技术只需要存储少量的矢量数据，就可以描述一个看起来相对复杂的对象。因此其占有的空间要比位图占有的空间小得多，大约是 GIF 文件体积的 1/3，更适合网络传输。下载一个包含几个场景的 Flash 动画仅需用一分钟左右。

3．流式播放，可以边下载边播放

传统的网络传输音视频等多媒体信息的方式是完全下载后再播放，下载常常要花数分钟甚至数小时。而采用流媒体技术，就可实现流式传输。将声音、影像或动画由服务器向用户的计算机进行不间断的传送，用户不必等到整个文件全部下载完毕，而只需经过几秒或十几秒的启动延时即可进行观看。Flash 播放器就是基于流媒体技术开发的，可以边下载边观看。

4．强大的交互功能

Flash 拥有面向对象语言——ActionScript，这为 Flash 扩展了广阔的创造空间。网络中常见的交互动画，即可以用 Flash 快速实现，既使用户没有编程基础知识，也可以设置大部分动作。ActionScript 与 HTML、ASP、JSP、Java 等其他网络编程语言相结合，不仅可以控制媒体播放，还可以支持应用于电子商务中的表单交互，使网站内容更丰富，功能更强大。

5．操作简单，学习容易

学习 Flash 非常简单，不需要用户考虑过多的细节。在制作时，只要将某段动画的第一帧和最后一帧制作出来，在这两帧之间的移动、旋转、变形和颜色的渐变都可由程序自己来完成，大大提高了动画开发的速度。同时，Flash 拥有符合现代软件常规操作方式的友好界面，

因此容易上手。

6. 兼容性好

Flash 不仅可以独立创造动画、课件、贺卡，还可以与其他软件相结合，共同完成复杂的功能，如“网页三剑客”就是可以相互兼容，相互支持的。其他的视频文件可以导入到Flash 中，Flash 也可以合成视频文件进行非线性编辑。随着 Adobe 公司的收购，Flash 将会逐步与其旗下的 PhotoShop、Illustrator 等软件相互兼容，应用范围将更加广泛。

7. 存在的不足

任何事物都很难做到十全十美，Flash 也一样，它也有不足之处。这就是，Flash 动画的播放需要插件的支持，因此，只有当用户的浏览器拥有这样的插件时，才可以正常浏览Flash 动画。幸运的是，目前，Flash 格式已经作为开放标准公布，并得到第三方软件的支持，因此将有更多的浏览器支持 Flash 动画，而 Flash 动画也必将得到更广泛的应用。

1.3 Flash 的文件类型

Flash CS4 的文件类型，可以在“保存”文件对话框或“导出”文件选项中设置，其基本类型如下。

1. Flash 文件 (.fla)

是所有项目的源文件，在 Flash 程序中创建。此类型的文件只能在 Flash 中打开（而不是在 Dreamweaver 或浏览器中打开）。Flash 可以将 FLA 文件导出为 SWF 或 SWT 文件，以在浏览器中使用。

2. Flash SWF 文件 (.swf)

是 Flash (.fla) 文件的压缩版本，已进行了优化，以便于在 Web 上查看。此文件可以在浏览器中播放，并且可以在 Dreamweaver 中进行预览，但不能在 Flash 中编辑。这也是使用 Flash 按钮和 Flash 文本对象时创建的文件类型。

3. Flash 模板文件 (.swt)

可以修改和替换 Flash SWF 文件中的信息。这些文件用于 Flash 按钮对象中，用户可以根据自己的需要修改模板，以便创建要插入在文档中的自定义 SWF。

4. Flash 元素文件 (.swc)

是一个 Flash SWF 文件，通过将此类文件合并到 Web 页中，用户可以创建丰富的 Internet 应用程序。Flash 元素有可自定义的参数，通过修改这些参数可以执行不同的应用程序。

5. Flash 视频文件格式 (.flv)

是一种视频文件，它包含经过编码的音频和视频数据，用于通过 Flash Player 传送。例如，如果有 QuickTime 或 Windows Media 视频文件，用户可以使用编码器（如 Flash Video Encoder）将视频文件转换为 FLV 文件。

6. AS 文件

是 ActionScript 文件，如果用户喜欢将某些或所有 ActionScript 代码保存在 FLA 文件的外部，就可以使用这些文件。这对代码组织很有帮助，并且对由多个人同时处理 Flash 内容的不同部分的项目也很有帮助。

7. ASC 文件

用于存储将在运行 Flash Communication Server 的计算机上执行的 ActionScript 的文件。这些文件提供了实现与 SWF 文件中的 ActionScript 一起使用的服务器端逻辑的能力。

8. JSFL 文件

是 JavaScript 文件，用户可以用来向 Flash 创作工具添加新功能。

9．FLP 文件

是 Flash 项目文件。可以使用 Flash 项目来管理单个项目中的多个文档文件。Flash 项目可将多个相关文件组织在一起，以创建复杂的应用程序。

1.4 Flash 基本操作界面

和其他 Windows 应用程序一样，Flash 的一切操作都是在窗口界面中进行的，其界面和其他 Windows 应用程序类似，但也有其独特的组成部分。

1.4.1 操作界面概况

当建立一个新文件或者打开一个文件后，进入 Flash CS4 的操作界面。整个界面分为标题栏、菜单栏、工具栏、时间轴面板、工作区和舞台、属性面板以及面板集合 7 个部分，如图 1-1 所示。

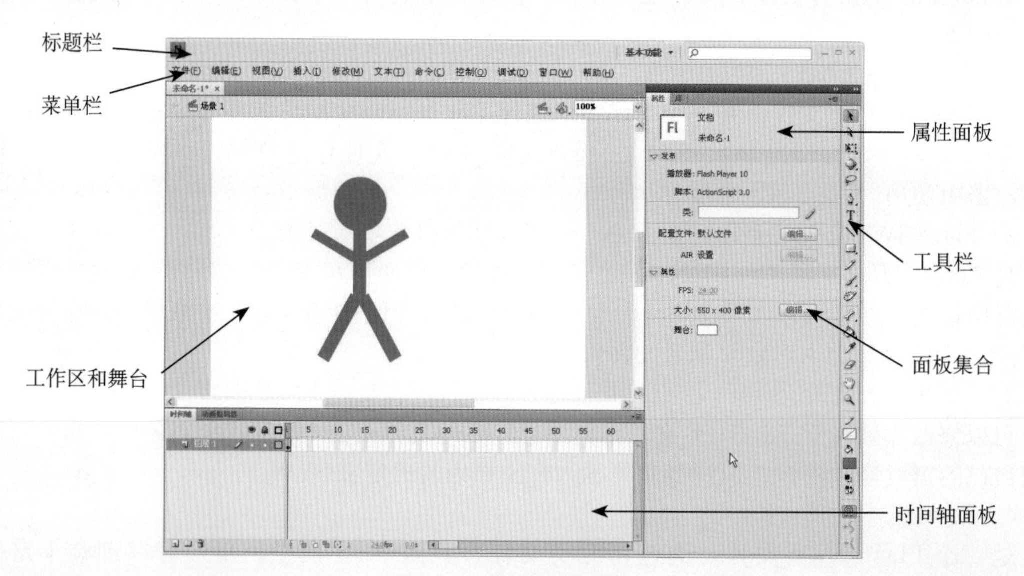

图1-1 Flash的操作界面

1.4.2 操作界面介绍

1．标题栏和菜单栏

标题栏位于界面的顶部，菜单栏位于标题栏的下方。在标题栏左端显示软件版本以及正在编辑的文件名称，标题栏右端有控制窗口大小以及关闭窗口的【最小化】、【最大化 / 还原】和【关闭】按钮。菜单栏由【文件】、【编辑】、【视图】、【插入】、【修改】、【文本】、【命令】、【控制】、【调试】【窗口】和【帮助】11 个主菜单构成。每个主菜单下都包含子菜单，有些子菜单还包含下一级菜单，如图 1-2 所示。

2．工具栏

在默认情况下，工具栏位于 Flash CS4 工作界面的右侧，它包括绘图工具、视图工具、颜色工具和辅助选项工具 4 个部分，其中绘图工具包含十多种常用的绘图项目，如图 1-3 所示。

当为了使工作区和舞台有更大的显示区域，需要把工具栏隐藏时，可以选择菜单【窗口】→【工具】命令，即可隐藏；若需要显示，再选择该命令即可，如图1-4所示。

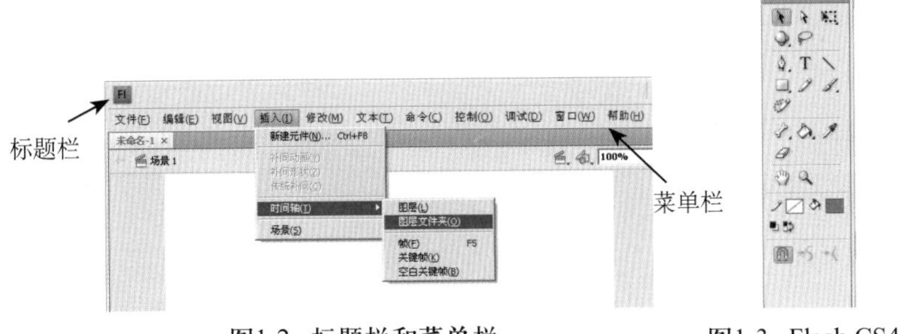

图1-2 标题栏和菜单栏

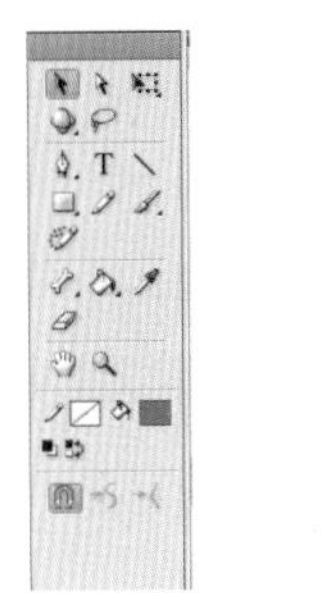

图1-3 Flash CS4 的工具栏

图1-4 工具栏的显示与隐藏

3.【时间轴】面板

【时间轴】面板用于组织和控制文档内容，在一定时间内播放的图层数和帧数。【时间轴】面板分为两部分，一部分是图层区，另一部分是帧控制区，如图1-5所示。

图层就像堆叠在一起的多张幻灯胶片一样，在舞台上一层层地向上叠加。如果上面一个图层没有内容，那么就可以透过它看到下面的图层。图层区是控制元件或演员在舞台上的层次，也就是设定哪个元件在前，哪个元件在后，谁将被谁遮盖住。Flash中有普通层、引导层、遮罩层和被遮罩层4种图层类型，为了便于图层的管理，用户还可以使用图层文件夹。在帧控制区，每个图层的帧根据用户的设定可以出现很多种形式，每种形式代表着此图层所有元件或演员的动作行为。

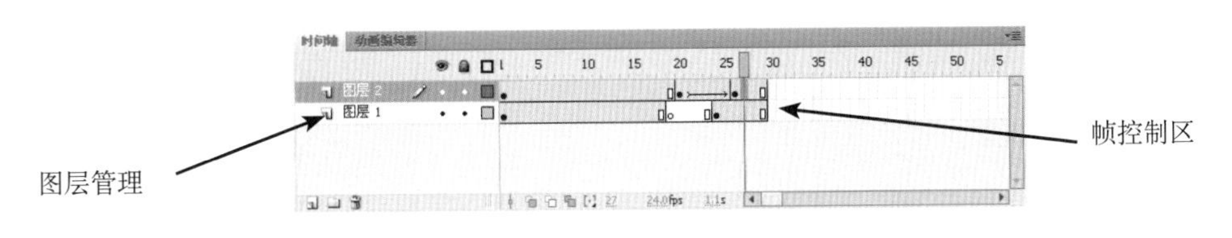

图1-5 【时间轴】面板

4. 工作区和舞台

【时间轴】面板下方是工作区和舞台。舞台是进行动画创作的区域，元件或演员所有的动作都要通过舞台来展现。用户可以在其中直接勾画图形或在舞台中导入图片，也可插入视频、声音等。

在工作时，可以根据需要改变【舞台】显示的比例大小，可以在【时间轴】右上角的【显示比例】中设置显示比例，最小比例为8%，最大比例为2000%。在下拉菜单中有3个选项，【符合窗口大小】选项用来自动调节到最合适的舞台比例大小；【显示帧】选项可以显示当前帧的内容；【全部显示】选项能显示整个工作区中包括在【舞台】之外的元素，如图1-6所示。

5.【属性】面板

【属性】面板包括3个选项页集合：属性、滤镜和参数。

使用【属性】面板可以很容易地设置舞台或时间轴上当前选定对象的最常用属性，从而加快了Flash文档的创建过程。属性选项页如图1-7所示。

滤镜选项页如图1-8所示。

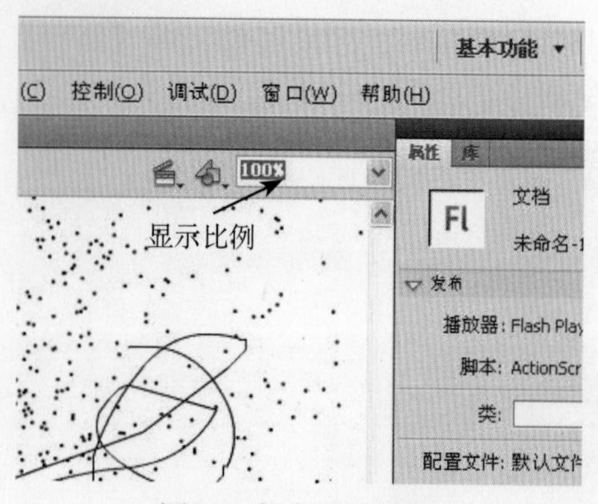

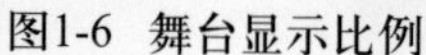
图1-6 舞台显示比例

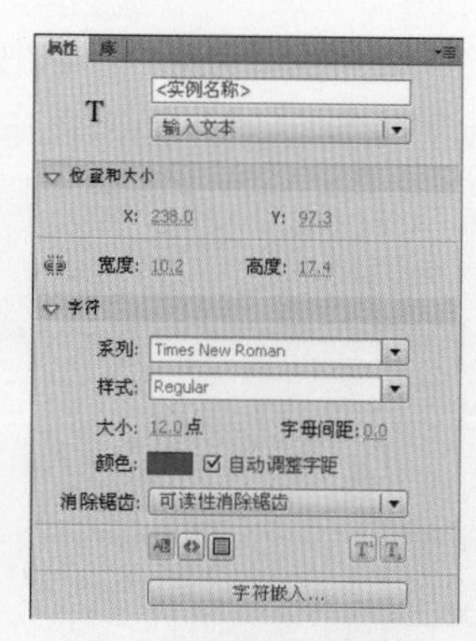

图1-7 【属性】面板

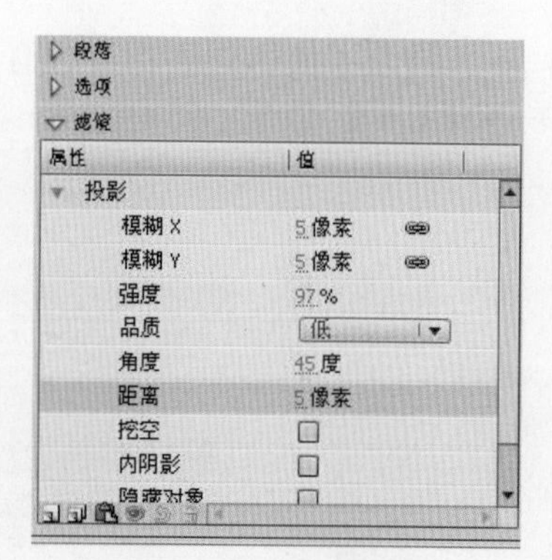

图1-8 【滤镜】面板

参数选项页只适用于组件，不同的组件，参数设置也不同。如图 1-9 所示，就是一个声音元件的参数设置。

6．面板集合

除了【属性】面板外，还有许多其他的面板可供用户使用。这些面板可分为两大类，一类是浮动面板，一类是固定面板。浮动面板一般位于工作区的下方，或工作区的中部，固定面板一般位于工作区的右侧。两类面板之间可以互相转换。位于工作区右侧的面板组就是面板集合区，如图 1-10 所示。

图1-9 【参数】面板

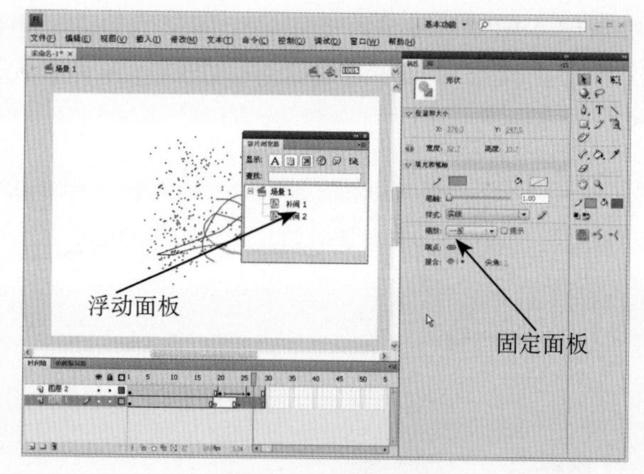

图1-10 面板的类型

1.5 本章小结

本章介绍的是 Flash 的基本知识，主要介绍了 Flash 的历史、特点、文件类型等，最后着重介绍了 Flash 的基本操作界面，为后面章节中的范例制作打下基础。

第2章
图形绘制

Flash 是号称“网页制作三剑客”之一的矢量图形绘制编辑、动画制作的专业软件。绘图和编辑图形不仅是创作 Flash 动画的基本功，也是进行多媒体创作的基本功。只有基本功扎实，才能在以后的学习和创作道路上一帆风顺。使用 Flash 进行绘图和编辑图形是 Flash 动画创作的三大基本功的第一位。本章将精选各个类型的经典范例，向读者介绍绘图的方法和技巧，最后通过综合场景动画的范例介绍在制作 Flash 动画中如何综合这些基础动画。

2.1 静物

静物是绘画中的概念，这里所说的静物是指那些没有生命的、人工制作的物件，如板凳、电灯等。这类物件往往具有较为规范的几何形状或色调一致的颜色，因此在制作中常通过对规则形状进行变形来实现。

2.1.1 案例简介——灯笼

灯笼在中华民族悠久的历史中，扮演着重要的角色，它象征着中华文明的灿烂。现代社会中灯笼的特殊地位依然不减，每逢佳节、婚礼庆典这样的喜庆日子，灯笼依然是首选的吉祥挂件。从外形上看，灯笼属于规则造型，但是在 Flash 提供的绘图工具中又不能直接绘制这种图形，因此，需要通过变形来实现。在 Flash 中，变形的工具有【选取工具】、【任意变形工具】等，同时还有一个【对齐 & 信息 & 变形】面板，可以对多个对象进行排列变换。本例就是使用这几种变形工具完成灯笼的绘图的，完成后的图形如图 2-1 所示。

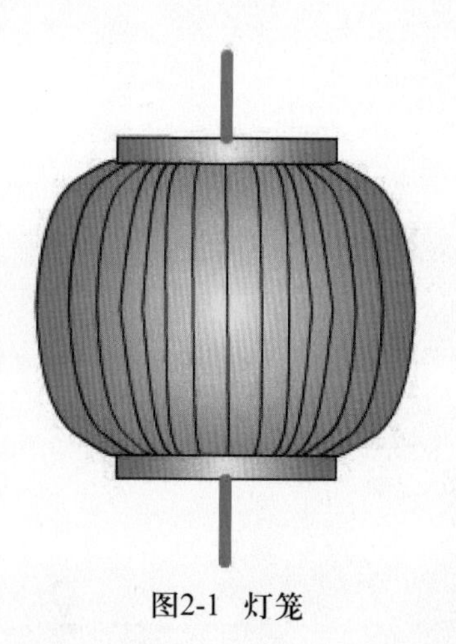

图2-1 灯笼

2.1.2 具体制作

新建一个 Flash 文档，命名为“灯笼”。

❶单击【矩形工具】按钮，设置笔触色为黑色，填充色为放射状渐变色，然后在【颜色】面板上修改渐变色为红黄渐变，如图 2-2 所示。然后在舞台中绘制一个矩形，如图 2-3 所示。

图2-2 【混色器】面板

图2-3 渐变色矩形

❷单击【线条工具】按钮 ，在矩形上画一条与矩形同高的竖线。然后单击【选择工具】按钮 ，按住 Ctrl+Alt 组合键，复制多条竖线。如图 2-4 所示。

图2-4 绘制多条竖线

提示：【选择工具】具有复制功能，当用【选择工具】选择一个对象时，按住Ctrl+Alt组合键，用鼠标拖动该对象，然后再放开，则可在鼠标处复制一个对象。

❸按住 Shift 键，选择矩形的两个竖边线和刚才所画的所有竖线，然后选择菜单【窗口】→【变形】命令，打开【对齐 & 信息 & 变形】面板，选择【对齐】页，单击【水平平均间距】按钮 ，则竖线被整齐排列，如图 2-5 所示。

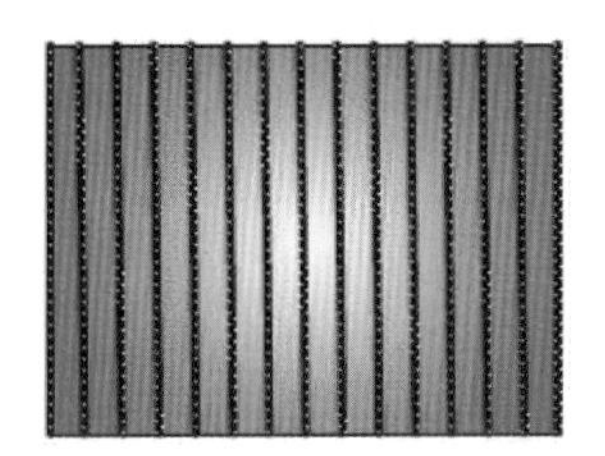

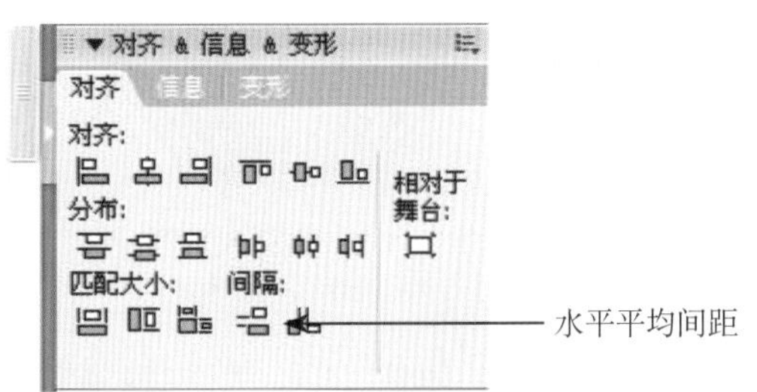

图2-5 平均各竖线间距

❹选择菜单【视图】→【标尺】命令，则出现标尺条。用鼠标左键拖动标尺条，则出现标尺线，如图 2-6 所示。将标尺线一直拖动到与矩形平齐。照此方法拖出 8 条标尺线，如图 2-7 所示。

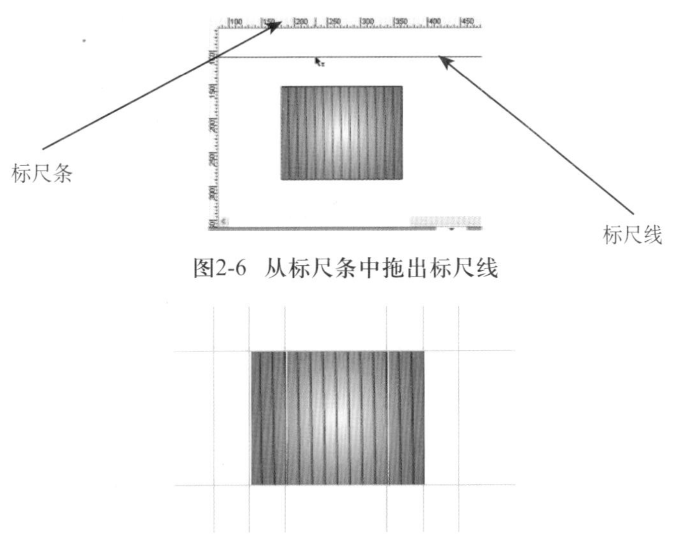

图2-6 从标尺条中拖出标尺线

图2-7 8条标尺线

注意：标尺线的位置可以从标尺上计算出来，为后续的精确操作做准备。

❺选中舞台上的所有图形，然后单击工具箱中的【任意变形工具】按钮，在选项栏单击【封套】按钮，则图形变为如图 2-8 所示。拖动左上角顶点位置的锚点到标尺线上，如图 2-9 所示。

图2-8 单击【封套】按钮后

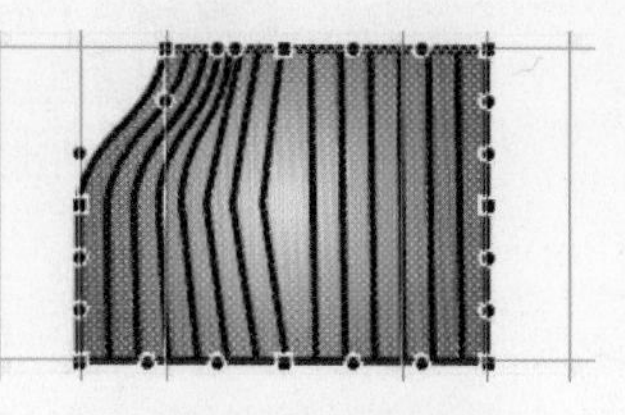

图2-9 拖动锚点

❻照此操作，将各顶点“收缩”，如图 2-10 所示。

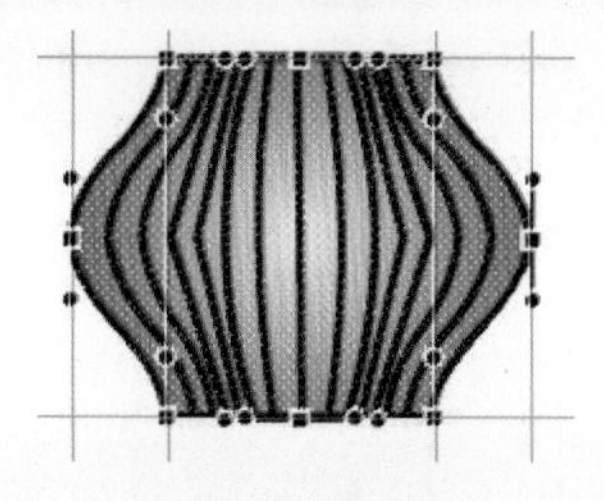

图2-10 收缩顶点

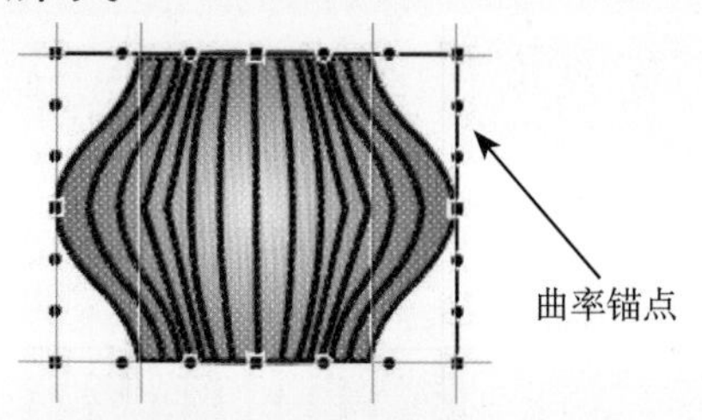

图2-11 重新选中图形

❼单击空白处，取消选择。然后再重新选中所有图形，单击【任意变形工具】按钮，再单击【封套】按钮,则锚点变化如图 2-11 所示。拖动竖线的两个曲率锚点到最近的顶点，如图 2-12 所示。调整所有顶点的曲率锚点，如图 2-13 所示。

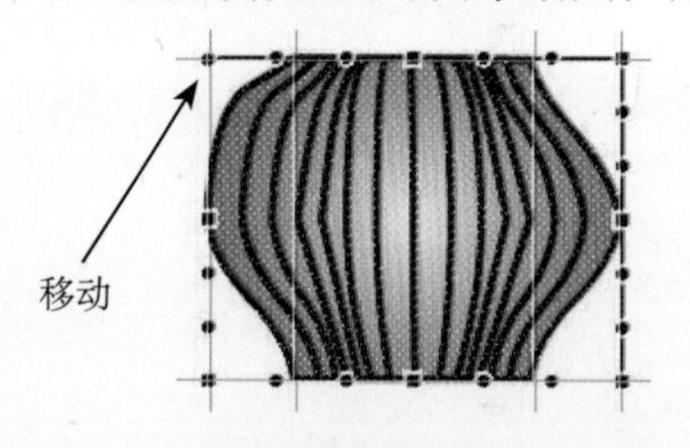

图2-12 拖动曲率锚点

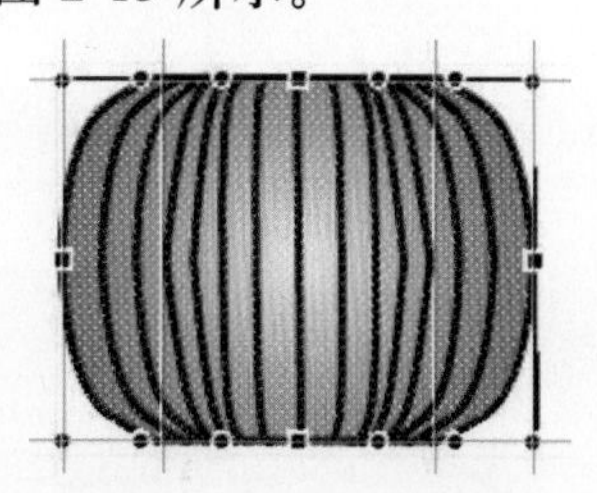

图2-13 曲率调整后

❽单击【矩形工具】按钮，在图 2-13 上下加两个矩形，如图 2-14 所示。

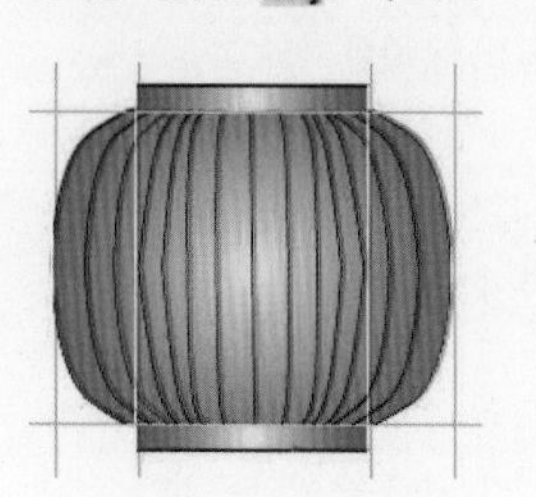

图2-14 加矩形

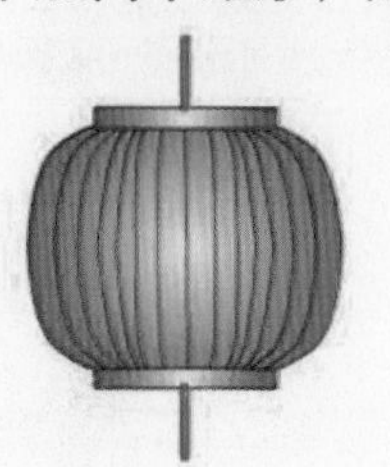

图2-15 最终效果

❾最后，在灯笼的上下各加上粗一点的红线，则一个灯笼就完成了，去掉标尺线，如图2-15为最终效果。

2.1.3 同类索引——房子、汽车

在Flash绘图中，【任意变形工具】起着很重要的作用，尤其是它的封套功能，可以调整切线的斜率和曲线的曲率，这在绘图中很重要。此外，渐变色设置也是绘图中一个很重要的技术，它会给对象施以很丰富的色彩形态。除了使用这两个工具外，绘图造型的办法还有多个对象的组合、使用【选取工具】变形等。

多个对象的组合是指通过几种规则造型组合成用户所需的图形。使用【选取工具】变形则是用【选取工具】的变形功能把一个或多个规则造型变形为用户所需的图形。这种办法常用来制作不规则图形。下面就以两个例子来说明这两种方法的应用。

1. 房子

房子是由四周的墙、屋脊、门、窗等要素组成，而这些要素一般又都是些规则造型，因此可以通过对这些规则造型要素的组合完成图形的绘制。完成后的效果如图2-16所示。

图2-16　房子

● 制作步骤

❶新建一个Flash文档，然后单击【矩形工具】按钮，设置笔触色为黑色，填充色为无色，如图2-17所示。

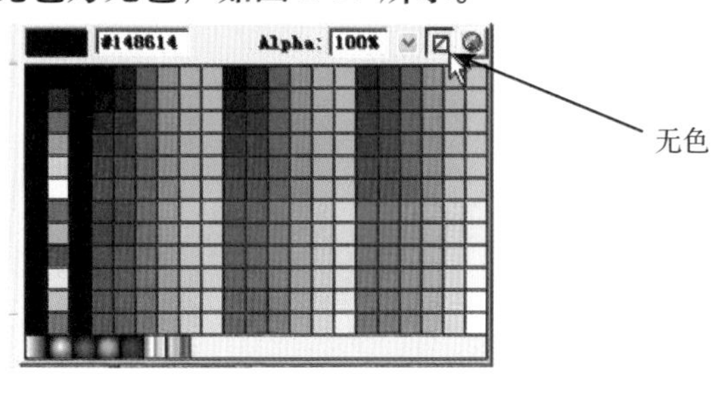

图2-17　设置填充色为无色

然后在舞台中绘制两个宽度相当、位置上下分布的矩形，上面的矩形作房顶，下面的矩形作房体。其中，上面矩形的高度比下面矩形的高度要低，如图2-18所示。

图2-18　绘制两个矩形

❷将整个矩形全部选中，单击【任意变形工具】按钮，将鼠标移动到所选矩形上边，

鼠标变成“⇋”形状，拖动鼠标，将矩形变形为平形四边形，如图 2-19 所示。

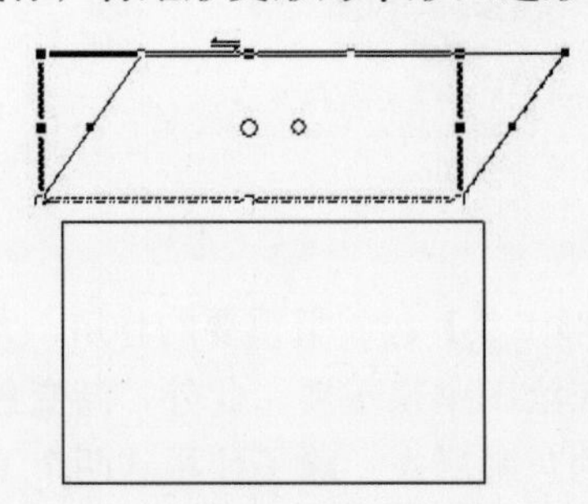

图2-19 将矩形变形为平行四边形

> **小技巧**
>
> 将一个矩形全部选中的方法，可以通过拖动鼠标“覆盖”住矩形，也可以通过双击矩形的任一边来实现。

❸单击【线条工具】按钮，将两个矩形的相近两边连接起来，如图 2-20 所示。

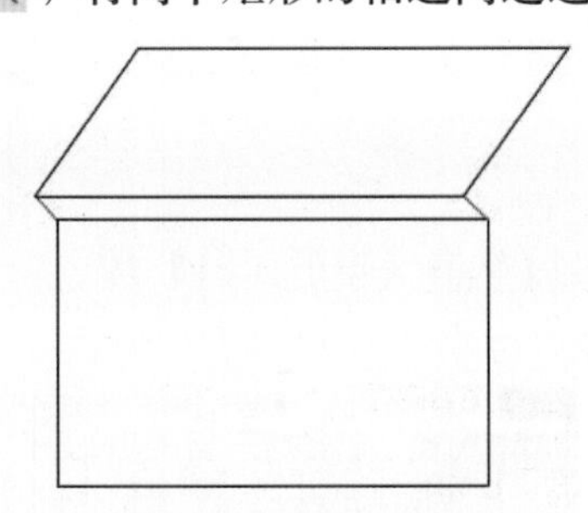

图2-20 连接相近边

再单击【线条工具】按钮画出房屋的侧面，如图 2-21 所示。

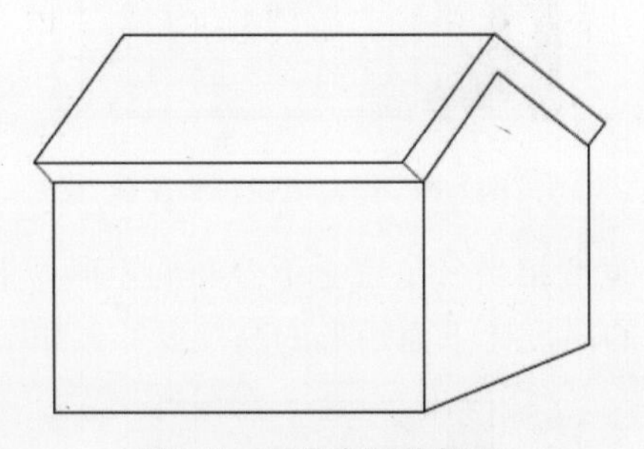

图2-21 画出房屋的侧面

> **注意**：这里要注意几个平行和对称关系——屋顶侧面斜边的平行关系、侧面屋墙的竖直边的平行关系、前后屋顶的对称关系。

单击【矩形工具】按钮，绘出门的形状，如图 2-22 所示。

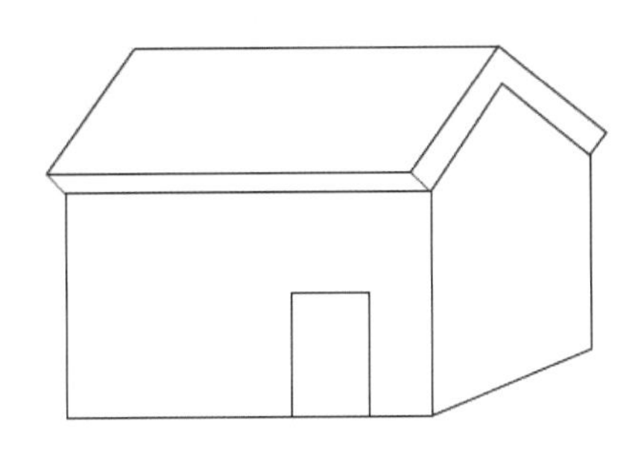

图2-22 添加门

❹绘制窗子。打开【属性】面板，设置笔触色为绛红色，线条宽度为6，线型为实线，如图2-23所示。

图2-23 设置笔触色和线宽度

单击【椭圆工具】按钮，绘制一个圆形。然后单击【选择工具】按钮框选圆的下半部分，再按Delete键，删除所选部分，剩下上面的弧线，如图2-24所示。

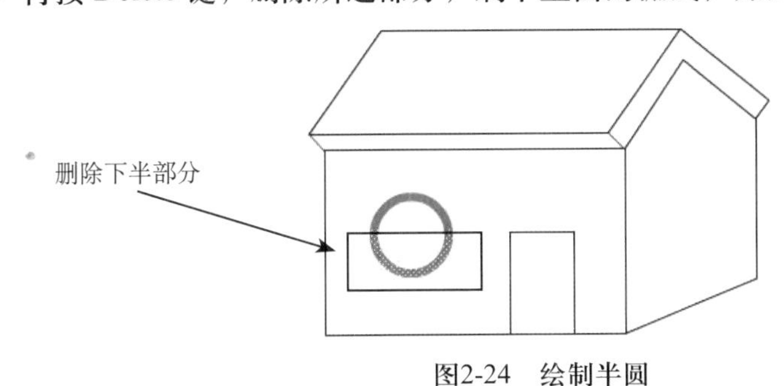

图2-24 绘制半圆

再用【矩形工具】在弧线的下面绘制一个长方形，然后用【线条工具】增加直线，形成窗格，如图2-25所示。

图2-25 绘制窗子

注意：弧线与矩形不容易对准，用户可以使用【放大镜工具】将画面放大。画好以后，双击【缩放工具】按钮就可以恢复原状。

❺将画好的房子填充颜色，并去除多余的轮廓线，就形成了房子图形。

范例对比

“房子”和“灯笼”都属于静物，但两者的绘制相差很大，在绘制“灯笼”时，偏重于规则对象的变形，而绘制“房子”时，偏重于对规则对象的组合，通过众多规则对象组合成所需的形状。

2. 汽车

汽车是一个复杂的物体，其绘制也同样复杂，它不仅需要对规则对象进行变形，而且还需要对这些对象进行组合，即综合了变形和组合两种绘制手法。该图形完成后的效果如图2-26所示。

图2-26 最后效果

- **制作步骤**

❶新建一个Flash文档，命名为“汽车”。将当前图层命名为“车身”，在该图层上绘制两个矩形，然后单击【部分选取工具】按钮，对矩形进行变形，如图2-27所示。

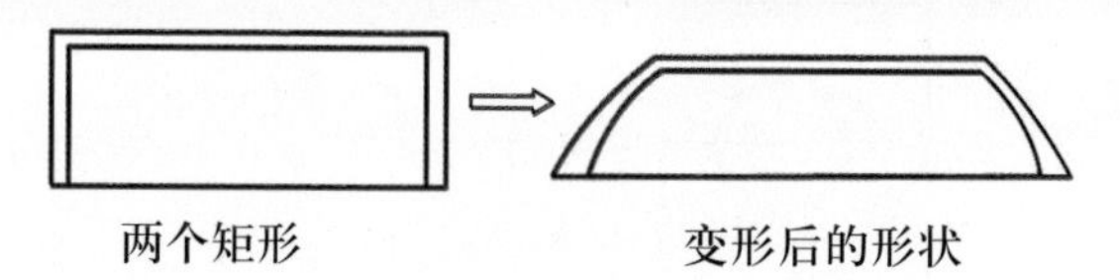

两个矩形　　变形后的形状

图2-27 矩形及其变形后形状

❷再绘制3个矩形，然后使用【部分选取工具】对它们进行变形，再单击【颜料桶工具】按钮，对部分区域进行颜色填充，如图2-28所示。

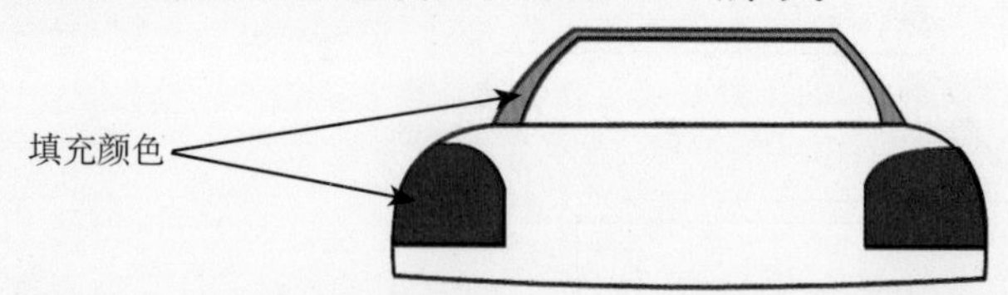

图2-28 填充颜色

注意：如果绘制矩形时的模式是“对象绘制”模式，在填充前要对形状进行分离，否则不能填充。

❸再单击【椭圆工具】按钮，在左右两块蓝色中间分别绘制两个同心圆，作为汽车的灯。再单击【线条工具】按钮，在【属性】面板上设置粗细为9，在两“灯”之间绘制一条直线，如图2-29所示。

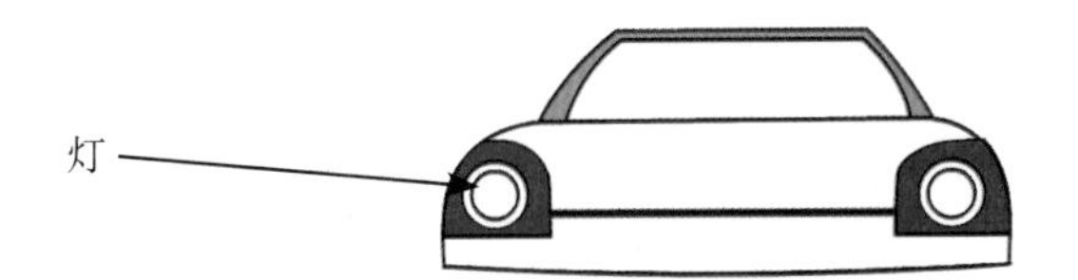

图2-29 绘制灯和直线

❹再用相同的方法绘制车的下半部分和观后镜，并填充颜色，如图 2-30 所示。

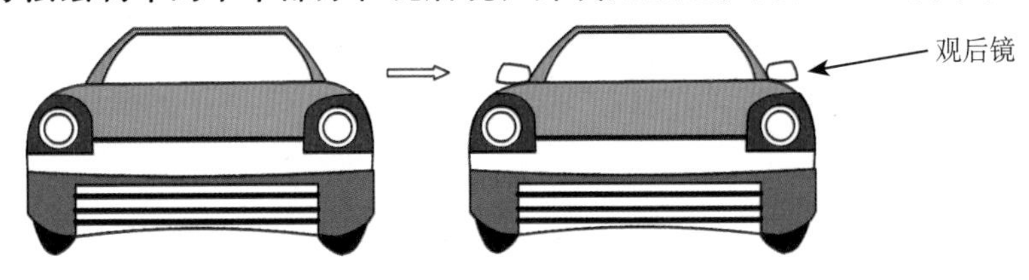

图2-30 绘制下半部分和观后镜

❺再新建一个图层，命名为“方向盘”，并置于“车身”图层的下面，在该图层上绘制一个方向盘形状，如图 2-31 所示。

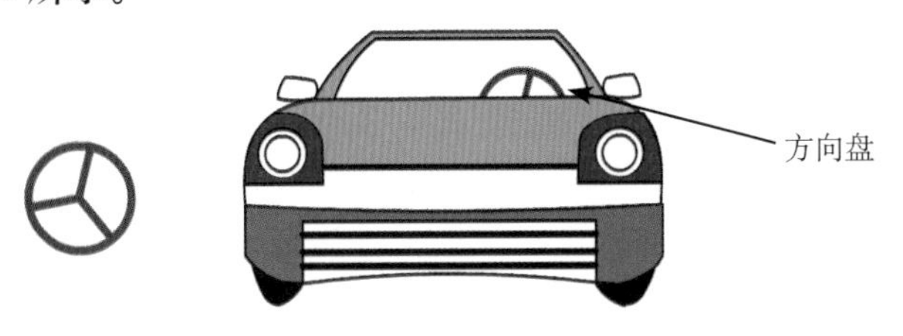

图2-31 方向盘与遮挡后的方向盘

提示：将“方向盘”图层放在“车身”图层的下面，就是让车身遮住方向盘的一部分，方向盘只显示上半部分。

❻按照方向盘的绘制方法，依次创建图层“后视镜”、“刷雨器”、“车牌”、“前座”、“后座”，然后在每个图层上分别绘制相应的形状，再调整各图层间的顺序，使其互相遮盖掩映，形成汽车的形状，如图 2-32 所示。

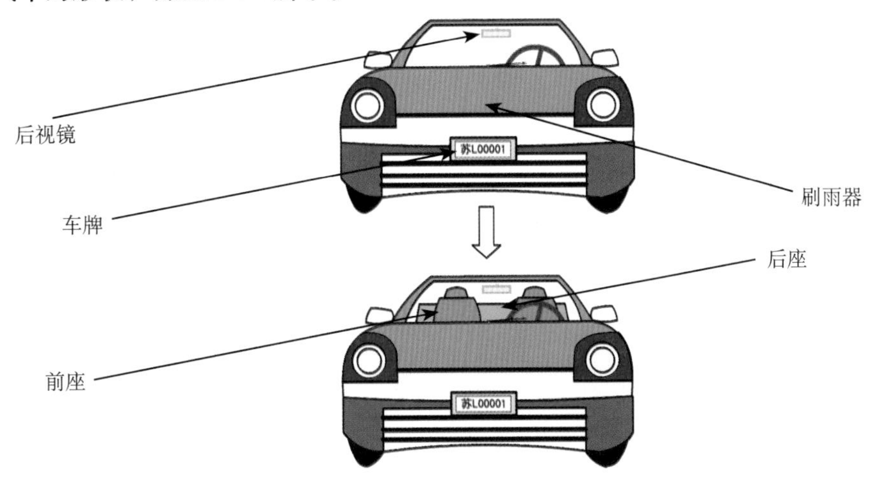

图2-32 其他各图层的形状

最后的图层顺序如图 2-33 所示。

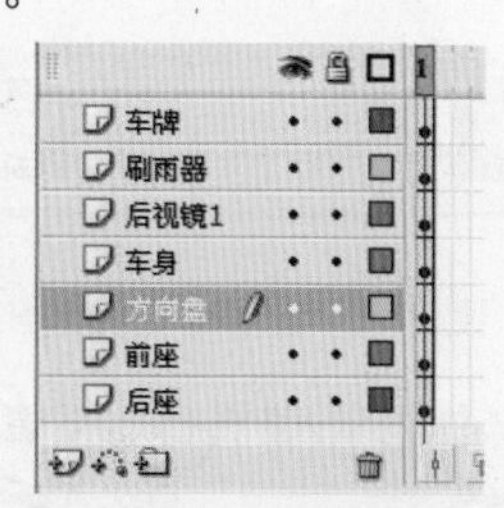

图2-33 最后的图层顺序

范例对比

与前两个静物绘图相比，“汽车”绘图相对复杂一些，它不仅采用了变形手法和组合手法，而且还通过图层的上下顺序关系实现了不同物体间的掩映关系，共同组合成一幅图画。这种方法在以后的绘图和动画制作中经常会用到。

2.2 动物

与静物类绘图不同，动物类绘图往往是不规则的形状或者是较为复杂的形状，因此动物类的绘图往往采用手绘或组合的方法。手绘动物图形时，不仅要注意到动物的形状，而且要注意到动物的细节特征，如胡须、花纹等；组合绘图时，常常采用元件组合的方式。

2.2.1 案例简介——小老鼠

由于动物类图形往往是不规则的形状，所以常用手绘的方法来完成图形的绘制。在 Flash 中，手绘的工具有很多，如铅笔工具、刷子工具、选取工具等，用户在手绘图形时，可以综合使用这些工具来完成所需图形的绘制。本例图形的最终效果如图 2-34 所示。

图2-34 最终效果

2.2.2 具体制作

新建一个 Flash 文档，命名为“小老鼠”。

❶绘制“老鼠身体”。单击【椭圆工具】按钮，设置笔触色为黑色，填充色为红色，然后在舞台上绘制一个椭圆，如图 2-35 所示。

图2-35 绘制椭圆　图2-36 老鼠的“身体”

然后单击【选择工具】按钮，将鼠标移到椭圆上，当鼠标指针变为时，拖动鼠标左键，对椭圆进行变形，形成一个老鼠身体的形状，如图 2-36 所示。

❷绘制老鼠“尾巴”。设置填充色为黄色，单击【刷子工具】按钮，设置好刷子的粗细后，在老鼠“身体”后面画一条黄色的曲线，作为老鼠的“尾巴”。然后再单击【墨水瓶工具】按钮，为“尾巴”加上黑色的边，如图 2-37 所示。

注意：标尺线的位置可以从标尺上计算出来，为后续的精确操作做准备。

图2-37　为老鼠加上“尾巴”

❸绘制老鼠脚。设置笔触色为黑色，填充色为灰色，单击【椭圆工具】按钮，在老鼠的身下画 2 个椭圆，然后再单击【选择工具】按钮，把椭圆与“老鼠身体”接触的笔触部分删除，如图 2-38 所示。

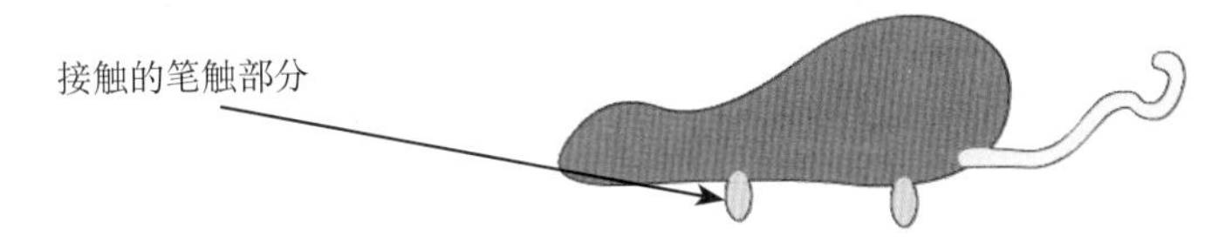

图2-38　绘制老鼠的“脚”

再单击【铅笔工具】按钮，在老鼠的脚上画几笔，作为老鼠的“爪子”，如图 2-39 所示。

图2-39　绘制老鼠的“爪子”

❹绘制老鼠的耳朵。设置填充色为红色（与老鼠身子颜色一致），单击【椭圆工具】按钮，绘制一个椭圆，然后使用【选择工具】进行变形，并将其复制 3 个，如图 2-40 所示。

图2-40　绘制椭圆，变形并复制

然后单击【任意变形工具】按钮，将其中一个缩小。然后单击【橡皮工具】按钮，将小的椭圆和其中一个大椭圆的左下边删除，并把它们叠加起来，形成老鼠的“外耳朵”，如图 2-41 所示。

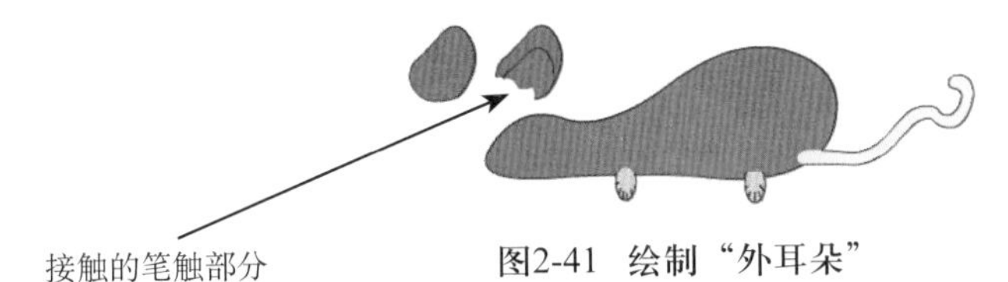

图2-41　绘制“外耳朵”

先移动没有进行擦除的椭圆（内耳朵），再移动擦除过的“外耳朵”，如图 2-42 所示。

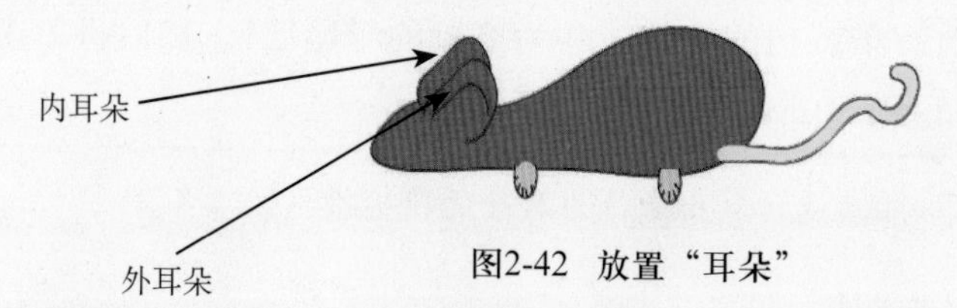

图2-42　放置“耳朵”

❺绘制老鼠的“眼睛”。设置填充色为黑色，单击【椭圆工具】按钮，在老鼠的头部绘制一个黑色的椭圆。然后再单击【橡皮工具】按钮，在黑色椭圆中擦出一个白色的小圆点，如图 2-43 所示。

图2-43　为老鼠添加“眼睛”

提示：在绘制老鼠的白色眼珠时，只需要将【橡皮工具】的大小和形状设置好，然后在黑色部分点一下即可。

❻最后，使用【铅笔工具】和【刷子工具】为老鼠添加“胡子”和“嘴”，形成老鼠图形，如图 2-44 所示。

图2-44　最终效果

2.2.3　同类索引——金鱼

动物类图形的绘图工具多种多样，同时绘图方法也有多种。在下面的“金鱼”范例中，就需要用到多种绘图方法，用它们完成一个一个的部件，然后组合成最后的效果。

任何不规则的图形都是由规则图形组合而成的。金鱼图形是一种相当不规则的图形，但它也是由规则图形组合成的。因此，它的绘制方法是综合了不规则图形的绘制与元件组合两种方法。完成后的效果如图 2-45 所示。

图2-45　最终效果

● **制作步骤**

1．新建一个 Flash 文档，命名为“金鱼”。设置文档背景色为蓝色。

2．新建一个图形元件，命名为“左鳍”，进入编辑状态后，单击【椭圆工具】按钮，设置笔触颜色为黑色，填充颜色为线性渐变色，然后打开【颜色】面板，设置渐变条为从深红色变为浅红色，如图 2-46 所示。最后，在工作区绘制一个椭圆，如图 2-47 所示。

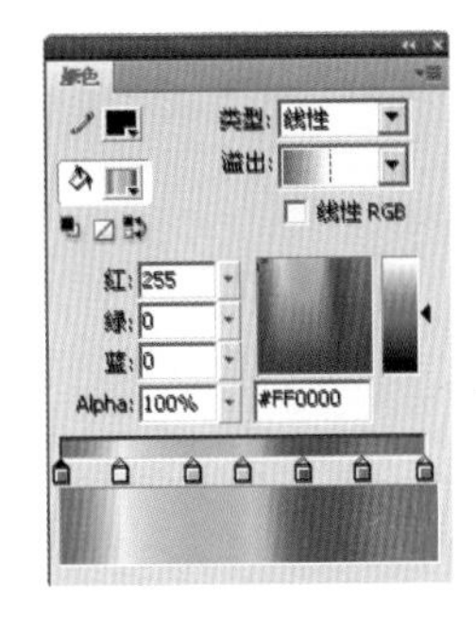

图2-46　【颜色】面板设置

图2-47　椭圆

然后单击【选择工具】按钮，将鼠标移到椭圆上，当鼠标指针变为时，拖动鼠标左键，对椭圆进行变形，形成一个鱼鳍的形状，如图 2-48 所示。

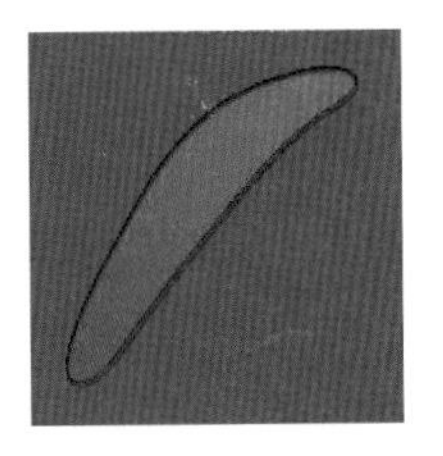

图2-48　元件“左鳍”

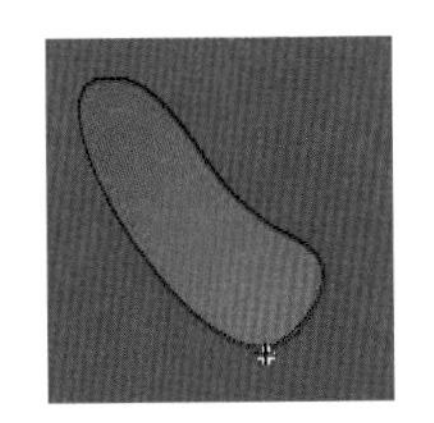

图2-49　元件“右鳍”

3．再新建一个图形元件，命名为“右鳍”，进入编辑状态后，同绘制“左鳍”的方法一样绘制一个“右鳍”，如图 2-49 所示。

4．再新建一个元件，命名为“鱼尾”，进入编辑状态后，单击【椭圆工具】按钮，设置笔触颜色为黑色，填充颜色为红色，在工作区绘制 4 个椭圆，如图 2-50 所示。

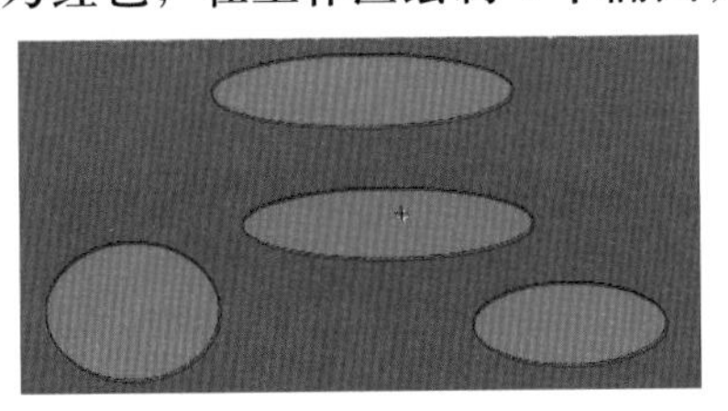

图2-50　绘制4个椭圆

然后单击【选择工具】按钮，将 4 个椭圆分别变形为不规则图形，如图 2-51 所示。然后移动这些不规则图形，组合成鱼尾形状，并将中间的黑色笔触线删除，如图 2-52 所示。

图2-51　椭圆变形

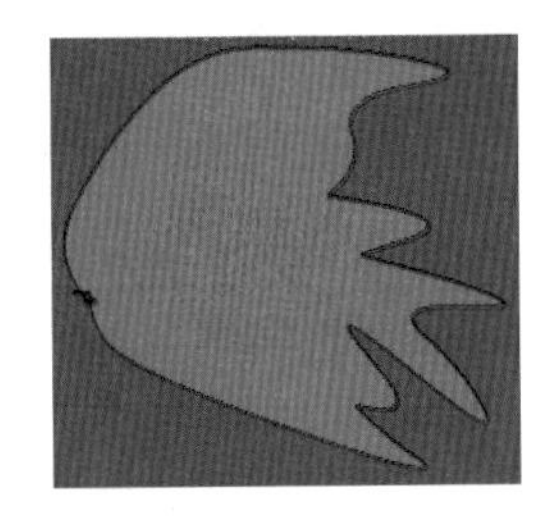

图2-52　组合成鱼尾形状

再新建一个图形元件，单击【椭圆工具】按钮，设置笔触色为无色，填充颜色为深红色，在新图层上绘制 4 个椭圆，如图 2-53 所示。

图2-53 绘制4个椭圆

图2-54 只显示轮廓线

单击第一个图层的【轮廓】按钮，使刚才所做的图形只显示轮廓线，如图 2-54 所示。单击【选择工具】按钮，移动鼠标到椭圆上，当鼠标指针变为时，拖动鼠标，对椭圆进行变形，最后形成如图 2-55 所示的图形。再单击第一个图层的【轮廓】按钮，使图形全部显示，则形成鱼尾形状，如图 2-56 所示。

图2-55 变形

图2-56 鱼尾

小技巧

让第一个图层只显示轮廓线，是为了既要使第二个图层上面的形状不超出鱼尾轮廓线，又要使在第二个图层上的操作不影响第一个图层上的内容。

5．绘制“鱼头”。回到主场景，设置笔触颜色为黑色，填充颜色为线性渐变色，渐变条为从深红色变为浅红色，然后使用【椭圆工具】和【矩形工具】，分别绘制一个椭圆和矩形，如图 2-57 所示。

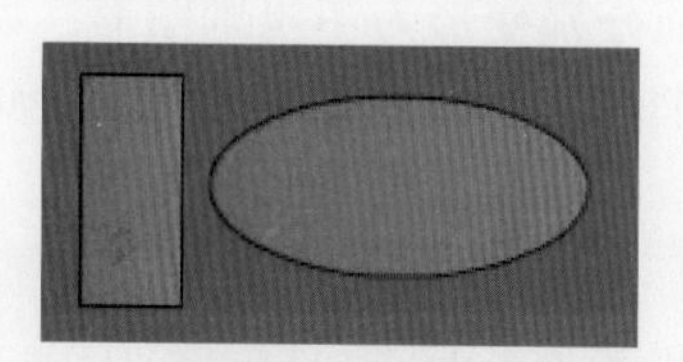

图2-57 椭圆和矩形

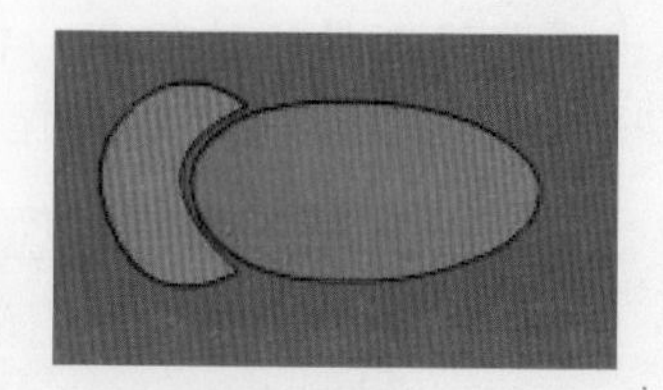

图2-58 变形后的图形

单击【选择工具】按钮，移动鼠标到椭圆和矩形上，当鼠标指针变为时，拖动鼠标，对两个形状分别进行变形，最后形成如图 2-58 所示的图形，这是金鱼的“身子”。

设置笔触颜色为无色，填充颜色为中心渐变色，渐变条为从白色到粉红色，【颜色】面板如图 2-59 所示。然后选择椭圆工具，在舞台上绘制一个椭圆。设置填充色为黑色，再绘制一个椭圆。设置填充色为中心渐变色，渐变条为从白色到黑色，再绘制一个椭圆，如图 2-60 所示。

图2-59 【颜色】面板

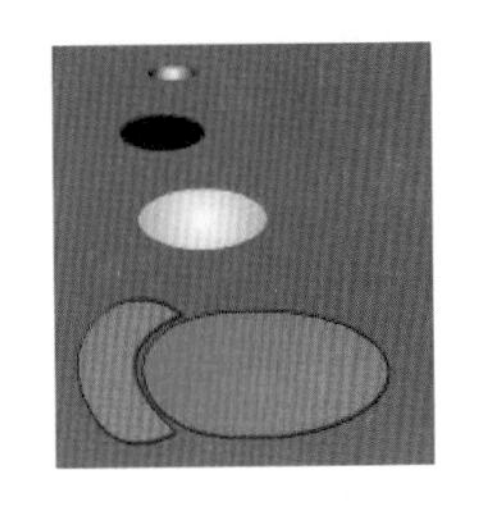

图2-60 绘制3个椭圆

选中粉色椭圆，再单击【渐变变形工具】按钮，调整粉色椭圆的中心点的渐变色位置，并把黑色椭圆与白色椭圆叠加，形成鱼眼形状，如图 2-61 所示。

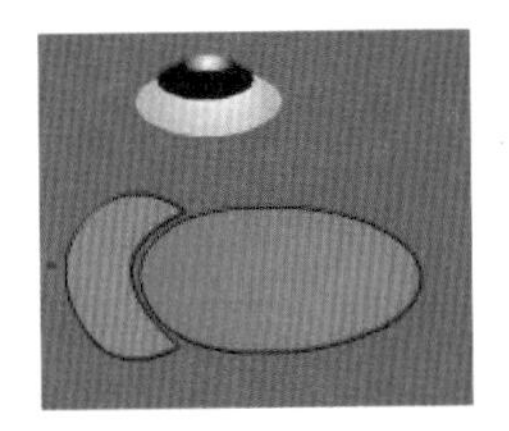

图2-61 制作单个鱼眼

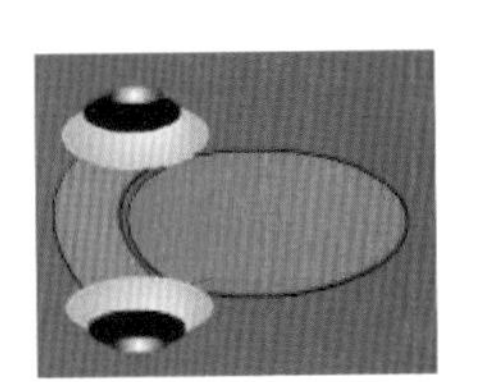

图2-62 放置鱼眼

选中“鱼眼”，按住 Ctrl 键拖动鼠标，再复制一个“鱼眼”。使用【任意变形工具】将复制的“鱼眼”上下颠倒，并调整它们的位置，如图 2-62 所示。

6. 再从【库】面板中将元件“左鳍”、“右鳍”和“鱼尾”拖放到舞台上，调整它们的大小与位置，形成金鱼的形状。这样一个金鱼就绘制完成了。

范例对比

与“老鼠”相比，“金鱼”也是一个不规则的形状，但它是由多个不规则图形组成的，每个不规则图形都需要用好【选择工具】、【部分选取工具】、【任意变形工具】和【渐变变形工具】等重要的绘图工具。此外，图层也有很重要的使用价值，各图层上的对象不会互相影响。因此，将它们相互叠加可以形成很有层次感的图像。

2.3 植物

绘制植物与绘制动物有两点不同：一是要素是确定的，单株植物的图形通常分为 3 个部分——茎、叶、花（果），因此在绘制单株植物时只要抓住这几个要素就行了；二是组合元件少，在绘制植物群时，一般是将元件（单株植物）复制组合在一起即可。本节将从这两个方面介绍植物的绘制。

2.3.1 案例简介——单株花

单株花的绘制是典型的单株植物绘制，所以在绘制时应把握茎、叶、花 3 个部分的绘制，其中，叶与花的绘制相对复杂一些。该案例完成后的效果如图 2-63 所示。

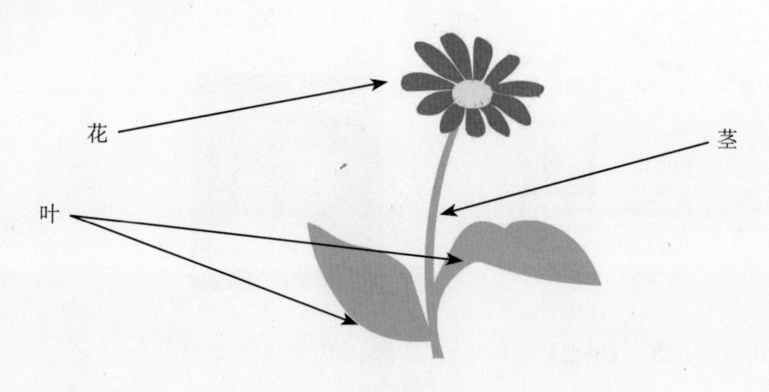

图2-63 最终效果

2.3.2 具体制作

新建一个 Flash 文档，命名为“单株花”。

❶首先绘制茎。设置笔触色为无色，填充色为绿色，单击【矩形工具】按钮，在舞台上绘制一个长条矩形。再单击【选择工具】按钮，移动鼠标到矩形上，当鼠标指针变为时，拖动鼠标，将矩形变形为弯曲状，形成一个“茎”，如图 2-64 所示。

图2-64 茎

提示：在对矩形进行变形时，要先对矩形的左边进行变形，当左边变形好后再对右边进行变形。

❷制作叶子。新建一个图层，在新图层上绘制两条平行的直线，如图 2-65 所示。

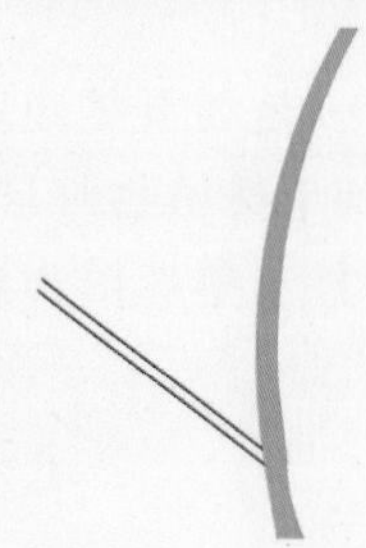

图2-65 绘制两条平行直线

再单击【选择工具】按钮，对两条直线进行变形，形成叶子的形状，如图 2-66 所示。

图2-66　对直线变形

设置填充色为绿色，然后单击【颜料桶工具】按钮，为叶子填充绿色。再设置笔触色为棕绿色，然后单击【铅笔工具】按钮，在叶子上绘制叶脉。最后将外边的黑色线条删除，如图 2-67 所示。

图2-67　绘制叶脉

再绘制另一片叶子。先绘制两条平行的直线，然后对其变形，如图 2-68 所示。

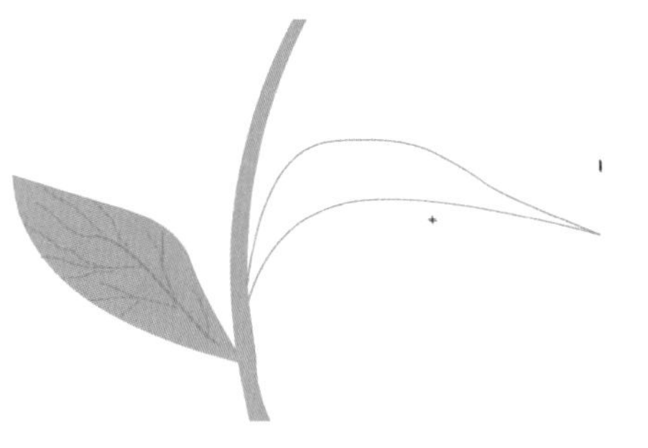

图2-68　两条直线变形

再添加一条直线，然后进行变形，如图 2-69 所示。

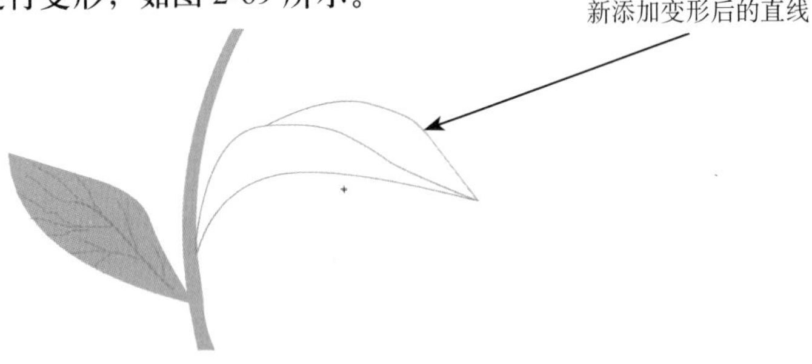

新添加变形后的直线

图2-69　添加直线后变形

分别对两块区域进行绿色填充，然后用【铅笔工具】添加叶脉，如图 2-71 所示。

图2-70 填充颜色添加叶脉

提示：对直线变形时，当曲率发生变化，需要有拐点时，可以单击【钢笔工具】按钮，在拐点处添加一个关节点，然后再变形。

❸绘制花。新建一个图层，设置笔触色为无色，填充色为红色，然后单击【椭圆工具】按钮，在舞台上绘制 11 个椭圆，如图 2-71 所示。

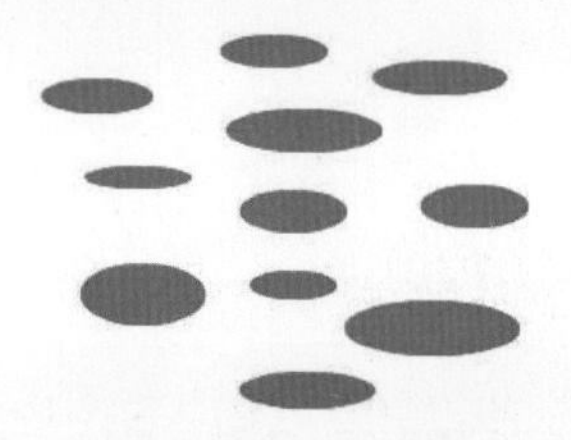

图2-71 绘制11个椭圆

然后对这 11 个椭圆进行旋转、变形，最后形成花瓣图形，如图 2-72 所示。

图2-72 花瓣图形

再设置填充色为黄色，单击【椭圆工具】按钮，在花瓣中央加入一个黄色的“花蕊”，然后使用【刷子工具】，在“花蕊”上增加一些小红点，如图 2-73 所示。

图2-73 添加“花蕊”

最后，在该图层上移动“花”到“茎”的顶端，形成最终图形。

至此，单株花绘制完毕。

2.3.3 同类索引——草丛

对于单株植物，绘制的技巧在于对该植物特征的把握和对 Flash 中绘图工具掌握的熟练程度，只要读者善于观察、勤于练习，就能逐步掌握绘制的技巧。但对于多个植物群，如树林、灌木、草丛等，其绘制方法则完全不同。这类植物的绘制则采用的是复制方法，在复制时，有的是采用元件的方式，有的则是直接对图形进行复制。下面就以“草丛”为例来说明这类图形的绘制方法。

草丛的绘制方法是：先绘制几株草，然后再对这几株草的图形进行复制，大量图形的复制共同“组成”草丛。需要注意的是，在复制时要变换一下草的角度与大小。根据透视原理，一般是远景小，近景大。该图形绘制后的效果如图 2-74 所示。

图2-74 最终效果

● 制作步骤

1．新建一个 Flash 文档，命名为“草丛”。在工具箱中单击【椭圆工具】按钮，设置笔触色为无色，填充色为深绿色。然后在舞台上绘制一个椭圆，如图 2-75 所示。

图2-75 绘制椭圆　图2-76a 选中底部　图2-76b 删除底部

2．单击【选择工具】按钮，将椭圆的底部选中，然后按 Delete 键，删除选中部分，如图 2-76 所示。

3．移动鼠标到椭圆的顶部，当鼠标指针变为时，拖动鼠标左键，对椭圆进行变形，形成一个草叶形状，如图 2-77 所示。

图2-77 单个草叶　图2-78 复制草叶　图2-79 旋转变形

选中单个“草叶”，按住 Ctrl 键，复制两个“草叶”，如图 2-78 所示。然后单击【任意变形工具】按钮，对第 3 个“草叶”进行旋转变形，并移动到左边，如图 2-79 所示。

再复制一个草叶，然后再对其进行旋转、变形等，单株草制作完毕。如图 2-80 所示。

图2-80　单株草　　　　图2-81　多株草

4．选中整个单株草，然后按住 Ctrl 键，复制几棵，形成多株草，如图 2-81 所示。

5．再对这多株草进行复制，当达到一定数量时，就形成了草丛，绘图完成。

> **注意**：在制作草丛时，对草的复制不要再像开始时那样一个个地复制，而应一块一块地复制，同时对复制的对象要进行缩放变形。

范例对比

多株植物与单株植物的绘制方法最大的不同在于要多次对对象进行复制，在复制时，有时对象虽然是相同的，但它们在位置、大小、旋角上要有一定的变化，这样才能形成错落有致的图形效果。

2.4 人物

在 Flash 中，人物角色是常用的角色，考虑到 Flash 的绘画能力以及动画的需要，Flash 中的人物角色常常是结构简单的人物图形。因此，在绘制人物角色时应注意把握好人物的特点和特征，刻画好人物形象。

2.4.1 案例简介——成年男子

为了制作人物动作动画，在 Flash 中，人物的造型一般是由多个部件组成，动画就是由这些部件的动作组成的。在对人物形象绘制时，我们也遵循这个原则，为展现人物形象绘制的特点，在这个成年男子的绘图中，我们将人物分为两部分，一部分是身子，一部分是头。在更精细的动画图形中，可以进一步细分。该图形完成后的效果如图 2-82 所示。

图2-82　最终效果

2.4.2 具体制作

新建一个 Flash 文件，命名为“成年男子”。

❶绘制身子。将当前图层命名为“身子”，然后设置笔触色为深蓝色，填充色为浅蓝色，单击【矩形工具】按钮，在舞台上绘制一个矩形。再单击【选择工具】按钮，移动鼠标到

矩形上，当鼠标指针变为↖时，拖动鼠标，对矩形进行变形，如图 2-83 所示。

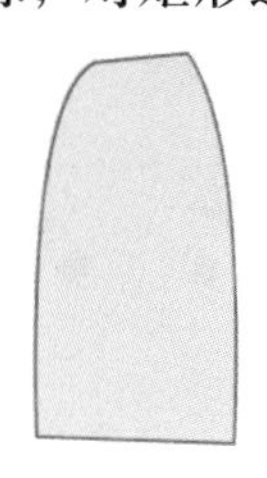

图2-83 对矩形进行变形

再单击【线条工具】按钮╲，在刚才的图形内部画两条竖线，同样使用【选择工具】进行变形，如图 2-84 所示。

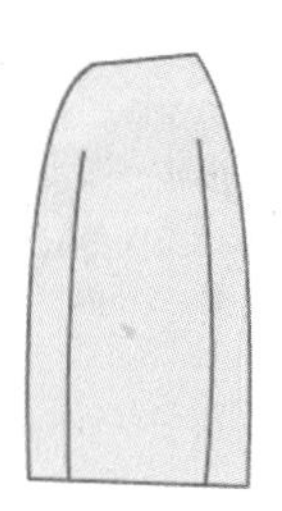

图2-84 添加两条竖线

❷绘制脸型。新建一个图层，命名为“头”。设置笔触色为浅棕色，填充色为浅粉色。在舞台上绘制一大两小的椭圆，再单击【选择工具】按钮↖，对这 3 个椭圆进行变形，并把它们组合成脸型，如图 2-85 所示。

图2-85 脸

注意：为了方便操作，在绘制脸时这3个椭圆的距离应远一些，以保证各自在变形时不互相影响。

设置笔触色为无色，单击【椭圆工具】按钮◯，绘制白色和黑色两个椭圆，形成一个眼睛形状，然后复制刚做好的眼睛，并使其水平翻转，如图 2-86 所示。

图2-86 眼睛

设置填充色为黑色，制作一个椭圆，然后再使用【选取工具】对该椭圆进行变形，使其形成眉毛形状，复制该眉毛，并使其水平翻转，如图 2-87 所示。

图2-87 眉毛

用类似的方法绘制嘴和头发，并把它们组合成头的形状，如图 2-88 所示。

图2-88 嘴和头发

最后，把绘制好的头的各个部分组合起来，形成一个整体。

提示：将头的各个部分组合起来是为了在移动时方便，避免了遗漏和移位现象。

❸连接头和身体。单击【选择工具】按钮，移动头，使其在身体的正上方，且头能盖住身体的顶部。

至此，整个绘图完毕。

2.4.3 同类索引——小女孩

人物形象在绘制技巧上要把握两点：一是对称；二是层叠次序。对称主要是对于正面图和背面图来说的，这需要 Flash 制作者用好复制与变形工具，或者使用元件来实现。层叠次序主要是指在 Flash 绘图中人体的各个部件的图层关系，一般顺序是，下肢在最下层，然后依次为躯体、上肢、头。

人物形象在造型上有两点要求：一是要形象逼真；二是要把握特征。对于形象逼真来说，要求 Flash 动画制作者不仅具有良好的美术功底，还要熟练掌握 Flash 的绘画技巧，这需要有一定的时间和实践经验来磨砺。对于把握特征来说，要求 Flash 动画制作者要善于观察，敏锐把握人物特征。如，小女孩的可爱、小男孩的顽皮、少女的温柔、老爷爷的沧桑与慈祥，这都需要制作者用造型来体现，有时甚至用到夸张造型来体现人物特征。下面我们以“小女孩”为范例，重点讲解在绘制人物时如何体现人物的特征。

小女孩的特征有 3 点：长发、大眼睛、腮红。因此在绘制时重点要把握这 3 个特征的造型。在绘制时，除了要注意整体的层叠次序外，还要注意头上各部分的层叠次序。该图形完成后的造型如图 2-89 所示。

图2-89 最终效果

● 制作步骤

1．新建一个 Flash 文档，命名为“小女孩”。

2．新建一个元件，命名为“腿”，进入编辑状态后，单击【矩形工具】按钮，在舞台上绘制一个矩形。再单击【选择工具】按钮，移动鼠标到矩形上，当鼠标指针变为时，拖动鼠标，对矩形进行变形，如图 2-90 所示。

图2-90 矩形变形

图2-91 填充颜色

单击【线条工具】按钮，在变形矩形中间绘制一条直线，将矩形分成上下两个部分，然后将上半部分填充为浅棕色，再把中间的直线删除，如图 2-91 所示。

3．再新建一个元件，命名为“衣服”，进入编辑状态后，使用【矩形工具】、【选择工具】、【线条工具】和【铅笔工具】绘制衣服图形，如图 2-92 所示。

图2-92 衣服

4．再新建一个元件，命名为“手臂”，进入编辑状态后，使用【铅笔工具】和【选择工具】绘制两条胳膊，如图 2-93 所示。

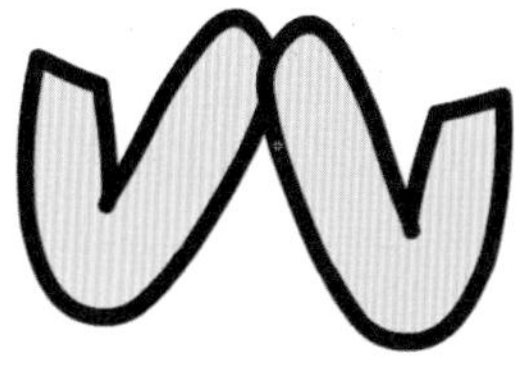

图2-93 手臂

5．再新建一个元件，命名为“眼睛”，进入编辑状态后，使用【椭圆工具】、【线条工具】和【选择工具】绘制出一只眼睛，然后再复制，移动位置后，如图 2-94 所示。

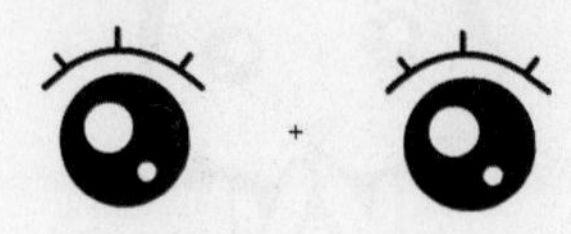

图2-94 眼睛

6．头的绘制和各个部件的组合在主场景中完成。返回到主场景，在当前图层上绘制一个棕色椭圆，表示阴影。再新建 3 个图层，从下到上分别拖放元件“腿”、“衣服”、“手臂”，如图 2-95 所示。

图2-95 元件组合

新建一个图层，绘制脸后部的“头发”，形状如图 2-96 所示。

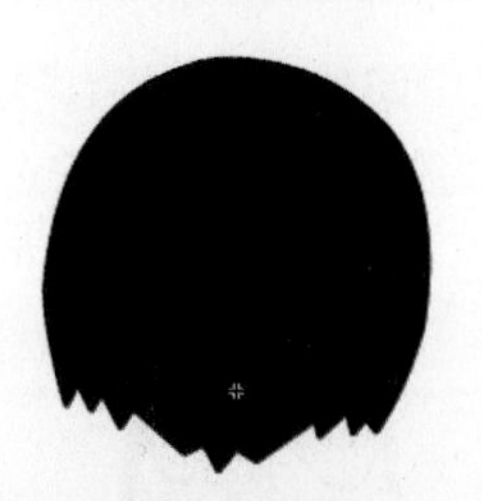

图2-96 脸后部的“头发”

新建一个图层，绘制小女孩的脸，如图 2-97 所示。

图2-97 “脸”

注意： 此处绘制的脸部分也包含了头发，这是脸前部的头发，这部分头发不能盖住耳朵，它与脸后部的头发相互融合映衬共同组成头发。

再新建一个图层，将元件“眼睛”拖放到舞台上，然后调整眼睛的位置，再根据眼睛的位置绘制眉毛、鼻子和嘴，如图 2-98 所示。

图2-98 小女孩的头

7. 根据要素的层次关系，调整图层顺序，组成最终图形。最后，【时间轴】面板上的图层顺序如图 2-99 所示。

图2-99 最后的【时间轴】面板

范例对比

与成年男子的绘制相比，小女孩图形的绘制更突出了特征的刻画，形象也更加逼真，当然也更复杂。在绘制时要特别注意对称图形的绘制，这可通过元件来实现，也可以直接复制。相比而言，元件复制的方法更灵活。

2.5 卡通形象

Flash 动画中有大量的卡通形象，它是 Flash 绘图中的一个重要内容。卡通形象往往既具有人物特征，又具有动物特征，因此在绘制时可结合这两类图形的绘制方法进行绘制。

2.5.1 案例简介——国宝熊猫

熊猫是我国的国宝级动物，它憨态可掬，招人喜爱，经常作为外交礼物赠送给友好国家，同时它造型简单，形状曲线优美，也常常成为卡通动物形象。这里我们主要讲解在 Flash 中如何绘制熊猫的卡通形象。完成后的图形如图 2-100 所示。

图2-100 最终效果

2.5.2 具体制作

新建一个 Flash 文件，命名为“国宝熊猫”。

❶将当前图层命名为“面轮廓”，在该图层上，绘制一个黑色圆形，并在圆内绘制一条直线。单击【选择工具】按钮，将圆变成不规则的椭圆，内部直线变为曲线形状，如图 2-101 所示。

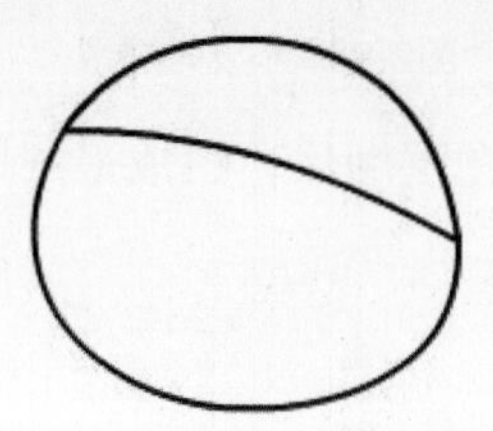

图2-101 圆和直线

❷新建一个图层，命名为“额”，在该图层上，绘制一个矩形，然后变形为一个扇形，并移动到椭圆上，如图 2-102 所示。

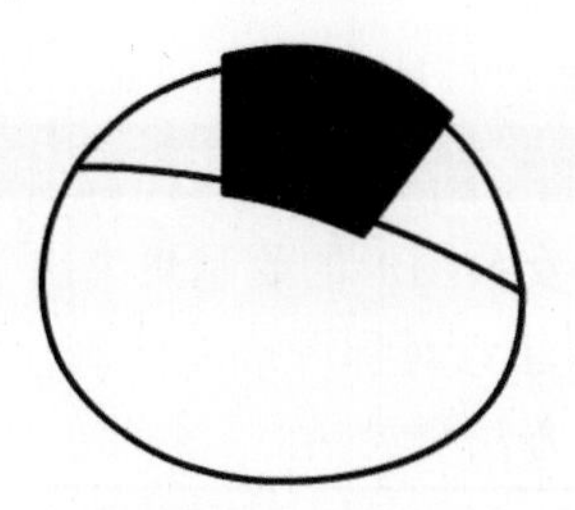

图2-102 额

注意：在绘制“额”时，要先进行直线变形，然后再拖放各顶点，否则在拖放顶点时，会自动紧贴至直线。

❸新建一个图层，命名为“耳朵”，然后在该图层上绘制一个实芯圆，然后再对该圆进行变形，成为一个耳朵形状，最后再对该形状进行复制、变形，成为另一只耳朵，如图 2-103 所示。

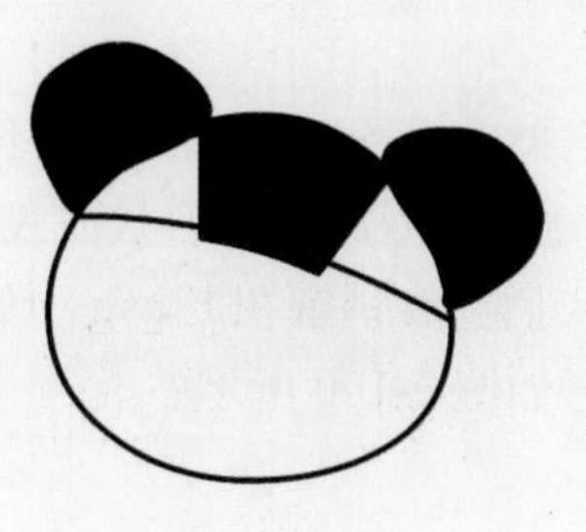

图2-103 耳朵

❹新建一个图层，命名为“眼睛”，在该图层上使用【椭圆工具】和【选择工具】绘制

一只眼睛，然后复制、变形，如图 2-104 所示。

图2-104 眼睛

❺新建一个图层，命名为“鼻子”，首先设置笔触色为无色，然后再设置填充色为粉红色的中心渐变色。单击【椭圆工具】按钮，在两只眼睛之间绘制一个渐变色圆，然后再设置填充色为黑色，在渐变色圆的中心绘制一个黑色圆，如图 2-105 所示。

图2-105 鼻子

❻新建一个图层，命名为“嘴”，在该图层上绘制嘴的形状，如图 2-106 所示。

图2-106 嘴

❼再新建一个图层，命名为“腿”，在该图层上绘制一个椭圆，然后进行变形，形成一条腿的形状，再对该形状进行复制，如图 2-107 所示。

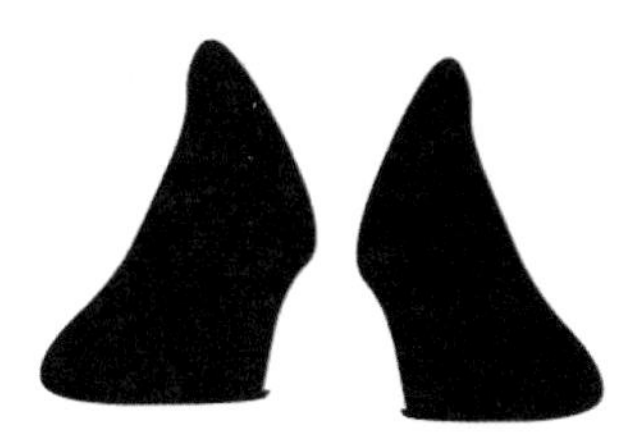

图2-107 腿

❽再新建一个图层，命名为“肚子”，在该图层上绘制一个无笔触色的白色椭圆。移动该椭圆，使其盖住腿的上部，如图 2-108 所示。

图2-108 肚子

❾再新建一个图层，命名为“手”，在该图层上绘制一个椭圆，然后再对该椭圆进行变形，形成手臂形状，并复制、变形，形成两手环抱的样式，如图 2-109 所示。

图2-109 手

至此，“国宝熊猫”绘制完毕。

2.5.3 同类索引——欢乐猪、小猫咪

卡通形象是 Flash 绘图中绘制最多的一种图形，它们有的简单，有的复杂，但都具有很明显的特征，如尾巴、帽子、肚子等，其绘制技法与人物的绘制技法类似，绘制时可结合图层之间的掩映关系巧妙地将各个元件“叠加”起来，组合成整个卡通形象。下面将以一个欢乐猪的卡通形象进行说明。

1．欢乐猪

欢乐猪卡通形象的绘制也是重点抓住其关键特征，通过将各部件制作成元件，然后再组合成所要的形象。该图形完成后的效果，如图 2-110 所示。

图2-110 最终效果

● 制作步骤

❶新建一个 Flash 文档，命名为“欢乐猪”。

❷在【库】面板上新建一个元件，命名为“脸”，进入编辑状态后，使用【椭圆工具】绘制如图 2-111 所示的图形。

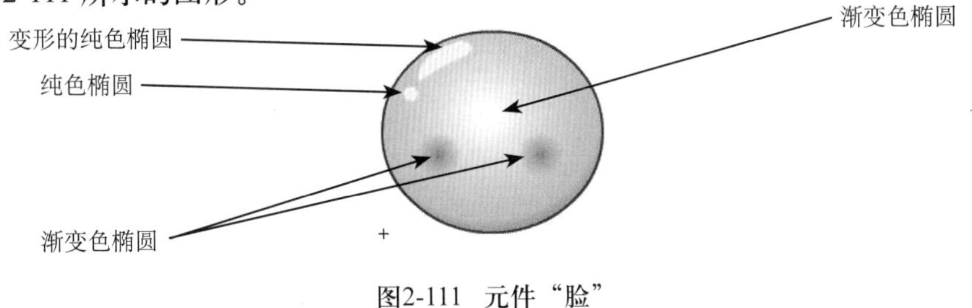

图2-111　元件“脸”

❸再新建 4 个元件，分别命名为“眼睛”、“鼻子”、“耳朵”、“帽子”，它们的图形如图 2-112 所示。

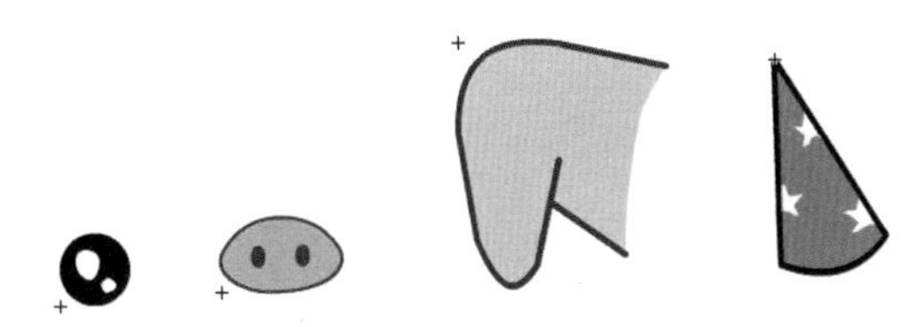

图2-112　元件“眼睛”、“鼻子”、“耳朵”和“帽子”

注意：这里的“眼睛”是单只眼睛。

❹再新建一个元件，命名为“头”，进入编辑状态后，依次创建 5 个图层，分别命名为“耳朵”、“脸”、“眼睛”、“鼻子”、“帽子”，然后在各自的图层上将相应元件拖放到工作区，如图 2-113 所示。

图2-113　元件“头”

注意：这里有掩映关系，所以要将“耳朵”图层置于图层的底部。需要拖放两个元件的，如“眼睛”和“耳朵”，要进行对称变形。

❺返回到主场景，在当前图层下，绘制欢乐猪的身子，在绘制时要突出其肥胖身体的特征：四肢短、身体圆，如图 2-114 所示。

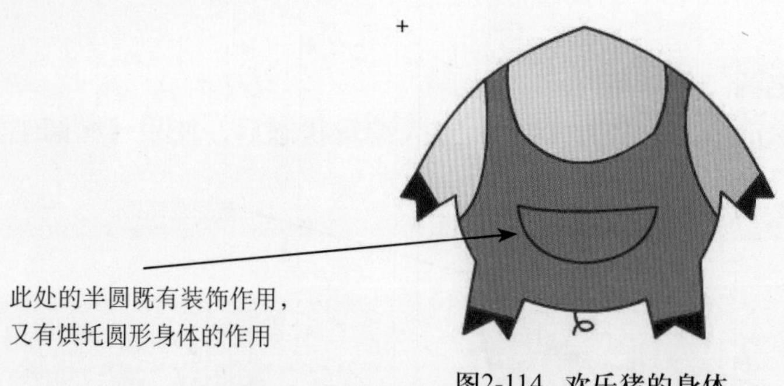

图2-114 欢乐猪的身体

❻再新建一个图层，然后将元件“头”拖放到舞台上，调整好位置后，形成所需的卡通形象。至此，欢乐猪绘制完毕。

范例对比

与“国宝熊猫”相比，“欢乐猪”在绘制上有两点不同：一是各部件的组合方法不同，“国宝熊猫”是通过图层的叠加与掩映关系组合成所需的卡通形象，“欢乐猪”是通过元件组合成所需的卡通形象；二是特点突出上不同，“国宝熊猫”的重点在于突出卡通的可爱，而“欢乐猪”则重点突出了卡通形象的胖。

2. 小猫咪

在 Flash 绘图中，手绘是一项重要的技术，也是一个 Flash 高手必备的技能，有许多图形可以通过手绘完成。本例的“小猫咪”就是一个手绘的典型范例，该图完成后的效果如图 2-115 所示。

图2-115 最终效果

● 制作步骤

❶新建一个 Flash 文档，命名为“小猫咪”。单击【铅笔工具】按钮，设置【选项】栏的模式为“平滑”，如图 2-116 所示。

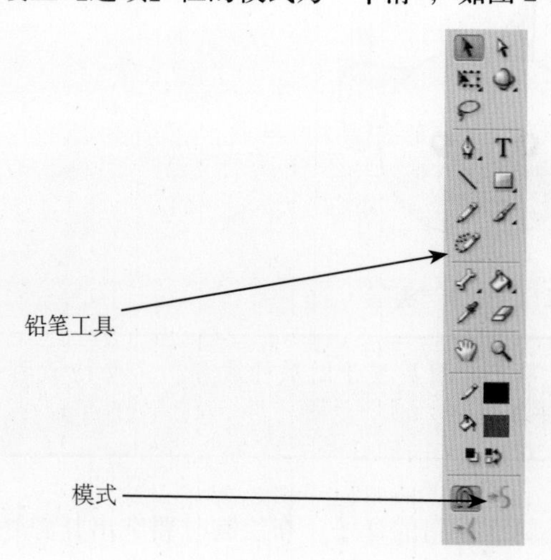

图2-116 单击【铅笔工具】按钮并设置模式

②用【铅笔工具】在舞台上绘制一个小猫头形状，如图 2-117 所示。

图2-117 小猫头

再用【铅笔工具】为小猫头添加一个蝴蝶结，并把多余的线条去掉，如图 2-118 所示。

图2-118 添加蝴蝶结

③再为小猫添加身子，如图 2-119 所示。

图2-119 小猫

注意：并不是所有的图形都通过手绘完成，复制、剪切等手段还是需要的。如，眼睛、扣子、腿、手等，都可通过复制、变形完成。

④单击【颜料桶工具】按钮，为相应的区域填充颜色，形成所需的卡通图形。

范例对比

在 Flash 中，图形的绘制有多种方法。本例中图形的绘制是手绘，一般来说，手绘对制作者的要求比较高，不仅要熟悉 Flash 的各种操作，而且要有实际绘画的经验，尤其是素描绘图的经验。读者可通过临摹、学习、创作等一系列的大量练习来掌握这种绘图技巧。

2.6 综合场景

综合场景是 Flash 绘图中的重要组成部分，许多动画需要一个具体的场景来衬托与充实，因此，掌握综合场景的绘制技巧十分重要。本节通过一个具体的范例来讲解这类图形的绘制方法。

2.6.1 案例简介——草原春色

一般来讲，综合场景是多个元件对象的组合，每个元件对象本身就是一个小的 Flash 绘图，而且这些元件与其他元件在色彩和位置上有一定的关系，可能产生遮盖或映衬效果，这些都是设计者需要考虑的。在组合这些元件对象时，应遵循一定的规律，具体是先放置远景对象再放置近景对象，先放置大对象再放置细节小的对象。

在“草原春色”场景中，要涉及的对象主要有天空、太阳、云、山、草地、花、牛、羊、蒙古包等。它们共同组成一幅优美的图画，其效果如图 2-120 所示。

图2-120 最终效果

2.6.2 具体制作

❶新建一个 Flash 文档，命名为“草原春色”，选择菜单【修改】→【文档】命令，在弹出的【文档属性】对话框中，设置文档尺寸为 800px×600px。

❷新建一个元件，命名为“天空”，进入编辑状态后，单击【矩形工具】按钮▭，设置笔触色为无色，填充色为线性渐变色，渐变条从浅绿色变为浅蓝色。然后在工作区中绘制一个矩形，如图 2-121 所示。

图2-121 渐变色矩形

❸选中矩形，然后单击工具箱中的【渐变变形工具】按钮，调整锚点，使渐变方向改为上下方向，如图 2-122 所示。

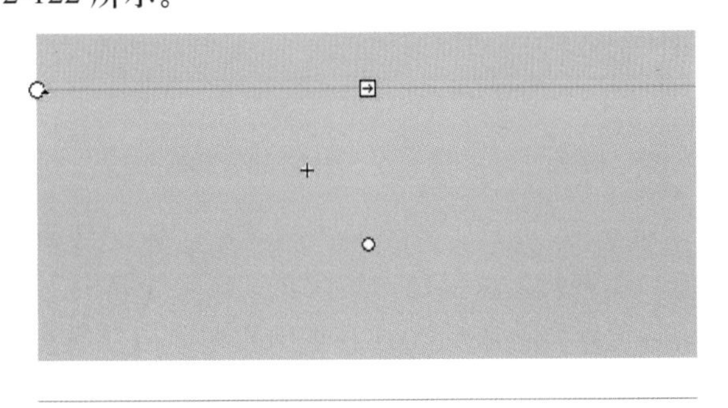

图2-122 元件“天空”

❹再新建一个元件，命名为“光芒”，进入编辑状态后，单击【线条工具】按钮，设置线条颜色为黄色，粗细为 3，绘制一条直线。

再新建一个元件，命名为“太阳”，进入编辑状态后，选择【椭圆工具】按钮，设置笔触色为无色，填充色为中心渐变色，渐变条从白色变为红色，然后在工作区绘制一个正圆，如图 2-123 所示。

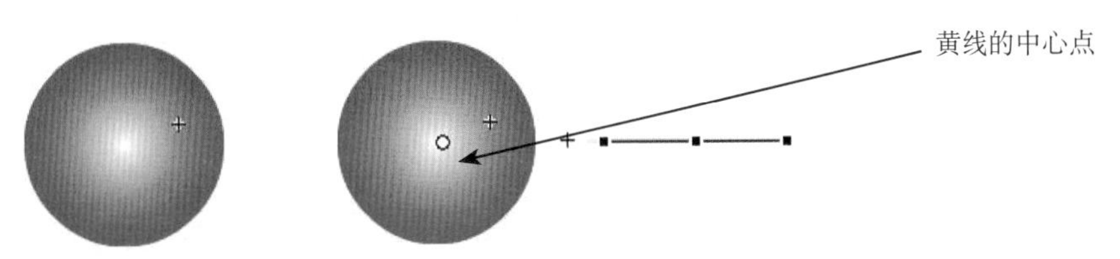

图2-123 正圆　　图2-124 直线的中心点移到正圆的中心

然后，将元件“光芒”拖放到舞台上，放置于正圆的旁边。选中“光芒”，单击【任意变形工具】按钮，拖放直线的中心点到正圆的中心上，如图 2-124 所示。选择菜单【窗口】→【变形】命令，调出【对齐 & 信息 & 变形】面板，打开“变形”选项卡，如图 2-125 所示。设置“旋转”角度为 20 度，然后单击【重制选区和变形】按钮 18 次，则为“太阳”添加了光芒，如图 2-126 所示。

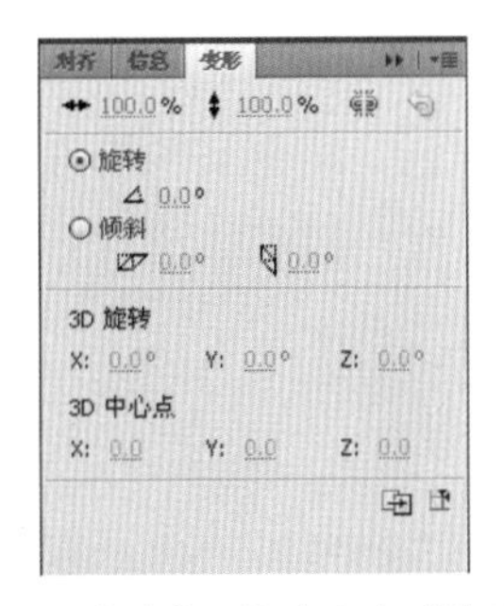

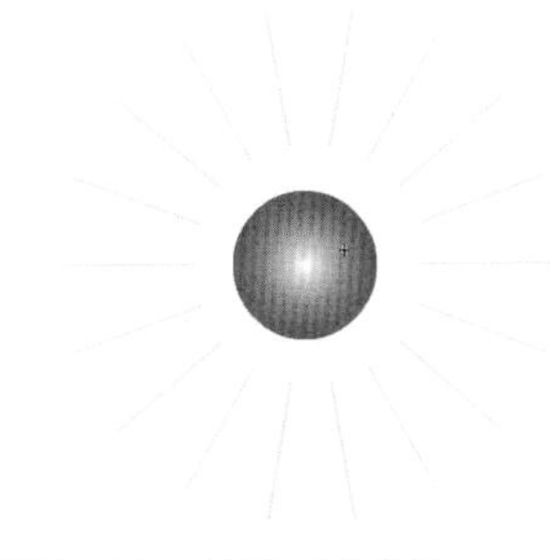

图2-125 【对齐&信息&变形】面板　　图2-126 元件“太阳”

❺再新建一个元件，命名为“云”，进入编辑状态后，在工具箱中单击【椭圆工具】按钮，设置笔触色为无色，填充色为中心渐变色，渐变条从白色变为灰色，然后在工作区绘制一个椭圆，如图 2-127 所示。再使用【部分选取工具】，把椭圆修改为云的形状，如图 2-128 所示。

图2-127 椭圆　　　　图2-128 元件“云”

❻再新建一个元件，命名为“山”，进入编辑状态后，在工具箱中单击【矩形工具】按钮，设置笔触色为无色，填充色为深绿色，然后在工作区绘制一个矩形，如图2-129所示。选中矩形，单击【任意变形工具】按钮，再在选项栏中单击【封套】按钮，拖动位置锚点和曲率锚点，使矩形变形为山的形状，如图2-130所示。

图2-129 矩形

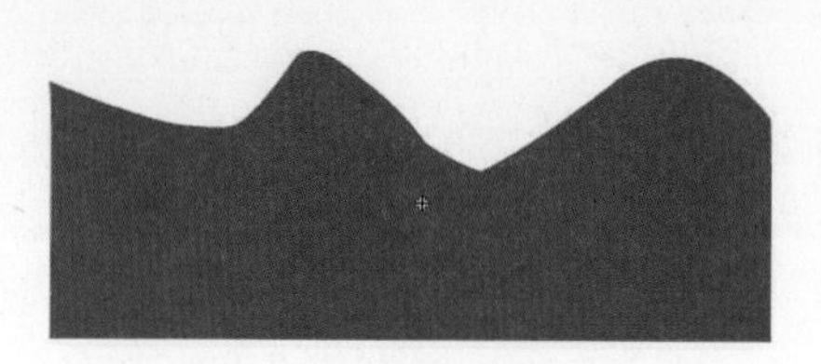

图2-130 元件“山”

❼再新建一个元件，命名为“草地”，进入编辑状态后，单击【矩形工具】按钮，设置笔触色为无色，填充色为线性渐变色，渐变条从浅绿色变为深绿色，然后在工作区绘制一个矩形。再单击【渐变变形工具】按钮，使渐变方向改为上下方向，如图2-131所示。

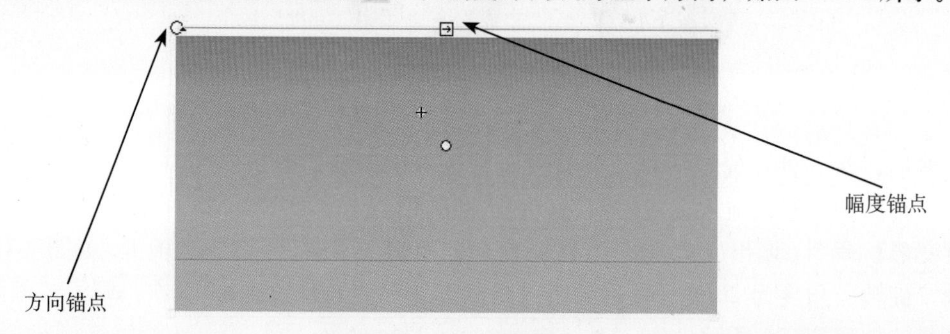

图2-131 元件“草地”

❽再新建一个元件，命名为“花瓣”，进入编辑状态后，在工具箱中单击【椭圆工具】单击，设置笔触色为无色，填充色为线性渐变色，渐变条从粉红色变为鲜红色，然后在工作区绘制一个椭圆形。再单击【选择工具】按钮，对椭圆进行变形，如图2-132所示。

图2-132 元件“花瓣”

再新建一个元件，命名为“花”，进入编辑状态后，将元件“花瓣”拖放到工作区中，选中“花瓣”，单击【任意变形工具】按钮，将元件“花瓣”的中心点调整到左侧，打开【对齐 & 信息 & 变形】面板，设置“旋转”角度为-60度，然后单击【重制选区和变形】按钮 6次，如图2-133所示。

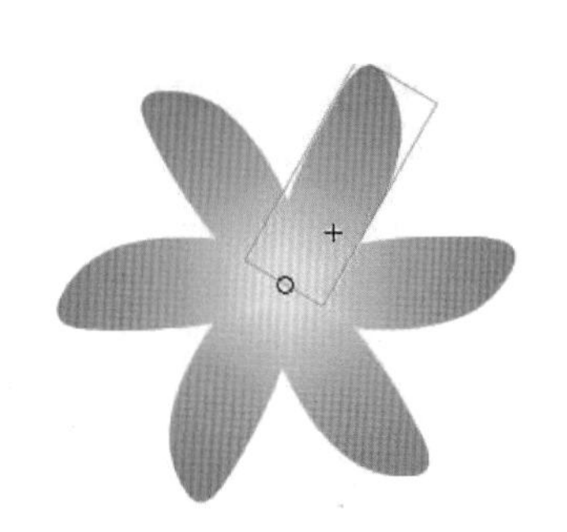
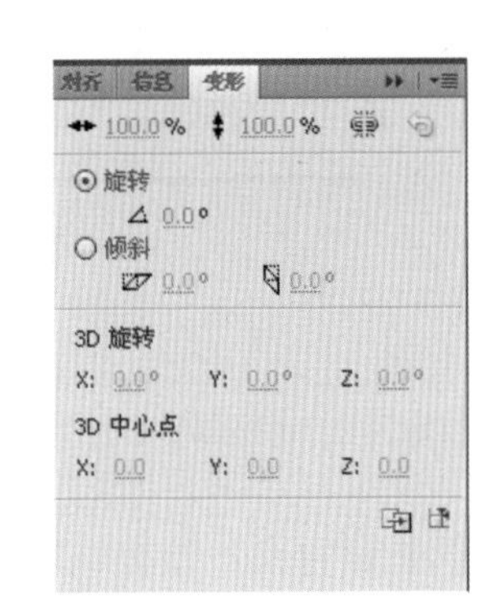

图2-133 元件“花”

⑨下面制作元件“牛”和“羊”，由于这两个对象是远景对象，只需要用有代表性的颜色形状表示即可。这两个元件都是由椭圆变形得来，它们的形状如图 2-134 所示。

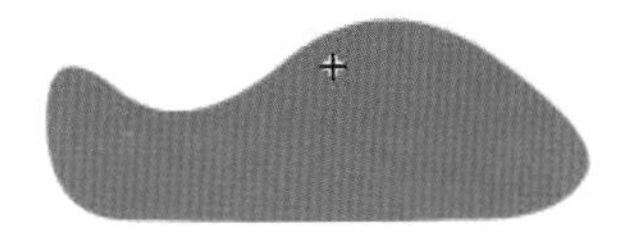
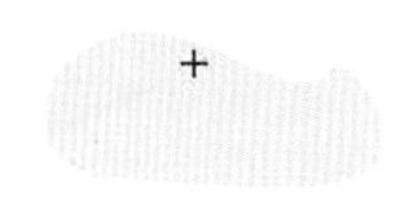

图2-134 元件“牛”和“羊”

⑩最后一个元件是蒙古包。新建一个元件，命名为“蒙古包”，进入编辑状态后，单击【矩形工具】按钮，设置笔触色为无色，填充色为灰色，然后在工作区绘制一个矩形，再单击【选择工具】按钮，对矩形进行变形，如图 2-135 所示。

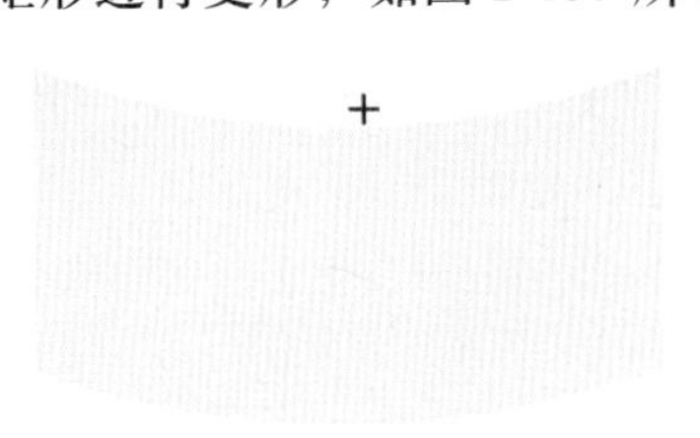

图2-135 变形

单击【矩形工具】按钮再绘制一个矩形，用【选择工具】对新画的矩形进行变形，将两者组成“蒙古包”的形状。如图 2-136 所示。

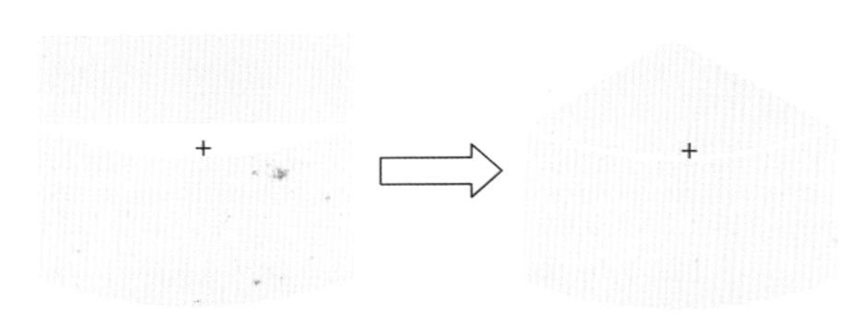

图2-136 添加矩形并变形

单击【线条工具】按钮，设置笔触色为黑色，线条粗细为 3，在画面上绘制 3 条直线，再选择【选择工具】，对它们进行变形，如图 2-137 所示。

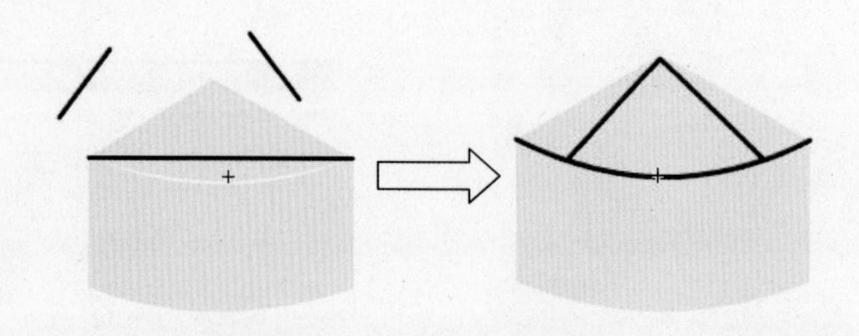

图2-137 添加直线并变形

单击【矩形工具】按钮，设置笔触色为无色，填充色为暗黄色，在“蒙古包”上绘制3个矩形，分别代表门和两个窗户。单击【椭圆工具】按钮，设置笔触色为无色，填充色为紫色，在“蒙古包”顶部加一个正圆，这样元件“蒙古包”就制作完成了。如图2-138所示。

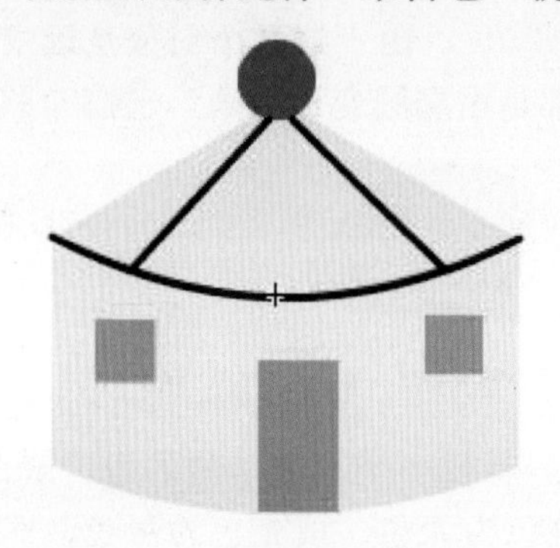

图2-138 完成的“蒙古包”

⑪回到主场景。首先将元件“天空”拖放到舞台上，并调整其大小；然后再将元件“太阳”拖放到舞台上，并调整其大小，如图2-139所示。

图2-139 添加元件“天空”和“太阳”

再拖放4个“云”元件和一个“山”元件到舞台上，调整它们的大小与位置，如图2-140所示。

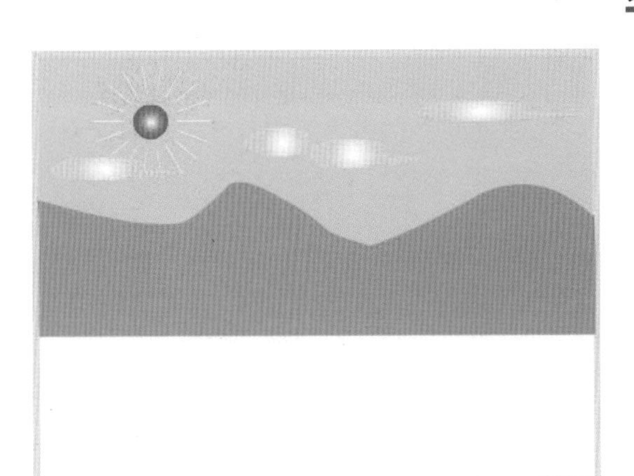

图2-140 添加元件“云”和“山”

再将元件“草地”和 20 个“花”元件拖放到舞台上，如图 2-141 所示。

图2-141 添加元件“草地”和“花”

将 3 个“牛”元件、10 个“羊”元件和 2 个“蒙古包”元件拖放到舞台上，如图 2-142 所示。

图2-142 添加元件“牛”、“羊”和“蒙古包”

⑫最后，新建一个图层，设置笔触色为黑色，然后单击【铅笔工具】按钮，在选项栏设置“模式”为平滑，在舞台上绘制栅栏的形状，至此综合场景“草原春色”绘制完成。如图 2-143 所示。

图2-143　画栅栏

注意：没有将栅栏制作成元件，是因为栅栏的位置要根据配图确定，而且其形状也很随意，固定形状后反而不便配图。

2.7　本章小结

本章通过几种不同的绘图范例讲解了Flash绘图的基本知识，同时也讲解了一些技巧。这些绘图实例有的是绘制单个对象，有的是绘制多个对象，有的是通过简单的属性设置就能完成，而有的则需要多个元件结合才能完成。它们是制作Flash动画的基础，只有掌握好绘图技术，才能制作出精美的动画。

第3章
基础动画

再高的大楼也是从基础盖起。Flash 动画也是如此，任何一段复杂、精美的动画都是由一个个“小”基础动画组成的。因此，理解掌握好基础“小”动画的制作方法是学习 Flash 动画制作的基石。在 Flash 中，基础动画包括逐帧动画、动作补间动画、形状补间动画、遮罩动画、动作引导层动画 5 种类型。本章将分类精选各个类型的经典范例，向读者介绍它们的制作方法和使用技巧，最后通过综合场景动画的范例，介绍在制作 Flash 动画中如何综合这些基础动画。

3.1 逐帧动画

逐帧动画是动画中最基本的形式，它是由若干个连续关键帧组成的动画序列。在逐帧动画中，只有关键帧，没有过渡帧。与传统的动画制作方法类似，在制作过程中，需要对每一个关键帧进行编辑，工作量很大，主要用于制作比较复杂的动画，如面部表情、手脚关节运动等细微变化的动画。

3.1.1 案例简介——打字机

打字机动画是逐帧动画中最经典最简单的例子，该动画的原理就是每隔一定数量的动画帧增加一个文字，同时有闪烁的光标跟随移动，具体示意如图 3-1 所示。

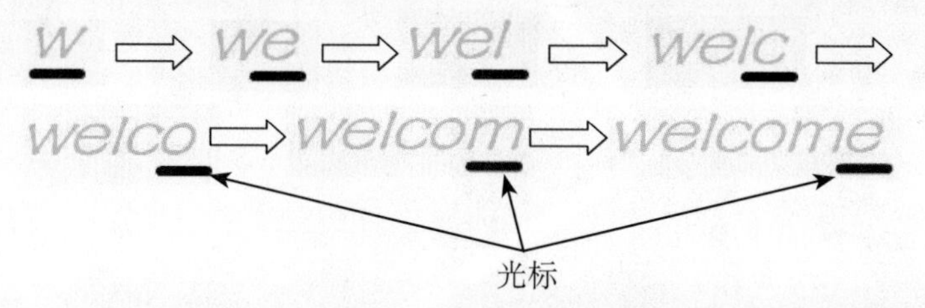

图3-1 打字机动画示意图

因此，在这个动画中有两个动画——字增加动画和光标伴随闪动动画。这两个动画都是逐帧动画，其中，光标闪动动画的频率是字增加动画频率的 2 倍。完成后的动画效果如图 3-2 所示。

3-2 最终效果

3.1.2 具体制作

新建一个 Flash 文档，命名为“打字机”。

❶导入底图，制作光标。

在这个动画中，我们模拟 QQ 里的文字输入动画，首先使用抓屏工具获取一个 QQ 的聊天界面，如图 3-3 所示。

图3-3 QQ的聊天界面

> **提示**：截图工具有很多，如 HyperSnap 等。也可以通过按 Print Screen 键获取整个屏幕的截图，然后使用 PhotoShop 或 Windows 软件自带的“画图”程序修改截图而获得。

然后，将该图导入到库中。

新建一个元件，命名为“光标”，进入编辑状态后，使用【线条工具】在工作区绘制一条横线，如图 3-4 所示。

图3-4 元件“光标”

❷文字动画。

回到主场景，将当前图层的名称修改为“底图”，然后再新建两个图层，分别命名为“字”和“光标”，如图 3-5 所示。

图3-5 打字机动画的3个图层

在【时间轴】面板上选中“底图”图层，将 QQ 聊天界面的图片拖放到舞台上，并调整其大小，使其与舞台大小一致。

选择菜单【视图】→【标尺】命令，打开标尺，如图 3-6 所示。

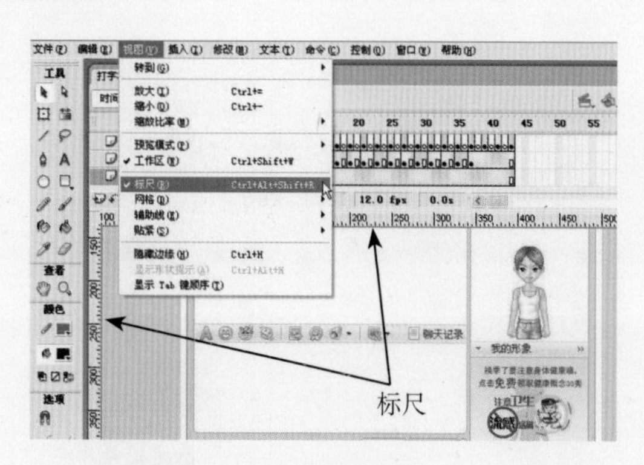

图3-6　打开标尺

在横竖两个标尺上，按住鼠标左键，然后拖动鼠标，拖出两个标尺线，并调整两个标尺线的位置，使其交点位于QQ聊天界面的文字输入区，如图3-7所示。

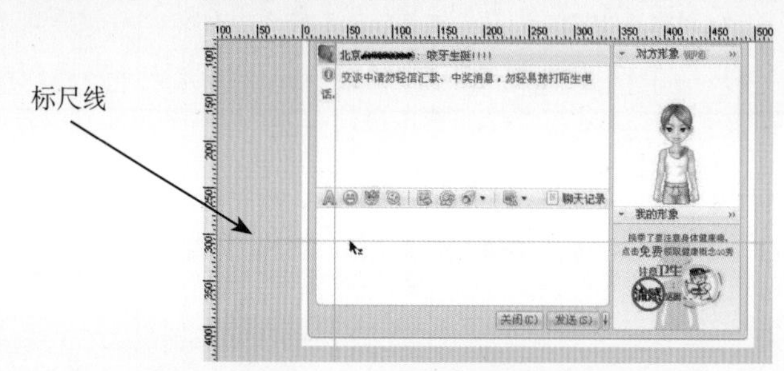

图3-7　两条标尺线

小技巧

标尺线的作用是为每一个关键帧中的"文字"和"光标"的位置提供统一的参照，"文字"的左下角与标尺线的交点重合，光标在横标尺线上，随着文字的增加而变动。

标尺线可以调动，当鼠标放到标尺线上时，指针会变为，然后按住鼠标左键，拖动鼠标即可调动标尺线。

在【时间轴】面板上，选中"字"图层，单击工具栏中的【文字工具】按钮，然后在舞台上输入字母"w"，并将文字的左下角调整到与标尺线的交点重合，如图3-8所示。

图3-8　输入字母"w"

提示：在调整文字的左下角与标尺线交点重合时，可以看到舞台的显示比例放大到800%，这样可使得文字的位置更为精确。

在“字”图层的第3帧处，单击鼠标右键，然后选择【转换为关键帧】命令，将第3帧转换为关键帧，如图3-9所示。

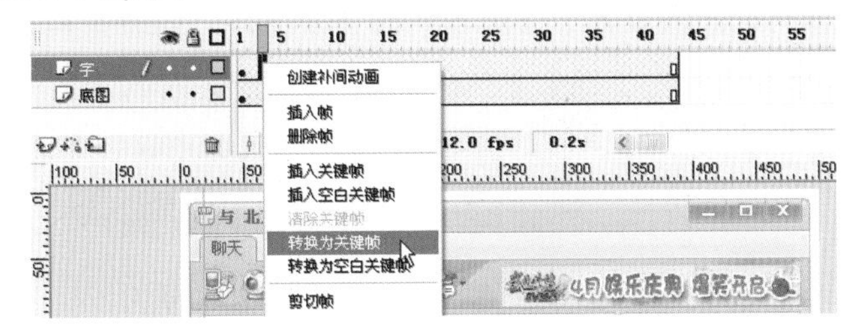

图3-9　转换为关键帧

再选中文字，单击【文字工具】按钮 A，继续为文字添加字母“e”，如图3-10所示。

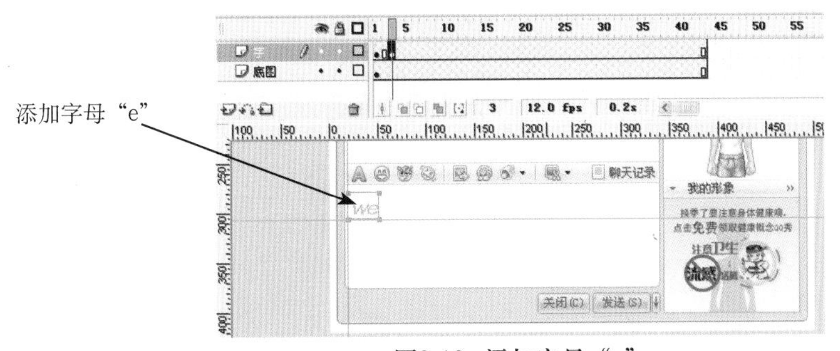

图3-10　添加字母“e”

依次类推，每隔2帧转换一次关键帧，同时为舞台上的文字添加一个字母，共同组成字符串“welcome to nanjing”。

注意：字符串中的空格也算一个字符，也需要一个单独的关键帧，后面制作的光标要在空格处闪烁。

当输入完成后，还要让输入的字符串显示在QQ界面的对话栏中，并添加上用户的QQ昵称和发送时间，如图3-11所示。

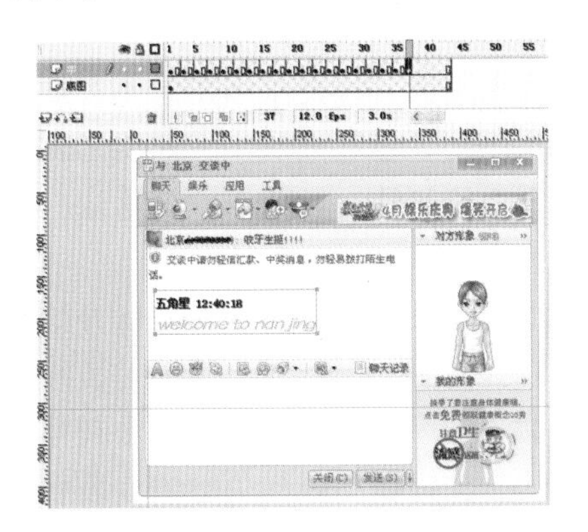

图3-11　在对话栏中显示字符串

这样，文字的逐帧动画就完成了。

❸光标动画

光标动画也是一个逐帧动画。在【时间轴】面板上选中“光标”图层，将第1帧至第43帧全部转换为空白关键帧，然后分别在奇数帧（第1、3、5、…、35帧）上将元件“光标”拖放到舞台上，沿着横向标尺线放置于当前输入的文字下方，如图3-12所示。

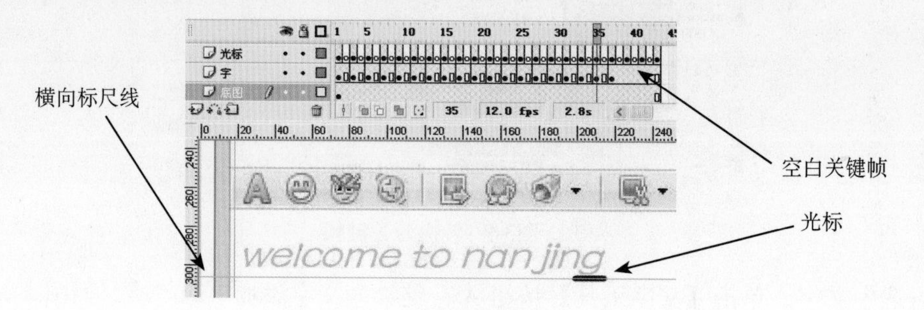

图3-12 隔帧放置光标

在第37、39、41、43帧，将元件“光标”拖放到舞台上，放置于QQ对话框输入栏的开始位置，表示等待用户输入，如图3-13所示。

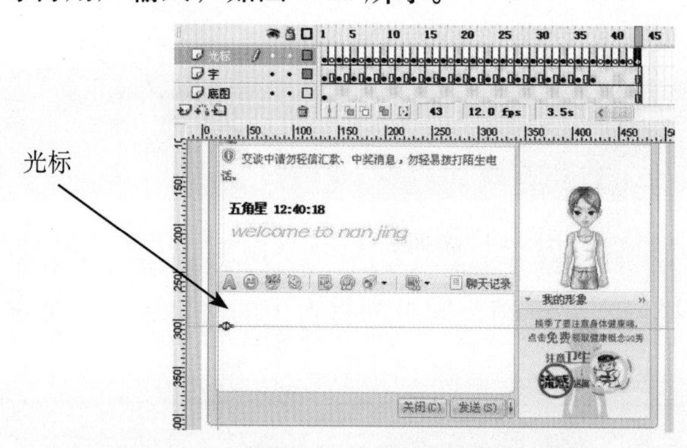

图3-13 光标放置到开始位置

这样，整个打字机动画就完成了，按Ctrl + Enter组合键测试影片，则可看到动画效果。

3.1.3 同类索引——铅笔写字、奥运火炬传递路线动画

逐帧动画制作简单，但工作量很大，因此很多用户不喜欢使用该方法制作动画，但是如果掌握了一些制作逐帧动画的小技巧，也能够减少一定的工作量。这些技巧包括有，外部导入法、简化主体法、循环法、倒序绘制法、替代法、临摹法、再加工法、遮蔽法等。这里我们介绍两种——倒序绘制法和遮蔽法。

倒序绘制法：在绘制逐帧动画的关键帧时，往往是从开始画面起一点一点地绘制，如打字机动画。这样的绘制顺序常常会产生一个问题，由于对最终画面的构图把握不到位，起始画面不太容易定位。而倒序绘制法则可避免这个问题，它制作的顺序是，先做最终画面，再一点一点删除，每删除一步就是一个逐帧动画的关键帧，最后剩下起始画面。绘制完成后再把这一顺序翻转，则成为一个连续流畅的动画。

遮蔽法：遮蔽法与倒序绘制法有异曲同工之妙。绘制一幅复杂、精美的画面很难，但借助遮罩动画，将一幅复杂、精美的画面遮罩起来，然后一点一点地显示出来却很容易，因为遮罩动画的遮罩层是不显示的，该层上的图形样式要求也就相对低一些。

1. 铅笔写字

铅笔写字动画分为两部分：一部分是文字的动画，它的制作采用了倒序绘制法，先将整个文字绘制出来，然后再从后往前逐一删除笔画；另一部分是笔的动画，它的移动是随文字笔画的移动而移动的。最终效果如图 3-14 所示。

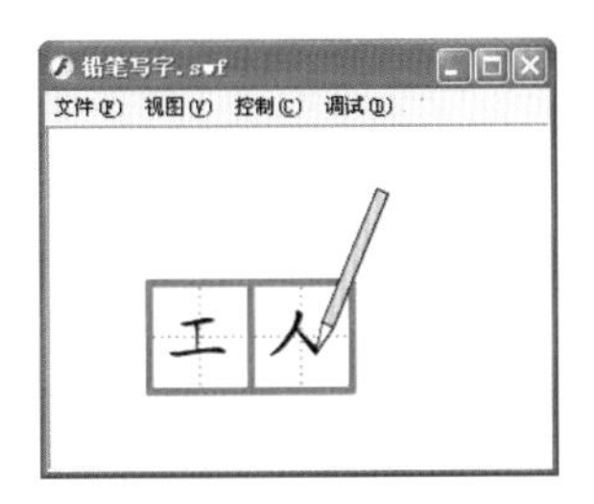

图3-14 动画效果

● 制作步骤

❶ 首先制作两个元件：田字格和铅笔。制作田字格时，要使用标尺线，沿标尺线画出田字格，如图 3-15 所示。

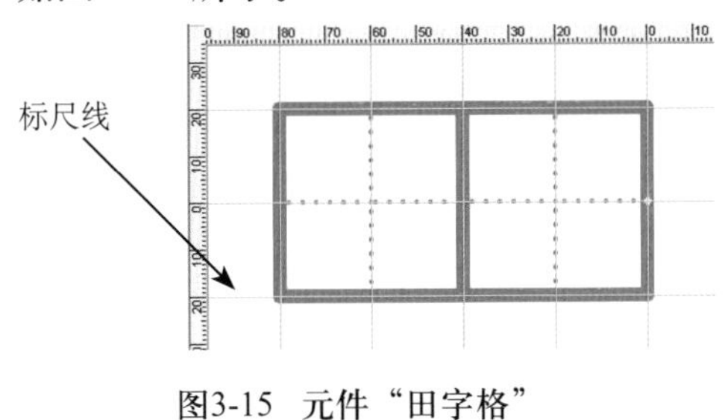

图3-15 元件“田字格”

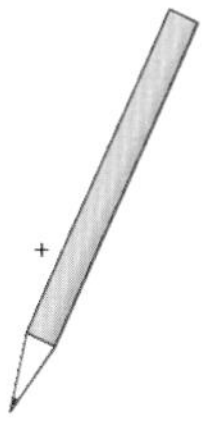

图3-16 元件“铅笔”

元件“铅笔”直接使用绘图工具即可绘出，如图 3-16 所示。

❷返回到主场景，将元件“田字格”拖放到舞台上，然后再新建一个图层，选中新图层，单击【文本工具】按钮 A，在舞台上输入一个“工”字，建立一个文字对象。再输入一个“人”字，并建立一个文字对象，然后把它们放到田字格内，如图 3-17 所示。

图3-17 输入两个独立的文字对象

注意：文字的大小要调整到与田字格相匹配，不能太大，也不能太小。

分别选中这两个文字对象，选择菜单【修改】→【分离】命令，将两个文字转换为矢量图。把元件“铅笔”拖到舞台上，调整它的大小与位置，使其位于“人”字的右下角，如图 3-18 所示。

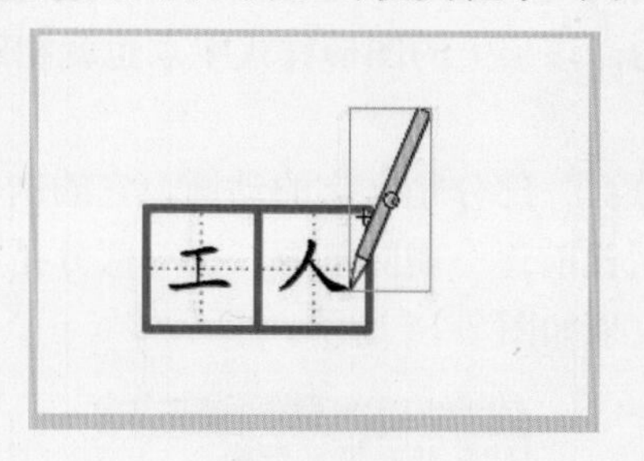

图3-18 调整铅笔的大小与位置

在【时间轴】面板上，右键单击第 2 帧，在弹出的快捷菜单中选择【转换为关键帧】命令，如图 3-19 所示。

图3-19 将第2帧转换为关键帧

提示：在制作文字图层的动画时，为不影响田字格图层内对象的状态，一般将田字格图层锁定。

然后单击第 2 帧，单击【橡皮工具】按钮，在舞台上擦去“人”字的右下角，并移动铅笔的位置，如图 3-20 所示。

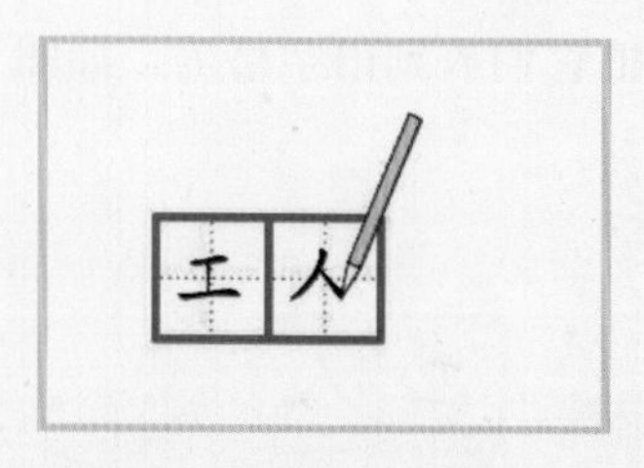

图3-20 擦除字、移动铅笔

照此方式操作下去，依次转换关键帧→擦去字的尾部部分→移动铅笔的位置，整个过程如图 3-21 所示。

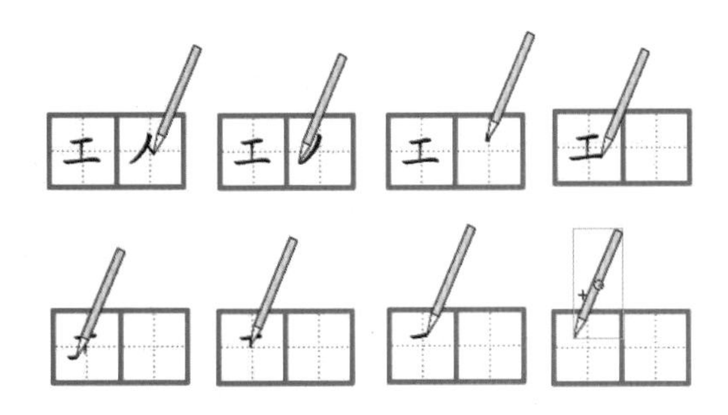

图3-21 依次擦去字，并移动铅笔

❸所有的关键帧都完成后，用鼠标选中全部关键帧，在这些关键帧上单击鼠标右键，弹出快捷菜单，选择【翻转帧】命令，将上面所做的顺序进行颠倒，如图 3-22 所示。

图3-22 对所有关键帧使用【翻转帧】命令

这样整个动画就制作完成了。

范例对比

与打字机动画相比，铅笔写字动画在制作顺序上与其完全相反，打字机动画是一个字一个字地增加，而铅笔写字却是一笔一笔地擦除，直到所有画面都完成后才使用【翻转帧】命令将其顺序颠倒。这样的方法可以大大降低关键帧的制作难度，提供制作逐帧动画的速度。

2. 奥运火炬传递路线动画

奥运火炬传递路线动画是个复杂的动画，如果用手工一步一步地画路线图，耗时耗工，而且还容易出错。但是如果借助现有路线图，让现有路线图一点一点地显示出来，则可以大大节省时间，而且决不会出现路线画错或者画得不美观等问题。该动画的最后效果如图 3-23 所示。

图3-23 动画效果

● **制作步骤**

❶首先要准备两张图片，一张是没有路线的世界地图，一张是包含有路线的世界地图，如图 3-24 所示。

A 世界地图

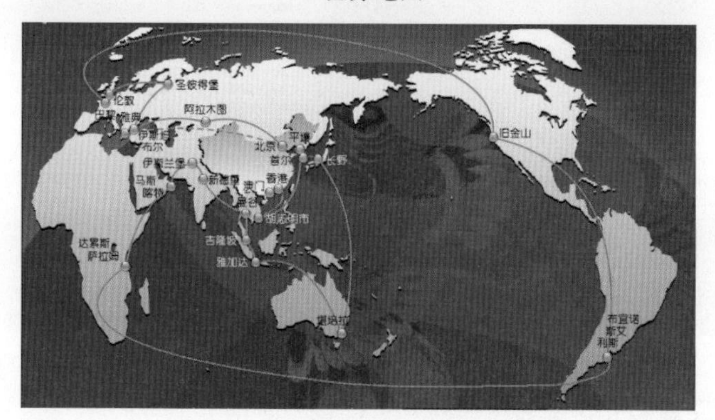

B 包含有传递路线的世界地图

图3-24 素材

然后，使用 PhotoShop 软件将路线“抠”出来，并保存为 PNG 格式，如图 3-25 所示。

图3-25 传递路线

> **提示**：PNG 格式是一种高质量的流式网络图形格式（Portable Network Graphic Format，PNG）。它存储灰度图像时，灰度图像的深度可达到 16 位，存储彩色图像时，彩色图像的深度可达到 48 位，并且还可存储 16 位的 α 通道数据，支持透明度。

❷将世界地图和传递路线导入到库中。建立 3 个图层，分别命名为“底图”、“路线图”和“遮罩”。

在“底图”图层中，将世界地图拖放到舞台上，加上标题，并将关键帧延长至第 100 帧，

如图 3-26 所示。

图3-26 底图和标题

在“路线图”图层，将 PNG 格式的路线图拖放到舞台上，调整至准确位置，并延长至 100 帧，如图 3-27 所示。

图3-27 放置路线图

> **注意**：PNG 格式的图片可以保持透明性，所以在保存 PNG 格式时，其底图一定要设为透明的，或者是无底图。

3. 制作逐帧遮罩动画。

这是该动画的关键步骤。将“遮罩”图层设置为遮罩层，则“路线图”图层自动转变为被遮罩层，并且自动锁定，如图 3-28 所示。

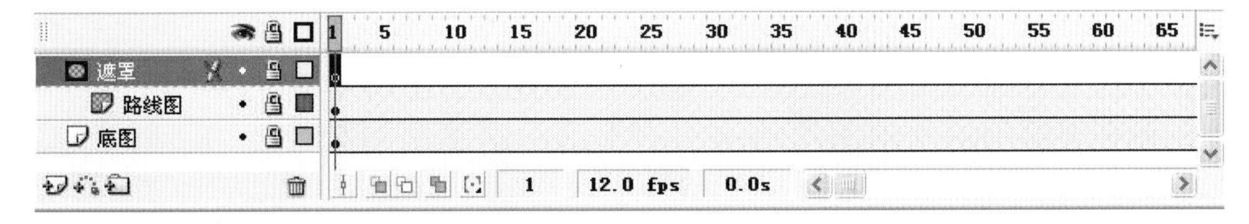

图3-28 设置遮罩层

将“遮罩”图层解锁，单击工具栏中的【刷子工具】按钮，并在选项栏设置刷子的大小及样式，如图 3-29 所示。

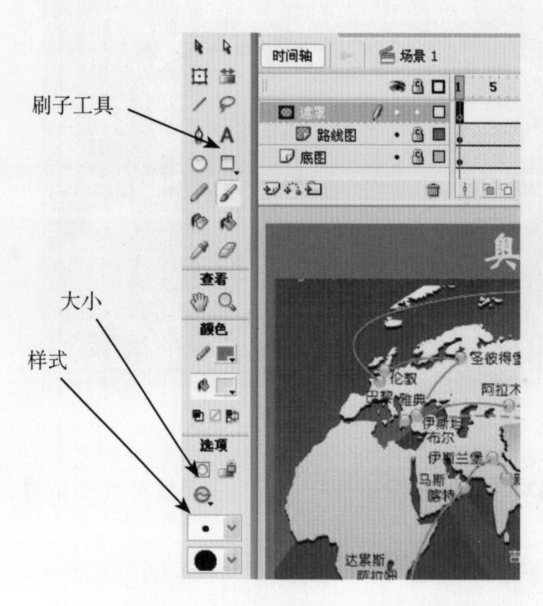

图3-29 选用【刷子工具】并设置选项栏

然后在“遮罩”图层，从起点（雅典）开始“涂抹”路线，如图 3-30 所示。

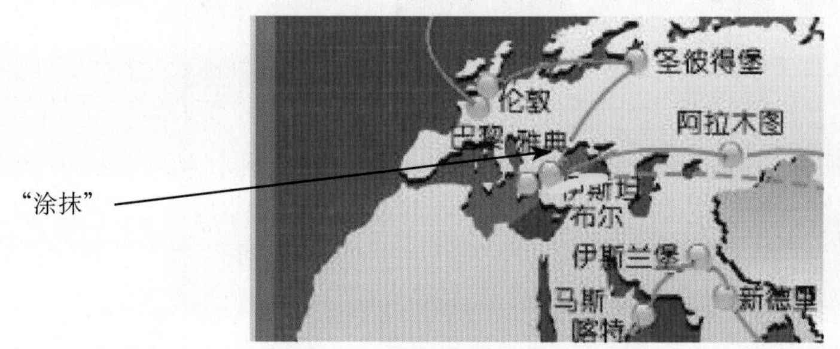

图3-30 “涂抹”路线

提示：这里不是真正的“涂抹”，路线与黄色的刷子根本就不在一个图层上，不会互相影响，这里的“涂抹”是起遮盖的作用。

选择“遮罩”图层的第 2 帧，将该帧转换为关键帧，然后继续“涂抹”，如图 3-31 所示。

图3-31 在第2帧（关键帧）上继续“涂抹”

以此类推，依次转换关键帧→“涂抹”，直至“涂抹”完所有的路线，如图 3-32 所示。

图3-32 “涂抹”路线

小技巧

在“涂抹”路线过程中，当靠近目标城市时，一次“涂抹”的距离要短些，使用的帧数要多些，这样能产生逐渐停止的效果；当离开某城市时，一次“涂抹”的距离也要短些，这样才能产生逐渐加速的效果。

当到达某一城市时，要保留一些关键帧，在这些关键帧上，不作任何“涂抹”动作，可以产生停留一段时间的效果。

至此，整个动画制作完成。

范例对比

如果用 Flash 一步一步地画出奥运火炬的传递路线，那是一件很难的事，但是如果是用粗糙的刷子工具沿着奥运火炬传递路线“描”一遍，就是件很轻松的事了，而且“描”的要求也不高，只要能“盖”住要显示部分就可以了，很轻松就能涂抹完。因此，这种方法能大幅度降低动画的制作难度。这与前两个范例的制作有明显不同。

3.2 动作补间动画

动作补间动画也是 Flash 中最常见的基础动画类型，使用它可以制作对象的位移、变形、旋转、透明度以及色彩变化的动画效果。动作补间动画只需将两个关键帧中的动作制作出来就可以了，关键帧之间的过渡由 Flash 来完成，这样大大方便了动画的制作。

几乎所有的动画都要用到动作补间动画，而且在一段动画片断中往往会多次使用动作补间动画。因此，经典的动作动画经常是由多个动作补间动画共同完成的。

3.2.1 案例简介——滚动的篮球

滚动的篮球有两种运动：球的运动和影的运行。这两个运动的方向和距离是一样的。但它们还有不一样的地方，球不仅有前行的运动，还包含滚动的动作；影不仅有前行的运动还包含长短的变化。这些运动都可以通过动作补间动画完成。

在实际生活中，球在运动时遇到碰撞会向相反的方向运动，而且会逐渐停止，这种逐渐停止的运动在 Flash 中可以通过设定动作补间动画的时间帧长短来实现，即帧长度一样，但运动距离不一样，具体示意如图 3-33 所示。

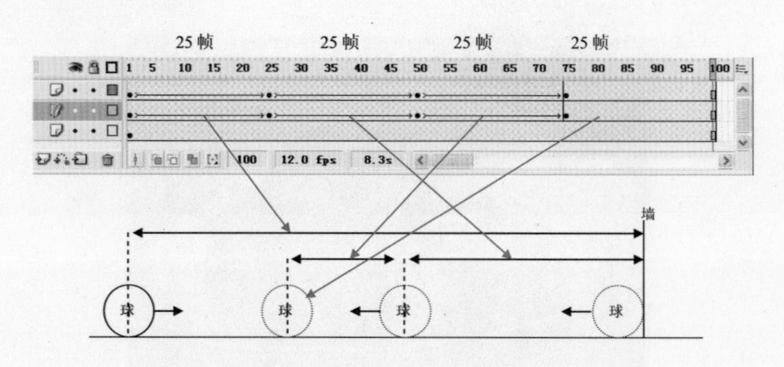

图3-33　逐渐停止运动及其帧示意

该动画完成后的效果，如图 3-34 所示。

图3-34　最终效果

3.2.2　具体制作

新建一个 Flash 文档，命名为“滚动的球”。

❶制作元件球和阴影。

新建一个元件，命名为“球”，进入编辑状态后，单击【椭圆工具】按钮，在工作区绘制一个橙色的圆，如图 3-35 所示。

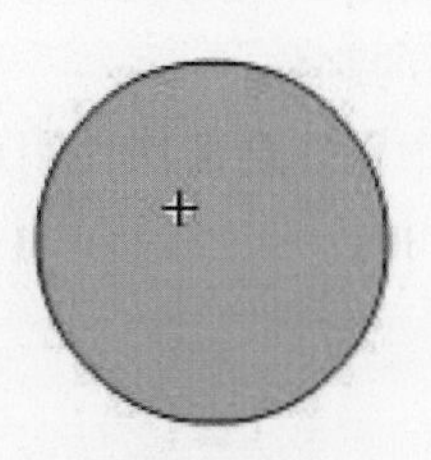

图3-35　圆

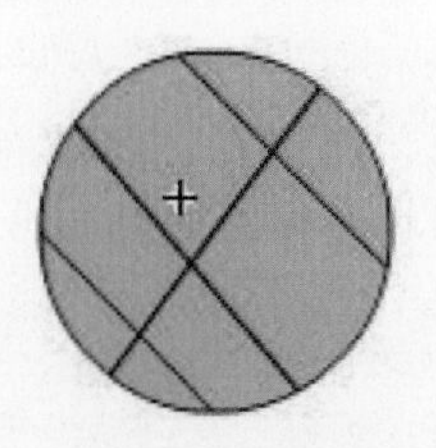

图3-36　画线条

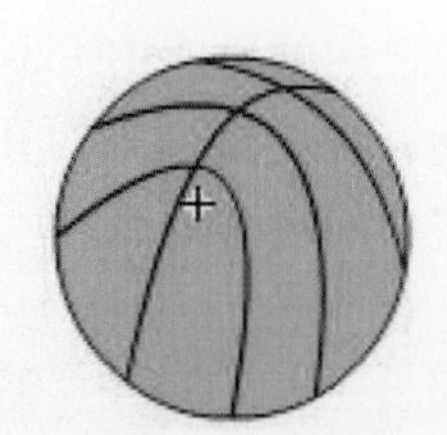

图3-37　球

提示： 在使用【椭圆工具】画圆时，可以按住 Shift 键，再拖动鼠标，这样就会画出正圆。

然后新建 4 个图层，在每个图层上使用【线条工具】画一条黑色的线条，如图 3-36 所示。

单击【选择工具】按钮，对每个图层上的线条进行变形，如图 3-37 所示，这样就绘制出一个篮球了。

提示：使用【选择工具】可以对线条进行变形，当鼠标指针变为形状时，表示修改形状；当鼠标指针变为形状时，表示修改线条端点的位置。

再新建一个元件，命名为“阴影”，进入编辑状态后，设置笔触色为无色，填充色为线性渐变色。然后，单击【椭圆工具】按钮，在工作区绘制一个椭圆，如图3-38所示。

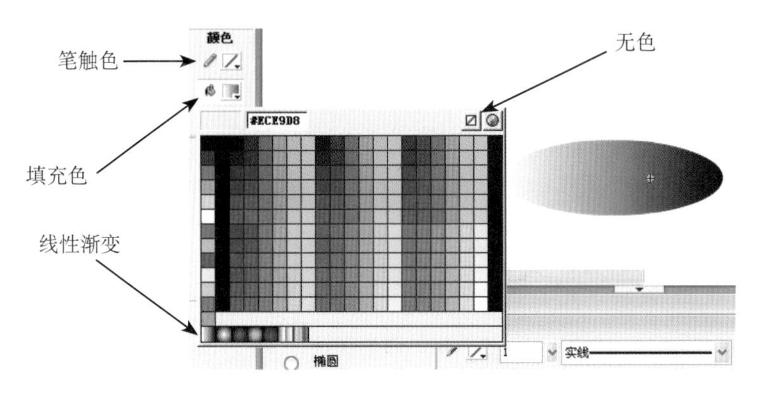

图3-38 绘制一个线性渐变的椭圆

再使用【选择工具】，将椭圆的右半边删除，如图3-39所示。

图3-39 元件“阴影”

②制作球的运动。

返回到主场景，创建3个新图层，分别命名为“背景”、“阴影”和“球”。

选择“背景”图层，选择菜单【文件】→【导入】→【导入到舞台】命令，将背景图片导入到舞台中。单击【任意变形工具】按钮，使其与舞台大小一致，然后将该图层锁定，如图3-40所示。

图3-40 导入背景图

选择“球”图层，将元件“球”拖放到舞台上，放置于“地面”上，位于左侧。将第25帧转换为关键帧，然后在该关键帧上拖动“球”，使其碰到“墙”，如图3-41所示。

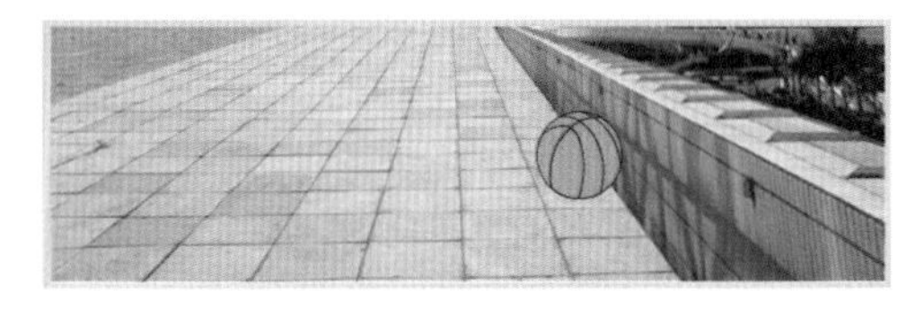

图3-41 拖动“球”使其碰到“墙”

在第 1 帧至第 25 帧之间单击鼠标右键，在弹出的快捷菜单中选择【创建补间动画】命令，制作从第 1 帧至第 25 帧的动作补间动画，如图 3-42 所示。

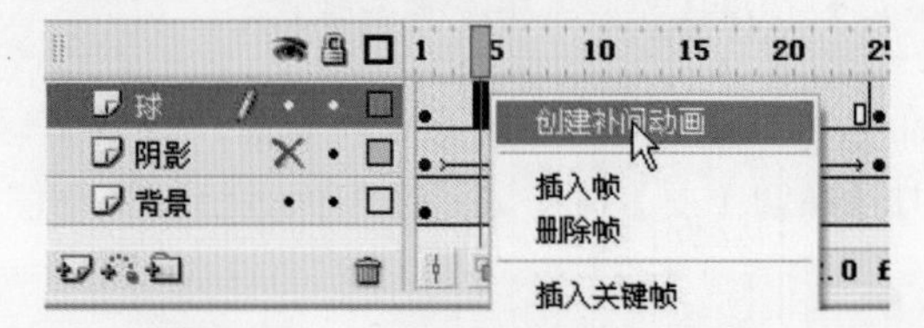

图3-42 创建补间动画

然后打开【属性】面板，设置【旋转】为“顺时针”，次数为“2”次，如图 3-43 所示。

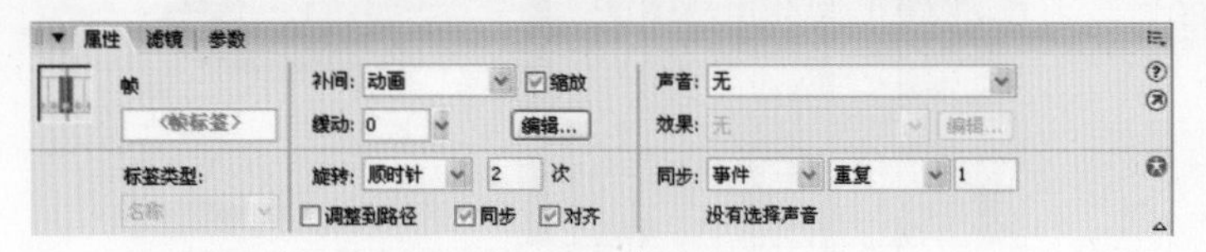

图3-43 设置补间动画的属性

> 提示：制作动作补间动画有两种方式：一种是通过鼠标快捷键；另一种是通过设置【属性】面板，将【补间】项设置为“动画”。

这是球的碰墙动画。按照相同的方法，在第 25 帧至第 50 帧之间制作球反弹动画的第一段。所不同的是，反弹动画第一段的【旋转】为“逆时针”，次数为“1”次，如图 3-44 所示。

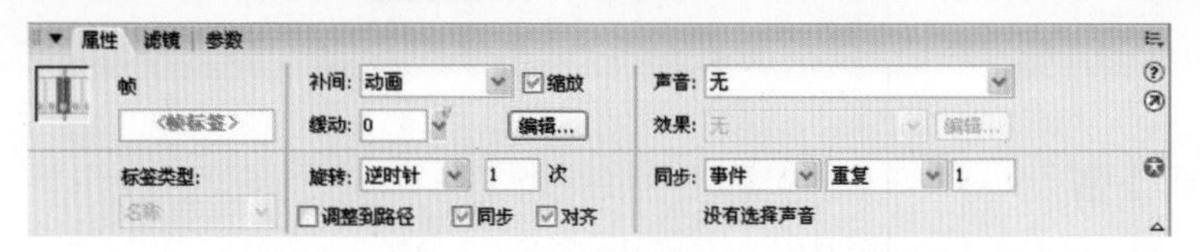

图3-44 反弹（第一段）补间动画的【属性】面板

下面制作反弹动画的第二段。将第 75 帧转换为关键帧，然后再向左拖动“球”一小段距离（比第一段的距离小），然后单击【任意变形工具】按钮，将“球”逆时针旋转 180 度，如图 3-45 所示。

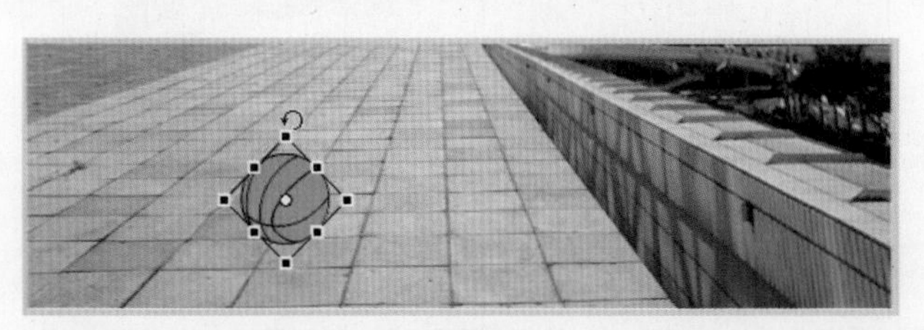

图3-45 旋转“球”

在第 50 帧至第 75 帧之间创建动作补间动画。而第 75 帧至第 100 帧则不作动画，表示球已停止。

❸制作阴影的动画。

阴影的动画是跟随球的运动而运动的，制作好球的动画后，阴影的动画就比较容易制作了。

注意：“阴影”图层要在“球”图层的下面，这样球对阴影就有一定的遮挡作用。

选择“阴影”图层，将元件“阴影”拖放到舞台上，放置于球的下面，然后打开【属性】面板，设置阴影的宽为60，长为16.1，如图3-46所示。

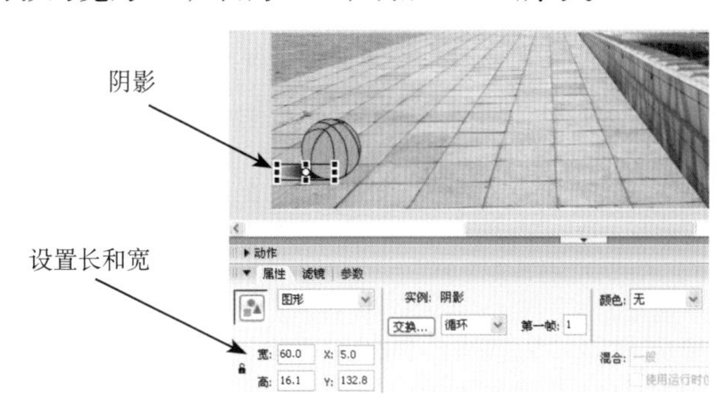

图3-46 设置阴影的长和宽

将第25帧转换为关键帧，在该帧上，将阴影拖动到球的下面（跟随球运动），如图3-47所示。

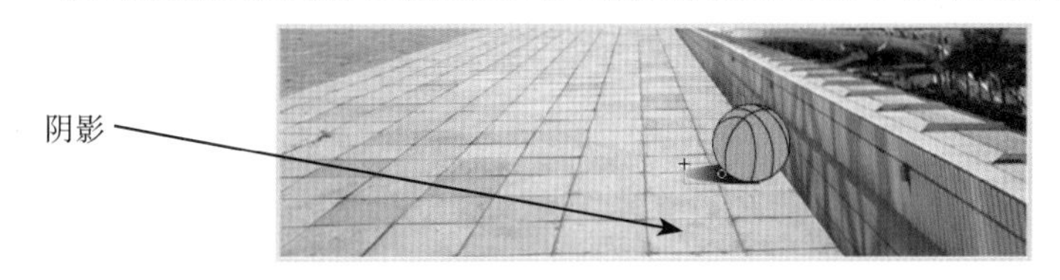

图3-47 阴影跟随球运动

打开【属性】面板，设置阴影的宽为35，长为16.1，并调整至合适的位置，然后在第1帧至第25帧之间制作动作补间动画。

按照此方法制作第25帧至第50帧之间的动画和第50帧至第75帧之间的动画，所不同的是阴影的宽度要进行变换。在第50帧处，阴影的宽度为45；在第75帧处，阴影的宽度为55。分别如图3-48和图3-49所示。

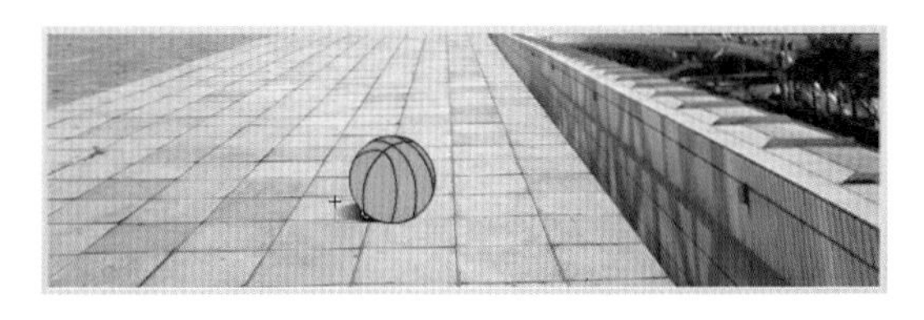

图3-48 第50帧处的阴影

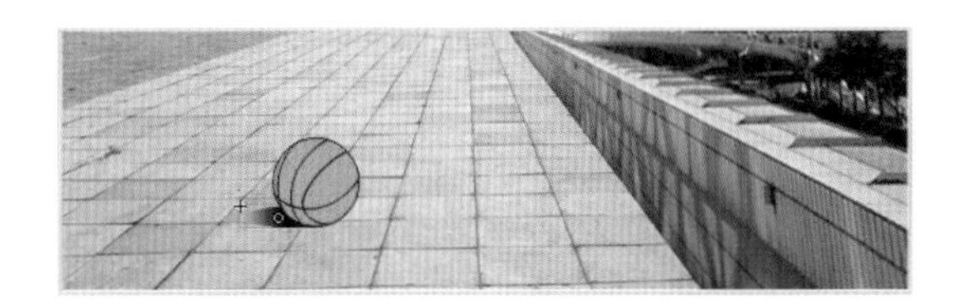

图3-49 第75帧处的阴影

至此，动画滚动的篮球制作完成，按Ctrl + Enter组合键测试影片，观看动画效果。

3.2.3 同类索引——飞翔的大雁、唐诗欣赏

动作补间动画之所以是最常用的基础动画，不仅因为它制作简单，也因为它可以很容易地与其他动画类型结合起来共同使用，制作出逼真、精美的动画效果。下面就介绍动作补间动画与逐帧动画、遮罩动画的结合。

动作补间动画与逐帧动画结合时，一般用逐帧动画完成元件的制作，用动作补间动画完成对象的移动。

动作补间动画与遮罩动画结合时，动作补间动画既可以在遮罩层，也可以在被遮罩层，或者同时在两个图层。

1. 飞翔的大雁

制作飞翔的大雁动画时，要先制作“大雁飞”的逐帧动画元件，然后再把几个“大雁飞”元件拖放到舞台上，并置于不同的图层中，最后在每个图层中对“大雁飞”制作动作补间动画。最终的动画效果如图 3-50 所示。

图3-50 最终动画效果

● 制作步骤

❶绘制大雁动作。新建 8 个图形元件，绘制大雁飞的 8 个动作图，如图 3-51 所示。

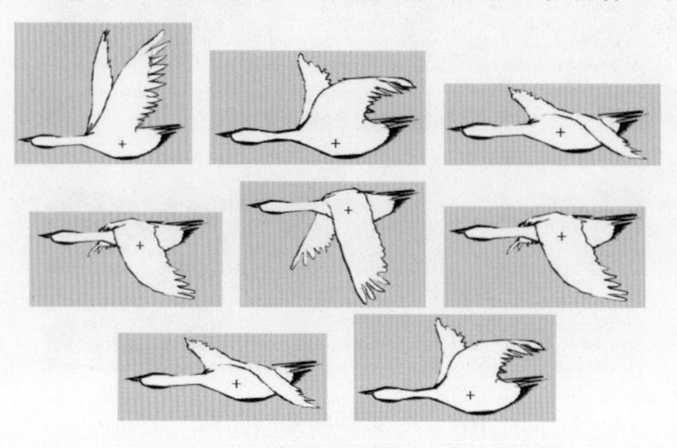

图3-51 大雁飞的8个动作

❷制作“大雁飞”动画。新建一个元件，命名为“大雁飞”，进入编辑状态后，在当前图层中连续插入8个空白关键帧，然后依次选中空白关键帧，将刚才绘制的8个大雁飞的动作拖放到舞台上，并使“大雁”的头位于同一个位置。

小技巧

为使“大雁”的头位于同一个位置，须使用Flash的绘图纸功能。绘画纸也称为“洋葱皮”，它可以使用户在舞台上一次查看两个或多个帧的内容。在【时间轴】面板上单击【绘图纸外观】按钮，则在时间帧的上方出现绘图纸外观的标记，拉动外观标记的两端，可以扩大或缩小显示范围，如图3-52所示。

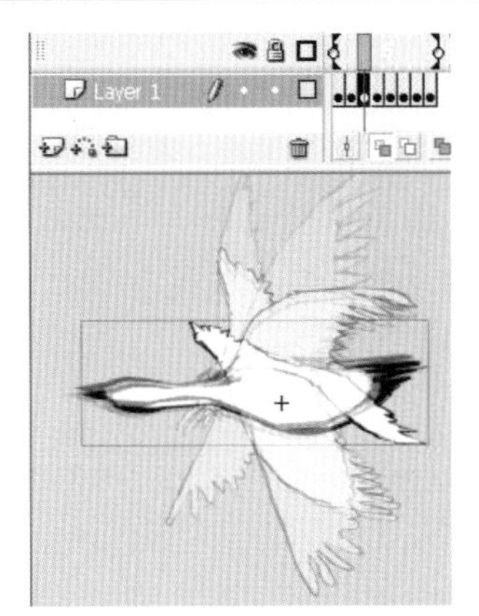

图3-52 使用绘图纸功能

❸制作“飞翔的大雁”。回到主场景，在当前图层上，将背景图片拖放到舞台上，并调整到合适的大小与位置。然后新建3个图层，在每个图层上拖放一个“大雁飞”元件，并使它们位于舞台的右侧且排成一排，如图3-53所示。

在这3个图层的第45帧处，分别插入一个关键帧。选中关键帧，将“大雁飞”元件拖放到舞台的左上角，并适当缩小元件的大小。然后在第1帧至第45帧之间创建动作补间动画，如图3-54所示。

图3-53 排列“大雁飞”元件

图3-54 拖放“大雁飞”到舞台的左上角

注意：这里3个“大雁飞”元件的顺序和相对位置与开始时要一致。

至此，整个动画制作完毕。

范例对比

动画“飞翔的大雁”与动画“滚动的篮球”相比有两个区别：一是补间动画的运动对象不同。“滚动的篮球”是一个静止元件的运动，而“飞翔的大雁”是一个运动元件的运动。二是运动组合不一样，两个动画都是组合运动，“滚动的篮球”是两个并行的动作补间动画，“飞翔的大雁”则是动作补间动画与逐帧动画的组合。

2. 唐诗欣赏

唐诗欣赏是由 3 个动画组成的：文字动画、背景动画和船动画，它们都需要用到动作补间动画。其中，文字动画是由动作补间动画与遮罩动画组合而成的。该动画的最后效果如图 3-55 所示。

图3-55 动画效果

● 制作步骤

❶首先将素材导入到库中。所用素材有：唐诗声音文件、底图、小船图。

❷制作唐诗遮罩动画。新建一个元件，命名为“唐诗”，进入编辑状态后，输入唐诗《早发白帝城》的文本，并设置适当的字体，如图 3-56 所示。

早 发 白 帝 城

唐 李 白

朝辞白帝彩云间，
千里江陵一日还。
两岸猿声啼不住，
轻舟已过万重山。

图3-56 唐诗文本

再新建一个元件，命名为“唐诗动画”，进入编辑状态后，将当前图层命名为“衬底”，单击【矩形工具】按钮然后设置笔触色为红色，填充色为黄色，并设置填充色的 Alpha 值（即透明度）为 70%，如图 3-57 所示。

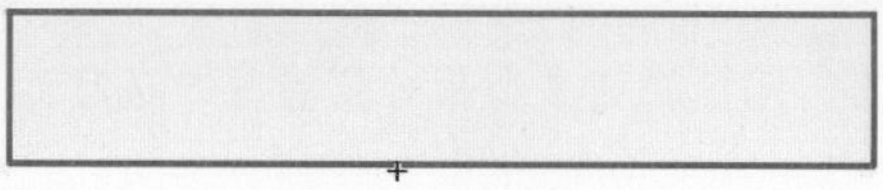

图3-57 图层“衬底”的矩形

再新建2个图层，分别设置为遮罩层和被遮罩层。其中，遮罩层为一个渐变矩形，大小与“衬底”层的矩形一致；被遮罩层里放置元件“唐诗”，如图3-58所示。

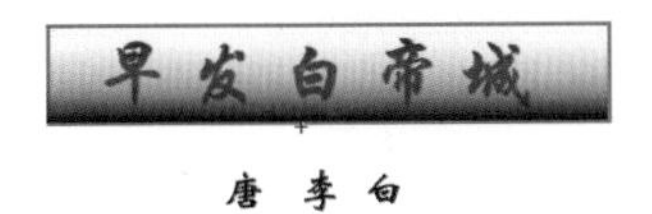

唐 李白

朝辞白帝彩云间，
千里江陵一日还。
两岸猿声啼不住，
轻舟已过万重山。

图3-58 制作遮罩

再新建一个图层，在该图层上，将唐诗声音文件拖放到舞台上，在【时间轴】面板上将声音关键帧延长至声音结束点。

将其他3个图层的关键帧也延长至声音结束点，制作被遮罩层“唐诗”从下向上移动的动作补间动画，运动的结束点遮罩层的渐变矩形恰好能盖住最后一句唐诗，如图3-59所示。

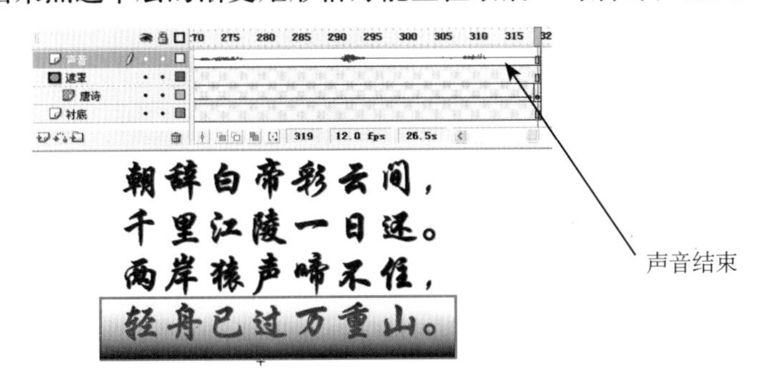

图3-59 制作遮罩动画

❸制作国画背景的动画。回到主场景，在当前图层上将底图拖放到舞台上，并为底图添加动作补间动画。其中，第1帧至第40帧之间为底图渐现动画，第40帧至第320帧之间为底图从上向下移动的动画。

> **提示**：渐现动画也是动作补间动画，其制作方法是通过【属性】面板，设置元件在两个关键帧处的Alpha值，然后在两个关键帧之间做动作补间动画，如图3-60所示。

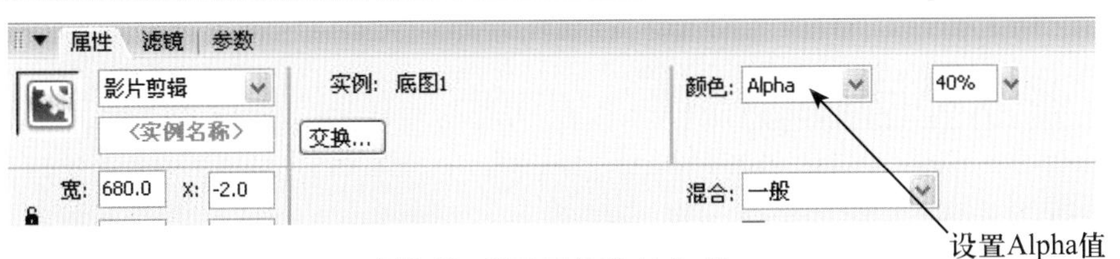

图3-60 设置元件的Alpha值

❹制作行船动画。再新建一个图层，在新图层的第40帧添加一个空白关键帧，然后将元件“船”拖放到舞台上，使其位于底图的“河”的位置，如图3-61所示。

图3-61 将元件“船”放入“河”中

然后在第 40 帧至第 170 帧之间，第 250 帧至第 295 帧之间，制作船的动作补间动画，使其一直在“河”里行走。第 170 帧至第 250 帧之间为空白，是因为船被“山”遮挡住了，不在视线之内，如图 3-62 所示。

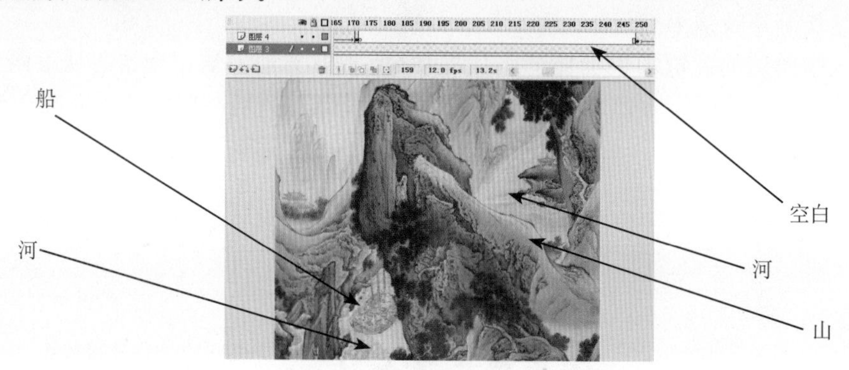

图3-62 元件“船”被“山”遮挡

❺添加唐诗动画。再新建一个图层，将元件“唐诗动画”拖放到舞台底部的中央位置。至此，整个动画制作完毕。

范例对比

与动画“滚动的篮球”相比，该动画是动作补间动画与遮罩动画的组合，动作补间动画不仅使用在主动画中，而且还使用在遮罩动画中，其应用范围非常广泛。另外，动作补间动画不仅可以做元件位置移动的动画，而且还可以做元件的色彩和透明度的变化动画，本例中就有这样的应用。

3.3 形状补间动画

在一个关键帧中绘制一个形状，然后在另一个关键帧中更改该形状或绘制另一个形状，Flash 根据两者之间帧的值或形状来创建的动画被称为“形状补间动画”。形状补间动画可以实现两个图形之间的颜色、形状、大小和位置的相互变化，其变形的灵活性介于逐帧动画和动作补间动画两者之间，使用的元素多为用鼠标或压感笔绘制出的形状，如果使用图形元件、按钮和文字，则必须先“打散”这些形状，才能创建变形动画。

3.3.1 案例简介——燃烧的篝火

形状补间动画和动作补间动画都属于补间动画。它们都各有一个起始帧和结束帧，但两者有很大区别。动作补间动画往往是一个形状或一个元件整体的运动，如放大、缩小、移动、变色等；而形状补间动画往往是实现一个形状到另外一个形状的变化，如弯曲、伸长、扭转变色变化等。燃烧的篝火是一个简单的形状补间动画，它仅做了一个火焰燃烧及光影变化的变形动画，但通过此动画我们可以了解形状补间动画的一般制作方法。该动画完成后的效果如图 3-63 所示。

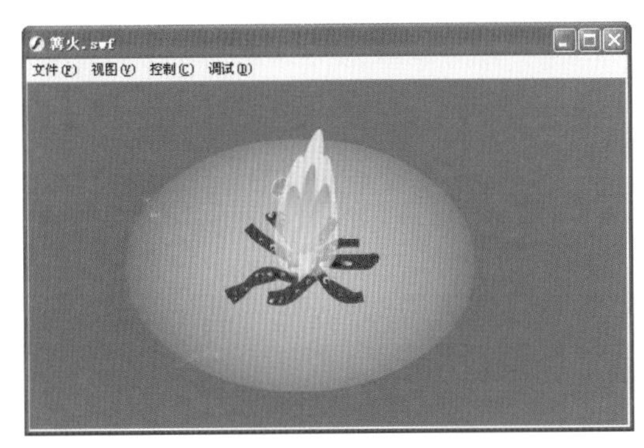

图3-63 最终效果

3.3.2 具体制作

新建一个 Flash 文档，命名为“燃烧的篝火”。

❶选择菜单【修改】→【文档】命令，打开“文档属性”对话框，修改 Flash 文档的背景颜色为灰色，尺寸为 550px×400px。

❷制作元件“光”。新建一个元件，命名为“光”，进入编辑状态后，设置笔触色为无色，填充色为中心渐变色，渐变色为由透明到黄色渐变，如图 3-64 所示。

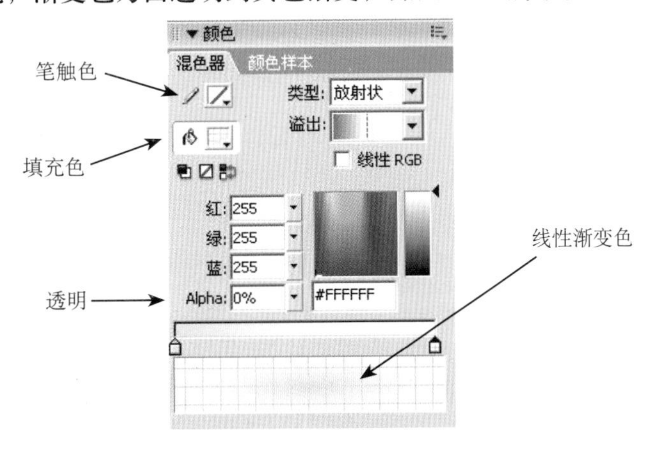

图3-64 颜色设置

单击工具栏上的【椭圆工具】按钮，在工作区做一个椭圆形，如图 3-65 所示。

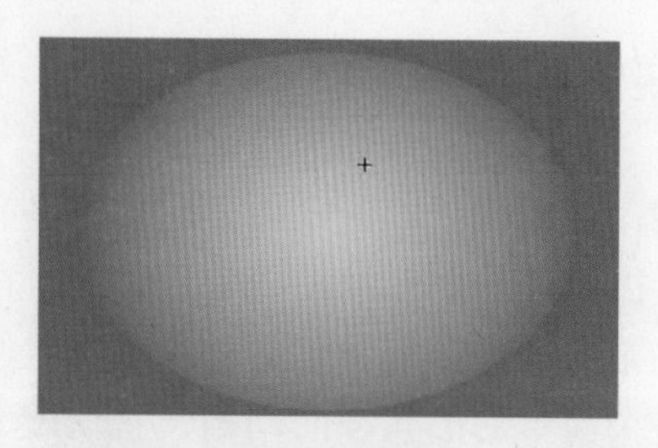

图3-65　椭圆

在【时间轴】面板的当前图层的第 5 帧上，单击鼠标右键，插入一个关键帧，然后选中渐变椭圆。打开【混色器】面板，设置渐变色为红色至透明的渐变，如图 3-66 所示。

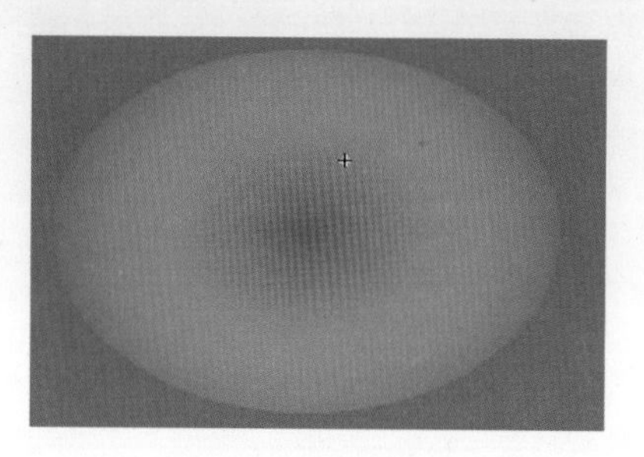

图3-66　更改渐变

选择第 1 帧至第 5 帧之间的任一帧，打开【属性】面板，设置“补间”为“形状”，如图 3-67 所示。

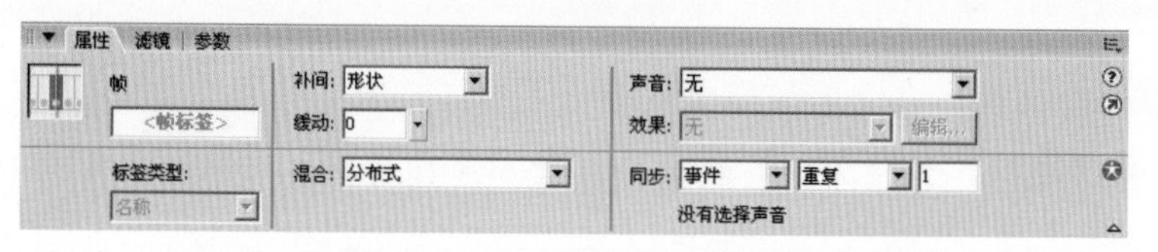

图3-67 设置“补间”为“形状”

注意：形状补间动画不能在【时间轴】面板上通过单击鼠标右键设置，只能通过【属性】面板设置。

按相同的方法，在第 10 帧插入关键帧，再设置渐变色为黄色至透明渐变，在第 5 帧至第 10 帧之间创建形状补间动画。

❸制作元件“柴”。再新建一个元件，命名为“柴”，进入编辑状态后，在当前图层上绘制木柴形状，如图 3-68 所示。

图3-68　木柴形状

再新建两个图层，分别再添加一些修饰纹，如图 3-69 所示。

图3-69 修饰木柴

❹制作元件“火”。新建一个元件，命名为“火”，进入编辑状态后，将当前图层命名为“外焰 1”。然后设置笔触色为无色，填充色为线性渐变色，渐变色为由透明到黄色渐变，如图 3-70 所示。

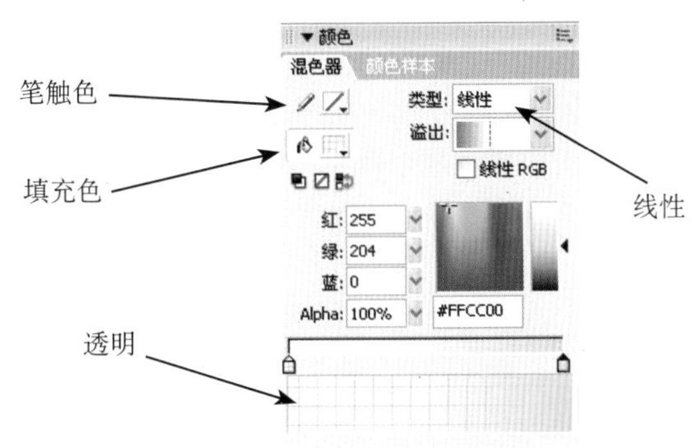

图3-70 颜色设置

单击工具栏上的【椭圆工具】按钮，在工作区做一个椭圆形，如图 3-71 所示。

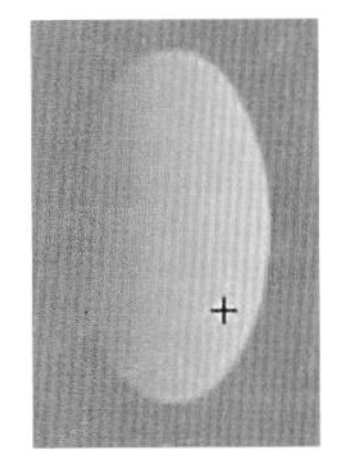

图 3-71 椭圆

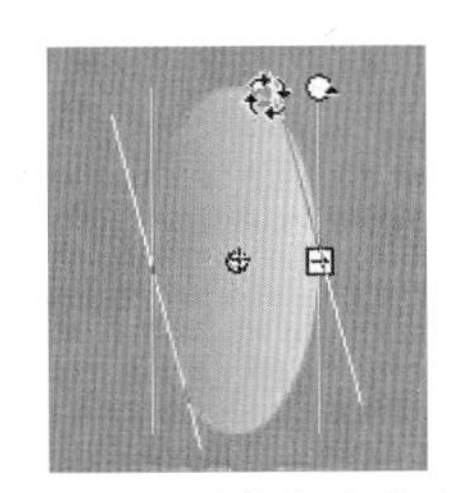

图 3-72 改变渐变方向

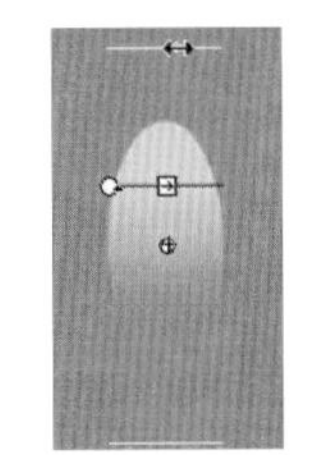

图 3-73 调整渐变幅度

再单击【填充渐变工具】按钮，首先改变颜色的渐变方向，将渐变由原来的左右渐变改为上下渐变，如图 3-72 所示；然后再调整颜色渐变的幅度，使渐变幅度变大，如图 3-73 所示。

> **注意**：单击【填充渐变工具】按钮时，图形上会出现 3 个控制点：圆圈、和。圆圈表示渐变中心点，表示渐变幅度，表示渐变方向。

单击【选择工具】按钮，移动鼠标到椭圆的边界上，当鼠标指针变为形状时，按下鼠标左键拖动，形成如图 3-74 所示的形状。

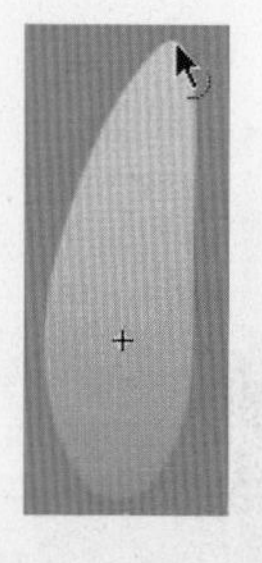

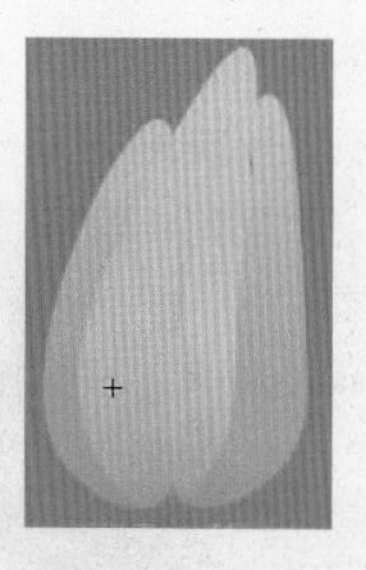

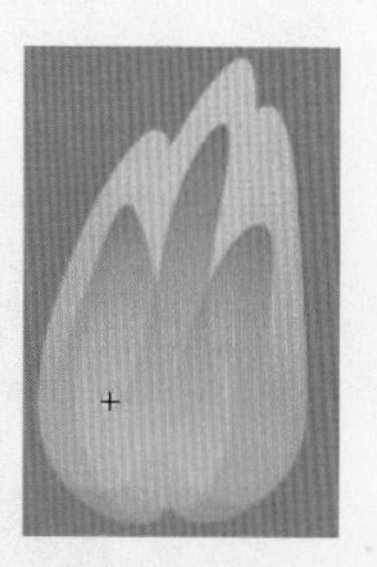

图3-74 外焰1　　图3-75 外焰　　图3-76 内焰

再新建两个图层，分别命名为“外焰 2”和“外焰 3”，在这两个图层上，用同样方法制作两个外焰火焰，与刚才做的“外焰 1”共同组成外焰样式，如图 3-75 所示。

再新建 3 个图层，分别命名为“内焰 1”、“内焰 2”、“内焰 3”，用同样的方法制作内焰的形状。内焰与外焰的不同之处就是内焰的渐变色是由透明到黄色渐变，如图 3-76 所示。

下面就是对这 6 个图层的对象分别制作形状补间动画。在【时间轴】面板上，在这 6 个图层的第 10 帧处都插入一个关键帧，然后对每个图层的对象使用【选择工具】进行变形，最后在第 1 帧至第 10 帧之间制作形状补间动画，如图 3-77 所示。

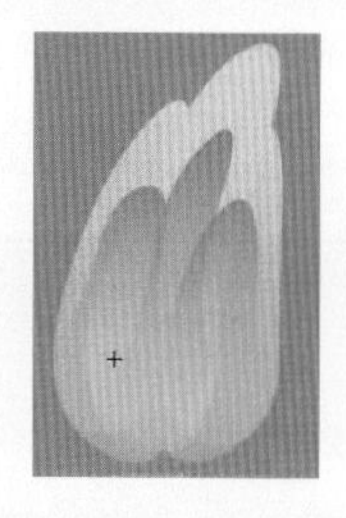

图3-77 对每个图层的对象进行变形

按照这样的方法，依次在第 10 帧至第 20 帧之间、第 20 帧至第 30 帧之间……第 40 帧至第 50 帧之间制作形状补间动画，最后该元件的【时间轴】面板如图 3-78 所示。

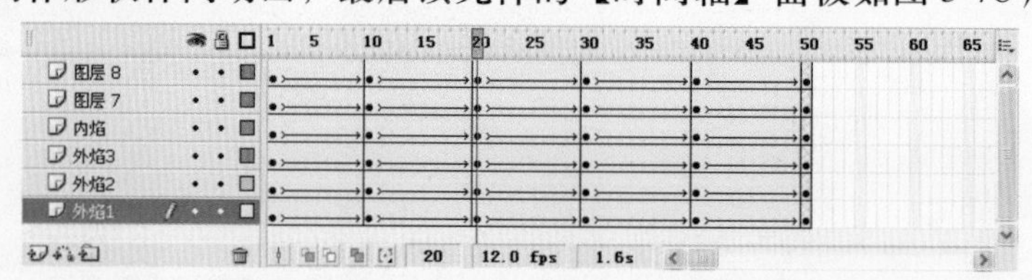

图3-78 元件“火”的【时间轴】面板

❺返回主场景，创建 3 个图层，分别命名为“光”、“柴”、“火”，然后将相应的元件拖放到舞台上，并适当调整它们的大小及位置，完成动画的制作。

至此，整个动画制作完毕。

小技巧

形状补间动画是基于形状来完成的，所以我们必须要保证制作形状补间动画的素材为图形。在 Flash 中有两种图形，一种是位图图形，另一种为矢量图形。只有矢量图形才可以制作形状渐变动画。位图、文本、元件等都不可以制作此效果。我们只有通过“分离”来将它们矢量化，才可以制作形状渐变动画。

3.3.3 同类索引——翻书动画、飘动的头发

在Flash中，形状补间动画一般用来制作物体细微变化的动画，是介于逐帧动画与动作补间动画之间的一种动画形式。虽然形状补间动画的实现很容易，但真正用好形状补间动画并不是一件容易的事。因为当Flash根据两个关键帧中的不同形状，“计算”变形过程时，很可能并不按照作者的思路进行变化，而是按照某种数学运算进行变化，结果也许会乱七八糟。

改变这种情况的办法有两种：一种是增加关键帧的数量，让变化做得更精细；另一种是为形状补间动画添加“形状提示”功能。“形状提示”是通过在两个关键帧中添加对应的提示点，使某一点不动或者按照给定的思路去变化，从而达到控制形状变化的效果。

下面的两个例子就分别使用了这两种方法。

1. 翻书动画

翻书动画也是一个典型的形状补间动画，该动画展示的是一页书在翻阅过程中的形状变化，为了使书页在变化中保持形状，就要多次使用关键帧，让形状逐步变化。在这个动画中，除了书页形状变形外，还有一个书页阴影的变化动画，它也是一个形状补间动画。该动画效果如图3-79所示。

图3-79 最终效果

● 制作步骤

❶绘制半面书元件。首先新建一个元件，使用【矩形工具】绘制一个矩形，然后再使用【选择工具】对矩形进行变形，形成一个单书页的形状，如图3-80所示。

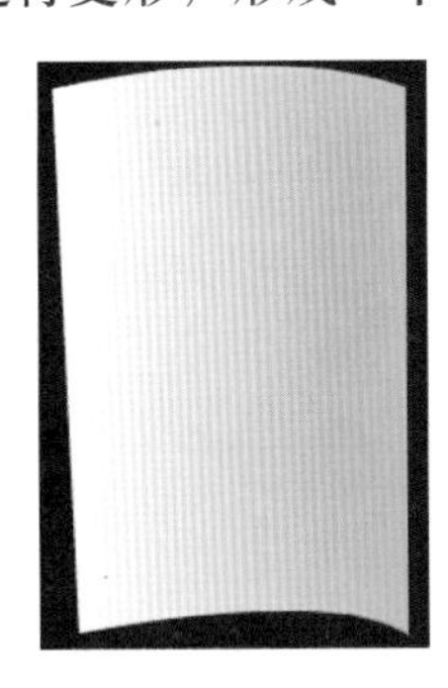

图3-80 单书页

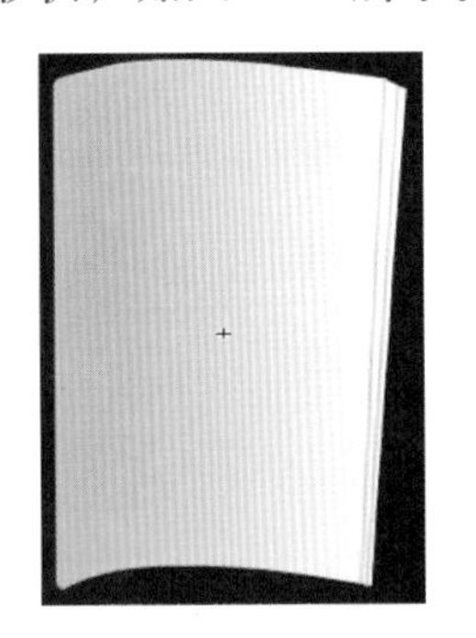

图3-81 多书页

> **注意**：这里的单书页元件只是一个书页模板，在形状补间动画中若使用该元件，要将其分离，因为形状补间动画只对图形有效。

再新建一个元件，将单书页元件拖放到工作区，并分离。然后对这个单书页形状进行镜像、变形，并添加灰色页分界线，形成一个多页的形状，如图 3-81 所示。一个多页的形状就是半面书，两个半面书组成一本书的形状。

❷制作右半面翻页动画。回到主场景，在当前图层上，拖放两个多书页元件到舞台上，并对其中一个元件进行镜像变化，调整两个元件的位置，使其组成一本书的形状，如图 3-82 所示。

图3-82　书

再新建一个图层，将单书页元件拖放到舞台上，移动位置，使其覆盖在右半边的书页上。分离元件，使其成为一个形状，如图 3-83 所示。

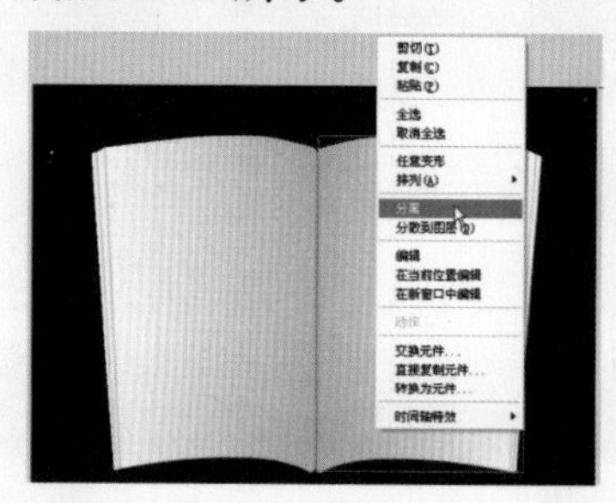

图3-83　分离单书页

在第 15 帧添加一个关键帧，然后单击【选择工具】按钮，调整书页的形状。单击【颜料桶工具】按钮，在【混色器】面板上调整当前填充色线性渐变样式，向内移动白色标志位，如图 3-84 所示。

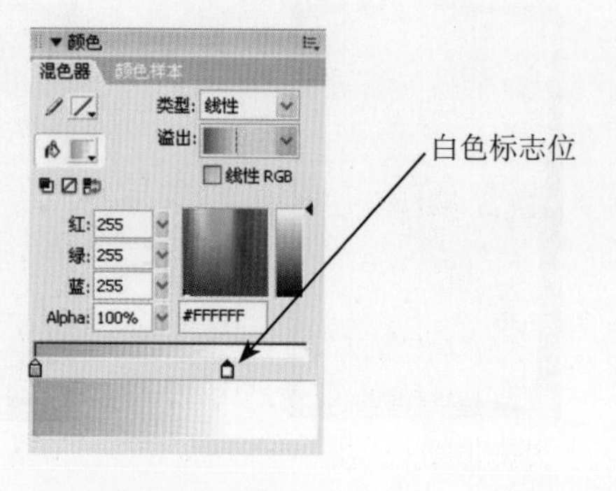

图3-84　调整填充渐变色样式

然后对变形的单书页改变填充色，如图 3-85 所示。

图3-85 对变形的单书页变换填充色

提示：若不变换填充色，则前后色相近，不容易显示效果。

在第 1 帧至第 15 帧之间做形状补间动画。

用相同的方法，在第 15 帧至第 30 帧之间制作形状补间动画，使其书页“近似”在中间，如图 3-86 所示。

图3-86 书页的第30帧样式

③制作左半面翻书动画。在第 31 帧插入一个空白关键帧，并延长至第 60 帧，然后将单书页元件拖放到舞台上，移动其位置，使其覆盖在左半边的书页上。分离元件，使其成为一个形状。

提示：右半边的书页不能再继续变形了，因为 Flash 是平面矢量图，翻转后并不能看到它的“背面”。

然后分别在第 60 帧至第 45 帧之间和第 45 帧至第 30 帧之间制作与右半边相同的动画。

提示：左半边的动画要反顺序制作，这样与右半边的动画制作顺序一致，比较容易把握书页的形状。

④增加阴影。再新建一个图层，并把新建图层移到书页图层的下面。单击【矩形工具】按钮，做一个灰色矩形。然后使用【选择工具】对矩形进行变形，形成一个书页阴影形状，如图 3-87 所示。

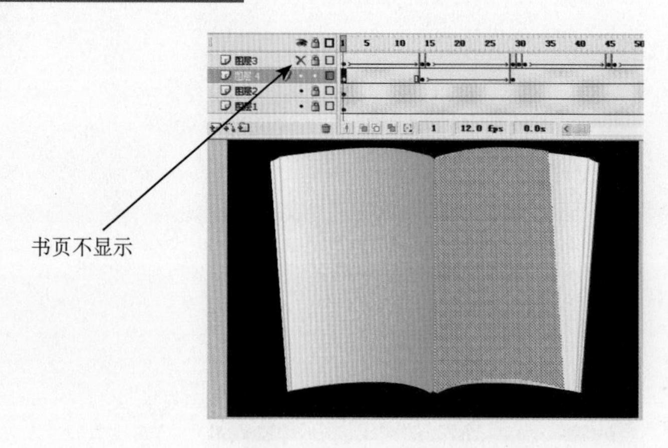

图3-87　制作书页阴影

然后在第 15 帧插入一个关键帧，并对阴影进行变形，在第 1 帧至第 15 帧之间创建形状补间动画。

在第 30 帧插入一个关键帧，对阴影进行变形，同时更改阴影的填充色为透明，在第 15 帧至第 30 帧之间制作形状补间动画，如图 3-88 所示。

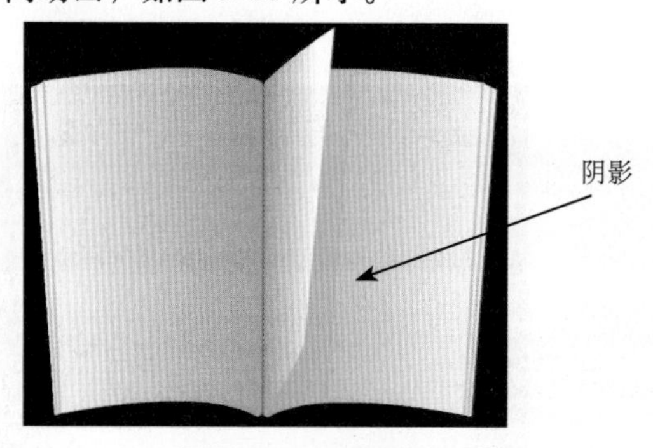

图3-88　阴影的形状补间动画

在第 31 帧至第 60 帧之间制作另一边阴影动画。

至此，整个动画制作完毕。

范例对比

该动画与“燃烧的篝火”动画的制作理念和形式都很相似，都是用形状补间动画制作精细的动作变形。它们的不同点在于：该动画是用平面动画刻画三维空间上的立体动画，而“燃烧的篝火”则是一个平面动画。用平面动画刻画立体动画时，需要找到空间的转换点，以空间转换点为界，分别做两个平面动画。本例中，空间转换点为书页直立时，因此在第 30 帧和第 31 帧分别使用了两个关键帧，而不是直接过渡。

2. 飘动的头发

飘动的头发可以用形状补间动画来实现。用形状补间动画制作出来的头发飘动效果比较流畅，但制作的时候如果形状控制不好，就会出现变化杂乱无章的现象。这时候就可以用到“形状提示”功能。该动画的最终效果如图 3-89 所示。

图3-89 最终效果

● 制作步骤

❶绘制无头发的“小女孩”元件。新建一个元件，命名为“小女孩”，进入编辑状态后，依次创建“鼻子”、“眼睛”……“身体”等图层，在每个图层上加入相应的形状，做成一个没有头发的小女孩图案，如图 3-90 所示。

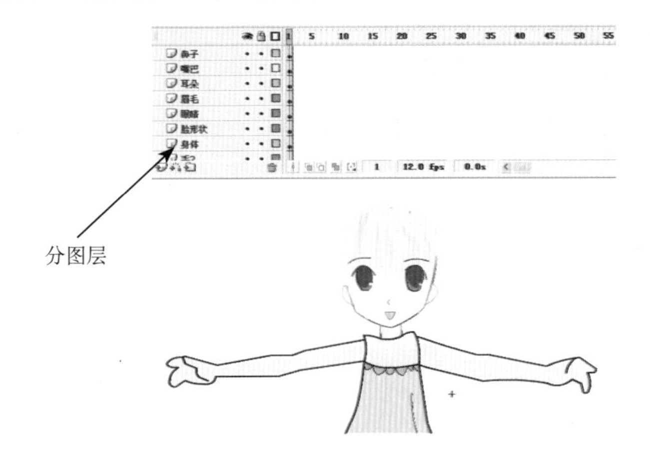

图3-90 元件“小女孩”

❷制作前额头发动画。新建一个元件，命名为“前额头发”，进入编辑状态后，在工作区绘制前额头发的形状，如图 3-91 所示。

图3-91 前额头发

小技巧

在绘制不规则图形时，尤其是当该不规则图形需要做形状补间动画时，常常使用规则图形经过【选择工具】变形得到，而不是使用【铅笔工具】进行手绘。原因是手绘时线条往往是不规则线条，关节点较多，而规则图形线条的关节点较少，做变形动画时变形比较规则，也比较流畅。

在第 10 帧处插入一个关键帧，然后对“前额头发”进行变形，在第 1 帧至第 10 帧之间创建形状补间动画。

再选中第 1 帧，选择菜单【修改】→【形状】→【添加形状提示】命令，则在工作区中增加了一个红色圆圈 a，如图 3-92 所示。

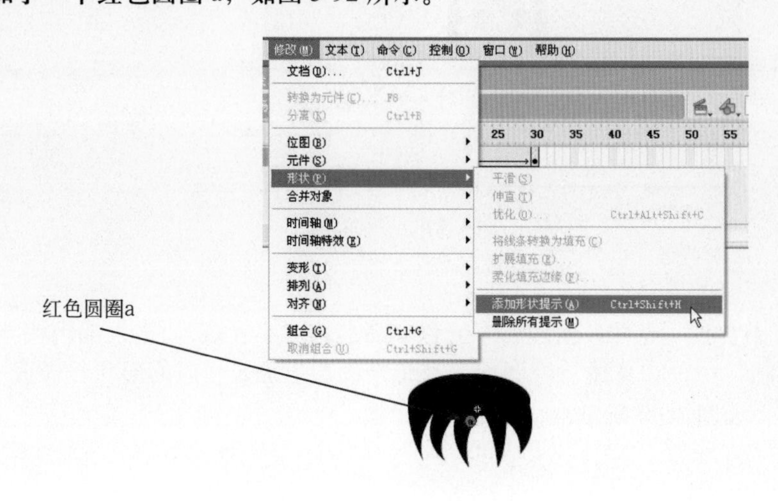

图3-92 添加“形状提示”

移动红色圆圈 a 到发梢点，如图 3-93 所示。

图3-93 移动“形状提示”

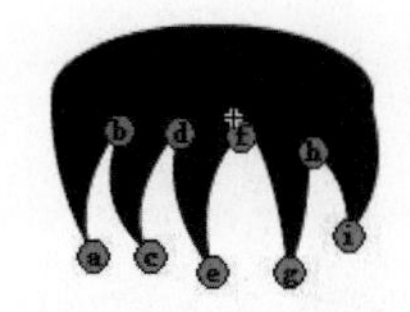

图3-94 添加“形状提示”

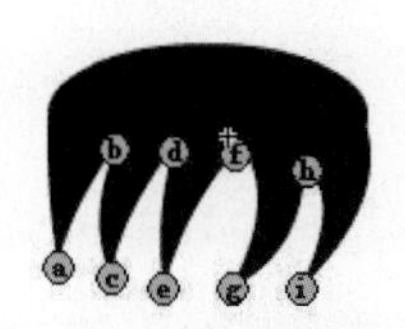

图3-95 调整后

按照此方法，依次增加“形状提示”，如图 3-95 所示。

选择第 10 帧，可以看到这些“形状提示”叠加在一起，用鼠标将它们分别移到相应的位置，如图 3-96 所示。

这样就使变形的各关节点互相照应起来，形状变化时就不至于走形。

提示：当“形状提示”功能有效时，提示符为绿色，无效时提示符为红色。

再依照此方法添加后面帧的“形状提示”。

❸制作“脑后头发”元件。新建一个元件，进入编辑状态后，绘制脑后头发的形状，然后再对脑后头发使用“形状提示”功能，制作形状补间动画，如图 3-96 所示。

图3-96 脑后头发的形状

❹制作“发卡”元件。再新建一个元件，进入编辑状态后，绘制发卡形状。

❺制作动画。回到主场景，将4个元件按顺序分别拖放到相应的图层上，如图3-97所示。

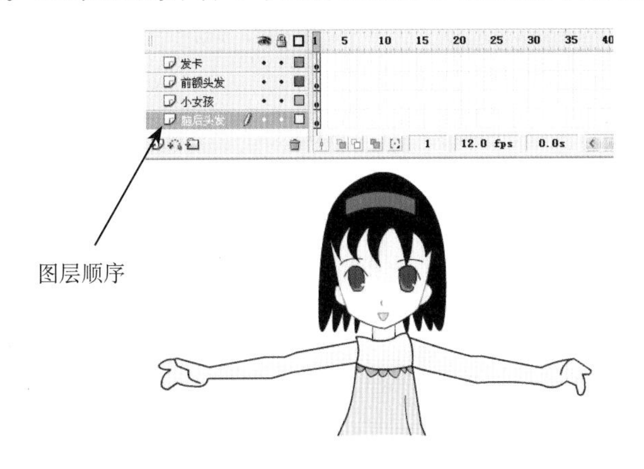

图3-97 拖放元件

> **注意**：小女孩的“脑后头发”在视线上要被“小女孩”的头挡住，所以它所在的图层要在“小女孩”的头所在图层的下面。

至此，整个动画制作完毕。

范例对比

为避免形状补间动画在变形中的凌乱现象，在Flash中，特别引入了“形状提示”功能。该功能通过在两个关键帧中添加对应的提示点，使某一点不动或者按照给定的思路去变化，可有效地控制形状变化的规律，消除了凌乱现象。与“燃烧的篝火”动画相比，该动画在制作过程中就特别使用了此功能。除此之外，绘图技巧也是该动画的一个特色，尤其是有形状补间动画的图形，最好不要用【铅笔工具】绘制，而是使用规则图形经过【选择工具】变形得到。

3.4 遮罩动画

在Flash中，遮罩动画至少要有两个图层才能完成，上面的图层被称为“遮罩层”，下面的图层被称为“被遮罩层”。遮罩层如同一个窗口，通过它可以看到其下面的被遮罩层区域中的图像，而遮罩层以外的区域则不会被显示。遮罩动画是Flash中的一个很重要的动画类型，很多效果丰富的动画都是通过遮罩动画来完成的。如百叶窗、地球仪、放大镜和飘动的旗帜等，都是遮罩层动画的例子。

3.4.1 案例简介——百叶窗

百叶窗是遮罩动画的典型案例，它的原理与实现都非常简单，也非常具有代表性。图3-98就显示了百叶窗动画的原理。

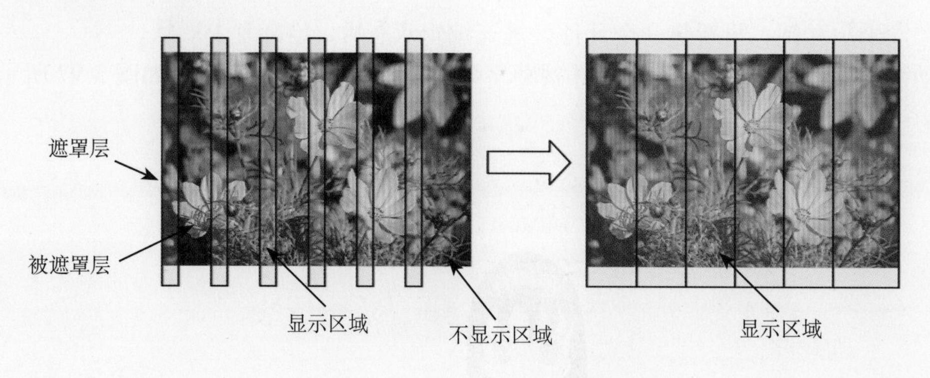

图3-98 百叶窗动画原理

百叶窗遮罩层的动画形式决定了百叶窗动画的形式，我们可以为遮罩层设置多种动画形式，也就可以实现多种百叶窗动画形式。遮罩层的动画可以是形状补间动画，可以是动作补间动画，也可以是逐帧动画。无论哪一种动画形式，它最后都要是一个完整的覆盖，能将整个图片部分遮盖起来。该动画完成后的效果如图 3-99 所示。

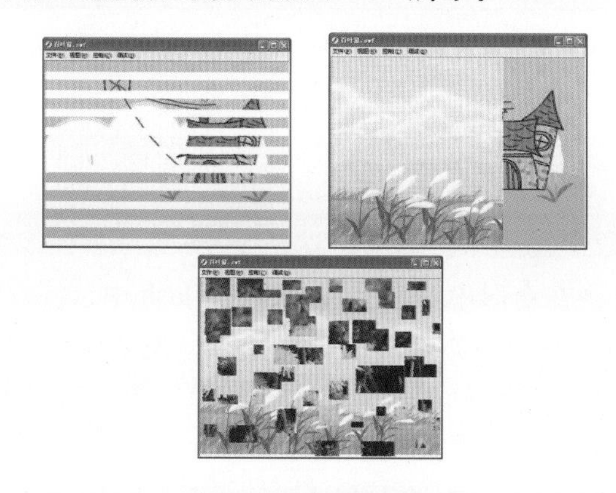

图3-99 最终效果

3.4.2 具体制作

新建一个 Flash 文件，命名为“百叶窗”。

❶制作形状补间动画。新建一个元件，命名为“横条”，进入编辑状态后，在工作区做一道横条，然后在第 30 帧插入一个关键帧，并延长至第 60 帧。选中第 30 帧，单击【任意变形工具】按钮，拖动横条的下边缘，使其变宽。然后在第 1 帧至第 30 帧之间制作形状补间动画，如图 3-100 所示。

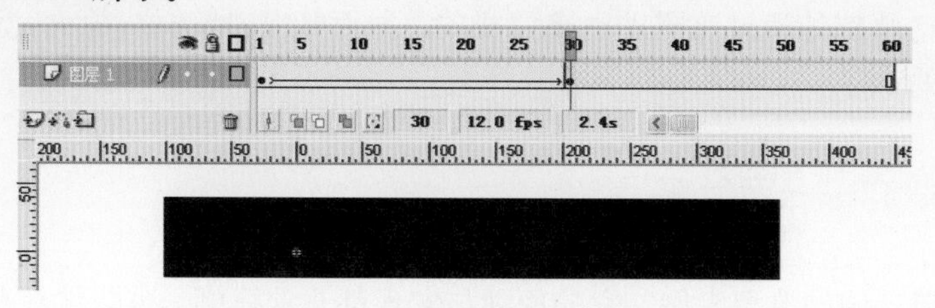

图3-100 制作形状补间动画

再新建一个元件，命名为“形状”，进入编辑状态后，拖放10个“横条”元件到工作区，然后按Ctrl + K组合键，调出【对齐】面板，然后单击【左对齐】按钮和【垂直平均间隔】按钮。如图3-101所示。

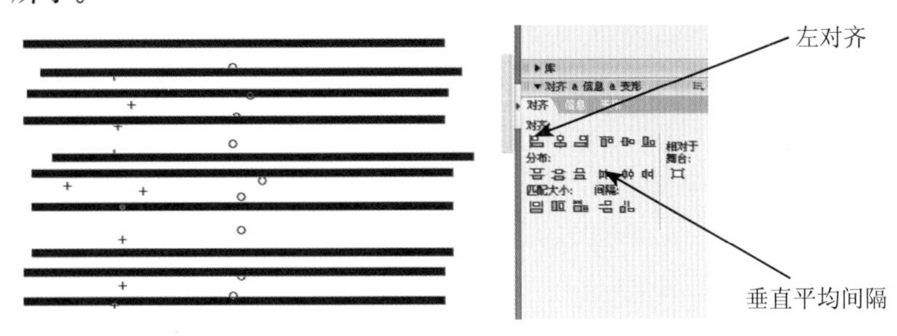

图3-101 对齐操作

对齐后，10个“横条”的样式如图3-102所示。

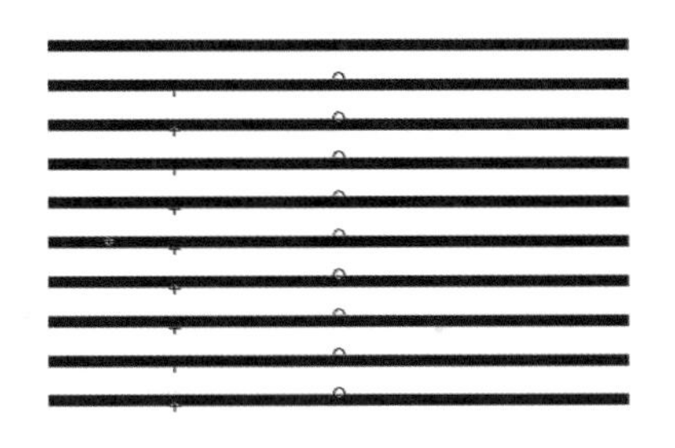

图3-102 对齐后的样式

❷制作动作补间动画。新建一个元件，命名为“竖条”，进入编辑状态后，做一个竖条矩形。

再新建一个元件命名为“动作”，进入编辑状态后，拖放“竖条”元件到工作区，然后在第30帧插入一个关键帧，并延长至第60帧。选中第30帧，单击【任意变形工具】按钮，使“竖条”横向放大。然后在第1帧至第30帧之间制作动作补间动画，如图3-103所示。

图3-103 制作动作补间动画

> **提示：**“竖条”应该是从左向右扩展，为了把握好边界线的位置，可以使用标尺工具，在左右两端标记好标尺线。

❸做逐帧动画。新建一个元件，命名为“逐帧”，进入边界状态后，首先使用标尺工具规划出一片矩形区域，这个矩形区域能将整个舞台覆盖。然后单击【矩形工具】按钮，在矩形区域内随意地做几个矩形，如图3-104所示。

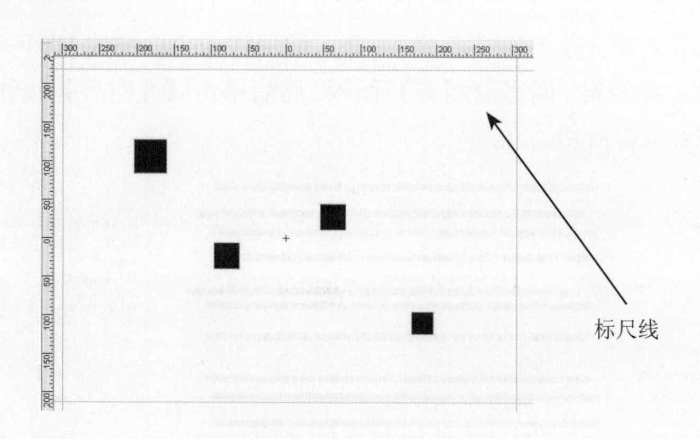

图3-104 在矩形标尺线内随意做几个矩形

注意：元件的中心点为“+”号处。标尺线是以像素点为单位的，由此可以根据标尺刻度确定矩形区域的大小。

在第3帧处添加一个关键帧，然后再在矩形区域内随意添加矩形，依次下去，直到第27帧。在第30帧处，直接用一个矩形覆盖标尺线所围的矩形区域，如图3-105所示。

图3-105 矩形区域内形状的变化

❹制作第一个百叶窗动画。回到主场景，将3个背景图片导入到库中。在当前图层上将一个图片拖放到舞台上，调整图片的大小，并将关键帧延长至第60帧。

再新建一个图层，将元件“形状”拖放到物体上，调整元件的大小，并将关键帧延长至第60帧。再把新建图层转变为遮罩层，图片层则自动转换为被遮罩层，如图3-106所示。

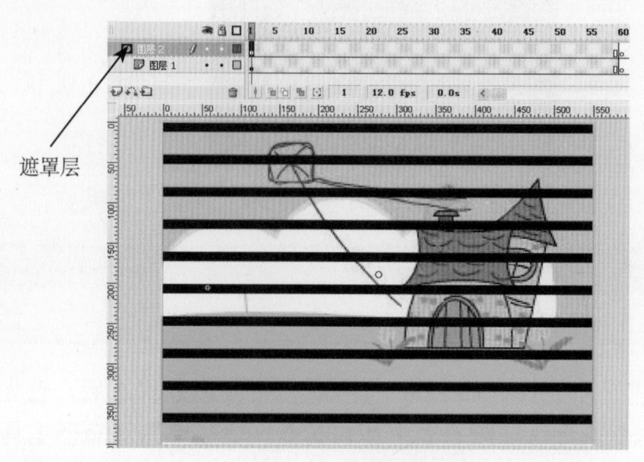

图3-106 转换为遮罩层

⑤制作第两个和第3个百叶窗动画。再新建2个图层，分别在第30帧处添加一个空白关键帧，然后将第2个图片和元件“动作”拖放到舞台上，并将关键帧延长至第90帧。最后将“动作”层转换为遮罩层，如图3-107所示。

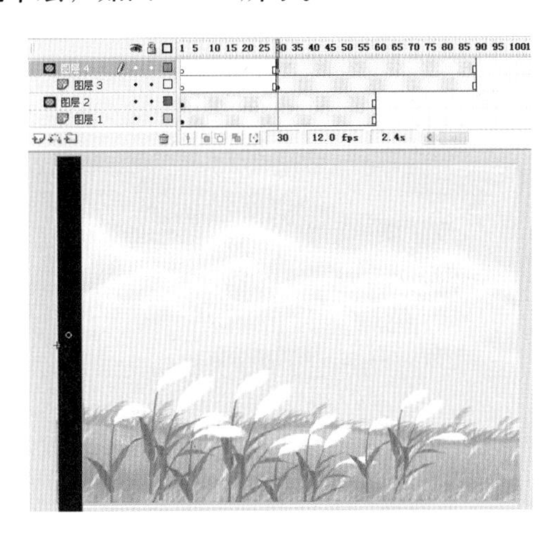

图3-107 制作第二个百叶窗动画

小技巧

主场景中的30帧与元件中的30帧是同步的，所以遮罩元件的动画完成后还要保持30帧（60 − 30 = 30），就是留给下一个百叶窗动画显示时，底图依然是原来的画面，而不是空白。

按照这种方法，再添加两个图层，在第60帧至第120帧之间添加第3个图片和元件“逐帧”，并将相应图层转换为遮罩层和被遮罩层。

至此，整个动画制作完毕。

3.4.3 同类索引——地球仪、放大镜

在Flash中，遮罩动画是最有灵性的动画类别，很多精美的动画效果都是由遮罩动画完成的，如飘动的旗帜、火焰、流水等。因此，灵活运用遮罩动画是掌握Flash动画制作技巧的必备条件。

在遮罩动画中，不仅可以让遮罩层的对象运动起来，也可以让被遮罩层的对象运动起来，还可以让遮罩层的对象和被遮罩层的对象同时运动。在技巧和原理上，无论是遮罩层的对象运动还是被遮罩的层对象运动，都没有太大区别，所不同的就是创造者对该类动画掌握的灵活程度和动画环境的需求上。下面就以地球仪和放大镜两个例子来说明。

1. 地球仪

地球仪是缩小的地球模型。转动的地球仪动态地显示了地球的整体面貌，如何让一个地球平面图在一个圆形区域内显示就是动画要解决的问题，因此，用到的是让被遮罩层运动而遮罩层不运动。该动画完成后的效果如图3-108所示。

图3-108　最终效果

● 制作步骤

❶首先将世界地图图片导入到库中，然后新建一个元件，命名为“地图”，进入编辑状态后，将图片拖放到工作区，再选择菜单【修改】→【位图】→【转换位图为矢量图】命令，弹出【转换位图为矢量图】对话框，设置相应的参数后，单击【确定】按钮，将图片转换为矢量图，如图 3-109 所示。

图3-109　将图片转换为矢量图

再选中白色区域，然后逐一删除，仅剩地图的陆地部分。再单击【颜料桶工具】按钮，设置填充色为绿色，将陆地部分涂成绿色，如图 3-110 所示。

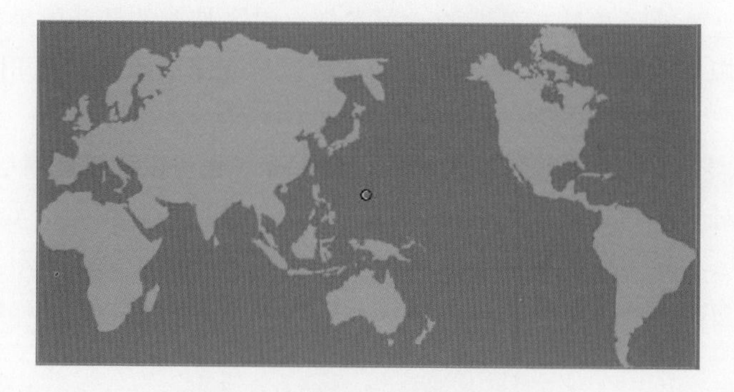

图3-110　将陆地部分涂成绿色

复制绿色的地图，然后再粘贴，调整新地图的位置，使其成为近似连接的两个地图，如图 3-111 所示。

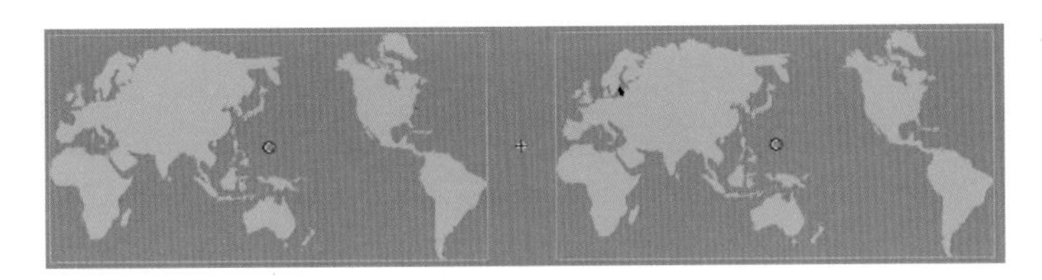

图3-111 元件“地图”

提示：这里用两个连接的世界地图，就是为了地球旋转动画在旋转时没有“缝隙”感。

❷回到主场景，新建两个图层，分别命名为“地图 1”和“地图 2”，并把元件“地图”拖放到这两个图层上。打开【属性】面板，将“地图 2”图层的“地图”元件的亮度调整为 -75%。在这两个图层的第 150 帧处插入一个关键帧。在第 1 帧至第 150 帧之间，对“地图 1”图层的元件做从左向右移动的动作补间动画，对“地图 2”图层的元件做从右向左移动的动作补间动画，如图 3-112 所示。

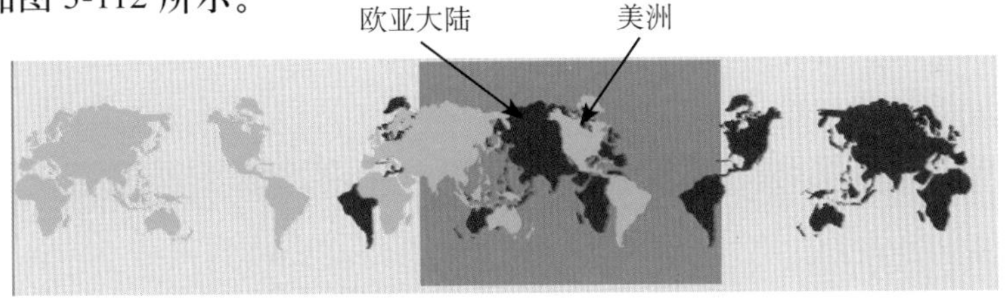

图3-112 做两个图层相对移动的动画

注意：要让“地图 1”图层的美洲大陆恰好覆盖在“地图 2”图层的欧亚大陆上，因为在地球上，两个大陆是位于一个球体的两面。

❸再新建一个图层，命名为“遮罩”，在该图层上做一个中心透明，颜色由白向蓝渐变的圆。在第 1 帧处，圆正好覆盖在“地图 1”图层的美洲大陆和“地图 2”图层的欧亚大陆上。将“遮罩”图层转换为遮罩层，“地图 1”图层和“地图 2”图层转换为被遮罩层，如图 3-113 所示。

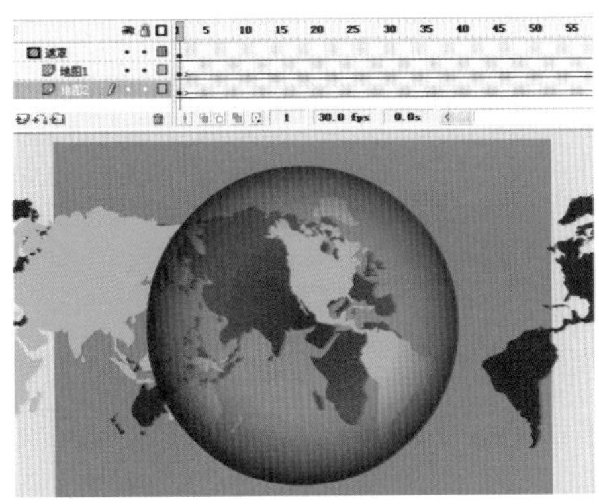

图3-113 制作遮罩动画

❹复制遮罩层的圆，再新建一个图层，命名为“地球”，然后将这个中心透明，颜色由白色向蓝色渐变的圆粘贴在“地球”图层上，并让“地球”图层的圆与“遮罩”图层的圆重合，将“遮罩”、“地图 1”、“地图 2”图层锁定后，就可以看到一个地球的效果了，如图 3-114 所示。

图3-114 地球效果

提示：当遮罩层和被遮罩层都被锁定时，即显示遮罩动画实际效果图。遮罩层的对象是不能显示的，而且它只与形状有关系，与透明度和颜色没有关系。

至此，整个动画制作完毕。

范例对比

与“百叶窗”动画相比，“地球仪”动画在制作上最大的特点就是：该动画是被遮罩层上的对象在动，而遮罩层的对象不动。这就形成了在某一个固定区域内，所显示的图像在不停地变化，成为一种特殊的效果。此外，对于遮罩动画来讲，一个遮罩层可以对应多个被遮罩层，遮罩层上的“遮罩物”对所有被遮罩层的“物体”有效。本例就是一个遮罩层对应两个被遮罩层。

2. 放大镜

放大镜也是一个经典的遮罩动画，它是由两个遮罩动画组成的，一个是原始大小文本的遮罩动画，另一个是放大文本的遮罩动画，这两个动画的遮罩区域恰好是相反的。其中，放大文本的遮罩动画是遮罩层和被遮罩层都有变化的动画。该动画完成后的效果如图3-115所示。

图3-115 最终效果

● **制作步骤**

❶创建所需的元件。新建5个图形元件，分别命名为“放大遮罩”、“不放大遮罩”、“放大镜”、“放大镜影”和“文本”，它们的图形与色彩、透明度设置分别如图3-116所示。

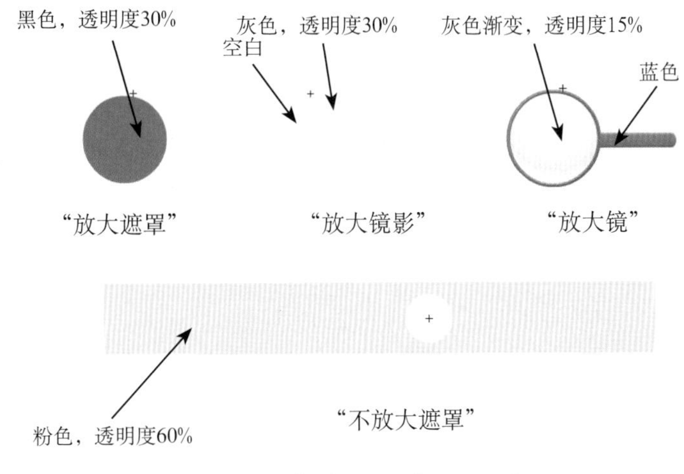

图3-116 5个图形元件

> **小技巧**
>
> “放大遮罩”、“不放大遮罩”、“放大镜”、“放大镜影”4个元件的圆部分大小一致，在主场景中不对它们进行放大或缩小，以保证大小匹配。
>
> “放大遮罩”和“不放大遮罩”的透明度设计是为了在制作中方便观察被遮罩层的图形；“放大镜”和“放大镜影”的透明度设计是为了营造放大镜的视觉效果。

❷回到主场景，将当前图层的名称更改为“不放大文本“，然后将元件“文本”拖放到舞台上。再新建一个图层，命名为“不放大遮罩”，将元件“不放大遮罩”拖放到舞台上。然后将“不放大遮罩”图层设置为遮罩层，则“不放大文本”图层自动转换为被遮罩层。

❸再新建两个图层，分别命名为“放大文本”和“放大遮罩”。在“放大文本”图层上将元件“文本”拖放到舞台上，并适当放大。在“放大遮罩”图层上将元件“放大遮罩”拖放到舞台上，使其正好覆盖于元件“不放大遮罩”的空白圆上。然后将“放大遮罩”图层设置为遮罩层，则“放大文本”层自动转换为被遮罩层，如图3-117所示。

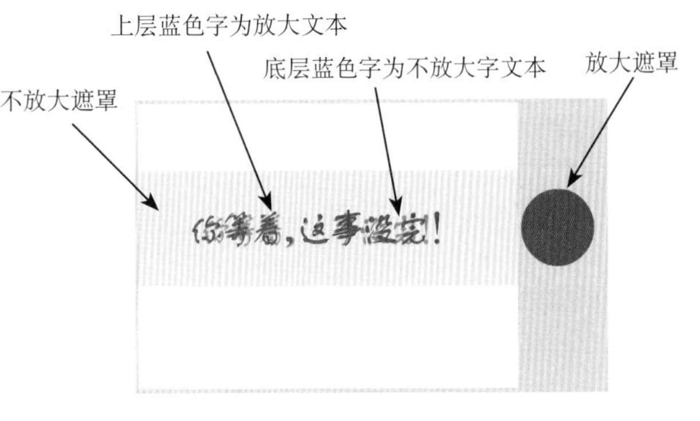

图3-117 各元件的关系

❹再新建两个图层，分别命名为“放大镜影”和“放大镜”，在“放大镜影”图层上，将元件“放大镜影”拖放到舞台上，并移动到元件“放大遮罩”的附近位置。在“放大镜”图层上，将元件“放大镜”拖放到舞台上。移动放大镜的镜片，使其与元件“放大遮罩”重合，如图3-118所示。

图3-118 放大镜与放大镜影

❺分别在第 25 帧、第 35 帧、第 50 帧、第 85 帧、第 95 帧、第 115 帧、第 125 帧、第 150 帧处对“放大镜”图层、“放大镜影”图层、“放大遮罩”图层、“放大文本”图层、“不放大遮罩”图层插入关键帧，在相应的关键帧上移动各图层上的对应元件，并制作动作补间动画。其中，第 95 帧至第 135 帧之间的动画是放大镜拿起又放下的动画，它需要遮罩层和被遮罩层都有动画。最后的【时间轴】面板如图 3-119 所示。

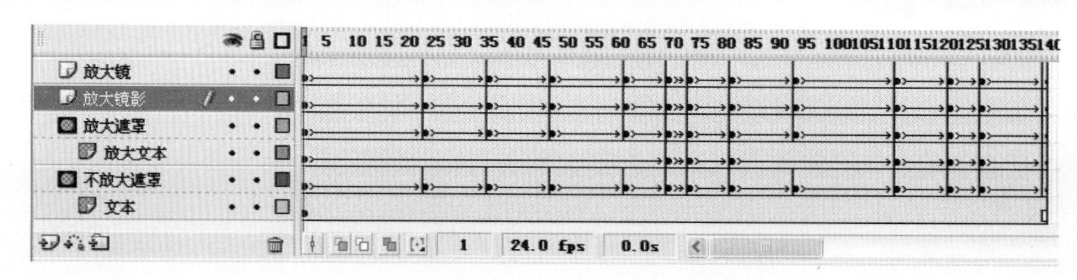

图3-119 最后的【时间轴】面板

提示：“不放大文本”在整个动画过程中始终不变，不用进行任何动画制作。

至此，整个动画制作完毕。

范例对比

与“百叶窗”动画相比，该动画更注重对动画真实场景的塑造，通过使用遮罩动画，巧妙地把放大与不放大的区域分开，共同组成一个通过放大镜看文字的场景。为真实体现这种放大镜环境，该动画采用了对遮罩层与被遮罩层元件同时制作动作补间动画的方式，制作了一个放大镜拿起又放下的动画，让读者充分体验遮罩动画的妙处。

3.5 运动引导层动画

将一个或多个图层的元件链接到一个运动引导层，使一个或多个对象沿同一条路径运动的动画形式被称为“运动引导层动画”。这种动画可以使一个或多个元件完成曲线或不规则运动。作为动画的一种特殊类型，运动引导层动画的制作至少需要两个图层，一个是引导路线层，另一个是运动对象层。在最终的动画中，运动引导层中的引导线将不会显示出来。

3.5.1 案例简介——飞舞的蝴蝶

花间飞舞的蝴蝶包含两个动作，一个是蝴蝶本身扇动翅膀的动作，这是一个频率高、无规律的扇动运动；另一个是忽快忽慢和无规律的前进运动。前进运动是该动画的主体运动，它应当是个引导层动画，其引导层的引导线是不规则的，也是不连续的，引导线的间断点是根据背景确定的。扇动运动是通过逐帧动画完成的，在制作中它是一个动画元件。图 3-200 所示，就是其引导线样式和间断点的位置。

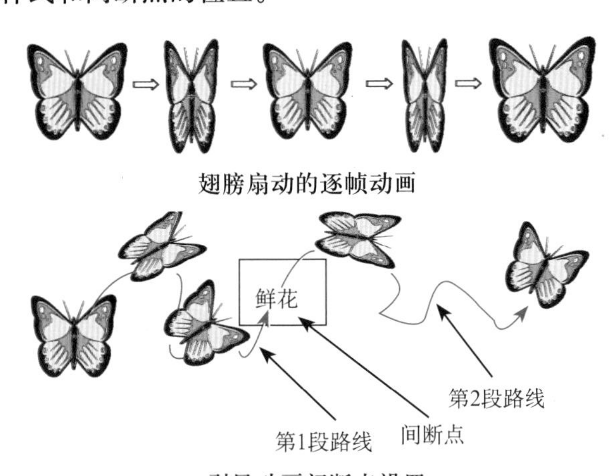

图3-200 花间蝴蝶动画制作示意图

该动画完成后的效果如图 3-201 所示。

图3-201 最终效果

3.5.2 具体制作

新建一个 Flash 文件，命名为“飞舞的蝴蝶”。

❶制作蝴蝶。

在这个动画中，运动体是蝴蝶，因此需要绘制一个蝴蝶形状的图案。绘制方法可以通过鼠标绘制，也可以通过图形进行转换。本例采用的是鼠标绘制方式。

新建一个影片剪辑元件，命名为“蝴蝶”，在当前图层上绘制一只蝴蝶的外形轮廓，如图 3-202 所示。读者也可以直接载入光盘中的 \ 源文件 \03\05\1.fla 文件。

图3-202 蝴蝶外形轮廓

图3-203 覆盖在外轮廓上的彩色边框

再新建一个图层，在新图层上绘制蝴蝶的彩色边框，并使其覆盖于外轮廓上，如图 3-203 所示。

提示：在做彩色边框时，可以根据蝴蝶的外轮廓先绘制左半边，然后再通过复制的方法完成右半边。下面的绘制也可采用这种方法。

再新建一个图层，在新图层上绘制蝴蝶的“身子”，如图 3-204 所示。

图3-204 绘制蝴蝶“身子”

图3-205 绘制蝴蝶翅膀上的大花纹

再新建一个图层，在新图层上绘制蝴蝶翅膀上的大花纹，如图 3-206 所示。

最后，再新建一个图层，为蝴蝶翅膀添加小花纹，完成蝴蝶的绘制，如图 3-207 所示。

图3-206 将图像转换为元件

提示：在这个元件的绘制过程中，要充分利用 Flash 中的图层工具，通过不同图层中图像的叠加，共同组成一个完整的画面。

❷制作蝴蝶翅膀扇动动画。

新建一个元件，设置类型为“影片剪辑”，名称为“翅膀扇动”，进入元件编辑状态后，将元件“蝴蝶”拖放到舞台上，调整其的大小与位置，使图像“蝴蝶”的中心点与元件“翅膀扇动”的中心点恰好重合在一点上，如图 3-207 所示。

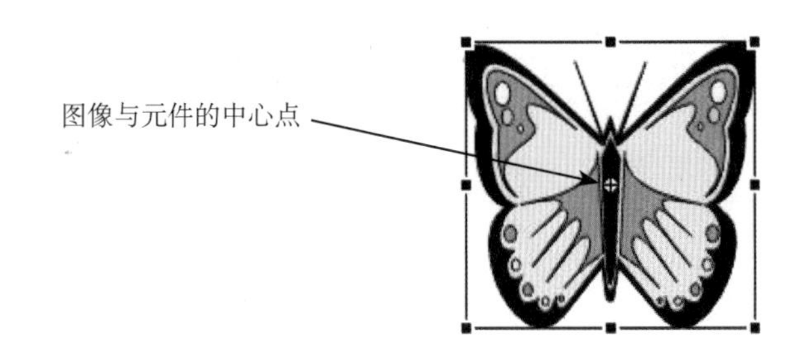

图3-207 调整蝴蝶的大小与位置

注意：当前编辑元件的中心点位置是“+”号标志的位置，引入中心点位置是白色的圆点“o”标志的位置。

在【时间轴】面板当前图层的第2帧上，单击鼠标右键，在弹出的快捷菜单中选择【插入关键帧】命令，如图3-208所示。

图3-208 插入关键帧

然后，单击【任意变形工具】按钮，调整“蝴蝶”的宽度，使蝴蝶的翅膀看上去是“闭合”的，如图3-209所示。

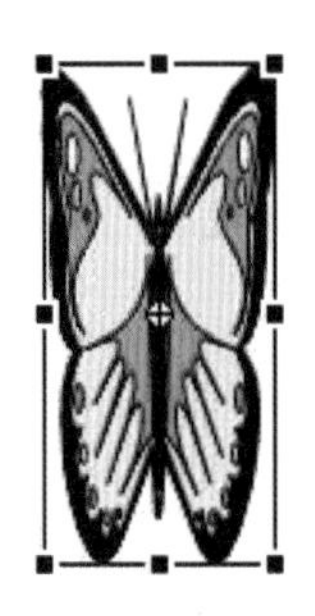

图3-209 翅膀“闭合”

图3-210 翅膀“张开”

在当前图层的第3帧上，再单击鼠标右键，在弹出的快捷菜单中同样选择【插入关键帧】命令，然后单击【任意变形工具】按钮，调整“蝴蝶”的宽度，使蝴蝶的翅膀看上去是“张开”的，如图3-210所示。

由于蝴蝶在运动中并不是一直扇动翅膀，而是不定期地扇动几下就停止了。因此，我们分别在第7帧、第8帧、第9帧、第10帧、第12帧、第13帧、第18帧、第19帧、第20帧、第21帧、第25帧、第26帧、第27帧、第28帧、第29帧和第34帧处插入关键帧，按“闭合”、“张开”、“闭合”、“张开”……的顺序设置蝴蝶翅膀的动作。【时间轴】面板如图3-211所示。

图3-211 逐帧动画的【时间轴】面板

注意：有延长帧的地方都是蝴蝶翅膀的“张开”动作，因为在空中，蝴蝶翅膀不扇动时，一定处于“张开”状态。

这样，元件“翅膀扇动”制作完成。

❸添加背景。

回到主场景，选择菜单【文件】→【导入】→【导入到舞台】命令，将背景图片导入到舞台中。单击【任意变形工具】按钮，使背景图片与舞台大小一致，如图 3-212 所示。

图3-212 导入背景图片

❹制作引导层动画。

新建 5 个图层，分别命名为“蝴蝶 1”、“引导线 1”、“蝴蝶 2”、“引导线 2”、“蝴蝶 3”，并设置“蝴蝶 1”图层和“蝴蝶 2”图层为“被引导层”，“引导线 1”图层和“引导线 2”图层为“引导层”，如图 3-213 所示。

图3-213 添加5个图层

选择“引导线 1”图层，然后在工具箱中单击【铅笔工具】按钮，在舞台上绘制一条曲曲折折的弯线，并将该关键帧延长至第 40 帧。

注意：在用铅笔画曲线时，要将工具箱中的【铅笔工具】选项设置为平滑模式，这样画出的曲线才光滑。

选择“蝴蝶 1”图层，将元件“翅膀扇动”拖放到舞台上，放置于弯线的起点处。在该

图层的第 40 帧处，单击鼠标右键，在弹出的快捷菜单中选择【插入关键帧】命令。在该帧上，将元件“翅膀扇动”放置于引导线的终点。选择第 1 帧至第 40 帧，创建动作补间动画，则“蝴蝶”自动沿引导线进行运动，如图 3-214 所示。

图3-214 创建动作补间动画

此时虽然“蝴蝶”已经按引导线的引导进行运动，但它的方向始终是向上的，而且是匀速运动，不是忽快忽慢的无规则运动。因此，要对动作补间动画进行修改。首先，选中动作补间动画的任意一帧，然后打开【属性】面板，勾选【调整到路径】复选框。则“蝴蝶”按引导线的方向自动调整方向，如图 3-215 所示。

图3-215 勾选【调整到路径】复选框

> **小技巧**
>
> 在制作“翅膀扇动”动画元件时，我们让图像与元件的中心重合，目的就是让“蝴蝶”的转动中心恰好在身体的中央。
>
> 在画引导线时，引导线的初始走向为向上，与元件“翅膀扇动”中蝴蝶头的方向一致，使得蝴蝶在沿引导线运动时，头的走向始终与引导线的走向一致。

再分别将“蝴蝶”图层的第 10 帧和第 30 帧转换为关键帧，然后分别将这两个关键帧移动到第 15 帧和第 25 帧，这样就可以使蝴蝶的运动变得忽快忽慢，更具有动感，如图 3-216 所示。

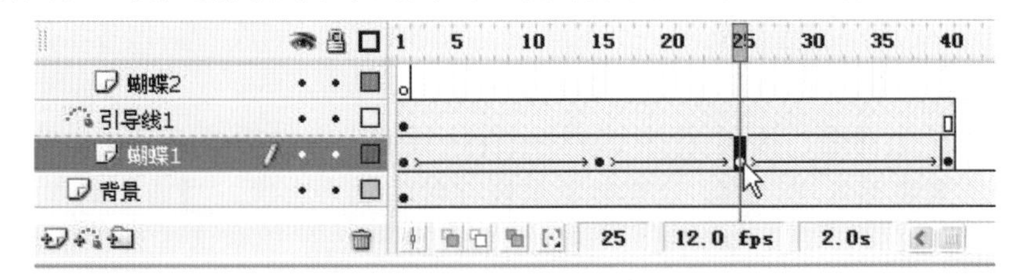

图3-216 移动关键帧

分别在“蝴蝶2”图层和“引导线2”图层的第60帧处插入一个空白关键帧，然后在这个两个图层的第60帧至第100帧之间制作与第1帧至第40帧之间类似的运动引导层动画。这里就不再详述，引导线如图3-217所示。

图3-217 “引导线2”的动画

注意：“引导线2”的起点尽量与“引导线1”的终点重合，且起始方向也为向上。

最后，增加蝴蝶静止的动画。选择“蝴蝶3”图层，在第41帧处插入一个空白关键帧，并延长至第59帧，将元件“蝴蝶”拖放到舞台上，调整其位置，使其位于“引导线1”的终点和“引导线2”的起点处，即中间的花朵处。

这样，整个动画就完成了。最后【时间轴】面板的动画时序如图3-218所示。

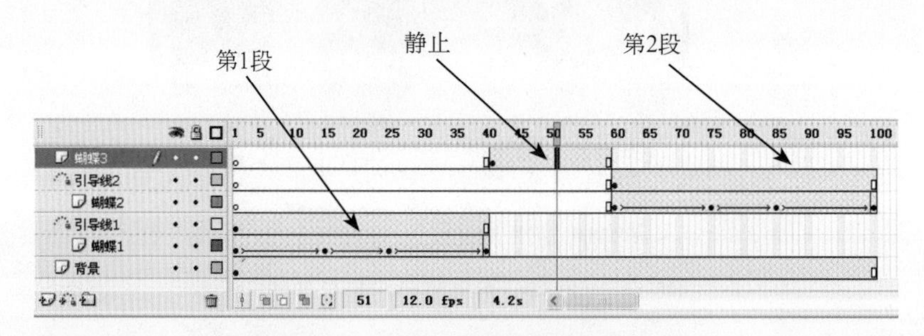

图3-218 最后的【时间轴】面板

3.5.3 同类索引——星球动画、落花飘零动画

在Flash动画中，运动引导层动画一般用来制作整个物体的运动动画，它既可以制作有规律的运动，也可以制作无规律的运动。

在制作有规律的运动时，一般是先用绘图工具绘制出运动的路线（注意，路线是不闭合的），然后再制作运动引导层动画。当有多个运动物体时，则逐一制作各物体的规律运动，然后按照“先局部再整体”的顺序将它们组合在一起即可。

在制作无规律运动时，不仅是要绘制的运行路线是无规律的，而且运动的频率、速度、时间、距离等方面也是无规律的，这需要通过操作时间轴来实现。当需要制作大规模的无规律运动场景时，往往还需要几种不同的无规律运动进行组合，以形成无规律运动场景。

比较常见的运动引导层动画有：星体运行动画、落叶飘零动画、山路上的汽车动画等。

1. 太阳、地球和月亮

太阳、地球和月亮三者的运动关系是：月亮沿椭圆形轨道绕着地球旋转，地球沿椭圆形轨道绕着太阳旋转。这两个运动都是有规律的运动，都可以用运动引导层动画来实现，其中，月亮沿椭圆形轨道绕着地球旋转是一个用运动引导层动画制作的动画元件，动画效果如图 3-219 所示。

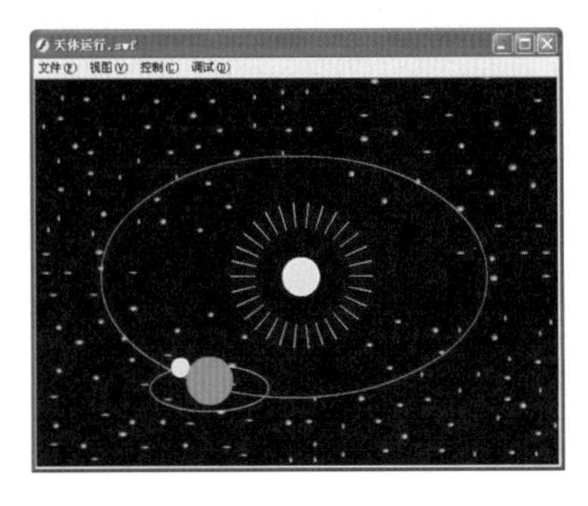

图3-219 动画效果

● 制作步骤

❶先制作要素元件：太阳、地球、月亮和星空。其中，太阳元件是一个发光的动画元件，太阳的光芒是通过“变形＋遮罩”动画完成的，具体如图 3-220 所示。

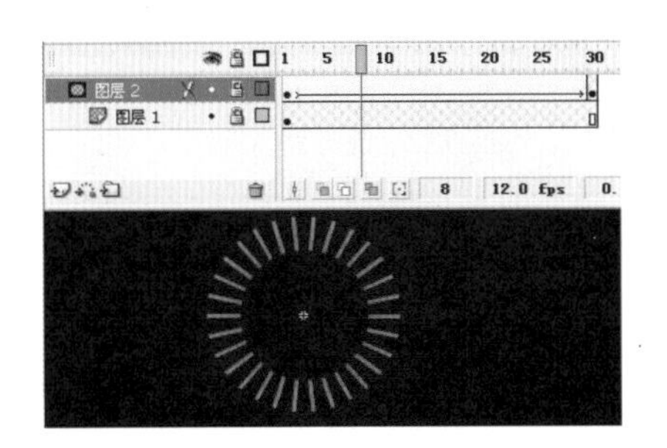

图3-220 太阳光芒动画

❷制作月亮绕地球旋转的动画元件，这是一个运动引导层动画。考虑到视角的因素，月亮在旋转中可能被地球遮挡，所以将月亮沿旋转的轨道分为两个部分：地球正面半椭圆轨道和地球背面半椭圆轨道。在【时间轴】面板的图层设计上，正面轨道位于“地球”图层的上面，背面轨道位于“地球”图层的下面。这两部分的动画都是运动引导层动画，如图 3-221 所示。

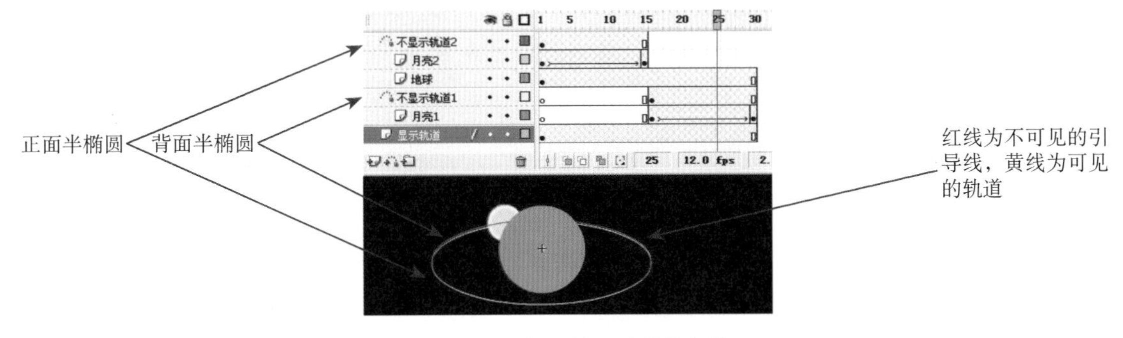

图3-221 月亮绕着地球转的制作

小技巧

在用 Flash 制作具有立体感的物体运动时，常将物体的运动轨道分为前后两个部分，前面部分位于遮挡物图层的上面，后面部分位于遮挡物图层的下面。

❸回到主场景，先加入星空背景，然后制作地球绕太阳旋转的动画。在制作地球绕太阳旋转的动画中，可以不设计地球被太阳遮挡的情况，直接制作连续的椭圆运动，不再分为正面轨道和背面轨道。制作时需将椭圆引导线断开一个小缺口，这个小缺口的端点即为运动引导线的起点和终点，如图 3-222 所示。

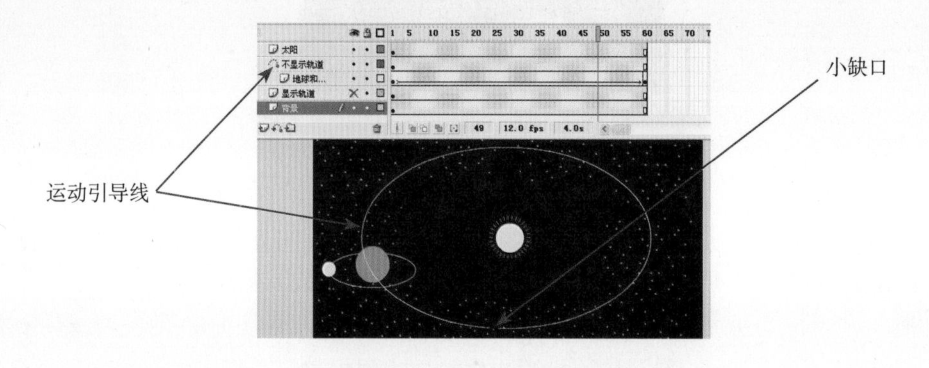

图3-222　地球绕太阳旋转

注意：靠近太阳的地方没有星空背景。

这样整个动画就制作完成了。

范例对比

与动画“飞舞的蝴蝶”相比，“太阳、地球和月亮”动画有两个不同点：一是环形运动引导层动画的制作；二是遮挡物体间的立体运动。

环形运动引导层动画的关键点是引导线并不是真正的环形，而是有一个小缺口，缺口的端点即为运动引导线的起点和终点。

遮挡物间的立体运动的关键点是将引导线（即轨道线）分为两部分，一部分在遮挡物的正面，另一部分在遮挡物的背面。在【时间轴】面板的图层设计上，正面部分位于遮挡物图层的上面，背面部分在遮挡物图层的下面。“飞舞的蝴蝶”也将引导线分为两部分，但它是“时间”上的两段，不是“空间”上的两段，对图层的分布没有影响。

2. 落花飘零动画——黛玉葬花

落花飘零是指有很多花瓣从树上落下，而且这些花瓣的飘落路线与起点不一样，就需要设计很多的运动引导层动画，然后把它们组合起来，共同组成动画场景。动画效果如图 3-223 所示。

图3-223 动画效果

● 制作步骤

❶准备素材，制作要素元件。素材为场景底图，要素元件有：文字、花瓣，其中的文字为由左至右运动的动作补间动画，如图 3-224 所示。

图3-224 文字和花瓣

❷制作花瓣下落的运动引导层动画。新建 3 个影片剪辑元件，分别命名为“花瓣 1”、“花瓣 2”、“花瓣 3”，然后在这 3 个元件中制作花瓣下落的运动引导层动画，如图 3-225 所示。

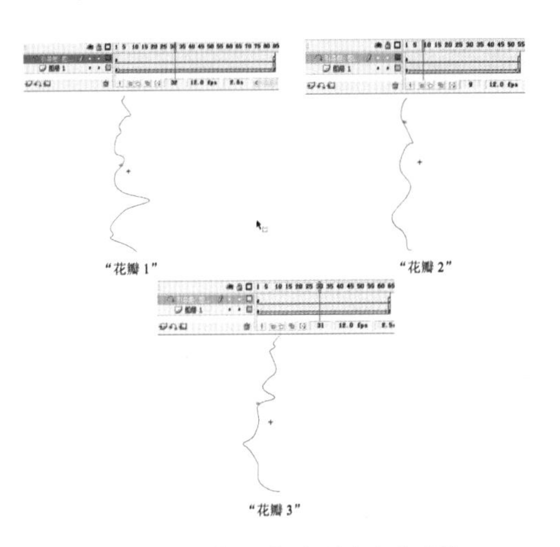

图3-225 3个运动引导层动画元件

❸回到主场景，首先将底图导入到舞台中。然后新建 4 个图层，分别命名为“文字”、“落花 1”、“落花 2”、“落花 3”。在“文字”图层，将元件“文字”拖放到舞台上。在“落花 1”图层的第 1 帧，将元件“花瓣 1”、“花瓣 2”、“花瓣 3”拖放到舞台的合适位置；再在“落花 1”图层的第 15 帧和“落花 2”图层的第 30 帧，分别将元件“花瓣 1”、“花瓣 2”、“花瓣 3”拖放到舞台的合适位置。最后将所有关键帧延长至第 85 帧，如图 3-226 所示。

"落花2"图层上的3个花瓣飘零动画

图3-226 最后的【时间轴】面板

小技巧

在将花瓣飘零动画拖放到舞台上时，可在不同的图层上按不同的顺序排放。如（从左至右）1－2－3、3－1－2、2－3－1等，这样可以避免在一个位置上重复出现两个一样的呆板动画。

范例对比

与动画"飞舞的蝴蝶"相比，"黛玉葬花"动画的主要不同点是多个运动引导层动画的使用。在制作多个物体凌乱运动的动画时，单纯用手工一个个地设计每个物体的运动路线是件很痛苦的事，但是如果时间和空间上能巧妙地用上不同的顺序组合，则可以用很少的运动路线设计做出逼真、灵活的动画效果。

3.6 综合动画

前面几节介绍了5类基础动画的典型实例，在一般的动画中，往往涉及的动画种类不止一种，经常是几种动画类型综合使用。这在前面的一些例子中已经有所体现。本节就结合一个具体范例来介绍如何综合使用这些基础动画。

3.6.1 案例简介——海边即景

海边即景动画是综合运用了各种动画形式的一个场景动画，包括逐帧动画、动作补间动画、遮罩动画和运动引导层动画。在制作过程中，创作者不仅要掌握各个物件的运动方式和运动路线，还要把握好各物件的层次关系，做到各自独立又相互映衬。这种层次关系可以通过图层的排列来实现。其原理如图3-227所示。

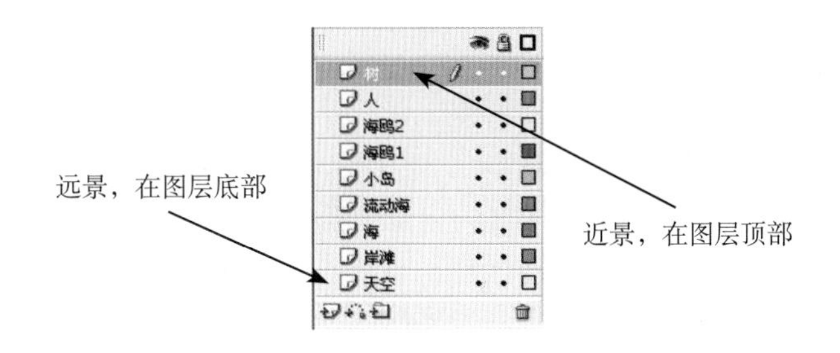

图3-227 图层与物件的层次关系

该动画完成后的效果如图 3-228 所示。

图3-228 最终效果

3.6.2 具体制作

❶新建一个 Flash 文档，命名为“海边即景”。设置文件尺寸为 700px×350px。

❷导入素材，分离图形。选择菜单【文件】→【导入】→【导入到库】命令，将素材导入到库中，素材主要包括背景和海鸥飞翔图片，如图 3-229 所示。

背景

海鸥

图3-229 素材

将背景图片拖放到舞台上，然后在图片上单击鼠标右键，选择快捷菜单中的【分离】命令，如图 3-230 所示。

图3-230 分离图形

然后单击【套索工具】按钮，把背景图分为4个图形元件“海”、“小岛”、“天空”和“岸滩”，如图3-231所示。

图3-231 背景图分解

注意：“天空”元件只截取右边没有受遮挡的部分就可以了，然后通过复制和拼接的方法组成一个大的天空。“岸滩”元件的海滩部分，也是使用这种方法进行扩展的。由于它将被海水覆盖，所以并不要求十分整洁。

❸制作海鸥飞元件。

再新建一个元件，命名为“海鸥飞”，进入编辑状态后，将海鸥图片逐帧拖放到工作区中，制作海鸥飞的逐帧动画。

再新建两个元件，命名为“飞翔路线1”和“飞翔路线2”，进入剪辑状态后，分别将元件“海鸥飞”拖放到工作区，制作海鸥飞翔的运动引导层动画，如图3-232所示。

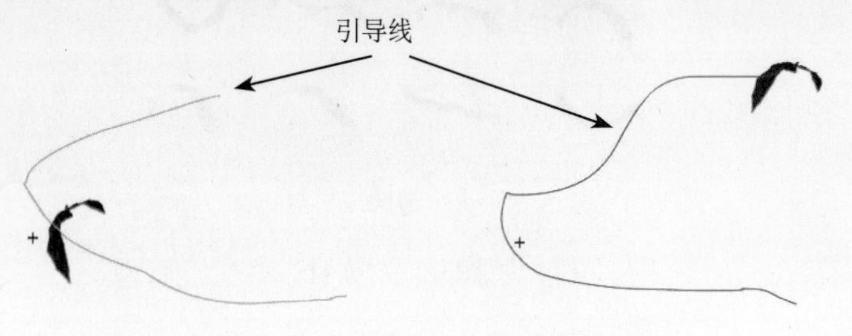

图3-232 “飞翔路线1”和“飞翔路线2”

❹制作人元件。

再新建 4 个元件，分别命名为“背”、“腿”、“裙”和“发”，进入编辑状态后，分别绘制相应的图形，如图 3-233 所示。

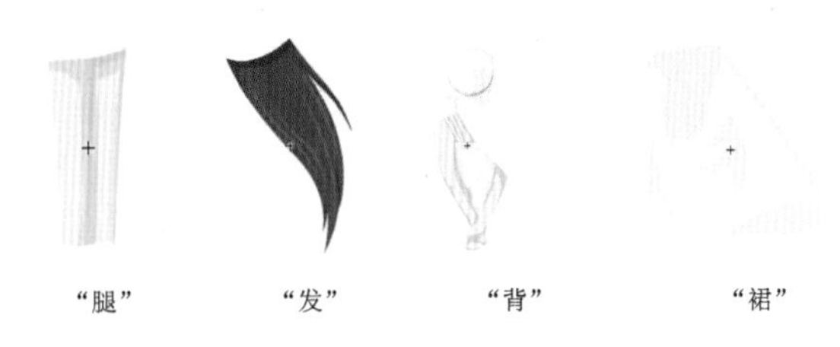

图3-233 人的4个分部元件

然后再新建一个元件，命名为“人”，进入编辑状态后，将人的4个分部元件拖放到舞台上，并对“裙”和“发”制作相应的动作补间动画，如图3-234所示。

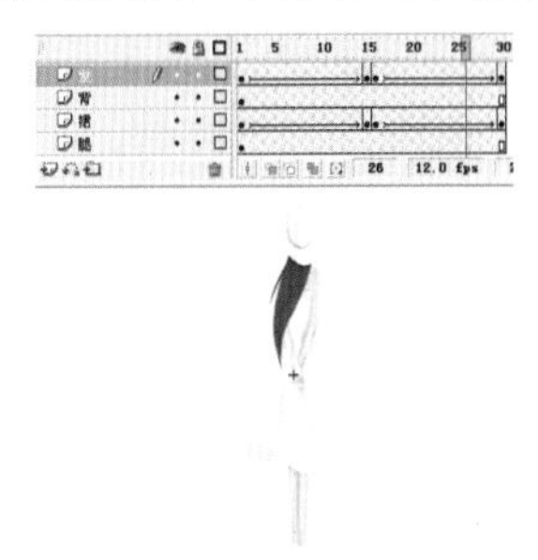

图3-234 制作动作补间

❺制作流动的大海。

新建一个元件，命名为“横条”，进入编辑状态后，做几个横条，如图 3-235 所示。

图3-235 元件“横条”

再新建一个元件，命名为“流动的大海”，进入编辑状态后，在当前图层上将元件“海”拖放到舞台上。再新建一个图层，将元件“横条”拖放到舞台上。然后对这两个图层制作遮罩动画，如图 3-236 所示。

图3-236 “流动的大海”

提示：这只是大海的横向流动，纵向流动通过主场景中的动画实现。

❻制作树元件。

新建一个元件，命名为“树叶”，进入编辑状态后，使用【线条工具】和【选择工具】绘制一片椰树的叶子，如图 3-237 所示。

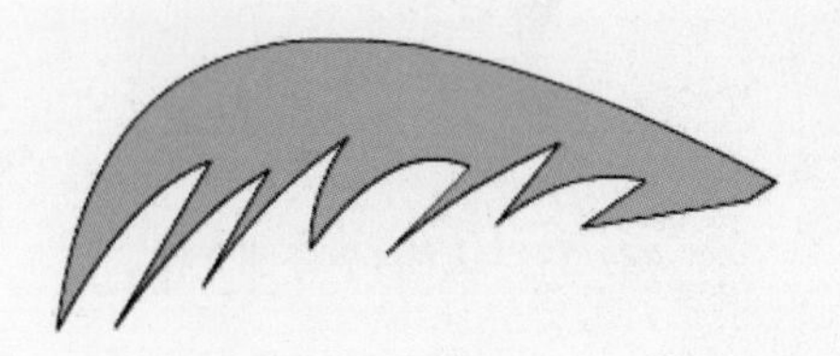

图3-237 绘制椰树叶子

将椰树叶子外框的黑线条删除，然后在第 1 帧至第 15 帧和第 15 帧至第 30 帧之间制作风中椰树叶子变化的形状补间动画，如图 3-238 所示。

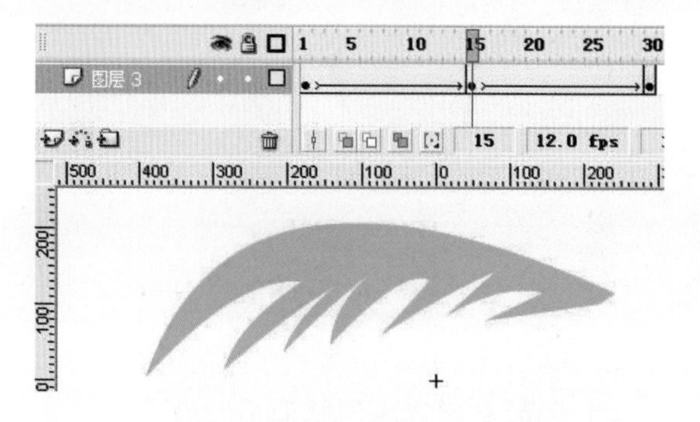

图3-238 椰树叶子的形状补间动画

再新建一个元件，命名为“树”，进入编辑状态后，首先绘制树干，如图 3-239 所示。

图3-239 树干　　　　图3-240 树

再新建一个图层，在该图层上，拖放 4 个刚才制作的椰树叶子元件到工作区，并调整它们的位置与大小，如图 3-240 所示。

❼制作主场景动画。

返回到主场景，将当前图层改名为“天空”，然后再新建 8 个图层，分别命名为“岸滩”、“海”、“流动海”、“小岛”、“海鸥 1”、“海鸥 2”、“人”和“树”。

提示：各物件的层次关系如下，岸滩遮住了远方的天空；流动的海水遮住了海滩；小岛浮于海面之上；海鸥在海面上、小岛前飞翔；人站在岸滩上，海面前；人在树下，树遮住人。

在各个图层上，将相应的元件拖放到舞台上，并调整其相关的位置与大小。其中，“海”图层和“流动海”图层要制作动作补间动画，具体操作如下。

首先从标尺上拖出两个竖条标尺线，左边的标尺线表示海水冲击岸滩的顶点，右边的标尺线表示海水后退的终点，如图 3-241 所示。

图3-241 标尺线

在“海”图层和“流动海”图层的第 30 帧和第 60 帧分别插入关键帧，选中第 30 帧的关键帧，将元件“海”和“流动海”元件向右移动至右边标尺线，如图 3-242 所示。

图3-242 移动到右标尺线

注意：“海”元件和“流动海”元件的图形一样，只不过一个是海的全图，一个是海的遮罩图，遮罩图是间隔的条状。

在这两个图层的第 1 帧至第 30 帧和第 30 帧至第 60 帧之间制作动作补间动画。将其他图层的关键帧也延长至第 60 帧，最后的【时间轴】面板如图 3-243 所示。

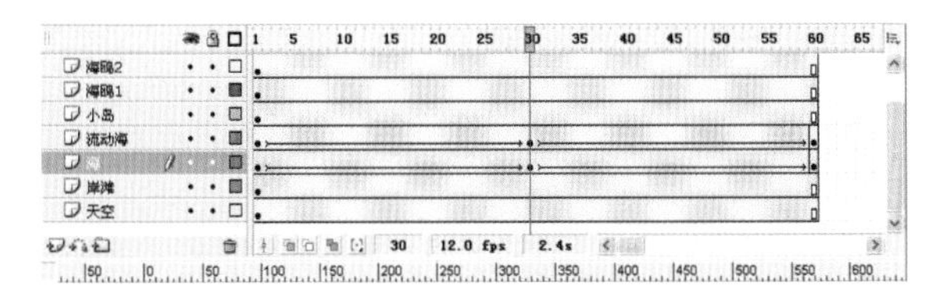

图3-243 最后的【时间轴】面板

至此，整个动画制作完毕。

3.7 本章小结

本章通过 16 个基础动画范例的制作，集中演示了逐帧动画、动作补间动画、形状补间动画、遮罩动画、动作引导层动画 5 种类型的基础动画的制作特点和技巧。读者可结合这些经典范例的制作过程，认真理解要点，掌握基本规律，举一反三，制作出更精美的动画片断。

第4章 AS编程动画

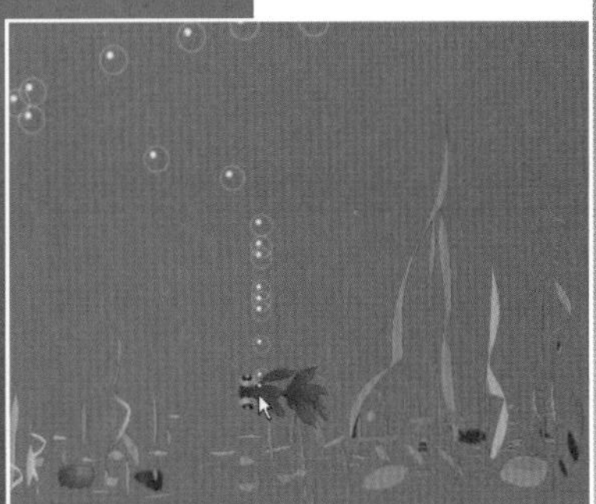

在前面的章节中，介绍了大量关于 Flash 绘图设计和基本动画制作的经典范例。其实，在 Flash 中把简单动画的制作加上合适的 ActionScript 程序，将使 Flash 动画的功能大大扩展。本章将通过一些典型的范例，来介绍在 Flash 中 AS 编程动画的制作。

4.1 影片剪辑编程

在 Flash 中，小的动画元件称为影片剪辑——MovieClip，在基础动画中，是通过拖放的方法将其引入舞台的。在 AS 程序中，可以通过 MovieClip 类的函数来调用和控制这些影片剪辑，从而制作出精美多彩的 Flash 动画。

4.1.1 案例简介——飞舞的雪花

雪花飞舞是一种常见的 flash 动画，它也有很多制作方法。有的简单、有的复杂、有的形象、有的逼真，本例则是通过 AS 编程的方法来实现。在这个动画中，需要的关键函数就是 duplicateMovieClip 函数，它的作用是当 swf 文件正在播放时，创建一个影片剪辑的实例。该函数的一般使用形式如下。

duplicateMovieClip(target:String, newname:String, depth:Number)

或

duplicateMovieClip(target:MovieClip, newname:String, depth:Number)

其中：

target: Object——要复制的影片剪辑的目标路径。此参数可以是一个字符串（例如“my_mc”），也可以是对影片剪辑实例的直接引用（例如 my_mc）。能够接受一种以上的数据类型的参数以 Object 类型列出。

newname: String——所复制的影片剪辑的唯一标识符。

depth: Number——所复制的影片剪辑的唯一深度级别。深度级别是所复制的影片剪辑的堆叠顺序。这种堆叠顺序很像时间轴中图层的堆叠顺序；较低深度级别的影片剪辑隐藏在较高堆叠顺序的剪辑之下。必须为每个所复制的影片剪辑分配一个唯一的深度级别，以防止它替换已占用深度上的 swf 文件。

该动画完成后的效果如图 4-1 所示。

图4-1 最终效果

4.1.2 具体制作

新建一个 Flash 文档，命名为“飞舞的雪花”。

❶选择菜单【修改】→【文档】命令，在【文档属性】对话框中设置其背景色为黑色。

> **注意：** 设置黑色背景色是为了衬托白色的雪花，使效果更加明显。

❷新建一个元件，命名为“雪”，进入编辑状态后，用椭圆工具在舞台上做一个无笔触色的白色小圆，如图 4-2 所示。

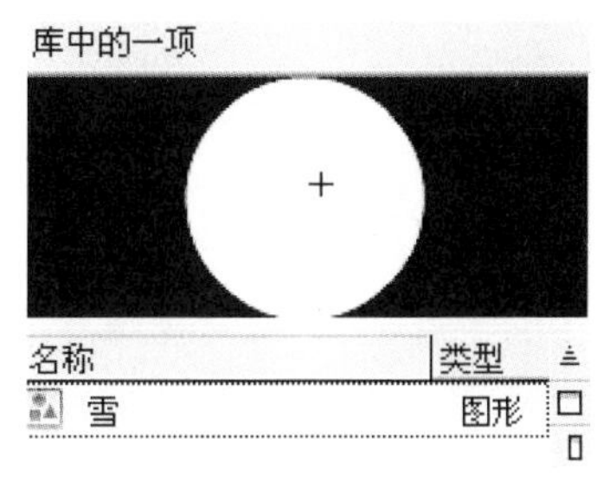

图4-2 元件“雪”

❸再新建一个影片剪辑元件，命名为“下雪”。进入编辑状态后，新建 2 个图层，分别命名为“路线”和“雪花”，在“路线”图层，用【铅笔工具】绘制一条向下的曲线，在“雪花”图层，将元件“雪”拖放到工作区，并放置于曲线的上顶点，如图 4-3 所示。

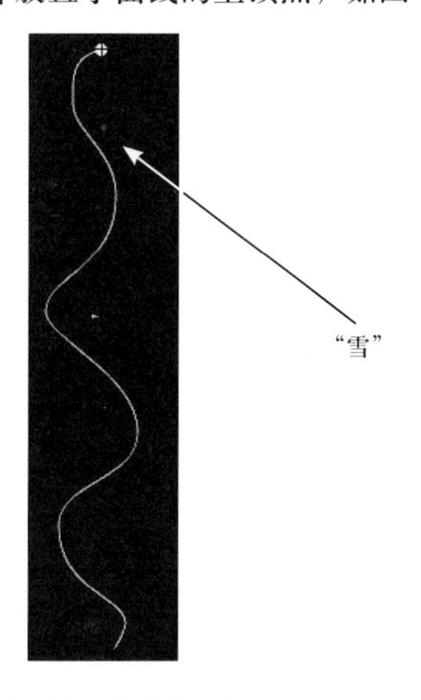

图4-3 将“雪”放置在曲线顶部

将“路线”图层的关键帧延长至第 45 帧。在“雪花”图层的第 45 帧插入一个关键帧，在该帧上将“雪花”移动到曲线的底部顶点。将“路线”图层更改为运动引导层，将“雪花”

图层更改为被引导层。在“雪花”图层的第 1 帧至第 45 帧做动作补间动画，如图 4-4 所示。

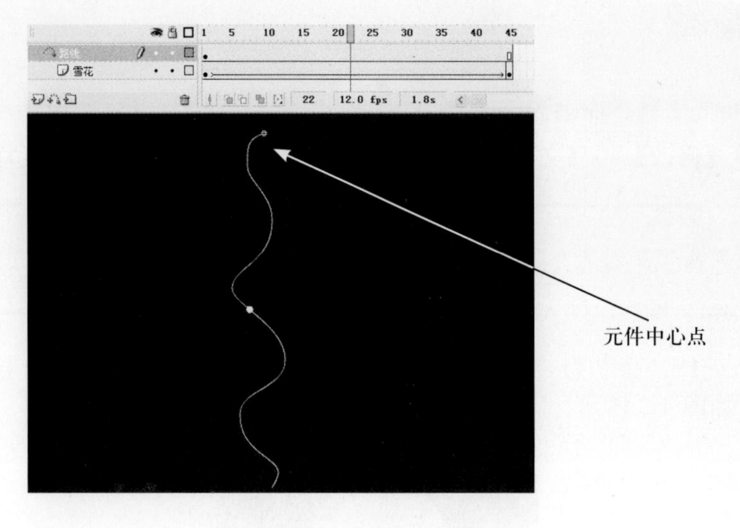

图4-4 元件“下雪”

提示：为方便AS编程，在“下雪”元件中，运动引导线的起点要从元件的中心点开始往下画（如图4-4），这样方便控制雪花在舞台上的位置。

❹回到主场景，修改当前图层，命名为“底图”。然后选择菜单【文件】→【导入】→【导入到舞台】命令，将底图导入到舞台中。

再新建一个图层，命名为“雪”。在该图层上，将元件“下雪”拖放到舞台上，选中该元件，打开【属性】面板，设置“实例名称”为“Tims”，如图4-5所示。

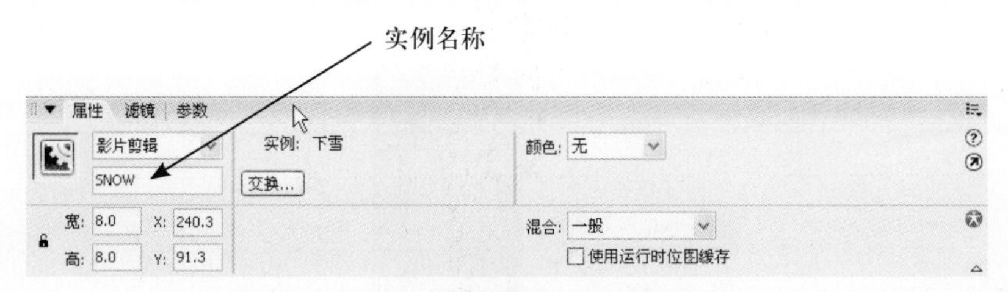

图4-5 设置“实例名称”为“SNOW”

❺再新建一个图层，命名为“AS”，然后建立 3 个连续的空白关键帧，并将图层“雪”和“底图”的关键帧延长至第 3 帧，如图 4-6 所示。

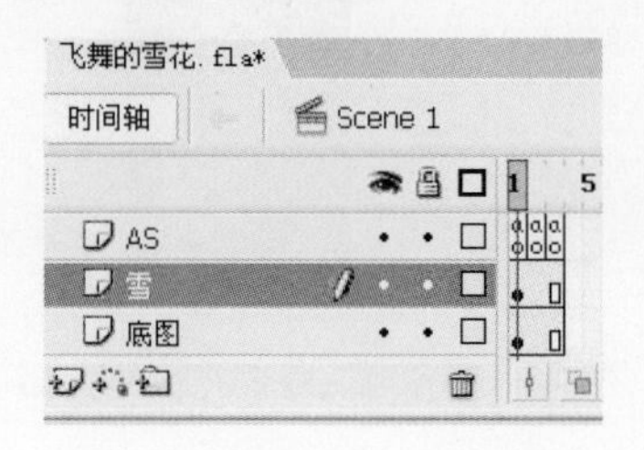

图4-6 在“AS”图层上建立3个空白关键帧

❻选择“AS”图层的第 1 帧，打开【动作】面板，输入如下程序。

```
var snowNum = 0; // 定义雪花的数量初始值为 0
SNOW._visible=false; // 场景中的 SNOW 实例为不可见
```

❼在“AS”图层的第 2 帧，输入如下程序。

```
SNOW.duplicateMovieClip("SNOW"+snowNum, snowNum); // 复制 SNOW 实例
var newSnow = _root["SNOW"+snowNum]; // 把复制好的新 SNOW 名称用 newSnow
代替
newSnow._x = Math.random()*550; // 新复制的 SNOW 实例的 x 坐标是 0 ~ 550 之间
的一个随机值
newSnow._y = Math.random()*20; // 新复制的 SNOW 实例的 y 坐标是 0 ~ 20 之间的
一个随机值
newSnow._rotation = Math.random()*100-50; // 新复制的 SNOW 实例的角度是 -50° ~
50° 之间的一个随机值
newSnow._xscale = Math.random()*40+60; // 新复制的 SNOW 实例的水平宽度比例是
60 ~ 100 之间的一个随机值
newSnow._yscale = Math.random()*40+60; // 新复制的 SNOW 实例的垂直宽度比例是
60 ~ 100 之间的一个随机值
newSnow._alpha = Math.random()*30+70; // 新复制的 SNOW 实例的透明度是 70 ~
100 之间的一个随机值
snowNum++; // 雪花数量加上 1
```

❽在“AS”图层的第 3 帧，输入如下程序。

```
if (snowNum<120)     // 当雪花数小于 120 时
{
 gotoAndPlay(2);  // 跳到第 2 帧
}
else          // 否则
{
    stop();   // 停止
}
```

至此，飞舞的雪花就制作完成了，保存文件后，按 Ctrl + Enter 组合键测试影片，可以看到动画效果。

4.1.3 同类索引——雨夜

使用 duplicateMovieClip 函数可以复制任何影片剪辑，这些影片剪辑可以是静态的图形，也可以是动态的动画片断。与 duplicateMovieClip 函数相对应的函数是 removeMovieClip 函数，它的作用是删除用 duplicateMovieClip 函数创建的影片剪辑。

按照一定的规则使用 duplicateMovieClip 函数和 removeMovieClip 函数，可以制作出不

同效果的动画片断。下面就以“雨夜”的例子来说明。

“雨夜”动画的制作原理与“飞舞的雪花”动画的制作原理一样，都是通过duplicateMovieClip函数复制影片剪辑完成的。但在动画中需要将天上落下的“雨滴”消除，只留“涟漪”，因此需要用到removeMovieClip函数。该动画完成后的效果如图4-7所示。

图4-7 最终效果

● 制作步骤

❶设置动画尺寸为550px×400px，影片背景为深灰色（#333333）。这是作为夜的背景。

❷制作涟漪。新建一个影片剪辑元件，命名为“涟漪”，进入编辑状态后，单击【椭圆工具】按钮○，然后设置笔触色为无色，设置填充色为环形渐变色。按Shift + F9组合键，打开【混色器】面板，在【类型】下拉列表中选择“放射状”渐变填充方式，然后在下面的渐变条上添加3个滑块，设置左右两边的滑块颜色为白色，设置中间滑块的颜色为黑色，如图4-8所示。

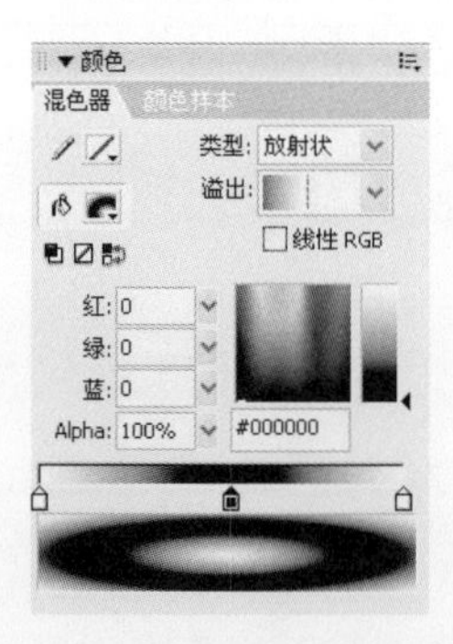

图4-8 【混色器】面板

设置完成后，在舞台上画一个正圆，然后单击【选择工具】按钮，选中该正圆，再单击【任意变形工具】按钮，改变正圆为椭圆，如图4-9所示。

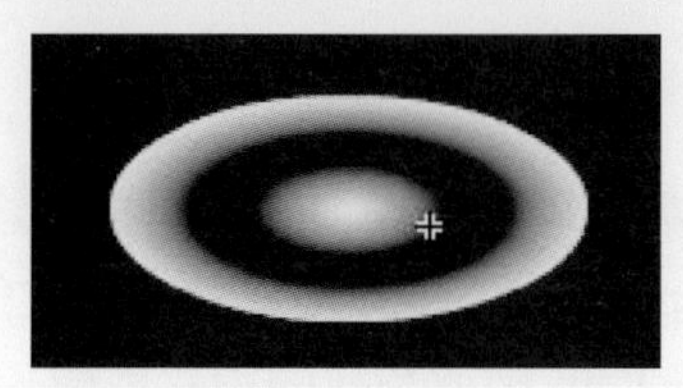

图4-9 椭圆

小技巧

这里不能直接用【椭圆工具】做一个椭圆，因为这样不能形成环状效果。读者可自行测试一下。

分别在第 5 帧和第 45 帧插入一个关键帧，然后选中第 45 帧，使用【任意变形工具】将椭圆适当放大，并在【属性】面板上设置其透明度为 0。再选中第 1 帧，使用【任意变形工具】将椭圆适当缩小，并在【属性】面板上设置其透明度为 0。在第 1 帧至第 5 帧之间和第 6 帧至第 45 帧之间制作形状补间动画，【时间轴】面板如图 4-10 所示。

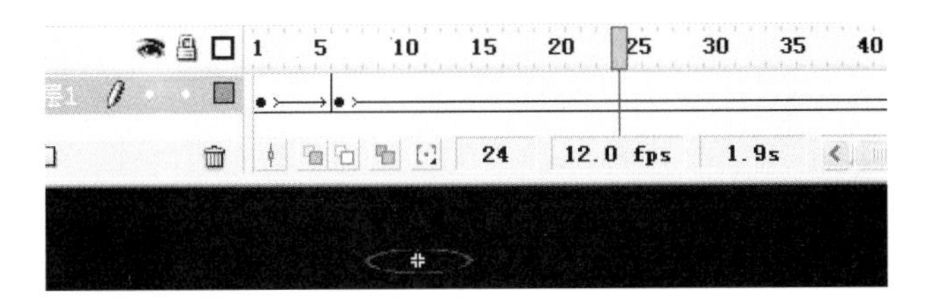

图4-10 元件“涟漪”的【时间轴】面板

❸制作元件“雨滴”。新建一个影片剪辑元件，命名为“雨滴”，进入编辑状态后，新建 2 个图层，分别命名为“雨滴”和“涟漪”。

选中“雨滴”图层，先使用【椭圆工具】绘制一个小的椭圆形，然后单击【选取工具】按钮将其调整为上小下大的水滴形状，再单击【填充变形工具】按钮将雨滴的填充渐变色改变亮度，如图 4-11 所示。

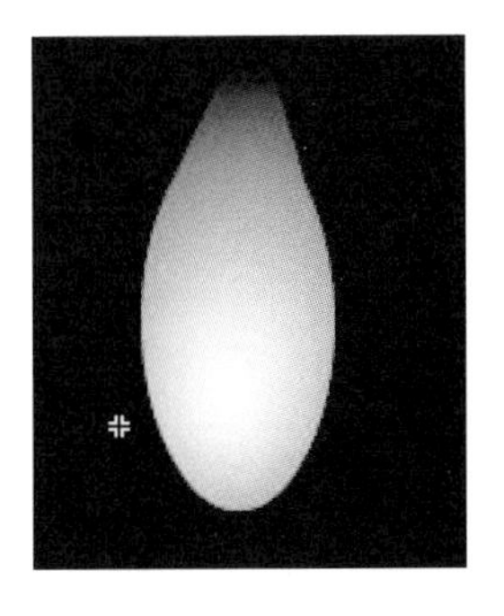

图4-11 雨滴

在该图层的第 20 帧处插入一个关键帧，选中该关键帧，竖直向下移动雨滴一段距离，然后在第 1 帧和第 20 帧之间做形状补间动画。这是雨滴的下落过程。

在第 23 帧处插入一个关键帧，选中该关键帧，单击【任意变形工具】按钮，将雨滴变小。在第 20 帧到第 23 帧做形状补间动画。这是雨滴落地消失的过程。

在第 28 帧处插入一个关键帧，选中该关键帧，单击【套索工具】按钮，将雨滴分为 5 块，并移动这 5 块的位置，使它们分散在雨滴落点的上方。在第 23 帧和第 28 帧之间做形状补间动画。这是溅起水花的过程，如图 4-12 所示。

图4-12　水花溅起

在第 35 帧处插入一个关键帧，选中该关键帧，将溅出的水滴下移到雨滴落点的水平面，并修改透明度 Alpha 值为 0，在第 28 帧和第 35 帧之间做形状补间动画，这是水花落下的过程。

再选择“涟漪”图层，在第 21 帧插入一个空白关键帧，然后将元件“涟漪”拖放到舞台雨滴下落点的位置，延长该关键帧至第 65 帧。在第 66 帧处插入一个空白关键帧，按 F9 键调出【动作】面板，输入如下程序。

```
removeMovieClip("");
```

该影片剪辑元件的【时间轴】面板如图 4-13 所示。

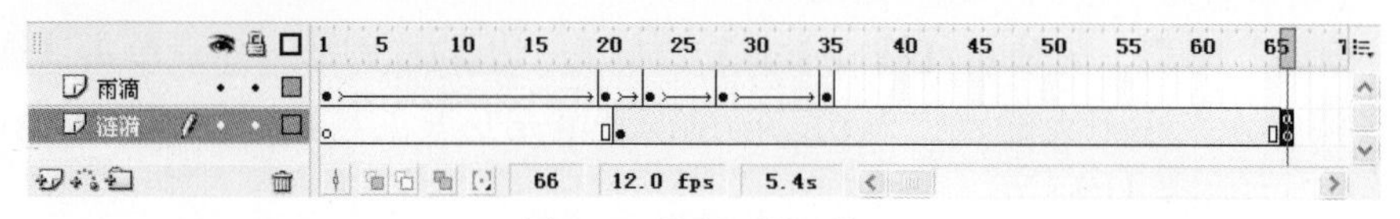

图4-14　绘制“地面”

提示：雨滴下落的过程是：雨滴下落→消失→溅水花→泛涟漪→水花消失→涟漪消失。其中，泛涟漪与溅水花是同时进行的。

❹回到主场景，将当前图层命名为“地面”，设置笔触色为无色，填充色为深灰蓝色，然后单击【矩形工具】按钮，在舞台的底部画一个矩形，并记住【属性】面板上矩形的尺寸，该数据将用于后面的编程，如图 4-14 所示。

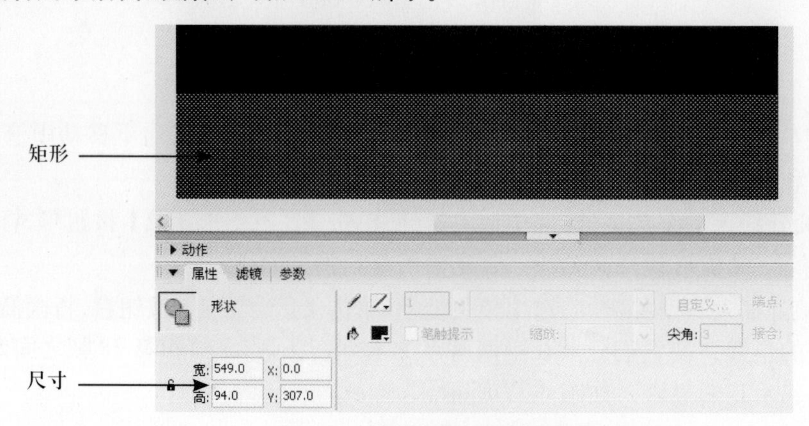

图4-13　影片剪辑元件的【时间轴】面板

再新建一个图层，命名为“雨滴”，将元件“雨滴”拖放到舞台上，并在【属性】面板上设置实例，命名为“aa”。然后把图层“雨滴”和“地面”的关键帧都延长至第3帧。

❺再新建一个图层，命名为“AS”，在该图层上创建3个空白关键帧。

在第1个空白关键帧上，打开【动作】面板，输入以下AS程序。

```
dropcnt = 1;   // 定义雨滴序号变量
```

在第2个空白关键帧输入以下AS程序。

```
dropbreed = int(random(2));          // 定义一个随机数，产生 0 或 1
if (Number(dropbreed) == 1) {        // 当为 1 时才增加一个雨滴
   dropcnt++;                        // 雨滴序号加 1
   aa.duplicateMovieClip("aa"+dropcnt, dropcnt);     // 复制一个雨滴
   setProperty("aa"+dropcnt, _x, -30+random(550));
   setProperty("aa"+dropcnt, _y, 20+random(60));
      // 设置雨滴起点的起始位置
}
if (Number(dropcnt)>200) {          // 当序号到 200 后再从 1 开始计数
   dropcnt = 1;
}
```

提示：在程序中，setProperty("aa"+dropcnt, _x, -30+random(550))和setProperty("aa"+dropcnt, _y, 20+random(60))设置影片剪辑的x坐标和y坐标，范围550和60是根据“地面”图层中的矩形确定的。

在第3个空白关键帧输入以下程序。

```
gotoAndPlay(2);
```

至此，整个动画制作完毕，保存文件后，按Ctrl + Enter组合键测试影片，可以看到动画效果。

范例对比

“雨夜”动画的设计思想与“飞舞的雪花”一致，都是使用duplicateMovieClip函数复制影片剪辑形成动画场景，所不同的是它们所复制的影片剪辑类型不同，一个是运动引导层动画，一个是嵌套的形状补间动画，这主要与动画运动对象的运动特点有关。另一个不同就是随机规则不同，虽然都是随机运动，但它们有各自的特点，在制作动画时，只有抓住这些不同点才能制作出逼真的动画场景。

4.2　鼠标类编程

鼠标类是不通过构造函数就能访问其属性和函数的顶级类，不需要new操作符来创建就可以直接引用。鼠标类的函数功能强大，不仅可以监听鼠标事件，而且可以隐藏改变鼠标指

针的样式等。默认情况下，鼠标指针是可见的，但是可以将其隐藏，并实现用影片剪辑创建的自定义指针。因此，可以使用鼠标类制作出一些想要的动画效果。

4.2.1 案例简介——游走的金鱼

在 Flash 动画中，要想让一个影片剪辑随着鼠标的移动而移动就要用到 MovieClip 类的一个方法——startDrag 方法，它允许用户拖动指定的影片剪辑。该影片剪辑将一直保持可拖动，直到通过对 MovieClip.stopDrag() 的调用明确停止为止，或者直到另一个影片剪辑变为可拖动为止。若需要获取鼠标坐标的具体数值，可直接使用 _xmouse 变量。

在“游走的金鱼”动画中，首先对影片剪辑“金鱼”使用了 startDrag 方法，使“金鱼”跟着鼠标移动，而鱼吐的“水泡”则根据“金鱼”的位置确定。鱼在游走的过程中，要根据鼠标的移动方向而转变方向，其计算方式如图 4-15 所示。

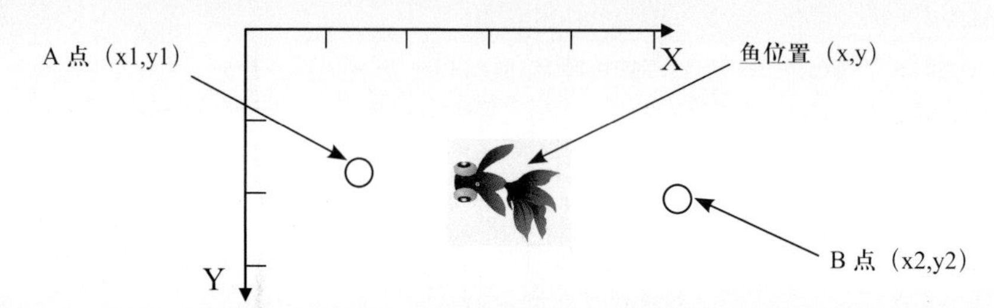

图4-15 方向计算示意图

当鼠标在 A 点时，x1<x，若鱼为向左游动，则方向不变；若鱼为向右游动，则方向改变。当鼠标在 A 点时，x2>x，若鱼为向左游动，则方向发生改变；若鱼为向右游动，则方向不变。该动画完成后的效果如图 4-16 所示。

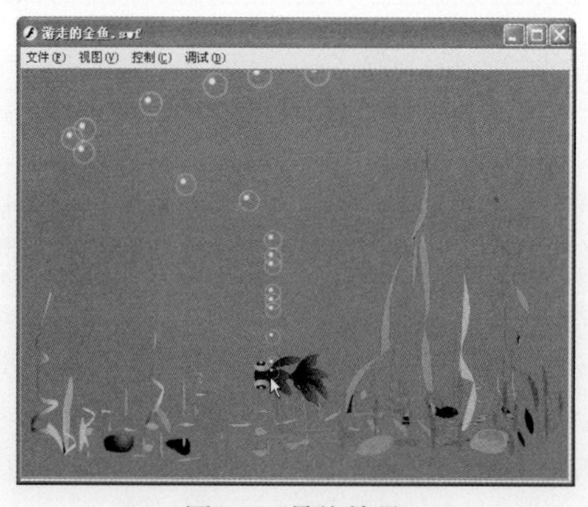

图4-16 最终效果

4.2.2 具体制作

新建一个 Flash 文档，命名为“游走的金鱼”。

❶设置动画尺寸为 550px×400px，影片背景为蓝色（#0066FF）。

❷制作水泡元件。新建一个影片剪辑元件，命名为“水泡”。进入编辑状态后，设置笔

触色为无色，填充色为渐变色，在工作区画两个正圆。如图 4-17 所示。

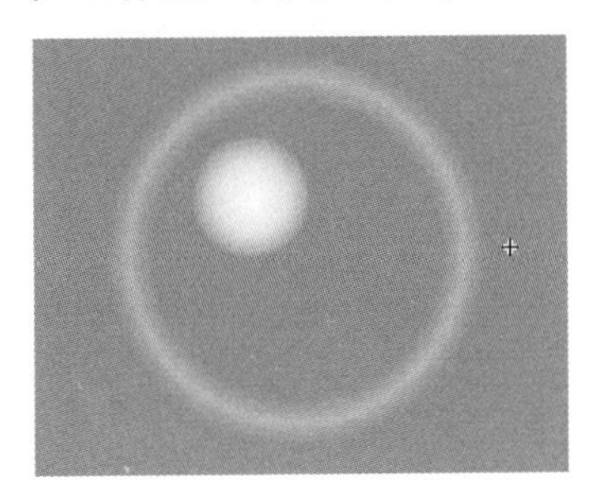

图4-17 “水泡”元件

> **提示**：两个正圆的渐变色设置不一样，其中大圆的渐变色是中心与外边为透明，中间部分为半透明；小圆的外边为透明，而中心为不透明。

再新建一个影片剪辑元件，命名为“水泡上升”。进入编辑状态后，把元件“水泡”拖放到舞台，在第 40 帧处插入一个关键帧，制作水泡从下向上上升、从小变大的动作补间动画。在第 40 帧处打开“动作”面板，输入以下程序。

```
Stop();
```

❸制作会动的鱼。鱼的运动主要表现在鱼鳍和鱼尾上，因此这两种元件要单独制作。新建 3 个影片剪辑元件，分别命名为“鱼鳍 1”、“鱼鳍 2”和“鱼尾”。进入编辑状态后，分别绘制这 3 个元件的形状。如图 4-18 所示。

“鱼鳍1”

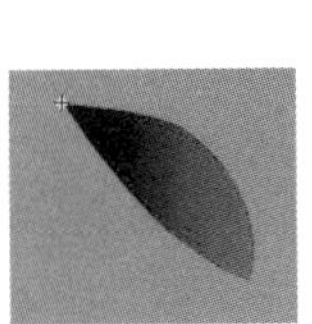

“鱼鳍2”

“鱼尾”

图4-18 鱼的3个部件

再新建一个影片剪辑元件，命名为“动鱼”。进入编辑状态后，新建 2 个图层分别命名为“鱼身”和“鱼眼”，在每个图层上画出相应的形状，如图 4-19 所示。

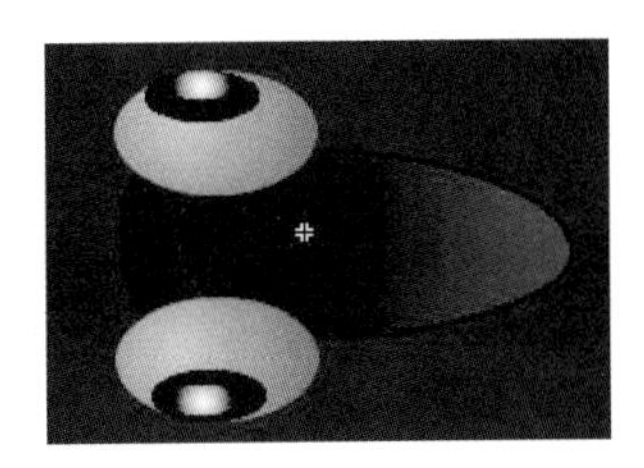

图4-19 “鱼身”

再新建 3 个图层，分别命名为“鱼鳍 1”、“鱼鳍 2”、“鱼尾”，把相应的元件拖放到对应的图层上，形成金鱼图案，如图 4-20 所示。

图4-20 “动鱼”图

然后分别在第 1 帧至第 40 帧之间对“鱼鳍 1”、“鱼鳍 2”和“鱼尾”制作动作补间动画，并将图层“鱼身”和“鱼眼”的关键帧延长至第 40 帧。最后的【时间轴】面板如图 4-21 所示。

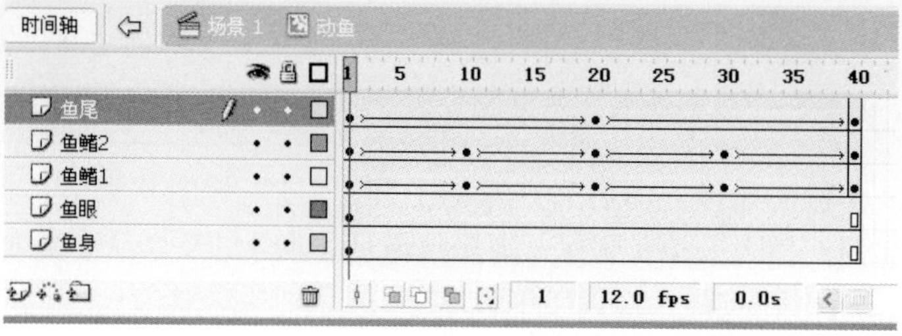

图4-21 元件“动鱼”的【时间轴】面板

❹回到主场景，将当前图层名修改为“背景”，然后将背景图片导入到舞台上。再新建 2 个图层，分别命名为“鱼”和“水泡”，在这 2 个图层上，分别将元件“动鱼”和“水泡上升”拖放到舞台上，如图 4-22 所示。

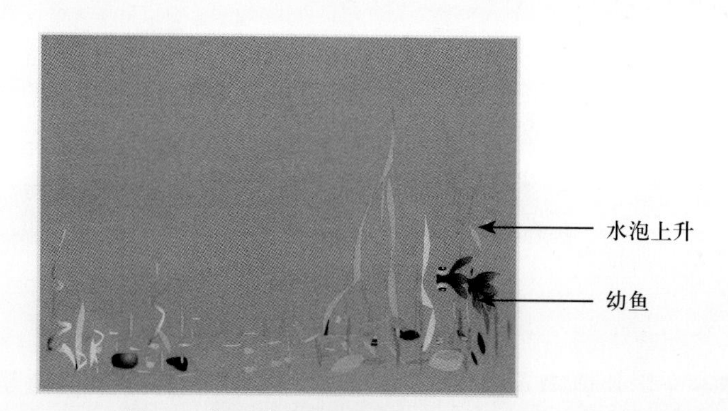

图4-22 将元件拖放到舞台上

选中元件“动鱼”，打开【属性】面板，设置实例名为“fish”。选中元件“水泡上升”，设置实例名为“pao”，如图 4-23 所示。

图4-23 设置实例名称

❺再新建一个图层，命名为“AS”，在该图层上创建 3 个空白关键帧。选中第 1 个关键帧，打开【动作】面板，输入如下程序。

```
startDrag("fish",true);  // 设置对象 fish 可拖动
j=1;                      // 定义水泡的起始序号
to=1;                     // 定义初始值，向左方向游为 1，0 为向右方向游
old_x=_xmouse;            // 获取鼠标坐标的 X 值
```

选中第 2 个关键帧，输入如下程序。

```
new_x=_xmouse;
 if(old_x>new_x)
     setProperty("fish",_rotation,getProperty ("fish",_rotation)+180);
 old_x=new_x;
 new_x=_xmouse;            // 获取鼠标坐标的 X 值
 if(old_x>new_x)           // 如果鼠标在鱼左边
 {
      if(to==0)            // 如果鱼目前是向右边游
      {
           setProperty("fish",_rotation,getProperty ("fish",_rotation)+180);
           to=1;
      }
 }
 if(old_x<new_x)           // 如果鼠标在鱼右边
 {
      if(to==1)            // 如果鱼目前是向左边游
      {
           setProperty("fish",_rotation,getProperty ("fish",_rotation)+180);
           to=0;
      }
}
 old_x=new_x;              // 将新坐标值赋给老坐标值

 i=random(100)
 if(i<30)                  // 取 30%的比率
 {
    duplicateMovieClip("pao","pao"+j, j);
    setProperty("pao"+j, _x, getProperty ("fish",_x));  // 设置水泡坐标
    setProperty("pao"+j, _y, getProperty ("fish",_y ));  // 设置水泡坐标
    j++;
 }
 if(j>30)                  // 判断是否重新计数
    j=1;
```

选中第 3 个关键帧，输入如下程序。

```
gotoAndPlay(2);
```

至此，游走的金鱼就制作完成了，保存文件后，按 Ctrl + Enter 组合键测试影片，可以看到动画效果。

4.2.3 同类索引——想吃鱼的猫

在鼠标类中，使用频率比较高的参数就是坐标了，鼠标的坐标和影片剪辑的坐标的获得方式是不同的，鼠标坐标可以用 _xmouse 和 _ymouse 获得，影片剪辑的坐标可以用 MovieClip._x 和 MovieClip._y 获得。值得注意的是，在进行坐标运算时要考虑实际需要的坐标值是相对的还是绝对的，下面给出了一个典型的获取鼠标相对坐标和绝对坐标的例子。

动画“想吃鱼的猫”是要猫的头根据鼠标的移动转动，这里就要涉及角度运算，在数学中，角度的运算有多种方法，最常用的就是使用三角函数的 tan 值来得到某一点相对于中心点旋转的角度。在这个动画中，由于猫头应该始终向上，而不应该颠倒，所以在运算时只能分半处理。该动画完成后的效果如图 4-24 所示。

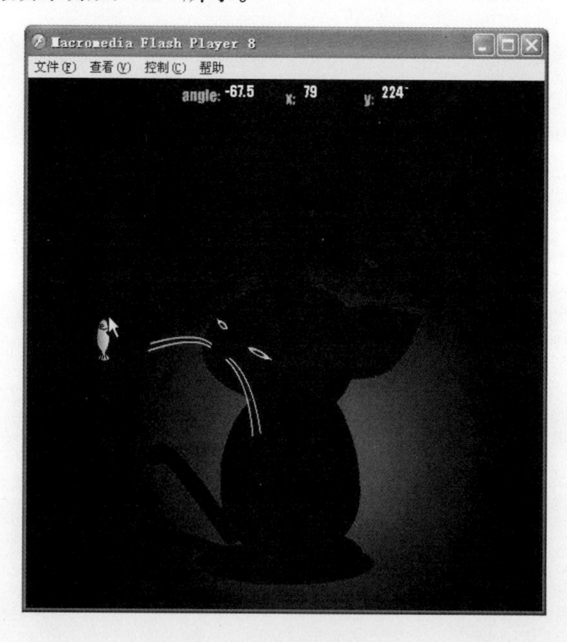

图4-24 完成后的效果

● **制作步骤**

❶制作猫尾巴元件。新建一个元件，命名为“尾巴”，进入编辑状态后，使用【线条工具】在工作区做一条直线，然后对这条直线做形状补间动画，如图 4-25 所示。

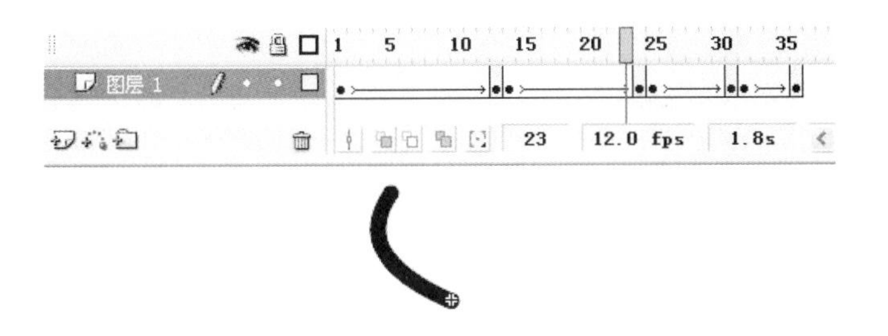

图4-25 元件“尾巴”

❷制作猫腿、猫身子元件。这 2 个元件都是静态图形元件，其图形如图 4-26 所示。

图4-26 元件“腿”和“身子”

❸制作猫头元件。猫头元件由多个元件构成，包括：猫脸、耳朵、胡子、眼睛。其中，猫耳、胡子、眼睛是动态元件，它们的制作如图 4-27 所示。

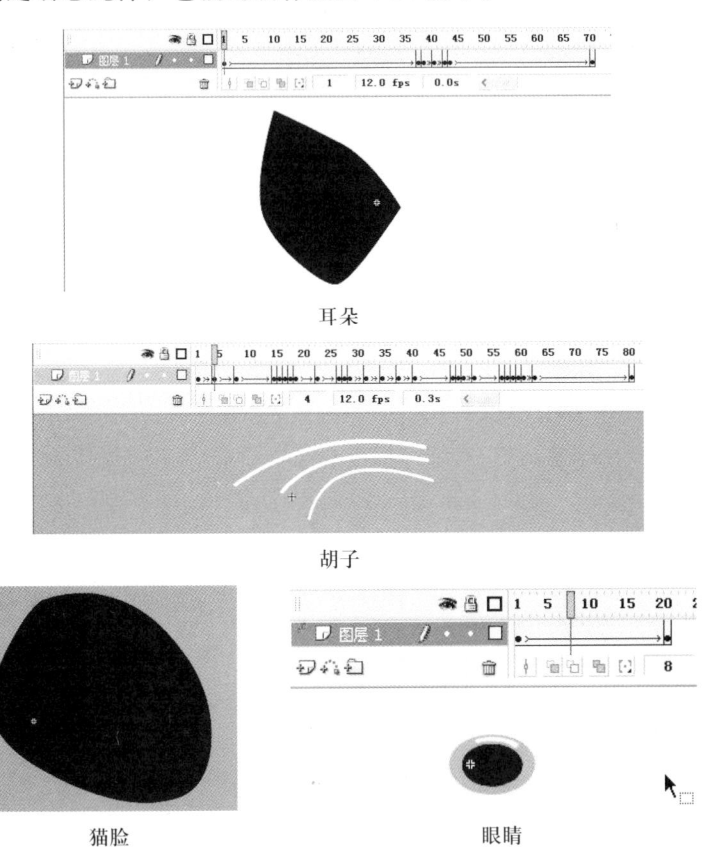

图4-27 组合的猫头元件

部件元件制作完成后，再新建一个元件，命名为“猫头”，进入编辑状态后，依次建立图层“猫脸”、“猫眼 1”、“猫眼 2”、“耳朵 1”、“耳朵 2”、“胡子 1”、“胡子 2”。然后将相应的元件拖放到工作区中，做一个面向右的猫头。

然后在每个图层的第 8 帧插入一个关键帧，并延长至第 14 帧，然后再将各元件拖放到工作区，做一个面向左的猫头。

再新建一个图层，命名为“AS”，在第 1 帧和第 8 帧上都添加 AS 程序。

```
stop();
```

然后将“AS”图层的 2 个关键帧的帧标签命名为“right”和“left”，如图 4-28 所示。

图4-28 元件“猫头”

❹制作鱼和数据显示元件。元件“鱼”是一个简单的图形元件，直接在工作区做一条鱼的图案即可。

数据显示元件是由静态文本、输入文本和一系列程序构成的。在元件编辑状态下，将元件的样式设计为如图 4-29 所示的样子。在【属性】面板上，设置 3 个输入文本的变量名分别为：angle、targetx、targety。

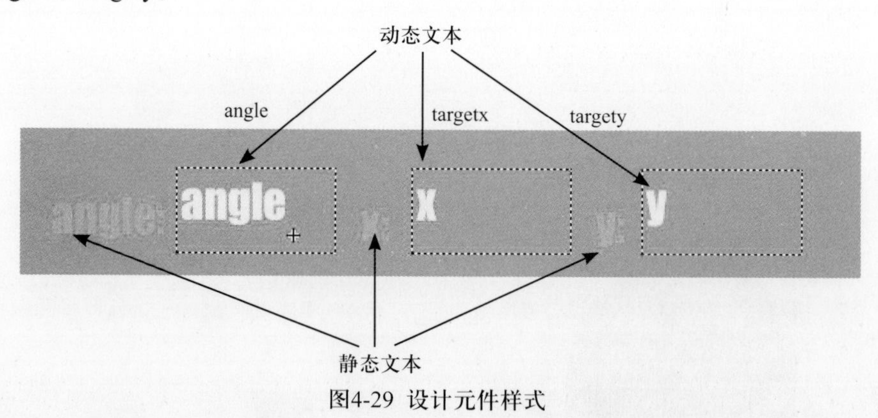

图4-29 设计元件样式

再新建一个图层，命名为“AS”，然后在该图层的第 1 帧、第 2 帧、第 5 帧上各插入一个空白关键帧。选中第 1 个关键帧，打开【动作】面板，输入如下程序。

```
a=_parent.head._x;           // 得到猫头的坐标
b=_parent.head._y;
```

选中第 2 个关键帧，输入如下程序。

```
this.targetx=_xmouse;          //得到鼠标的坐标，并赋给显示变量
this.targety=_ymouse;
t=(this.targety-b)/(this.targetx-a);          // 计算 tan 值
if(this.targetx-a>=0)          // 如果鼠标在猫头的右半边
{
    _parent.head.gotoAndStop("right");          // 猫头向右看
    tan=Math.atan(t)/(Math.PI/180)+180;          // 得到角度数
    setProperty("_parent.head",_rotation,tan);     // 猫头转动
}
else          // 如果鼠标在猫头的左半边
{
    _parent.head.gotoAndStop("left");
    tan=Math.atan(t)/(Math.PI/180);
    setProperty("_parent.head",_rotation,tan);
}
this.angle=tan;          // 将角度数赋给显示变量
```

选中第 3 个关键帧，输入如下程序。

```
gotoAndPlay(2);
```

❺ 回到主场景，创建 8 个图层，分别命名为“背景”、“尾巴”、“脚”、“身子”、“数值”、“头”、“鱼”、“AS”，然后在各图层上将相应的元件拖放到舞台上。

选中元件“猫头”，打开【属性】面板，设置实例名为“head”；选中元件“鱼”，设置实例名为“fish”。

在“AS”图层插入 2 个空白关键帧，选中第 1 个关键帧，打开【动作】面板，输入如下程序。

```
startDrag("fish", true);t
```

在第 2 个关键帧里输入如下程序。

```
stop();
```

至此，整个动画制作完毕，保存文件后，按 Ctrl + Enter 组合键测试影片，可以看到动画效果。

范例对比

与“游走的金鱼”相比，“想吃鱼的猫”在使用鼠标坐标时，不仅使用了鼠标点的坐标值，而且还使用了鼠标点与某一对象（猫头）的相对位置和相对角度，利用角度的变化决定对象的运动。这种关于鼠标点坐标的计算在 Flash 游戏中常常用到，希望读者能掌握它们的计算方法。

4.3 时间类编程

在 Flash 中，时间类的名称为 Date，其作用是检索相对于通用时间（格林尼治平均时，现在称为通用时间或 UTC）或相对于运行 Flash Player 的操作系统的日期和时间值。Date 类对象不是静态的，需要为该对象制定一个变量名，用 new Data() 语句构造一个时间类对象。其变量定义有两种形式。

```
变量名 =new Date();                      // 获取当前机器时间
变量名 =new Date( 年，月，日，时，分，秒，毫秒 );    // 指定时间
```

4.3.1 案例简介——猫头鹰时钟

时钟动画是 Date 类中最简单的使用，它的原理是用时间类对象获取机器的当前时间，然后用数字将时间类对象的各个分量显示出来。时钟的指针则是根据各分量值对相应的时钟针进行转角。具体公式如下。

秒针＝秒数 ×6；

分针＝（分钟数＋秒数 /60）×6；

时针 (<12) ＝（小时数＋分钟数 /60）×30；

时针 (>12) ＝（小时数－ 12 ＋分钟数 /60）×30

带有钟摆的时钟，其钟摆的运动则是按照秒分量的变化而进行相应的变化，每变化一秒进行一次运动。在这个动画中，钟摆就是猫头鹰的眼睛，它每秒转动一次。在 Flash 中，每秒的帧数默认为 12 帧，因此，这个猫头鹰眼睛的动画即为 12 帧。

该动画完成后的效果如图 4-30 所示。

图4-30 最终效果

4.3.2 具体制作

新建一个 Flash 文档，命名为“猫头鹰时钟”。

❶制作猫头鹰的眼睛。选择菜单【文件】→【导入】→【导入到舞台】命令，然后选择背景猫头鹰时钟的背景图片文件，导入到舞台上。选中图片，单击鼠标右键，在弹出的快捷菜单中选择【分离】命令，如图4-31所示。

图4-31 对图片使用【分离】命令

> **提示**：“猫头鹰时钟动画”其实就是将猫头鹰时钟背景图的眼睛部分和表盘部分修改为动画形式。

然后在工具箱中单击【套索工具】按钮，放大图形，选中背景图中的猫头鹰的一只“眼睛”，然后在选中的“眼睛”图形上单击鼠标右键，在弹出的菜单中选择【复制】命令。

新建一个元件，命名为“眼睛”，进入编辑状态后，在工作区单击鼠标右键，然后选择【粘贴】命令。

在【时间轴】面板上对眼睛做12帧动作补间动画，运动方式为左右移动一个来回，如图4-32所示。

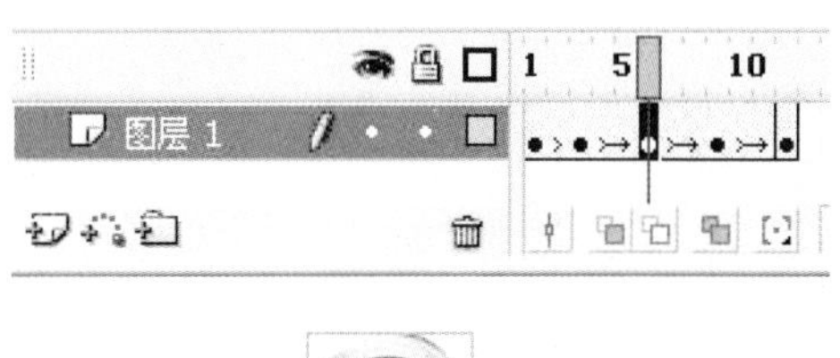

图4-32 元件“眼睛”

> **注意**：这里的12帧与Flash文档的默认帧频一致。如果用户修改了文档的帧频，这里眼睛动画的帧长度也要做相应的修改，要保持与帧频一致，使该影片剪辑的动画恰好播放1秒钟。

❷制作时钟部件。再新建4个图形元件，分别命名为：hours、minutes、senconds和outeragde，它们代表时钟的各个部件：时针、分针、秒针和表盘，其样式分别如图4-33所示。

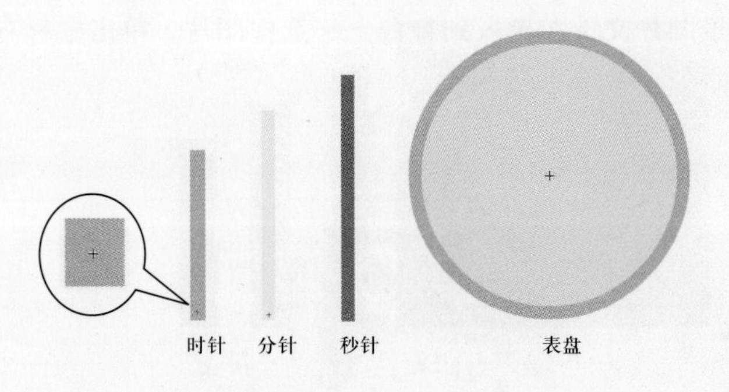

图4-33 时钟的部件

提示：3个表针的特点是时针最短最粗，秒针最长最细，分针居中。3个元件均为竖条图形，此时的角度恰好为0度。3个元件的中心点位于竖条的底部，保证在旋转时竖条可围绕中心点旋转。

❸制作时钟。再新建一个元件，命名为clock。进入编辑状态后，将当前图层命名为“表盘”，然后将元件outeragde拖放到舞台上。再新建一个图层，命名为“number”，然后打开网格和标尺，在横竖方向上分别拖出3条标尺线，如图4-34所示。

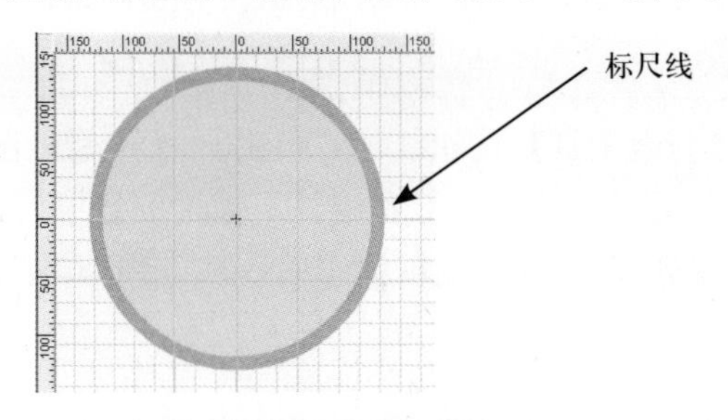

图4-34 标尺线

提示：通过网格确定标尺线的位置，以中心点为界，每隔3格放置一条标尺线，标尺线与圆盘的交点即为放置表盘数字的位置。

单击【文本工具】按钮A，在标尺线与圆盘的交点处放置12个静态文本，分别为：1、2…12，如图4-35所示。

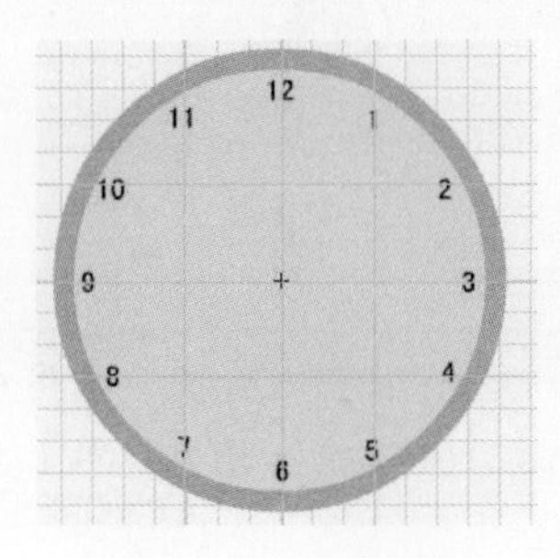

图4-35 表盘数字

再新建一个图层，在该图层上做一个黑色圆点，然后放置于表盘的中心。

小技巧

如果在表盘上直接放置表针，会显得十分突兀，所以要在中心点加一个黑色圆点。为方便后面的操作，可以先将该图层隐藏。

再新建一个图层，命名为“hand”。在该图层上，先将时针“hours”拖放到舞台上，并将其中心点与表盘的中心点重合。然后选择hours，打开【属性】面板，设置hours的实例名称为“cc”，如图4-36所示。

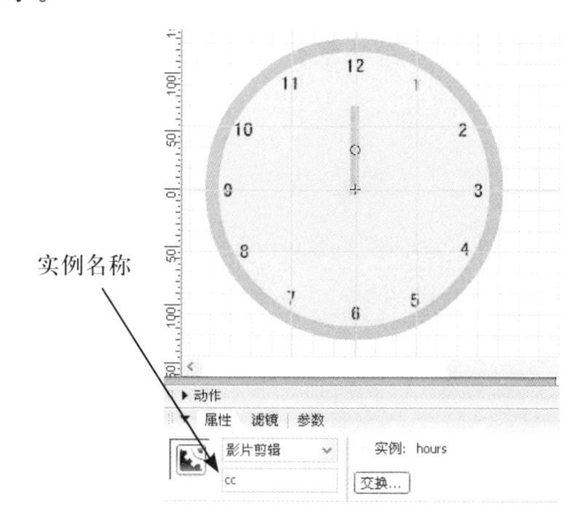

图4-36 放置时针

按相同的方法放置分针“minutes”和秒针“senconds”，并分别将它们的实例名称命名为“bb”和“aa”。它们的中心点也与表盘的中心点重合。

提示：时针、分针和秒针是重合的，为了操作方便，应先放置最下面的时针，再放置中间的分针，最后放置秒针。也可以分图层操作。

再新建一个图层，命名为“AS”，在该图层上添加2个空白关键帧。选中第1个关键帧，打开【动作】面板，输入如下程序。

```
time = new Date();                  // 定义时间类变量
hours = time.getHours();            // 获得小时数
minutes = time.getMinutes();        // 获得分钟数
seconds = time.getSeconds();        // 获得秒数
if (hours>12) {                     //24 小时制，如果大于 12 小时
    hours = hours-12;
}
if (hours<1) {                      // 如果是 0 点或 12 点
    hours = 12;
}
```

```
hours = hours*30+int(minutes/2);              // 计算时针旋转角度
minutes = minutes*6+int(seconds/10);          // 计算分针旋转角度
seconds = seconds*6;                          // 计算秒针旋转角度
setProperty("aa", _rotation, seconds);
setProperty("bb", _rotation, minutes);
setProperty("cc", _rotation, hours);
```

选中第 2 个关键帧，输入如下程序。

```
gotoAndPlay(1);
```

❹回到主场景，新建一个图层。在新图层上，拖放两个“眼睛”元件到舞台上，并将它们覆盖在底图的“眼睛”上。再拖放“clock”元件到舞台上，覆盖在底图的表盘上，如图 4-37 所示。

图4-37　拖放元件“眼睛”和“clock”

至此，整个动画制作完毕，保存文件后，按 Ctrl + Enter 组合键测试影片，可以看到时钟在按正常的时间走动，猫头鹰的眼睛每秒来回摆动一次。

4.3.3 同类索引——奥运倒计时

使用时间类进行编程的例子很多，如网页上的当前时间显示、生日贺卡的时间触发动画、限时游戏的计时器，等等。它们有的是直接通过时间类显示时间，有的是通过对时间类的运算进行动画设计。这类动画的制作方法也比较简单，只要构造一个时间类对象即可。下面就以奥运倒计时动画来说明。

奥运倒计时的制作也是使用了时间类对象，它不仅要获取当前时间，而且还要计算与某一固定时间（2008 年 8 月 8 日 20 时 0 分 0 秒）的差值。

该动画完成后的效果如图 4-38 所示。

图4-38 最终效果

● 制作步骤

❶制作口号元件。新建一个元件，命名为“口号1”，进入编辑状态后，在当前图层上添加一行红色静态文本“为奥运健儿加油！”。再新建一个图层，将刚才的文本复制到新图层上。选中该黄色文本，打开【滤镜】面板，添加“投影”滤镜效果，如图4-39所示。

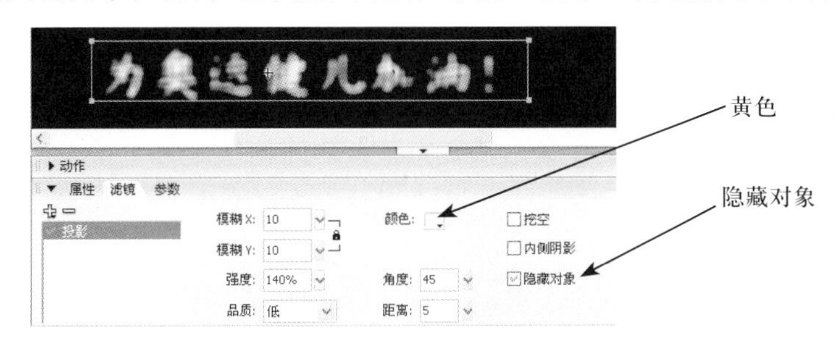

图4-39 为文字添加滤镜效果

> **注意**：投影的颜色设置为黄色，而且要勾选“隐藏对象”复选框，这样就会只显示投影而不显示原来的红色文本。

再新建一个图层，将新图层设置为遮罩层，红色文本图层设置为被遮罩层。在遮罩层制作一个滑块左右移动的动作补间动画，如图4-40所示。

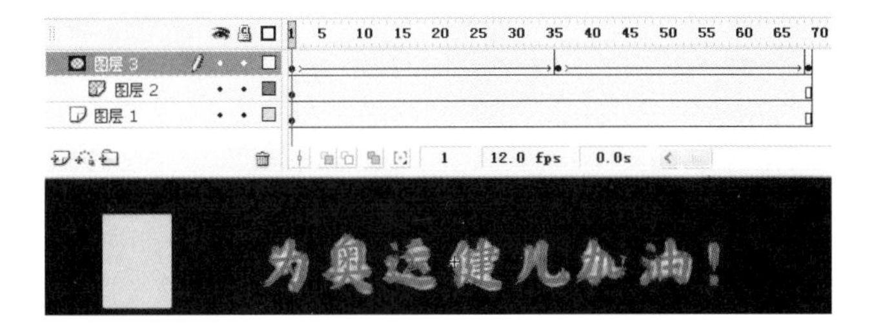

图4-40 制作遮罩动画

再新建一个元件，命名为“口号2”。在该元件里，制作相同文字的颜色变化逐帧动画，如图4-41所示。

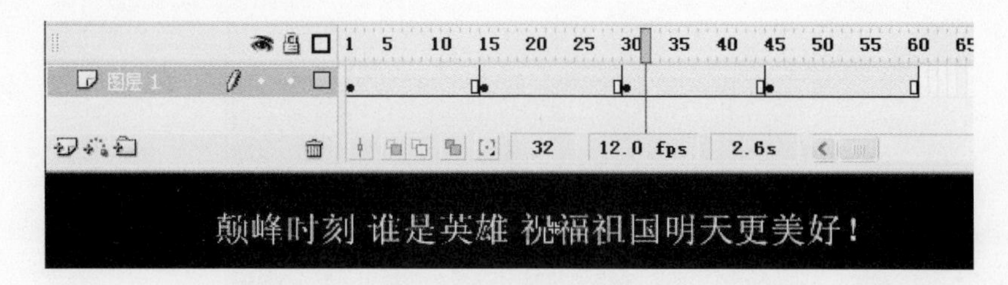

图4-41 制作逐帧动画

❷制作动画条。首先新建一个元件，进入编辑状态后，将准备好的图片拖放到工作区，等间距地一字排开，并加上红色边条，如图 4-42 所示。

图4-42 排列图片

再新建一个元件，命名为“图片条”，进入编辑状态后，将刚才做的元件依次排放 5 个。

再新建一个元件，命名为“动画条”，进入编辑状态后，将元件“图片条”拖放到工作区，在第 1 帧至第 1000 帧之间制作“图片条”从右向左运动的动作补间动画。

❸回到主场景，新建 6 个图层，分别命名为“动画条”、“口号 1”、“口号 2”、“显示文本”、“AS”。

在“动画条”、“口号 1”、“口号 2”4 个图层上，将相应的元件拖放到舞台上，如图 4-43 所示。

图4-43 拖放元件

❹在“显示文本”图层上，单击【文本工具】按钮 A，添加两个动态文本和一个静态文本。其中，顶部动态文本的变量名设置为 nowtime，中间动态文本的变量名设置为 jishi，如图 4-44 所示。

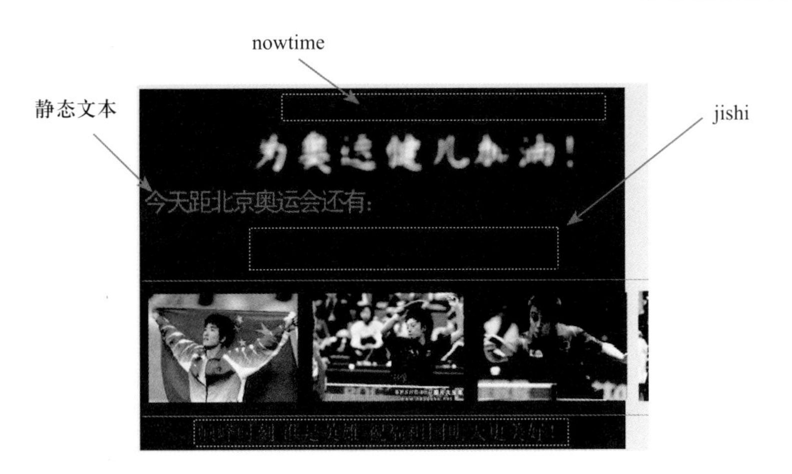

图4-44 添加文本

❺在“AS”图层插入2个空白关键帧，选择第一个空白关键帧，打开【动作】面板，输入如下程序。

```
nowdate = new Date();
    // 创建新的日期对象，用来获取现在的时间
year = nowdate.getFullYear();
    // 获取当前的年份
month = nowdate.getMonth()+1;
    // 获取当前的月份，因为数组从 0 开始，用 0 ~ 11 表示 1 月~ 12 月，所以要加 1
date = nowdate.getDate();
    // 获取当前日期
day = nowdate.getDay();
    // 获取当年的星期
hour = nowdate.getHours();
    // 获取当前的小时
minute = nowdate.getMinutes();
    // 获取当前的分钟
second = nowdate.getSeconds();
    // 获取当前的秒钟
enddate = new Date(2008, 7, 8, 20, 0, 0);
    // 创建新的日期对象。虽然是 8 月 8 号，但是月份是从零开始的，所以应该是 7
cha = (enddate.getTime()-nowdate.getTime())/1000;
    // 时间差，以秒为单位，原数据是以毫秒为单位，除以 1000 后变换为秒

shengyuday = Math.floor(cha/(3600*24));
        // 剩余天，1 天 24 小时，1 小时 3600 秒
shengyuhour = Math.floor((cha-shengyuday*24*3600)/3600);
```

```
            //剩余小时，时间差减天除以 3600 秒
shengyuminute = Math.floor((cha-shengyuday*24*3600-shengyuhour*3600)/60);
            //剩余分
shengyusecond = Math.floor(cha-shengyuday*24*3600-shengyuhour*3600-
shengyuminute*60);
            //剩余秒
  //补位
if (month<10) {
          month = "0"+month;
          }
if (date<10) {
          date = "0"+date;
          }
if (hour<10) {
          hour = "0"+hour;
          }
if (minute<10) {
          minute = "0"+minute;
          }
if (second<10) {
          second ="0"+second;
          }
if (shengyuday<10) {
          shengyuday ="0"+shengyuday;
          }
if (shengyuhour<10) {
          shengyuhour ="0"+shengyuhour;
          }
if (shengyuminute<10) {
              shengyuminute ="0"+shengyuminute;
          }
if (shengyusecond<10) {
              shengyusecond ="0"+shengyusecond;
          }
jishi = String(shengyuday)+" 天 "+String(shengyuhour)+" 时 "+String(shengyuminute)+" 分
"+String(shengyusecond)+" 秒 ";
          nowtime = " 今天是 "+year+" 年 "+month+" 月 "+date+" 日 "+" 星期 "+day+" 现
在时刻 "+hour+":"+minute+":"+second;
```

注意：在时间类里，月份的表示是从0开始的，即0表示1月，1表示2月，所以在显示时要加1。

选择第 2 个空白关键帧，打开【动作】面板输入如下程序。

```
gotoAndPlay(1);
```

至此,整个动画制作完毕,保存文件后,按 Ctrl + Enter 组合键测试影片,可以看到动画效果。

范例对比

与“猫头鹰时钟”动画相比，“奥运倒计时”动画不仅用到了时、分、秒，还用到了月和日。数据种类更全面,而且用到了两种时间类变量的定义方式和时间类的计算,其中,时间类的运算是对两个变量的 getTime() 方法进行直接加减运算。需要注意的是，时间类的基础单位是毫秒，在使用时要注意单位变换。另外，时间类的月份表示也是读者需要注意的地方，它与实际月份值差 1。

4.4 多媒体编程

多媒体技术是计算机与音频、视频及通信等多种技术集成和融合的产物，它能够以文字、图形、图像和声音等多种媒体形式表达和处理信息，从而使信息的接收者可以从多个方面感受信息，加深对信息的理解。Flash 是一款优秀的多媒体开发工具，它可以组织和编辑图形、声音、动画、视频等多种素材。在 AS 2.0 中提供了多种用于多媒体开发的类，它们是 Sound 类、Vidio 类、NetStream 类和 Mircophone 类等。

4.4.1 案例简介——MP3播放器1

Sound 类使你可以控制影片中的声音。可以在影片正在播放时从库中向该影片剪辑添加声音，并控制这些声音。如果在创建新 Sound 对象时没有指定 target，则可以使用方法控制整个影片的声音。必须使用构造函数 new Sound 创建一个 Sound 对象，然后才能调用 Sound 类的方法。具体使用方法如下。

```
变量名 =new Sound(target);
```

target 参数在这里是为某一示例设置声音效果的实例路径参数，如果不设置此参数，则表示声音效果控制对所有的动画元素起作用。

Sound 类的属性有 3 个：position（声音已播放的毫秒数）、duration（声音播放一遍所需要的总时间）、id3（声音文件包含的 ID3 标签）。这 3 个属性都是只读属性。

Sound 类常用的函数有：setPan 和 getPan（设置和获取声音在左右声道的播放形式）、setVolume 和 getVolume（设置和获取音量）、start 和 stop（播放和停止）、loadSound（将声音文件加载到 Sound 对象中）等。

本例中的“MP3 播放器 1”就是使用 Sound 类的经典例子。该动画完成后的效果如图 4-45 所示。

图4-45 最终效果

4.4.2 具体制作

新建一个Flash文件，命名为“MP3播放器1”。

❶制作按钮元件。在MP3播放器中，需要用到的按钮有：播放、暂停、后退、快进、结束和静音。所以新建6个按钮元件，如图4-46所示。

图4-46 6个按钮元件

❷制作滑动条元件。在MP3播放器中，滑动条元件有两种，一种是音量滑动条，一种是进度滑动条。

首先制作两个素材元件：滑块和横条。它们都是图形元件，如图4-47所示。

图4-47 滑块和横条素材元件

再新建一个元件，命名为“播放条”，进入编辑状态后，在当前图层上绘制一条黑色直线。然后再新建一个图层，在该图层上，将元件“滑块”拖放到工作区的黑色直线上，再选中“滑块”，打开【属性】面板，设置实例名称为“huakuai”，如图4-48所示。

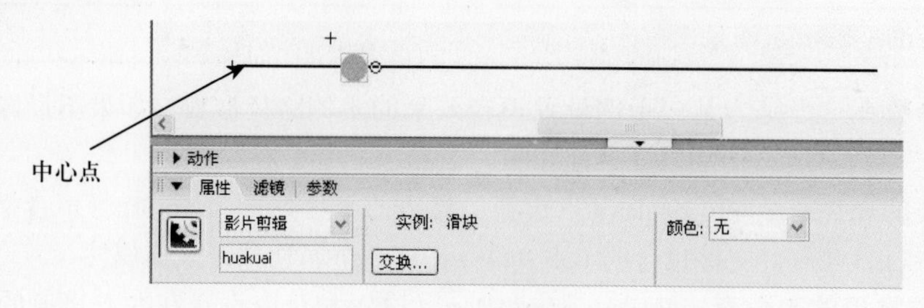

图4-48 元件“播放条”

注意：黑色直线的左端点与元件的中心点重合，保证滑块的起始X坐标（_x）为0，以方便后面的程序设计。

再选中“滑块”，打开【动作】面板，输入如下程序。

```
on (press)
{
    _root.mysound.stop();
    startDrag("", true, 0, -10, 300, -10);
}
on (releaseOutside, rollOver)
 {
    bb = ((_root.bofangtiao.huakuai._x)*(_root.mysound.duration/1000)/240);
    _root.mysound.stop();
    _root.mysound.start(bb);
    stopDrag();
}
```

再新建一个元件，命名为“音量”，进入编辑状态后，在当前图层上将元件“横条”拖放到工作区，并使“横条”的左端与元件的中心点重合。然后再新建一个图层，在该图层上，将元件“滑块”拖放到“横条”的右端，再选中“滑块”，打开【属性】面板，设置实例名称为“huakuai”，如图 4-49 所示。

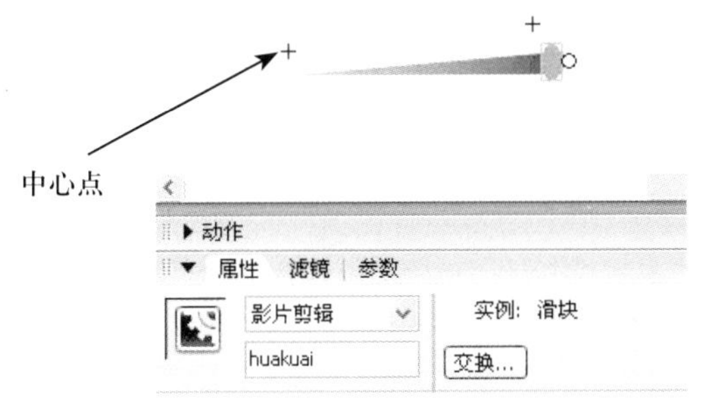

图4-49　元件“音量”

再选中“滑块”，打开【动作】面板，输入如下程序。

```
on (press)
 {
    startDrag("", true, 0, -7, 70, -7);
}
on (releaseOutside, rollOut)
{
    stopDrag();
}
```

❸制作辅助元件。辅助元件有歌曲路径输入元件 url、背景和静音线，它们分别如图 4-50 所示。

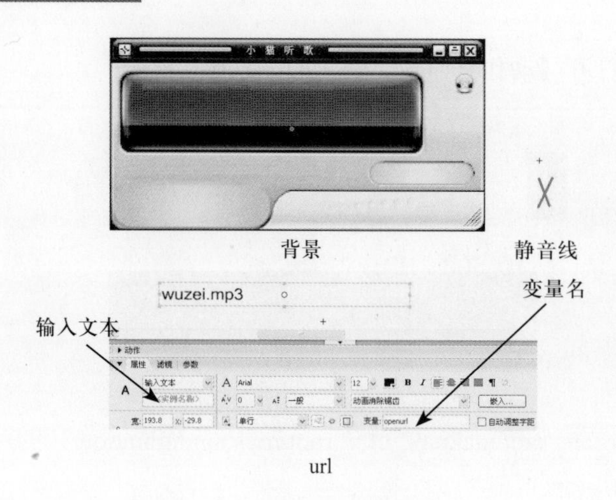

图4-50 辅助元件

其中，元件 url 是一个输入文本，其变量名为“openurl”，初始值为 wuzei.mp3。

> **提示**：在Sound类中，加载声音文件需要声音文件的绝对路径，若没有路径，只有文件名，则系统自动会在当前目录下寻找需要播放的文件。在本例中，MP3文件wuzei.mp3需要放在当前目录内系统才能找到。

❹回到主场景，将当前图层的图层名修改为“背景”，然后将元件“背景”拖放到舞台上，使其大小与舞台大小一致。

> **提示**：这里也可以通过修改文档属性来实现舞台与背景大小一致。

❺再新建一个图层，命名为“操作按钮”，在该图层上，将按钮元件“播放”、“暂停”、“后退”、“快进”、“结束”、“静音”，滑动条元件“音量”、“播放条”，辅助元件“url”、“静音线”放置于舞台上，如图 4-51 所示。

图4-51 “操作按钮”图层的元件

打开【属性】面板，依次设置按钮元件“静音”的实例名为 jingyin，元件“静音线”的实例名为 jingyinxian，元件“播放条”的实例名为 bofangtiao，元件“音量”的实例名为 yinliang，元件“url”的实例名为 songurl。

选中“播放”按钮元件，打开【动作】面板，输入如下程序。

```
on (release)
 {
    mysound.stop();
    mysound=new Sound();
    mysound.loadSound(_root.songurl.openurl, true);
    if (tt)
      {
      mysound.start(tt);
      }
   else
      {
      mysound.start(0);
     }
}
```

> **注意**：对元件编程与在【时间轴】面板上编程不同，【时间轴】面板上的程序会有提示符a，程序在动画运行时执行，而对元件编程没有任何提示符，只有在触发元件的某个方法时才执行程序。

选中“暂停”按钮元件，打开【动作】面板，输入如下程序。

```
on (release) {
      mysound.stop();
      tt = (mysound.position)/1000;
}
```

选中“后退”按钮元件，打开【动作】面板，输入如下程序。

```
on (release) {
      mysound.stop();
      mysound = new Sound();
      mysound.loadSound("wuzei.mp3", false);
}
```

选中“快进”按钮元件，打开【动作】面板，输入如下程序。

```
on (release) {
      mysound.stop();
      mysound = new Sound();
      mysound.loadSound("wuzei.mp3", false);
}
```

选中“结束”按钮元件，打开【动作】面板，输入如下程序。

```
on (release) {
    mysound.stop();
    tt = false;
}
```

选中“静音”按钮元件，打开【动作】面板，输入如下程序。

```
on (release) {
    i++;
    if (i%2 != 0) {
        // 求模运算
        _root.yinliang.huakuai._x = 0;
        _root.jingyinxian._visible = true;
    } else {
        _root.yinliang.huakuai._x = 80;
        _root.jingyinxian._visible = false;
        // 静音的红线显示
    }
}
```

❻新建一个图层，命名为“信息显示”，在该图层上放置4个动态文本框，并将这4个动态文本框的变量名分别命名为：id3、huanchong、zongchangdu、yibofang。如图4-52所示。

图4-52 “信息显示”图层

❼新建一个图层，命名为“AS”，选中当前关键帧，打开【动作】面板，输入如下程序。

```
mysound = new Sound();
mysound.loadSound("wuzei.mp3", true);
mysound.stop();

onEnterFrame = function ()
{
        mysound.setVolume(_root.yinliang.huakuai._x);
```

```
        // 设置音量
        huanchong = int(mysound.getBytesLoaded()/mysound.getBytesTotal()*100)+"%";
        // 缓冲百分比
        zongchangdu = int(mysound.duration/1000)+" 秒 ";
        // 歌曲总长度，以毫秒为单位
        yibofang = int(mysound.position/1000)+" 秒 ";
        // 已经播放的声音，以毫秒为单位
        id3=" 歌名："+ mysound.id3.TEXT;
        _root.bofangtiao.huakuai._x = 240*(yibofang/zongchangdu);
        // 播放条
}
/****************** 静音 *********************/
i = 0;
_root.jingyinxian._visible = false;
// 静音的红线隐藏
tt=0;
stop();
```

至此，整个动画制作结束。

4.4.3 同类索引——小小钢琴家

在 Flash 中，实现对多媒体的编程可以有很多种办法，这些多媒体类不仅可以通过程序引入到 SWF 文件中，也可以通过元件引入到 SWF 文件中，通过控制影片的播放来实现多媒体的播放。控制的方法包括按钮控制、运算条件控制等。在制作时，用户只要把握好播放点和返回位置就可以了。下面就以“小小钢琴家”的例子来说明。

“小小钢琴家”是通过按钮控制 Flash 动画帧的转移来实现多媒体编程的。在【时间轴】面板上，Flash 动画帧的转移规律如图 4-53 所示。

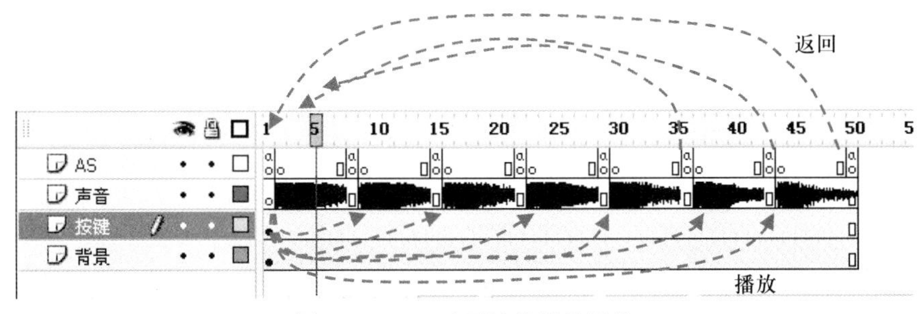

图4-53 Flash动画帧的转移规律

该动画完成后的效果如图 4-54 所示。

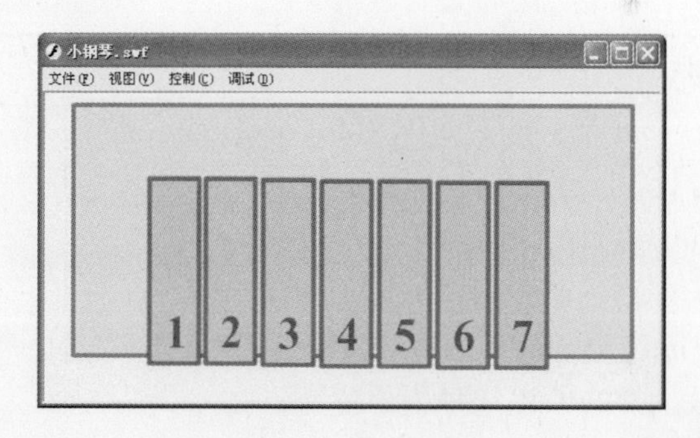

图4-54 最终效果

● 制作步骤

❶首先将 7 个声音文件导入到库中，这 7 个声音文件就是 7 个音符：dao、ruai、mi、fa、suo、la、xi。

❷再创建 7 个按钮元件，分别命名为“1”、“2”…“7”，每个按钮元件都是由竖直长条矩形加数组构成，当鼠标按下时，矩形会由绿色变为黄色，如图 4-55 所示。

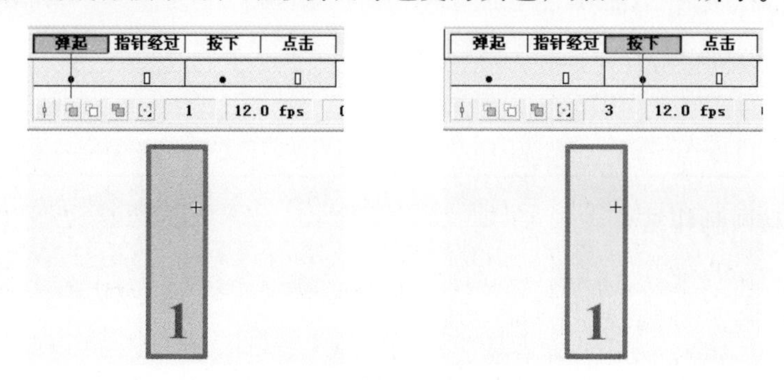

图4-55 按钮元件的弹起与按下

❸回到主场景，首先用【矩形工具】绘制一个粉色背景，然后将 7 个按钮元件依次摆放到舞台上，如图 4-56 所示。

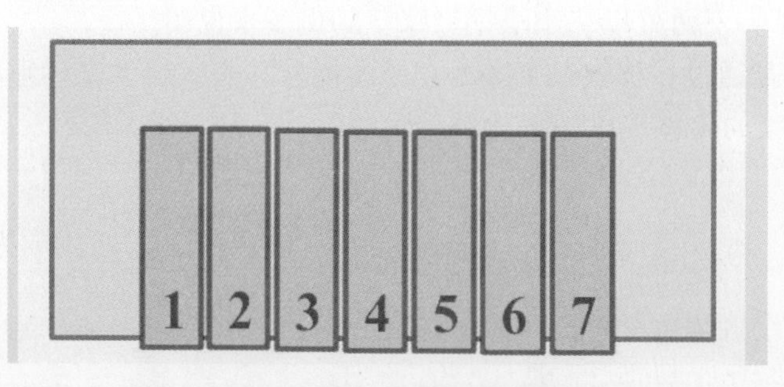

图4-56 将7个按钮元件依次摆放到舞台上

❹再新建一个图层，命名为“音符”，在该图层的第 2 帧插入一个关键帧，并延长至第 8 帧，在这个关键帧上将声音文件“1.wav”（即，音符 dao）拖放到舞台上。按照这样的方法，依次在第 9 帧、第 16 帧、第 23 帧、第 30 帧、第 37 帧、第 44 帧插入关键帧，并将声音文件“2.wav”、“3.wav”……“7.wav”拖放到舞台上。

提示：声音文件所占用的帧长度可以通过延长帧来查看。通常，使声音文件所占的帧长度恰好比实际播放长度多1帧即可。

❺再新建一个图层，命名为“AS”，将该图层的第一帧设置为单独关键帧，打开【动作】面板，输入如下程序。

```
stop();
```

然后，依次在第 8 帧、第 15 帧、第 22 帧、第 29 帧、第 36 帧、第 43 帧、第 50 帧插入单独关键帧，在这些关键帧上，打开【动作】面板，输入如下程序。

```
gotoAndPlay(1);
```

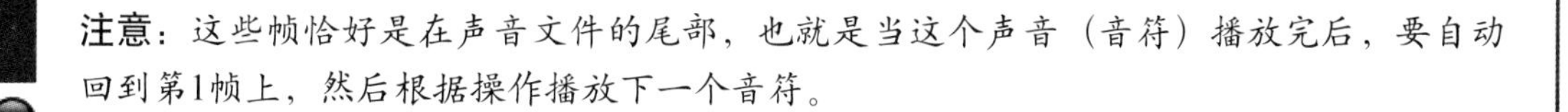

注意：这些帧恰好是在声音文件的尾部，也就是当这个声音（音符）播放完后，要自动回到第1帧上，然后根据操作播放下一个音符。

❻选择按钮元件“1”，打开【动作】面板，输入如下程序。

```
on(press)
{
    gotoAndPlay(2);
}
```

选择按钮元件“2”，打开【动作】面板，输入如下程序。

```
on(press)
{
    gotoAndPlay(9);
}
```

依次类推，为其他音符按钮配置相应的跳转程序。

至此，整个动画制作完毕，保存文件后，按 Ctrl + Enter 组合键测试影片，可以看到动画运行效果。

范例对比

与“MP3 播放器”相比，“小小钢琴家”是另外一种对多媒体的编程，这种多媒体编程方式也可以用于视频的播放、网络流的预览等，它不是对多媒体类的直接编程，而是利用 Flash 动画帧的跳转实现媒体的播放与停止。这种实现方式在制作 Flash 动画时更灵活、更简单。同时，这种制作方式的原理也适用于其他类型的动画制作，如下拉菜单动画。

4.5 组件编程

从 Flash MX 开始，Flash 软件增加了组件功能，它为 Flash 的开发增加了更多的空间，提供了“丰富 Internet 应用程序”的构建块，使用它们制作出的 Web 也更富有感染力。Flash 的组件是带参数的影片剪辑，用户可以修改它们的外观和行为。组件既可以是简单的用户界面控件，如单选按钮和复选框；也可以包含内容，如滚动窗格；还可以是不可见的对象，如焦点控制器（FocusManager）。通过使用组件，用户即使没有太多的 AS 编程经验，也可以构建复杂的 Flash 应用程序。

4.5.1 案例简介——单项选择题

在 Flash 组件中，RadioButton 组件（单选按钮组件）的功能是让用户从一组选项中做出一个选择。因此，一个选项组中一般有多个 RadioButton 组件，选择该组中的一个单选按钮时，将取消组内当前选定的单选按钮。组的设定可以通过 RadioButton 组件的 groupName 参数来设置，以指明单选按钮属于哪个组。

单项选择题就是使用 RadioButton 组件的典型例子，通过对组件简单的编程即可完成所需的功能。在该例子中，选中正确选项要加分，选中错误选项不加分，若从正确选项改成了错误选项要减分，因此两种选项的处理程序分别如下。

正确选项处理程序：

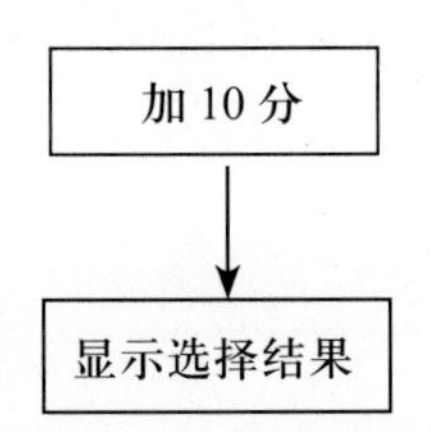

错误选项处理程序：

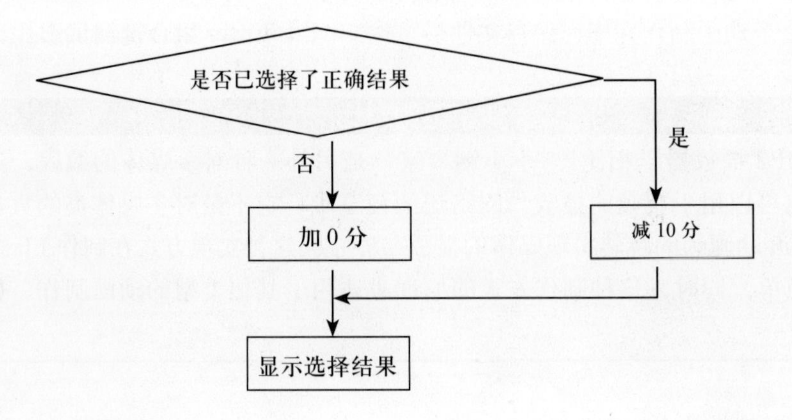

该动画完成后的效果如图 4-57 所示。

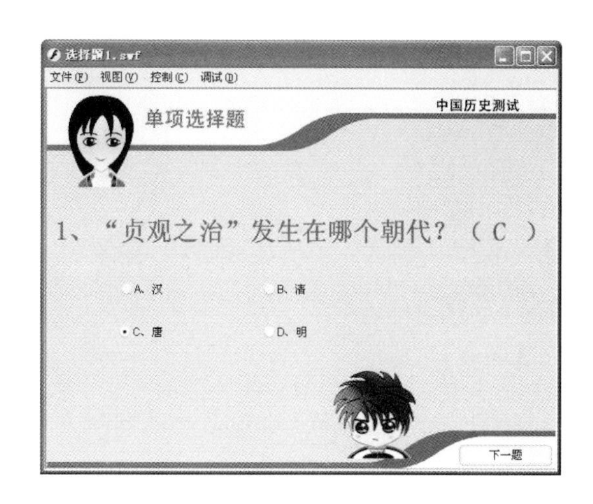

图4-57 最终效果

4.5.2 具体制作

新建一个 Flash 文件，命名为“选择题”。

❶制作背景和标题。新建 3 个图形元件，分别命名为“背景”、“标题 1”、“标题 2”，如图 4-58 所示。

背景

中国历史测试　　单项选择题

标题 1　　标题 2

图4-58 背景和标题

❷制作考试情景角色。考试的角色包括老师和学生。

新建一个元件，命名为“老师”，进入编辑状态后，将当前图层修改为“基本轮廓”，在该图层上绘制老师轮廓，如图 4-59 所示。

图4-59 基本轮廓

图4-60 眼睛底

再新建一个图层，命名为“眼睛底”，在该图层上，使用【椭圆工具】绘制两个白色的椭圆，如图 4-60 所示。

再新建一个图层，命名为“眼睛”，在该图层上，加入两个黑色的椭圆作为眼珠，然后在第 1 帧至第 10 帧之间制作两个眼珠在眼睛内左右移动的动画，如图 4-61 所示。

图4-61 眼珠

图4-62 上下眼睑

再新建 2 个图层，分别命名为“上眼睑”和“下眼睑”，在两个图层上，分别做两条上下曲线，然后在第 10 帧至第 15 帧之间做眼睑闭合动画，如图 4-62 所示。

再新建一个元件，命名为“学生”，该元件直接使用外部图像。将外部图像导入到舞台中即可，如图 4-63 所示。

图4-63 学生

❸添加组件对象。选择菜单【窗口】→【组件】命令，打开【组件】面板，展开 User Interface 项，将组件 Button 和 RadioButton 拖放到库中，如图 4-64 所示。

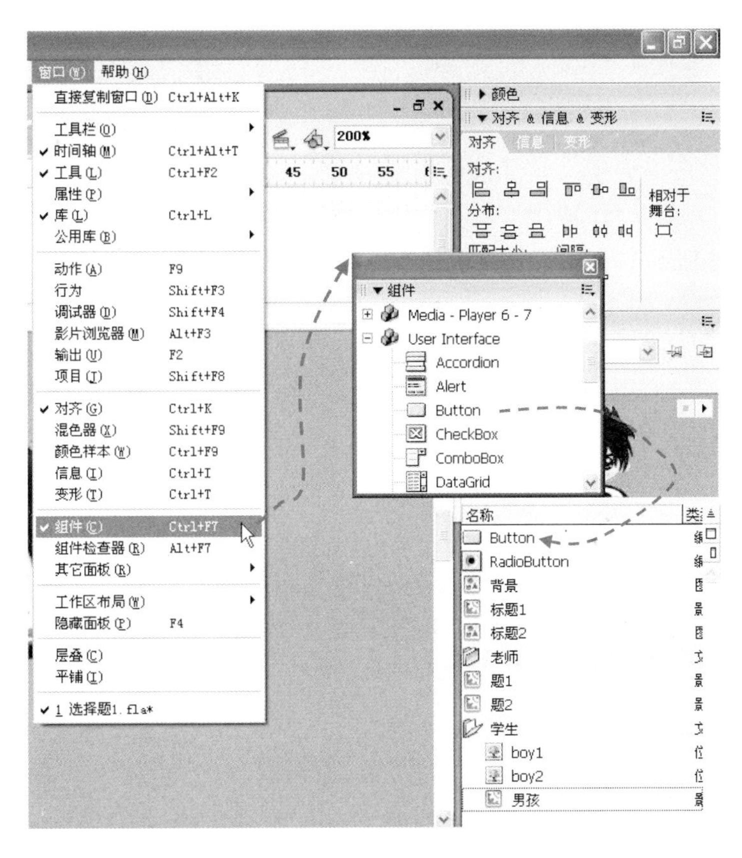

图4-64 拖放组件到库中

❹创建单项选择题的题板。新建一个元件，命名为“题板”，进入编辑状态后，拖放1个静态文本框、1个输入文本框、4个RadioButton组件到工作区。输入静态文本框的文字，如图4-65所示。

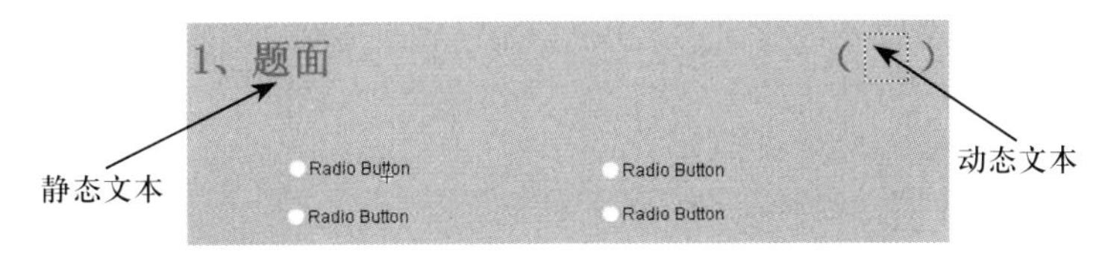

图4-65 元件“题板”

选择输入文本，打开【属性】面板，设置变量名为“resust”，如图4-66所示。

图4-66 设置输入文本的变量名

选择第一个RadioButton组件，打开【参数】面板，设置data参数为“a”，label参数为“A. 选项”，groupName参数为“radioGroup”，如图4-67所示。

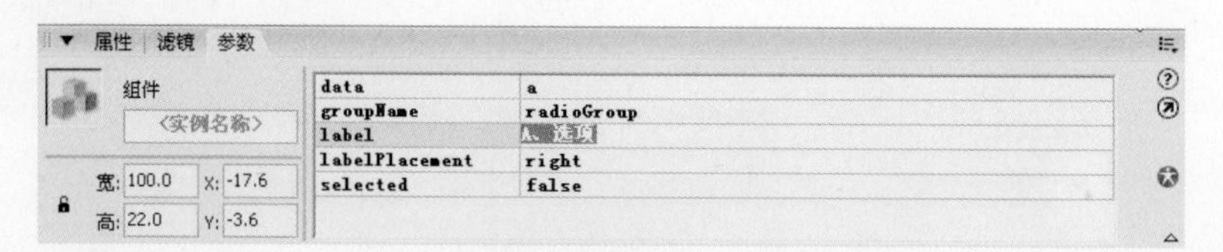

图4-67 设置RadioButton组件参数

依次选择其他 RadioButton 组件，做相应的参数设置。

> **提示**：在其他RadioButton组件中，除了data参数和label参数与第一个不同外，其他参数与第一个组件的参数都相同，尤其是groupName参数一定要相同。

题板的最后效果如图 4-68 所示。

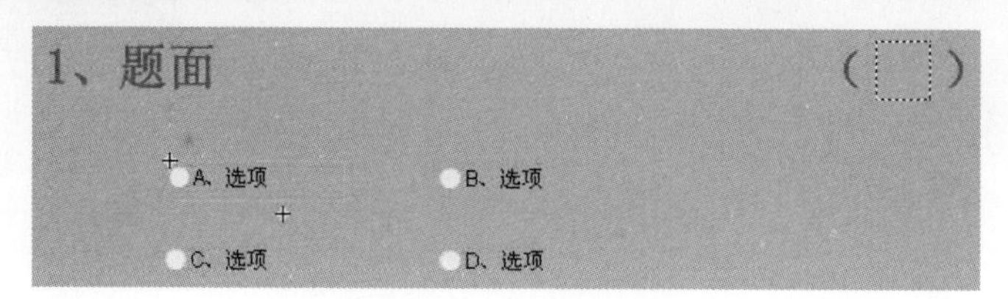

图4-68 元件“题板”

❺制作选择题。复制元件“题板”，命名为“题 1”，修改静态文本文字和 RadioButton 组件的 label 参数，如图 4-69 所示。

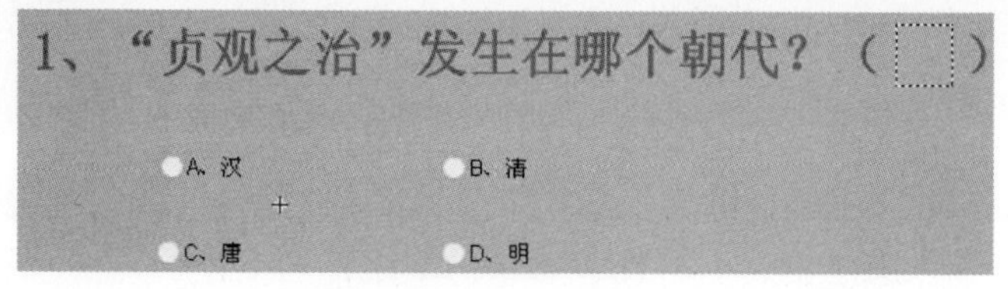

图4-69 元件“题1”

选择“A. 汉”RadioButton 组件，打开【动作】面板，输入如下程序。

```
on(click)
{
    if(_root.t1.resust=="C")
        _root.tt-=10;
    else
        _root.tt+=0;
    _root.t1.resust="A";
}
```

选择“B. 清”RadioButton 组件和“D. 明”RadioButton 组件，也输入类似的程序，所不同的只有最后一句，改成相应的字母即可。

选择“C. 唐”RadioButton 组件，打开【动作】面板，输入如下程序。

```
on(click)
{
    _root.tt+=10;
    _root.t1.resust="C";
}
```

提示： 在这个选择题中，C是正确选项。

再复制元件“题板”,命名为“题 2”,修改静态文本文字和 RadioButton 组件的 label 参数，如图 4-70 所示。

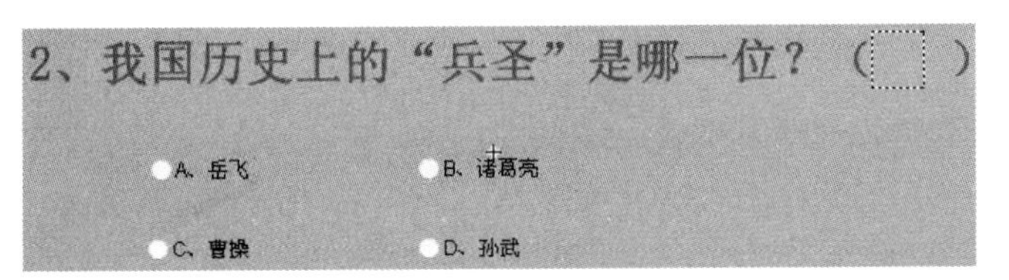

图4-70 元件“题2”

像元件“题 1”一样，对 RadioButton 组件编程。它与元件“题 1”的区别就在于程序中的 t1 修改为了 t2。

提示： 若要再增加其他选择题，也可使用类似的做法，先复制“题板”，再修改文本，最后修改相应选项的程序即可，十分方便。

❻动画文件制作。返回到主场景，创建 8 个图层，分别命名为“背景”、“老师”、“学生”、“标题 1”、“标题 2”、“按钮”、“题目”和“AS”，如图 4-71 所示。

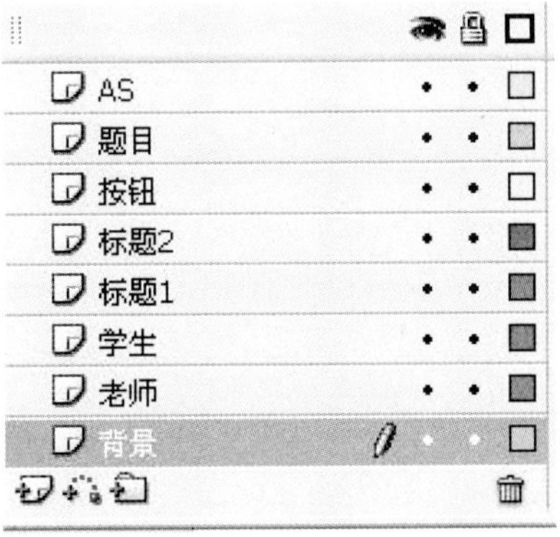

图4-71 图层

将元件在相应的图层里拖放到舞台上，其中，“题目”图层不拖放，“按钮”图层的 Button 组件的 label 参数修改为“开始测试”，设置实例名称为“kaishi”，如图 4-72 所示。

图4-72 放置元件

选择 AS 图层，打开【动作】面板，输入如下程序。

```
kaishi.click = function()
{
    gotoAndPlay(2);
}
kaishi.addEventListener("click", kaishi);          // 为按钮添加属性
tt=0;                                               // 设置初始得分
stop();
```

在各图层的第 2 帧和第 15 帧插入关键帧，在第 2 帧和第 15 帧之间制作动作补间动画，动画的最终状态如图 4-73 所示。

图4-73 第15帧状态

注意：在“AS”图层和“按钮”图层，第2帧至第14帧之间为空白。

将“按钮”图层的Button组件标题修改为“下一题”，实例名改为“xiayiti”。选中“AS”图层，打开【动作】面板，输入如下程序。

```
xiayige.click = function()
{
      nextFrame();
}
xiayige.addEventListener("click", xiayige);
stop();
```

选中“题目”图层，将元件“题1”拖放到舞台，并在【属性】面板上设置实例名为t1。

在“题目”图层的第16帧，插入一个空白关键帧，然后将元件“题2”拖放到舞台上，并在【属性】面板上设置实例名为t2。

小技巧

在第15帧与第16帧，“AS”图层的程序都是对Button组件的编程，所以“AS”和“按钮”图层在第16帧不用再插入关键帧了。

在“AS”图层、“按钮”图层、“背景”图层的第17帧各插入一个关键帧。将“按钮”图层的Button组件标题修改为“交卷”，实例名改为“theend”。选中“AS”图层，打开【动作】面板，输入如下程序。

```
theend.click = function()
{
 _root.ss=" 总分 20 分，你得了 "+tt+" 分！ "; // 显示得分
}
theend.addEventListener("click", theend);
stop();
```

在“背景”图层，添加一个动态文本框，并设置动态文本框的变量名为ss，初始文本为：“题目完成，你可以交卷了”，如图4-74所示。

至此，整个动画制作完毕，保存文件后，按Ctrl + Enter组合键测试影片，可以看到动画的运行效果。

图4-74 加入动态文本框

4.5.3 同类索引——MP3播放器2

如果从组合对象的角度看，组件就是一个封装好了的组合对象，其内部功能已全部设置好，用户不用考虑其内部细节，只要知道其外部接口的参数和功能即可。有了组件，用户可以很轻松地完成复杂的功能，实现多样化编程。下面就在“MP3 播放器”的基础上，通过一个简单的组件实现列表选择播放功能。

在“MP3 播放器 2”动画中，播放的声音文件是通过输入文本 openurl 变量获得的，使用 List 组件的 change 的相应函数，可将所选的 MP3 文件名赋值给 openurl 变量，从而实现列表选择歌曲的功能。

该动画完成后的效果如图 4-75 所示。

图4-75 最终效果

● 制作步骤

❶打开“MP3 播放器 2”动画的源文件“MP3 播放器 .fla”，修改文档属性，使 Flash 文档的宽度为 400px（原为 250px），如图 4-76 所示。

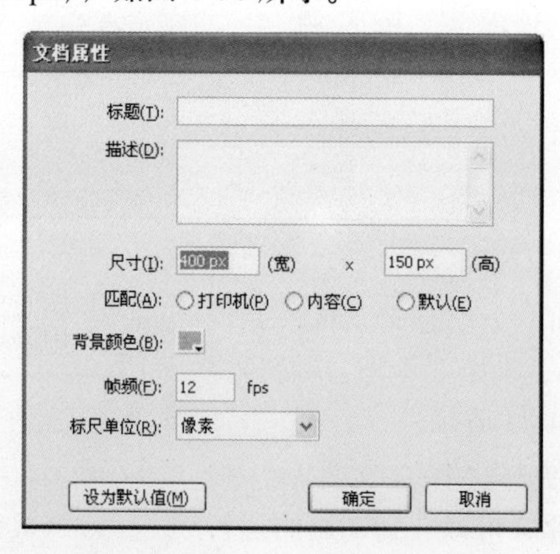

图4-76 修改Flash文档的尺寸

❷选择菜单【窗口】→【组件】命令，打开【组件】面板，展开 User Interface 项，将组件 List 拖放到库中。

❸新建一个元件，命名为“列表”，进入编辑状态后，添加一个静态文本和一个 List 组件，如图 4-77 所示。

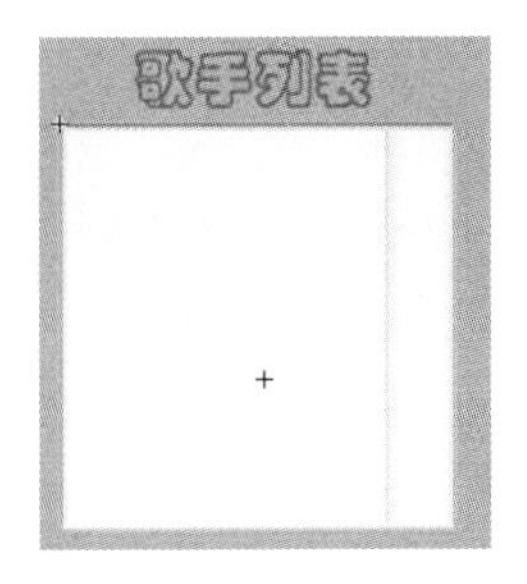

图4-77 添加静态文本和List组件

❹选中 List 组件，打开【参数】面板，将 List 组件的实例名命名为 songlist，双击 data 参数后的🔍按钮，打开【值】对话框，如图 4-78 所示。

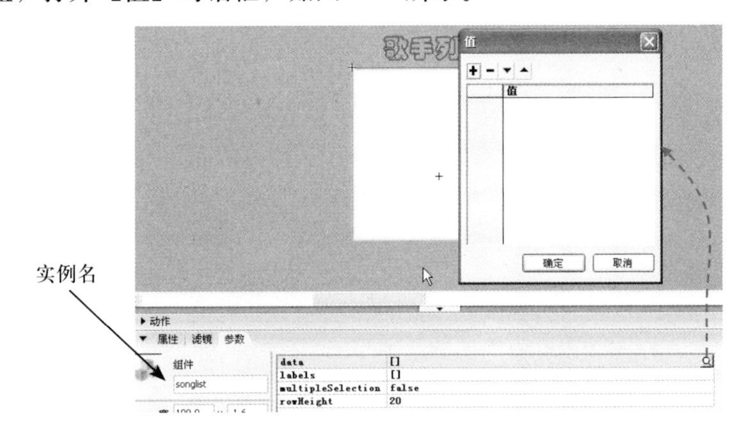

图4-78 打开【值】对话框

然后单击“+”按钮，添加一个歌曲文件名，如图 4-79 所示。

图4-79 添加歌曲文件名

按照此方法，依次将声音文件名添加至列表中，最后的列表如图 4-80 所示。

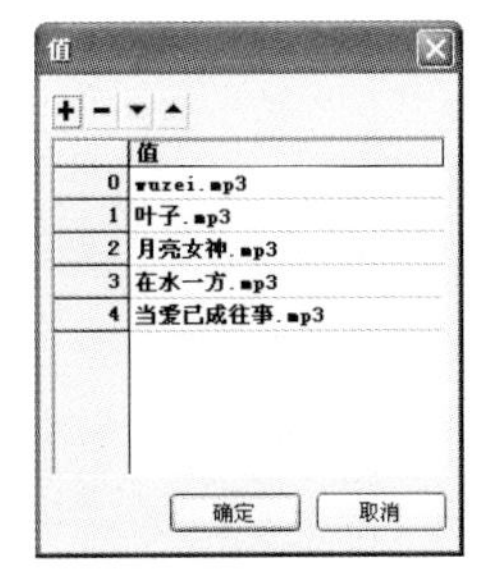

图4-80 声音文件名列表

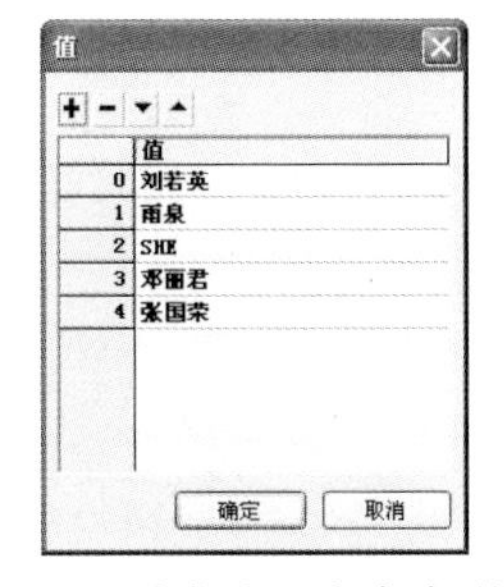

图4-81 歌曲演唱者名字列表

❺再双击 labels 参数后的按钮，打开【值】对话框，按照类似的做法将歌曲演唱者的名字加进列表中，如图 4-81 所示。

注意：歌曲与演唱者列表的排序要对应。

❻再新建一个图层，打开【动作】面板，输入如下程序。

```
songlist.change = function()
{
  _root.songurl.openurl=songlist. selectedItem.data;
}
songlist.addEventListener("change", songlist);
```

❼回到主场景，将刚才制作的“列表”元件拖放到舞台即可。

至此，整个动画制作完毕，保存文件后，按 Ctrl + Enter 组合键测试影片，可以看到动画的运行效果。

提示：读者在测试该动画时，需要将相应的MP3文件拷贝到SWF动画文件所在的文件夹下，否则播放器会提示找不到MP3文件。

范例对比

与动画“单项选择题”相比，“带播放列表的 MP3 播放器”是在“MP3 播放器”动画基础上添加的，虽然它只加了很少的元件（组件）和代码，而且并没有修改原来的代码和元件，但却完成了很复杂的功能，这正体现了组件编程的特点。不仅如此，通过对原文件代码的修改，让 List 组件与原动画的 openurl 变量交互，可实现播放列表的添加和删除。读者可自行编程实现。

4.6 公式运算编程

作为计算机脚本语言的一种，ActionScript 2.0 和其他程序语言一样，也具有很强的计算能力。这些数学计算不仅包括加、减、乘、除等基本运算，还包括开方、平方、三角函数、对数等复杂运算。这些运算为编写具有教学意义的多媒体课件提供了有力的支撑。在使用这些数学运算时，一般要加 math 前缀。

4.6.1 案例简介——机械波

机械波是一种物理现象，要制作这个物理现象的演示动画，首先要知道这种物理现象的基本定义以及变换规律、运算公式，然后根据运算公式编写 AS 程序，把这种现象以图画的形式展现出来。为体现这种物理现象的运算规律，动画中使用交互设计，使用户可以随意调节周期、波长以及振幅的大小，来得到不同条件下的机械波振荡图像，进而掌握这种物理现象的规律。

机械波的运算公式如下。

波动方程：　$Y = A*\cos[\omega(t-x/V)+\Phi]$

　　其中，A是振幅，t、x是变量，ω、Φ是相位参数，V是波速

各参数之间的关系公式：$V = \lambda/T = P\lambda$

　　其中，V是波速，T是周期，P是频率，λ是波长

该动画完成后的效果如图4-82所示。

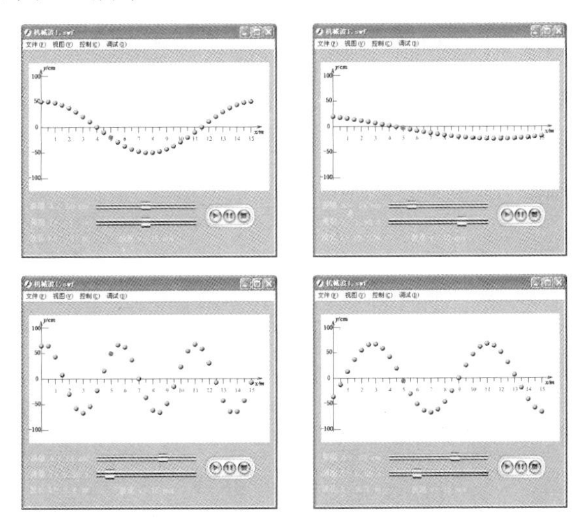

图4-82　不同参数设置下的机械波

4.6.2　具体制作

新建一个Flash文档，命名为“机械波”。

❶制作滑动条元件。新建一个元件，命名为“滑块”，进入编辑状态后，在工作区做一个渐变矩形，如图4-83所示。

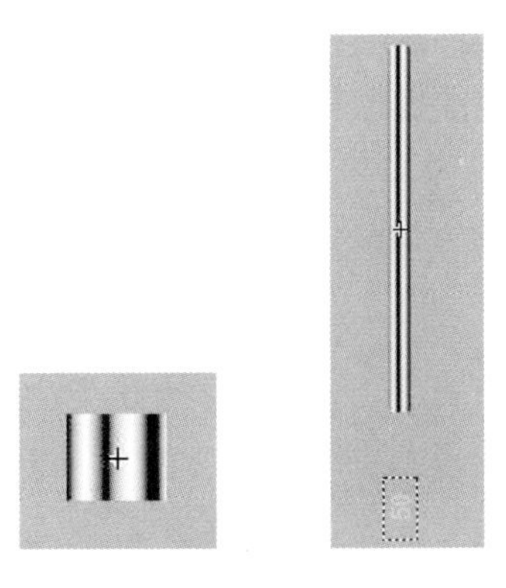

图4-83　元件“滑块”　　图4-84　编辑元件“拖杆A”

再新建一个元件，命名为“拖杆 A”，进入编辑状态后，在工作区做一个渐变的竖直长条矩形，并增加一个动态文本框，设置初始值为“50”，并设置该动态文本框的变量名为“a”，如图 4-84 所示。

将元件“滑块”拖放到工作区中，置于竖直长条矩形的中央，并设置元件“滑块”的实例名为“tg”，如图 4-85 所示。

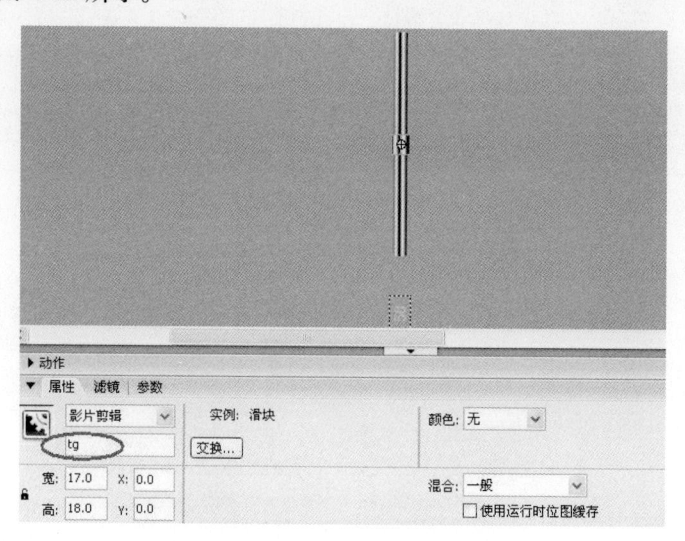

图4-85 设置“滑块”的实例名称

选中元件“滑块”，打开【动作】面板，输入如下程序。

```
on (press) {                        // 当按下并拖动时
    startDrag(this, true, 0, -100, 0, 100);
}
on (release, releaseOutside) {                    // 当拖动结束时
    a = _y;
    a = Math.ceil(50-a/2);           // 设置振幅大小
    stopDrag();
}
```

再新建一个元件，命名为“拖杆 T”，进入编辑状态后，在工作区做一个渐变的竖直长条矩形，并增加两个动态文本框，分别设置初始值为“1”和“15”。选中动态文本框“1”，打开【属性】面板，设置该动态文本框的变量名为“t”。选中动态文本框“15”，打开【属性】面板，设置该动态文本框的变量名为“l”。

将元件“滑块”拖放到工作区，置于竖直长条矩形的中央，并设置元件“滑块”的实例名为“tg”，如图 4-86 所示。

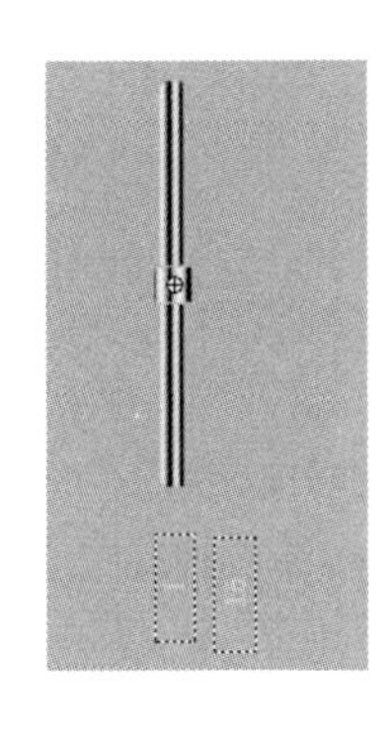

图4-86 编辑元件“拖杆T”

选中元件“滑块”，打开【动作】面板，输入如下程序。

```
on (press) {          // 当按下并拖动时
      startDrag(this, true, 0, -100, 0, 100);
}
on (release, releaseOutside) {             // 当拖动结束时
      t1 = _y/(-50);
      t = Math.round(Math.pow(2, t1)*100)/100;    // 计算周期 T
      l = Math.round(15*t*10)/10;                  // 计算频率 L
      stopDrag();
}
```

❷制作小球运动元件。新建一个元件，命名为“ball”，进入编辑状态后，在工作区做一个渐变色圆，如图 4-87 所示。

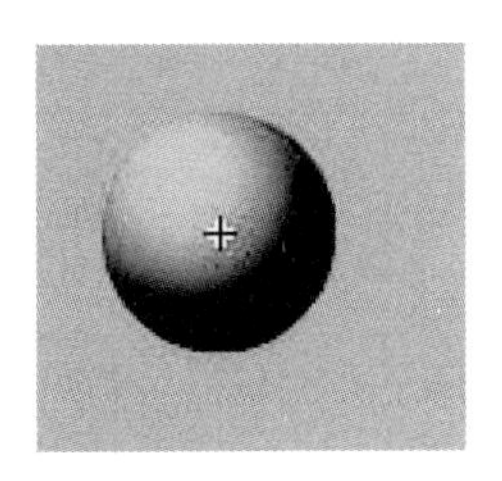

图4-87 元件“ball”

再新建一个元件，命名为“ball_moving”，进入编辑状态后，将元件“ball”拖放到舞台上，并延长至第 3 帧。再增加一个图层，连续插入 3 个空白关键帧。选中第 1 个关键帧，打开【动作】面板，输入如下程序。

```
a = 50;        // 设置振幅 A 的初始值
i = 0;         // 设置时间 t
y0 = 150;               // 设置 y 轴的基准
this._y = y0;           // 设置小球的初始值
stop();
```

选中第 2 个关键帧，打开【动作】面板，输入如下程序。

```
A = _root.xx.tg.a;  // 设置振幅 A
T = _root.tt.tg.t;  // 设置周期 T
this._y = y0+a*Math.sin(Math.PI*i/(15*t));  // 按照波动方程计算圆球的纵坐标值。
i++;
```

选中第 3 个关键帧，打开【动作】面板，输入如下程序。

```
gotoAndPlay(2);
```

❸制作操作按钮元件。新建 3 个按钮元件，分别命名为“Run”、“Stop”、“Pause”，它们的形状如图 4-88 所示。

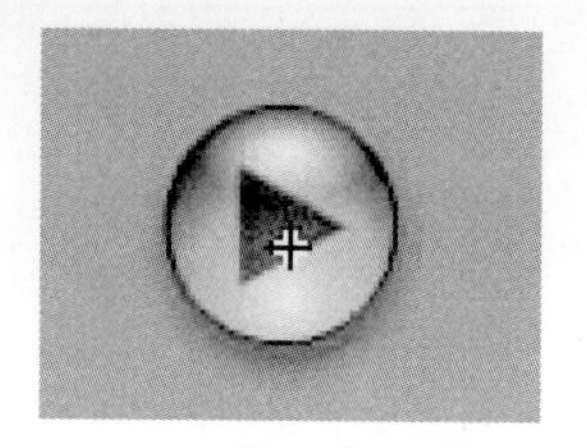

“Run”

“Stop”

“Pause”

图4-88 3个按钮元件

再新建一个元件，命名为“按钮槽 1”，进入编辑状态后，单击【椭圆工具】按钮，在工作区做一个渐变色椭圆，然后单击【任意变形工具】按钮，调整椭圆的样式，如图 4-89 所示。

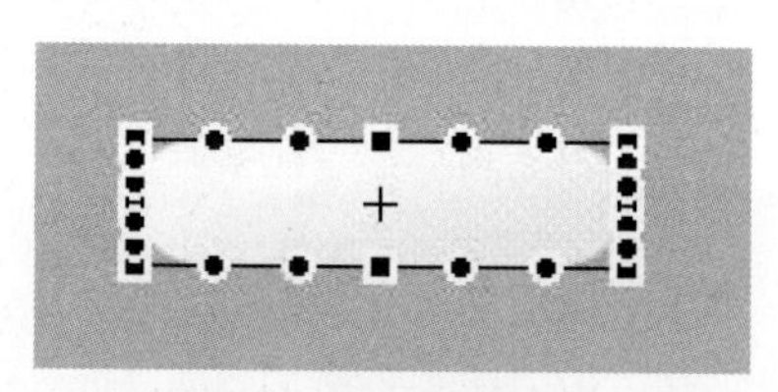

图4-89 元件“按钮槽1”

再新建一个元件，命名为“按钮槽 2”，进入编辑状态后，新建 3 个图层，在每个图层上拖入一个元件“按钮槽 1”，分别调整 3 个图层上的“按钮槽 1”的大小、颜色及位置，使它们组成如图 4-90 所示的形状。

图4-90 元件“按钮槽2”

❹制作标尺元件。新建一个按钮元件，命名为“标尺 X”，进入编辑状态后，依次在“弹起”、“指针经过”、“按下”、“点击” 4 个帧上做图形，如图 4-91 所示。

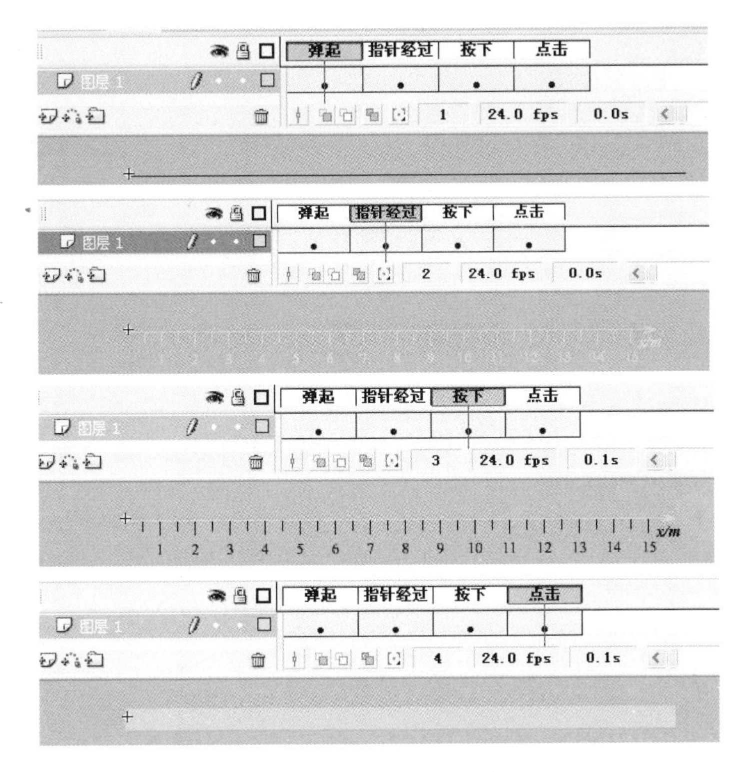

图4-91 按钮元件“标尺X”

再新建一个按钮元件，命名为“标尺 Y”，按照元件“标尺 X”的制作方法制作按钮元件的 4 个帧，如图 4-92 所示。

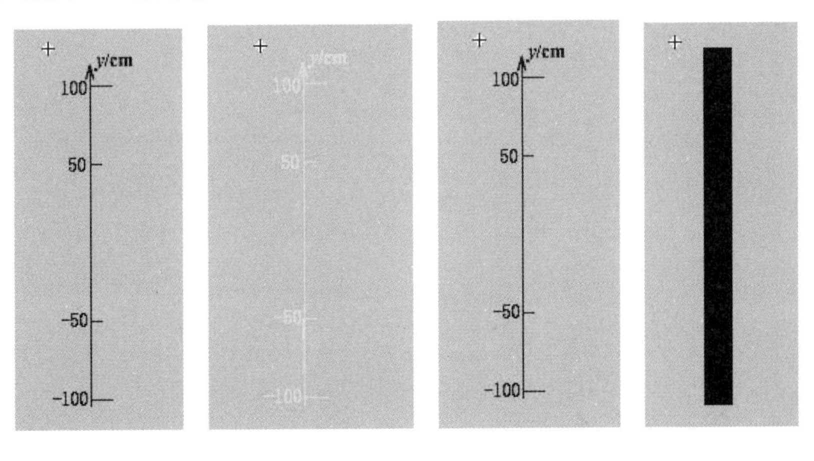

“弹起”帧 “指针经过”帧 “按下”帧 “点击”帧

图4-92 元件“标尺Y”

❺制作圆球归位元件。新建一个元件，命名为“圆球归位”，进入编辑状态后，在当前图层的时间轴上连续插入 3 个空白关键帧。选中第 1 个空白关键帧，打开【动作】面板，输入如下程序。

```
rxy = _parent. 标尺 3._y;  // 得到对象 " 标尺 3" 的 Y 坐标
d = rxy-147.6;             // 设置变量 d
y0 = 147.6;                // 设置初始 Y 坐标
_root. 坐标复位 ._y = y0+d;   // 设置对象 " 坐标复位 " 的 Y 坐标
i = 15;
d0 = d/120;
```

选中第 2 个空白关键帧，打开【动作】面板，输入如下程序。

```
fwy = _root. 坐标复位 ._y;
_root. 坐标复位 ._y = fwy-i*d0;
i--;
```

选中第 3 个空白关键帧，打开【动作】面板，输入如下程序。

```
if (i>=0) {
    gotoAndPlay(2);
} else {
    stop();
}
```

❻回到主场景，设置当前图层名为“背景”，单击【矩形工具】按钮，在舞台上做一个白色矩形，并延长至第 3 帧，如图 4-93 所示。

图4-93 在“背景”图层中做白色矩形

再新建一个图层，命名为“拖杆”，首先将元件“拖杆 A”和“拖杆 T”拖放到舞台上，并把它们的实例名称设置为“xx”和“tt”。然后再单击【文本工具】按钮 A，在舞台上添加几个静态文本，使它们与两个拖杆元件组合好，如图 4-94 所示。

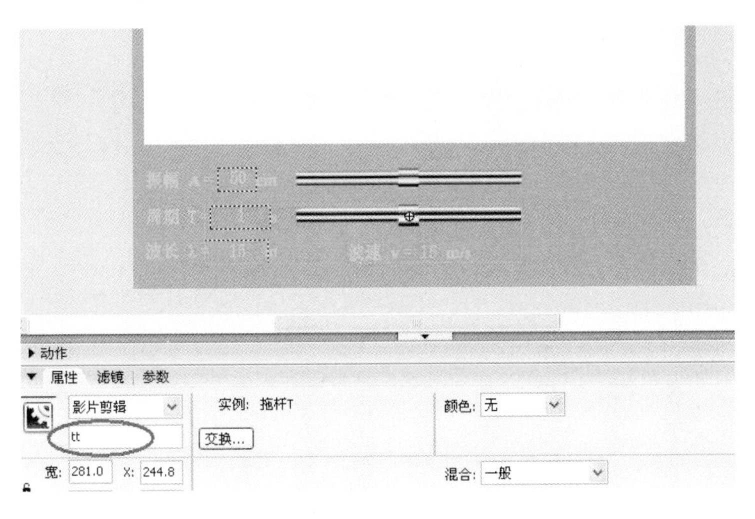

图4-94 添加文本并设置元件“拖杆”的实例名称

再新建一个图层，命名为“y”，将元件“标尺 Y”拖放到舞台的白色矩形上，并设置其实例名称为“标尺 2”。选中该元件，打开【动作】面板，输入如下程序。

```
on (press) {
    startDrag(" 标尺 2", false, 6, 26.1, 426, 26.1);
}
on (release, releaseOutside) {
    stopDrag();
}
```

再新建一个图层，命名为“x”，将元件“标尺 X”拖放到舞台的白色矩形上，并设置其实例名称为“标尺 3”，如图 4-95 所示。

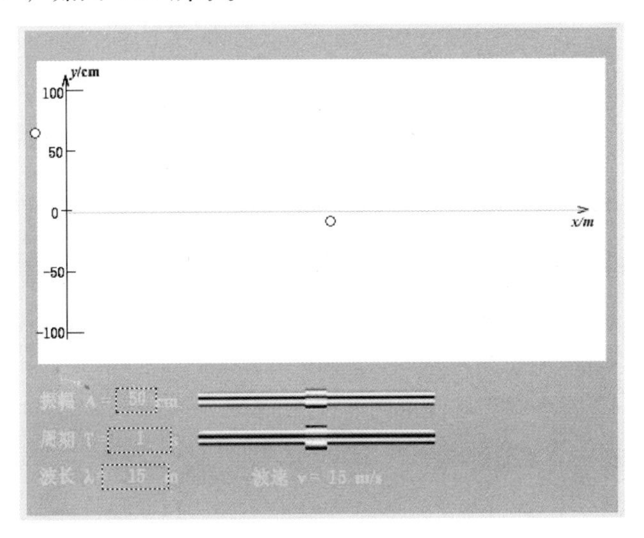

图4-95 放置元件“标尺X”

选中该元件，打开【动作】面板，输入如下程序。

```
on (press) {
    startDrag(" 标尺 3", false, 34.1, 47.6, 34.1, 247.6);
    _root. 坐标复位 ._y=1000
}
on (release, releaseOutside) {
    stopDrag();
    rxy = 标尺 3._y;
    d = Math.abs(rxy-147.6);
    tellTarget ("ms") {
        gotoAndPlay(1);
    }
}
```

再新建一个图层，命名为“圆球归位”，将元件“圆球归位”拖放到舞台上，设置其实例名为“ms”。

再新建一个图层，命名为“按钮”，首先将元件“按钮槽 2”拖放到舞台上，然后再将元件“Run”、“Stop”、“Pause”拖放到舞台上，如图 4-96 所示。

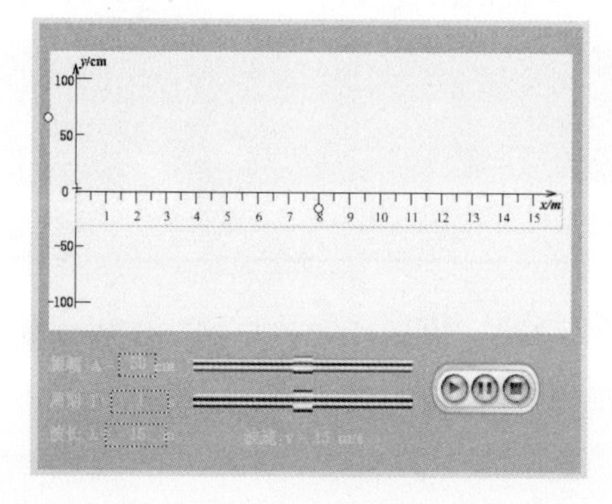

图4-96 放置按钮元件

选中元件“Run”，打开【动作】面板，输入如下程序。

```
on (press) {
    n = 0;
    gotoAndPlay(2);
}
```

选中元件“Stop”，打开【动作】面板，输入如下程序。

```
on (press) {
    n = 0;
    do {
        tellTarget ("b"+n) {
            gotoAndStop(1);
        }
        n++;
    } while (n<=30);
}
```

选中元件“Pause”，打开【动作】面板，输入如下程序。

```
on (press) {
    n = 0;
    do {
        tellTarget ("b"+n) {
            stop();
        }
        n++;
    } while (n<=30);
}
```

再新建一个图层，命名为“球”，拖放 30 个“ball_moving”元件到舞台上，并在它们的每一个刻度上放置一个球间距，依次排放在 X 轴上，并设置它们的实例名为“b0”、“b1”、“b2”、“b3”……“b29”，如图 4-97 所示。

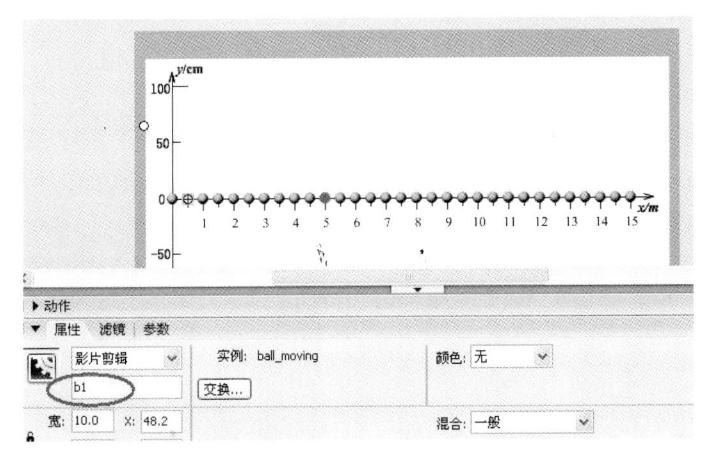

图4-97 放置元件“ball_moving”并设置实例名称

选中第 10 个“ball_moving”元件，设置其颜色为红色。

最后，新建一个图层，命名为“AS”，在该图层上连续插入 3 个空白关键帧。选中第 1 个关键帧，打开【动作】面板，输入如下程序。

```
stop();
n = 0;
```

选中第 2 个关键帧，打开【动作】面板，输入如下程序。

```
if (n<=30) {
    tellTarget ("b"+n) {
    play();
    }
    n++;
}
```

选中第 3 个关键帧，打开【动作】面板，输入如下程序。

```
gotoAndPlay(2);
```

所有工作完成后，保存文件，按 Ctrl + Enter 组合键，测试影片。

4.6.3 同类索引——布朗运动

在 ActionScript 2.0 中，用户可以使用算术运算符加 (+)、减 (-)、乘 (*)、除 (/)、余数 (%)、递增 (++) 和递减 (--) 来操控数值。也可以使用内置的 Math 对象来操控数值。一般简单的运算用运算符进行操作，而复杂的运算则需要使用 Math 对象。下面的例子——布朗运动，使用 Math 对象的随机函数进行随机运算。

布朗运动是英国植物学家布朗发现的一种物理运动现象，它不容易用语言描述细节，也不容易用静态的图画显示过程。但是如果以动画的形式显示这个物理现象，则可以很直观地显示出这一现象的特点，让受教育者理解这一现象。在本例中，关键点是如何用 AS 程序编写一个物体在固定区域内的随机运动，这既需要用到随机函数 random()，又要用到条件判断语句。同时，要根据设定的参数来记录和清除物体运动的路径。该动画完成后的效果如图 4-98 所示。

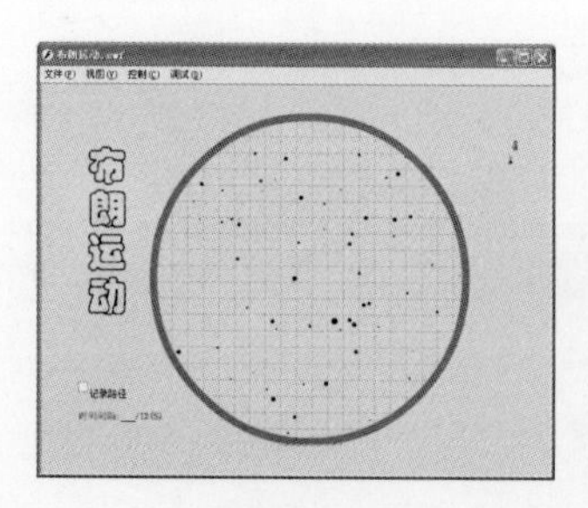

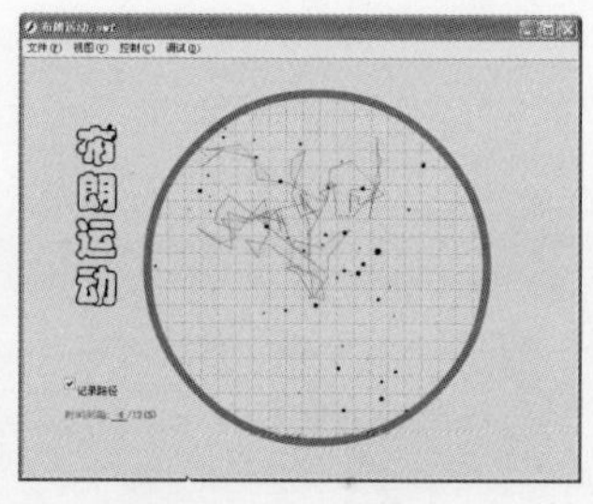

图4-98 最终效果（右图为记录路径的情况）

● 制作步骤

❶制作花粉元件。新建一个元件，命名为“花粉”。进入编辑状态后，在工作区做两个同心圆，如图 4-99 所示。

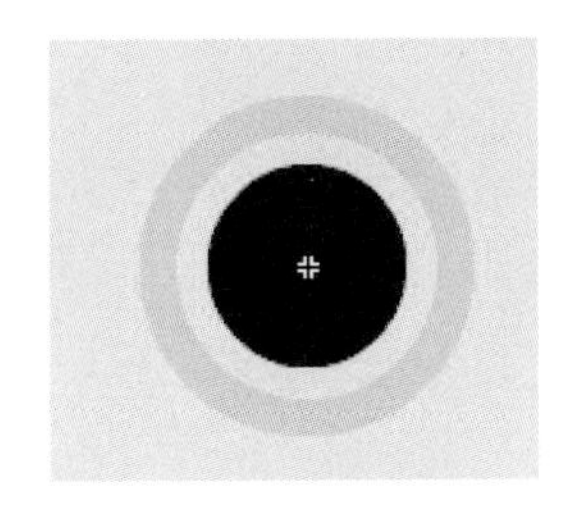

图4-99 元件“花粉

❷制作一个花粉的运动。新建一个元件，命名为“一个花粉的运动”。进入编辑状态后，在当前图层上，将元件“花粉”拖放到工作区，并延长至第2帧。在工作区选中该元件，打开【属性】面板，设置该元件的实例名为“p00”。

再新建一个图层，插入两个连续的空白关键帧，选择第1个空白关键帧，打开【动作】面板，输入如下程序。

```
n++;
p00.c1._alpha=0;
p00._x+=Math.random()*30-15; // 随机移动 -15 到 15 像素
p00._y+=Math.random()*30-15;
p00._rotation+=Math.random()*120-60; // 随机旋转 -60 到 60 度
if (this._name=="p100"){ // 如果这一个组件的实例是要追踪的那一个
if (_root.checkBox1.getValue()==true){ // 如果主场景中的 " 记录路径 " 复选框被选中
p00.c1._alpha=100; // 显示圆圈
if(n%_root.k==0){ // 每隔 k 秒记录一次路径
this.lineStyle(1,0xff0000,50);
this.lineTo(p00._x,p00._y);
}
}else{
this.clear(); // 清除记录的路径
n=0;
p00.c1._alpha=0; // 隐藏圆圈
}
if(n%_root.k==0){ // 更新记录笔头的位置，间隔记录路径时间为 K
moveTo(p00._x,p00._y);
}
}
// 如果偏离得太远，则强制其回头
if (p00._x>150){
p00._x-=20;
}
if (p00._y>150){
```

```
p00._y-=20;
}
if (p00._x<-150){
p00._x+=20;
}
if (p00._y<-150){
p00._y+=20;
}
```

在第1个空白关键帧处，打开【动作】面板，输入如下程序。

```
gotoAndPlay(1);
```

❸制作多个花粉的运动。新建一个元件，命名为“大量花粉的运动”。进入编辑状态后，在当前图层上，将元件“一个花粉的运动”拖放到工作区内。在工作区选中该元件，打开【属性】面板，设置该元件的实例名为“p0”。

选中该图层的当前关键帧，打开【动作】面板，输入如下程序。

```
for(i=1;i<=99;i++){
duplicateMovieClip(p0,"p"+i,i); // 复制出前 99 个运动的花粉实例
with(this["p"+i]){ // 随机设置其位置、旋转角度及大小
_x=Math.random()*400-200;
_y=Math.random()*400-200;
_rotation=Math.random()*360-180;
p00._width=Math.random()*10;
p00._height=p00._width;
}
}
for (i=-200;i<=200;i+=20){ // 画出网格线
this.lineStyle(1,0x000000,20);
this.moveTo(i,-200);
this.lineTo(i,200);
this.moveTo(-200,i);
this.lineTo(200,i);
}
duplicateMovieClip(p0,"p100",100); // 复制出供追踪路径的那一颗花粉
with (p100) {
_x=Math.random()*20-10; // 为便于观察，起始位置在视野的中央附近
_y=Math.random()*20-10;
p00._width=8; // 突出该碳粒的大小
```

```
p00._height=8;
}
```

❹制作显微镜环境。由于布朗运动是布朗用显微镜观察悬浮在水中的花粉时发现的，因此我们要做一个显微镜的观察图。

回到场景，修改当前图层为“花粉”，将元件“大量花粉的运动”拖放到舞台。再新建一个图层，命名为“遮罩”，在该图层上做一个黑色正圆，并修改图层属性，使“花粉”图层为被遮罩层，“遮罩”图层为遮罩层，如图 4-100 所示。

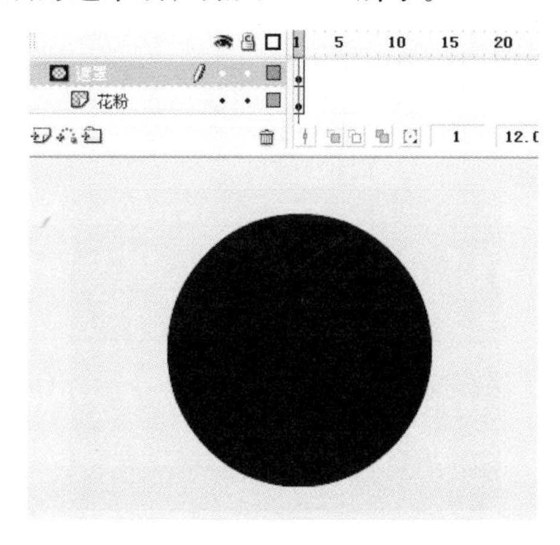

图4-100　修改图层属性为遮罩层

❺制作记录路径复选框。再新建一个图层，命名为“复选框”。然后选择菜单【窗口】→【组件】命令，打开【组件】面板，选择“User Interface”类的“CheckBox”对象，然后拖放到舞台上。

选中该 CheckBox 对象，打开【属性】面板，设置对象的实例名为“checkBox1”。打开【参数】面板，设置 Label 属性为“记录路径”，如图 4-101 所示。

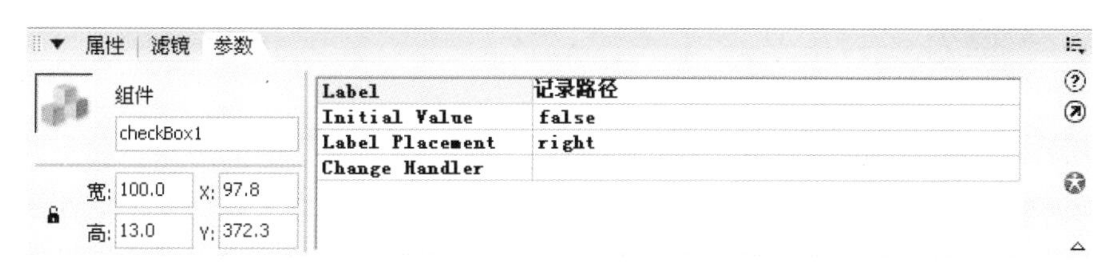

图4-101　CheckBox的参数设置

再新建一个图层，命名为“外观”。在该图层上，首先为遮罩圆添加一个圆形外框，再添加 2 个静态文本“布朗运动”和“时间间隔:_/12(s)”。最后输入文本，并设置其变量名为 k，如图 4-102 所示。

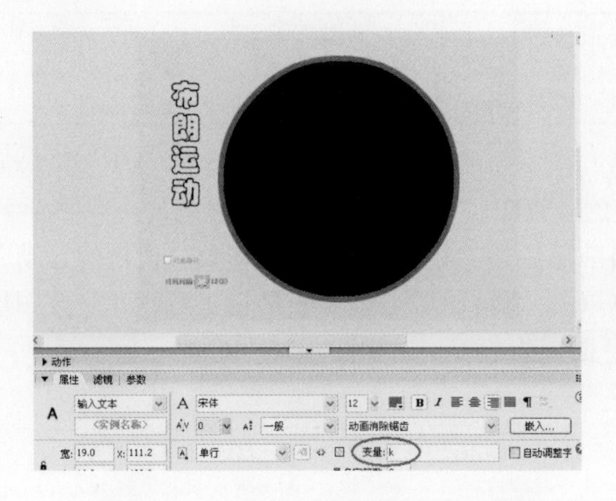

图4-102 “外观”图层及设置文本属性

提示：CheckBox对象的实例名称“checkBox1”与输入文本的变量名称k，与元件“一个花粉的运动”里的AS程序内的变量一致。

至此整个动画制作完毕，保存文件后，可按 Ctrl + Enter 组合键测试影片，观看动画的效果。

范例对比

此范例与“机械波”动画都是使用 Flash 动画对大自然的运动规律进行展现，为了正确表达这种规律，就需要用到相应的数学公式来进行计算。ActionScript 恰好提供了这种数学运算的能力。在制作上，这两个动画既有相同点，也有不同点。相同点就是它们都需要相应的参数，使用动态文本或组件完成相应的设置；不同点是“机械波”的各对象编程模式是联合式的，互相调用，而“布朗运动”的编程模式是嵌套式的，层层叠加，逐步实现。

4.7 本章小结

本章通过 12 个基础动画范例的制作，介绍了 AS 在 Flash 8 中的应用，通过这些典型的实例，集中展现了 AS 编程动画的制作方法和编程技巧，使读者了解 AS 在制作动画方面的强大功能和突出作用，接触和体会到 AS 在 Flash 动画制作中的应用，掌握 AS 编程的一些基本技能和应用方法。

第5章 游戏制作

过桥.swf
文件(F) 视图(V) 控制(C) 调试(D)
全家共剩时间: 30
这次要过桥的人: 3 And 1
这次要回去的人:

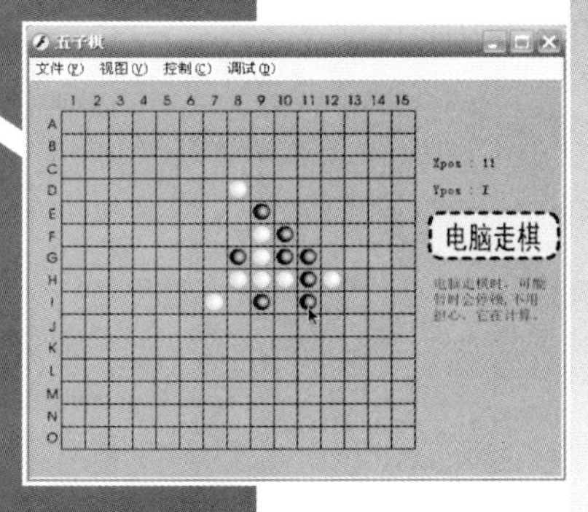

Flash 具有强大的交互动画开发能力，已经成为了小游戏制作不可缺少的工具之一，而且新一代的智能手机都将支持 SWF 格式。Flash 具有方便的界面制作能力和丰富的 ActionScript 控制功能，界面制作和 ActionScript 的结合，即保留了动画的美观界面，又集合了 ActionScript 可编程性，为 Flash 游戏的制作提供了良好的平台。在这一章中，ActionScript 不再单纯是控制时间轴的跳转和调整影片剪辑的属性，而更像一个强大的编程工具，编制含有复杂逻辑关系的算法的程序。但是，Flash 代码的执行效率不是很高，因此在设计非常复杂的程序的时候，优化算法比优化代码更为有效。

5.1 简单游戏

这类游戏的制作通常是按照要求将元件布置在舞台中，通过调整元件的位置、大小、方向、旋转角度和透明度等属性，来实现场景中元件的移动、变形和可见效果的变化。还可以制作按钮来实现与用户交互的目的。这类游戏制作的最大特点就是有吸引人的画面和较好的游戏设计，下面介绍这类游戏的一个典型范例——拼图。

5.1.1 案例简介——拼图

“拼图”游戏是一款非常经典的游戏，相信大家都很熟悉。所谓“拼图”游戏，就是将打乱的图形按游戏规则恢复原状。那么“拼图”游戏又有两种，一种是将打乱的图放在拼图框的外面，通过拖动碎图片到拼图框中，将图片复原。另一种拼图更为经典且有难度，以移动拼图框内的方形碎图片来实现图片的复原，接下来要制作的就是这种“拼图”游戏。

游戏设计为一个 3×3 的方格，将右下角的方形图片移除，并将剩下的 8 个方形图片随机打乱。当鼠标单击图片时，查看图片位置四周的是否有空位，如果有就向空位移动，并将该图片原来的位置标记为空，如果没有空位就不移动。图片的位置关系存储在一定的数组内。

通过下图可方便地理解程序，如图 5-1 所示。

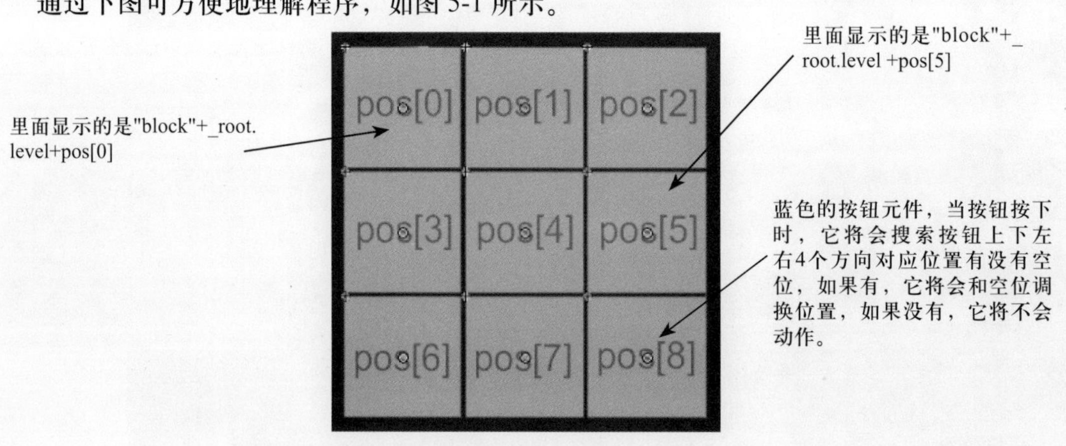

图5-1 程序设计思路

其中，pos 数组中存放的是碎图片的相关位置，随机打乱图片的方法是：通过随机函数生成 0~8 内的一个随机数字，并将当前第 i（1-9）格内的图片与第 1 格内的图片交换。通过

setmc（）函数将图片按照 pos 数组中的排列格式进行排列。在按下按钮时，调用 movemc() 函数来对数组 pos 移动位置，并运行 setmc（）和 successCheck() 函数。函数 successCheck() 检查当前位置是否成功拼图，如果已经成功地完成了 8 块拼图，则将第 9 块碎图片移入到相应的位置，并显示“成功”按钮。

“拼图”游戏效果如图 5-2 所示。

图5-2 "拼图"游戏效果

5.1.2 具体制作

1. 首先要准备图片，“拼图”游戏选择的图片是有讲究的，当图片被分割后，每块图片都要有所不同，并且每块碎图片之间还要保留必要的联系，以便让玩家能够找出碎图片之间的联系。下面为要制作的游戏准备了一张汽车图片和一张风景图片，如图 5-3 所示。

A 汽车

B 风景

图5-3 素材

将图片分成 3×3 的小方块。在导入"'拼图'游戏元件"中，已经将图片分割好了，作为制作"拼图"游戏的素材。汽车图片被分成的 9 张图片和相应名称如图 5-4 所示。

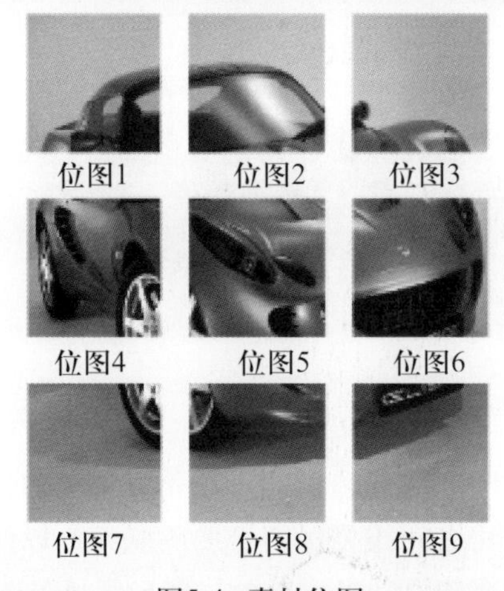

图5-4 素材位图

小技巧

用PhotoShop等图像处理软件可方便地将图片等分成想要的块数。

2．将图片转换为元件。

新建一个影片剪辑元件，命名为"元件 1"。

选择"图层 1"图层的第 1 帧，打开【库】面板，将"位图 1"拖入舞台中矩形框的相应位置，调整大小，并将其相对于舞台水平居中和垂直居中，如图 5-5 所示。

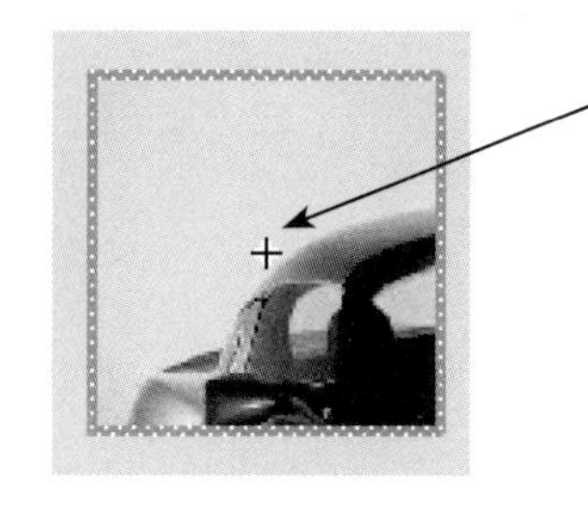

图5-5 “元件1”元件

注意：当图片制作成板块元件时，将图片的中心和舞台的中心对齐，这样在编写动作脚本的过程中板块元件的定位将更加明了。

重复上面的步骤，分别将所有图片制作成元件。

新建一个图层，命名为“方块”。打开【库】面板，将上面制作好的元件拖入该图层的第1帧中，如图5-6所示。

在【属性】面板上，将汽车的碎图片分别修改实例名称为“block01”,“block02”,“block03”,“block04”，“block05”，“block06”，“block07”，“block08”和“block09”。

在【属性】面板上，将风景的碎图片分别修改“实例名称”为“block11”，“block12”，“block13”，“block14”，“block15”，“block16”，“block17”，“block18”和“block19”。

图5-6 将元件拖入舞台中

小技巧

板块元件可以任意放置。只要在动作脚本中添加一些简单语句，即可将元件排列成原本期望的形状。

3．新建一个按钮元件，命名为“按钮”。在按钮的第一帧处绘制一个大小为100×100的黄色矩形。

在“方块”图层的上方新建一个图层，命名为“按钮”。在第2帧处插入一个空白关键帧。打开【库】面板，将做好的“按钮”元件拖入到该图层的第2帧中，共拖入9个“按钮”元件，将这个按钮元件依次相对于舞台中心排开，如图5-7所示。

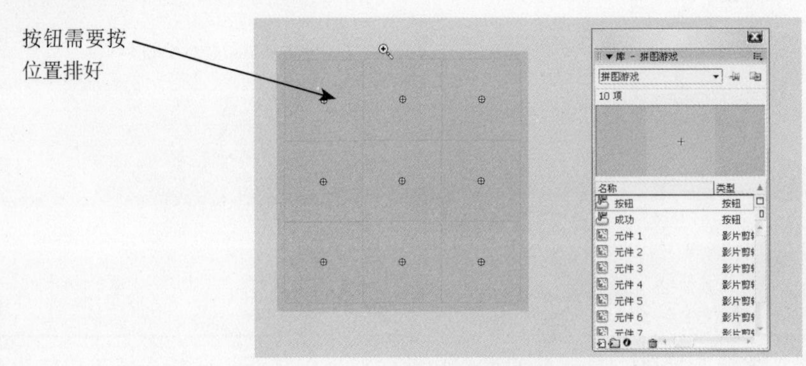

图5-7　元件在舞台中的排列

> **注意**：透明的按钮是拼图游戏的感受器，它不随板块元件的移动而移动，它的作用是感受鼠标的点击区域。因此位置需要整齐排好，它的位置也将是程序初始化时候板块元件的位置。

分别在按钮元件上添加如下代码。

"on(press){movemc(0);}". "on(press){movemc(1);}". "on(press){movemc(2);}". "on(press){movemc(3);}". "on(press){movemc(4);}". "on(press){movemc(5);}". "on(press){movemc(6);}". "on(press){movemc(7);}" 和 "on(press){movemc(8);}"。

4．为了使作品美观，最好有一个漂亮的外框。在“场景 1”中，在图层“方块”的上方新建一个图层，命名为“网格”。绘制网格图案，其中，外边框宽度为“11”，网格线宽为“3”。

在“场景 1”中，在图层“网格”的上方新建一个图层，命名为“成功”。单击工具箱上的【文本工具】按钮，在属性面板中选择文本类型为“静态文本”，字体为“Arial”。设置字体大小为“74”，文本颜色选择“蓝色（0000FF）”。在该图层的第 1 帧舞台中，单击【文本工具】按钮 A，插入“成功！点击进入下一关……”文本。

选择建立好的文本，将其转换为“成功”的按钮元件，如图 5-8 所示。

图5-8　"成功"按钮的设置

将舞台中的“成功”按钮的实例名设置为“success”，并在该按钮上添加代码。

```
on(press){
gotoAndPlay(2);
}
```

5．在“成功”图层的上方新建一个图层，命名为“as”。在该图层的第 1 帧处添加动作脚本代码，如下所示。

```
maxlevel = 2;
_root.level =int(random(maxlevel));
```

在该图层的第2帧处添加动作脚本代码，如下所示。

```
stop();
setProperty(_root.success,_x,400);
setProperty(_root.success,_y,100);
_root.success._visible = 0;
for (var i = 0; i<maxlevel; i++) { // 将所有图片都设置为不可见
    for (var j = 1; j<=9; j++) {
            setProperty("block"+i+j, _visible, 0);
    }
}
pos =[1,2,3,4,5,6,7,8,9];
for(var i=1;i<pos.length; i++){     // 将 pos 中的数字随机放置
    l=int(random(9));
    t=pos[i];
    pos[i]=pos[l];
    pos[l]=t;
}
for (var j = 1; j<9; j++) {      // 将当前等级的图片设置为可见
            setProperty("block"+_root.level+j, _visible, 1);
    }
function setmc(){
    for (var i = 0; i<pos.length; i++){
            if(i<3){
                    setProperty("block"+_root.level +pos[i], _x, 100*i+60);
                    setProperty("block"+_root.level +pos[i], _y, 0+60);
                    }
            else if((i>=3)&&(i<6)){
                    setProperty("block"+_root.level +(pos[i]), _x, 100*(i-3)+60);
                    setProperty("block"+_root.level +(pos[i]), _y, 100+60);
                    }
            else if((i>=6)&&(i<9)){
                    setProperty("block"+_root.level +pos[i], _x, 100*(i-6)+60);
                    setProperty("block"+_root.level +pos[i], _y, 200+60);
                    }
            }
    }
setmc();     // 将带数字的影片剪辑按 pos 中的数字排放
```

```
function successCheck():Boolean {
    for (var i = 0; i<(pos.length-1); i++) {
            if (pos[i] != (i+1)) {
                    return false;
            }
    }
    return true;
}
function movemc(pressx){        // 如果可以移动，则移动 pos 中的数字
            if(pos[pressx-1]==9){
            t=pos[pressx];
            pos[pressx]=9;
            pos[pressx-1]=t;
    }else if(pos[pressx+1]==9){
            t=pos[pressx];
            pos[pressx]=9;
            pos[pressx+1]=t;
    }else if(pos[pressx+3]==9){
            t=pos[pressx];
            pos[pressx]=9;
            pos[pressx+3]=t;
    }else if(pos[pressx-3]==9){
            t=pos[pressx];
            pos[pressx]=9;
            pos[pressx-3]=t;
    }
    setmc();            // 将带数字的影片剪辑按 pos 中的数字排放
    if(successCheck()){   // 检查游戏是否成功
setProperty(_root.success, _x, 80);
            setProperty("block"+_root.level+9, _x, 260);
            setProperty("block"+_root.level+9, _y, 260);
            _root.success._visible = 1;
            setProperty("block"+_root.level+9, _visible, 1);
            gotoAndPlay(2);
    }
}
```

在该图层的第 3 帧处添加动作脚本代码，如下所示。

```
stop();
if (_root.level == maxlevel-1) {
```

```
_root.level = 0;
} else {
_root.level++;
}
```

注意：

(1) 第1帧只执行1次，用来初始化一些只需初始化一次的变量。

(2) int(random(9))代码是随机产生的0～8之间的一个随机整数。

(3) 函数setmc（）和successCheck（）必须放置在movemc（）函数的后面，否则在按下按钮的时候会执行到这两个函数。

小技巧

如果希望在作品中增加图片来增加游戏的关数和难度的话，只需要相应地改变maxlevel的值，再将图片转换成元件后，拖入舞台，设置相应的实例名称。现在，按Ctrl+Enter组合键来测试一下影片，你会发现，新关已经加进来了。

6. 分别在“成功”、“网格”和“方块”图层的第3帧处，按F5键插入帧。在“按钮”图层的第3帧处插入空白关键帧。

到此，“拼图”游戏便制作完成了。

5.1.3 同类索引——过桥

首先介绍一下游戏，在一个风雨交加、伸手不见五指的黑夜，有一家五口要过一座危桥，他们每人过桥所需的时间分别是1、3、6、8和12分钟，两个人的过桥速度会依照慢的那个人计算。而他们只有一盏仅能燃烧30分钟的油灯，这座危桥只能同时承载2人，并且他们通过桥时必须有灯，如何才能使这一家五口在油灯燃烧完之前顺利过桥。

在程序设计时，需要记录过桥人所需的过桥时间，每次减去过桥人所花费的时间，在时间减完之前，判断是否全员通过。过去和回来时的人数是不一样的，由于算法简单，因此可以考虑定义两个函数。

需要注意的是：在绘制规则图形时，打开标尺是有必要的，可以用辅助线来帮助绘图。将图片组合起来也会方便绘图。制作游戏的算法很简单，但是游戏中的角色比较多，因此，要把握好全局变量之间的信息传递。

“过桥”游戏的效果如图5-9所示。

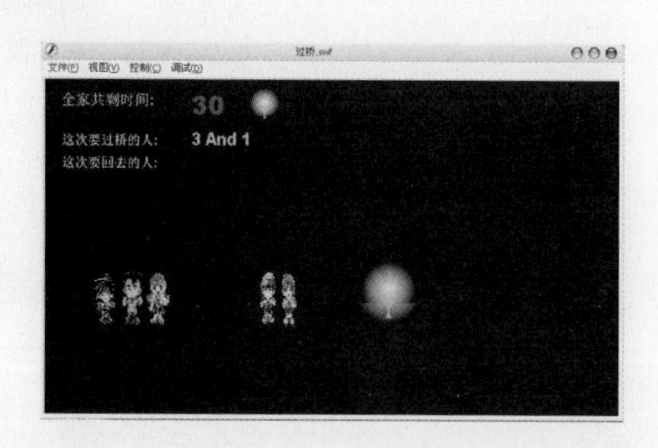

图5-9 “过桥”游戏效果

● 制作步骤

❶新建一个 Flash 文档，命名为“过桥 .fla”。修改文档的属性为“宽：700px，高：400px”，背景色为黑色，播放速度为每秒 12 帧，标尺单位为像素。打开“过桥元件 .Fla”文件，将准备好的按钮和影片剪辑拖入到库中，关闭外部库，如图 5-10 所示。

图5-10 将外部元件导入到库

“过桥元件”中包含了 5 个人物的图片。

❷绘制桥。

游戏叫“过桥”，在游戏中“桥”是不可少的。新建一个影片剪辑，将元件命名为 " 桥 "。首先绘制“桥”的轮廓。这里要绘制的“桥”是错落有致的砖块搭成的拱桥。按 Ctrl ＋ Alt ＋ Shift ＋ R 组合键，打开标尺。

单击工具栏中的【线条工具】按钮，在舞台中绘制一条竖直的直线，设置线条的宽为“0”，高为“15”，线条颜色为暗红色（＃ 990000）。通过复制，绘出 17 条这样的竖线，并通过在属性面板中进行设置，确保最左端的竖线的起始位置为 "x ＝ 0"，最右端的竖线的起始位置为“x ＝ 720”，如图 5-11 所示。

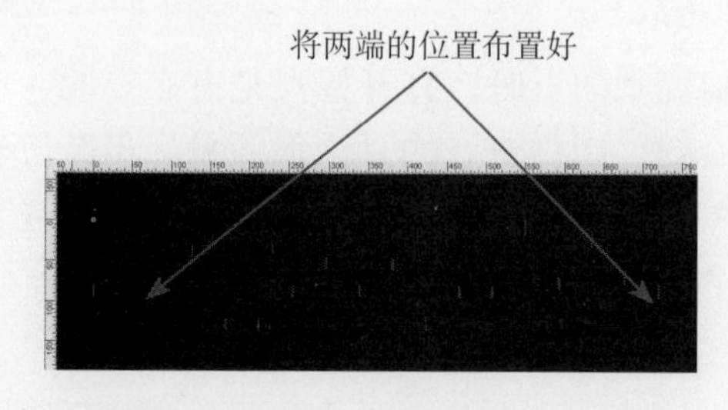

图5-11 通过复制形成的17条竖线

按 Ctrl+A 组合键，将 17 条竖线全部选中。按 Ctrl ＋ Alt ＋ 7 组合键，将 17 条竖线按宽度均匀分布。按 Ctrl ＋ Alt ＋ 4 组合键，将 17 条竖线在高度方向对齐。在属性面板中，设置起始位置为“y ＝ 0”，如图 5-12 所示。

单击工具栏中的【线条工具】按钮，在舞台中绘制一条水平的直线，设置线条的宽为“750”，高为“0”，起始位置为“x = 0，y = 0”。

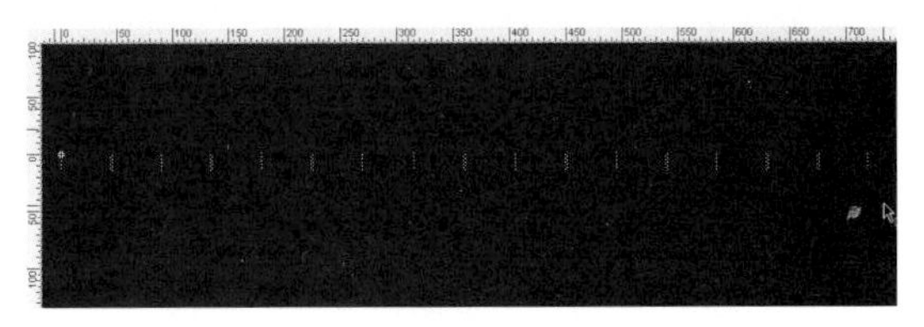

图5-12 将17条竖线对齐均匀分布

用Ctrl + A组合键将所有线条全部选中。通过复制，得到相同形状的图形，如图5-13所示。设置新图形的起始位置为“x =－22.5，y 将两端的位置布置好= 15”，使这些竖线有交错的感觉。

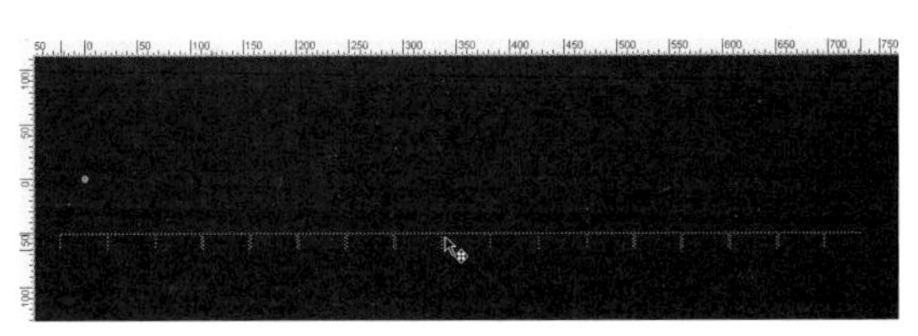

图5-13 通过复制形成的新图案

如此重复上面的步骤，复制6层并调整好位置，再用线条补齐边界。这样，叠放得错落有致的“砖块”就绘制好了，如图5-14所示。

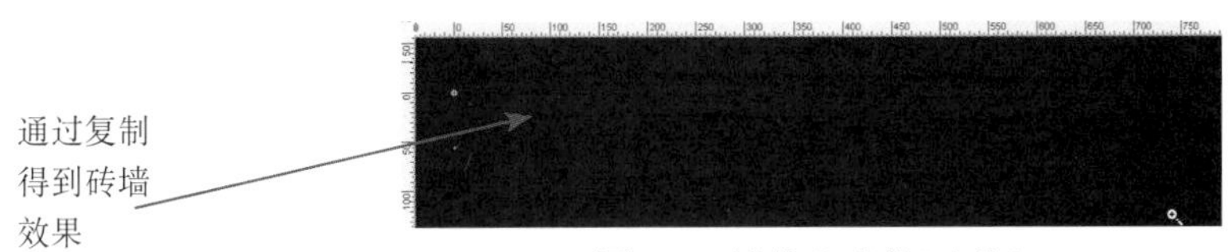

图5-14 错落有致的"砖块"

小技巧

在Flash绘制规则网格的时候，上面的这种方法可以简单而又精确地达到绘制的目的。在绘制更复杂的图形时，若担心线条的交错带来麻烦，可以在绘制线条之前将线条设置为绘制对象，这样，每个绘制的线条都是一个整体，会给绘图带来方便。

接下来绘制“桥”的拱。单击工具栏中的【椭圆工具】按钮，设置笔触颜色为“暗红色”(# 990000)，填充色为“绿色”，按住Shift键，在“砖块”外面绘制一个正圆。选择绘制好的圆，注意要选中上边线。在属性面板中，设置大小为“400×400”，起始位置为“x =－190，y = 18”。通过复制，得到新的圆，设置其起始位置为“x = 160，y = 18”。再通过复制，得到新的圆，设置其起始位置为“x = 510，y = 18”，如图5-15所示。

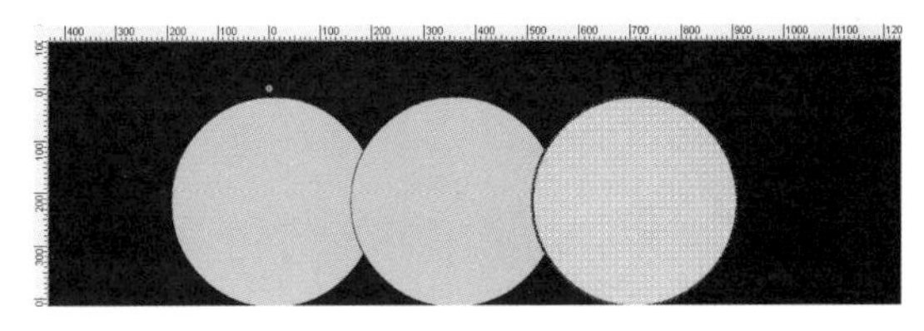

图5-15 绘制出的3个圆

删除绿色的填充图案和多余的弧线，这样"桥"的拱就绘制好了。接下来绘制桥面，单击工具栏中的【线条工具】按钮 ，在舞台中绘制一条水平的直线，设置线条的起始位置为“x = 50，y =－34”。用直线连接绘制好的砖块的最左上角点和刚绘制出的水平直线的左端点。通过复制这条斜线，绘出 17 条斜线，并进行调整，使得最右端的斜线的起始位置为“x = 720”。

将这些斜线条全部选中（或者按住 Shift 键，逐一选择）。按 Ctrl + Alt + 7 组合键，将 17 条斜线按宽度均匀分布。按 Ctrl + Alt + 4 组合键，将 17 条斜线在高度方向对齐。在属性面板中设置起始位置为“x = 0，y =－34”，如图 5-16 所示。

图5-16　桥的大致形状

通过删除和添加一些线条，修改“桥”的边界，使“桥”绘制完整。在“桥”拱的下面绘制两条直线，在填充上颜色之后，“桥”就显得更有立体感。

单击工具栏中的【颜料桶工具】按钮 ，设置填充颜色为“灰黑色”（# 333333），填充"桥"。

使用【线条工具】按钮 ，在“桥面”的中间绘制两条折线，删除两条折线中的部分，将“桥”断开。在游戏中，这是座危桥，这样便有了危桥的感觉。

再填充一些其他颜色，做一些小的修改，“桥”的影片剪辑元件就做好了，如图 5-17 所示。

图5-17　"桥"影片剪辑元件最终效果

③制作过桥人。

在这里要绘制一家五口，并在他们身上标上相应的过桥时间。新建一个影片剪辑元件，命名为“1 分钟人”。

将库面板中的“GIFI4.gif ”图片拖入到舞台中心。单击工具栏中的【文本工具】按钮 A，设置字体为宋体，字号大小为“20”，字体颜色为“暗红色”。绘制静态文本框，输入文字如图 5-18 所示。

图5-18 过桥时间为1分钟的人物设计

用同样的方法，制作“3 分钟人”、“ 6 分钟人”、“ 8 分钟人”和“12 分钟人”的影片剪辑元件。其中，“3 分钟人”对应的图片是“GIFI3.gif”，“6 分钟人”对应的图片是“GIFI2.gif”，“8 分钟人”对应的图片是“GIFI5.gif”，“12 分钟人”对应的图片是“GIFI1.gif”。每个人物对应的数字为他们各自的过桥时间。

❹制作火把。

新建一个影片剪辑元件，命名为“火焰”。在游戏中，每次过桥都离不开它。

单击工具栏中的【椭圆工具】按钮，设置笔触颜色为无，填充色为“红色”，绘制一个椭圆。单击工具栏中的【钢笔工具】按钮，来增加和删除节点，配合部分【选取工具】调节椭圆轮廓节点的位置，如图 5-19 所示。

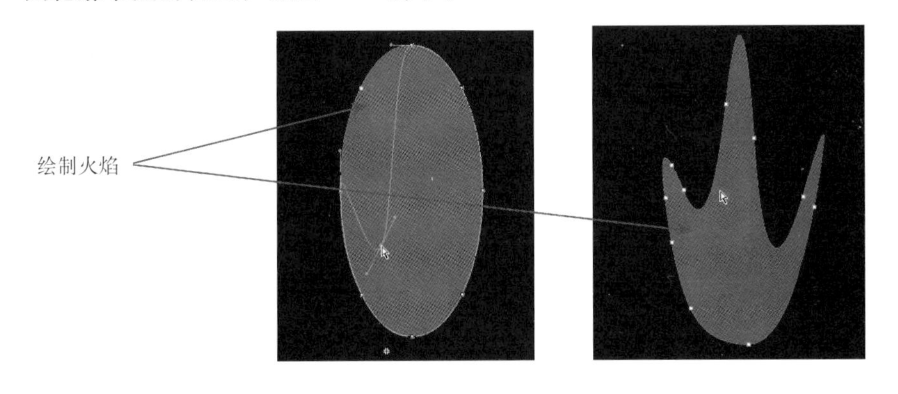

A 调节椭圆的节点　　B 调节成火焰的形状

图5-19 绘制火焰

小技巧

在编辑曲线形状较为复杂的地方，适当地增加一些节点，这样图形将易于精确调节。在尖角上增加少量节点，火焰的形状更加容易调节，使得图像更加美观。

通过复制，得到 5 个相同的火焰图形。单击工具栏中的【任意变形工具】按钮，按住 Shift 键，分别按比例调节这 5 个火焰图形的大小及填充颜色。

分别选择 5 个火焰图形，将它们每一个都组成一个组。这样在图形重叠的时候，不会影响图形本身和其他的图形。打开【对齐】面板，同时选择这 5 个“火焰”，点选相对于舞台“水平居中”和“底对齐”，这样图形元件就放置到场景的中心了，如图 5-20 所示。

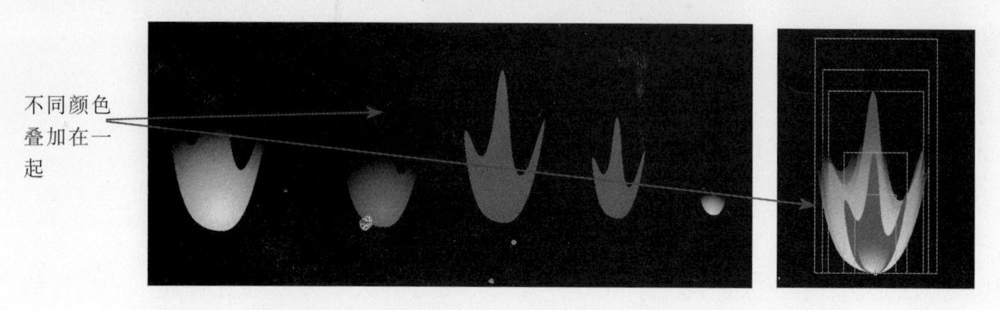

图5-20 5个火焰图形的颜色和大小关系以及对齐的火焰图形

选择第 2 帧到第 5 帧，按 F6 键，插入关键帧。

在【时间轴】面板上选中“图层 1”的第 2 帧，单击工具栏中的【任意变形工具】按钮，同时选择所有的火焰图形，调节其大小，如图 5-21 所示。用同样的方法调节其他帧上的火焰图形，让它在第 1 帧到第 5 帧播放时有一种火焰燃烧的动画感觉。如图 5-21 所示，为第 1 帧到第 5 帧上的火焰图形。

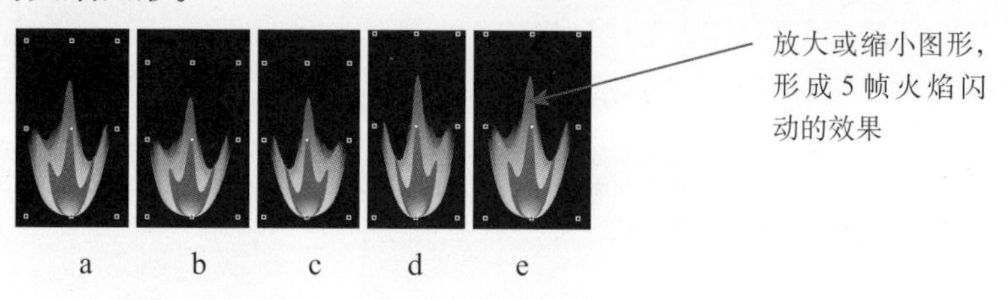

图5-21 第1帧到第5帧上的火焰图形关系

隐藏“图层 1”图层，在“图层 1”图层上新建一个命名为“图层 2”的图层，在【时间轴】面板上选中“图层 2”图层的第 1 帧，单击工具栏中的【椭圆工具】按钮，设置笔触颜色为无，按住 Shift 键，绘制一个正圆，选择这个圆，在属性面板中设置其大小为 320×320 像素，在颜色面板中调节填充色参数，如图 5-22 所示。

用同样的方法绘制另一个大小为 180×180 像素的圆，在颜色面板中调节填充色参数，如图 5-23 所示。

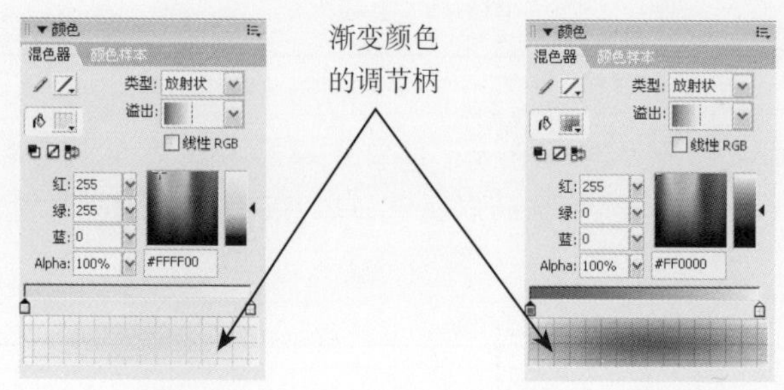

图5-22 大圆的填充颜色设置

图5-23 小圆的填充颜色设置

两个圆绘制好后如图5-24所示，用来作为“火焰”的光晕效果。如同上面的方法，分别选择两个圆形，将它们每一个都组成一个组。打开【对齐】面板，同时选择这5个“火焰”，单击相对于舞台“水平对齐”和“垂直对齐”按钮，将图形元件放置到场景的中心，如图5-25所示。

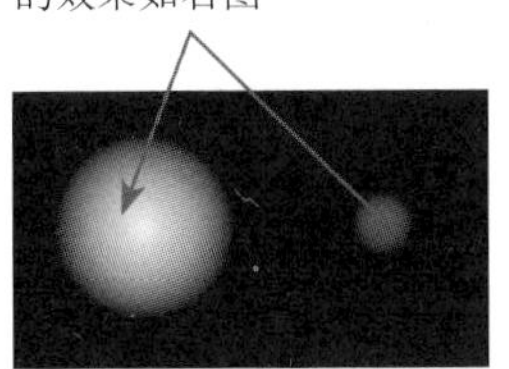

图5-25　绘制的两个圆

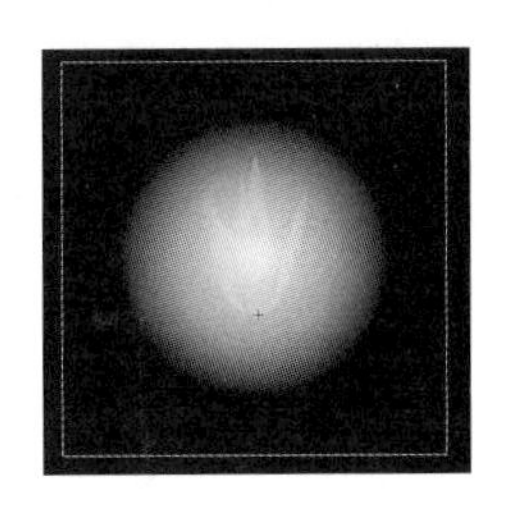

图5-26　"火焰"影片剪辑效果

新建一个影片剪辑元件，命名为“火把”。单击工具栏中的【矩形工具】按钮，设置笔触颜色为无，绘制两个矩形。上边的矩形横着放置，下边的矩形竖着放置。

单击工具栏中的【选取工具】按钮，初步调节线条的形状，通过【钢笔工具】按钮配合部分【选取工具】按钮调节线条的节点。在颜色面板中，调节填充色的参数，如图5-27所示。选择“图层1”图层的第2帧，按F6键，插入关键帧，调节填充颜色如图5-28所示。

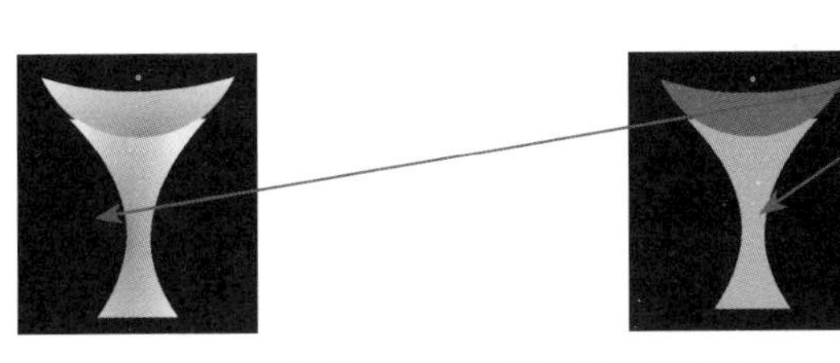

图5-27　第1帧处的“火把”效果　　图5-28　第2帧处的“火把”效果

在【时间轴】面板的“图层1”图层上新建一个名为“图层2”的图层，选择“图层2”图层的第1帧，将“火焰”影片剪辑元件拖入舞台，放在“火把”的上方，如图5-29所示。

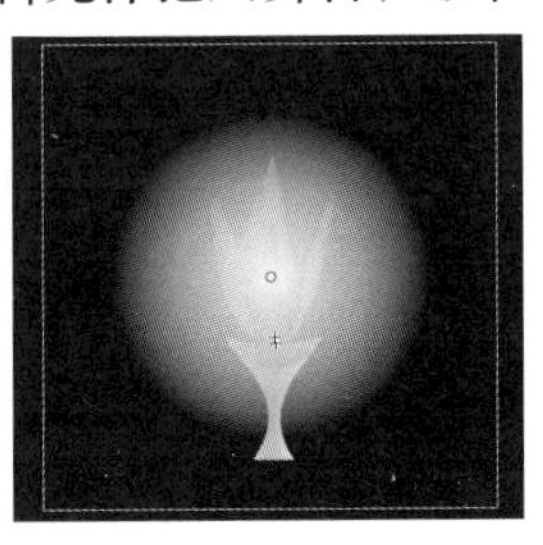

图5-29　带有火焰的"火把"效果

在【时间轴】面板上选中“图层2”图层的第2帧，按F7键，插入一个空白关键帧。选择第1帧，在帧上添加如下动作脚本代码。

```
stop();
```

⑤主场景的制作。

在【时间轴】面板上，从下到上依次新建“桥”、“人”、“火把”、“文本”和“as”5个图层。

在【时间轴】面板上选中“桥”图层的第1帧，从【库】面板中将“桥”影片剪辑元件拖入到舞台中。使得“桥”处于垂直居中。单击【任意变形工具】按钮，将其高度方向上略微压扁。

在【时间轴】面板上选中“火把”图层的第 1 帧，从【库】面板中将“火把”影片剪辑元件拖入舞台中，调整位置，如图 5-30 所示。

在【时间轴】面板上选中“文本”图层的第 1 帧，单击工具栏中的【文本工具】按钮 A，设置字体大小为“22”，字体颜色为“绿色”，绘制静态文本框，输入文字如图 5-30 所示。

调节字体大小为“30”，字体颜色为“黄色”，在舞台的下方绘制静态文本框，输入文字“我来试试”。

选择这个文本框，将其转换成名为“开始”的按钮元件，如图 5-31 所示。编辑按钮元件，在【时间轴】面板上选中“图层 1”图层的“点击”帧，按 F7 键，插入空白关键帧，用矩形工具绘制和文本区域相同大小的矩形，这样按钮有较大的点击区域。回到场景 1，在该按钮元件上添加如下动作脚本代码。

```
on (release) {
nextFrame();
}
```

图5-30 “火把”图层第1帧

图5-31 “文本”图层第1帧

在【时间轴】面板上选中“as”图层的第 1 帧，在帧上添加如下动作脚本代码。

```
stop();
```

选择所有图层的第 2 帧，按 F7 键，插入空白关键帧。

在【时间轴】面板上选中“桥”图层的第 2 帧，从【库】面板中将“桥”影片剪辑元件拖入舞台，调整其位置，使得“桥”影片剪辑元件垂直居中，放置在舞台偏下的位置。设置“桥”影片剪辑元件的实例名为“bridge”。在影片剪辑上添加如下动作脚本代码。

```
onClipEvent (load) {
    _root.lightalign = "left";
    _root.personstogo = new Array();
    _root.personstogo[0] = "";
    _root.personstogo[1] = "";
    _root.persontoback = "";
    _root.ending = "";
    _root.time = 30;
    _root.restartmc._visible = false;
}
onClipEvent (enterFrame) {
    if ((_root.personstogo[0] != "") ||(_root.personstogo[1] != "")) {
_root.persons =
_root.personstogo[0]+"And"+_root.personstogo[1];
    } else {
```

```
            _root.persons = "";
    }
    _root.person = _root.persontoback;
}
```

在【时间轴】面板上选中“人”图层的第2帧，从【库】面板中将“1分钟人”、“3分钟人”、“6分钟人”、“8分钟人”和“12分钟人”影片剪辑元件拖入舞台，从左到右依次排开，调整大小和位置，让这些“人物”排在红色“砖块”前。如果人物太靠前，在程序实现调整位置的时候，可以另外调整程序参数。分别设置这些影片剪辑元件的实例名为“person1”、“person3"、“person6”、“person8”和“person12”。

在“1分钟人”影片剪辑元件上添加如下动作脚本代码。

```
onClipEvent (mouseDown) {
if((this.hitTest(_root._xmouse,_root._ymouse,true))&&(this._x<300)){
    if ((_root.personstogo[0] == "") && (_root.personstogo[1] != 1)) {
                    _root.personstogo[0] = 1;
            } else if ((_root.personstogo[1] == "")
 && (_root.personstogo[0] != 1)){
                            _root.personstogo[1] = 1;
            } else {
                    _root.personstogo[0] = "";
                    _root.personstogo[1] = "";
            }
    } else if ((this.hitTest(_root._xmouse, _root._ymouse,true))
&&(this._x>300)){
            _root.persontoback = 1;
    }
}
```

其中，“personstogo[0]”和“personstogo[1]”记录要过桥的人。在这里，用每个人过桥所需的时间来标记要过桥的人，虽然影响了程序的阅读性，但是程序本身比较简单，不会影响理解。一般情况下，在编制程序时会设置数组，记录不同人物的所有属性，程序通过查询数组来调用具体参数，在单一人物属性比较多的时候，这样做具有明显的优势。

这里用hitTest()方法计算影片剪辑，以确认其是否与由x和y坐标参数标识的点击区域发生重叠或相交。若设置为true，则只计算在舞台上的实例实际占据的区域，并且如果x和y在任意一点重叠，则返回true值。在程序中，通过hitTest()方法计算鼠标的位置和“1分钟人”影片剪辑在舞台中实际占据的区域是否重叠，实现了当该影片剪辑被点击时，返回ture值。

用程序实现当影片剪辑被点击时，判断如果没有记录要过桥的人或者已经记录了一个但不是“1分钟人”，那么“1分钟人”将被记录为要过桥；如果有两个要过桥的人，或者其中已经存在“1分钟人”，那么记录过桥的数据将被清空。程序还保证了过桥前的人将不会被记录为要回来的人，过桥后的人将不会被记录为要过桥的人。

在“3分钟人”影片剪辑元件上添加如下动作脚本代码。

```
onClipEvent (mouseDown) {
if((this.hitTest(_root._xmouse,_root._ymouse,true))&&(this._x<300)){
    if ((_root.personstogo[0] == "") && (_root.personstogo[1] != 3)) {
                    _root.personstogo[0] = 3;
            } else if ((_root.personstogo[1] == "")
    && (_root.personstogo[0] != 3)){
                            _root.personstogo[1] = 3;
            } else {
                            _root.personstogo[0] = "";
                            _root.personstogo[1] = "";
                    }
    } else if ((this.hitTest(_root._xmouse, _root._ymouse,true))
&&(this._x>300)){
            _root.persontoback = 3;
}
}
```

其他人物的影片剪辑元件上的代码依次类推。

在【时间轴】面板上，选中“文本”图层的第 2 帧，单击工具栏中的【文本工具】按钮，设置字体大小为“18”，字体颜色为“绿色”，绘制静态文本框，输入文字“全家共剩时间:”。

在后面绘制动态框，设置变量为“time”，用来显示当前剩余的时间。设置字体大小为“18”，字体颜色为“白色”，在“全家剩余时间:”静态文本框的下面绘制静态文本框，输入文字“这次要过桥的人:”。

在后面绘制动态框，设置变量为“persons”，用来显示当前选择的要过桥的人。在“这次要过桥的人:”静态文本框的下面绘制一个静态文本框，输入文字“这次要回去的人 :”。

在后面绘制动态框，设置变量为“person”，用来显示当前选择的要回去的人。设置字体大小为“48”，字体颜色为“黄色”，在舞台中间绘制一个较大的动态文本框，设置变量为“ending”，用来显示游戏结果。设置字体大小为“30”，字体颜色为“黄色”，在舞台的下方绘制静态文本框，输入文字“再看看说明”。

选择这个文本框，将其转换成名为“重新开始”的按钮元件，如图 5-32 所示。

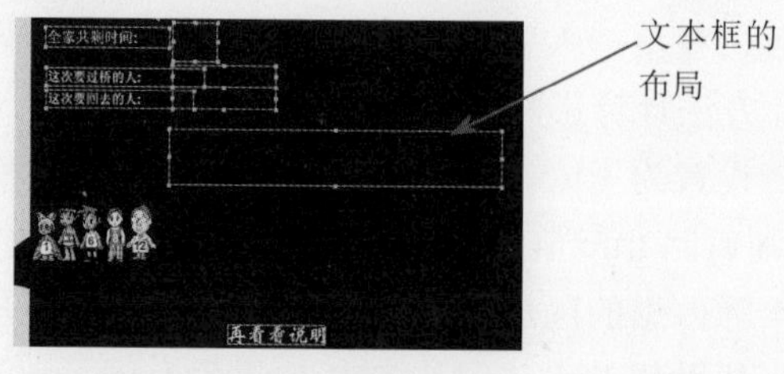

图5-32 文本图层的布置

编辑按钮元件，选择“图层 1”图层的“点击”帧，按 F7 键，插入空白关键帧，用矩形工具绘制和文本区域相同大小的矩形。回到场景 1，在该按钮元件上添加如下动作脚本代码。

```
on (release) {
```

```
    gotoAndStop(1);
}
```

在【时间轴】面板上选中“火把”图层的第 2 帧，从【库】面板中将“火把”影片剪辑元件拖入两个到舞台上，调整大小和位置，如图 5-33 所示。设置较大的“火把”的实例名为“light”,较小的“火把”名为“limit”。在两个影片剪辑元件上都添加如下的动作脚本代码。

```
onClipEvent (enterFrame) {
    if (_root.time == 0) {
            this.gotoAndStop(2);
}
}
```

新建一个按钮元件，命名为“按钮”，用来控制游戏的过桥动作。在【时间轴】面板上，选中“图层 1”图层的“指针经过”帧，按 F7 键，插入空白关键帧，输入文字“过桥”。

选择“点击”帧，按 F7 键，插入空白关键帧，用矩形工具绘制一个比文本区域略大的矩形。

返回场景 1，从【库】面板中将“按钮”元件拖入到舞台中，放置在较大的“火把”上，如图 5-34 所示设置实例命名为“button”。

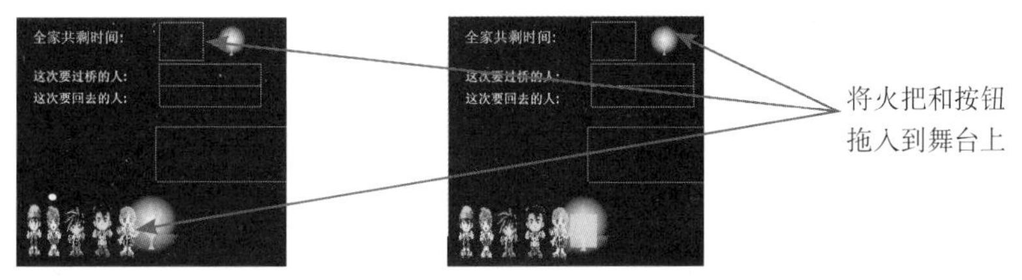

图5-33 “火把”的布置　　图5-34 “按钮”放置在“火把”上

选择“按钮”元件，在元件上添加如下动作脚本代码。

```
on (release) {
    if ((_root.lightalign == "left") && (_root.personstogo[0] != "")
&& (_root.personstogo[1] != "")) {
_root.lefttoright(_root.personstogo[0], _root.personstogo[1]);
    }
    if ((_root.lightalign == "right") && (_root.persontoback != "")) {
            _root.righttoleft(_root.persontoback);
    }
}
```

在【时间轴】面板上选中“as”图层的第 2 帧，在帧上添加如下动作脚本代码。

```
stop();
function lefttoright(man1, man2) {
    stepleft = 0;
    _root.bridge.onEnterFrame = function() {
            if ((stepleft<50) && (stepleft>=0)) {
                    _root["person"+man1]._x += 10;
                    _root["person"+man2]._x += 10;
```

```
                    _root.light._x += 10;
                    _root.button._x += 10;
                    stepleft++;
            } else if (stepleft == 50) {
                    if (man1>man2) {
                            _root.time -= man1;
                    } else {
                            _root.time -= man2;
                    }
                    man1 = 0;
                    man2 = 0;
                    _root.personstogo[0] = "";
                    _root.personstogo[1] = "";
                    _root.lightalign = "right";
                    _root.persons = "";
                    stepleft = -1;
                    if (_root.time<=0) {
                            _root.time = 0;
                            _root.ending = "You Lose!";
                            _root.restartmc._visible = true;
                    } else if((_root.time>0) && (_root.person1._x>300)
&& (_root.person3._x>300) &&(_root.person6._x>300)
&&(_root.person8._x>300)&&(_root.person12._x>300)) {
                            _root.ending = "You Win!";
                            _root.restartmc._visible = true;
                    }
            }
    };
}
function righttoleft(man) {
    stepright = 0;
    _root.bridge.onEnterFrame = function() {
            if ((stepright<50) && (stepright>=0)) {
                    _root["person"+man]._x -= 10;
                    _root.light._x -= 10;
                    _root.button._x -= 10;
                    stepright++;
            } else if (stepright == 50) {
                    _root.time -= man;
```

```
                        man = 0;
                        _root.persontoback = "";
                        _root.lightalign = "left";
                        _root.person = "";
                        stepright = -1;
                        if (_root.time<=0) {
                                _root.time = 0;
                                _root.ending = "You Lose!";
                                _root.restartmc._visible = true;
                        } else if ((_root.time>0) && (_root.person1._x>300)
&& (_root.person3._x>300) && (_root.person6._x>300)
&& (_root.person8._x>300) && (_root.person12._x>300)) {
                                _root.ending = "You Win!";
                                _root.restartmc._visible = true;
                        }
                }
        };
}
```

“lefttoright()”和“righttoleft()”，通过调用这两个函数，使人物来回过桥。

到此，整个“过桥”游戏便完成了。

范例对比

与“拼图”游戏相比，“过桥”游戏不能像“拼图”游戏那样通过影片剪辑的设置来填充定义的网格。“过桥”游戏的程序设计要简单许多，但是游戏的耐玩性一点也不亚于“拼图”游戏，因此，一款flash游戏的好坏，很大程度上取决于游戏本身的吸引力。拼图偏重于玩家的视觉判断，“过桥”游戏需要玩家进行少量的数学计算。

另外，“过桥”游戏的影片绘制也比较复杂，需要很多绘图技巧。在程序控制元件做属性动作时，都需要将做好的影片剪辑拖入舞台并设置实例名称。Flash优秀的绘图能力和强大的面向对象的动作脚本支持，使Flash成为制作精美游戏的得力工具。

5.2 脚本类游戏

脚本不仅可以运算，还可以画图和分析数据等，国外有些用Flash制作的网站，它们全部是用脚本实现的，效果不比精心绘制的Flash网页逊色，甚至更胜一筹。接下来的游戏制作将带大家领略一下动作脚本在游戏制作中的另一风采，用纯脚本制作“俄罗斯方块”游戏，本例设计同样参考了许多网上资源。这类游戏制作的最大特点就是需要对AS脚本绘图的理解和较高的编程能力，下面就介绍这类游戏的一个典型范例——俄罗斯方块。

5.2.1 案例简介——俄罗斯方块

“俄罗斯方块”游戏和“五子棋”游戏的制作的最大区别就是后者完全抛开了 Flash 的绘图能力，将动作脚本的作用发挥得淋漓尽致。

俄罗斯方块相信大家都不陌生，游戏设计的功能要求实现以下几个方面：

(1) 随机产生方块组，并在旁边显示。

(2) 方块组要求以一个根据游戏等级变化而变化的速度下落，下落过程中需要接收键盘信息，并能够相应地改变方块组的方向。

(3) 能够判断是否已经下落触底，并判断是否成功消去一行或多行。

(4) 有一个记分系统，记录分数，并转换成相应的游戏难度等级。

(5) 设计好游戏等级的速度。

动作脚本就是游戏的核心程序，在制作这类有复杂程序的游戏时，程序流程图是必不可少的。

在设计游戏的时候，首先要将整个游戏需要实现的模块功能做一个整体的归纳。要用程序实现设计的内容，首先需要理清程序的设计思路，最好的方法就是将模糊的思路画成程序流程图。“俄罗斯方块”游戏的程序流程图如图 5-35 所示。

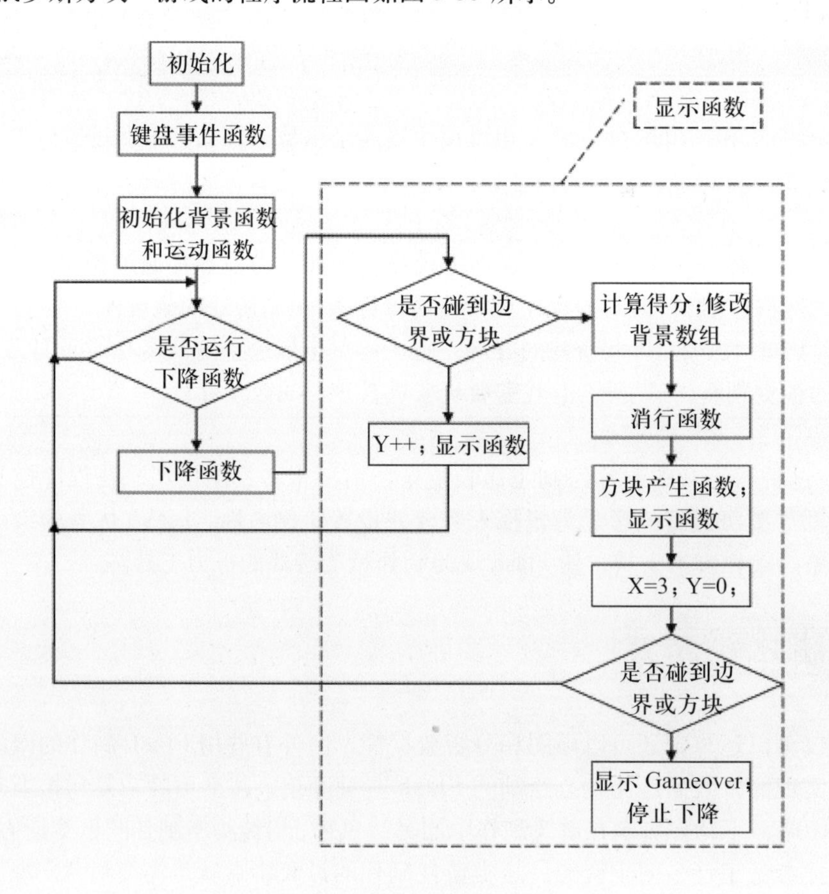

图5-35“俄罗斯方块”游戏程序流程图（部分）

在上面的程序流程图中，仅给出了主程序和显示函数的程序流程图，还有其他部分函数没详细给出流程图，键盘响应函数是外部定时调用的，在响应键盘事件中还涉及旋转函数等，判断是否碰到边界或方块也是由函数实现的。

下面通过图示简单介绍一下程序的设计思想，如图 5-36 所示。

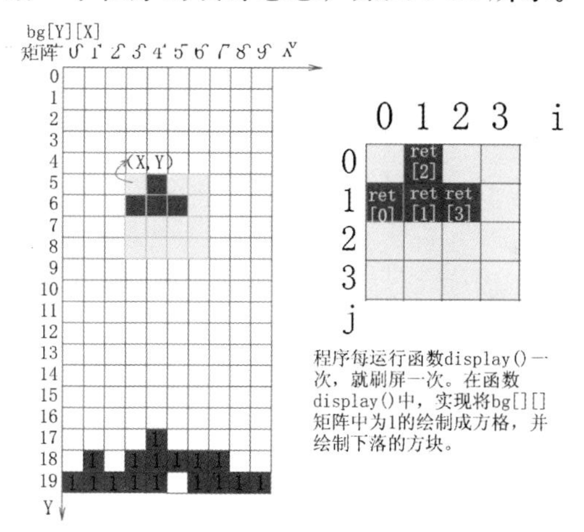

图5-36 程序设计

从图 5-36 中可以看出，在 bg[][] 矩阵中，值为“ ”的是空白区域，值为“1”的是方块区域。ret[][] 矩阵中的前 4 行代表了小方块的位置信息，第 5 行代表整个方块的形状和方向信息。在刷屏的时候，需要将 bg[][] 矩阵的内容通过循环判断显示出来，然后再将下落的方块加上相对偏移量（X，Y）显示出来，这样就实现了绘图的目的。

程序中的注释已经非常详尽，在这里只介绍一下整个游戏的时间是如何统一的。首先，游戏的难度是由下降的速度来调节的，而函数 go（）每执行一次，方块就下降一格，那么如何让 go（）函数按照 level 设定的速度来运行呢？在这里，程序将函数 go（）放置在 onEnterFrame 中，在函数 init（）中将它初始化，当系统每次调用这个 Frame 的时候，frameflag 就加一次，当 frameflag 计数到“10-level”的时候，函数 go（）就被执行了，而系统调用 Frame 是由文档属性设置的帧频决定的。所以 go（）的调用间隔大约为“(10-level）/ 帧频”，显然，调整帧频就是改变游戏等级的关键。其次，函数 setInterval() 设置每隔 80 毫秒执行一次键盘事件函数，远远大于函数 go（）调用的时间间隔，因此，游戏的响应速度应该不会太差。

“俄罗斯方块”的效果如图 5-37 所示。

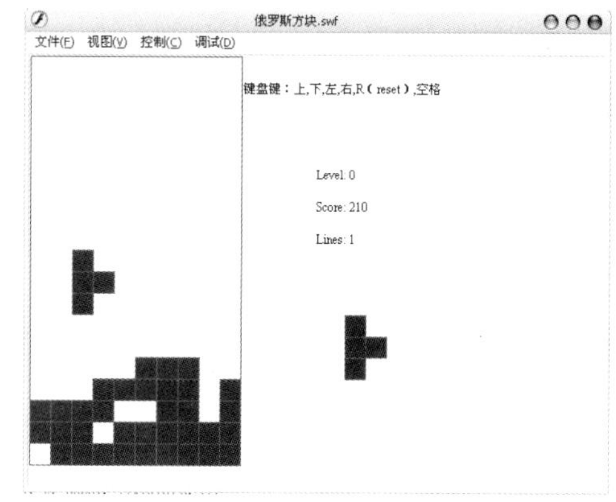

图5-37 “俄罗斯方块”游戏效果

5.2.2 具体制作

新建一个 Flash 文档，命名为“俄罗斯方块 .fla”。

❶选择【修改】→【文档】菜单命令，打开“文档属性”对话框，将属性设置为“宽：

550px，高：400px”，背景颜色为白色（#FFFFFF），播放速度为每秒 30 帧，标尺单位为像素。

在【时间轴】面板上，选中“图层 1”的第 1 帧，在帧上添加如下动作脚本代码。

```
N = 20;                          // 行数
WIDTH = 20;                          // 方块边长
level = 0;                         // 开始等级（下落速度）
ret = new Array();                    // 当前出现的方块
nextret = new Array();                  // 下一个出现的方块
bg = new Array();                    // 背景数组
createEmptyMovieClip("panel", 1048575);  // 所有方块都在此 mc 里
for (i=0; i<5; i++) {             // 初始化方块数组，2*5 格式，前四行代表每个方块的 4
                                    个小块的位置坐标，最后一行第一列是方块形状，第二
                                    列是方块旋转方向
    ret.push(new Array(2));
    nextret.push(new Array(2));
}
for (i=0; i<20; i++) {                   // 初始化背景数组，10*20 格式
    bg.push(new Array(10));
}
X = Y=panel._x=panel._y=0;                    // 换为 X、Y 表示
function reach(x:Number, y:Number, ret:Object) {     //x、y 为方块的位置，ret 为方块的
                                                       形状，若方块 ret 下落一格后碰到
                                                       边界或者方块返回 1
    var i:Number, j:Number, k:Number;
    for (i=0; i<N; i++) {
            for (j=0; j<10; j++) {
                    if (bg[i][j] == 1) {
                            for (k=0; k<4; k++) {
                                    if (x+ret[k][0] == j && y+ret[k][1]+1 == i) {
                                            return 1;
                                    }
                            }
                    }
            }
    }
    return 0;
}
function lrnotout(lorr:Number, a:Object) {      //lorr==-1 代表 a 往左边一格可行性的判
                                                 断，lorr==1 代表右边一格可行性的判断，
                                                 lorr==0 代表 a 的位置合理性的判断，出
```

```
                                        现不合理时返回 0
    var i:Number;
    if (lorr == -1) {
            for (i=0; i<4; i++) {
                    if (x+a[i][0]-1<0 || reach(x-1, y-1, a)) {
                            return 0;
                    }
            }
    }
    if (lorr == 1) {
            for (i=0; i<4; i++) {
                    if (x+a[i][0]+1>9 || reach(x-1, y+1, a)) {
                            return 0;
                    }
            }
    }
    if (lorr == 0) {
            for (i=0; i<4; i++) {
                    if (x+a[i][0]<0 || x+a[i][0]>9) {
                            return 0;
                    }
            }
    }
    return 1;
}
function rv(a:Object, ret:Object) { // 方块赋值，将 a 方块赋值到 ret 方块
    var i:Number;
    for (i=0; i<5; i++) {
            ret[i][0]=a[i][0], ret[i][1]=a[i][1];
    }
}
function rotate(ret:Object) {    // 根据方块 ret 最后一行（分别是形状指示变量和旋转
                                    方向变量）为 ret 的前四行赋予具体的形状值
    switch (ret[4][0]) {
    case 0 :            // 方形
            a = [[1, 0], [2, 0], [1, 1], [2, 1], [0, 0]];
            rv(a, ret);
            return;
    case 1 :            // 长形
```

```
switch (ret[4][1]) {
            case 1 :
                        a = [[0, 0], [1, 0], [2, 0], [3, 0], [1, 0]];
                        if (lrnotout(0, a) && !reach(x, y-1, a)) rv(a, ret);
                        return;
            case 0 :
                        a = [[1, 0], [1, 1], [1, 2], [1, 3], [1, 1]];
                        if (lrnotout(0, a) && !reach(x, y-1, a)) rv(a, ret);
                        return;
            }
            case 2 :     //Z 形
            switch (ret[4][1]) {
            case 1 :
                        a = [[0, 1], [1, 1], [1, 2], [2, 2], [2, 0]];
                        if (lrnotout(0, a) && !reach(x, y-1, a)) rv(a, ret);
                        return;
            case 0 :
                        a = [[2, 0], [1, 1], [2, 1], [1, 2], [2, 1]];
                        if (lrnotout(0, a) && !reach(x, y-1, a)) rv(a, ret);
                        return;
            }
    case 3 :        // 反 Z 形
            switch (ret[4][1]) {
            case 1 :
                        a = [[1, 1], [2, 1], [0, 2], [1, 2], [3, 0]];
                        if (lrnotout(0, a) && !reach(x, y-1, a)) rv(a, ret);
                        return;
            case 0 :
                        a = [[1, 0], [1, 1], [2, 1], [2, 2], [3, 1]];
                        if (lrnotout(0, a) && !reach(x, y-1, a)) rv(a, ret);
                        return;
            }
    case 4 :                //T 形
            switch (ret[4][1]) {
            case 3 :
                        a = [[1, 0], [0, 1], [1, 1], [2, 1], [4, 0]];
                        if (lrnotout(0, a) && !reach(x, y-1, a)) rv(a, ret);
                        return;
            case 0 :
```

```
                a = [[1, 0], [0, 1], [1, 1], [1, 2], [4, 1]];
                if (lrnotout(0, a) && !reach(x, y-1, a)) rv(a, ret);
                return;
        case 1 :
                a = [[0, 1], [1, 1], [2, 1], [1, 2], [4, 2]];
                if (lrnotout(0, a) && !reach(x, y-1, a)) rv(a, ret);
                return;
        case 2 :
                a = [[1, 0], [1, 1], [2, 1], [1, 2], [4, 3]];
                if (lrnotout(0, a) && !reach(x, y-1, a)) rv(a, ret);
                return;
        }
case 5 :                //倒L形
        switch (ret[4][1]) {
        case 3 :
                a = [[1, 0], [2, 0], [1, 1], [1, 2], [5, 0]];
                if (lrnotout(0, a) && !reach(x, y-1, a)) {
                        rv(a, ret);
                }
                return;
        case 0 :
                a = [[0, 1], [0, 2], [1, 2], [2, 2], [5, 1]];
                if (lrnotout(0, a) && !reach(x, y-1, a))rv(a, ret);
                return;
        case 1 :
                a = [[2, 0], [2, 1], [1, 2], [2, 2], [5, 2]];
                if (lrnotout(0, a) && !reach(x, y-1, a)) rv(a, ret);
                return;
        case 2 :
                a = [[0, 1], [1, 1], [2, 1], [2, 2], [5, 3]];
                if (lrnotout(0, a) && !reach(x, y-1, a)) rv(a, ret);
                return;
        }
case 6 :                  //L形
        switch (ret[4][1]) {
        case 3 :
                a = [[1, 0], [2, 0], [2, 1], [2, 2], [6, 0]];
                if (lrnotout(0, a) && !reach(x, y-1, a))rv(a, ret);
                return;
```

```
            case 0 :
                    a = [[0, 1], [1, 1], [2, 1], [0, 2], [6, 1]];
                    if (lrnotout(0, a) && !reach(x, y-1, a)) rv(a, ret);
                    return;
            case 1 :
                    a = [[1, 0], [1, 1], [1, 2], [2, 2], [6, 2]];
                    if (lrnotout(0, a) && !reach(x, y-1, a)) rv(a, ret);
                    return;
            case 2 :
                    a = [[2, 1], [0, 2], [1, 2], [2, 2], [6, 3]];
                    if (lrnotout(0, a) && !reach(x, y-1, a)) rv(a, ret);
                    return;
            }
    }
}
function generate(ret:Object) {          // 随机产生方块函数
    ret[4][0] = Math.floor(Math.random()*7);
    ret[4][1] = Math.floor(Math.random()*4);
    rotate(ret);                    // 完成方块 ret 的具体形状的赋值
}
function init() {                   // 初始化背景、方块、运动函数
    for (var i=0; i<N; i++) {                    // 初始化背景，边界为 1，其余为''
            for (var j=0; j<10; j++) {
                    if (i == N-1) {
                            bg[i][j] = 1;
                    } else {
                            bg[i][j] = '';
                    }
            }
    }
    for (i=0; i<5; i++) {                // 为当前方块赋初值为 0
            ret[i][0] = ret[i][1]=0;
    }
    generate(ret);                  // 产生当前方块
    generate(nextret);              // 产生下一个方块
    y=0, x=3, score=lines=0, level=0; // 当前位置坐标和计分系统初始化
    _tetris.removeTextField();              // 如果从结束过的游戏恢复，则删除结束标志
    display();                      // 显示画面
    frameflag = 0;                  // 标示下落时间间隔
```

```
    onEnterFrame = function () {
            frameflag++;
            if (10-frameflag<level) {            // 根据等级 level 确定下落的时间间隔
                    frameflag = 0;
                    go();                           // 下落及判断
}
    };
}
function drawblock(a, b, c, d) {        // 绘制方块的小块
    with (panel) {
            beginFill(0x000FFF, 100);
            lineStyle(1, 0xFF00FF);
            moveTo(panel._x+a, panel._y+b);
            lineTo(panel._x+c, panel._y+b);
            lineTo(panel._x+c, panel._y+d);
            lineTo(panel._x+a, panel._y+d);
            lineTo(panel._x+a, panel._y+b);
            endFill();
    }
}
function erase() {                          // 删除一行方块
    var n:Number = 0, i:Number, j:Number, k:Number, l:Number;
    for (i=0; i<N-1; i++) {
            for (j=0; j<10; j++) {
                    if (bg[i][j] == ' ') {              // 如果该行有空，则开始判断下一行
                            i++, j=-1;
                            if (i == N-1) {          // 行 N-1 为底线，不判断
                                    break;
                            }
                    } else if (j == 9) {                    // 判断到该行最后一列都没有空
                            for (k=i; k>=1; k--) {       // 上方方块下落
                                    for (l=0; l<10; l++) {
                                            bg[k][l] = bg[k-1][l];
                                    }
                            }
                            for (l=0; l<10; l++) {       // 删除该行
                                    bg[0][l] = ' ';
                            }
                            n++;                         // 此次删除行数，变量增加 1
```

```
                    if ((lines+n)%30 == 0) { // 当删除行数的总数为30的倍数
                                               时等级上升
                        level = (level+1)%10;
                    }
                }
            }
    }
    lines += n, score += (n*n+n)*50;          // 总行数增n，计算得分
}
function display() {            // 显示函数，采用全部清除再重绘制的方法
    var i:Number, j:Number;
    panel.clear();
    with (panel) {
            // 画边界
            lineStyle(1, 0x0000FF);
            moveTo(panel._x, panel._y);
            lineTo(panel._x+WIDTH*10, panel._y);
            lineTo(panel._x+WIDTH*10, panel._y+WIDTH*(N-1));
            lineTo(panel._x, panel._y+WIDTH*(N-1));
            lineTo(panel._x, panel._y);
    }
    for (i=0; i<4; i++) {               // 当前方块占据的地方赋值为边界类型1
            bg[y+ret[i][1]][x+ret[i][0]] = 1;
    }
for (i=0; i<N-1; i++) {                 // 绘制背景方块
            for (j=0; j<10; j++) {
                    if (bg[i][j] == 1) {
drawblock(j*WIDTH+X, i*WIDTH+Y, j*WIDTH+WIDTH+X, i*WIDTH+WIDTH+Y);
                    }
            }
    }
    for (i=0; i<4; i++) {               // 绘制当前方块
     drawblock(nextret[i][0]*WIDTH+14*WIDTH+X, nextret[i]
[1]*WIDTH+12*WIDTH+Y, nextret[i][0]*WIDTH+WIDTH+14*WIDTH+X, nextret[i]
[1]*WIDTH+WIDTH+12*WIDTH+Y);
    }
    for (i=0; i<4; i++) {               // 当前方块绘制完毕，重新将当前位置改为''
            bg[y+ret[i][1]][x+ret[i][0]] = '';
    }
```

```
    createTextField("_lvltxt", 1, 270, 100, 100, 20);     // 绘制计分系统
    createTextField("_scrtxt", 2, 270, 130, 100, 20);
    createTextField("_lnstxt", 3, 270, 160, 100, 20);
    _lvltxt.text = "Level: "+level;
    _scrtxt.text = "Score: "+score;
    _lnstxt.text = "Lines: "+lines;
}
function go() {             // 下落函数
    if (!(reach(x, y, ret))) {  // 当前方块下落一格时是否碰到边界或方块
            y++;     // 如果当前方块下落一格没有碰到边界或方块，则下落一格
            display();       // 重新绘制
    }
    else {                       // 碰到边界或方块
            score += 10;                 // 得 10 分
            display();                   // 重新绘制
            for (ii=0; ii<4; ii++) {   // 修改背景数组，将当前方块的位置改为边界类型
                    bg[y+ret[ii][1]][x+ret[ii][0]] = 1;
            }
            erase();                  // 删除行判断及执行
            rv(nextret, ret);             // 将下一个方块赋值为当前方块
            y=0, x=3;                         // 重置方块位置
            generate(nextret);                      // 生成下一个方块
            display();                        // 重新绘制
            if (reach(x, y, ret)) {       // 如果下一格碰到方块则游戏结束
                    createTextField("_tetris", 100000, WIDTH*3.3, WIDTH*N/3, 70, 20);
                    _tetris._x += 200;
                    _tetris._y += 50;
                    _tetris._xscale = 300;
                    _tetris._yscale = 300;
                    _tetris.background = true;
                    _tetris.text = "Game Over!";
                    onEnterFrame = function () {                // 停止下落
                    };
            }
    }
}
function key() {
    if (Key.isDown(Key.UP)) {
            rotate(ret);
```

```
            display();
    }
    if (Key.isDown(Key.LEFT)) {
            if (lrnotout(-1, ret)) {                        // 左移可行性判断
                    x--;
                    display();
            }
    }
    if (Key.isDown(Key.RIGHT)) {
            if (lrnotout(1, ret)) {                         // 右移可行性判断
                    x++;
                    display();
            }
    }
    if (Key.isDown(Key.DOWN)) {                  // 键盘控制下落
            go();
    }
    if (Key.isDown(Key.SPACE)) {                 // 一键下落到底
            while (!reach(x, y, ret)) {
                    y++;
            }
            go();
    }
    if (Key.isDown(82)) {                 // 重新开始游戏
            init();
    }
}
init();                   // 初始化
setInterval(key, 80);          // 每隔 80 毫秒执行一次键盘事件函数
createTextField("hinttxt", 33324, 200, 20, 300, 50);
hinttxt.text = " 键盘键：上 , 下 , 左 , 右 ,R（reset）, 空格 ";
```

到此，整个“俄罗斯方块”游戏便制作完成了。

5.3 复杂游戏

复杂游戏的制作不仅需要有第 1 节中讲到的 Flash 绘图功底，还需要第 2 节中讲到的 Flash 编程功底。比如，在绘制精美游戏界面的时候，可以利用 Flash 强大的绘图能力进行制作；在绘制规则图形和简单填充、需要重新设置元件属性或者进行大量运算的时候，就可以用到 Flash 强大的面向对象的 AS 动作脚本语言来实现。这类游戏制作的最大特点就是界面绘制设

计程序，下面就介绍这类游戏的一个典型范例——贪吃蛇。

5.3.1 案例简介——贪吃蛇

“贪吃蛇”是一款经典的游戏。我们要制作的“贪吃蛇”游戏是，以固定速度向前走动的，游戏要求用电脑的“上”、“下”、“左”和“右”来控制贪吃蛇的运动方向，当贪吃蛇遇到前面的蛋时，蛇身体就变长一格，直到贪吃蛇撞到墙或者自己时，游戏结束。用回车键来控制开始和暂停游戏；帮助按钮可以指导玩家如何游戏。因此，游戏设计时需要对键盘上按键的消息进行捕获并处理，传递到一个控制“蛇”走动的函数中。这个控制“蛇”走动的函数，每运行一次，就要判断一下游戏是否结束，如果没有结束，则判断是否吃到蛋，如果吃到了“蛋”，则调用函数，使“蛇”身变长一格，并调用函数生成一个新的“蛋”；如果没有吃到蛋，将最后一格“蛇”身移到最前面，使得蛇走动。那么控制调用这个“蛇”走动函数的速度，就实现了对游戏中“蛇”走动的速度的控制。通过制作“贪吃蛇”游戏，使读者熟悉 Flash 8 动画的制作方法和 AS 程序的使用，掌握通过数组记录实现对游戏控制的方法，理解 Array.push 和 Array.shift 方法的含义。通过对 setInterval 和 clearInterval 的学习，掌握用程序控制游戏运行速度的方法。学会通过 MovieClip.attachMovie 方法来实现从库中复制影片剪辑的目的。

本游戏设计了两个场景，其中“场景 1”包含“loading 动画”，用来显示动画当前下载的百分比；“场景 2”包含游戏场景和游戏本身，用来在下载完毕后运行游戏，这样在整个动画的布局上比较清晰。

为了方便理解，下面用图示介绍一下程序设计思想，如图 5-38 所示。

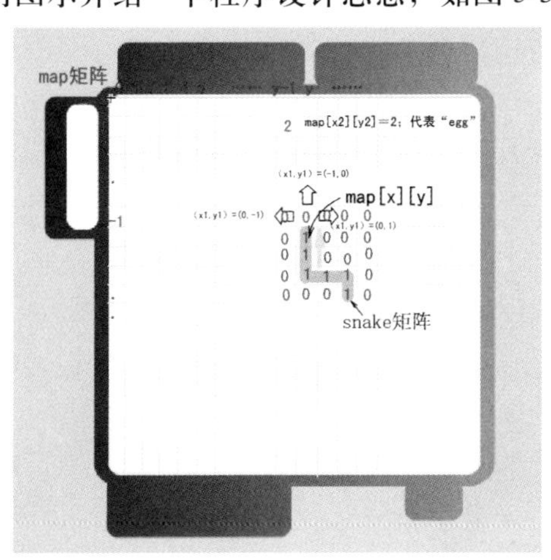

图5-38 程序设计思想

“x”和“y”所指的位置代表游戏中“蛇”最前面一格，即“蛇”头的位置（以游戏中蛇的运动方向为前，这里的位置不是绝对位置，而是相对 20×20 方格的位置）。“x1”和“y1”所指的位置代表游戏时“蛇”头的运动方向。需要注意的是：“贪吃蛇”游戏窗口是规定了的网格，可以用二维数组记录游戏中每个格子的状态。键盘输入时，每个键的键位，用字符串变量“game”标记，即游戏当前状态，这样便于控制游戏。贪吃蛇在走动时，唯一一个不能走的方向是当前走动方向的反方向。

数组“map”是一个20×20的数组，用来记录当前窗口中“蛇”身和蛋的位置。数组中的元素值为0代表窗口中当前位置为空，值为1代表在窗口中当前位置为“蛇”身，值为2代表在窗口中当前位置为蛋。数组“map”的引入是为了方便编程，在实际处理中，只要和“蛇”头当前状态所对应的“map”中的一个元素，就可以知道“蛇”是吃到蛋了，还是“撞”到自己了，还是什么也没碰到。

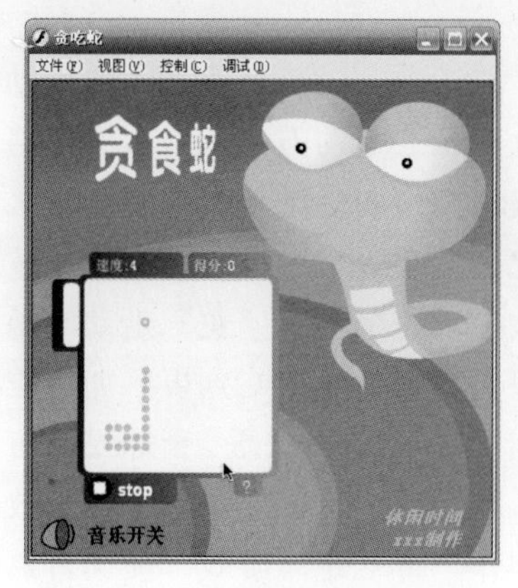

图5-39 “贪吃蛇”游戏效果

在函数“egg ()”中，通过在1～20中随机生成整数。函数“body()”实现对输入数据的对应位置，在“window”影片剪辑元件中，通过复制“snakebody”内容对应的库中影片剪辑，生成一个名为“snake[long]”的影片剪辑元件。语句“snake.push(snake[0]);”将“蛇”身最后面的一格复制到最前面，语句“snake.shift(snake[0]);”将“蛇”身最后一格删除，实现了“蛇”的向前走动。

“贪吃蛇”游戏的效果如图5-39所示。

5.3.2 具体制作

新建一个Flash文档，命名为“贪吃蛇.fla”。

❶设置文档属性。

选择【修改】→【文档】菜单命令，打开“文档属性”对话框，将属性设置为“宽：400px，高：400px”，背景颜色为灰色（#cccccc），播放速度为每秒32帧，标尺单位为像素。

❷将元件导入到库。

打开【库】面板，选择【文件】→【导入】→【打开外部库…】命令，打开“贪吃蛇元件.Fla”文件，将准备好的按钮和影片剪辑拖入到库，然后关闭外部库，如图5-40所示。

图5-40 将外部元件导入到库

贪吃蛇元件库中包含了游戏中用到的声音文件，4种“蛇”身的样式，背景和标题图片，“loading”和“gameover”影片剪辑元件以及“play”和“stop”按钮元件。其他元件读者可以跟着下面介绍自己制作，元件库中也包含了这款游戏相关的所有图片设计。

❸“场景1”的制作。

在【时间轴】面板上，从下到上依次新建“图层1”、“图层2”、“图层3”和“图层4”4个图层。在所有图层的第3帧插入帧。

在【时间轴】面板上选中“图层1”的第1帧，将【库】面板中的“背景”图形元件拖入舞台。打开【对齐】面板，将“背景”图形元件放置到场景的中心。

在【时间轴】面板上选中“图层2”的第1帧，将【库】

面板中的“蛇背影”图形元件拖入舞台。用上述方法，将“蛇背影”图形元件放置到场景的中心。再将库面板中的“标题”图形元件拖入舞台中的相应位置。

在【时间轴】面板上选中“图层 3”的第 1 帧，将【库】面板中的“loading”影片剪辑元件拖入舞台，放置在“蛇背影”的“鼻尖”处。单击工具栏中的【文本工具】按钮 A，在“loading”影片剪辑元件的下方绘制一个文本框，如图 5-41 所示。设置字体为“新宋体”，字体大小为 12，字体颜色为“白色”。设置变量名为“bfb”，用来精确显示当前 swf 文件的下载百分比。如图 5-42 所示。

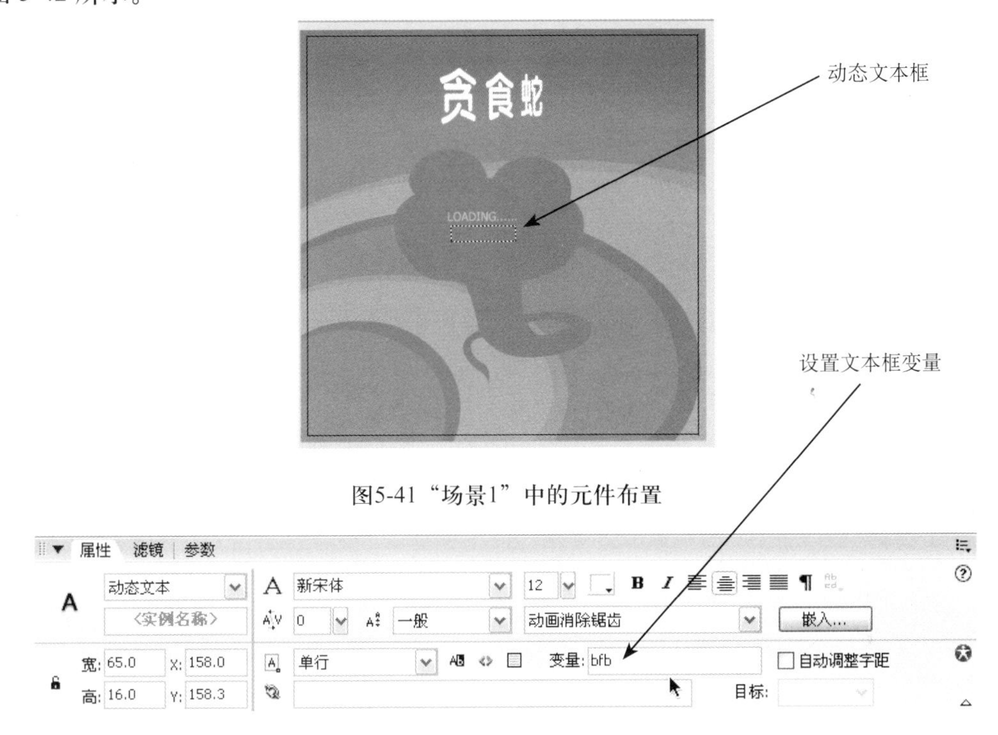

图5-41 “场景1”中的元件布置

图5-42 设置“下载百分比”文本框属性

在【时间轴】面板上选中“图层 4”的第 1 帧、第 2 帧和第 3 帧，按 F7 键，插入空白关键帧。选择第 1 帧，在帧上输入以下动作脚本代码。

```
fscommand("allowscale", "false");
fscommand("showmenu", "false");
loadedbytes=0;
total=_root.getBytesTotal();
```

变量“loadedbytes”的初值为 0，变量“total”通过“_root.getBytesTotal()”方法记录文件的总数据量。

选择第 2 帧，在帧上输入以下动作脚本代码。

```
loadedbytes=_root.getBytesLoaded();
if (loadedbytes==total){
nextScene();
}else{
bfb=int((loadedbytes/total*100))+"%";
```

```
}
total=_root.getBytesTotal();
```

选择第 3 帧，在帧上输入以下动作脚本代码。

```
gotoandplay(2);
```

程序循环在第 2 帧到第 3 帧之间，每次运行到第 2 帧，变量“loadedbytes”处通过“_root.getBytesLoaded()”方法记录已下载的数据量。然后判断“loadedbytes”是否等于“total”，如果不等，那么显示百分比的文本框变量“bfb”的数据将被更新；如果相等，那么执行“nextScene()；”，进入下一个场景 " 场景 2"。

小技巧

当作品由多个互不相关的场景构成，或者整个作品的时间轴由多个不同的场景构成时，通常可以分多个场景制作。而且场景之间的跳转，可由动作脚本很方便地实现。因此，一个复杂作品分多个场景制作可以简化设计思路，而且也提供了一种场景重复调用的实现方法。

❹“场景 2”开场动画的制作。

选择【插入】→【场景】命令，插入“场景 2”。“场景 2”是游戏的本体所在。游戏体现了 flash 中动作脚本语言（ActionScript）的强大功能和无穷魅力。“场景 2”的设计相对比较复杂，不过只要读者有清晰的设计思路和好学的精神，跟着下面的步骤制作，都会有很大收获。为了方便设计，“游戏”本身将被封装在一个影片剪辑元件中，“场景 2”的制作分为“开场动画的制作”和“游戏影片剪辑的制作”两个部分。

1. 新建一个影片剪辑元件，命名为“小喇叭”，用来控制声音的开和关。

单击工具栏中的【椭圆工具】按钮，设置笔触颜色为“黑色”，填充色为无，绘制一个椭圆。单击工具栏中的【线条工具】按钮，在椭圆左边绘制一条直线。单击工具栏中的【选择工具】按钮，初步调节线条的形状，通过【钢笔工具】按钮配合【部分选取工具】按钮调节线条的节点，使其像一个小喇叭。单击工具栏中的【文本工具】按钮，设置字体大小为 16，在小喇叭的后面输入文字“音乐开关”。

选择“小喇叭”影片剪辑元件的第 2 帧，将其转换为关键帧。在第 2 帧处将“音乐开关”文本框删除。然后在第 1 帧和第 2 帧的小喇叭上填充颜色，用来表示“音乐开”和“音乐关”两种状态，如图 5-42 和图 5-43 所示。若想要在“音乐开”这种状态下更形象，可在小喇叭前放置一个线条不断在动的影片剪辑。

在第 1 帧上添加如下动作脚本代码。

```
_root.music.start(0,10000);
stop();
```

在第 2 帧上添加如下动作脚本代码。

```
_root.music.stop();
stop();
```

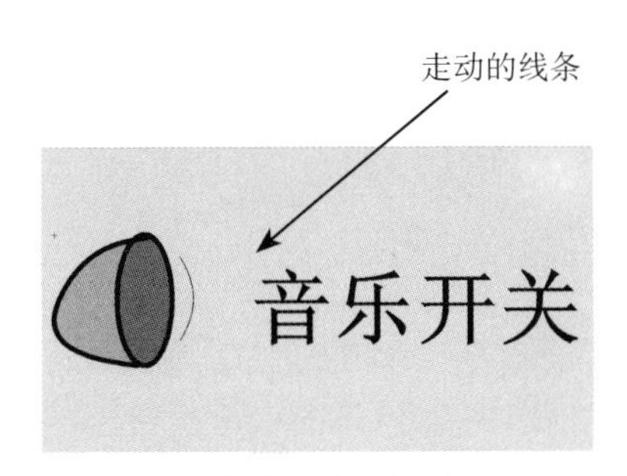

图5-42 第1帧“音乐开”时状态

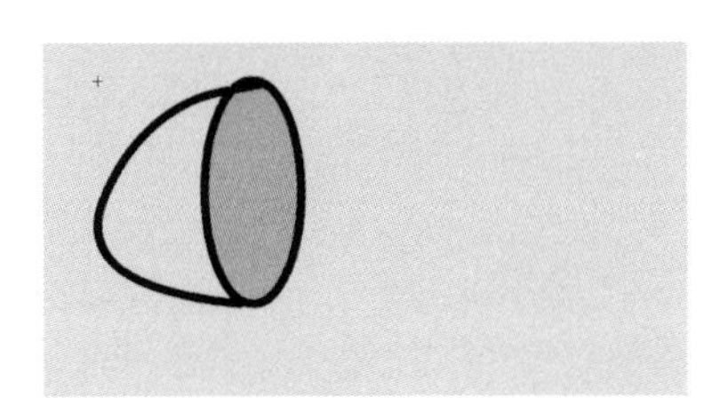

图5-43 第2帧“音乐关”时状态

2．新建一个影片剪辑元件，命名为“蛇眼睛动”，用来作为游戏时的背景。

单击工具栏中的【椭圆工具】按钮，设置笔触颜色为“黑色”，填充色为无，绘制一个椭圆。单击工具栏中的【线条工具】按钮，在椭圆中绘制两条直线。单击工具栏中的【选取工具】按钮，初步调节线条的形状，通过【钢笔工具】按钮配合【选取工具】按钮调节线条的节点，使其像一个眼睛。填充颜色，将笔触线条删除，一个眼睛就做好了。再用同样的方法制作好另一个眼睛。

选择两个眼睛，选择【修改】→【组合】命令，将两个眼睛合成一个组。这样在绘制“蛇”头和“蛇”身时就不会互相影响了。

同绘制“蛇”的眼睛一样，绘制出“蛇”的头和“蛇”的身体，如图 5-44 和图 5-45 所示。

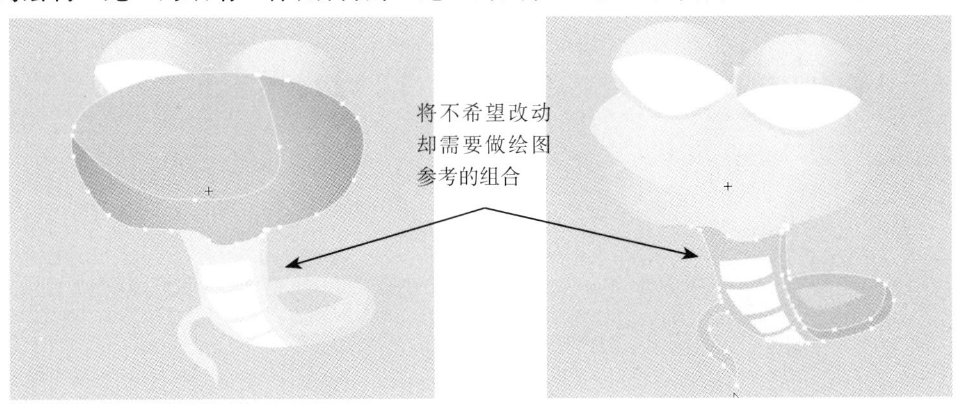

图5-44 绘制“蛇”的头　　图5-44 绘制“蛇”的身体

在【时间轴】面板“图层 1”的上方新建一个命名为“图层 2”的图层。选择“图层 2”的第 1 帧，绘制两个黑色的小圆圈，就是“蛇”的眼睛，如图 5-46 所示。

选择“图层 1”和“图层 2”的第 95 帧，按 F5 键，插入关键帧。选择“图层 2”的第 4 帧和第 92 帧，将其转换为“关键帧”。选择“图层 2”的第 4 帧，将眼睛向下向右移动一点，然后选择第 89 帧，将其转换为“关键帧”。选择“图层 2”的第 7 帧，将眼睛向上向右移动一点，如图 5-47 所示，然后选择第 33 帧、第 67 帧和第 75 帧，将其转换为“关键帧”。选择“图层 2”的第 29 帧、第 63 帧和第 71 帧，将其转换为“空白关键帧”，空白关键帧让眼睛有眨动的效果。这个制作过程是有先后次序的，这样可以避免调节相同效果的帧重复制作。

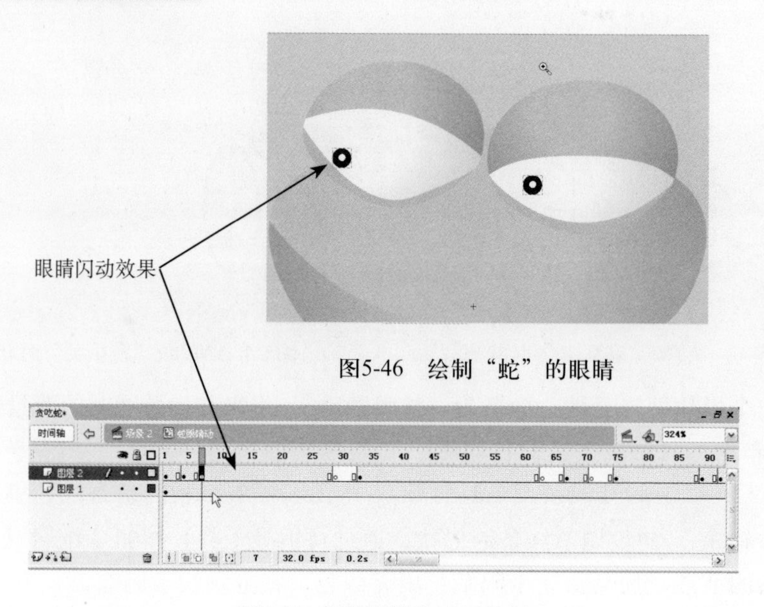

图5-46 绘制“蛇”的眼睛

图5-47 制作眼睛的动画效果

3．新建一个影片剪辑元件，命名为“蛇走动”，绘制“蛇”走动的两个形态，作为下面的“蛇进入”影片剪辑元件的素材。

单击工具栏中的【椭圆工具】按钮，设置笔触颜色为“黑色”，填充色为无，绘制一个椭圆。

单击工具栏中的【线条工具】按钮，绘制直线，如图 5-48 所示。

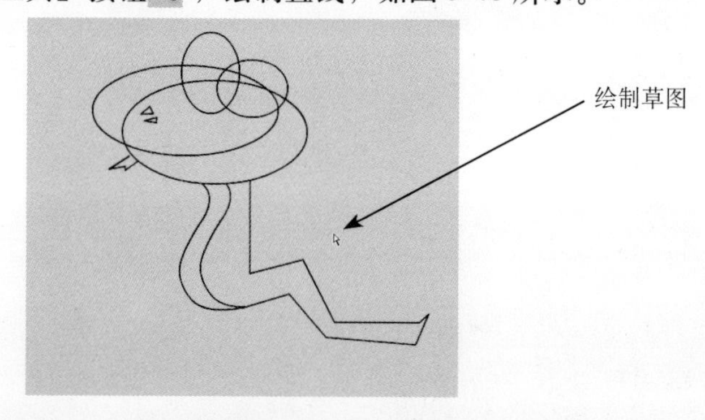

图5-48 用【椭圆工具】按钮和【线条工具】按钮草绘“蛇”

提示：绘制草图的方法有很多种，可根据每人对flash绘图理解的不同，选择自己熟悉的绘图方法。

单击部分工具栏中的【选择工具】按钮，初步调节线条的形状，通过【钢笔工具】按钮配合【部分选取工具】按钮调节线条的节点，使其像一条可爱的蛇。然后对其填充颜色，将笔触线条删除，“蛇走动”的第 1 帧就做好了，如图 5-49 所示。

选择第 11 帧，按 F5 键，插入关键帧。选择第 6 帧，将其转换为关键帧，通过【钢笔工具】按钮配合【部分选取工具】按钮调节线条的节点，让折叠的“蛇”身体展开些，如图 5-50 所示。

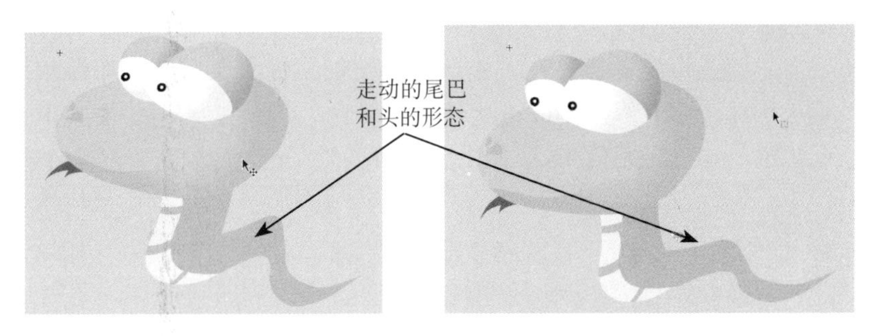

图5-49“蛇走动”的第1帧　　图5-50“蛇走动”的第6帧

4．新建一个影片剪辑元件，命名为“蛇进入”，用来作为从开始界面到进入游戏场景时的动画效果。

在“图层 1”的上方新建一个命名为“图层 2”的图层，做遮罩层。选择“图层 2”的第 1 帧，绘制一个大小为 400×280 像素的矩形。选择“图层 1”图层的第 1 帧，将【库】面板中的“蛇走动”影片剪辑元件拖入舞台，调节影片剪辑元件的位置，使“蛇”的鼻子刚好被矩形盖住。选择“图层 2”图层，将其转换为遮罩层，这样遮罩层下方的内容就被显现出来了。

解除锁定所有图层。选择两个图层的第 61 帧，按 F5 键，插入关键帧。选择“图层 1”图层的第 21 帧，按 F6 键，插入关键帧，将“蛇走动”影片剪辑元件向左移动一些；选择第 41 帧，按 F6 键，插入关键帧，再将影片剪辑元件向左移动一些。使两个帧上的“蛇”的位置均匀，这样在播放时“蛇”就有一种自然走进来的效果。将第 61 帧转换为关键帧，将【库】面板中的“蛇眼睛动”影片剪辑元件拖入到“蛇走动”影片剪辑元件的位置。将“蛇走动”影片剪辑元件删除，在帧上添加动作脚本代码。

```
stop();
```

5．新建一个按钮元件，命名为“按钮”，用来作为通用按钮元件。

单击工具栏中的【矩形工具】按钮，设置笔触颜色为无，填充色为绿色，绘制一个矩形。

6．回到“场景 2”中，在【时间轴】面板上，从下到上依次新建“背景”、“蛇动画”、“文本”、“游戏”和“as”5 个图层。

在【时间轴】面板上选中“背景”图层的第 1 帧，将【库】面板中的“背景”图形元件拖入舞台。选择【窗口】→【对齐】命令，打开【对齐】面板，单击【相对于舞台】按钮，将“背景”图形元件放置到场景的中心。将【库】面板中的“小喇叭”影片剪辑元件拖入到舞台的左下方，设置实例名为“SoundCtr”。将【库】面板中的“按钮”按钮元件拖入到舞台的小喇叭上方，调整其大小，设置“alpha”值为“0%”，在按钮上添加如下动作脚本代码。

```
on (release) {
SoundCtr.play();
}
```

单击工具栏中的【文本工具】按钮 A，设置字体为宋体，字号大小为“16”，字体颜色为“绿色”，格式为斜体加粗，右对齐。在小喇叭的后面输入文字“休闲时间”。

选择第 2 帧，按 F5 键，插入关键帧。

在【时间轴】面板上选中“蛇动画”图层的第 1 帧，将【库】面板中的“蛇眼睛动”影片剪辑元件拖入到舞台正中心。选择“蛇动画”图层的第 2 帧，按 F7 键，插入空白关键帧，将【库】面板中的“蛇进入”影片剪辑元件拖入到舞台的左上角，使其与边框对齐。

选择“文本”图层的第 1 帧，单击工具栏中的【文本工具】按钮 A，设置字体为宋体，字号大小为 16，字体颜色为浅黄色。在“蛇”的鼻尖处，输入文字“开始游戏”。

将【库】面板中的“按钮”影片剪辑元件拖入舞台，调节其大小，使其正好盖住“开始游戏”文本框，调节“alpha”的值为“0%”，在 " 按钮 " 元件上添加如下动作脚本代码。

```
on (release) {
play();
}
```

将【库】面板中的“标题”影片剪辑元件拖入舞台上方的中心位置，如图 5-51 所示。

选择“文本”图层的第 2 帧，将【库】面板中的“标题”影片剪辑元件拖入舞台上方偏左的位置，如图 5-52 所示。

图5-51“文本”图层的第1帧布置

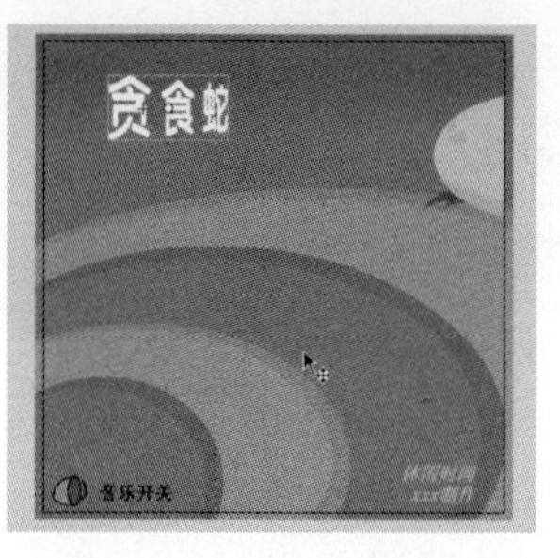

图5-52“文本”图层的第2帧布置

7．选择“as”图层的第 1 帧，在帧上添加如下动作脚本代码。

```
stop();
fscommand("allowscale", "false");
fscommand("showmenu", "false");
music=new Sound()
music.attachSound("music");
music.stop();
music.start(0,10000) ;
musicstart=true;
```

选择“as”图层的第 2 帧，按 F7 键，插入空白关键帧，在帧上添加如下动作脚本代码。

```
stop();
```

在【属性】面板的“声音”下拉菜单中选择“tnd.mp3”，这样在进入第 2 帧时便会播放这个声音了。到这里，场景的布置便完成了。

❺游戏主体制作。

在时间轴上，游戏的主体可分为“初始化”、“help”、“stop”、“start”、“play”、“pause”和“over”几个部分。

1．新建一个影片剪辑元件，命名为“主体”，在这个影片剪辑中放置游戏的所有元件，以及除按键信息捕获和处理外的所有程序。

在【时间轴】面板上，从下到上依次新建“图层 1”、“图层 2”、“图层 3”、“图层 4”和“图层 5”5 个图层。选择“图层 5”图层的第 1 帧到第 7 帧，按 F7 键，插入空白关键帧。将这 7 帧的帧标签分别设置为“初始化”、“help”、“stop”、“star”、“play”、“pause”和“over”。

在【时间轴】面板上选中“图层 1”图层的第 1 帧，绘制游戏的框架。设计“蛇”身的每一格为 8×8 像素，背景设计为 20×20 格的背景大小，可以计算出游戏内部框架大小为 160×160 像素。

单击工具栏中的【矩形工具】按钮，设置笔触颜色为无，填充色为蓝色，绘制一个矩形，作为边框。选择矩形，在【属性】面板中设置大小为 176×176 像素，起始位置为“x = − 8，y = − 8”。再调节填充色为白色，绘制一个矩形，在【属性】面板中设置大小为 160×160 像素，起始位置为“x = 0，y = 0”。

在边框外面用【矩形工具】按钮绘制一些按钮的背景，为了不使框架显得呆板，可选择带边角半径的矩形。绘制好的框架如图 5-53 所示。

图5-53 绘制好的游戏框架

单击工具栏中的【文本工具】按钮 A，设置字体为宋体，字体大小为 12，字体颜色为白色。在框架上面靠左的蓝色框内，添加一静态文本，输入文字为“速度:”。

在紧靠着该静态文本右边添加一动态文本，输入文字为“4”，设置变量名为“rate”。在框架上面靠右的蓝色框内，添加一动态文本，输入文字为“得分:”。

在紧靠着该静态文本右边添加一个动态文本，设置变量名为“score”。在框架下面靠右的蓝色小框内，输入文字“？”。

将【库】面板中的“按钮”元件拖入舞台到“？”文本框上方，调整其大小，并设置“alpha”值为“0%”，在按钮上添加如下动作脚本代码。

```
on (release) {
clearInterval(Interval);
game="stop";
gotoandstop("help")
}
```

在【时间轴】面板上选中“图层 1”图层的第 7 帧，按 F5 键，插入关键帧。

2．新建一个影片剪辑元件，命名为“窗口”，通过程序实现“蛇”身体在这个影片剪辑元件中的绘制。

在【时间轴】面板上选中“图层 2”图层的第 3 帧，按 F7 键，插入空白关键帧。将【库】面板中的“egg”和“窗口”影片剪辑元件拖入舞台的任意位置。设置“窗口”影片剪辑元件的起始位置“x = 0，y = 0”。

在【时间轴】面板上选中“图层 2”图层的第 7 帧，按 F5 键，插入关键帧。

在【时间轴】面板上选中“图层 3”图层的第 2 帧，按 F7 键，插入空白关键帧。将【库】面板中的“蛇身 1”、“蛇身 2”、“蛇身 3”和“蛇身 4”影片剪辑元件拖入框架左边的白色框内，依次往下排开。

同时选择这 4 个影片剪辑元件，单击鼠标右键，将其转换为“蛇身选择”影片剪辑元件。双击编辑“蛇身选择”影片剪辑元件。

在【时间轴】面板上选中“图层 1”图层的第 1 帧，将【库】面板中的“按钮”元件拖入 4 个到舞台上，并调整好大小，使之分别盖住 4 个“蛇”身的影片剪辑元件，设置“alpha”值为“0%”。选择第 4 帧，按 F5 键，插入关键帧。

在“图层 1”的上方新建一个名为“图层 2”的图层。将【库】面板中的“箭头”影片剪辑元件拖入舞台“蛇身 1”影片剪辑的左边，让箭头指向“蛇身 1”。选择第 2 帧、第 3 帧和第 4 帧，按 F6 键，插入关键帧。将第 2 帧处的箭头指向“蛇身 2”；将第 3 帧处的箭头指向“蛇身 3”；将第 4 帧处的箭头指向“蛇身 4”。

在“图层 1”图层的第 1 帧上，添加如下动作脚本代码。

```
stop（）；
```

在 4 个“按钮”按钮元件上，从上到下，依次为在“蛇身 1”上的按钮元件添加如下动作脚本代码。

```
on (release){
_parent.snakebody = "snake1";
gotoandstop(1);
}
```

为在“蛇身 2”上的按钮添加如下动作脚本代码。

```
on (release){
_parent.snakebody = "snake2";
gotoandstop(2);
}
```

为在“蛇身 3”上的按钮添加如下动作脚本代码。

```
on (release){
_parent.snakebody = "snake3";
gotoandstop(3);
}
```

为在“蛇身 4”上的按钮添加如下动作脚本代码。

```
on (release){
_parent.snakebody = "snake4";
gotoandstop(4);
}
```

回到“主体”影片剪辑元件，在【时间轴】面板上选中“图层 3”图层的第 2 帧，将【库】面板中的“play”按钮元件拖入舞台下方靠左的蓝色框中。选择“play”按钮元件，添加如下动作脚本代码。

```
on (release) {
enter();
}
```

在【时间轴】面板上选中“图层 3”图层的第 2 帧。单击工具栏中的【文本工具】按钮 A ，设置字体为宋体，字号大小为 12，字体颜色为白色，在“rate”动态文本框后，输入文字“+ −”。

将【库】面板中的“按钮”按钮元件拖入两个到舞台中，并调整好大小，使之分别盖住 4 个加号“+”和减号“−”，设置“alpha”值为“20%”。

选择在加号“+”上的按钮，添加如下动作脚本代码。

```
on (release) {
if (speed<maxspeed) {
    speed ++;
    rate = speed
}
}
```

选择在减号“−”上的按钮，添加如下动作脚本代码。

```
on (release) {
if (speed>1) {
    speed --;
    rate = speed
}
}
```

在【时间轴】面板上选中“图层 3”图层的第 6 帧和第 7 帧，按 F6 键，插入关键帧。选择第 6 帧，将“蛇身选择”影片剪辑元件删除。

3．在【时间轴】面板上选中“图层 3”图层的第 4 帧，按 F7 键，插入空白关键帧。将步骤 3【库】面板中的“stop”按钮元件拖入舞台下方靠左的蓝色框中。

选择“stop”按钮元件，添加如下动作脚本代码。

```
on (release) {
clearInterval(Interval);
game="stop";
gotoandstop("stop");
}
```

在【时间轴】面板上选中“图层 4”图层的第 2 帧，按 F7 键，插入空白关键帧。

单击工具栏中的【文本工具】按钮 A ，设置字体为宋体，字号大小为 12，字体颜色为黑色。绘制静态文本框，并输入文字。设置标题“贪吃蛇”字号大小为“17”，字体格式为粗体，如图 5-54 所示。

图5-54 帮助界面的制作

通过帮助文本，可指导玩家如何游戏。

在【时间轴】面板上选中“图层 4”图层的第 3 帧和第 6 帧，按 F7 键，插入空白关键帧。

在【时间轴】面板上选中“图层 4”图层的第 6 帧，单击工具栏中的【文本工具】按钮 A，设置字体为宋体，字号大小为 12，字体颜色为黑色。绘制静态文本框，输入文字如图 5-55 所示。

在【时间轴】面板上选中“图层 4”图层的第 3 帧和第 7 帧，按 F7 键，插入空白关键帧。将【库】面板中的“结束”影片剪辑元件拖入舞台，设置起始位置为“x = 60，y = 20”，如图 5-56 所示。

图5-55 暂停界面的制作

图5-56 游戏结束界面的布置

新建一个影片剪辑元件，命名为“蛇身选择”，通过这个元件选择不同的蛇身。

❻主要动作脚本代码的编制。

在前面一些按钮的动作脚本代码和动态文本框变量的定义中，出现了“rate”、“score”、“speed”、“game”、“enter”、“snakebody”和“Interval”等字样，读者一定有些困惑。它们有些是定义的函数，有些是定义的变量，但是它们都是定义在"主体"外围的按钮和文本框上，因此不难理解它们都是为程序本体输入输出服务的。在下面的程序编制中，大家就会明白它们的具体含义了。

在【时间轴】面板上选中“图层 5”图层的第 1 帧，它的帧标签为“初始化”。在这一帧上定义变量和函数，并进行初始化。这在整个“贪吃蛇 .swf”运行过程中只执行一次。在第 1 帧上添加如下动作脚本代码。

```
// 初始化程序
walks=new Sound();
walks.attachSound("walks");
die=new Sound();
die.attachSound("die");
eat=new Sound();
eat.attachSound("eat");
snakebody="snake1";
game="stop";
keyon=true;
startlong = 7;
maxspeed=10;
speed = 4;
time=new Array(0,1000,800,600,400,250,175,100,75,50,30)
rate = speed;
```

```
// 实现 " 蛇 " 走动函数
function walk() {
    x = x+x1;
    y = y+y1;
    if (x<0 or x>19 or y<0 or y>19) {    // 如果撞到边框
            gotoAndStop("over");
    } else if (map[x][y] == 2) {   // 如果没撞到边框，吃到 egg
            eat.start();
            body(x, y);
            egg();
            long++;
            score=score+speed;
            } else {            // 如果没撞到边框，没吃到 egg
                    map[snake[0]._x/8][snake[0]._y/8] = 0;
                    if (map[x][y] == 1) {  // 如果没撞到边框，没吃到 egg, 却撞到自己
                    snake.push(snake[0]);
snake.shift(0);
                            snake[long-1]._x = x*8;
                            snake[long-1]._y = y*8;
                            map[x][y] = 1;
                            walks.start();
                    }
            }
}
// 随机布置 " 蛋 "
function egg() {
    var x2, y2;
    x2 = random(20);
    y2 = random(20);
    while (map[x2][y2] == 1) {
            x2 = random(20);
            y2 = random(20);
    }
    map[x2][y2] = 2;
    egg2._x = x2*8;
    egg2._y = y2*8;
}
// 在屏幕上 " 蛇 " 身的形成函数
function body(x3, y3) {
```

```
    window.attachMovie(snakebody, "snake"+long, long);
    temp=eval("window.snake"+ long)
    temp._x=x3*8;
    temp._y=y3*8;
    snake.push(temp);
    map[x3][y3] = 1;
}
//Enter 键控制程序
function enter(){
    if(game=="stop"){
            stopallsound()
            gotoandplay("start");
}else if(game=="pause"){
            game="start";
            gotoandplay("play");
}else if(game=="start"){
            game="pause";
            gotoandplay("pause")
}
}
// 清除屏幕
function clear(){
if (long>startlong) {
            for (i=0; i<=long; i++) {
                    snake[i].removeMovieClip();
}
    }
}
// 游戏中 " 蛇 " 的速度控制
function timestart(){
clearInterval(Interval);
Interval=setInterval(walk,time[speed],x1,y1);
}
```

提示：在第1帧的动作脚本代码中，语句“walks=new Sound();”的作用是将变量“walks”初始化为一个声音对象。

语句“walks.attachSound("walks");”将在参数中指定的库中的声音文件“walks”附加到程序中的变量“walks”中。通过调用walks.start()才能开始播放此声音。而库中的声音文件“walks”必须已经在"链接属性"对话框中指定为导出。“die”和“eat”的定义和用法同上。

数组“map”将在游戏开始并第一次调用“walk()”函数前被定义。在前面分析游戏的时候，提到了控制“蛇”走动的函数，这里的“walk()”函数便实现上面所分析的功能。语句“snake.push(snake[0]);”将“蛇”身最后面的一格复制到最前面，语句“snake.shift(snake[0]);”将“蛇”身最后一格删除，实现了“蛇”的向前走动。

函数“enter()”实现当按下Enter键后，对游戏状态的控制。字符串变量“game”记录的是当前游戏状态。

函数“clear()”实现对在函数“body()”中复制产生的影片剪辑元件进行删除。函数“timestart()”控制调用函数“walk()”。时间间隔可以用 setInterval 命令来创建，并用 clearInterval 命令来终止。setInterval动作的作用是在播放动画时，每隔一定时间就调用函数、方法或对象。可以使用本动作更新来自数据库的变量或更新时间显示。setInterval动作的默认语法格式如下：

setInterval(function,interval[,arg1,arg2z...argn])

其中的参数function是一个函数名或者一个对匿名函数的引用。interval制定对function调用两次之间的时间间隔，单位是毫秒。后面的arg1参数等是可选参数，用于制定传递给function的参数。若setInterval设置的时间间隔小于动画帧速（如每秒10帧，相当于100毫秒），则按照尽可能接近interval的时间间隔调用函数。在函数“timestart()”中，“x1,y1”是传递给函数“walk()”的蛇走动方向，以每“time[speed]”毫秒的时间运行函数“walk()”一次。

在【时间轴】面板上，选中“图层 5”图层的第 2 帧，它的帧标签为“help”，在帧上添加如下动作脚本代码。

```
stop ()；
```

在【时间轴】面板上，选中“图层 5”图层的第 3 帧，它的帧标签为“stop”，在帧上添加如下动作脚本代码。

```
stop ()；
```

在【时间轴】面板上，选中“图层 5”图层的第 4 帧，它的帧标签为“start”，在帧上添加如下动作脚本代码。

```
score=0;
x = startlong-1;
y = 0;
x1 = 1;
y1 = 0;
map = new Array();
for (i=0; i<20; i++) {
    map[i] = new Array(20);
}
snake = new Array();
x = startlong-1;
y = 0;
```

```
for (var long = 0; long<startlong; long++) {
    body(long, 0);        // 通过调用 "body（）" 函数在屏幕上初始化 " 蛇 " 身
}
egg();
game="start";
```

上面的动作脚本代码对数组“map”和“snake”进行了声明。规定并形成“蛇”身在第一行的左端为起始位置，向右运动为起始方向。

在【时间轴】面板上选中“图层 5”图层的第 5 帧，它的帧标签为“play”，在帧上添加如下动作脚本代码。

```
stop（）;
timestart();
```

在【时间轴】面板上选中“图层 5”图层的第 6 帧，它的帧标签为“pause”，在帧上添加如下动作脚本代码。

```
clearInterval(Interval);
game="pause";
stop（）;
```

在【时间轴】面板上选中“图层 5”图层的第 7 帧，它的帧标签为“over”，在帧上添加如下动作脚本代码。

```
stop();
clearInterval(Interval);
game="stop";
die.start();
```

新建一个图形元件，命名为“游戏”，将“主体”影片剪辑元件拖入舞台。选择“主体”影片剪辑，添加如下动作脚本代码。

```
onClipEvent(keyDown){
    temp=Key.getCode();
            // 如果不允许按键
if(!keyon){;}
// 如果允许按键
// 游戏停止时可键盘调节速度
else if(game=="stop" and (temp==189 or temp==109)){
            if (speed>1) {
            speed--;
            rate = speed;}}
    else if (game=="stop" and (temp==107 or temp==187)) {
            if (speed<maxspeed) {
            speed ++;
            rate =speed;}
```

```
// 按任意键开始或者继续
}else if(game!="start"){
enter();
// 按回车键
}else if(temp==Key.ENTER){
        enter();
// 按方向键
}else if (temp == Key.DOWN and y1>=0) {
                    x1=0;
        y1 = 1;
        walk();
        timestart()
}else if (temp  == Key.UP and y1<=0) {
        x1=0;
        y1 = -1;
        walk();
        timestart()
   }else if (temp  == Key.LEFT and x1<=0) {
        y1=0;
        x1 = -1;
        walk();
        timestart()
   }else if (temp  == Key.RIGHT and x1>=0) {
        y1=0;
        x1 = 1;
        walk();
        timestart()
   }
}
```

在上面的动作脚本代码中，实现了对键盘按键信息的捕获，并进行处理。

语句“temp=Key.getCode();”将键盘信息存入到变量“temp”中。在影片剪辑上输入动作脚本代码，不受影片剪辑本身播放的影响。而且变量和函数定义在同一级别上，它们可直接互相调用，简化了编程过程，提高了编程效率。

返回“场景 2”，选择“游戏”图层的第 2 帧，按 F7 键，插入空白关键帧。将【库】面板中的“游戏”图形元件拖入到舞台的适当位置，如图 5-57 所示。

图5-57 将“游戏”图形元件拖入舞台

到此，整个“贪吃蛇”游戏制作完成了。

5.3.3 同类索引——五子棋

“五子棋”游戏，相信大家并不陌生，而且可能下得很好。但是亲手制作会下五子棋的flash动画，就不是下棋这么简单了，本例的设计参考了大量的网上资料。在这个游戏中用到的算法不是最佳的，但是若用同样的算法嵌套运行几次，就能得到很理想的效果，不过电脑的运行量将以次方倍增长。

首先分析游戏的规则是“只要一颗棋子在某一条线上成5颗就为赢家”，那么在下棋前程序要分别判断对于电脑和对于玩家，每个空棋格位置在每条线上赢的最优性，并分别选出“最优”空棋格位置。如果两个位置中，对于电脑赢的可能性大就下在该空棋格位置，如果对于玩家赢的可能性大时，抢占玩家的“最优”的空棋格位置。

需要注意的是：一个空棋格位置有8个方向，在统计该棋格位置的最优性时，要考虑到在两个对称方向的贡献是一致的，应该放在一起考虑。计算该棋格位置在某一对称方向上两边延展，当有一头被其他颜色的棋子堵住或者到达边界时，那么该棋格位置的最优性将大打折扣。6颗棋子在一条线上不算胜利。

计算棋盘程序段可以说是电脑“会思考的”最根本所在，通过它对每一个格子的计算，标记出该点位置分别相对白棋和黑棋的优劣程度，并通过比较对方棋子最优点来决定是否抢占该位置。

下面通过图5-58所示简单理解一下程序的设计思想。

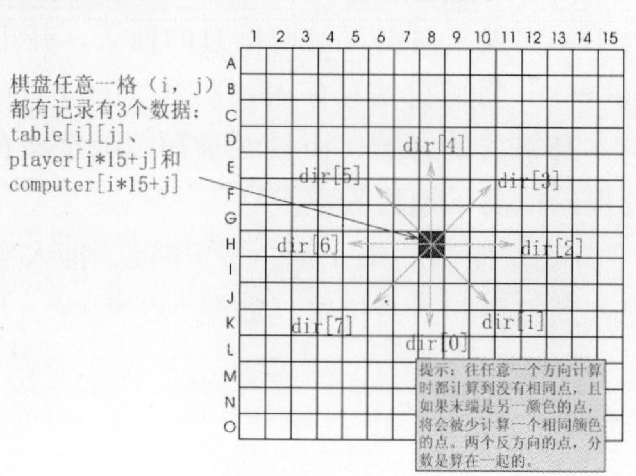

图5-58 程序设计思想

定义二维数组“table”用来标记棋盘中棋子的分布，定义数组“computer”和“player”用来放置电脑和玩家棋格位置的最优性数组。“绘制按钮”程序段在每个棋格位置上放置按钮。定义数组“dir”标记8个方向。程序实现计算棋盘上空棋格位置在4对对称方向上的最优性，每一空棋格位置在4对对称方向上的最优性记录在“_root.computer[j*15+i][k]”中，其中，i，j代表该棋格位置列和行的位置，k代表了4对对称方向中的某一个。对电脑的记录，每一空棋格位置在4对对称方向上的最优性记录在“_root.player[j*15+i][k]”中，其中，i，j代表该棋格位置列和行的位置，k代表了4对对称方向中的某一个，每两个对称方向的最优性记录在一起。其中变量“score”记录当前棋格方向的最优数值，初始值为5。当棋格位置存在棋子时，将变量“score”赋值为0，并将赋值给棋子的4个对称方向的最优数值；当棋盘位置为空棋格时，并在当前方向上的下一个棋子存在且为己方的棋子时，将“score”翻倍，当下一棋子为对方的时，将“score”减半，最后将“score”赋值给棋子的4个对称方向的最优数值。

“五子棋”游戏程序的设计流程图如图5-59所示。

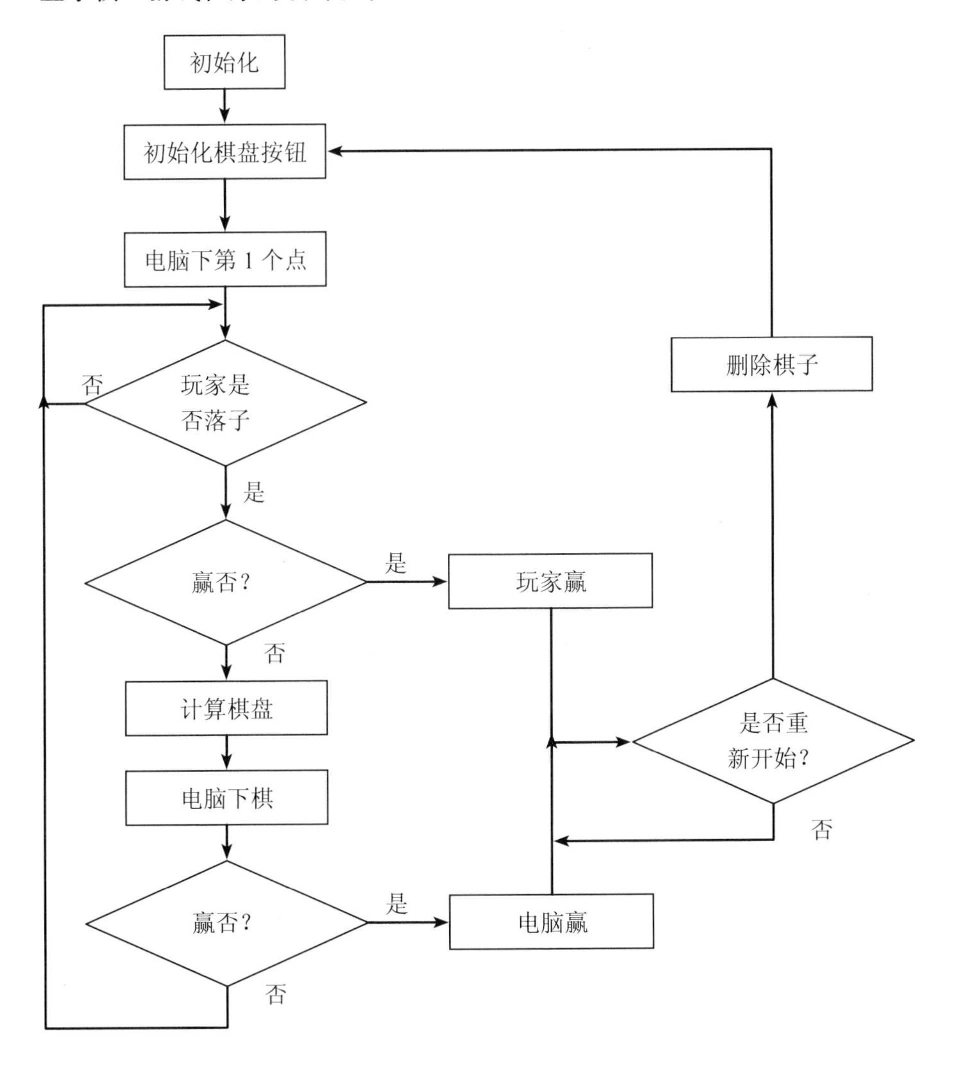

图5-59“五子棋”游戏程序流程图

“五子棋”效果如图 5-60 所示。

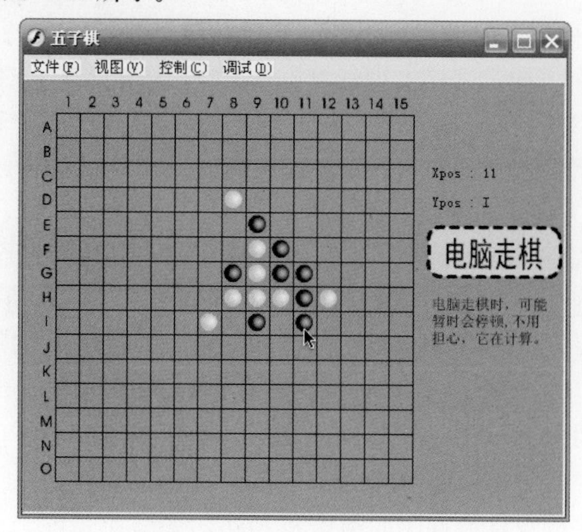

图5-60“五子棋”游戏效果

● 制作步骤

新建一个 Flash 文档，命名为“五子棋 .fla”。

❶设置文档属性，导入外部元件。

选择【修改】→【文档】菜单命令，打开【文档属性】对话框，将其属性设置为“宽：450px，高：350px”，背景颜色为黄色（# FF9900），播放速度为每秒 24 帧，标尺单位为像素。

打开外部库“五子棋元件 .Fla”文件，将我们准备好的按钮和影片剪辑拖入到库中，如图 5-61 所示。关闭外部库。

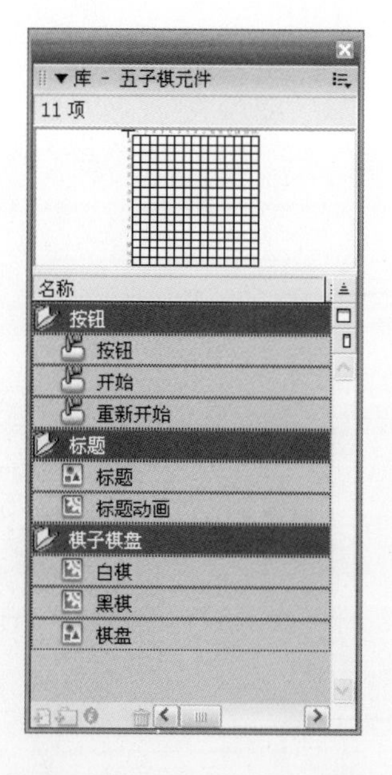

图5-61 将外部元件导入到库

提示：在“五子棋元件”中包含了棋盘、棋子标题和几个按钮元件。通过绘制棋盘的方法与前一个游戏的方法类似，感兴趣的读者可以自己绘制一个棋盘。

在【时间轴】面板上，从下到上依次新建“棋盘”、“棋子按钮”、“文本”、“动作”和“as”5个图层。

❷布置棋盘。

选择“棋盘”图层的第10帧，按F7键，插入空白关键帧，从【库】面板中将“棋盘”图形元件拖入舞台中，设置起始位置为“x = 13.2，y = 11.6”，如图5-62所示。如果不是这个起始位置，在程序中修改棋子和按钮的偏移量也可以。

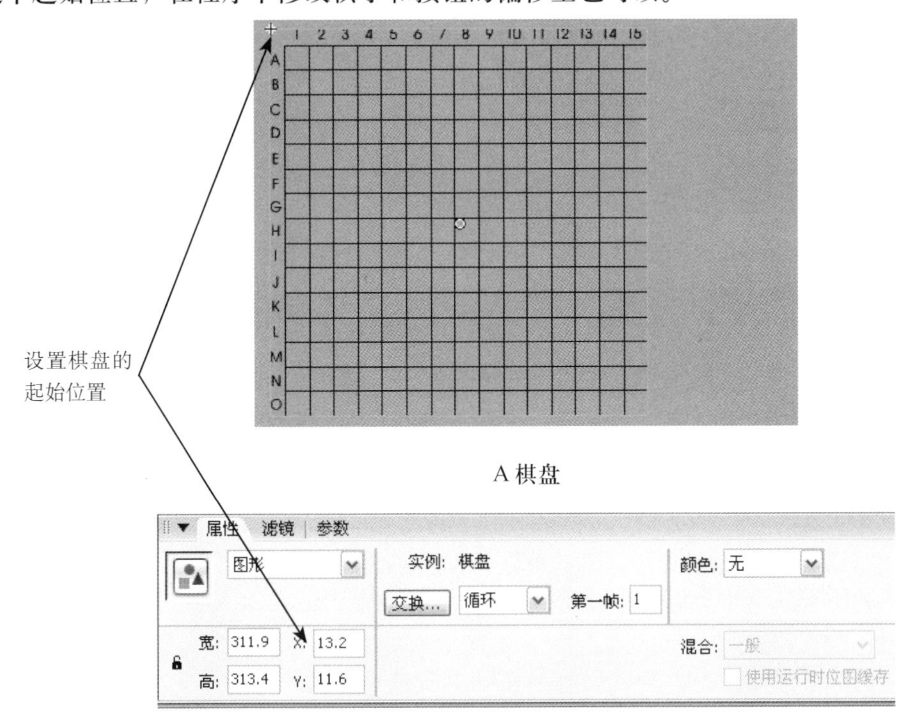

A 棋盘

B 棋盘属性文档

图5-62 棋盘的放置

❸制作放置棋子和按钮元件。

新建一个影片剪辑元件，命名为“棋盘按钮”，将“按钮”元件拖入舞台中心。在按钮上添加如下动作脚本代码。

```
on (release) {
    if (_root.playnow == "player") {
            // 获得点击位置
            _root.xpos = (int(this._x +0.5) - 15)/20 - 1;
            _root.ypos = (int(this._y +0.5) - 15)/20 - 1;
// 显示位置
            temp = (int(this._x +0.5) - 15)/20;
            _root.display = "Xpos : " + temp;
            temp = (int(this._y +0.5) - 15)/20;
            temp = chr ( temp + 64);
```

```
		_root.display1 = "Ypos : " + temp;
		_root.num = _root.ypos * 15 + _root.xpos;
		// 绘制棋子
		removeMovieClip("_root.b" + _root.num);
		duplicateMovieClip(_root.black, "black"+_root.num, _root.num + 300);
		setProperty("_root.black" + _root.num, _x, 34.7+_root.xpos * 20);
		setProperty("_root.black" + _root.num, _y, 34.7+_root.ypos * 20);
		_root.table[ypos][xpos] = 1;
		// 交换给电脑
		_root.playnow = "computer";
		// 赢否？
		xx = _root.xpos;
		yy = _root.ypos;
		for (k=0; k<4; k++) {
			if (_root.a_result != 6) {
				_root.a_result = 0;
				x = xx;
				y = yy;
				while ((_root.table[y][x] == 1) && (y+_root.dir[k][1] < 16)
&& (x+_root.dir[k][0] >= -1) && (x+_root.dir[k][0] < 16)
&& (y+_root.dir[k][1] >= -1)) {
					x = x + _root.dir[k][0];
					y = y + _root.dir[k][1];
					_root.a_result = _root.a_result+1;
				}
				x = xx;
				y = yy;
				while((_root.table[y][x]==1)&&(y+_root.dir[k+4][1]<16)
&& (x+_root.dir[k+4][0] >= -1) && (x+_root.dir[k+4][0] < 16)
&& (y+_root.dir[k+4][1] >= -1)) {
					x = x + _root.dir[k+4][0];
					y = y + _root.dir[k+4][1];
					_root.a_result = _root.a_result+1;
			}
				if (_root.a_result == 6) {
					_root.playnow = "nobody";
				}
			}
		}
```

```
// 游戏结束
            if (_root.playnow =="nobody") {
                    _root.gameover.gotoAndPlay(3);
            }
    }
    // 交给电脑运行
    if (_root.playnow =="computer") {
            _root.computerrun.gotoAndPlay(5);
    }
}
```

提示：初始化程序，定义二维数组“table”，用来标记棋盘中棋子的分布，定义数组“computer”和“player”，用来放置电脑和玩家棋格位置最优性数组。在“绘制按钮”程序段的每个棋格位置上放置按钮。定义数组“dir”，标记8个方向。在棋盘中间下一个棋子，并将下棋权交给玩家。

在单击按钮之后，执行上面的程序。程序实现在棋盘上绘制玩家的棋子和判断玩家是否胜利的功能。如果没有，则将下棋权交给电脑。在绘制棋子程序段中，先通过“removeMovieClip("_root.b" + _root.num);”删除棋格上面的按钮，再通过“duplicateMovieClip(_root.black, "black"+_root.num, _root.num + 300);”绘制一枚黑棋，并在下面的语句中调整位置。

返回到场景1中，在【时间轴】面板上选中“按钮棋子”图层的第1帧，从【库】面板中将“白棋”、“黑棋”和“棋盘按钮”影片剪辑元件拖入场景下方、舞台外面的位置，如图5-63所示。分别设置实例名为“white”、“black”和“b”。

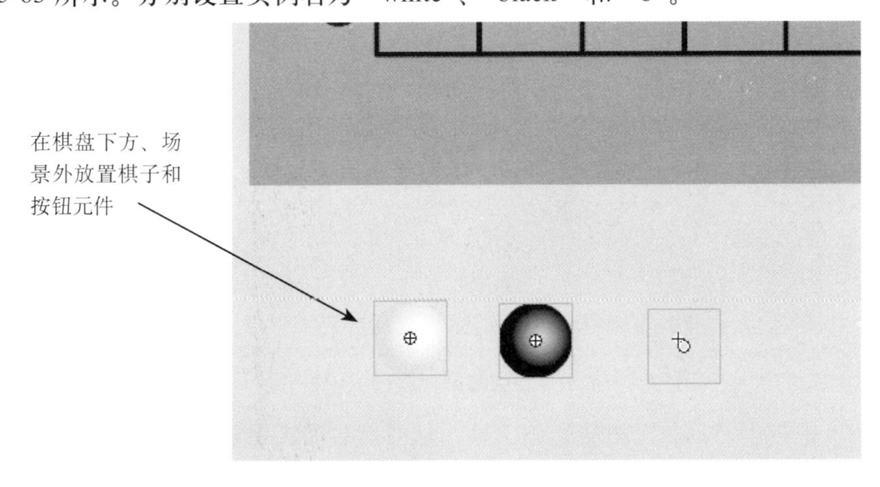

图5-63 棋子和按钮的放置

❹制作loading界面和欢迎界面。

在【时间轴】面板上选中“文本”图层的第1帧，单击工具栏中的【文本工具】按钮A，置字体大小为“12”，字体颜色为“黑色”，在舞台的下方绘制静态文本框，输入文字如图 5-64 所示。

在【时间轴】面板上选中“文本”图层的第 7 帧，插入空白关键帧。从【库】面板中将“开始”按钮元件拖入舞台，如图 5-65 所示。

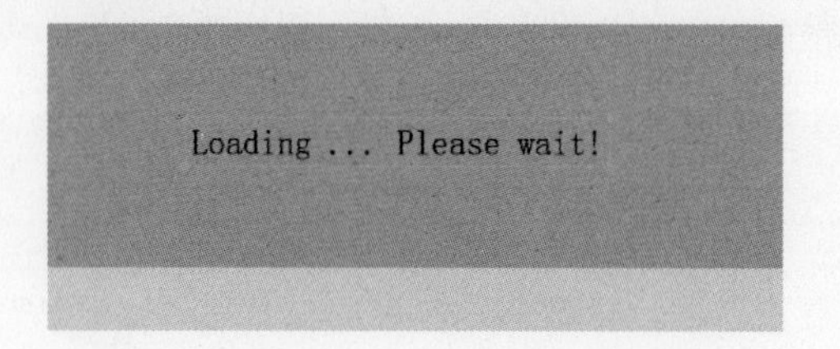

图5-64 “文本”图层的第1帧

图5-65 “文本”图层的第7帧

选择“开始”按钮，在按钮上添加如下动作脚本代码。

```
on (release) {
gotoAndPlay("run");
}
```

在【时间轴】面板上选中“文本”图层的第 10 帧，插入空白关键帧。单击工具栏中的【文本工具】按钮 A，设置字体大小为“12”，字体颜色为“红色”，在棋盘的右边绘制静态文本框，输入文字如图 5-66 所示。

在该静态文本框上方，绘制两个长条的动态文本框。上方的文本框变量设置为 display，下方的文本框变量设置为 display1。用来显示刚下的棋在棋盘中的位置。

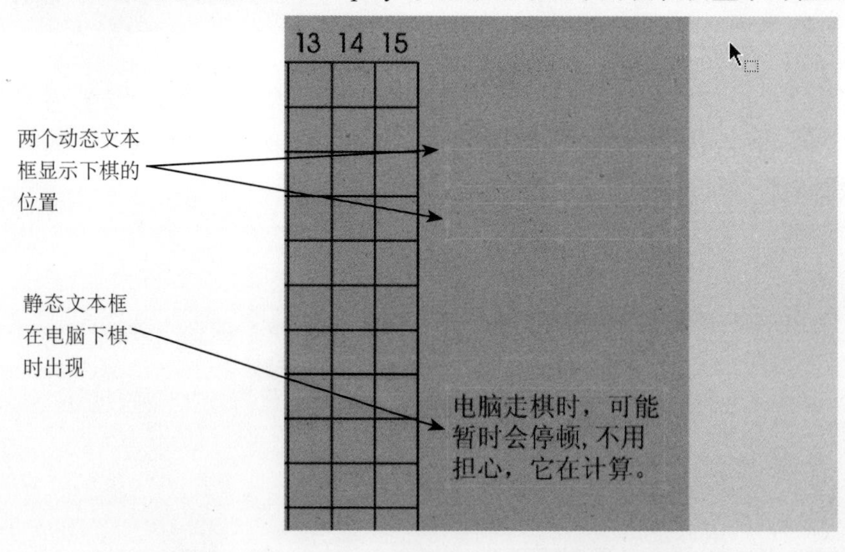

图5-66 “文本”图层的第10帧

在【时间轴】面板上选中“动作”图层的第 1 帧，从【库】面板中将“标题”影片剪辑元件拖入舞台中心偏上的位置。

❺制作“电脑走棋”元件。

新建一个影片剪辑元件，命名为“电脑走棋”，用来显示当前是谁在下棋，并在电脑走棋时计算并下棋。选择第 5 帧，按 F6 键，插入关键帧。选择第 10 帧，按 F5 键，插入关键帧。

在第 1 帧上绘制图形，如图 5-67 所示，在第 5 帧上绘制图形，如图 5-68 所示。

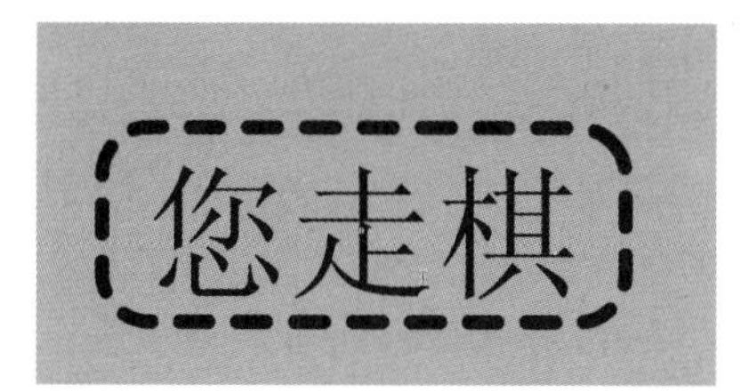

图5-67“电脑走棋”元件的第1帧

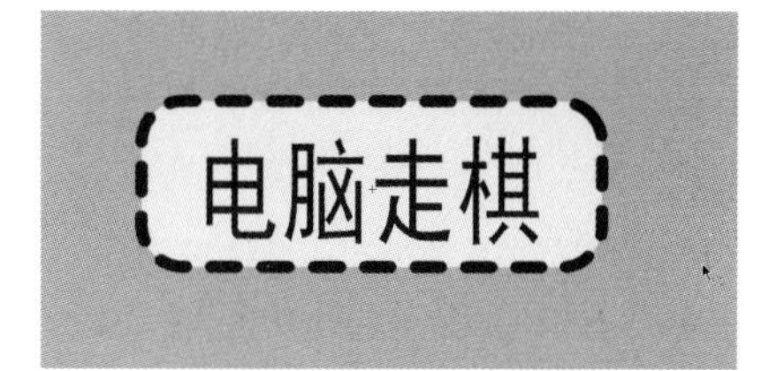

图5-68“电脑走棋”元件的第5帧

在“图层 1”的上方新建一个名为“as”的图层。选择第 1 帧、第 5 帧和第 8 帧，转换为空白关键帧。选择第 1 帧，在帧上添加如下动作脚本代码。

```
stop（）；
```

选择第 8 帧，在帧上添加如下动作脚本代码。

```
if (_root.playnow == "computer") {
    // 计算棋盘
    _root.func.makelist("white");
    _root.func.makelist("black");
    // 寻找最佳位置
    max_computer = 0;
    max_player = 0;
    k = 0;
    for (j=0; j<15; j++) {
            for (i=0; i<15; i++) {
                    for (k=0; k<4; k++) {
                            if (_root.computer[j*15+i][k] == max_computer) {
                                    rndnum = random ( 100 )  + 1;
                                    if (rndnum > 50) {
                                            max_computer = _root.computer[j*15+i][k] ;
                                            xc = i;
                                            yc = j;
                                    }
                            }
                            if (_root.computer[j*15+i][k] > max_computer) {
                                    max_computer = _root.computer[j*15+i][k] ;
                                    xc = i;
                                    yc = j;
                            }
                            if (_root.player[j*15+i][k] > max_player) {
                                    max_player = _root.player[j*15+i][k] ;
                                    xp = i;
```

```
                                        yp = j;
                              }
                    }
          }
}
if (max_computer > max_player) {
          x = xc;
          y = yc;
} else {
          x = xp;
          y = yp;
}
// 绘制棋子
num = y * 15 + x;
removeMovieClip("_root.b" + num);
duplicateMovieClip(_root.white, "white" + num, num + 300);
setProperty("_root.white" + num, _x, 34.7 + x * 20);
setProperty("_root.white" + num, _y, 34.7 + y * 20);
_root.table[y][x] = 2;
// 显示棋子位置
_root.display = "Xpos : " + (x + 1);
temp = chr ( y + 65);
_root.display1 = "Ypos : " + temp;
_root.playnow = "player";
// 赢否？
xx = x;
yy = y;
for (k=0; k<4; k++) {
          if (_root.a_result != 6) {
                    _root.a_result = 0;
                    x = xx;
                    y = yy;
                    while ((_root.table[y][x] == 2) && (y+_root.dir[k][1] < 16)
&& (x+_root.dir[k][0] >= -1) && (x+_root.dir[k][0] < 16)
&& (y+_root.dir[k][1] >= -1)) {
                              x = x + _root.dir[k][0];
                              y = y + _root.dir[k][1];
                              _root.a_result = _root.a_result+1;
                    }
```

```
                x = xx;
                y = yy;
                while ((_root.table[y][x] ==2) &&(y+_root.dir[k+4][1]< 16)
&& (x+_root.dir[k+4][0] >= -1) &&(x+_root.dir[k+4][0] < 16)
&& (y+_root.dir[k+4][1] >= -1)) {
                    x = x + _root.dir[k+4][0];
                    y = y + _root.dir[k+4][1];
                    _root.a_result = _root.a_result+1;
                }
                if (_root.a_result == 6) {
                    _root.playnow = "nobody";
                }
            }
        }
    //游戏结束！
    if (_root.playnow =="nobody") {
            _root.gameover.gotoAndPlay(2);
    }
}
```

提示：在程序中，主要对“寻找最佳位置”程序段进行介绍。对于电脑，每一空棋格位置在4对对称方向上的最优性记录在“_root.computer[j*15+i][k]”中，其中，i，j代表该棋格位置列和行的位置，k代表了4对对称方向中的某一个。对于玩家，每一空棋格位置在4对对称方向上的最优性记录在“_root.player[j*15+i][k]”中，其中i，j代表该棋格位置列和行的位置，k代表了4对对称方向中的某一个。电脑通过冒泡法选出对于电脑和对于玩家两个最优的棋格位置，并将其放置在变量“max_computer”和变量“max_player”中。比较两者，选择最优性大的位置下棋。

❻制作“游戏结束”元件。

新建一个影片剪辑元件，命名为“游戏结束”，在游戏结束的时候显示谁胜利，并弹出“重新开始”按钮。

在【时间轴】面板上选中“图层 1”图层的第 2 帧和第 4 帧，按 F7 键，插入空白关键帧。选择第 2 帧，绘制一个小的椭圆，从元件库中将“重新开始”按钮元件拖入到椭圆形的下方，在按钮元件上添加如下动作脚本代码。

```
on (release) {
gotoAndPlay(4);
}
```

在“图层 1”的上方新建一个名为“图层 2”的图层，选择第 2 帧、第 3 帧和第 4 帧，按 F7 键，插入空白关键帧。选择第 2 帧，在椭圆位置输入文字，如图 5-68 所示。

选择第 3 帧，在椭圆位置输入文字，如图 5-69 所示。

图5-68“游戏结束”元件的第2帧

图5-69“游戏结束”元件的第3帧

在“图层 2”的上方新建一个名为“as”的图层。选择第 1 帧、第 2 帧、第 3 帧和第 4 帧，转换为空白关键帧。选择第 1 帧、第 2 帧和第 3 帧，在帧上添加如下动作脚本代码。

```
stop（）；
```

选择第 4 帧，在帧上添加如下动作脚本代码。

```
for (i=0; i<=225; i++) {
    removeMovieClip("_root.black" + i);
    removeMovieClip("_root.white" +  i);
    removeMovieClip("_root.b" + i);
}
_root.gotoAndPlay("run");
```

❼制作“计算棋盘”元件。

新建一个影片剪辑元件，命名为“计算棋盘”，在游戏中电脑通过调用它来实现对棋盘上棋子的分析。

在【时间轴】面板上选中“图层 1”的第 1 帧，在帧上添加如下动作脚本代码。

```
stop();
function makelist(maker) {
    if (maker =="white") {
            color = 2;
            color_bad = 1;
    } else {
            color = 1;
            color_bad = 2;
    }
    for (i=0; i<15; i++) {
            for (j=0; j<15; j++) {
                    // 检查棋盘位置是否为空
                    // 如果不是空
                    if (_root.table[i][j] != 0) {
```

```
                        for (k=0; k<4; k++) {
                                if (maker =="white") {
                                        _root.computer[i*15+j][k] = 0;
                                } else {
                                        _root.player[i*15+j][k] = 0;
                                }
                        }
                } else {
                // 如果是空
                for (k=0; k<4; k++) {
                        x = i;
                        y = j;
                        score = 5;
                        // 检查该位置下半部分的 4 个方向
                        while ((_root.table[x+_root.dir[k][0]][y+_root.dir[k][1]]
== color)&&(x+_root.dir[k][0]<15)&&(y+_root.dir[k][1] >= 0)
&& (y+_root.dir[k][1] < 15) && (x+_root.dir[k][0] >= 0)) {
                                x = x + _root.dir[k][0];
                                y = y + _root.dir[k][1];
                                score = score * 2;
                        }
                        if ((_root.table[x+_root.dir[k][0]][y+_root.dir[k][1]]
==color_bad)&&(x+_root.dir[k][0]<15)&&(y+_root.dir[k][1]>=0)
&& (y+_root.dir[k][1] < 15) && (x+_root.dir[k][0] >= 0)) {
                                score = score / 2;
                        }
                        // 检查该位置上半部分的 4 个方向
                        x = i;
                        y = j;
                while((_root.table[x+_root.dir[k+4][0]][y+_root.dir[k+4][1]]
==color)&&(x+_root.dir[k+4][0]<15)&&(y+_root.dir[k+4][1]>= 0)
&&(y+_root.dir[k+4][1] < 15)&& (x+_root.dir[k+4][0] >= 0)){
                                x = x + _root.dir[k+4][0];
                                y = y + _root.dir[k+4][1];
                                score = score * 2;
                }
                if (score > 30) {
                                score = score * 2;
                        }
```

```
                    if ((_root.table[x+_root.dir[k+4][0]][y+_root.dir[k+4][1]]
==color_bad) && (x+_root.dir[k+4][0] < 15) &&(y+_root.dir[k+4][1] >= 0) && (y+_root.
dir[k+4][1] < 15)
&& (x+_root.dir[k+4][0] >= 0)) {
                            score = score / 2;
                        }
                        if (maker =="white") {
                            _root.computer[i*15+j][k] = score;
                        } else {
                            _root.player[i*15+j][k] = score;
                        }
                    }
                }
            }
}
}
```

提示：其中的变量“score”记录当前棋格方向的最优数值，初始值为5。当棋格位置存在棋子时，将变量“score”赋值为0，并将赋值给棋子的4个对称方向的最优数值；当棋盘位置为空棋格时，并在当前方向上的下一个棋子存在且为己方的时，将“score”翻倍；当下一棋子为对方的时，将“score”减半，最后将“score”赋值给棋子的4个对称方向的最优数值。

返回场景 1，在【时间轴】面板上选中“动作”图层的 10 帧，按 F7 键，插入空白关键帧，将“计算棋盘”、“游戏结束”和“电脑走棋”影片剪辑元件拖入舞台的相应位置。分别设置实例名为“func”“gameover”和“computerrun”。

❽添加代码。

选择“as”图层的第 1 帧、第 2 帧、第 6 帧、第 7 帧和第 10 帧，按 F7 键，插入空白关键帧。

选择第 1 帧，在帧上添加如下动作脚本代码。

```
fscommand("allowscale", "false");
```

选择第 2 帧，设置帧标签为“loading”，在帧上添加如下动作脚本代码。

```
if (_framesloaded == _totalframes) {
    gotoAndPlay("go");
}
```

选择第 6 帧，在帧上添加如下动作脚本代码。

```
gotoAndPlay("loading");
```

选择第 7 帧，设置帧标签为“go”，在帧上添加如下动作脚本代码。

```
stop（）；
```

选择第 10 帧，设置帧标签为“run”。在帧上添加如下动作脚本代码。

```
stop();
num = 0;
table = new Array();
computer = new Array();
player = new Array();
a_result = 0;
// 棋盘矩阵
for (i=0; i<15; i++) {
    table[i] = new Array(0,0,0,0,0,0,0,0,0,0,0,0,0,0,0);
}
// 电脑和玩家空棋格位置最优性数组
for (j=0; j<15; j++) {
    for (i=0; i<15; i++) {
            computer[j*15+i] = new Array(0,0,0,0);
            player[j*15+i] = new Array(0,0,0,0);
    }
}
// 绘制按钮
count = 0;
for (j=0; j<15; j++) {
    for (i=0; i<15; i++) {
            duplicateMovieClip(_root.b,"b"+count, count+30);
            setProperty("b"+count, _x, 34.7 + i * 20);
            setProperty("b"+count, _y, 34.7 + j * 20 );
            count++;
    }
}
// 8 个方向
var dir = new Array();
dir[0] = new Array(1,0);
dir[1] = new Array(1,1);
dir[2] = new Array(0,1);
dir[3] = new Array(-1,1);
dir[4] = new Array(-1,0);
dir[5] = new Array(-1,-1);
dir[6] = new Array(0,-1);
dir[7] = new Array(1,-1);
// 电脑下的第 1 个点
removeMovieClip(_root.b112);
```

```
duplicateMovieClip(_root.white, "white112", 142);
setProperty("white112", _x, 174.7);
setProperty("white112", _y, 174.7);
table[7][7] = 2;
playnow = "player";
```

到此，整个 " 五子棋 " 游戏便完成了。

范例对比

与游戏“贪吃蛇”相比，“五子棋”游戏也用到了大量的矩阵来表示方块的位置，制作也有异曲同工的地方。首先两个游戏都通过一个一维或者二维的数组将游戏区域网格化，这是许多游戏常用的制作技巧。其次两个游戏都用到了很多很复杂的脚本语言。

“贪吃蛇”游戏的关键点在于如何将“蛇身”的矩阵进行推进，而且“蛇身”矩阵在网格矩阵中如何表示也成为一个抽象的关键点。组织协调好整个程序的运行顺序是整个程序实现的重点所在。

需要指出的是，在“五子棋”游戏中，动作脚本语言成了一个计算的工具，它成了一个思想的载体，来控制游戏下棋。而在“俄罗斯方块”游戏中，动作脚本语言成了一个实现的工具，它不需要复杂的计算来和游戏者博弈，但是却要快速响应键盘动作，并判断动作的有效性以及游戏有无结束等，这就需要在动作脚本中融入这些规则，来达到游戏实现的目的。

5.4 本章小结

通过本章的学习，了解 Flash 制作游戏的方式和方法有很多种，如“贪吃蛇”和“过桥”游戏就是有优秀的游戏界面，让游戏者赏心悦目；又如“五子棋”和“俄罗斯方块”游戏，游戏界面和局势都将随游戏的变化而变化，游戏背后是大量的动作脚本的运行和计算。Flash 制作游戏能力非常强大，能够满足不同游戏的需要，根据游戏的不同，在进行设计时，侧重点可以是画面，也可以是程序。

第6章 Flash贺卡

随着Flash动画风靡网络，一种全新的节日问候方式诞生了——这就是Flash贺卡。与传统的贺卡相比，它不但经济环保，而且还可以通过网络快捷传输，声光效果惊人，往往具有“惊艳”的感觉。在Flash贺卡中，角色通常以卡通的形式出现，大多数场景是对现实生活的艺术化，细致精美，以达到触景生情的效果。本章将以一些典型的贺卡范例来说明这类动画的制作。

6.1 案例简介——新年贺卡

Flash贺卡创作一般分3个步骤。

第一步是确定主题。如，新年卡的主题就是给人拜年，生日卡的主题就是给人庆贺生日，情人卡就是向爱人表达爱意。

第二步是确定贺卡上的角色。主题要通过具体的角色来表现，如，新年卡上的角色包括鞭炮、生肖、祝辞、财神爷等，生日卡的角色包括蜡烛、蛋糕等。

第三步是动画设计。首先用元件实现贺卡上的角色，然后再把这些角色按顺序组合起来，并制作相应的动画。

新年卡是一种节日卡，也是Flash贺卡中数量最多的一种，每到节日时，网络上总流行一些与该节日相关的贺卡，以表祝福与慰问。本节通过一个新年卡的创作过程，向读者展现这类贺卡制作的基本思路。该动画完成后的效果如图6-1所示。

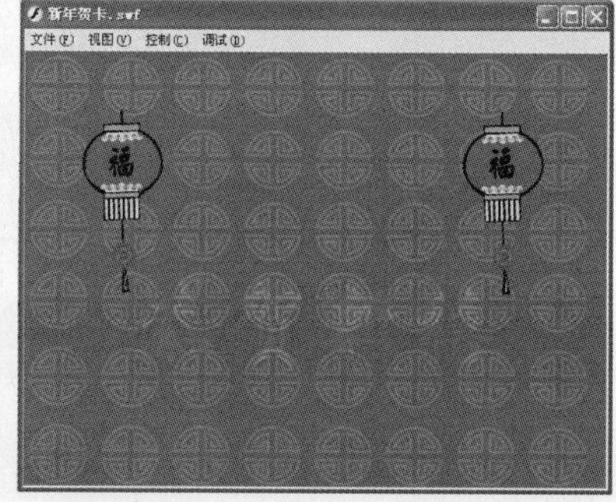

图6-1 最终效果

6.2 制作步骤

❶新建一个Flash文档，命名为“新年贺卡”，设置动画尺寸为520px×390px，设置背景为红色，帧频为24fps，如图6-2所示。

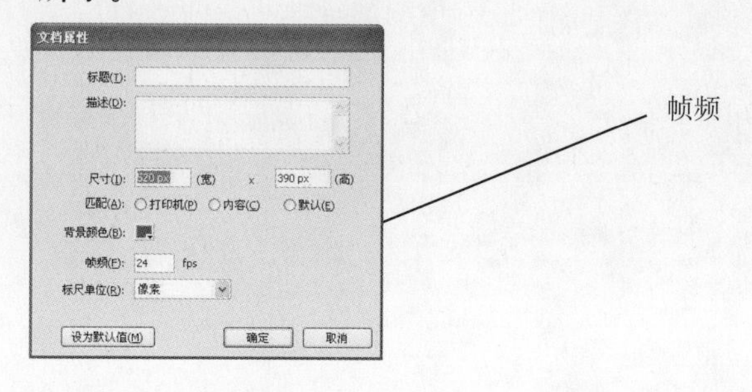

图6-2 文档属性

❷制作“财神爷”元件，打开【库】面板，新建一个文件夹，命名为“财神爷”。然后新建一个图形元件，命名为“身”，进入编辑状态后，在工作区中绘制图形，如图 6-3 所示。

图6-3 元件“身”

按照同样的方法，依次绘制元件“脚”、“头”、“帽翅”、“托盘”和“元宝”，绘制图形如图 6-4 所示。

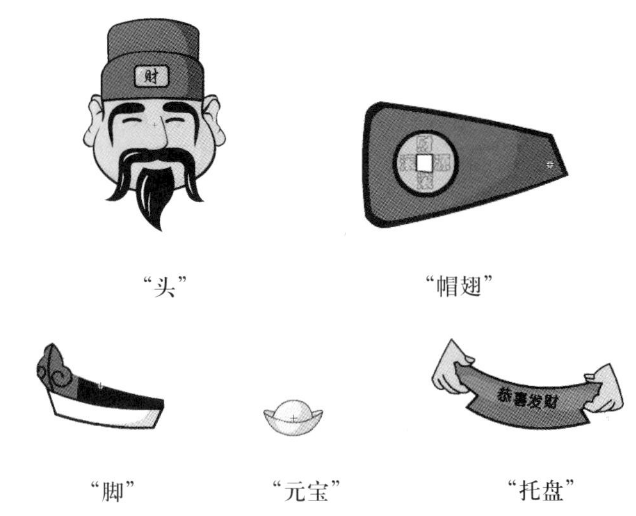

图6-4 财神爷的其他元件

再新建一个影片剪辑元件，命名为“财神爷”，进入编辑状态后，把当前图层命名为“身”，然后将元件“身”拖放到工作区中。

依次新建图层“脚”、“元宝”、“左帽翅”、“右帽翅”、“头”和“托盘”，在每个图层上将相应的元件拖放到工作区中，组合成财神爷的图形，如图 6-5 所示。

图6-5 财神爷

> **注意**：元件“脚”和“帽翅”需要拖放2次，而且要对其中的一个进行对称变形，方法是选中要变形的元件，单击【任意变形工具】按钮，从左向右，或从右向左对元件进行拖放变形，当左边移动至右边（或右边移动至左边）时，即可实现对称变形。

最后制作财神爷动画。选择图层“身”，分别在第 12 帧、第 15 帧、第 16 帧、第 27 帧、第 30 帧、第 31 帧插入一个关键帧。选择第 15 帧，轻微向上移动工作区内的元件“身”，然后在第 12 帧至第 15 帧之间创建动作补间动画。按同样的方法在第 27 帧至第 30 帧之间创建类似的动画。

按照类似的方法制作其他元件的动作动画，最后的【时间轴】面板如图 6-6 所示。

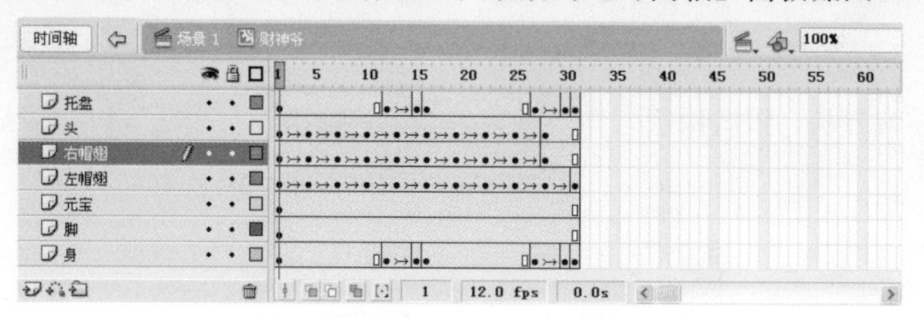

图6-6　元件“财神爷”的【时间轴】面板

❸制作“卷轴”元件。卷轴动画是 Flash 中常用动画之一，是由动作补间动画和遮罩动画共同完成的，动作补间动画作轴的运动，遮罩动画控制卷轴幅面的显示。首先在【库】面板创建一个文件夹，命名为“卷轴”。

新建一个图形元件，命名为“花边”，进入编辑状态后，绘制图形如图 6-7 所示。

图6-7　元件“花边”

再新建一个影片剪辑元件，命名为“幅面”。进入编辑状态后，单击【矩形工具】按钮，在工作区做一个黄色矩形，然后再做一个白色图形，最后将花边图形拖放到舞台上，调整它们的位置及大小，如图 6-8 所示。

图6-8　元件“幅面”

再新建一个图层，单击文本工具，在白色框中输入“鼠年大吉”4 个字，调整字体为楷体，如图 6-9 所示。

图6-9 输入文字

最后，选中文字，连续 2 次单击鼠标右键，选择“分离”命令，将文字转换为位图。

提示：转换为位图的原因是，使作品不受运行的计算机上的字体限制。

再新建一个图形元件，命名为“轴”，进入编辑状态后，在工作区绘制一个卷轴图形，如图 6-10 所示。

图6-10 元件“轴”

再新建一个影片剪辑元件，命名为“卷轴”，把当前图层命名为“幅面”，将元件“幅面”拖放到舞台中。再新建一个图层，命名为“遮罩”，在该图层上作一个比“幅面”略大的矩形。再新建两个图层，分别命名为“固定卷轴”和“移动卷轴”，然后将两个“轴”元件拖放到舞台，如图 6-11 所示。

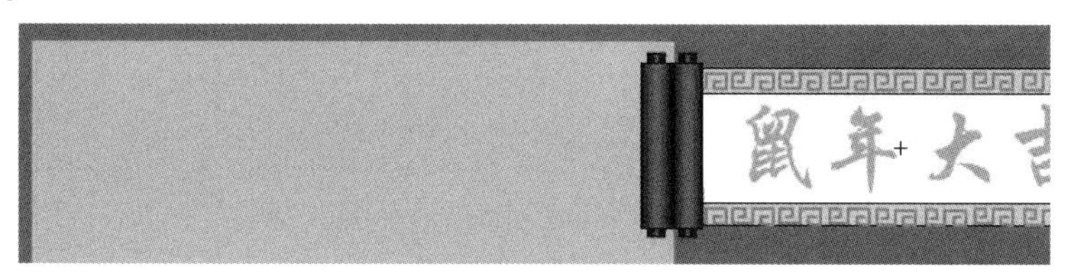

图6-11 元件“卷轴”元素的初始位置

注意：“移动卷轴”图层的“轴”元件要紧贴元件“幅面”的右边。

将“遮罩”图层转换为遮罩层，将“幅面”图层转换为被遮罩层。在各图层的第 15 帧、第 65 帧处各插入一个关键帧。在第 65 帧处，移动“遮罩”图层的矩形，使其盖在“幅面”上，然后在第 15 帧至第 65 帧之间创建动作补间动画。在第 65 帧处，水平移动“移动卷轴”图层的卷轴，使其位于“幅面”的右端，然后在第 15 帧至第 65 帧之间创建动作补间动画，如图 6-12 所示。

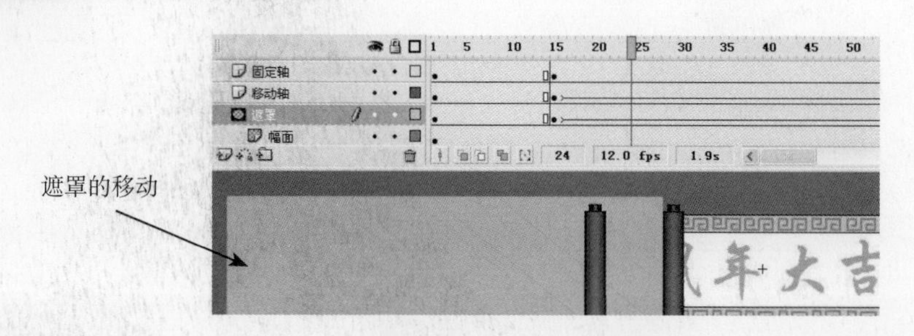

图6-12　元件“卷轴”

最后，在第 65 帧处打开“动作”面板，输入以下程序，这样元件“卷轴”就完成了。

```
Stop();
```

❹制作“灯笼”元件。在【库】面板新建一个文件夹，命名为“灯笼”，再新建一个图形元件，命名为“灯笼图”，进入编辑状态后，在工作区绘制灯笼图形，如图 6-13 所示。

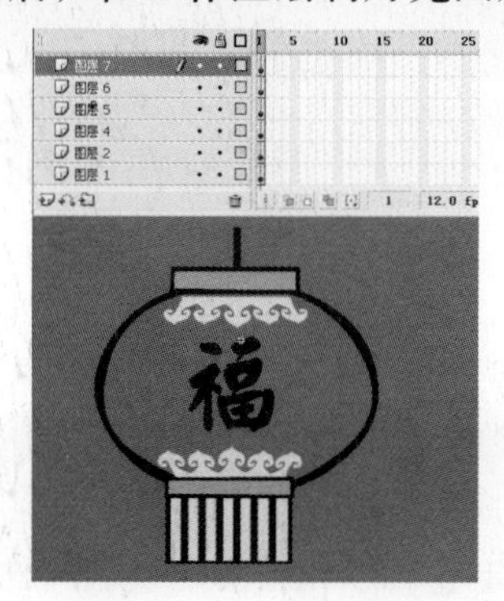

图6-13　元件“灯笼”

提示：灯笼的绘制方法可参考“图形绘制”章节中的“灯笼”的绘制方法。

新建一个图层，命名为“彩缀”，进入编辑状态后，绘制图形如图 6-14 所示。

图6-14　元件“彩缀”

新建一个影片剪辑元件，命名为“灯笼”，进入编辑状态后，将当前图层命名为“彩缀”，然后把元件彩缀拖放到工作区中。再新建一个图层，命名“灯笼”，将元件“灯笼图”拖放到工作区中，如图 6-15 所示。

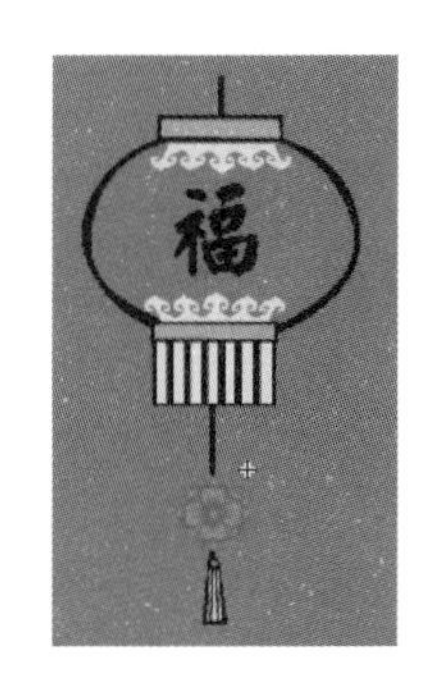

图6-15 灯笼

最后制作灯笼动画。选择“灯笼”图层，在第 15 帧、第 30 帧、第 45 帧和第 60 帧处各插入一个关键帧，依次在第 1 帧、第 15 帧、第 30 帧、第 45 帧和第 60 帧上选择“灯笼图形”元件，然后单击【任意变形工具】按钮，对该元件进行旋转变形，然后在两个关键帧之间创建动作补间动画。

注意：为了制作逼真的动画效果，灯笼在旋转变形时，中心点应位于挂线的顶部，因此在旋转变形前要先移动元件的中心点，移动方法如图6-16所示。在第1帧、第30帧上虽不用旋转变形，但一定要移动中心点到挂线的顶部。

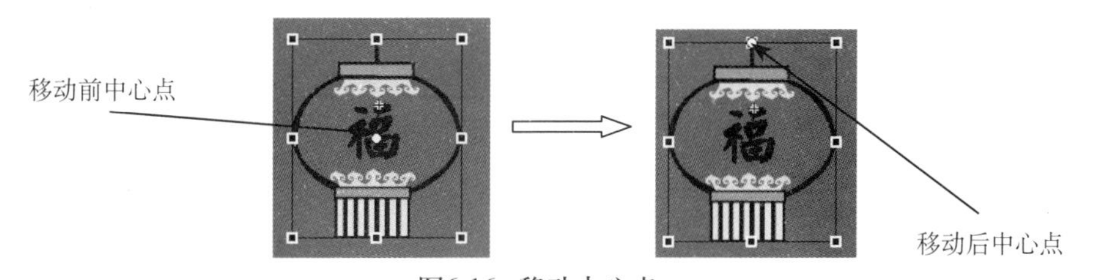

图6-16 移动中心点

选择“彩缀”图层，制作与“灯笼”图层类似的动作补间动画。

❺制作“生肖年轮动画”。新建一个文件夹，命名为“生肖图”，将生肖年轮图片导入到库中。新建一个元件，命名为“生肖”，将生肖年轮图片拖放到工作区中，然后选择图片，单击鼠标右键，在弹出的快捷菜单中选择【分离】命令。再单击【选择工具】按钮，选中生肖年轮中的“鼠”，然后单击鼠标右键，选择【复制】命令。

再新建一个图形元件，命名为“鼠”，进入编辑状态后，在工作区单击鼠标右键，选择【粘贴】命令，如图 6-17 所示。

图6-17 元件“鼠”

再新建一个影片剪辑元件，命名为“生肖动画”，进入编辑状态后，将元件“生肖”拖放到工作区中，在第1帧至第65帧之间制作生肖年轮旋转渐现动画，在第66帧至第150帧之间静止，在第151帧至第180帧之间制作旋转渐消动画。再新建一个图层，在新图层的第70帧插入一个空白关键帧，然后将元件“鼠”拖放到工作区中，且与生肖年轮上的鼠图形重合，在第70帧至第150帧之间连续制作“鼠”放大渐消的动画，如图6-18所示。

图6-18 元件“生肖动画”

❻制作鞭炮动画。在【库】面板新建一个文件夹，命名为“鞭炮”。然后新建一个图形元件，命名为“单个鞭炮”，进入编辑状态后，在工作区绘制一个鞭炮图形，如图6-19所示。

图6-19 元件“单个鞭炮”

再新建2个元件，分别命名为“爆炸1”和“爆炸2”，进入编辑状态后，分别绘制爆炸图形，如图6-20所示。

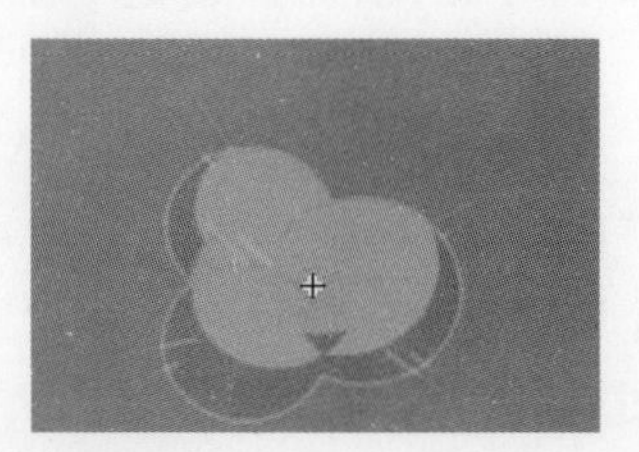

图6-20 元件“爆炸1”和“爆炸2”

再新建一个元件，命名为“鞭炮动画”，进入编辑状态后，把当前图层命名为“红线”，然后单击【线条工具】按钮，在工作区做一个红色垂直直线。

再新建一个图层，命名为“火引”，在该图层上，将元件“爆炸1”拖放到工作区中，并置于红线的底端。

再新建一个图层，命名为“黄光”，将元件“爆炸1”拖放到工作区中，选中元件，打开【属性】面板，设置“颜色”下拉列表为“色调”，然后选择黄色，如图6-21所示。

图6-21 设置【属性】面板

再新建一个图层，命名为“鞭炮 1”，将元件“单个鞭炮”拖放到舞台中，调整其位置和角度。然后再新建 19 个图层，分别命名为“鞭炮 2”、“鞭炮 3”……共 20 个，把单个鞭炮分别拖放到这些图层中，如图 6-22 所示。

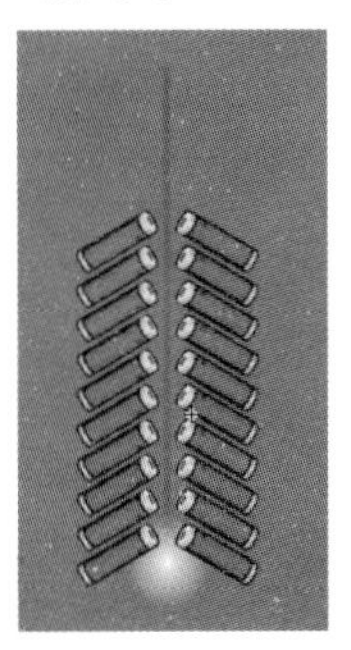

图6-22 “鞭炮”组合图

然后再新建一个图层，命名为“鞭炮声”，将声音文件“鞭炮声 .wav”导入到库中，选中“鞭炮声”图层，将声音文件拖放到工作区中。

接下来制作燃放鞭炮的动画。首先将鞭炮声延长到声音结尾，以便根据声音制作动画。其最终位置为第 220 帧。

选择“红线”图层，每隔 20 帧插入一个关键帧，然后依次选择各关键帧，以“红线”顶端为中心旋转红线并逐渐缩短，然后在相邻 2 个关键帧之间创建动作补间动画，使红线左右摆动并不断缩短。

选择“火引”图层，同样每隔 20 帧插入一个关键帧，制作“爆炸 1”跟随红线运动的动画，如图 6-22 所示。

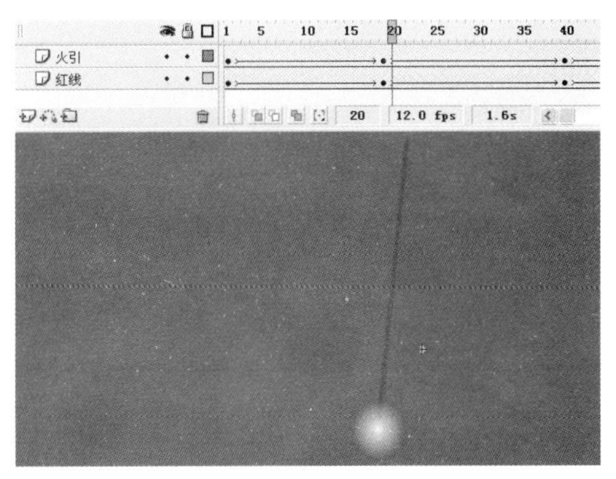

图6-23 “红线”和“火引”的运动

在图层“鞭炮 1”上，在第 10 帧处插入一个关键帧，然后在第 15 帧处插入一个关键帧。在第 15 帧处，调整该图层上的鞭炮位置，使其有一段下落距离，然后将其透明度调整为 40%，在第 10 帧和第 15 帧之间作动作补间动画，如图 6-24 所示。

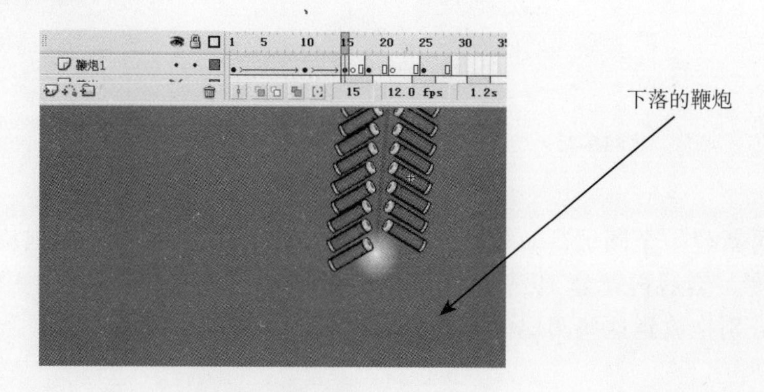

图6-24 “鞭炮”下落

在接下来的第 15 帧至第 20 帧之间,先后把元件“爆炸 1”和“爆炸 2”拖放到工作区中,放到“鞭炮 1”下落的位置,形成爆炸效果,如图 6-25 所示。这样一个鞭炮的爆炸过程就完成了。

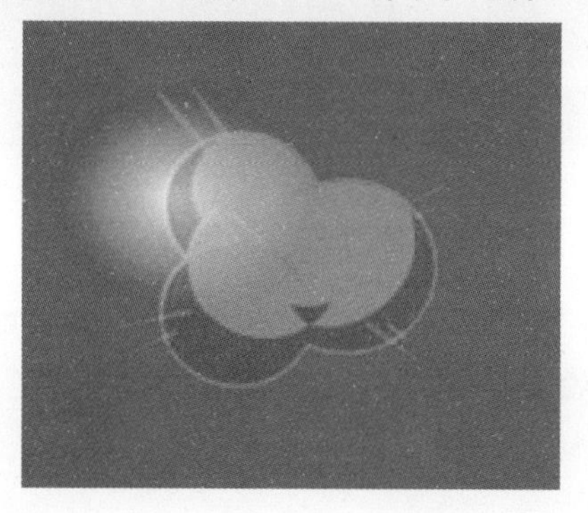

图6-25 一个鞭炮爆炸

接下来选择图层“鞭炮 2”,在第 20 帧至第 30 帧之间制作第 2 个鞭炮的下落爆炸,方法与第 1 个鞭炮的爆炸一样。按照这种方法,依次制作其他鞭炮的下落与爆炸。

在每个鞭炮图层,每隔 20 帧插入一个关键帧,然后在每个关键帧处依照“红线”位置,调整每个鞭炮的相应位置,再在相邻两个关键帧之间创建动作补间动画,使鞭炮随着红线的运动而运动,如图 6-26 所示。

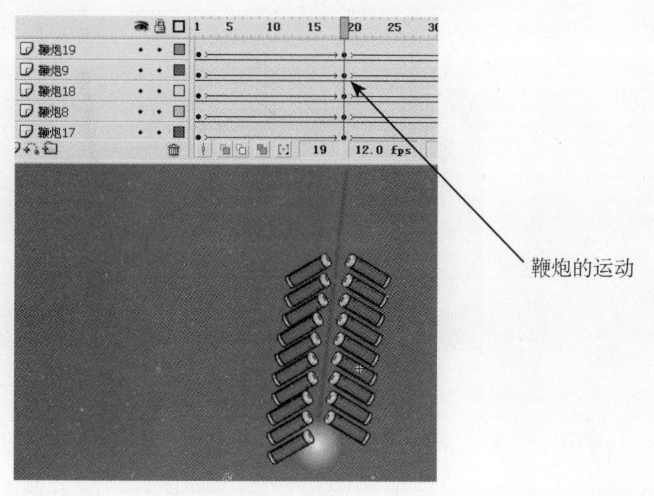

图2-26 鞭炮的运动

注意：爆炸过的鞭炮不再随“红线”运动。

在“黄光”图层，从第 15 帧起，依次每隔 3 帧创建一个关键帧，然后再选中第 18 帧、第 24 帧……等关键帧，按 Delete 键，将工作区的“黄光”删除，即每隔一个关键帧删除一个。最后,选中第 21 帧,随意移动一下“黄光”的位置。按照这种移动方式依次操作第 27 帧、第 33 帧……第 180 帧处的“黄光”，如图 6-27 所示。

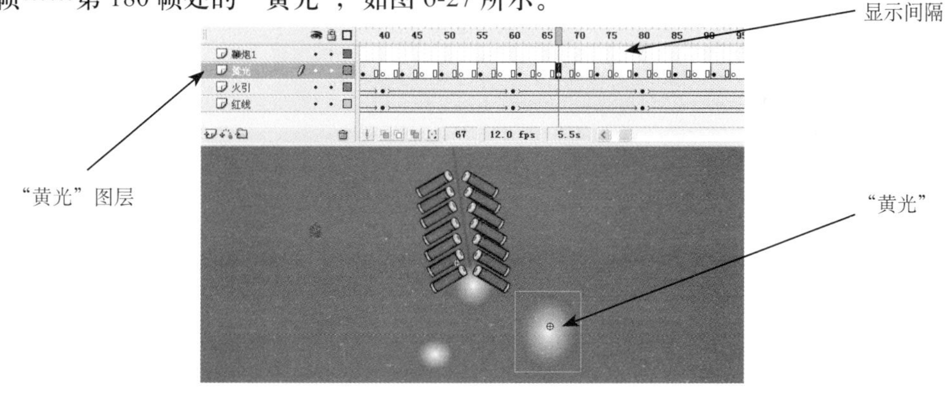

图6-27 “黄光”的显示

最后,在“鞭炮声”图层的最后一帧插入空白关键帧,打开【动作】面板,输入如下程序。

```
stop();
```

这样，元件“鞭炮动画”就完成了。

❼其他元件的制作。除了以上元件外，还需要一些其他元件，如“寿”字元件、“老鼠”元件、祝福语等，如图 6-28 所示。

“寿”

“祝福语1”

“祝福语2”

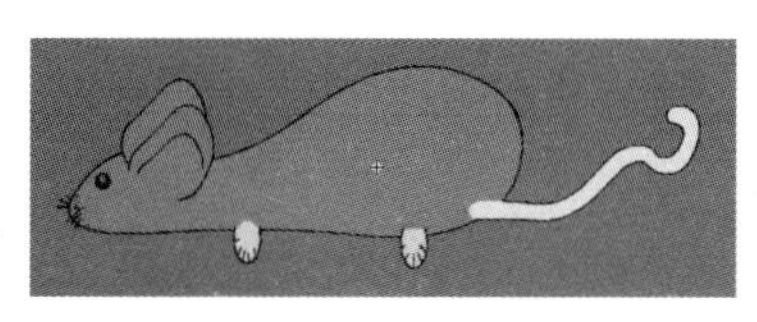

“老鼠”

“祝福语3”

图6-28 其他元件

❽回到主场景，将当前图层命名为“底”，然后把元件“寿”拖放到舞台上，并把透明度调整为50%。选中该元件，按住Ctrl键，然后拖动鼠标，复制一个“寿”字元件，按照这种方法依次复制“寿”字，并排列好顺序，如图6-29所示。

图6-29 “寿”字底图

❾再新建一个图层，命名为“鞭炮”，将元件“鞭炮动画”拖放到舞台的顶部，并延长至第220帧，如图6-30所示。

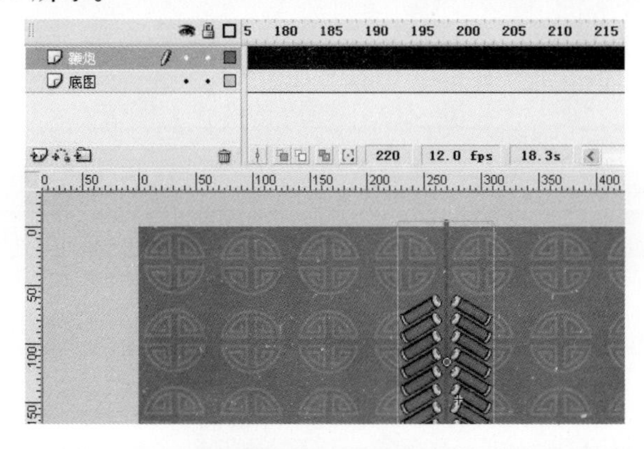

图6-30 放置“鞭炮动画”

提示：这里将“鞭炮动画”延长至第220帧是因为元件“鞭炮动画”的播放长度为220帧。

❿再新建一个图层，命名为“生肖转轮”，在该图层的第150帧处插入一个空白关键帧，将元件“生肖”拖放到舞台的中央，并延长至第330帧。

⓫再新建一个图层，命名为“祝福语1”，在该图层的第300帧处插入一个空白关键帧，然后将元件“祝福语1”拖放到舞台上，在第300帧至第350帧之间做元件“祝福语1”下移的动画，然后静止至第390帧。【时间轴】面板如图6-31所示。

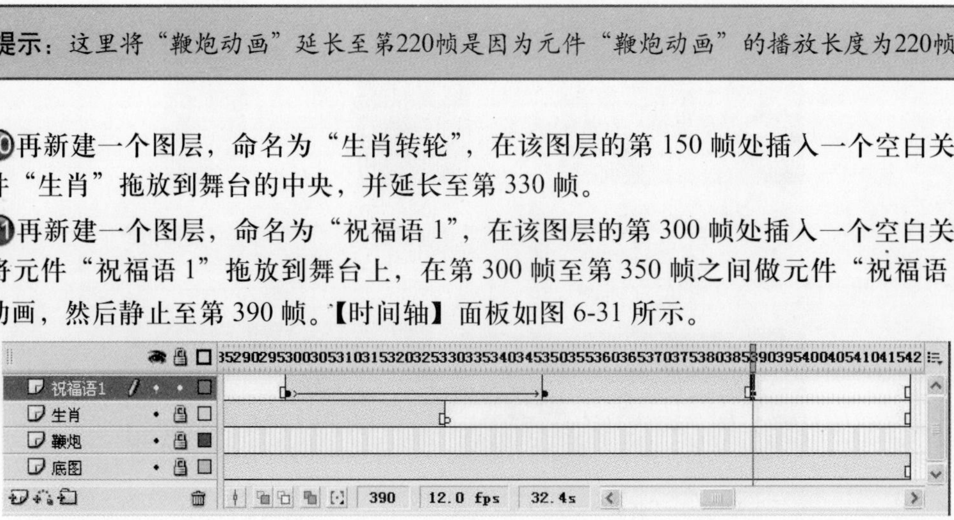

图6-31 【时间轴】面板

⑫再新建一个图层，命名为“老鼠”，在该图层的第360帧插入一个空白关键帧，然后将元件“老鼠”拖放到舞台上，在该图层的第400帧处插入一个关键帧，在第360帧至第400帧之间制作“老鼠”从左向右移动的动画，如图6-32所示。

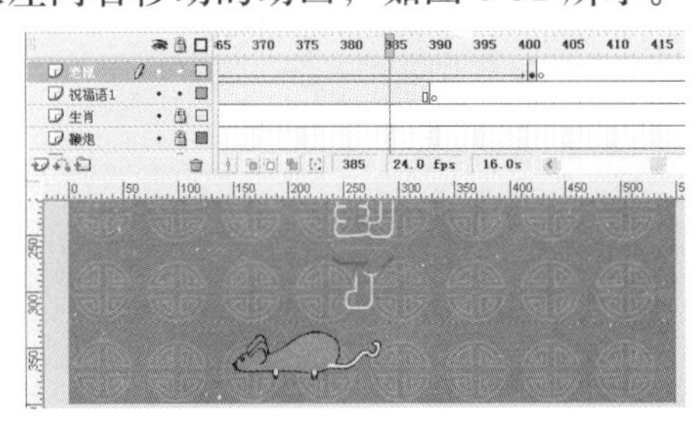

图6-32 “老鼠”动画

⑬再新建一个图层，命名为“灯笼1”，在该图层的第400帧插入一个空白关键帧，然后将元件“灯笼”拖放到舞台的左上侧，在该图层的第460帧处插入一个关键帧，在该关键帧上，将元件“灯笼”拖放到舞台中部，然后在第400帧至第460帧之间制作动作补间动画。再新建一个图层，命名为“灯笼2”，在该图层上制作与“灯笼1”图层类似的动画，如图6-33所示。

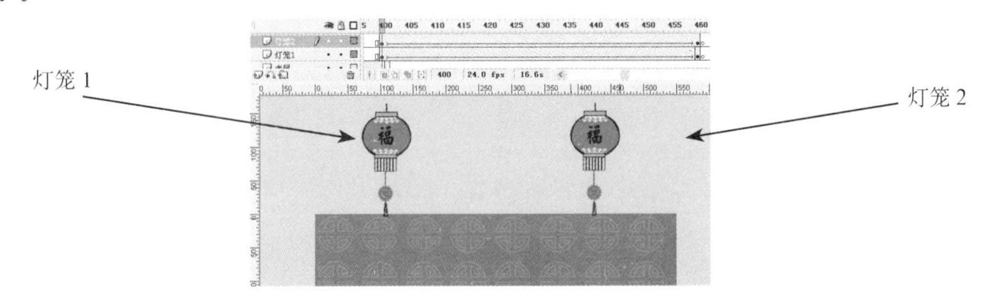

图6-33 元件“灯笼”的动画

⑭再新建一个图层，命名为“恭贺新禧”，在该图层的第450帧处，插入一个空白关键帧，然后将元件“恭贺新禧”拖放到舞台中央，如图6-34所示。

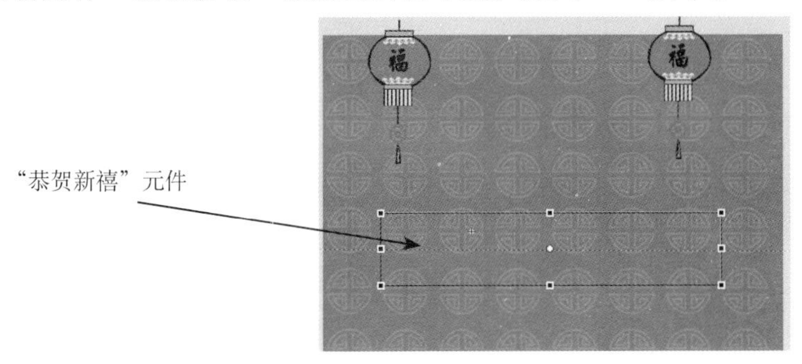

图6-34 放置“恭贺新禧”

⑮再新建一个图层，命名为“财神爷”，在该图层的第500帧处插入一个空白关键帧，然后把元件“财神爷”拖放到舞台上。再在第500帧、第530帧、第605帧和第620帧，分别插入一个关键帧，在第500帧处使“财神爷”的位置位于舞台的下部，在第500帧至第530帧之间创建动作补间动画。在第620帧处修改“财神爷”的透明度，然后在第605帧至

第 620 帧之间创建动作补间动画，使“财神爷”逐渐消隐，如图 3-35 所示。

图6-35 “财神爷”动画

⑯新建一个图层，命名为“卷轴”，在该图层的第 550 帧，将元件“卷轴”拖放到舞台上，并延长至第 630 帧，如图 6-36 所示。

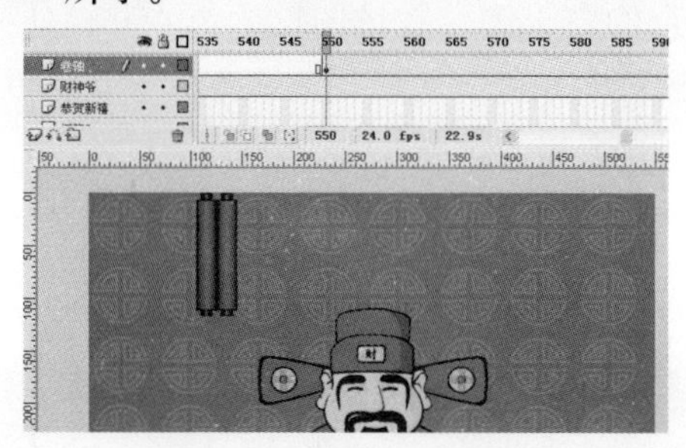

图6-36 放置“卷轴”

⑰最后，新建两个图层，分别命名为“祝福语 1”和“祝福语 2”，然后将这两个图层的相应元件拖放到舞台上，如图 6-37 所示。

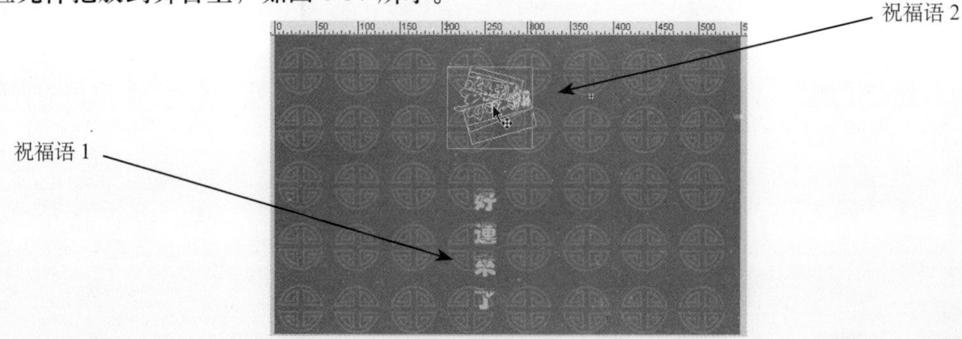

图6-37 两个祝福语

至此，Flash 贺卡制作完毕，保存文件后，按 Ctrl + Enter 组合键测试影片，即可看到喜庆精美的电子贺卡了。

6.3 同类索引——生日卡、思念卡

Flash 贺卡是 Flash 动画家族中的一个大类，有大量的范例可以参考，在这些贺卡中，又可以分节日卡、生日卡、思念卡、祝福卡等，上一节就是一个典型的节日卡范例，下面就以

生日卡和思念卡为例，进一步说明 Flash 贺卡的制作方法，使读者对这类动画有更全面的认识。

1. 生日卡

在现在的网络环境中，生日贺卡虽然没有节日卡的数量多，但因为其特殊的祝福含义，往往成为很多挚友、亲戚、同学和同事互相表达祝福、传达慰问、庆贺生日的首选电子产品，十分流行。该贺卡完成后的效果如图 6-38 所示。

图6-38 最终效果

● 制作步骤

❶新建一个 Flash 文档，然后将所需的素材导入到库中，主要的素材为两个声音文件。

❷制作背景元件。背景由背景板、心形和五角星组成，其图形如图 6-39 所示。

图6-39 背景元件

❸制作蛋糕和蜡烛元件。“蛋糕”元件是由两个部分组成，分别为蛋糕和装饰物，它们的图形和组合后的“蛋糕”元件如图 6-40 所示。

图6-40 “蛋糕”元件的制作

“蜡烛”元件是一个动画元件，火焰是由两个火焰图形交替显示构成的，两个火焰图形及“蜡烛”元件的制作如图 6-41 所示。

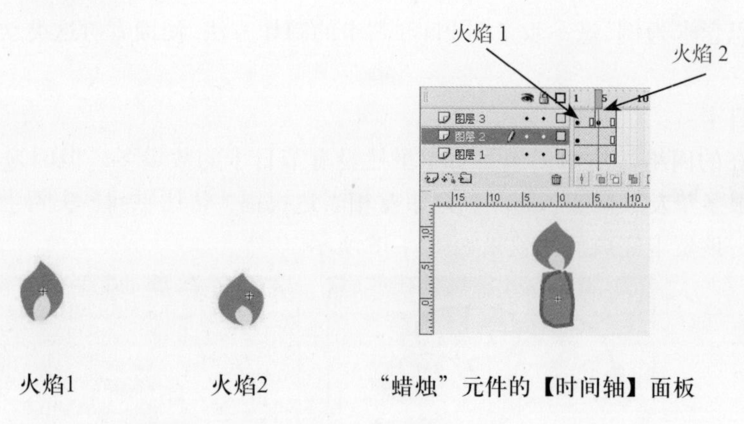

火焰1　　火焰2　　“蜡烛”元件的【时间轴】面板

图6-41 元件“蜡烛”的制作

❹制作对话框，如图 6-42 所示。

对话框1　　对话框2

图6-42　两个对话框

> **提示：**“对话框1”供小孩说话使用，“对话框2”供小猪说话使用，一个在舞台的左边，另一个在舞台的右边。

❺制作小孩元件。小孩元件是动画元件，在这个贺卡中，小孩有 3 个动作，这 3 个动作用 3 个动画元件完成。小孩元件是由脚、手、头、眼、嘴等元件组成，具体图形如图 6-43 所示。

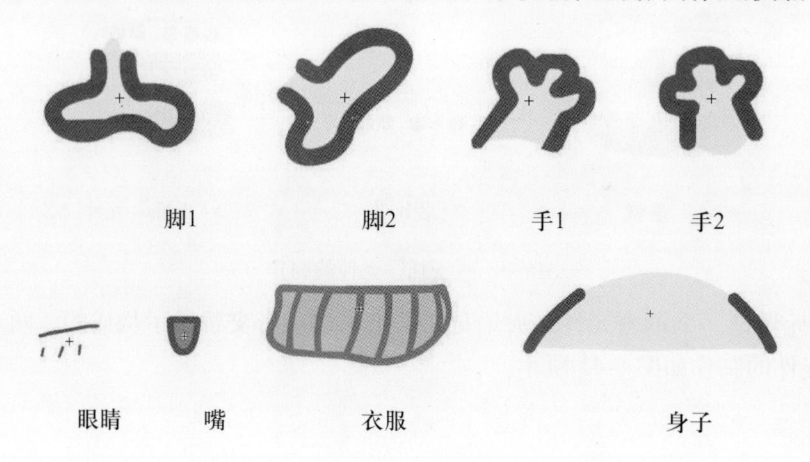

脚1　　脚2　　手1　　手2

眼睛　　嘴　　衣服　　身子

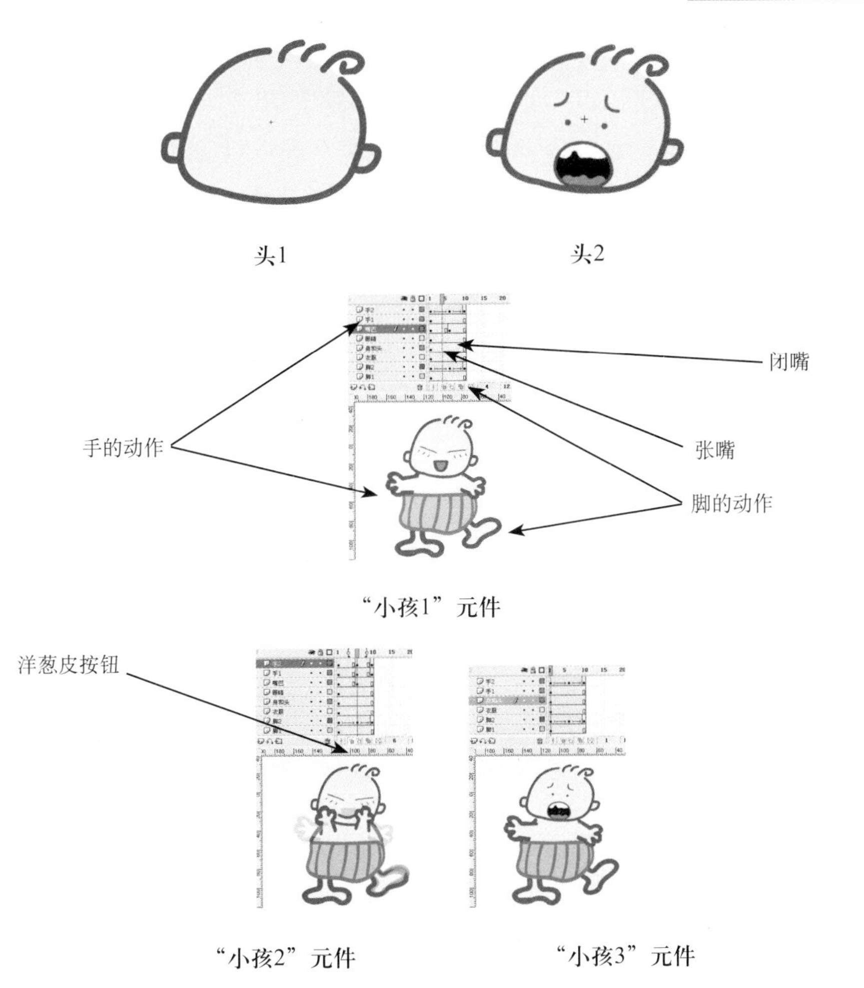

"小孩1"元件

"小孩2"元件　　"小孩3"元件

图6-43　小孩元件的制作

> **注意：**"小孩2"元件是一个拍手的动作，它是通过两幅逐帧动画实现的，图6-43中为了显示得更加清楚，使用了洋葱皮效果。"小孩3"元件中的眼睛和嘴已包含在"头2"元件中了，所以图层中就不再有这2个图层。

❻制作小猪元件，小猪元件也是一个动画元件，它的动作主要体现在嘴巴上，其制作过程如图 6-44 所示。

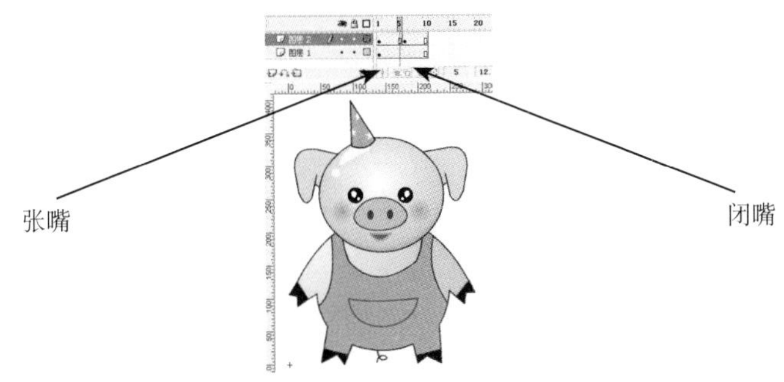

图6-44　元件"小猪"

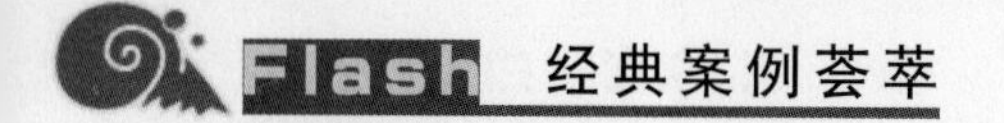

提示：元件“小猪”的绘制可参考图形绘制章节的绘制方法，这里就不再详述。

❼回到主场景，新建9个图层，分别命名为“背景”、“心”、“大心”、“桌子”、“蛋糕和蜡烛”、“小孩”、“小猪”、“说话”和“音乐”，并将相应的元件放置于各图层中。如图6-45所示。

图6-45 动画的图层

❽在第1帧至第30帧“小孩”图层放置“小孩1”元件，如图6-46所示。

图6-46 第1帧至第30帧间的画面

在第30帧至第70帧之间为小孩添加说话文字，如图6-47所示。

图6-47 第30帧至第70帧间的画面

在第70帧至第120帧之间，制作小孩拍手的动画，所以在“小孩”图层中放置“小孩2”元件。依次类推，在第120帧至第225帧之间制作小孩说话的动画。

❾在第230帧至第255帧之间，场景变化为小猪出现的画面，如图6-48所示。

图6-48 第230帧至第255帧间的画面

提示：背景的变化可通过选中元件→打开【属性】面板→更改元件“颜色”项目中的“色调”来实现。

在第 255 帧至第 280 帧之间，制作小猪说话的动画，如图 6-49 所示。

图6-49 第255帧至第280帧间的画面

⑩在第 335 帧至第 375 帧之间，在“小孩”图层将元件“小孩 3”拖放到舞台上，并更改背景图的色调，添加小孩的说话动画，如图 6-50 所示。

图6-50 第335帧至第375帧间的画面

⑪最后在第 375 至第 420 帧之间制作小孩和小猪共在舞台上的画面，并添加五角星背景，构造出欢乐祥和的气氛，如图 6-51 所示。

图6-51 第375帧至第420帧间的画面

至此，整个贺卡制作完毕，按 Ctrl + Enter 组合键测试影片，可以看到贺卡效果。

范例对比

与“新年贺卡”相比，该生日卡在情节上增加了诙谐幽默的气氛，使接受者除了能感觉到生日祝福外，还增加了玩笑调侃的快乐。在制作上，增加了文字表现功能，使贺卡具有了一定的故事情节，表达意思更加丰富，也更加明晰。

2. 思念卡

思念卡是贺卡的另一种类型，它可以有具体的发送对象，也可以没有具体的发送对象，往往是创作者根据某一环境或某一心情有感而发，进而进行艺术创作的一种贺卡。它更能表达创作者的情感和心情，对接受者也能产生较强的共鸣作用。本节所做的思家卡是一个爱情卡，表达了一个女孩对爱人的思念，该贺卡完成后的效果如图 6-52 所示。

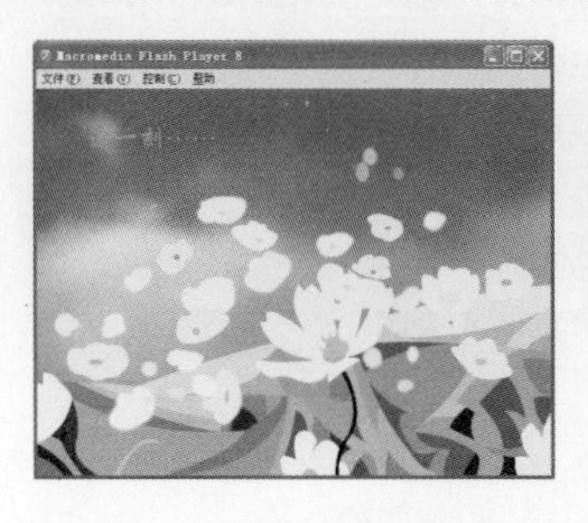

图6-52　最终效果

● 制作步骤

❶新建一个 Flash 文档，命名为“思念卡”。

❷将素材导入到库中。所需的素材有声音文件和图片文件，其中图片文件如图 6-53 所示。

素材1

素材2

素材3

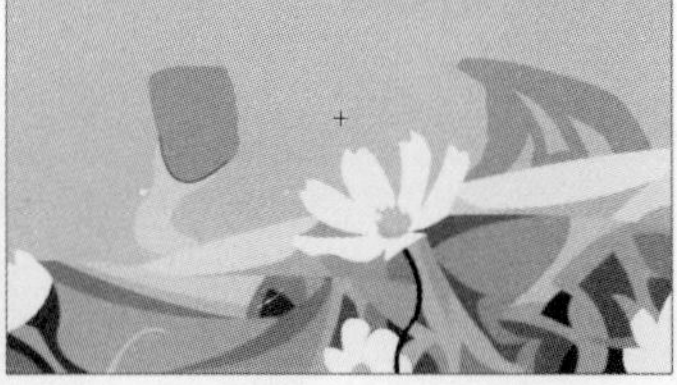

素材4

素材5

图6-53　图形素材

③素材处理。为了使贺卡更具动感和意境，需要对素材进行处理，主要处理的素材为素材 2、素材 3 和素材 4。

新建一个元件，命名为“背景 2”，进入编辑状态后，将素材 2 拖放到工作区，然后选择菜单【修改】→【图形】→【转换位图为矢量图】命令，再单击【滴管工具】按钮，拾取女孩脸部阴影部分的颜色，如图 6-54 所示。

图6-54 拾取颜色

再单击【刷子工具】按钮，将女孩眼睛涂抹掉，如图 6-55 所示。

图6-55 素材2处理后的图形

> **提示：** 这种图形处理方法在图形绘制一章“综合绘图”部分使用过，就是直接对现有图形进行转换修改，这样能大大节约时间，缩短开发周期。

素材 3 和素材 4 的处理方法与素材 2 的处理方法类似，处理后分别命名为“底花 1”和“底花 2”，效果如图 6-56 所示。

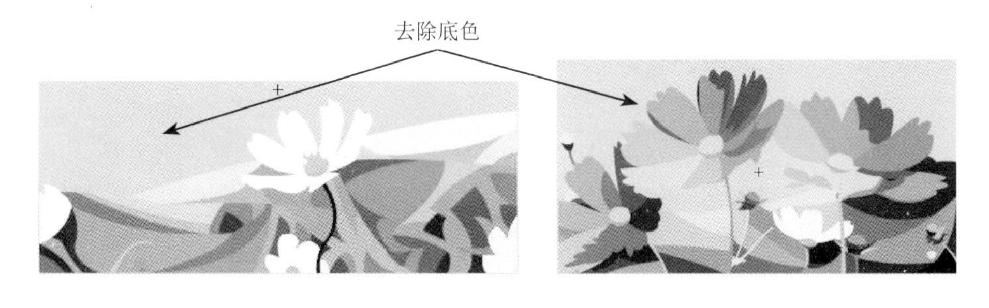

图6-56 素材3和素材4处理后的效果

❹再新建一个元件，命名为“眼睛”，在当前图层上，将素材2拖放到工作区，然后再新建一图层，在新图层上绘制一个与底图一样的眼睛图形，如图6-57所示。

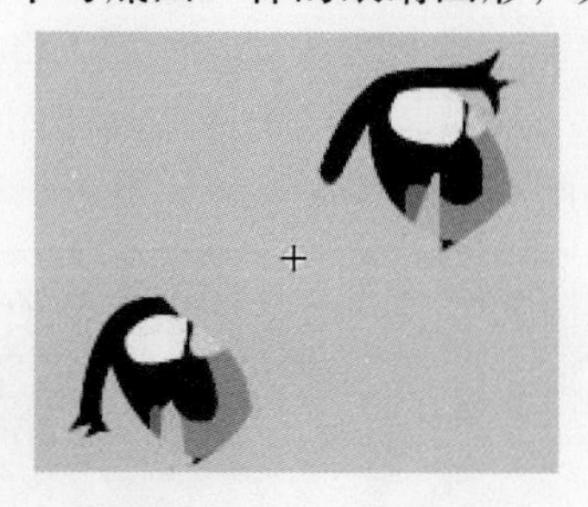

图6-57 元件“眼睛”

小技巧

依照葫芦画瓢法，在Flash绘图中，有些图形比较复杂，或者不易操作，但该图有可参考借鉴的样图，这时可以采取“依照葫芦画瓢法”，就是将样图放置在底部的图层中，在上面的图层上依照样图绘制图形，就像小学里的“描红”。所以在Flash中即使美工不是很好，也可以作出精美的图形来。

❺再新建一个元件，命名为“闭眼”，进入编辑状态后，绘制图形，如图6-58所示。

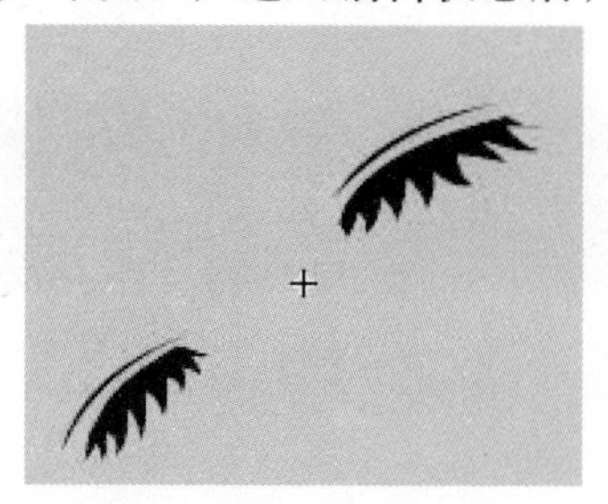

图6-58 元件“闭眼”

❻再新建2个元件，分别命名为“飘花1”和“飘花2”，其图形如图6-59所示。

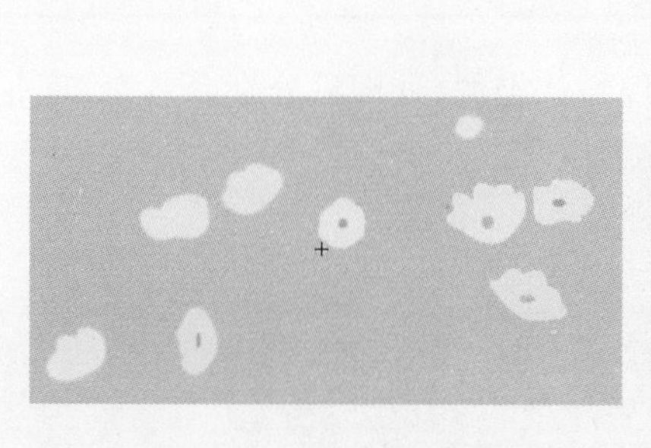

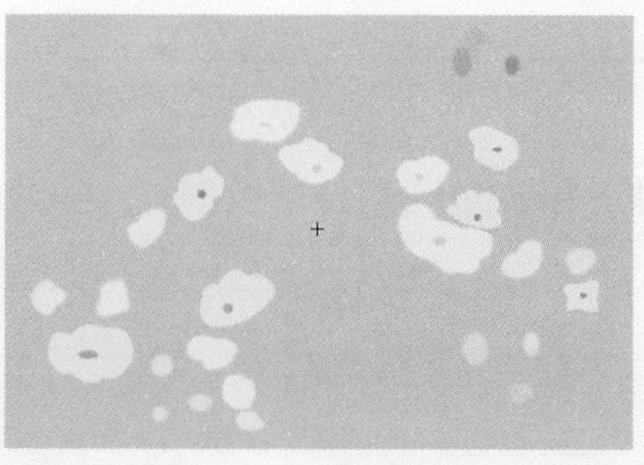

图6-59 元件“飘花1”和“飘花2”

❼再新建一个元件，命名为“封面”，进入编辑状态后，绘制图形如图6-60所示。

图6-60　元件“封面”

提示：元件“封面”中的花可以使用素材图形上的花，经过截取、转换和选择后，粘贴过来即可。

❽最后新建一个元件，命名为“遮盖”，进入编辑状态后，绘制一个黑色矩形。

❾回到主场景，将当前图层命名为“背景”，然后再新建9个图层，分别命名为“底花”、“飘花1”、“飘花2”、“眼睛”、“闭眼”、“封面”、“文字”、“遮盖”和“音乐”，如图6-61所示。

音乐
遮盖
文字
封面
闭眼
眼睛
飘花2
飘花1
底花
背景

图6-61　贺卡动画的图层及顺序

❿选择“背景”图层，将素材1拖放到舞台上，并调整至舞台大小。选择“底花”图层，将元件“底花1”拖放到舞台上，在第1帧至第60帧之间制作“底花1”从底部上移的动画。选择“飘花1”图层，将元件“飘花1”拖放到舞台上，在第1帧至第30帧之间制作“飘花1”下移的动画。选择“飘花2”图层，将元件“飘花2”拖放到舞台上，在第1帧至第50帧之间制作“飘花2”下移的动画。选择“遮盖”图层，将元件“遮盖”拖放到舞台上，并调整至可以盖住整个舞台，在第1帧至第15帧之间制作“遮盖”透明度由100%变到0的动画。选择“文字”图层，然后单击【文本工具】按钮，输入文字“这一刻……”。选择“音乐”图层，将音乐素材拖放到舞台中，如图6-62所示。

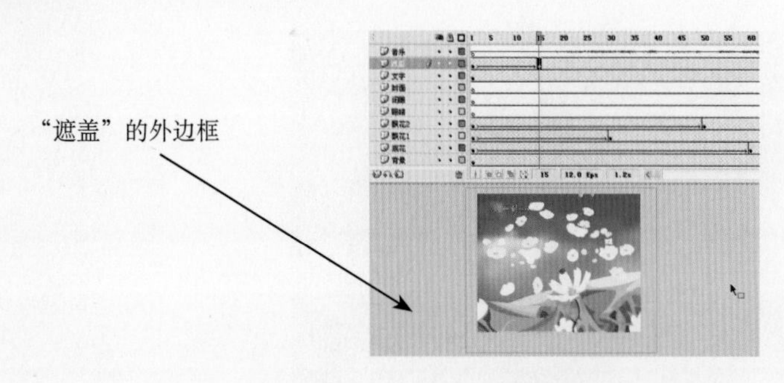

图6-62 第15帧时的画面

小技巧

在制作渐现效果时，可以有多种方法，可以让元件的透明度逐步从0过渡到100%；也可以使用一个遮盖，通过让遮盖的透明度从100%过渡到0实现图形的渐现。本例就是使用的第二种方法。注意，遮盖要位于图层的上层。

⑪在第 80 帧至第 130 帧之间，制作“底花 1”、“飘花 1”和“飘花 2”逐渐消隐，“底花 2”逐渐显示的动画。在“文字”图层的第 110 帧，修改文字为“花开得格外娇艳”。如图 6-63 所示。

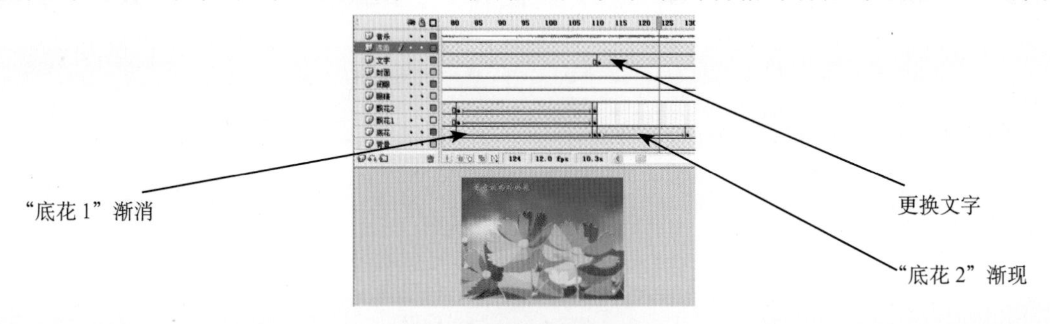

图6-63 第125帧时的画面

⑫在第 145 帧至第 155 帧之间，制作“遮盖”透明度从 0 到 100%，再到 0 的渐变动画。在第 150 帧处，将“背景”图层的背景图更换为元件“背景 2”；在“眼睛”图层，将元件“眼睛”拖放到舞台上，并放置于恰当位置；将“文字”图层的文字修改为“你可知道……”，如图 6-64 所示。

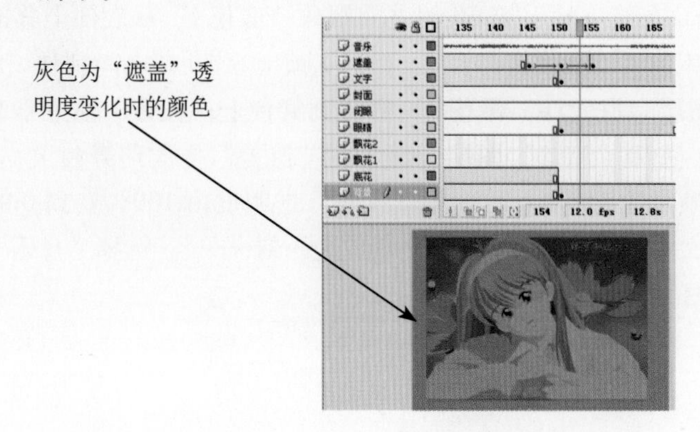

图6-64 第153帧时的画面

提示：在操作第150帧的各图层变化时，为了看到画面效果，可以先将“遮盖”图层隐藏。

⑬在第 170 帧至第 185 帧之间，在“眼睛”图层制作“眼睛”渐消的动画，在“闭眼”图层制作“闭眼”渐现的动画，如图 6-65 所示。

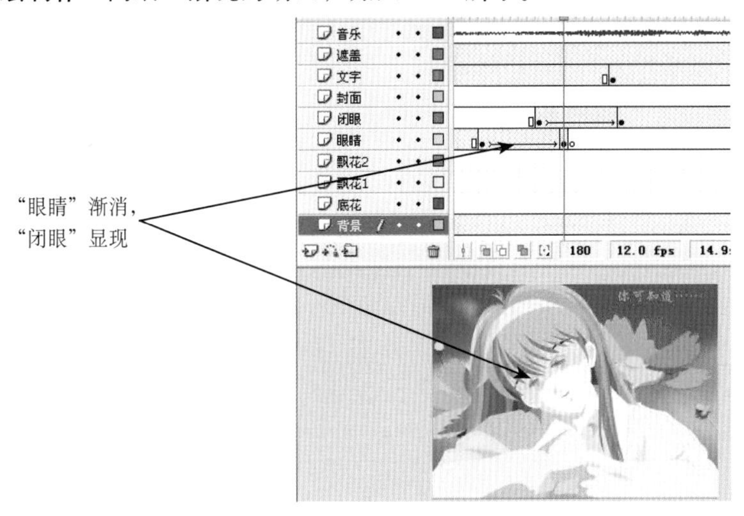

图6-65　第180帧时的画面

⑭在第 245 帧至第 255 帧之间，制作与第 145 帧至第 155 帧类似的“遮盖”变换动画，在第 250 帧处变换“背景”和“文字”，并使“封面”显现。

⑮在第 270 帧至第 300 帧之间，制作封面翻转的动画，如图 6-66 所示。

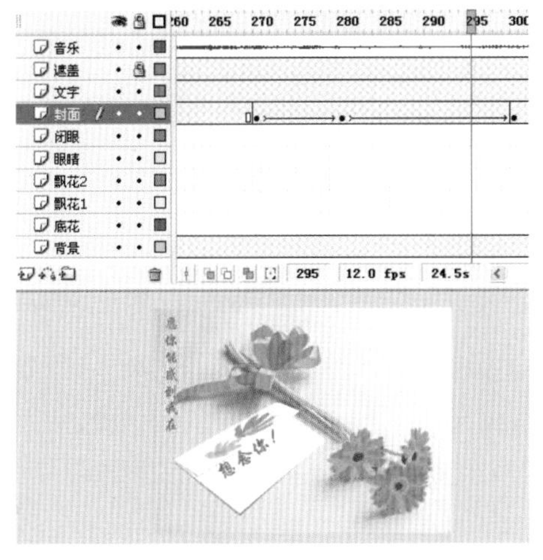

图6-66　第295帧时的画面

注意：这里的封面翻页动画与“基础动画”章节中的“翻页动画”的制作不同，这里的翻页是通过【任意变形工具】按钮实现的，除了要进行缩放操作，还要进行倾斜操作，如图6-67所示。

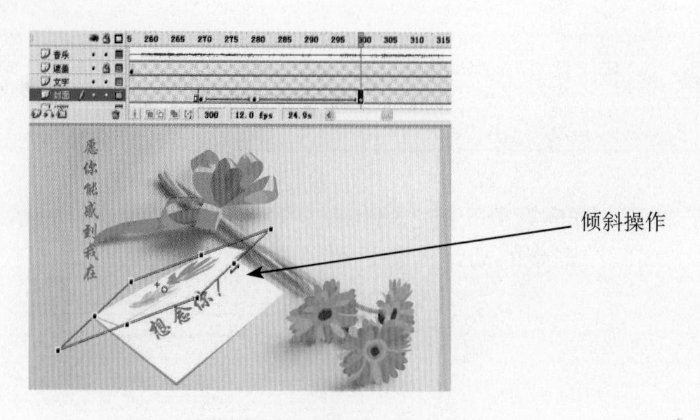

图6-67 翻页动画的制作

至此，思念卡制作完毕，按 Ctrl + Enter 组合键测试影片，可以看到贺卡的效果。

范例对比

思念卡是一类特殊的贺卡，也是 Flash 贺卡中最出彩的一种贺卡，它往往只需要简单的几笔，或一连串的图像组合，制造出“蒙太奇”效果，就能勾勒出一种意境，让观看者叹为观止，又深受感动。因此，这类贺卡重点在于创意，如何将图、景和情用动画的形式表现出来，是这类贺卡的关键。

6.4 本章小结

本章通过几个典型的 Flash 贺卡的制作范例，向读者介绍了 Flash 贺卡的一般创作思路、基本过程和美工设计。Flash 贺卡属于 Flash 高级动画，需要读者全面掌握 Flash 的各项基础知识，并能熟练运用，根据不同场合的需求，选择不同类型的贺卡形式，制作出精美的作品。

第7章
综合信息展示动画

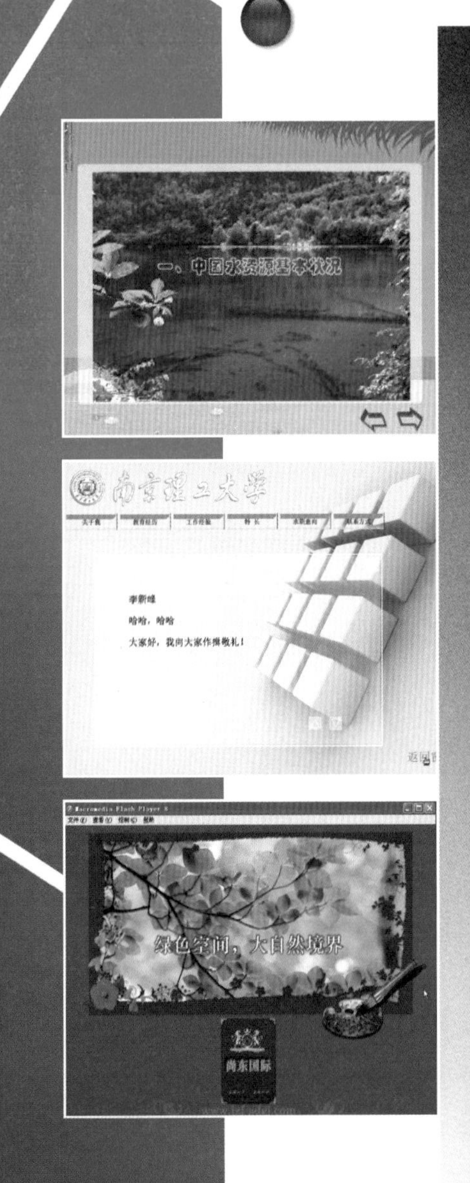

综合信息展示动画是指对某一内容或某一信息按次序详细展示的动画，它是一种综合运用多种动画技术的 Flash 作品，具有很强的实用性、艺术性和观赏性。本章将通过一个授课多媒体课件、一个个人信息网站和一个房地产宣传动画，这三个范例来说明此类动画的制作。

7.1 案例简介——多媒体课件

多媒体课件是老师在讲课时，为便于学生理解和掌握知识而制作的辅助教学工具。优秀的多媒体课件对提高教学效果有巨大帮助。在制作多媒体课件时，往往要根据具体的讲稿来确定课件的内容和具体的表现手法，本范例就是根据某地理老师上课时的讲稿而制作的。

多媒体课件动画在【时间轴】面板上表现为依次让各知识点出现在舞台上，而每个知识点又根据讲稿内容配备了相应的动画表现形式。为了方便在制作时把握段落章节，也为了制作修改时方便操作，可以使用插入“场景”的方式将整个课件分为不同的部分。“场景”之间的过渡通过 AS 程序实现，具体如下。

转到下一个场景：

```
nextScene();
play();
```

返回到上一个场景：

```
prevScene();
play();
```

也可以直接用 gotoAndPlay() 实现：

```
// 到 " 场景 3" 的第 10 帧，并播放
gotoAndPlay(" 场景 3",10);
```

在场景内部，每个知识点处的停顿，可以用 stop() 来实现，停止后播放的控制可以通过交互按钮实现，以方便授课者控制动画的播放进度，也就是为按钮添加 AS 程序，可用如下方法实现。

```
on(press){
  play();
}
```

该多媒体完成后的效果如图 7-1 所示。

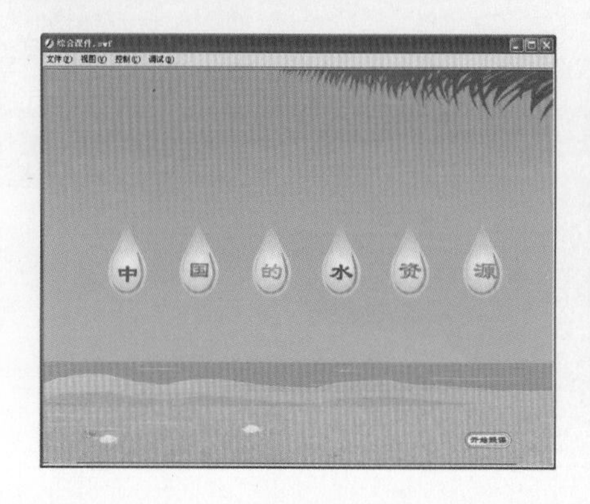

图7-1 最终效果

7.2 制作步骤

❶新建一个Flash文档，命名为“综合课件”，设置动画尺寸为800px×600px，设置背景为蓝色，帧频为12pfs，如图7-2所示。

图7-2 设置文档属性

❷在制作综合课件之前，首先要准备好素材。这其中包括声音文件、背景、插图和文字等，首先把这些素材导入到库中，并分别放入库文件夹的“声音”、“图片”和“文字”中。如图7-3所示。

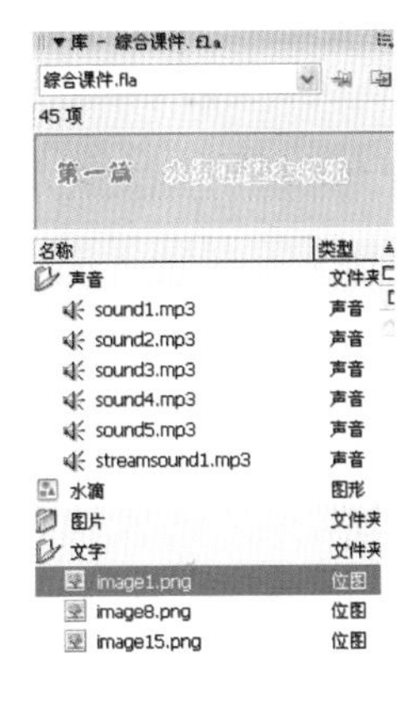

图7-3 导入素材

❸首先分场景制作片头部分。

1．新建一个元件命名为“水滴”，进入编辑状态后，在工具栏单击【椭圆工具】按钮，在工作区绘制一个渐变色椭圆，然后使用【任意变形工具】和【选择工具】，把椭圆调整为一个水滴形状，如图 7-4 所示。

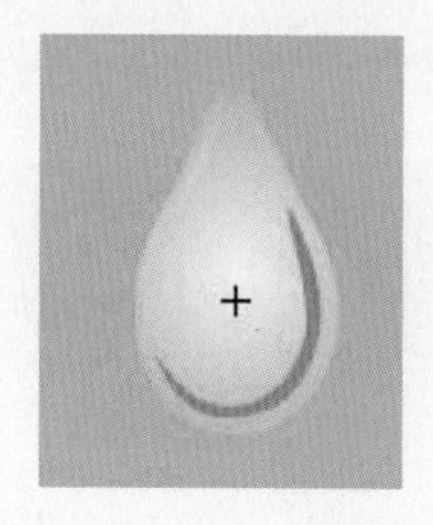

图7-4 元件“水滴”

2．再新建 6 个元件，分别命名为“中”、“国”、“的”、“水”、“资”和“源”，然后分别输入相应的文字，如图 7-5 所示。

图7-5 6个文字元件

3．再新建一个按钮元件，命名为“开始”，进入编辑状态后，绘制一个椭圆按钮，然后再添加文字“开始授课”，如图 7-6 所示。

图7-6 按钮元件“开始”

4．回到主场景，修改当前图层名为“背景”，将背景图形文件“背景.jpg”拖放到舞台上，并延长至第 250 帧。再新建 6 个图层，命名为“水滴 1”、“水滴 2”……“水滴 6”，分别在每个图层上拖放一个元件“水滴”。然后依次对每个图层上的“水滴”元件制作从上到下的动作补间动画，并停留于舞台中央，如图 7-7 所示。

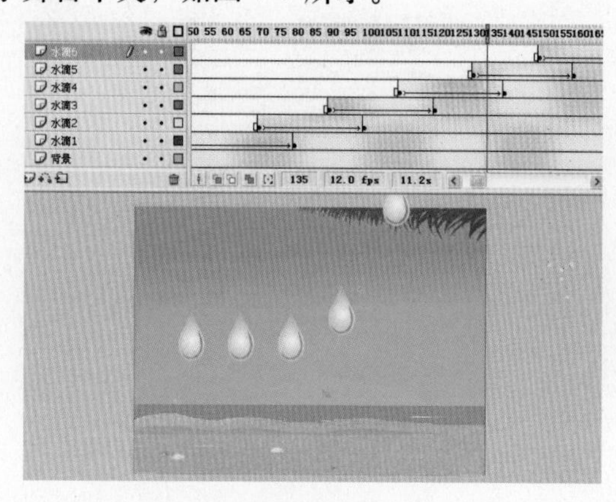

图7-7 制作水滴动画

5．再新建6个图层，分别命名为“中”、“国”、“的”、“水”、“资”和“源”，然后将文件元件“中”、“国”、“的”、“水”、“资”和“源”拖放到相应的图层，并分别依次把它们放入水滴中。

6．再新建一个图层，命名为“音乐”，选中该图层将音乐文件“sound2.mp3”拖放到舞台，然后打开【属性】面板上，设置播放模式为循环模式，如图7-8所示。

图7-8 设置循环模式

7．再新建一个图层。命名为“按钮”，在该图层的第230帧插入一个空白关键帧，然后将元件“开始”按钮拖放到舞台上。选中“按钮”，打开【动作】面板，输入如下程序。

```
on(press)
{ stopAllSounds();   // 音乐停止
 nextScene();       // 转到下一个场景
 paly();
}
```

8．再新建一个图层，命名为“AS”，在该图层的第240帧插入一个空白关键帧，然后打开【动作】面板，输入如下程序。

```
stop();
```

提示：这里的stop()和play()，恰好一个是停止，一个是播放，形成停止和播放的控制，停止是通过AS程序直接实现，而播放是通过按钮的AS程序实现。

这样片头部分就完成了。

④选择菜单【插入】→【场景】命令，新建一个场景，系统自动命名为“场景2”。如图7-9所示。

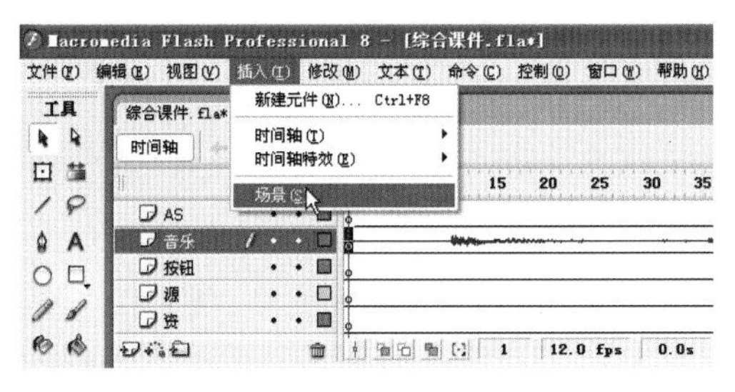

图7-9 新建一个场景

下面制作课件的主体部分。

⑤制作标题。新建一个元件，命名为“标题1”，进入编辑状态后，在当前图层上将素材图片“框架.jpg”拖放到工作区，再新建一个图层，单击【文本工具】按钮，添加文字“导言”，如图7-10所示。

导 言

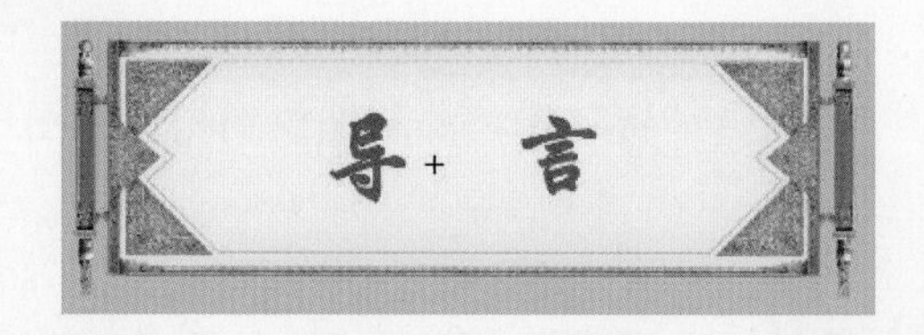

图7-10 元件“标题1”

按相同的方法制作“标题 2”和“标题 3”。

❻再新建一个元件，命名为“底板”，进入编辑状态后，在工作区绘制一个矩形，如图 7-11 所示。

图7-11 元件“底板”

再新建 3 个按钮元件，分别命名为“谜底按钮”、“上一个”和“下一个”，分别做出按钮图形，如图 7-12 所示。

谜底

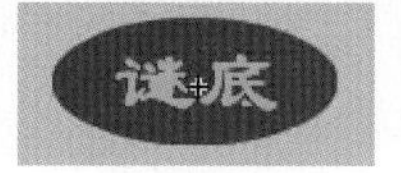

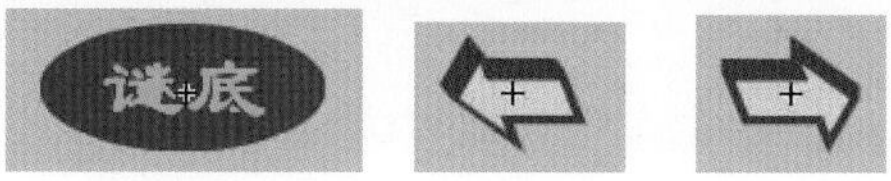

“谜底按钮” “上一个” “下一个”

图7-12 3个按钮元件

再新建 5 个输入文本的图形元件，分别命名为“谜语”、“谜底”、“找一找”、“广义定义”和“狭义定义”，它们输入的文字内容如图 7-13 所示。

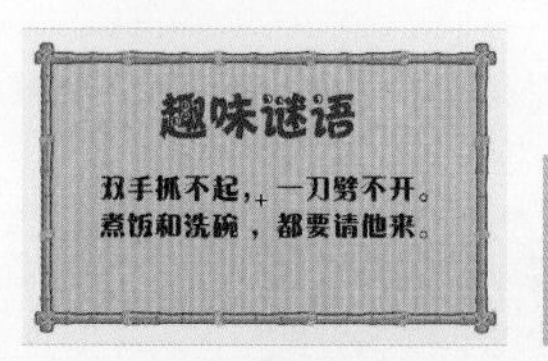

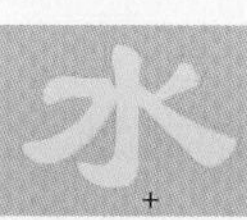

趣味谜语
双手抓不起，一刀劈不开。
煮饭和洗碗，都要请他来。
水
找一找
自然界中的水资源

“谜语” “谜底” “找一找”

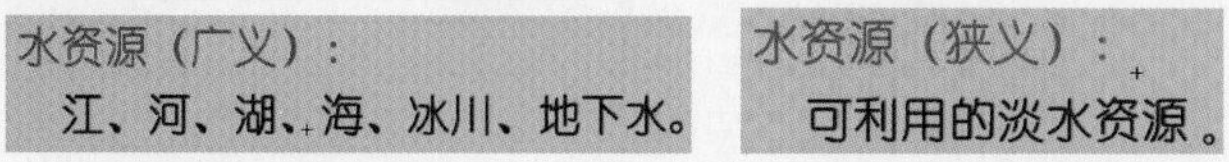

水资源（广义）：
江、河、湖、海、冰川、地下水。
水资源（狭义）：
可利用的淡水资源。

“广义定义” “狭义定义”

图7-13 5个文本

❼以上是“导言”部分的元件，下面制作“基本情况”的元件。新建 8 个静态文本的图形元件，分别命名为“一”、“读图探究”、“题 1”、“题 2”、“状况标题”、“状况 1”、“状况 2”和“状况 3”。它们输入的文本内容和样式，如图 7-14 所示。

一、中国水资源基本状况　读图探究

“一”　“读图探究”

1、中国的年降水量的空间分布有什么规律？

“题1”

2、中国水资源空间分布有什么规律？

“题2”

水资源基本状况　分布不规律，南多北少，东多西少

“状况标题”　“状况1”

时间分布不均，季节和年季变化大　水资源匮乏，缺水严重

“状况2”　“状况3”

图7-14　8个文本元件

再新建一个元件，命名为“统计数据”，进入编辑状态后，在舞台上输入文本，如图 7-15 所示。

据1996年统计：

我国水资源总量居世界第6位；

而我国的人均水资源量仅为世界平均水平的1/4；

我国缺水城市有300多个；

严重缺水城市有100多个。

图7-15　输入的文本

再新建一个图层，做一个矩形，在第 1 帧至第 20 帧之间做矩形逐渐变大覆盖文字的动画。然后修改矩形所在图层为遮罩层，文字所在图层为被遮罩层。最后选中第 20 帧的关键帧，打开【动作】面板，输入如下程序。

```
stop();
```

再新建 3 个影片剪辑元件，分别命名为“北方”、“南方”和“西方”。这 3 个元件也是遮罩动画，它们的制作方法与元件“统计数据”的制作方法一样。时间轴面板和图形如图 7-16 所示。

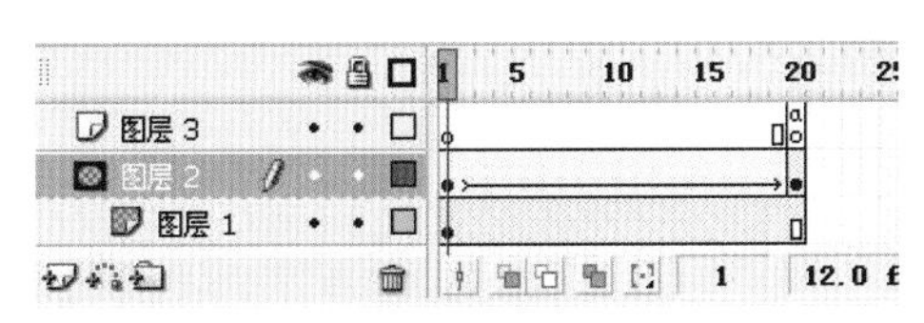

【时间轴】面板

“北方”

“西方”

“南方”

图7-16 元件【时间轴】面板“北方”、“西方”及其“南方”

❽制作“开发利用”部分的元件。新建4个输入文本的图形元件,分别命名为“二”、“思考题”、“思考”和“考眼力”。它们输入文本的内容和样式如图7-17所示。

“二” “思考题”

假如你是：A. 山东省工业厅厅长
B. 山东省农业厅厅长
C. 普通一城市居民
D. 普通一农民

你为山东省水资源的利用做点什么？

“思考” “考眼力”

图7-17 4个文本元件

再新建一个影片剪辑元件，命名为“箭头”，进入编辑状态后，在当前图层上做一个箭头形状，然后延长至第10帧。再新建一个图层，做一个矩形，在第1帧至第10帧之间做矩形逐渐变大覆盖箭头形状的形状补间动画。然后修改矩形所在图层为遮罩层，箭头所在图层为被遮罩层，如图7-18所示。

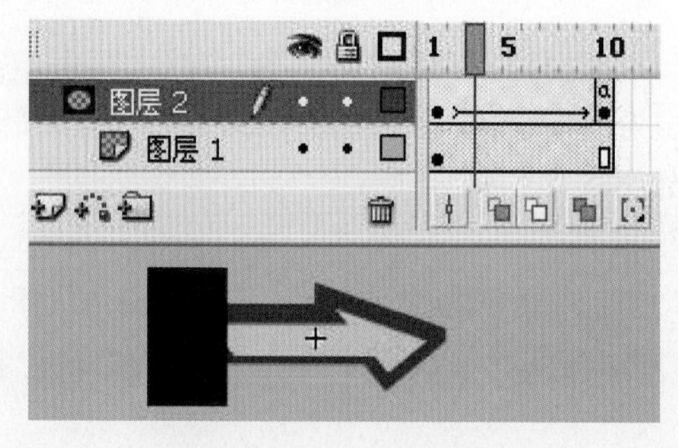

图7-18 做箭头的遮罩动画

最后选中第10帧的关键帧，打开【动作】面板，输入如下程序。

```
stop();
```

❾元件完成后，就可以按照“导言”、“基本情况”和“开发利用”3个部分制作多媒体课件了。首先制作“导言”部分。

回到“场景 2”，将当前图层命名为“背景”，将图片“背景.jpg”拖放到舞台上。然后再新建一个图层，命名为“标题”，将元件“标题 1”拖放到舞台的左上角，如图 7-19 所示。

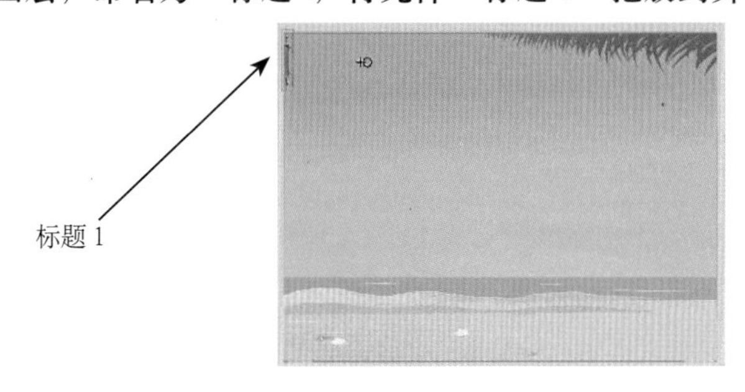

图7-19　放置“标题1”

提示：“标题1”是一个遮罩动画元件，在舞台上只显示它的初始显示部分。

再新建 3 个图层，分别命名为“AS”、“上一个”和“下一个”。在“上一个”图层的第 55 帧处，将按钮元件“上一个”拖放到舞台中；在“下一个”图层的第 55 帧处，将按钮元件“下一个”拖放到舞台中，如图 7-20 所示。在第 55 帧至第 73 帧，制作按钮元件“上一个”和“下一个”出现的动画。

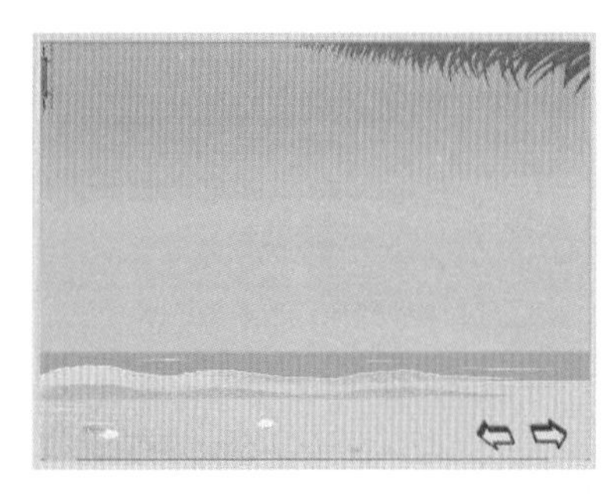

图7-20　“上一个”和“下一个”按钮

在“AS”图层的第 73 帧创建一个单独的空白关键帧，打开【动作】面板，输入如下程序。

```
stop();
```

在第 73 帧，在舞台上选中按钮元件“下一个”，打开【动作】面板，输入如下程序。

```
on(press){
play();
}
```

在第 73 帧，在舞台上选中按钮元件“上一个”，打开【动作】面板，输入如下程序。

```
on(press){
gotoAndPlay(1);
}
```

这样，多媒体在第 73 帧这个交互关键点上的停止、播放以及返回，就可以通过一个 AS 程序和两个按钮元件的控制程序完成交互操作的界面，其工作原理如图 7-21 所示。

在以后的每个交互关键点处。我们都将用到这种方法来控制交互，所不同的是，每个关键点的“上一个”按钮的返回帧的位置不同，即 gotoAndPlay（上一关键点的位置）。

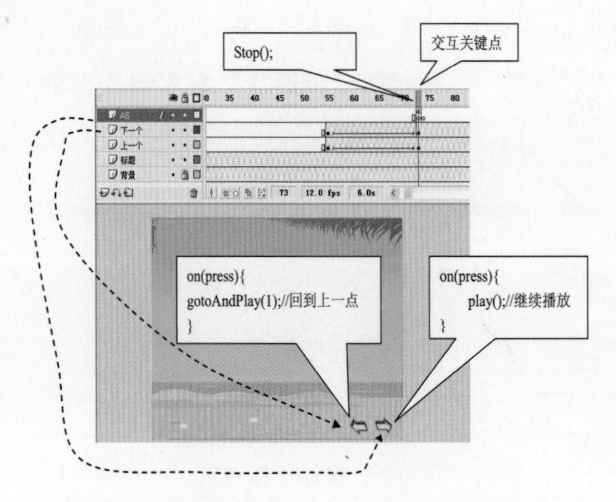

图7-21 多媒体的停止、播放及返回原理

再新建两个图层，将元件“谜语”和“谜底按钮”元件分别拖放到这两个图层上，并分别制作相应的出现动画。在第100帧用“AS”图层关键帧、“上一个”、“下一个”按钮制作交互关键点，如图7-22所示。

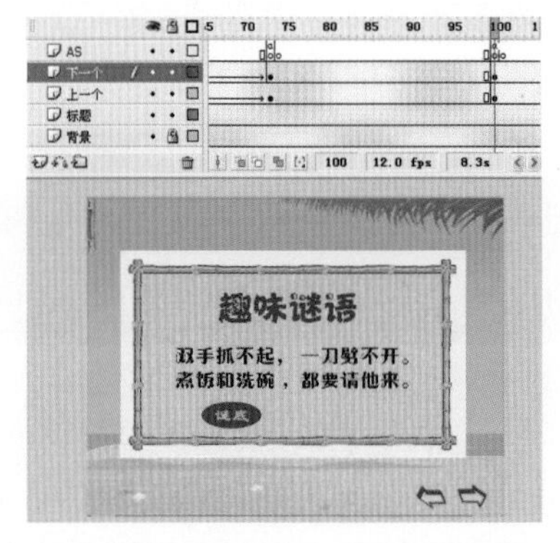

图7-22 添加“谜语”和“谜底按钮”

在舞台上选择元件“谜底按钮”，打开【动作】面板，输入如下程序。

```
on(press){
play();
}
```

再新建一个图层，在该图层的第105帧处将元件“谜底”拖放到舞台。在第105帧用“AS”图层关键帧、“上一个”、“下一个”按钮制作交互关键点，如图7-23所示。

图7-23 添加“谜底”

在【时间轴】面板的第 108 帧，将“谜语”、“谜底按钮”和“谜底”终止，即插入空白关键帧。在 2 个空白图层的第 110 帧处分别将元件“底板”和“找一找”拖放到舞台上，并制作相应的动画。在第 125 帧用“AS”图层关键帧、“上一个”、“下一个”按钮制作交互关键点，如图 7-24 所示。

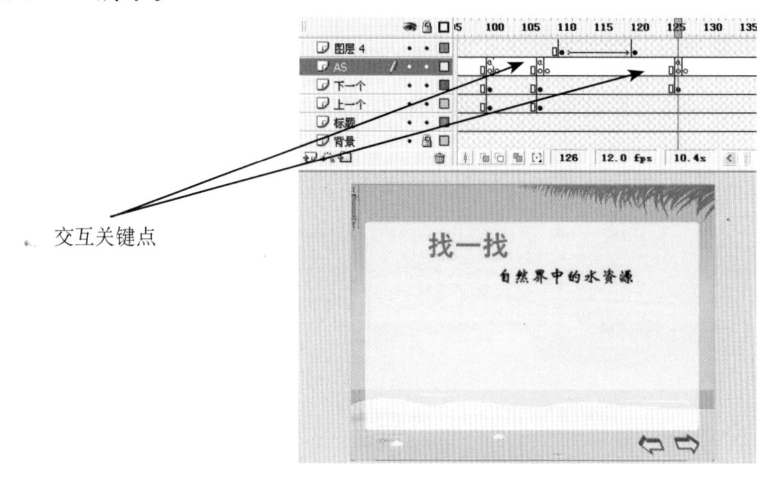

图7-24 添加“底板”和“找一找”

在 2 个空白图层的第 130 帧分别将元件“广义定义”和“狭义定义”拖放到舞台上，并在第 130 帧用“AS”图层关键帧、“上一个”、“下一个”按钮制作交互关键点，如图 7-25 所示。

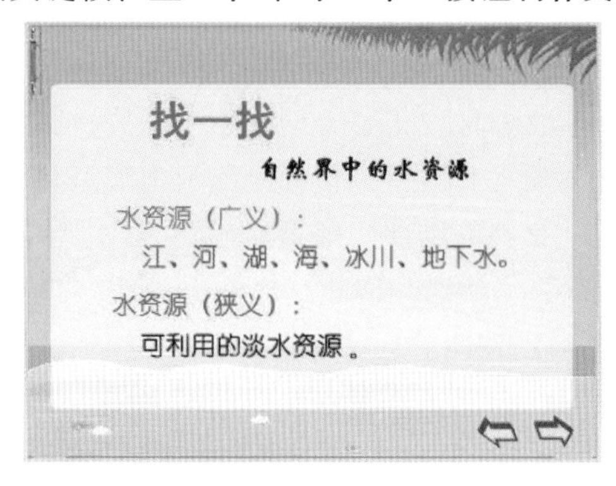

图7-25 添加“广义定义”和“狭义定义”

这时，修改“下一个”按钮的 AS 程序如下。

```
on(press){
   nextScene();// 转到下一个场景
  play();
}
```

第一部分“导言”就制作完成了。

⑩制作第二部分“基本状况”。插入一个场景，系统自动命名为“场景 3”。将当前图层命名为“背景”，在该图层将背景图片“背景.jpg”拖放到舞台上。然后再新建 3 个图层：“下一个”、“上一个”和“AS”，如同“场景 2”一样，在相应图层中将按钮元件“下一个”和“上一个”拖放到舞台上，修改“上一个”按钮的 AS 程序如下。

```
on(press){
    gotoAndPlay (" 场景 2",130); // 转到上一场景的最后一个交互关键点
}
```

提示：gotoAndPlay()有两种使用方法，一种是gotoAndPlay(帧序号)，一种是gotoAndPlay(场景，帧序号)。

再新建两个图层，分别将元件“一”和图形文件“image2.jpg”拖放到舞台中。在第1帧至第10帧之间制作元件“一”自下而上逐渐出现的动画，如图7-26所示。

图7-26　标题2及背景图片

在第10帧用“AS”图层关键帧、“上一个”、“下一个”按钮制作交互关键点。

在第15帧至第25帧之间做“标题2”和背景图消失离开舞台的动画。在第25帧至第35帧之间做元件“读图探究”出现的动画。在第35帧至第45帧之间做图片“中国年降水量分布图”和“中国水资源分布图”渐现的动画。在第45帧用“AS”图层关键帧、“上一个”、“下一个”按钮制作交互关键点，如图7-27所示。

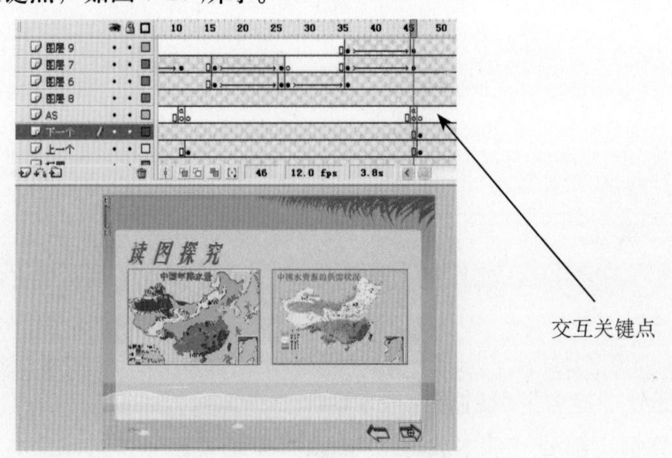

图7-27　“读图探究”及两个图片出现

再新建一个图层，在该图层的第50帧，将元件“题1”和“题2”拖放到舞台上，并在第50帧制作交互关键点，如图7-28所示。

图7-28　“题1”和“题2”出现

在第53帧，将元件“读图探究”、“题1”、“题2”和2个图片中止，即在53帧插入空白关键帧。

在一个空白图层的第55帧将元件“状况标题”拖放到舞台上。在一个空白图层的第60帧将元件“状况1”拖放到舞台上，并在第60帧至第70帧之间制作“状况1”由右向左进入舞台并静止于舞台中央的动画。并在第70帧制作交互关键点，如图7-29所示。

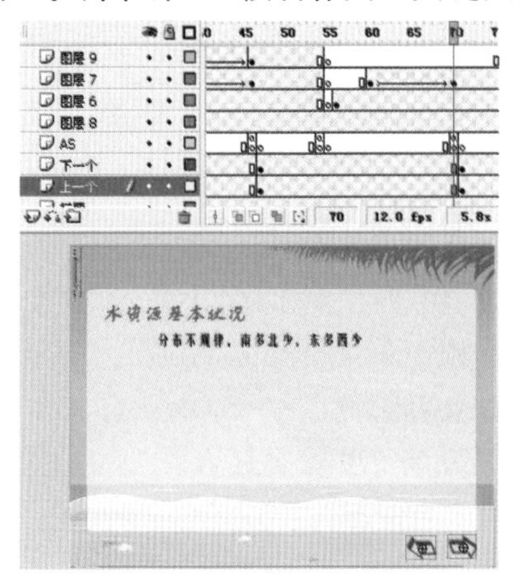

图7-29　“状况1”出现

在一个空白图层的第75帧，将图片“中国地形图.jpg”拖放到舞台上，在第75帧至第85帧制作该图片自下而上的上升动画。在一个空白图层的第90帧，将元件“北方”、“南方”、“西方”拖放到舞台的相应位置，并延长至第110帧。在第110帧制作交互关键点，如图7-30所示。

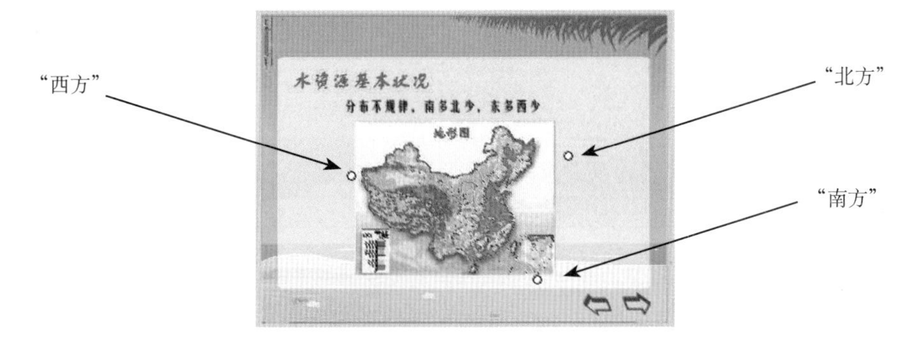

图7-30　“中国地形图”及“北方”、“南方”、“西方”

提示：“北方”、“南方”和“西方”3个动画元件的播放都需要20帧的时间，所以在场景的时间轴上它们的跨度也是20帧。另外，由于这3个是遮罩动画，初始状态是无画面显示的，所以在舞台上，它们也没有画面，只是代表元件的3个点。

在第111帧处将元件“状况1”和“中国地形图”中止。在一个空白图层的第115帧将元件“状况2”拖放到舞台上，在第115帧至第130帧之间制作“状况2”由右向左进入舞台并静止于中央的动画。在第130帧制作交互关键点，如图7-31所示。

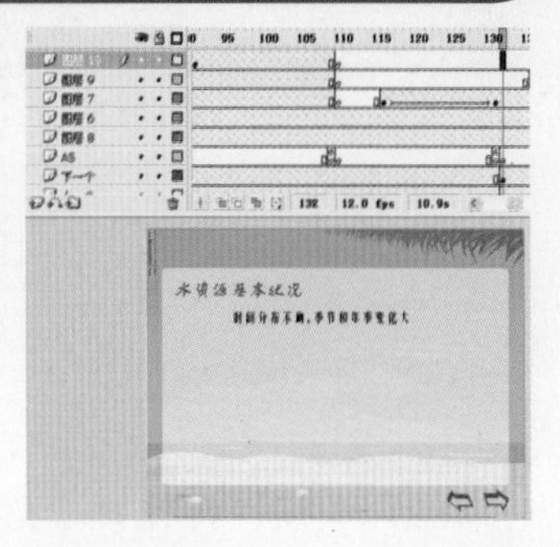
图7-31 制作元件“状况2”动画

分别在一个空白图层的第135帧和第140帧各插入一个空白关键帧，在这两个空白关键帧处分别将图片“流量图.jpg”和“四川降水图.jpg”拖放到舞台中，并在第135帧和第140帧制作交互控制点，如图7-32所示。

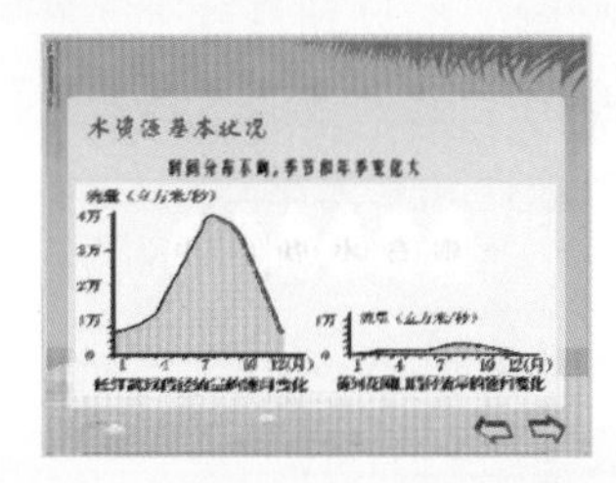

图7-32 添加“流量图”和“四川降水图”

在第145帧处将元件“状况2”和“四川降水图”中止。在一个空白图层的第146帧将元件“状况3”拖放到舞台上，在第146帧至第160帧之间制作“状况3”由右向左进入舞台并静止于中央的动画。在第160帧制作交互关键点。

在一个空白图层的第165帧和第170帧各插入一个空白关键帧，在这两个空白关键帧处分别将图片“干涸.jpg”和元件“数据统计”拖放到舞台中，并将元件“数据统计”延长至第190帧，如图7-33所示。

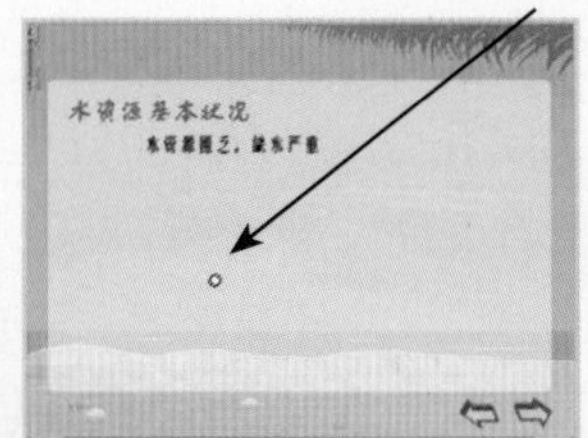

图7-33 图片“干涸”和元件“数据统计”（白点）

提示：“数据统计”也是遮罩动画，初始状态无画面显示，所以在舞台上显示为代表元件的一个圆白点。

在第165帧和第170帧制作交互控制点。然后修改“下一个”按钮的AS程序如下。

```
on(press){
    nextScene(); // 转到下一个场景
```

```
    play();
}
```

这样第二部分“中国水资源的基本状况”就制作完成了。

⑪制作第三部分“开发利用”。插入一个场景，系统自动命名为“场景4”。如同第二部分一样，先在相应的图层将背景、标题和按钮拖放到舞台上，并修改“上一个”按钮的AS程序，使其返回点为“场景3”的第170帧。

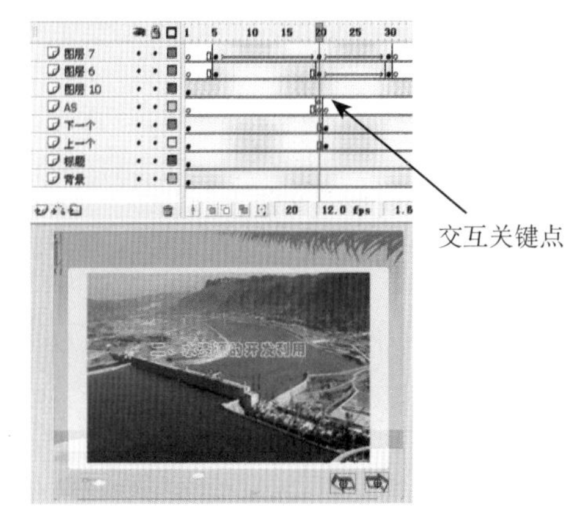

图7-34 “二”及背景图片

再新建两个图层，在第5帧，分别插入一个空白关键帧，然后在这两个图层上分别将图片文件“image13.jpg”和元件“二”拖放到舞台上，在第5帧至第20帧之间做元件“二”自下而上逐渐出现的动画，并在第20帧制作交互关键点，如图7-34所示。

在第20帧至第30帧制作图片“image13.jpg”和元件“二”移出舞台的动画。在第35帧将图片“中国水电站分布图.jpg”和元件“考眼力”分别放到两个空白图层中，然后在第35帧处制作交互控制点，如图7-35所示。

图7-35 添加图片“中国水电站分布图”和元件“考眼力”

在一个空白图层的第40帧、第45帧、第50帧和第55帧处，分别插入一个空白关键帧，在空白关键帧处将图片“阶梯线.jpg”拖放到舞台上。并制作“阶梯线”闪动的动画。在第52帧处制作交互控制点，如图7-36所示。

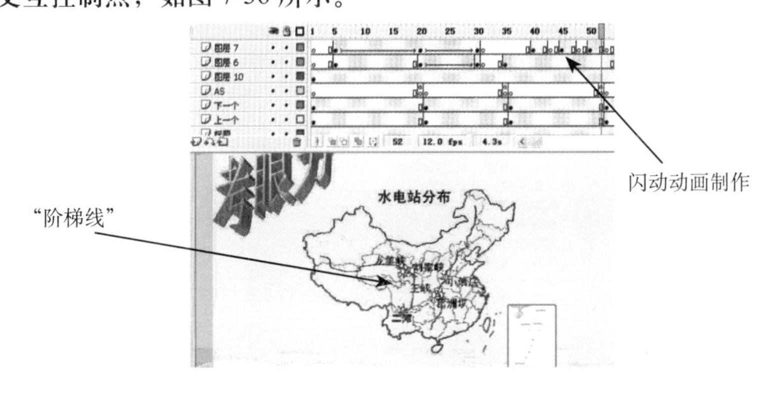

图7-36 “阶梯线”图片及闪动动画的制作

为了使学生比较两图时更清楚，还需要将“中国地形图”与“水电站分布图”同时放到舞台上。因此，在第 55 帧至第 70 帧之间制作“水电站分布图”与“阶梯线”左移缩小的动画。在一个空白图层的第 70 帧处，将图片“中国地形图”拖放到舞台上，在第 70 帧至第 80 帧之间制作“中国地形图”从“水电站分布图”渐现右移的动画。在第 80 帧,将元件“箭头”拖放到舞台上,放置在“水电站分布图”和“中国地形图”中间。在第 90 帧制作交互控制点，如图 7-37 所示。

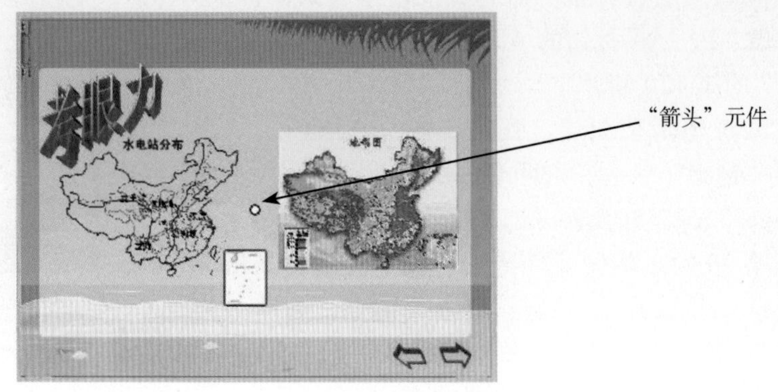

图7-37　“水电站分布图”与“中国地形图”对比

在第 91 帧,将元件“考眼力”、图片“水电站分布图”、“阶梯线”和“中国地形图”中止。在一个空白图层的第 91 帧，将图片“拓展延伸 .jpg”拖放到舞台上，在第 91 帧至第 100 帧之间制作图片“拓展延伸”上升出现的动画。在第 100 帧制作交互关键点，如图 7-38 所示。

图7-38　添加图片“拓展延伸”

在第 105 帧，将图片“海水淡化 .jpg”拖放到舞台上，在第 105 帧至第 115 帧之间制作图片“海水淡化”上升出现的动画。并在第 115 帧制作交互关键点，如图 7-39 所示。

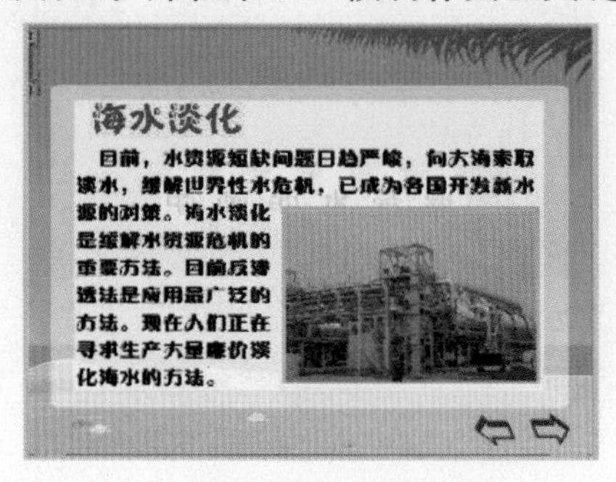

图7-39　添加图片“海水淡化”

在第 120 帧，将图片“节水标志 .jpg”拖放到舞台上，在第 120 帧至第 130 帧之间制作图片“节水标志”旋转放大出现的动画。并在第 130 帧制作交互关键点，如图 7-40 所示。

图7-40　添加图片“节水标志”

在两个空白图层的第 135 帧，分别插入一个空白关键帧，然后在这两个图层上分别将元件“思考”和“思考题”拖放到舞台上，并在第 140 帧制作交互关键点，如图 7-41 所示。

图7-41　添加元件“思考”和“思考题”

在第 145 帧将元件“标题 3”中止，在第 150 帧插入一个空白关键帧，然后单击工具栏中的【文本工具】按钮 A，在舞台上输入文本“谢谢欣赏”，并在第 150 帧制作交互关键点，如图 7-42 所示。

图7-42　添加文本

这样整个多媒体课件就完成了。最后，保存文件，按 Ctrl ＋ Enter 组合键，测试影片。

7.3　同类索引——个人信息页、房地产宣传动画

综合场景动画往往图文并茂、画面精美，而且主题突出，有丰富的表现手法，烘托氛围效果极好，能给人留下深刻的印象，这类动画是 Flash 动画中极其重要的一类。它的制作也有多种方法，下面就以两个范例来说明这类动画的其他制作方法。

1. 个人信息页

Flash 是一款功能非常强大的交互式矢量多媒体网页制作工具，它能够轻松地输出各种各样的动画网页。Flash 不需要特别繁杂的操作，但是动画效果、互动效果、多媒体效果十分出色。而且还可以在 Flash 动画中封装 MP3 音乐、填写表单等。用它来展示综合信息也是一个很好的手段，本例就是用 Flash 制作的个人信息网页。

在个人信息网页中，不同显示信息的交换是通过层级调用实现的，具体示意如图 7-43 所示。

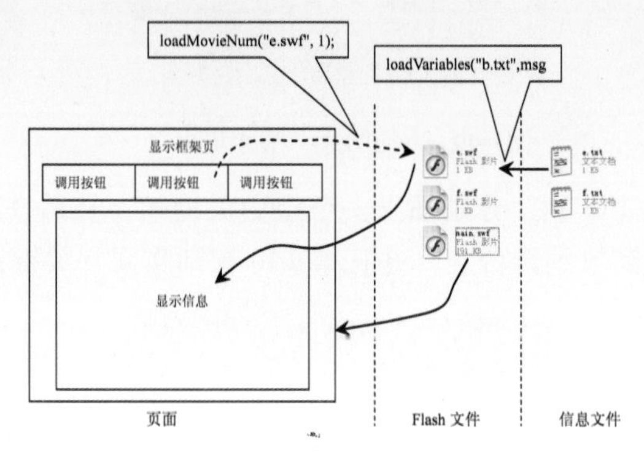

图7-43　个人信息页调用示意图

因此，在制作时可以从最底层的信息文件开始，逐级制作，最后再通过一个总的页面文件 main 进行集成。该动画完成后的效果如图 7-44 所示。

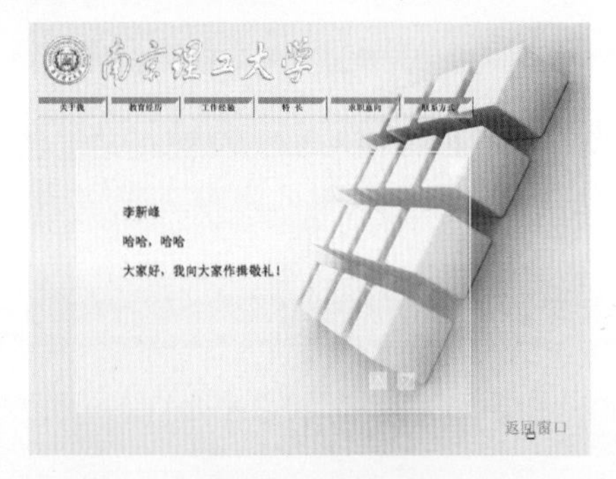

图7-44　最终效果

● 制作步骤

❶首先制作信息文件。在桌面选择【开始】→【程序】→【附件】→【记事本】命令，打开记事本程序，输入文本，在目标文件夹下保存为 a.txt 文件，如图 7-45 所示。

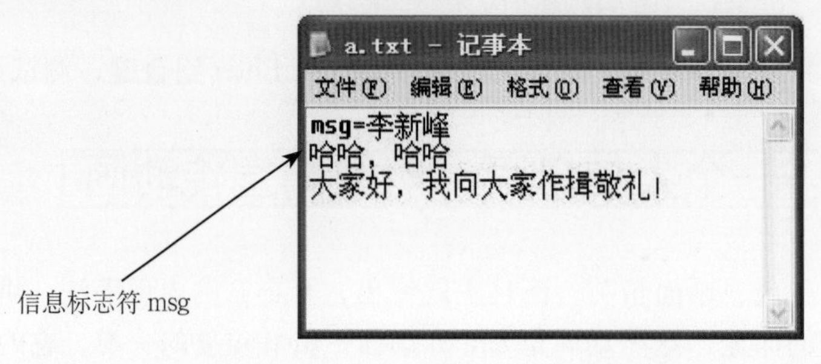

图7-45　文本文件a.txt

注意：这里的msg要在Flash文档中用到，主要起到信息指引的作用。目标文件夹为Flash文档生成的SWF文件所在的文件夹，SWF文件要调用txt文档的信息时，必须要制定txt文件路径，或者两者在同一个文件夹下。

这里采用了第二种。按照这种样式，依次制作 a.txt、b.txt、c.txt、d.txt、e.txt 和 f.txt 文件，它们分别是“关于我”、“教育经历”、“工作经验”、“特长”、“求职意向”和“联系方式”的信息。

❷制作信息显示页。新建一个 Flash 文档，命名为“a.fla”，设置文档尺寸为 480px×280px，背景色为灰色，如图 7-46 所示。

然后创建 2 个图形元件“up”和“up1”，如图 7-47 所示。

图7-46　设置文档属性

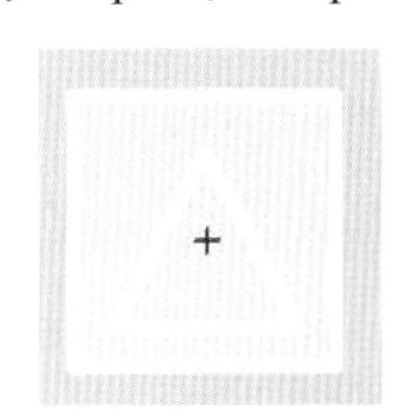

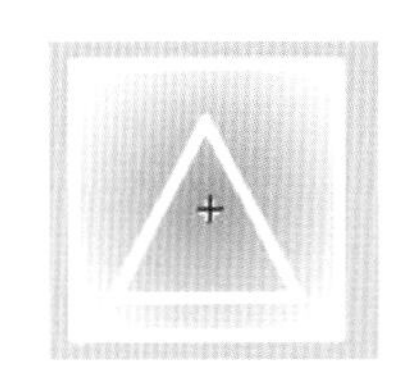

图7-47　元件“up”和“up1”

再新建一个按钮元件，命名为“按钮”，进入编辑状态后，将元件“up”和“up1”放到相应的帧上，如图 7-48 所示。

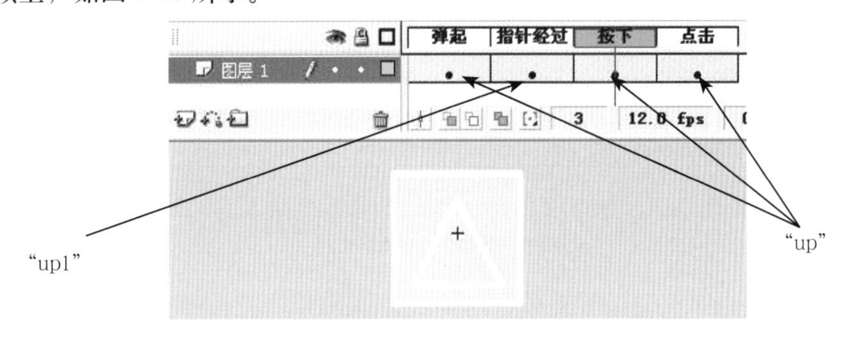

图7-48　元件“按钮”

❸回到主场景，将当前图层修改为“滑动按钮”，然后拖放两个“按钮”元件到舞台上，并将其中一个倒置，使它们一个向上，一个向下。选中向上的“按钮”，然后打开【动作】面板，输入如下程序。

```
on(press){
    _root.msg.scroll=_root.msg.scroll-1;
}
```

选中向下的“按钮”，然后打开【动作】面板，输入如下程序。

```
on(press){
    _root.msg.scroll=_root.msg.scroll+1;
}
```

> **提示**：_root 属性用于指定或返回一个对根影片剪辑时间轴的引用。如果影片剪辑有多个级别，则根影片剪辑时间轴位于包含当前正在执行脚本的级别上。
> scroll 属性用于控制文本字段中与变量关联的信息的显示。设置此属性后，当用户滚动该文本字段时，Flash Player 将更新此属性。scroll 属性可用于将用户定向到长篇文章的特定段落，还可用于创建滚动文本字段。

❹再新建一个图层，命名为“文本框”，单击【文本工具】按钮 A，在该图层上放置一个动态文本框，并设置其尺寸为：436.3px×231.0px，设置变量名为 msg，如图 7-49 所示。

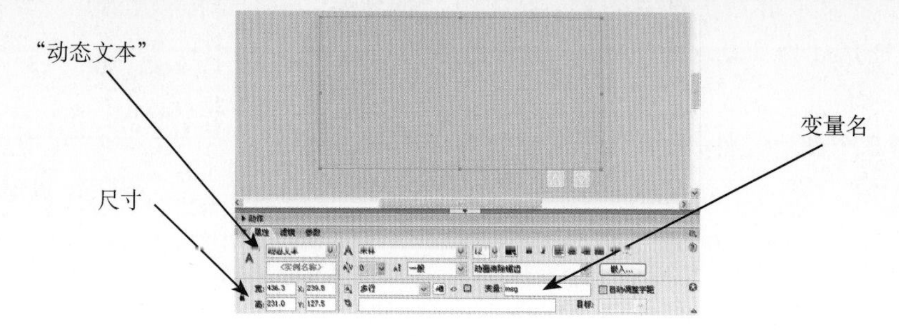

图7-49 动态文本框

再新建一个图层，然后打开【动作】面板，输入如下程序。

```
loadVariables("a.txt",msg);
System.useCodepage=true;
```

> **提示**：loadVariables 函数的功能是从外部文件（例如文本文件，或由 ColdFusion、CGI 脚本、Active Server Page (ASP)、PHP 或 Perl 脚本生成的文本）中读取数据，并设置目标影片剪辑中变量的值。

至此，文件 a.fla 制作完毕，保存文件后，测试效果后生成 a.swf 文件，如图 7-50 所示。

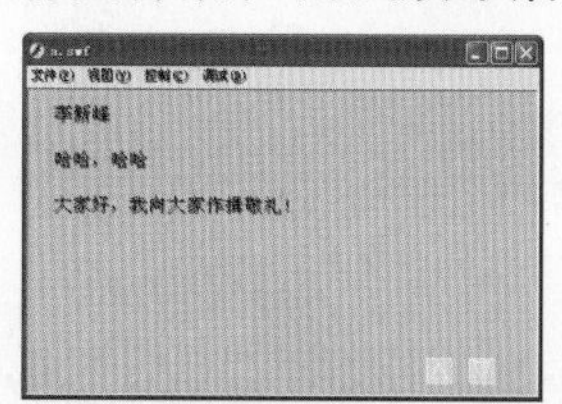

图7-50 a.swf的测试效果

❺再用相同的方法制作 b.swf、c.swf、d.swf、e.swf 和 f.swf 文件。

❻再新建一个 Flash 文档，命名为“main.fla”。在【库】面板上新建一个文件夹，命名为“bmp”，将两个图片素材导入到库中，放在 bmp 文件夹内，如图 7-51 所示。

❼在【库】面板上再新建一个文件夹，命名为“按钮”，然后新建一个按钮元件，命名为“logo 按钮”，进入编辑状态后，将素材“1.png”放置于工作区，如图 7-52 所示。

图7-51 将素材导入到库中

图7-52 元件"logo按钮"

❽再新建两个元件,分别命名为"关闭 1"和"关闭 2",然后分别绘制一明一暗两个"×"图形。再新建一个按钮元件，命名为"关闭"，然后使用"关闭 1"和"关闭 2"制作按钮元件的动态效果，如图 7-53 所示。

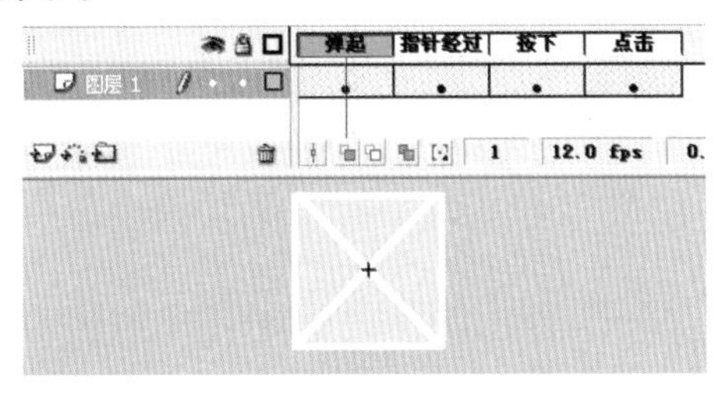

图7-53 元件"按钮"

用同样的方法制作"退出"按钮、"按钮 1"、"按钮 2"、"按钮 3"、"按钮 4"、"按钮 5"和"按钮 6"。

注意："按钮1"、"按钮2"……"按钮6"上面包含有文字，在制作时只需要再增加一个图层并添加文字即可，如图7-54所示，即为"按钮1"的制作方法。

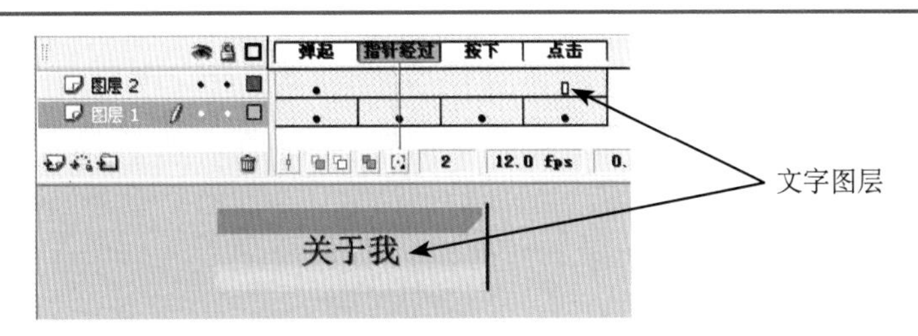

图7-54 元件"按钮1"

❾在【库】面板上再新建一个文件夹，命名为"动态"。

新建一个元件，命名为"方格"，进入编辑状态后，绘制一个浅蓝色的透明度为 30%的圆角矩形，如图 7-55 所示。

图7-55 元件"方格"

再新建一个元件，命名为"大背景"，进入编辑状态后，将元件"方格"按 9×7 格排列，如图 7-56 所示。

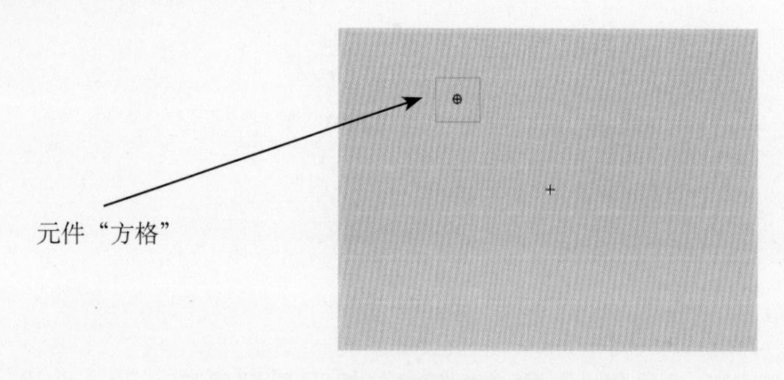

图7-56 元件“大背景”

⑩再新建一个元件，命名为“方块”，进入编辑状态后，绘制一个白色圆角矩形。然后再以该元件为基础依次制作影片剪辑元件“闪动方块”、“闪动方块 1”和“闪动方块 2”，如图 7-57 所示即为“闪动方块 1”的【时间轴】面板。

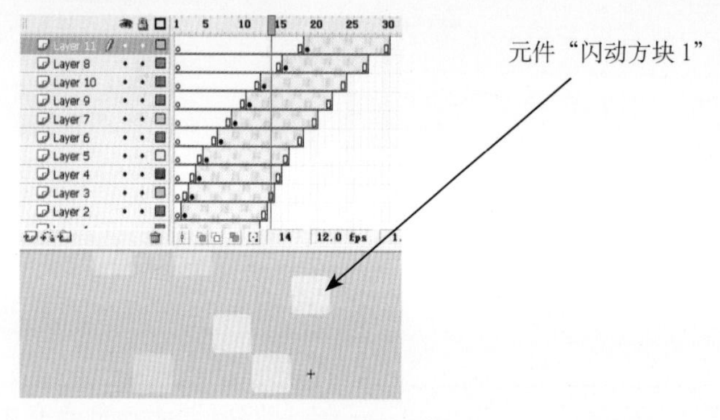

图7-57 元件“闪动方块1”的【时间轴】面板

⑪再新建一个元件，命名为“滑动条”，进入编辑状态后，在当前图层上绘制一个白色矩形框，并延长至第 100 帧。再新建一个图层，在白色矩形框内绘制一个蓝色矩形条，将该图层的第 100 帧转换为关键帧，然后调整矩形的宽度，使其充满白色矩形框，在第 1 帧至第 100 帧之间制作形状补间动画。再新建一个 AS 图层，然后打开【动作】面板，输入以下程序。

```
stop();
```

如图 7-58 所示。

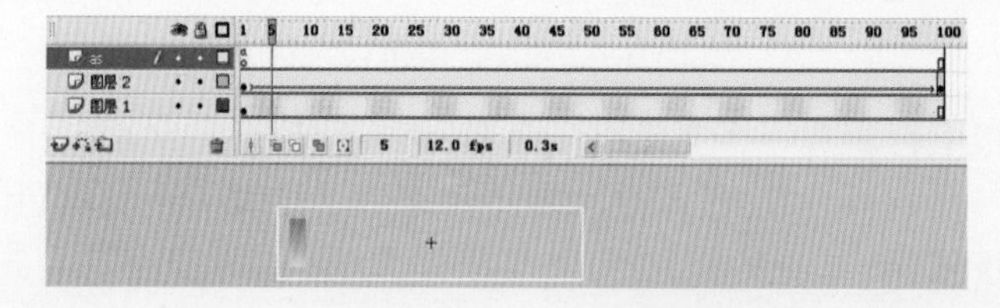

图7-58 元件“滑动条”

提示：在AS图层只有一个关键帧，这个关键帧是一段AS程序，也就意味着该段AS程序在第1帧至第100帧上每一帧都要运行一次，即每一帧都要停止。

⑫再新建两个元件，分别命名为“小背景”和“小框架”。这里就不再详述。

⑬回到主场景，将当前图层命名为“滑动条”，然后将元件“滑动条”拖放到舞台，并

设置实例名为loadbar。再新建一个图层，在该图层上，放置一个动态文本框，动态文本的变量名设置为percent。再新建一个图层，命名为“AS”，在该图层的第1帧、第2帧、第3帧、第4帧、第24帧、第44帧、第64帧……第124帧插入空白关键帧。再新建一个图层，命名为“标签”，在该图层的第1帧、第3帧、第5帧、第15帧、第25帧、第35帧……第125帧插入空白关键帧，然后分别设置它们的帧名称为“loop”、“end”、“a1”、“a2”、“b1”、“b2”……“z2”，如图7-59所示。

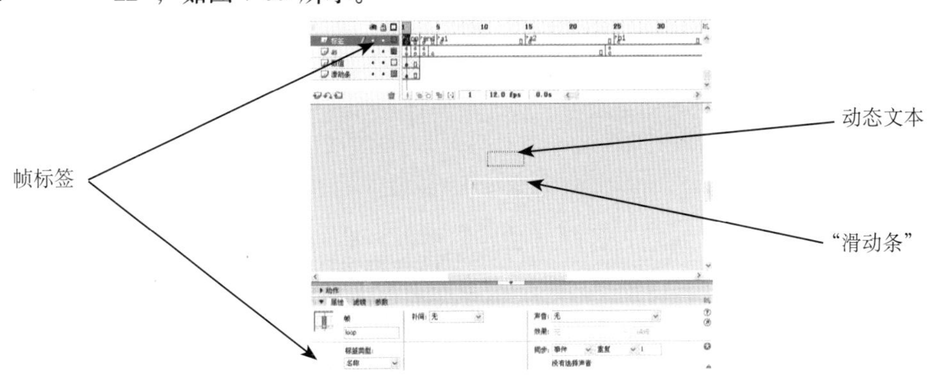

图7-59 设置帧标签

在“AS”图层选择第1帧，打开【动作】面板，输入如下程序。

```
fscommand("fullscreen","true");
byteloaded=_root.getBytesLoaded();
bytetotal=_root.getBytesTotal();
loaded=int(byteloaded/bytetotal*100);
percent=loaded+"%";
loadbar.gotoAndStop(loaded);
```

选择第2帧，打开【动作】面板，输入如下程序。

```
if(byteloaded==bytetotal){
    gotoAndPlay("end");
}
else{
    gotoAndPlay("loop");
}
```

选择第3帧，打开【动作】面板，输入如下程序。

```
gotoAndPlay("a2");
```

然后再依次选择第24帧、第44帧、第64帧……第124帧，分别打开【动作】面板，输入相同的程序。

```
stop();
```

⑭再新建7个图层，分别命名为“底”、“大背景”、“方块闪动2”、“logo按钮”、“按钮群”、“退出”和“小边框”。在新建图层的第4帧插入空白关键帧，然后在相应图层将相应元件拖放到舞台上。其中，在“底”图层放置素材文件“123.jpg”，在“按钮群”图层放置元件“按钮1”、“按钮2”……“按钮6”，如图7-60所示。

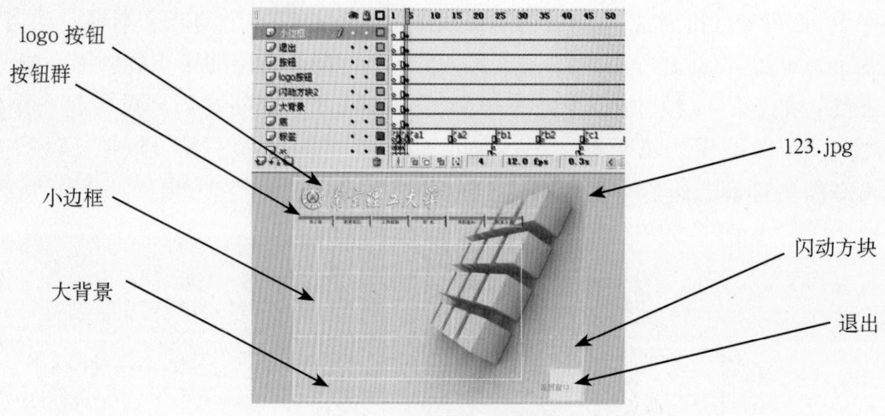

图7-60　放置元件和素材

在舞台上选中元件“logo 按钮”，打开【动作】面板，输入如下程序。

```
on (release) {
    getURL("http://www.njust.edu.cn","blank");
}
```

在舞台上选中元件“退出”，打开【动作】面板，输入如下程序。

```
on (press) {
fscommand("fullscreen","false");
}
```

⑮再新建 5 个图层，分别命名为“卸载底”、“加载底”、“小背景”、“关闭”和“调用”。在“卸载底”图层的第 5 帧、第 15 帧、第 25 帧……第 125 帧插入空白关键帧，然后在第 5 帧、第 25 帧、第 45 帧……第 125 帧将元件“底卸载”拖放到舞台上。

在“加载底”图层的第 15 帧、第 24 帧、第 35 帧、第 44 帧……第 115 帧、第 124 帧插入空白关键帧，然后在第 15 帧、第 35 帧……第 115 帧将元件“加载底”拖放到舞台上。

在“小背景”图层和“关闭”图层的第 24 帧、第 44 帧……第 124 帧插入空白关键帧，然后在这两个图层上分别将元件“小背景”和按钮元件“关闭”拖放到舞台上。

小技巧

当遇到某元件需要间隔出现，且在舞台上的位置相同时，可以在【时间轴】面板上操作，方法是，在该图层上，先将元件放置好，然后在需要出现和需要消失的帧处插入关键帧，然后依次选择需要消失的关键帧，将元件删除即可。

在“调用”图层的第 24 帧、第 44 帧……第 124 帧插入空白关键帧。然后选择第 24 帧，打开【动作】面板，输入如下程序。

```
unloadMovieNum(1);
loadMovieNum("a.swf", 1);
onEnterFrame = function() {
    _level1._x=110
    _level1._y=240
}
```

提示：loadMovieNum 函数的功能是在播放原始 SWF 文件时，将 SWF、JPEG、GIF 或 PNG 文件加载到一个级别中。

unloadMovieNum 函数的功能是从 Flash Player 中删除通过 loadMovieNum() 加载的 SWF 或图像。若要卸载通过 MovieClip.loadMovie() 加载的 SWF 或图像，应使用 unloadMovie()函数，而不是使用unloadMovieNum()函数。

选择第 44 帧，打开【动作】面板，输入与第 24 帧类似的程序，所不同的是，要将 a.swf 改为 b.swf。

在第 64 帧、第 84 帧、第 104 帧和第 124 帧制作相应的程序。

至此，个人信息页制作完成。保存文件后，按 Ctrl + Enter 组合键测试页面效果。

范例对比

与“多媒体课件”相比，“个人信息页”动画主要有以下 3 点不同。

（1）展示信息转换方式不同，一个是通过场景转换，一个是通过文件转换。

（2）播放控制方式不同，“多媒体课件”是沿时间轴顺序播放的，而“个人信息页”动画是交互播放的，通过按钮单击转换播放帧的位置。

（3）展示信息的来源不同，修改的方式也不同，在“个人信息页”动画中，信息的修改不是通过修改 Flash 文件完成的，而是直接修改文本文件即可。但“多媒体课件”则必须要通过修改 Flash 文件完成。

2. 房地产宣传动画

Flash 除了具有超强的交互功能外，其丰富多彩的动画效果和强大的图形处理功能也为制作绚丽多彩的综合信息提供了强有力的保证，使其成为各行各业展示、宣传自己的良好利器，下面的例子就是一个典型的房地产宣传动画范例。

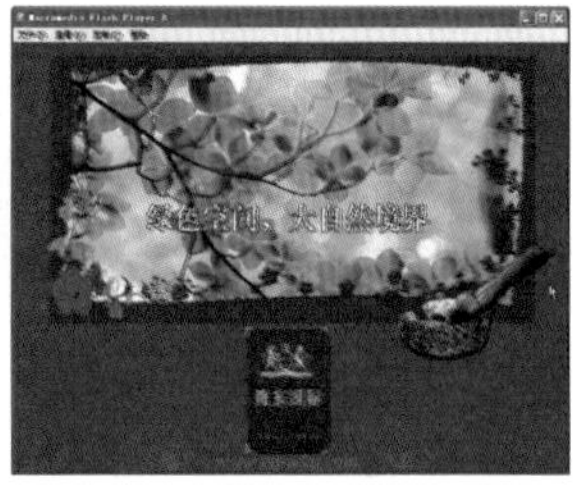

图7-61 最终效果

房地产宣传动画范例以绚丽、精美和动感为特色，它既有优美的图片、绚烂的动画，又有点睛的文字、古典的音乐，具有很好的宣传效果和美学效果。该例完成后的效果如图 7-61 所示。

● 制作步骤

❶新建一个 Flash 文档，命名为“房地产宣传”，然后设置文档属性，如图 7-62 所示。

图7-62 设置文档属性

❷将图片素材、声音素材导入到库，并将这些素材按“框”、“序幕”和“展示图”3 个文件夹分别存放，如图 7-63 所示。

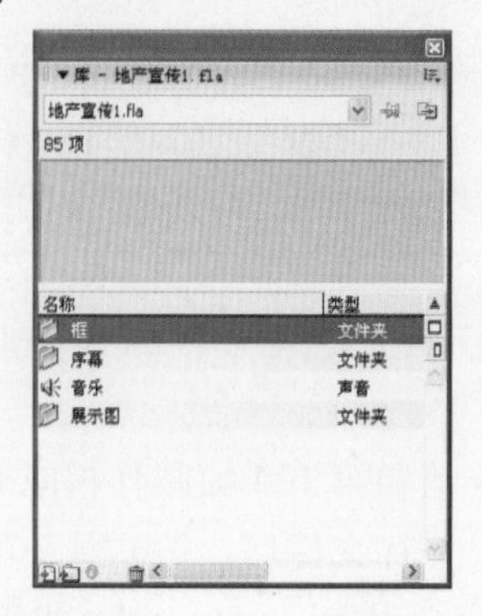

图7-63　素材归类

提示：整个动画分两部分——序幕和主题。其中主题由外框和展示图动画共同组成，所以在元件归类时就按这3个文件夹进行归类，这样可以方便用户使用和查找元件。读者也可采用其他归类方式进行归类。

❸在“序幕”文件夹下再新建两个元件，分别命名为“花纹”和“尚东国际”。在“花纹”元件内绘制一个叶状花纹，在“尚东国际”元件内输入文字“尚东国际”，并为文字添加描边和投影滤镜，如图 7-64 所示。

元件“花纹”　　　　元件“尚东国际”

图7-64　元件“花纹”和“尚东国际”

注意：只有文字、影片剪辑和按钮才能使用滤镜。滤镜的先后顺序不一样，效果也不一样。

❹在“框”文件夹下新建一个元件，命名为“遮罩”，进入编辑状态后，在工作区做一个黄色矩形，如图 7-65 所示。

图7-65　元件“遮罩”

❺在“框”文件夹下再新建一个文件夹，命名为“蝴蝶”，将素材“蝴蝶 1.png”、“蝴蝶 2.png”和“蝴蝶 3.png”拖入该文件夹，然后新建一个影片剪辑元件，命名为“蝴蝶动画”，制作蝴蝶飞舞的动画，如图 7-66 所示。

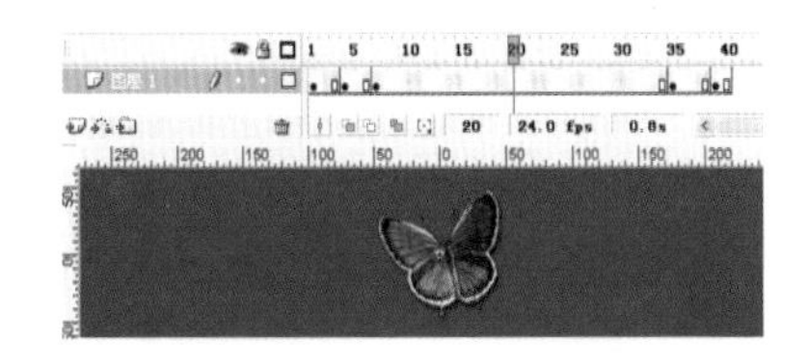

图7-66 元件“蝴蝶动画”

❻在“展示图”文件夹下新建一个元件，命名为“横格”，进入编辑状态后，在工作区做一组直线，如图 7-67 所示。

图7-67 元件“横格”

提示：元件“横格”的作用是做水波纹效果。

❼在“展示图”文件夹下新建一个文件夹，命名为“蝴蝶”，在该文件夹下制作蝴蝶飞舞的逐帧动画，如图 7-68 所示。

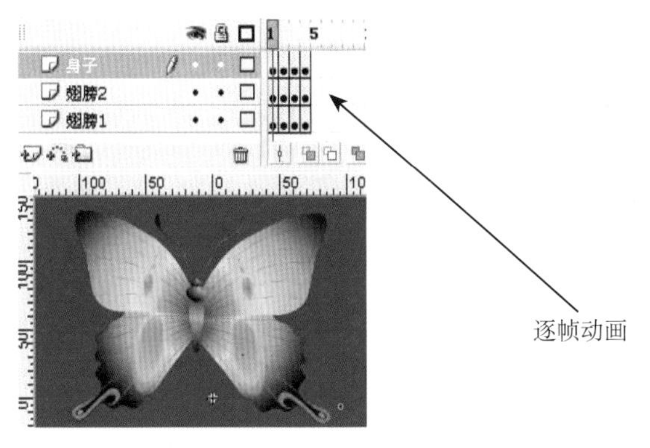

图7-68 蝴蝶动画

❽在“展示图”文件夹下新建一个文件夹，命名为“阳光动画”，在该文件夹下首先创建 2 个元件，分别命名为“光线”和“太阳”，如图 7-69 所示。

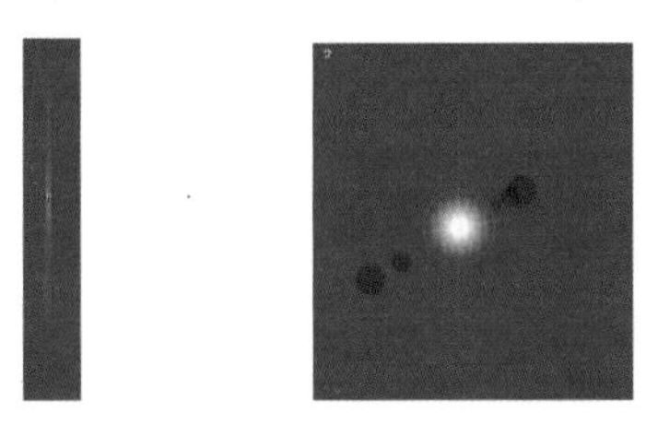

图7-69 元件“光线”和“太阳”

再使用元件“光线”制作一个影片剪辑元件“动光线”，如图 7-70 所示。

图7-70　元件“动光线”

使用元件“动光线”和元件“太阳”制作元件“太阳动画”，如图 7-71 所示。

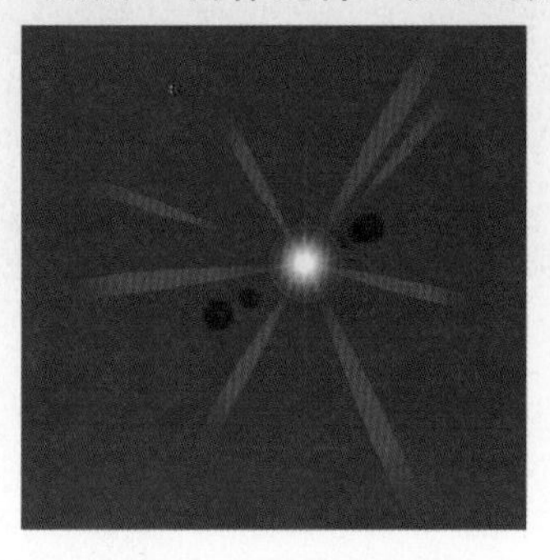

图7-71　元件“太阳动画”

再使用元件“太阳动画”制作元件“旋转阳光动画”。该元件为动作引导层动画，如图 7-72 所示。

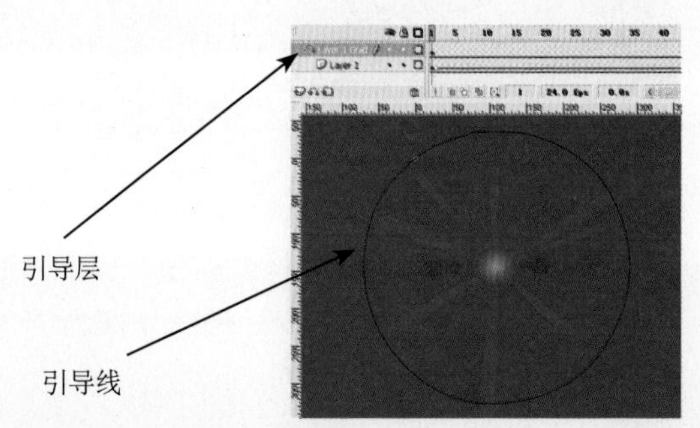

图7-72　元件“旋转阳光动画”

❾回到库文件夹“展示图”下，新建一个影片剪辑元件，命名为“图 4-2”，进入编辑状态后，将素材“图 4”拖放到工作区中，然后再将元件“旋转阳光动画”拖放到工作区中，组成阳光下绿叶动画，如图 7-73 所示。

图7-73　元件“图4-2”

⑩再新建一个元件，命名为“图 5-2”，进入编辑状态后，使用元件“横格”和素材“图 5.jpg”制作水波纹效果的遮罩动画，如图 7-74 所示。

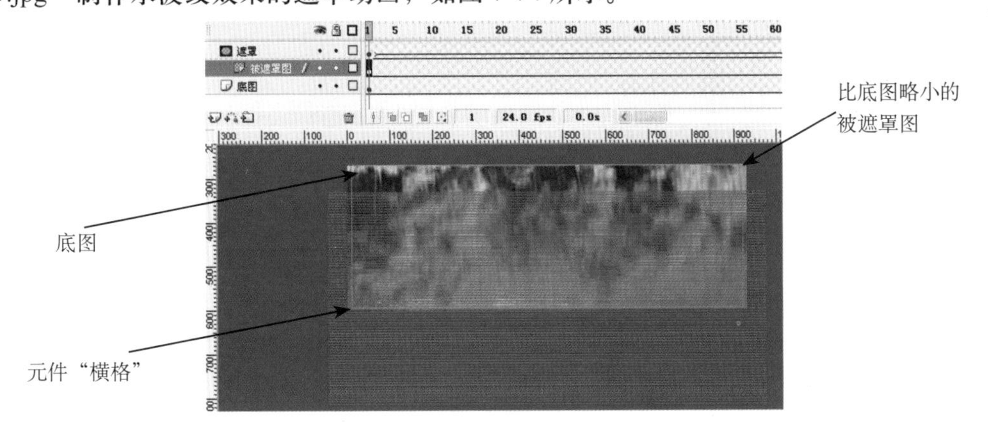

图7-74 水波纹动画

提示：遮罩动画往往不是由遮罩动画独自来完成的，它经常是需要经过下面的底图或上面的遮盖图进行陪衬才显示出来的。因此，在使用时，应注意遮罩动画与底图或遮盖图结合使用。具体参见“基础动画”章节。

⑪最后新建一个影片剪辑元件，命名为“展示动画”，进入编辑状态后，首先将元件“遮罩”拖放到工作区中，然后选择菜单【视图】→【标尺】命令，打开标尺，再从标尺上拖出 4 根参考线，依次放在元件“遮罩”的 4 个边上，如图 7-75 所示。

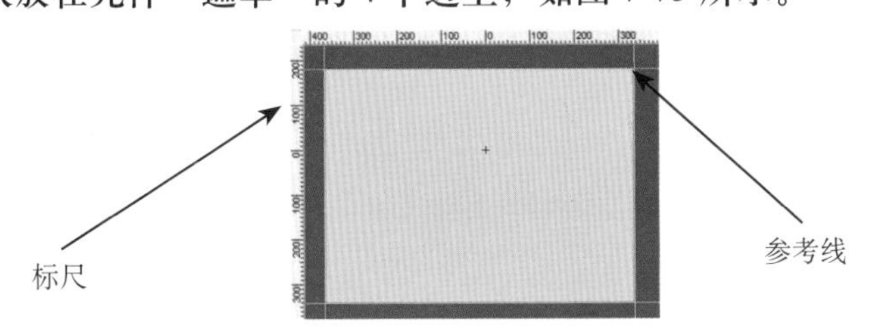

图7-75 设置参考线

然后将元件“遮罩”删除，只留参考线，参考线所围的区域即为要显示的区域。

小技巧

为了准确地把握遮罩动画中被遮罩区域的范围，可以先将遮罩层的“遮罩”放置于舞台上，然后根据“遮罩”配置参考线，参考线所围的区域就是被遮罩区域，即可以被显示的区域。

先将第一幅画面拖放到舞台上，并调整其大小与参考线所围的区域大小一致，在第 1 帧至第 80 帧之间制作第一幅画面逐渐显示的动画。在第 80 帧至第 190 帧之间制作第一幅画面逐步放大的动画。

在第 110 帧处加入文字“欧洲风情社区”。在第 110 帧至第 150 帧之间制作枫叶飘动的动作引导层动画，如图 7-76 所示。

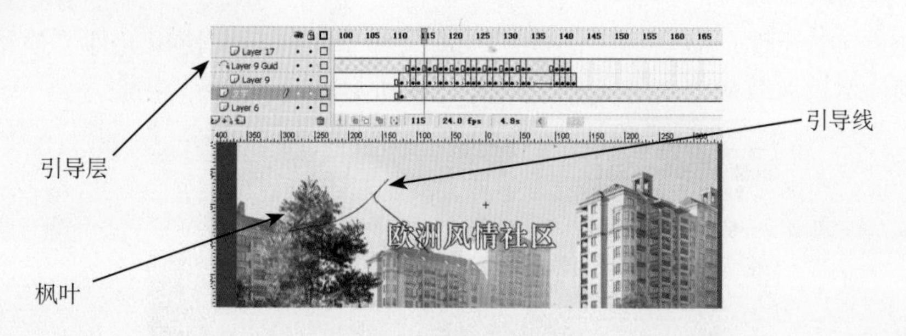

图7-76　枫叶飘动动画

接下来在第 200 帧处制作画面交换渐现的动画，在第 275 帧至第 335 帧制作蝴蝶在阳光下飞舞的动画，如图 7-77 所示。

图7-77　蝴蝶在阳光下飞舞动画

按照这种方法依次将其他素材图片加入到动画中，这里就不再详细讲述，读者可参考光盘中的源文件。

⑫回到主场景，新建 5 个图层，分别命名为“网站”、“板”、“标志”、“尚东国际”和“品质”，然后依次选中这些图层，将“序幕”文件夹下的相应元件拖放到舞台上，再在第 1 帧至第 100 帧之间制作它们依次出现的动画，如图 7-78 所示。

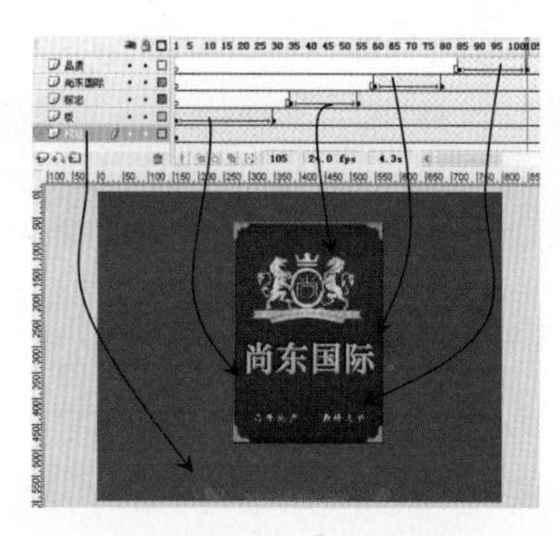

图7-78　序幕部分动画

注意：“网站”图层的文字“www.lxf-sdgj.com”要设置超链接属性，设置方法为在【属性】面板的超链接栏上填写网址，如图7-79所示。

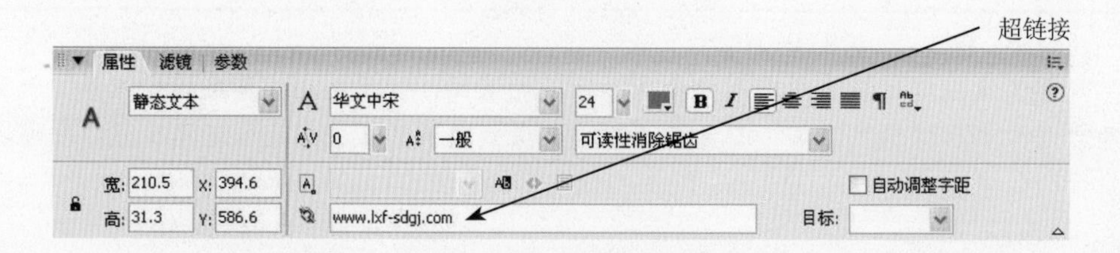

图7-79　设置文字的超链接

⑬再新建两个图层，分别命名为“动画遮罩”和“展示动画”，并将它们分别设置为遮罩层和被遮罩层，然后将“框”文件夹下的“遮罩”元件和“展示图”文件夹下的“展示动画”元件拖放到舞台上，在第 165 帧至第 190 帧之间制作“展示动画”渐现的动画，如图 7-80 所示。

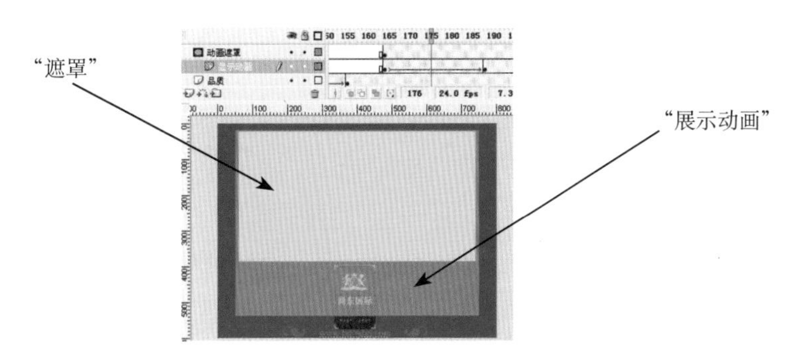

图7-80 "展示动画"渐现的遮罩动画

⑭再新建一个图层,命名为"框",在该图层的第165帧将素材"框.png"拖放到舞台上,置于元件"遮罩"的上面。

再新建两个图层,分别命名为"花边遮罩"和"花边",在"花边"图层,将素材"花边.png"拖放到舞台上,置于"框"上面。在"花边遮罩"图层,绘制两个矩形。在第190帧至第240帧之间制作矩形渐变的形状补间动画,使其逐渐遮盖住"花边"。然后修改"花边遮罩"图层为遮罩层,"花边"图层为被遮罩层,如图7-81所示。

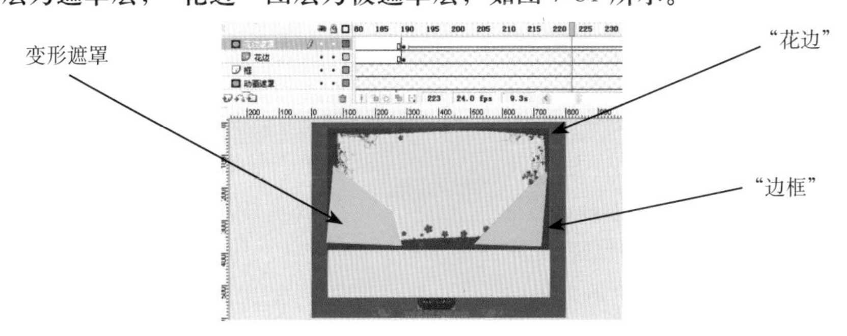

图7-81 花边遮罩动画的制作

⑮再新建3个图层,分别命名为"砚"、"毛笔影"、"毛笔"。在第250帧至第270帧之间制作"砚"渐现动画。在第270帧至第290帧之间制作"毛笔"和"毛笔影"移动至"砚"上的动画,如图7-82所示。

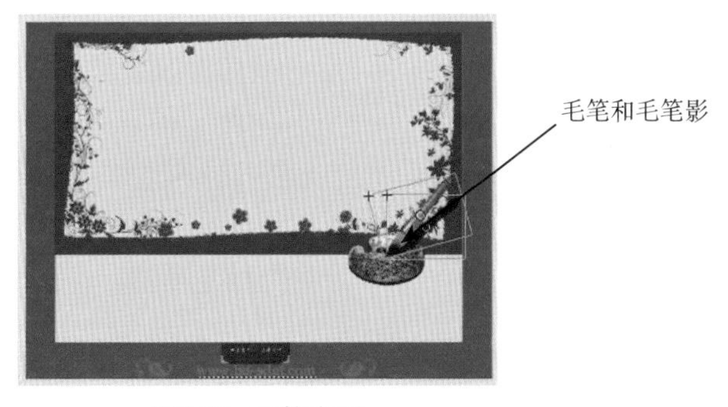

图7-82 毛笔和砚

注意:"毛笔影"和"毛笔"都是"毛笔"元件,所不同的是一个进行了旋转,一个没有旋转。而颜色的不同是通过【属性】面板上的"颜色"项的"亮度"调整的,"毛笔影"的亮度是-84%。

⑯在第300帧至第325帧之间制作“角花”逐渐显现的动画，在第325帧至第340帧之间制作“蝴蝶”飞停到“花边”枝头上的动画，如图7-83所示。

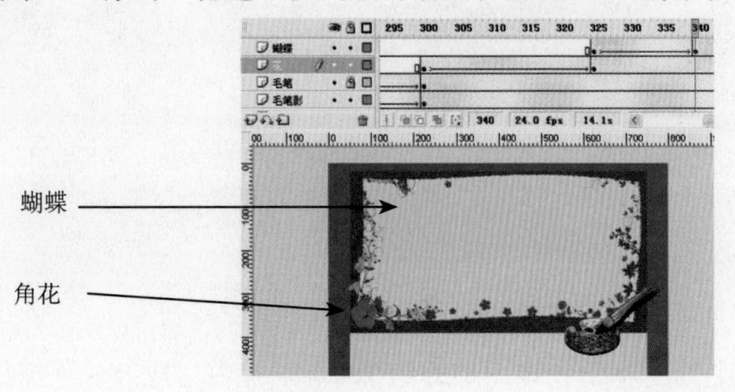

图7-83 制作“角花”与“蝴蝶”动画

⑰最后新建一个图层，命名为“音乐”，在该图层上，将声音素材“音乐.wav”拖放到舞台中，并且在该图层的最后一帧，即第350帧，插入一个空白关键帧，然后打开【动作】面板，输入如下程序。

```
stop();
```

至此，整个房地产宣传动画制作完毕，按Ctrl + Enter组合键，测试影片。

范例对比

与“多媒体课件”相比，房地产宣传动画更有点“电影”的味道，它不需要观赏者的互动操作，而是按照固定的进程依次播放，让观赏者根据动画内容接收信息。此外，它在设计上还要注意美观与情调，具有一定的广告效应，让观赏者由画面产生占有欲望。正是因为这个特点，所以它的制作更注重各种特效的使用。本例中就先后使用了遮罩、波纹、渐现等多种动画效果。

7.4 本章小结

本章通过几个典型的综合信息展示动画的制作范例，向读者介绍了信息展示动画的一般创作思路、基本过程和美工设计。与其他类型的动画相比，这类动画具有介绍、宣传的作用，它不仅包括图片、声乐等媒介，还包括相应的文字，如何能更好地让图文有机地结合在一起，往往是制作这类动画的关键。

第8章 Flash小品相声

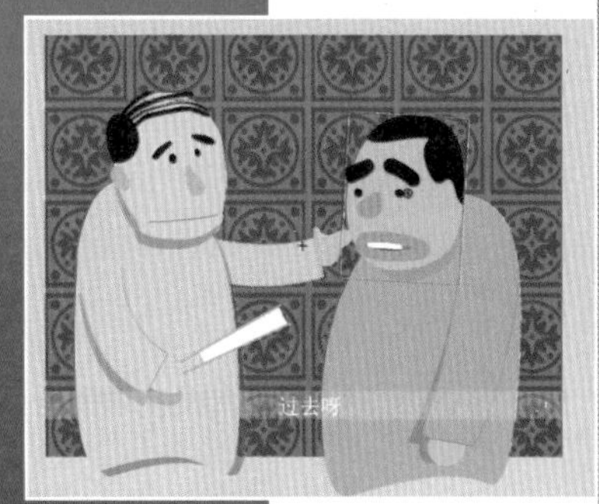

Flash 制作的小品相声已被广大传媒及观众所接受，在人们的生活中，到处可以见到Flash 格式的动画视频，如城市公交、医院和广场等场所播放的大都为 Flash 格式的动画。在部分传统文化与社会发展存在矛盾的今天，Flash 制作的小品相声已成为既能保留中国传统文化精髓的容器，又给予了相声新的面貌，尤其是央视近几年几乎将所有经典的小品相声都制作成了 Flash 格式，可见 Flash 格式的小品相声已成为大家广泛接受的一种表达形式。本章将举例向大家介绍如何制作 Flash 格式的小品。

8.1 案例简介——小品《唐伯虎点秋香》片段

通过学习制作小品《唐伯虎点秋香》片段，使读者熟悉 Flash 制作小品的基本方法和技巧，使读者进一步了解小品制作的步骤。

在制作 Flash 小品时，首先需要对整个作品有初步的规划，并设计好相应的剧本及配音材料。小品一般比较简短，且注重整个作品的连贯性，因此设计时往往没有时间控制条和播放状态控制按钮。在许多 Flash 小品的制作过程中，表演者的神态和动作成为了关键所在。

该段小品是截取了著名电影《唐伯虎点秋香》中唐伯虎在华府和号称“对王之王”的对穿肠的一段精彩对白。并根据电影中的场景，以稍微夸大的手法制作该段小品。

在绘制人物时，要抓住人物的一些特征，如人物的五官就非常重要。在绘制唐伯虎这个人物的时候，首先他是影片中的正面人物，而且是个青年的角色，那么白净的脸和秀气的五官是人物的突出特点。唐伯虎的衣服颜色同原电影相同即可。对穿肠这个影片中的反面主角人物的表达还需要有些特色，弯刀眉表现了他的凶煞，大大的朝天鼻也表示出他的年岁，在加上非常有特点的胡子体现出对穿肠是一个大奸雄。根据影片绘制出黑色的衣着，还有手中的扇子。根据动画的需要，绘制人物的正面和侧面。配角里面的众丫鬟和王爷的绘制相对就简单多了，他们只是场景气氛的烘托。

该片断完成后的效果如图 8-1 所示。

图8-1 小品《唐伯虎点秋香》片段效果

8.2 具体制作

新建一个 Flash 文档，命名为“唐伯虎点秋香片段 .fla”。

1. 设置文档属性，导入外部元件

选择【修改】→【文档】菜单命令，打开“文档属性”对话框，将属性设置为“宽：550px，高:400px”，背景颜色为黑色，播放速度为每秒 12 帧，标尺单位为像素。

打开【库】面板，选择【文件】→【导入】→【打开外部库 ...】菜单命令，打开“唐伯虎点秋香 .Fla”文件，将准备好的外部库中的元件拖入到库中，如图 8-2 所示。关闭外部库。

图8-2 将外部库元件导入到库

在外部的元件库中准备的元件及内容为：Media1 是用来制作鼠标滑过按钮的声音，Media2 是《唐伯虎点秋香》中唐伯虎在华府与号称“对王之王”的对穿肠的原声对白，Media3 是在相声结束后的音乐。

2.“loading 动画”的制作

❶在【时间轴】面板上，从下到上依次新建“图层 1”、“ 图层 2”、“ 图层 3”、“图层 4”和“as”5 个图层。将所有图层的第 2 帧，插入帧。

在【时间轴】面板上选中“图层 2”图层的第 1 帧，单击工具栏中的【文本工具】按钮，设置字体为“黑体”，字体大小为“50”，字体颜色为“暗红色”，在舞台的中间位置，输入标题文字“我来试试”。

通过复制得到另一个相同的静态文本框，设置其字体颜色为“白色”。通过键盘的方向键微微调整到原文本框的左上方位置，制作出字体的阴影效果。

❷新建一个影片剪辑元件，命名为“loading”，用来制作下载时跳动的“请稍等”字样。

在【时间轴】面板上选中“图层 1”图层的第 1 帧，单击工具栏中的【文本工具】按钮 A，设置字体为“黑体”，字体大小为“16”，字体颜色为“黑色”，输入标题文字“LOADING......”。

选择第 2 帧，插入空白关键帧。选择该帧下的“LOADING......”文本，将文本中的 6 个点删除。

返回场景 1，从【库】面板中将“loading”影片剪辑元件拖入舞台中，放在标题文本的正下方，如图 8-3 所示。

图8-3 “请稍等”影片剪辑元件

❸在【时间轴】面板上选中“图层 3”的第 1 帧，单击工具栏中的【矩形工具】按钮，

设置笔触颜色为“白色”，填充色为“灰色”，绘制一个“宽为200，高为5”的矩形。

选择填充颜色，将其转换为“进度条”的影片剪辑元件。选择该元件，设置实例名称为“jindutiao”，这样就可以用脚本代码来控制它的大小了。

小技巧

使用【任意变形工具】，将该影片剪辑元件中间的小圆点拖动到这个矩形框的左边线上，那样在动作脚本代码控制其缩放的时候，就不会往两边放大了。

④选择“图层4”的第1帧，单击工具栏中的【文本工具】按钮 A，在“进度条”影片剪辑元件的下方绘制一个动态文本框。设置字体为“新宋体”，字体大小为“9”，字体颜色为“白色”。设置变量名称为“baifenbi”，用来精确显示当前swf文件下载的百分比。

⑤选择“as”图层的第1帧和第2帧，按F7键，插入空白关键帧。选择第1帧，在帧上添加如下动作脚本代码。

```
fscommand ("allowscale", "false");
fscommand ("showmenu", "false");
total = _root.getBytesTotal ();
loaded = _root.getBytesLoaded ();
baifenshu = int (loaded / total * 100);
baifenbi = baifenshu + "%";
setProperty ("jindutiao", _xscale, baifenshu);
```

选择第2帧，在帧上添加如下动作脚本代码。

```
if (baifenshu == 100)
{
nextScene();
}
else
{
    gotoAndPlay(1);
}
```

选择第3帧，在帧上添加如下动作脚本代码。

```
gotoandplay (2);
```

其中，在第1帧，变量“loadedbytes”赋初值为0，变量“total”通过“_root.getBytesTotal()”方法记录下文件的总数据量。程序循环在第1帧到第2帧之间，每次运行到第1帧，变量“loadedbytes”处通过“_root.getBytesLoaded()”方法记录下已下载的数据量。然后在第2帧判断“loaded”是否等于“total”，如果不等于，那么显示百分比的文本框变量

“baifenbi”的数据将被更新，并且调整“进度条”影片剪辑元件的X轴向缩放；如果相等，那么执行“nextScene ()；”，进入下一个场景“场景2”。

3.“声音和台词”的制作

在【时间轴】面板上，从上到下依次新建“声音”、“台词”和“华府”3个图层。

在【时间轴】面板上，选中“声音”图层的第1帧，在帧上添加如下动作脚本代码。

```
stop ()；
```

选择第45帧，插入空白关键帧，在【属性】面板的声音下拉菜单中选择“Media2”，在同步下拉菜单中选择“数据流”。

注意：将声音文件同步属性设置为“数据流”，按Enter键后，播放进度条就可以预览当前位置的声音，方便确定插入台词和校对口形。

在【时间轴】面板上选中“台词”图层，台词的布置如下。

小技巧

在该图层上，首先将台词布置在时间轴的位置上，则在编辑短剧时就可以对当前时间下的声音、台词一目了然，方便确定当前的故事情景。

在【时间轴】面板上选中第45帧，按Enter键播放进度条，可以听到第61帧和第89帧之间的声音内容，单击【文本工具】按钮A，在舞台下方的中间位置插入台词“在下是七省文状元兼参谋将军”。也可以使用鼠标快速均匀地拖动时间线来预览声音，还可以观察“声音”图层上的声音文件的波形，在蓝色线没有波动的位置为声音最小位置，如图8-4所示。

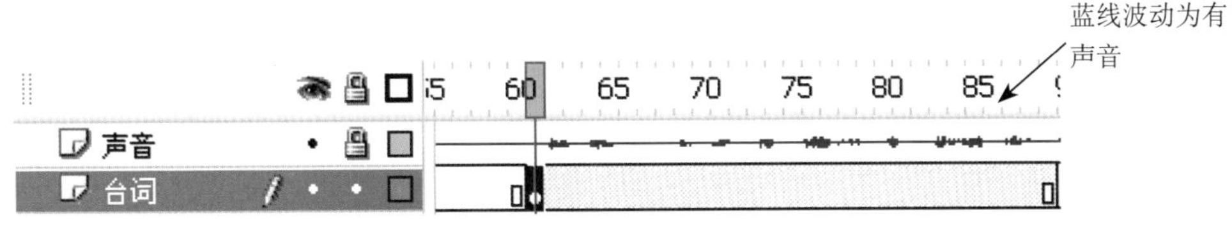

图8-4 预览声音确定台词持续时间

使用上述方法，在第93帧和第131帧之间，在舞台下方的中间位置插入台词“绰号是对王之王的对穿肠，阁下是”。

在第156帧和第201帧之间，在舞台下方的中间位置插入台词“小弟读过两年书，尘世中一个迷途小书童”。

在第206帧和第213帧之间，在舞台下方的中间位置插入台词“华安”。

在第221帧和第225帧之间，在舞台下方的中间位置插入台词“好，我就来会一会你”。

在第589帧和第637帧之间，在舞台下方的中间位置插入台词“对不起！我俩惺惺相惜，情不自禁”。

在第667帧和第693帧之间，在舞台下方的中间位置插入台词“言归正传，我们开始了”。

在第714帧和第768帧之间，在舞台下方的中间位置插入台词“书画里，龙不吟虎不笑，小小书童可笑可笑”。

在第 776 帧和第 821 帧之间，在舞台下方的中间位置插入台词“棋盘里，车无轮马无缰，叫声将军提防提防”。

在第 822 帧和第 851 帧之间，在舞台下方的中间位置插入台词“好好，对得好”。

在第 857 帧和第 895 帧之间，在舞台下方的中间位置插入台词“莺莺叶叶翠翠红红处处融融恰恰”。

在第 917 帧和第 953 帧之间，在舞台下方的中间位置插入台词“雨雨风风花花叶叶年年暮暮朝朝”。

在第 968 帧和第 991 帧之间，在舞台下方的中间位置插入台词“华安真行啊”。

在第 1002 帧和第 1028 帧之间，在舞台下方的中间位置插入台词“快出对子对死他！对死他”。

在第 1029 帧和第 1056 帧之间，在舞台下方的中间位置插入台词“十口心思，思君思国思社稷”。

在第 1057 帧和第 1101 帧之间，在舞台下方的中间位置插入台词“八目共赏，赏花赏月赏秋香”。

在第 1125 帧和第 1141 帧之间，在舞台下方的中间位置插入台词“好好”。

在第 1144 帧和第 1179 帧之间，在舞台下方的中间位置插入台词“我上等威风显现一身虎胆”。

在第 1180 帧和第 1212 帧之间，在舞台下方的中间位置插入台词“你下流贱格露出半个龟头”。

在第 1230 帧和第 1267 帧之间，在舞台下方的中间位置插入台词“我堂堂参谋将军，会输给你个书童”。

在第 1268 帧和第 1292 帧之间，在舞台下方的中间位置插入台词“你家坟头来种树”。

在第 1296 帧和第 1322 帧之间，在舞台下方的中间位置插入台词“汝家澡盆杂配鱼”。

在第 1326 帧和第 1349 帧之间，在舞台下方的中间位置插入台词“鱼肥果熟入我肚”。

在第 1350 帧和第 1370 帧之间，在舞台下方的中间位置插入台词“你老娘来亲下厨”。

在【时间轴】面板上单击【编辑多个帧】按钮，锁定“台词”图层以外的其他图层，单击【时间轴】面板上的“台词”图层来选中该图层上的所有台词，按 Ctrl + K 组合键打开【对齐】面板，将所有台词水平居中和垂直居中，并拖动到舞台的下方，如图 8-5 所示。再次单击【编辑多个帧】按钮，关闭编辑多个帧模式。

图8-5 将所有台词对齐到舞台下方

4. “华府”外景的制作

❶新建一个影片剪辑元件，命名为“华府”。根据剧本，首先需要绘制的是华府的大门。华府是有地位的人家，显然高墙庭院是不可缺的。院内高高的阁楼和大树相映成趣，透过庭院的大门，有一条石板路径直通往里屋。

构思很漂亮，现在就画出来。单击工具栏中的【矩形工具】按钮，设置笔触颜色为“无”，绘制一个宽为720，高为400的矩形。打开【颜色】面板中的混色器选项卡。在类型下拉菜单中选择“线性”，调整左边的控制柄颜色为白色，右边的控制柄颜色为淡蓝色。再在矩形中部绘制一个宽为350，高为250的白色矩形。选择两个矩形，按Ctrl + G组合键将其组合，方便绘制窗户。

在下方绘制一个绿色的矩形作为草坪。在绿色草坪的中间绘制石板路，如图8-6和图8-7所示。

图8-6 绘制绿色草坪

图8-7 院内的石板路

小技巧

直接在组合图形上绘制图形，该图形会放置在组合图形的下方，可以先在外围绘制并组合后拖入，右击可调整层与层之间的叠放次序。

单击工具栏中的【线条工具】按钮，在场景外绘制一个五边形。单击工具栏中的【选择工具】按钮，调整直线的曲度。单击工具栏中的【钢笔工具】按钮，增加或删除节点，配合【部分选取工具】按钮调节椭圆轮廓节点的位置，如图8-8所示。用同样的方法在内部绘制另一个图案，填充上相应的颜色。删除笔触，这样大树就制作好了。选择绘制好的窗户，按Ctrl + G组合键将其组合，调整好位置。通过复制得到另一颗大树，并调整位置，如图8-9所示。

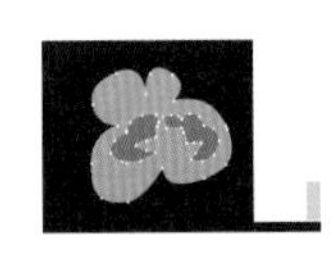

图8-8 绘制大树内轮廓

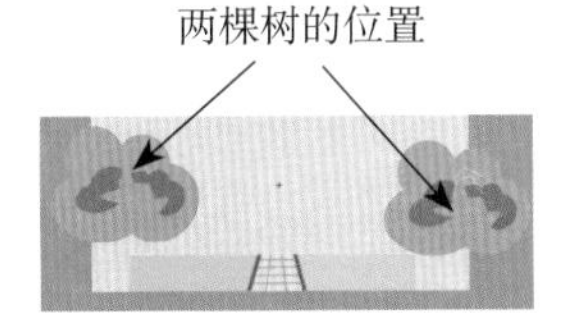

图8-9 院内的景色绘制

小技巧

在编辑曲线形状较为复杂的地方时，可适当地增加一些节点，这样图形将易于精确调节。在尖角上增加少量节点，树的形状更加容易调节，使得图像更加美观。

接下来绘制围墙和庭院大门。先用【矩形工具】和【直线工具】绘制草图。通过【选择工具】和【钢笔工具】，配合【部分选取工具】来调整图形。在庭院大门上绘制门匾，在中间输入静态文本“华府”。

❷在“华府”影片剪辑元件“图层1”图层的上方新建名称为“图层2”和“图层3”两个新图层。选择“图层2”图层的第1帧，单击工具栏中的【矩形工具】按钮，设置笔触颜色为“无”，填充色为“紫色”，在矩形外绘制一个形同半个门的矩形，调整右上角点的位置。在紫色的门上绘制门把手，古代门把手的典型形状为兽面衔环，用【椭圆工具】绘制，

如图 8-10 所示。

选择绘制好的门，将其转换成名称为“门”的影片剪辑元件。选择“图层 3”图层的第 1 帧，从【库】面板中将门影片剪辑元件拖入舞台。单击工具栏中的【任意变形工具】按钮，将其左右翻转，调整位置，将整个门盖住。选择所有图层的第 45 帧，插入帧，选择“图层 2”图层和“图层 3”图层的第 20 帧，按 F6 键，插入关键帧。分别选择这两帧的“门”影片剪辑元件，通过【任意变形工具】将“门”的基点设置为各自的边上。选择“图层 2”图层和“图层 3”图层的第 45 帧，插入帧通过【任意变形工具】调整这两帧上的门的形状，如图 8-11 所示。分别在“图层 2”和“图层 3”图层的第 20 帧和第 45 帧之间创建补间动画。

图8-10　绘制门

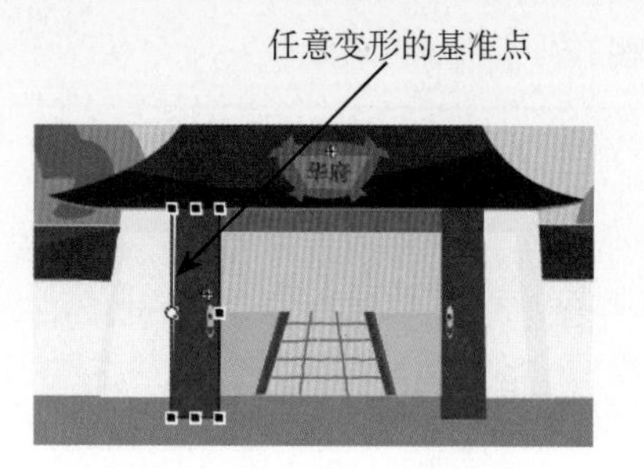

图8-11　制作门打开动画效果

注意：在使用【任意变形工具】制作补间动画之前，需要将变形基准点（用【任意变形工具】单击元件后出现的小圆点）设置好。

选择“图层 3”图层的第 45 帧，在帧上添加动作脚本代码。

```
stop ();
```

拖动时间轴查看门打开的动画效果。

❸返回到场景 2，在【时间轴】面板中选中“华府”图层的第 1 帧，从元件库中将“华府”影片剪辑元件拖入舞台中心。选择第 20 帧，插入关键帧，使用【任意变形工具】，按住 Shift 键，将其按比例放大。在第 1 帧和第 20 帧之间创建补间动画，制作出镜头拉近的效果。

在【时间轴】面板中选中“舞台”文件夹，在里面由上到下依次新建“舞台框”和“帘”两个图层。选择“舞台框”的第 1 帧，在舞台中绘制一个“宽为 1000，高为 520”的黑色矩形，将舞台中间的位置挖空。

在【时间轴】面板中选中“帘”图层的第 1 帧绘制帘。选择第 20 帧，按 F6 键，插入关键帧。选择绘制好的帘，使用【任意变形工具】将其放大。在第 1 帧和第 20 帧之间创建形状补间动画，并将帧延长至第 45 帧。

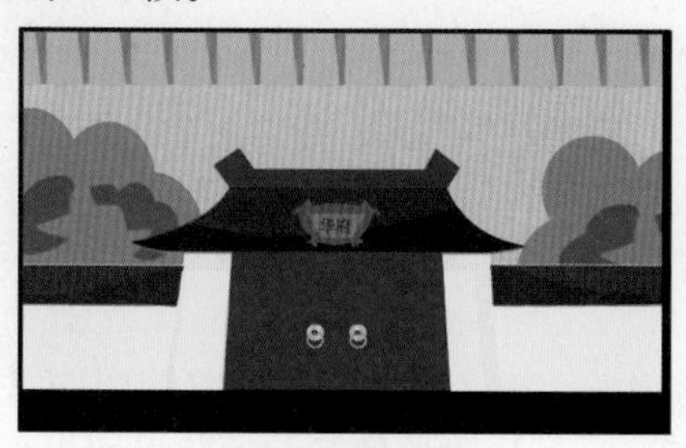

图8-12　第20帧的帘

5.“华府”内景的制作

❶新建一个影片剪辑元件，命名为“华府内 1”。 在【时间轴】面板中选中“图层 1”图层的第 1 帧，使用【矩形工具】绘制一个宽为 680，高为 480 的灰色矩形，作为背景。再在中间绘制一个宽为 450,高为 160 的白色矩形。选择两个矩形,按 Ctrl + G 组合键将其组合。

使用【矩形工具】按钮，设置笔触颜色为“无”，填充色为“暗红色”。在背景旁边绘制一个长条矩形，在长条矩形中绘制白色的长条矩形，让柱子有一种光影效果。选择绘制好的柱子，按 Ctrl + G 组合键，将其组合。

小技巧

使用填充渐变色的方法可得到更加理想的填充效果。

通过复制柱子，得到 3 根柱子。将它们在舞台中依次排开。

接下来绘制窗户，使用【矩形工具】，绘制一个宽为 215，高为 180 的蓝色矩形，将中间部分挖去，得到一个窗户的形状，如图 8-13 所示。

将绘制好的“窗户”拖入柱子中间的一个白色方框中，并将其复制拖入另一个白色方框，调整其位置，使它们正好覆盖白色方框。然后利用【矩形工具】和【线条工具】，绘制一个红色的窗饰，放入舞台的相应位置，如图 8-14 所示。

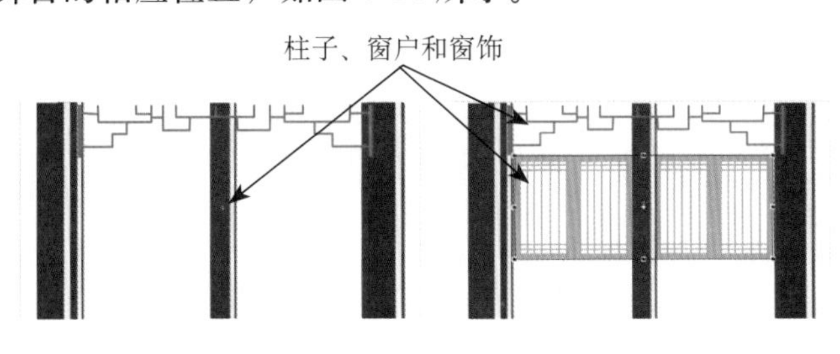

图8-13 柱子排开　　图8-14 绘制窗饰

❷新建一个影片剪辑元件，命名为“华府内 2”。 在【时间轴】面板中选中“图层 1”图层的第 1 帧，使用【矩形工具】绘制一个“宽为 680，高为 480”的灰色矩形，作为背景。再在中间绘制一个宽为 450，高为 160 的白色矩形。选择两个矩形，按 Ctrl + G 组合键，将其组合。

使用【矩形工具】，设置笔触颜色为“无”，填充色为“暗红色”。在背景旁边绘制一个长条的矩形，在长条矩形中绘制白色的长条矩形，让柱子有一种光影效果。当然，读者也可以使用填充渐变色得到更加理想的填充效果。选择绘制好的柱子，按 Ctrl + G 组合键，将其组合。通过复制柱子，得到四根柱子。将它们在舞台中依次排开，如图 8-15 所示。

接下来绘制门窗，使用【矩形工具】，绘制一个宽为 153，高为 293 的红色矩形，将中间部分挖去，得到一个门窗的形状，如图 8-16 所示。

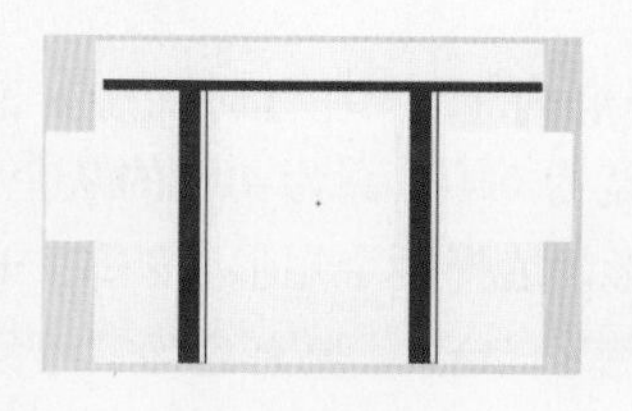

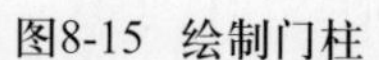

图8-15　绘制门柱

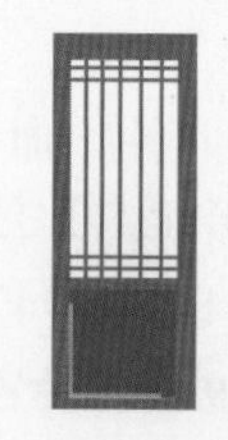

图8-16　绘制门窗

将绘制好的“门窗”拖入柱子中间的白色方框，并将其复制，调整其位置，使它们正好覆盖白色方框。

然后利用绘制“华府内 1”中窗户和窗饰相同的方法，绘制红色的窗户和窗饰，放入舞台的相应位置，如图 8-17 所示。

图8-17　绘制窗户和窗饰

6.“唐伯虎”人物的制作

❶新建一个图形元件，命名为“脚”。在【时间轴】面板中选中“图层 1”图层的第 1 帧，使用【矩形工具】绘制几个矩形，如图 8-19a 示。然后利用【选择工具】，改变其形状，如图 8-18b、图 8-18c 所示。最后填充颜色，如图 8-18d 所示。

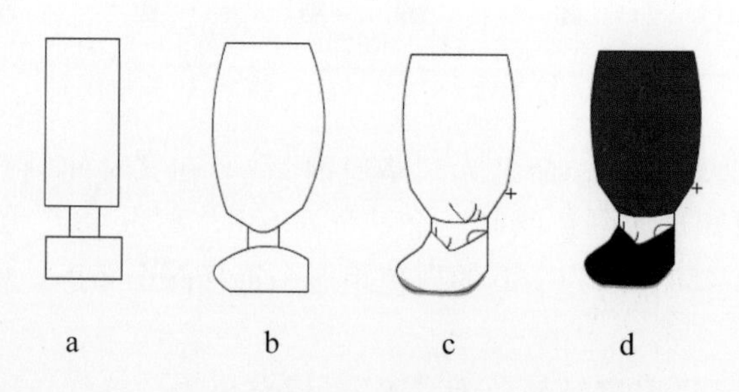

a　　b　　c　　d

图8-18　绘制脚

❷新建一个图形元件，命名为“口”。在【时间轴】面板中选中“图层 1”图层的第 1 帧，使用【椭圆工具】绘制一个椭圆。选择第 10 帧，插入关键帧，将绘制好的图形在高度方向缩小，如图 8-19 所示。

图8-19　绘制口

③新建一个图形元件，命名为“脸正”。在【时间轴】面板中选中“图层 1”图层的第 1 帧，使用【椭圆工具】和【线条工具】绘制一个“人脸”，如图 8-20 所示。

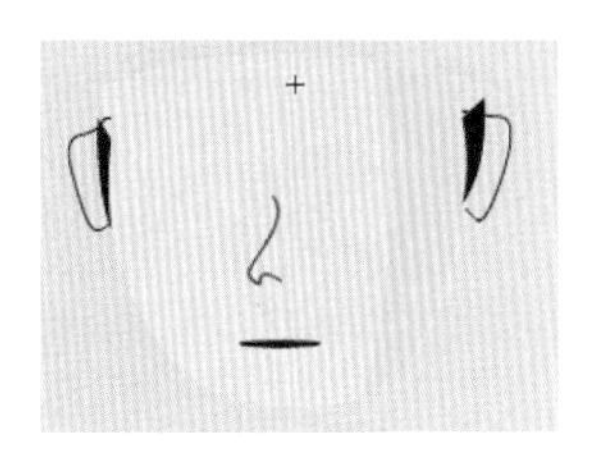

图8-20　绘制脸

小技巧

在电影中，唐伯虎为著名演员周星驰饰演，因此在绘制唐伯虎的肖像时，应尽量保持原创中的人物特征。

④新建一个图形元件，命名为“帽子”。在【时间轴】面板中选中“图层 1”图层的第 1 帧，使用【椭圆工具】和【线条工具】绘制一个“帽子”，如图 8-21a 所示。填充颜色如图 8-21b 所示。

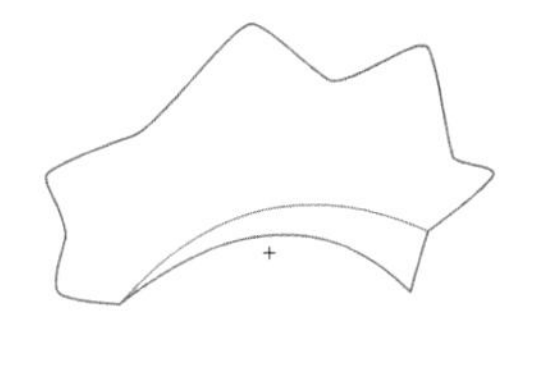

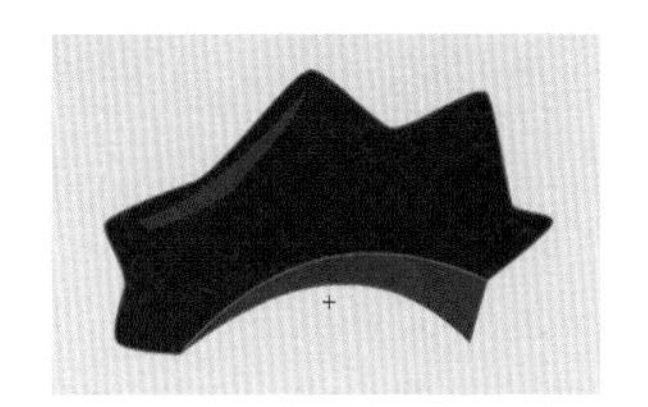

a　　　　b

图8-21　绘制帽子

⑤新建一个图形元件，命名为“身正”。在【时间轴】面板中选中“图层 1”图层的第 1 帧，使用【矩形工具】、【椭圆工具】和【线条工具】绘制一个“身子”，如图 8-22a 所示。填充颜色如图 8-22b 所示。

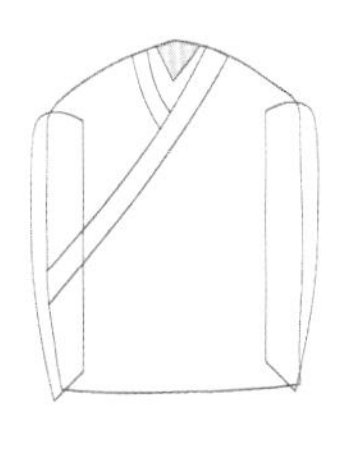

a　　　　b

图8-22　绘制身子

❻新建一个图形元件,命名为“眼”。在【时间轴】面板中选中“图层 1”图层的第 1 帧，使用【矩形工具】和【椭圆工具】绘制一个“眼睛”，如图 8-23 所示。

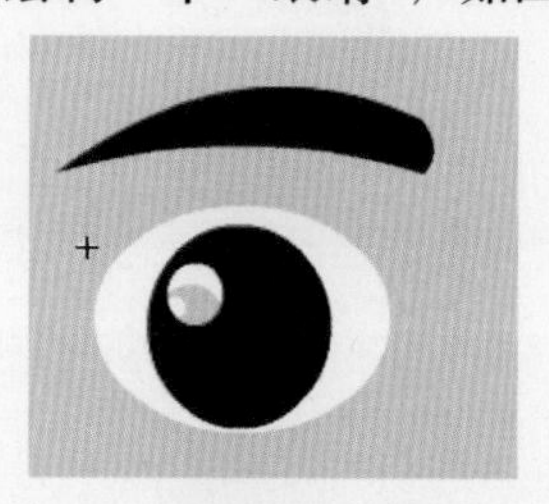

图8-23 绘制眼睛

❼新建一个图形元件,命名为“身”。在【时间轴】面板中选中“图层 1”图层的第 1 帧，将已经做好的身体其他部位，即前面的一些图形元件拖入舞台。并按相应的位置放好。如图 8-24 所示。

图8-24 绘制身

打开【库】面板，新建文件夹名称为“唐伯虎”。将“脚”、“口”、“脸正”、“帽子”、“身正”、“眼”和“身”图形元件拖入到“唐伯虎”文件夹中。

小技巧

在制作短剧小品过程中，人物表情和动作都比较丰富，那么必然需要将人物各部分分开保存在【库】面板中，并可能在制作的过程中需要绘制许多新元件，此时新建文件夹方便来管理大量的元件成为了必要。

7.“对穿肠”人物的制作

❶唐伯虎的图形元件已经做好了，下面开始绘制对穿肠的图形元件。

新建一个图形元件,命名为“眼”。选择“图层 1”图层的第 1 帧,使用【矩形工具】和【椭圆工具】绘制一只“眼睛”，如图 8-25a 所示。

❷新建一个图形元件，命名为“口”。选择“图层 1”图层的第 1 帧，使用【椭圆工具】绘制一个椭圆,如图 8-25b 所示。选择第 10 帧,插入关键帧,将绘制好的图形在高度方向缩小，如图 8-25c 所示。

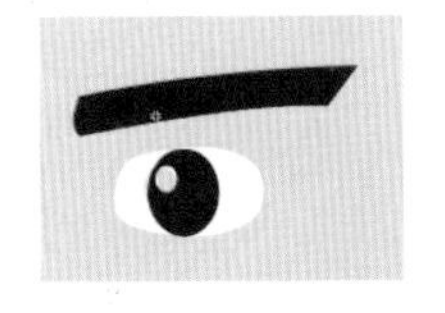

a b c

图8-25 绘制眼睛和口

3新建一个图形元件，命名为“手”。选择“图层 1”图层的第 1 帧，使用【矩形工具】和【椭圆工具】绘制一只“手”，如图 8-26 所示。

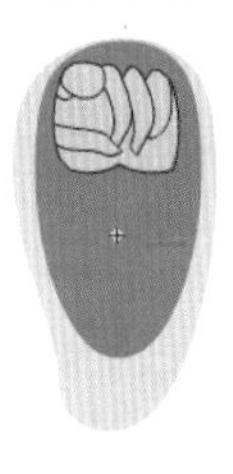

图8-26 绘制手

4新建一个图形元件，命名为“脚”。选择“图层 1”图层的第 1 帧，将“唐伯虎”文件夹中的“脚”图形元件复制到舞台中，并将其改变颜色，如图 8-27 所示。

5新建一个名称图形元件，命名为“右手”。选择“图层 1”图层的第 1 帧，使用【矩形工具】和【椭圆工具】绘制一只“手”，如图 8-28 所示。

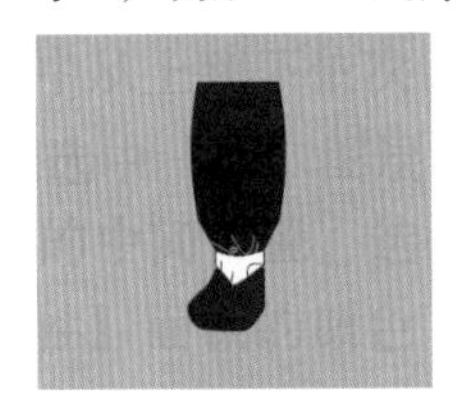

图8-27 绘制脚

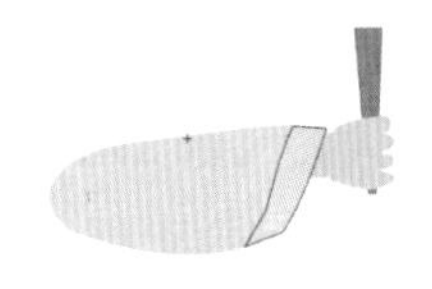

图8-28 绘制右手

6新建一个图形元件，命名为“身侧”。选择“图层 1”图层的第 1 帧，使用【矩形工具】和【椭圆工具】绘制一个侧面身体，如图 8-29 所示。

7这几部分做好之后，开始绘制对穿肠的身体。其他部位和“唐伯虎”图形元件的各部分相同。新建一个图形元件，命名为“身”。选择“图层 1”图层的第 1 帧，将各部分的其他图形元件拖入舞台，放入相应的位置，如图 8-30 所示。

图8-29 绘制侧面身体 图8-30 绘制正面身体

打开【库】面板，新建文件夹名称“对穿肠”。将“脚”、“身侧”、“右手”、“口”、“手”、“眼”和“身”图形元件拖入到“对穿肠”文件夹中。

8.“众丫鬟”人物的制作

❶新建一个图形元件，命名为“手”。选择“图层 1”图层的第 1 帧，使用【矩形工具】和【椭圆工具】绘制一只“手”，如图 8-33 所示。

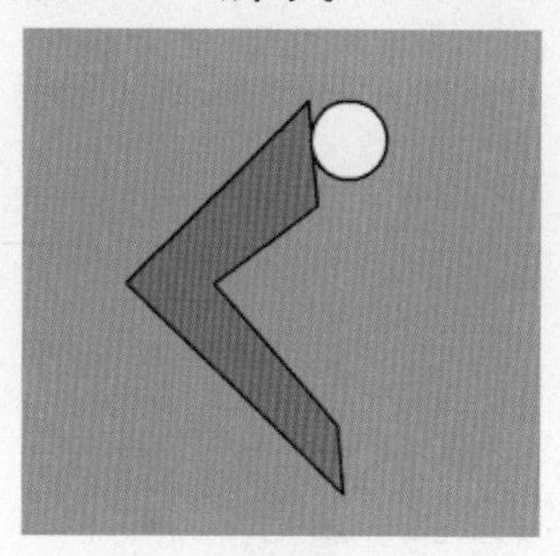

图8-31 绘制手臂

❷新建一个图形元件，命名为“身正”。选择“图层 1”图层的第 1 帧，使用【矩形工具】和【椭圆工具】绘制一个“身体”，如图 8-34 所示。

❸新建一个图形元件，命名为“身”。选择“图层 1”图层的第 1 帧，将“手”和“身正”两个图形元件拖入舞台，如图 8-32 所示。

图8-32 绘制丫鬟

打开【库】面板，新建文件夹名称“丫鬟”。将“身正”、“手”和“身”图形元件拖入到“丫鬟”文件夹中。

9. 影片的制作

❶回到场景 2，在【时间轴】面板上，在“台词”和“华府”图层之间从上到下依次新建名称为“舞台”、“唐伯虎”、“对穿肠”和“众丫鬟”的 4 个文件夹。在文件夹“对穿肠”下从上到下依次新建名称为“汗”、“手右”、“手左、“口”、“眼”和“身”的图层。在文件夹“唐伯虎”下从上到下依次新建名称为“口”、“眼”、“手”和“身”的图层。在文件夹“众丫鬟”下从上到下依次新建名称为“丫鬟 1”、“ 丫鬟 2”、“ 丫鬟 3”和“丫鬟 4”的图层。【时间轴】面板如图 8-33 所示。

图8-33 【时间轴】面板

【时间轴】面板中的图层经常会很多很复杂，这时候需要对【时间轴】面板中的大量图层做一些规划，如将一些图层合并，然后将图层归类，设置图层的属性为“较短”等。

❷“对穿肠”作揖入场并自我介绍。在【时间轴】面板上选中“对穿肠”文件夹下的“身”图层的第46帧，从元件库中将“对穿肠”文件夹中的“身”图形元件拖入舞台中心。选择“手左”图层的第46帧，插入空白关键帧，并在此帧绘制手臂，如图8-34所示。

在【时间轴】面板上选中“对穿肠”文件夹下的“身”图层的第60帧，插入空白关键帧，从元件库中将“对穿肠”文件夹中的“身”图形元件拖入舞台中心。选择“手左”图层的第60帧，插入空白关键帧，如图8-35所示。

图8-34 “对穿肠”作揖入场

图8-35 将身布置到舞台

在【时间轴】面板上选中“对穿肠”文件夹下的“身”图层的第135帧，插入关键帧，选择“身”图形元件，使用【任意变形工具】，按住Shift键，将其按比例放大。在第46帧和第135帧之间创建补间动画。在第136帧处，按F7键，插入空白关键帧。

在【时间轴】面板上选中“对穿肠”文件夹下的“口”图层的第61帧，插入空白关键帧，从元件库中将“对穿肠”文件夹中的“口”图形元件拖入舞台，盖住“对穿肠”的口的位置，并调整大小和形状，在【时间轴】面板上选中“对穿肠”文件夹下的“口”图层的第132帧，按 F7 键，插入空白关键帧。

❸唐伯虎入场并自我介绍。在【时间轴】面板上选中“唐伯虎”文件夹下的“身”图层的第 136 帧，插入空白关键帧，从元件库中将“唐伯虎”文件夹中的“身”图形元件拖入舞台中心，如图 8-36 所示。

在【时间轴】面板上选中“唐伯虎”文件夹下的“身”图层的第 213 帧，插入关键帧，选择“身”图形元件使用【任意变形工具】，按住 Shift 键，将其按比例放大，并在第 136 帧和第 213 帧之间创建补间动画。在第 314 帧处，按 F7 键，插入空白关键帧。在【时间轴】面板上选中“唐伯虎”文件夹下的“口”图层的第 156 帧，插入空白关键帧，从元件库中将“唐伯虎”文件夹中的“口”图形元件拖入舞台，如图 8-37 所示。在【时间轴】面板上选中“唐伯虎”文件夹下的“口”图层的第 202 帧，按 F7 键，插入空白关键帧。

图8-36　将身布置到舞台上

图8-37　将口布置到舞台上

小技巧

在不同帧上的相同位置放置元件时，使用“辅助线”对齐是一个比较理想的办法，也可以在【属性】面板中设置位置。

在【时间轴】面板上选中“唐伯虎”文件夹下的“口”图层的第 206 帧，插入空白关键帧，从元件库中将“唐伯虎”文件夹中的“口”图形元件拖入舞台，在【时间轴】面板上选中“唐伯虎”文件夹下的“口”图层的第 214 帧，按 F7 键，插入空白关键帧。

❹在【时间轴】面板上选中“对穿肠”文件夹下的“身”图层的第 221 帧，插入空白关键帧，从元件库中将“对穿肠”文件夹中的“身”图形元件拖入舞台中心。在【时间轴】面板上选中“对穿肠”文件夹下的“手右”图层的第 221 帧，插入空白关键帧，从元件库中将“对穿肠”文件夹中的“手”图形元件拖入舞台。在【时间轴】面板上选中“对穿肠”文件夹下的“手左”图层的第 221 帧，插入空白关键帧，从元件库中将“对穿肠”文件夹中的“手”图形元件拖入舞台，如图 8-38 所示。

在【时间轴】面板上选中“对穿肠”文件夹下的“手右”图层的第 231 帧，插入关键帧，选择“手”图形元件，并将其向上拖。在【时间轴】面板上选中“对穿肠”文件夹下的“手左”图层的第 231 帧，插入关键帧，选择“手”图形元件，并将其向上拖，如图 8-39 所示。

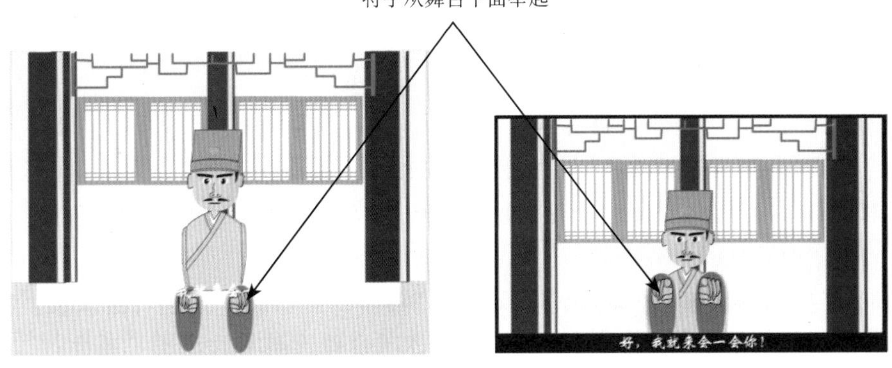

图 8-38“对穿肠”入场　　图 8-39 将手抬起

在【时间轴】面板上选中“对穿肠”文件夹下的“手右”图层的第 240 帧，插入关键帧，选择“手”图形元件，按住 Shift 键，将其按比例放大。在【时间轴】面板上选中“对穿肠”文件夹下的“手左”图层的第 237 帧，插入关键帧，选择“手”图形元件，按住 Shift 键，将其按比例放大。在【时间轴】面板上选中“对穿肠”文件夹下的“手右”图层的第 250 帧，插入关键帧，选择“手”图形元件，按住 Shift 键，将其按比例缩小。在【时间轴】面板上选中“对穿肠”文件夹下的“左手”图层的第 245 帧，插入关键帧，选择“手”图形元件，按住 Shift 键，将其按比例缩小。在【时间轴】面板上选中“对穿肠”文件夹下的“手右”图层，分别在第 221 帧和第 231 帧；第 231 帧和第 240 帧；第 240 帧和第 250 帧之间创建形状补间动画。并在第 256 帧，插入空白关键帧。在【时间轴】面板上选中“对穿肠”文件夹下的“左手”图层，分别在第 221 帧和第 231 帧；第 231 帧和第 237 帧；第 237 帧和第 245 帧之间创建形状补间动画。并在第 256 帧，插入空白关键帧。在【时间轴】面板上选中“对穿肠”文件夹下的“身”图层的第 256 帧，按 F7 键，插入空白关键帧。【时间轴】面板如图 8-40 所示。

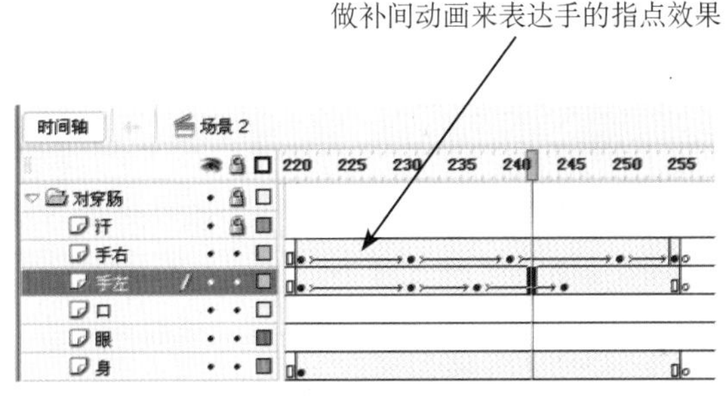

图8-40 【时间轴】面板

小技巧

通过上面的方法制作“手”的放大与缩小，来表示“手”在指点的动画效果。

⑤音乐起，双方一脸凝重，双脚微挪步，绕圆周形走动。双方凑到一起，做欲亲嘴状。镜头慢慢拉近。镜头切换给众丫鬟。众丫鬟们一脸迷茫，不知道将会发生什么。镜头切换给

唐伯虎和对穿肠；双方亲了嘴；镜头切换给丫鬟；众丫鬟倒。镜头切换给唐伯虎和对穿肠。双方转过来面向观众，双手别在背后。

在【时间轴】面板上分别选中“唐伯虎”文件夹下的“身”、“口”、“眼”和“手”图层的第256帧，插入空白关键帧，从元件库中将“唐伯虎”文件夹中的“脚”图形元件分别拖入舞台中。将“身”图层下的“脚”元件使用【任意变形工具】进行左右翻转，作为右边的脚。将“口”、“眼”和“手”图层下的“脚”元件对齐，分别设置“Alpha”值为“100%”、“60%”和“30%”。

分别将“口”、“眼”和“手”图层的第289帧，插入关键帧，分别将“脚”图形元件拖动到适当的位置，并分别在3个图层的第256帧和第289帧创建形状补间动画。将“身”图层的第289帧，插入关键帧，将“脚”元件使用【任意变形工具】进行左右翻转，如图8-41所示。

运用不透明度来制作残影效果

a

b

图8-41 “唐伯虎”脚的移动前半步

小技巧

在表现缓慢移动的时候，可以使用残影的效果来表达。

在【时间轴】面板上选中“唐伯虎”文件夹下的“口”图层的第268帧，插入关键帧，在【时间轴】面板上选中“唐伯虎”文件夹下的“口”图层的第269帧，插入空白关键帧，从元件库中将“唐伯虎”文件夹中的“脚”图形元件拖入舞台中。在第256帧和第268帧之间创建形状补间动画。在第269帧和第289帧之间创建形状补间动画。第269帧的动画如图8-67所示。第289帧的动画如图8-42所示。

图8-42 “唐伯虎”脚的移动后半步

设置【时间轴】面板中的“舞台框”图层为“不可见”，打开【时间轴】面板中的“唐伯虎”

文件夹，分别选择4个图层的第290帧，插入空白关键帧。选择“身”图层的第290帧，从元件库中将“唐伯虎”文件夹中的“身”图形元件拖入舞台中，如图8-43a所示。在图层的第315帧，插入关键帧，将“身”图形元件拖到舞台的右侧，如图8-43b所示。在第290帧和第315帧之间创建补间动画。【时间轴】面板如图8-44所示。

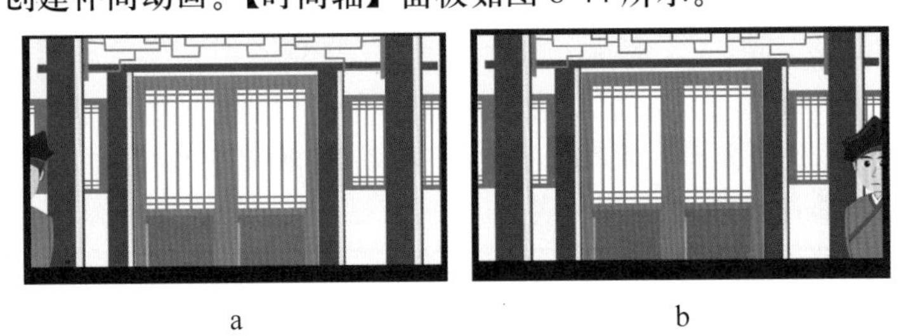

a　　　　b

图8-43 “唐伯虎”移动

图8-44 【时间轴】面板

在【时间轴】面板上选中“对穿肠”文件夹下的“手左”、“口”、“眼”和“身”图层的第316帧和第328帧，制作同“唐伯虎”脚移动的动画效果，用来作“对穿肠”脚移动的动画效果。如图8-45所示。

a　　　　b

图8-45 “对穿肠”脚移动

分别选择“手左”、“口”、“眼”和“身”4个图层的第350帧，插入空白关键帧，选择“身”图层的第350帧。从元件库中将“对穿肠”文件夹中的“身”图形元件拖入到舞台中。如图8-46a所示。在图层的第376帧，插入关键帧，将“身”图形元件拖到舞台的右侧，如图8-46b所示。并在第350帧和第376帧之间创建补间动画。

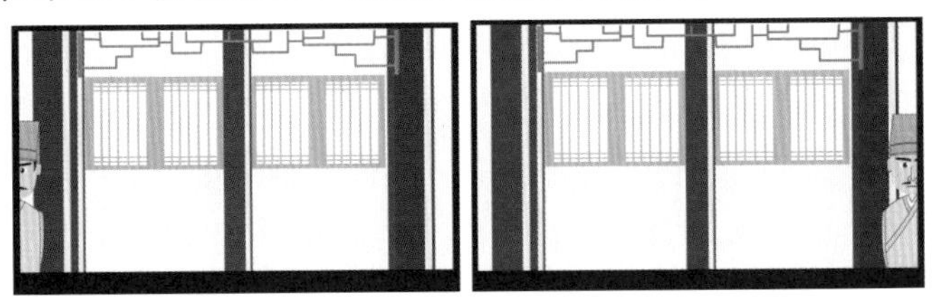

a　　　　b

图8-46 “对穿肠”移动

打开【时间轴】面板中的“唐伯虎”文件夹中选择“身”图层的第 385 帧。从元件库中将“唐伯虎”文件夹中的“身”图形元件拖入舞台左侧。在图层的第 420 帧，插入关键帧，将“身”图形元件拖到舞台的右侧，并在第 385 帧和第 420 帧之间创建补间动画。

在【时间轴】面板上选中“对穿肠”文件夹下的“身”图层的第 421 帧，插入空白关键帧，从元件库中将“对穿肠”文件夹中的“身侧”图形元件拖入舞台中，如图 8-47a 所示。在图层的第 444 帧，插入关键帧，将“身”图形元件拖到舞台的中间侧，如图 8-47b 所示。并在第 421 帧和第 444 帧之间创建补间动画。在第 445 帧，插入空白关键帧，选择“口”和“眼”2 个图层的第 444 帧，插入空白关键帧。

a　　b

图8-47 “对穿肠”进入舞台

打开【时间轴】面板中的“唐伯虎”文件夹，分别选择 4 个图层的第 444 帧，并插入空白关键帧。选择“身”图层的第 445 帧。从元件库中将“唐伯虎”文件夹中的“身侧”图形元件拖入舞台的右侧，如图 8-48a 所示。在图层的第 471 帧，插入关键帧，将“身侧”图形元件拖到舞台的中间，如图 8-48b 所示。并在第 445 帧和第 471 帧之间创建补间动画。

a　　b

图8-48 “唐伯虎”进入舞台

在【时间轴】面板上选中“对穿肠”文件夹下的“身”图层的第 473 帧，插入空白关键帧，从元件库中将“对穿肠”文件夹中的“身侧”图形元件拖入舞台中。在图层的第 496 帧，插入关键帧，将“身侧”图形元件放大。并在第 473 帧和第 496 帧之间创建补间动画。第 497 帧，插入空白关键帧。

打开【时间轴】面板中的“唐伯虎”文件夹，分别选择 4 个图层的第 473 帧，并插入空白关键帧。选择“身”图层的第 443 帧。从元件库中将“唐伯虎”文件夹中的“身侧”图形元件拖入舞台中。在图层的第 496 帧，插入关键帧，将“身侧”图形元件放大。并在第 473 帧和第 496 帧之间创建补间动画。第 497 帧，插入空白关键帧，如图 8-49 所示。

打开【时间轴】面板中的“丫鬟”文件夹，分别选择 4 个图层的第 497 帧，并插入空白关键帧。从元件库中将“丫鬟”文件夹中的“身”图形元件拖入舞台中，分别放在四个角上。如图 8-50 所示。分别选择 4 个图层的第 503 帧，并插入关键帧，将 4 个“身”图形元件向舞台中心靠拢。并分别在 4 个图层的第 497 帧和第 503 帧之间创建补间动画。分别选择 4 个

图层的第 504 帧，插入空白关键帧。选择“丫鬟 1”图层的第 504 帧，从元件库中将“台词”文件夹中的“元件 21”图形元件拖入舞台中，选择第 513 帧，插入空白关键帧。

图8-49 两者对视　　图8-50 “丫鬟”动画

在【时间轴】面板上选中“对穿肠”文件夹下的“身”图层的第 514 帧，按 F7 键，插入空白关键帧。复制第 496 帧到第 514 帧。选择第 571 帧，并插入空白关键帧。在【时间轴】面板上选中“唐伯虎”文件夹下的“身”图层的第 514 帧，按 F7 键，插入空白关键帧。复制第 496 帧到第 514 帧。选择第 571 帧，并插入空白关键帧。

打开【时间轴】面板中的“丫鬟”文件夹，分别选择 4 个图层的第 571 帧，并插入空白关键帧。从元件库中将“丫鬟”文件夹中的“身”图形元件拖入舞台中，分别放在四个角上。分别选择 4 个图层的第 577 帧，并插入关键帧，将 4 个“身”图形元件向舞台中心散开。并分别在 4 个图层的第 571 帧和第 577 帧之间创建补间动画。分别选择 4 个图层的第 578 帧，并插入空白关键帧。选择“丫鬟 1”图层的第 578 帧，从元件库中将“台词”文件夹中的“元件 21”图形元件拖入舞台中，选择第 586 帧，并插入空白关键帧。

❻在【时间轴】面板上选中“对穿肠”文件夹下的“身”图层的第 586 帧，插入空白关键帧，从元件库中将“对穿肠”文件夹中的“身”图形元件拖入舞台中。在【时间轴】面板上选中“唐伯虎”文件夹下的“身”图层的第 586 帧，插入空白关键帧，从元件库中将“唐伯虎”文件夹中的“身”图形元件拖入舞台中，如图 8-51 所示。

图8-51 舞台第586帧的布置

在【时间轴】面板上选中“唐伯虎”文件夹下的“身”图层的第 589 帧，插入空白关键帧，从元件库中将“唐伯虎”文件夹中的“口”图形元件拖入舞台中。

打开【时间轴】面板中的“唐伯虎”文件夹，分别选择 4 个图层的第 637 帧，并插入空白关键帧。选择“身”图层的第 637 帧。从元件库中将“唐伯虎”文件夹中的“身”图形元件拖入舞台中。选择“身”图层的第 638 帧，按 F7 键，插入空白关键帧。

在【时间轴】面板上选中“对穿肠”文件夹下的“身”图层的第 637 帧，插入关键帧，选择第 638 帧，并插入关键帧。

⑦打开【时间轴】面板中的“丫鬟”文件夹,分别选择“丫鬟1”、“丫鬟3”和“丫鬟4”3个图层的第638帧，并插入空白关键帧。选择“丫鬟1”和“丫鬟3”2个图层的第639帧，按F7键，插入空白关键帧。从元件库中将“丫鬟”文件夹中的“身”图形元件拖入舞台中的两边，如图8-52所示。选择“丫鬟1”和“丫鬟3”2个图层的第645帧，按F6键，插入关键帧。将两个丫鬟向中间靠拢。并分别在两个图层的第639帧到第645帧创建补间动画。选择“丫鬟4”图层的第645帧，并插入空白关键帧。分别选择“丫鬟1”、“丫鬟3”和“丫鬟4”3个图层的第646帧，并插入空白关键帧。选择“丫鬟4”图层的第646帧，从元件库中将“台词”文件夹中的“元件26”图形元件拖入舞台中，选择第666帧，并插入关键帧。在第646帧和第666帧之间创建补间动画。

图8-52 “丫鬟”进场动画

⑧在【时间轴】面板上选中“唐伯虎”文件夹下的“身”图层的第667帧，按F7键，插入空白关键帧。复制第473帧到第667帧。选择第714帧，并插入空白关键帧。在【时间轴】面板上选中“对穿肠”文件夹下的“身”图层的第667帧，按F7键，插入空白关键帧。复制第473帧到第667帧。选择第690帧，并插入关键帧，从元件库中将“对穿肠”文件夹中的“右手”图形元件拖入到舞台中。选择第704帧，并插入关键帧，将右手向上拖动，起到抬手的作用，如图8-53所示。选择第705帧，按F7键，插入空白关键帧。

图8-53 两者斡旋

在【时间轴】面板上选中“对穿肠”文件夹下的“手右”图层的第714帧，插入空白关键帧，从元件库中将“对穿肠”文件夹中的“手右”图形元件拖入舞台中。在【时间轴】面板上选中“对穿肠”文件夹下的“口”图层的第714帧，插入空白关键帧，从元件库中将“对穿肠”文件夹中的“口”图形元件拖入舞台中。在【时间轴】面板上选中“对穿肠”文件夹下的“身”图层的第714帧，插入空白关键帧，从元件库中将“对穿肠”文件夹中的“身”图形元件拖

入舞台中，如图 8-54 所示。

图8-54 “对穿肠”出对子

在【时间轴】面板上选中“对穿肠”文件夹下的“口”图层的第 769 帧，按 F7 键，插入空白关键帧。选择“手右”图层的第 769 帧，按 F7 键，插入空白关键帧。选择“身”图层的第 769 帧，按 F7 键，插入空白关键帧。

⑨在【时间轴】面板上选中“唐伯虎”文件夹下的“身”图层的第 776 帧，插入空白关键帧，从元件库中将“唐伯虎”文件夹中的“身”图形元件拖入舞台中，选择第 822 帧，按 F7 键，插入空白关键帧。在【时间轴】面板上选中“唐伯虎”文件夹下的“口”图层的第 776 帧，插入空白关键帧，从元件库中将“唐伯虎”文件夹中的“口”图形元件拖入舞台中，选择第 822 帧，按 F7 键，插入空白关键帧。

⑩打开【时间轴】面板中“丫鬟”文件夹，分别选择 4 个图层的第 822 帧，并插入空白关键帧。选择“丫鬟 1”、“丫鬟 3”和“丫鬟 4”图层，从元件库中将“丫鬟”文件夹中的“手”图形元件拖入舞台中。选择“丫鬟 2”图层的第 822 帧，从元件库中将“丫鬟”文件夹中的“身”图形元件拖入舞台中，并复制为 3 个，将“手”图形元件拖入舞台中，按顺序排好，如图 8-55a 所示。分别选择 3 个图层的第 830 帧，并插入关键帧。将左手适当抬起，如图 8-55b 所示。在这 3 个图层的第 822 帧和第 830 帧之间创建补间动画。

图8-55 “丫鬟”欢呼

小技巧

制作丫鬟举手欢呼的动作时，可以使用【任意变形工具】将“手”元件的变形中心点移动到肩膀处，再将其拉伸并创建补间动画。

选择“丫鬟1”、“丫鬟3”和“丫鬟4”图层，再将第822帧复制到第839帧，将第830帧复制到第847帧，将第822帧复制到第856帧，创建补间动画。分别选择4个图层的第857帧，并插入空白关键帧。【时间轴】面板如图8-56所示。

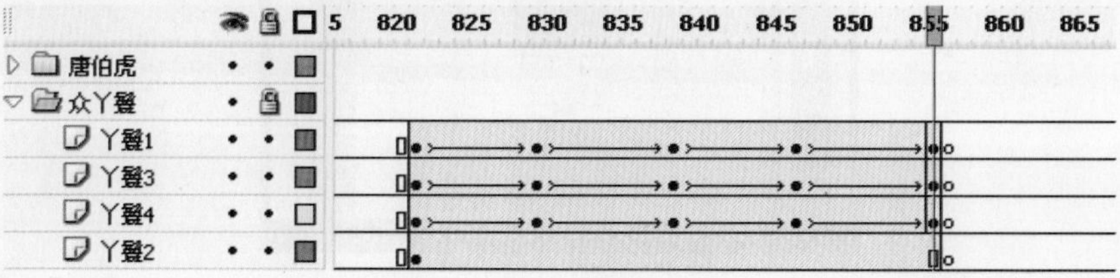

图8-56 【时间轴】面板

⑪在【时间轴】面板上选中“对穿肠”文件夹下的“身”图层的第857帧，插入空白关键帧，从元件库中将“对穿肠”文件夹中的“身”图形元件拖入舞台中。在【时间轴】面板上选中“对穿肠”文件夹下的“手右”图层的第857帧，插入空白关键帧，从元件库中将“对穿肠”文件夹中的“手右”图形元件拖入舞台中。在【时间轴】面板上选中“对穿肠”文件夹下的“口”图层的第857帧，插入空白关键帧，从元件库中将“对穿肠”文件夹中的“口”图形元件拖入舞台中。

在【时间轴】面板上选中“对穿肠”文件夹下的“口”图层的第896帧，按F7键，插入空白关键帧。选择“手右”图层的第890帧，按F7键，插入空白关键帧。选择“身”图层的第904帧，按F7键，插入空白关键帧。

打开【时间轴】面板中的“唐伯虎”文件夹，选择“身”图层的第904帧。从元件库中将“唐伯虎”文件夹中的“身侧”图形元件拖入舞台的右侧。在图层的第933帧，插入关键帧，将“身侧”图形元件拖到舞台的中间。并在第904帧和第933帧之间创建补间动画。选择第957帧，按F7键，插入空白关键帧。

打开【时间轴】面板中的“唐伯虎”文件夹，选择“口”图层的第917帧。从元件库中将“唐伯虎”文件夹中的“口”图形元件拖入舞台的右侧。在图层的第933帧，插入关键帧，将“身侧”图形元件拖到舞台的中间。并在第917帧和第933帧之间创建补间动画。选择第954帧，按F7键，插入空白关键帧。

⑫场景镜头切换给丫鬟和王爷。打开【时间轴】面板中的“丫鬟”文件夹，分别选择4个图层的第957帧、第964帧、第974帧、第982帧、第991帧和第992帧，重复第776帧、第822帧、第830帧、第839帧、第847帧和第856帧的操作。选择“丫鬟4”图层的第886帧，从元件库中将“对穿肠”文件夹中的“身”图形元件拖入舞台中，如图8-57a所示。选择“丫鬟2”图层的第1012帧，按F6键，插入关键帧，将“身”图形元件移动到舞台中。在第886帧和第1012帧之间创建补间动画。

选择“丫鬟3”图层的第1010帧，从元件库中将“对穿肠”文件夹中的“手”图形元件拖入舞台中，如图8-57b所示。选择“丫鬟3”图层的第1018帧，插入关键帧，将“手”图形元件适当放大。选择第1028帧，插入关键帧，将“手”图形元件缩为原大小。选择“丫鬟1”、“丫鬟3”和“丫鬟4”图层的第1029帧，按F7键，插入空白关键帧。【时间轴】面板如图8-58所示。

a

b

图8-57 “王爷”动画

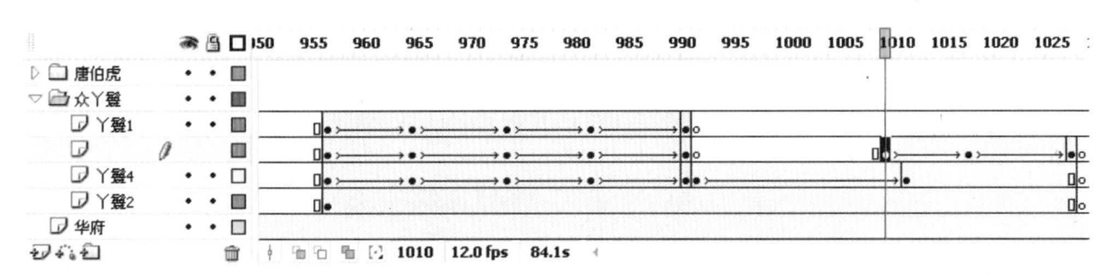

图8-58 【时间轴】面板

在【时间轴】面板上选中“对穿肠”文件夹下的“身”图层的第1029帧，插入空白关键帧，从元件库中将“对穿肠”文件夹中的“身”图形元件拖入舞台中。选择第1052帧，插入关键帧，将“身”图形元件移动到舞台中间，并在两帧创建补间动画。在【时间轴】面板上选中“对穿肠”文件夹下的“手右”图层的第1029帧，插入空白关键帧，从元件库中将“对穿肠”文件夹中的“手右”图形元件拖入舞台中。选择第1052帧，插入关键帧，将“手右”图形元件移动到舞台中间，并在两帧创建补间动画。

⑬对穿肠扇举胸前，左右摇动两次，来回踱步场景的制作。在【时间轴】面板上选中“对穿肠”文件夹下的“口”图层的第1029帧，插入空白关键帧，从元件库中将“对穿肠”文件夹中的“口”图形元件拖入舞台中。分别选择第1034帧、第1040帧第1045帧和第1052帧，插入关键帧，并在之间创建补间动画。选择第1053帧，按F7键，插入空白关键帧。如图8-59a所示。选择“身”图层第1053帧，插入关键帧，将身体转个方向，选择第1057帧，按F7键，插入空白关键帧。选择“手右”图层第1053帧，插入关键帧，将手转个方向，选择第1057帧，按F7键，插入空白关键帧。如图8-59b所示。【时间轴】面板如图8-60所示。

a

b

图8-59 “对穿肠”出对子

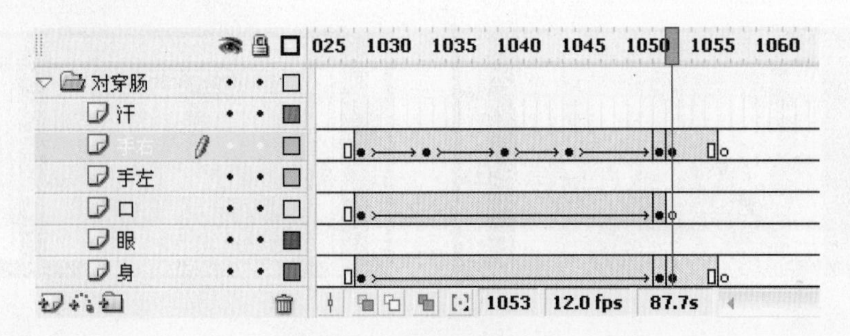

图8-60 【时间轴】面板

⑭唐伯虎双手别在背后场景的制作。在【时间轴】面板上选中“唐伯虎”文件夹下的“身”图层的第1057帧，插入空白关键帧，从元件库中将“唐伯虎”文件夹中的“身”图形元件拖入舞台中的下部分。在【时间轴】面板上选中“唐伯虎”文件夹下的“口”图层的第1057帧，插入空白关键帧，从元件库中将“唐伯虎”文件夹中的“口”图形元件拖入舞台中，如图8-61所示。

在【时间轴】面板上选中“唐伯虎”文件夹下的“身”图层的第1080帧，插入关键帧，将“身”图形元件拖入舞台的中间。在【时间轴】面板上选中“唐伯虎”文件夹下的“口”图层的第1080帧，插入关键帧，将“口”图形元件拖入舞台的中间。在【时间轴】面板上选中“唐伯虎”文件夹下的“身”图层的第1101帧，插入关键帧，将“身”图形元件拖入舞台的左边。在【时间轴】面板上选中“唐伯虎”文件夹下的“口”图层的第1101帧，插入关键帧，将“口”图形元件拖入舞台的左边。在两个图层的第1057帧，第1080帧和1101帧之间创建补间动画。

图8-61 唐伯虎对对子

⑮镜头切换给对穿肠，对穿肠无奈状。在【时间轴】面板上选中“对穿肠”文件夹下的“身”图层的第1102帧，插入空白关键帧，从元件库中将“对穿肠”文件夹中的“身”图形元件拖入舞台中。在【时间轴】面板上选中“对穿肠”文件夹下的“手右”图层的第1102帧，插入空白关键帧，从元件库中将“对穿肠”文件夹中的“手右”图形元件拖入舞台中，如图8-62a所示。

在【时间轴】面板上选中“对穿肠”文件夹下的“身”图层的第1111帧，插入空白关键帧，从元件库中将“对穿肠”文件夹中的“身”图形元件拖入舞台中。在【时间轴】面板上选中“对穿肠”文件夹下的“手右”图层的第1111帧，插入空白关键帧，从元件库中将“对穿肠”文件夹中的“手右”图形元件拖入舞台中，如图8-62b所示。在【时间轴】面板上选中“对

穿肠”文件夹下的“身”图层的第1122帧，插入空白关键帧，在【时间轴】面板上选中“对穿肠”文件夹下的“手右”图层的第1122帧，按F7键，插入空白关键帧。

a

b

图8-62 “对穿肠”闪过

⑯镜头切换给丫鬟，众丫鬟举手欢呼。打开【时间轴】面板中的“丫鬟”文件夹，分别选择4个图层的第1122帧,并插入空白关键帧。选择“丫鬟1”、“丫鬟3”和“丫鬟4”图层，从元件库中将“丫鬟”文件夹中的“手”图形元件拖入舞台中。选择“丫鬟2”图层的第1122帧，从元件库中将“丫鬟”文件夹中的“身”图形元件拖入舞台中，并复制为3个，将“手”图形元件拖入舞台中，按顺序排好。分别选择“丫鬟1”、“丫鬟3”和“丫鬟4”3个图层的第1126帧，并插入关键帧。将左手适当抬起。在这3个图层的第1122帧和第1126帧之间创建补间动画。

选择“丫鬟1”、“丫鬟3”和“丫鬟4”图层，再将第1122帧复制到第1131帧、将第1126帧复制到第1136帧、将第1122帧复制到第1142帧并创建补间动画。分别选择4个图层的第1143帧，并插入空白关键帧。

⑰对穿肠（扇举胸前，左右摇动两次，来回踱步）说：“我上等威风显现一身虎胆。”说完后，对穿肠右手打开扇子放在胸前，并留下紧张的汗水。镜头切换给唐伯虎，唐伯虎从右边进入镜头。

在【时间轴】面板上选中“对穿肠”文件夹下的“身侧”图层的第1144帧，插入空白关键帧，从元件库中将“对穿肠”文件夹中的“身”图形元件拖入舞台中。在【时间轴】面板上选中“对穿肠”文件夹下的“手右”图层的第1144帧，插入空白关键帧，从元件库中将“对穿肠”文件夹中的“手右”图形元件拖入舞台中。在【时间轴】面板上选中“对穿肠”文件夹下的“口”图层的第1144帧，插入空白关键帧，从元件库中将“对穿肠”文件夹中的“口”图形元件拖入舞台中。在【时间轴】面板上选中“对穿肠”文件夹下的“手右”图层的第1149帧，插入空白关键帧，将“手右”图形元件向上抬起。在【时间轴】面板上选中“对穿肠”文件夹下的“手右”图层的第1155帧，插入空白关键帧，将“手右”图形元件放下。在【时间轴】面板上选中“对穿肠”文件夹下的“手右”图层的第1160帧，插入空白关键帧，将“手右”图形元件向上抬起。在【时间轴】面板上选中“对穿肠”文件夹下的“手右”图层的第1164帧，插入空白关键帧，将“手右”图形元件向下放，如图8-63所示。

图8-63 “对穿肠”吟诗

在【时间轴】面板上选中“对穿肠”文件夹下的“身”图层的第 1165 帧，插入空白关键帧，从元件库中将“对穿肠”文件夹中的“身”图形元件拖入舞台中。在【时间轴】面板上选中“对穿肠”文件夹下的“手右”图层的第 1165 帧，插入空白关键帧，从元件库中将“对穿肠”文件夹中的“手右”图形元件拖入舞台中。在【时间轴】面板上选中“对穿肠”文件夹下的“口”图层的第 1165 帧，插入空白关键帧，从元件库中将“对穿肠”文件夹中的“口”图形元件拖入舞台中。

打开【时间轴】面板中的“对穿肠”文件夹，分别选择“手右”、“手左”、“口”、“眼”和“身”图层的第 1179 帧，插入关键帧，【时间轴】面板如图 8-64 所示。

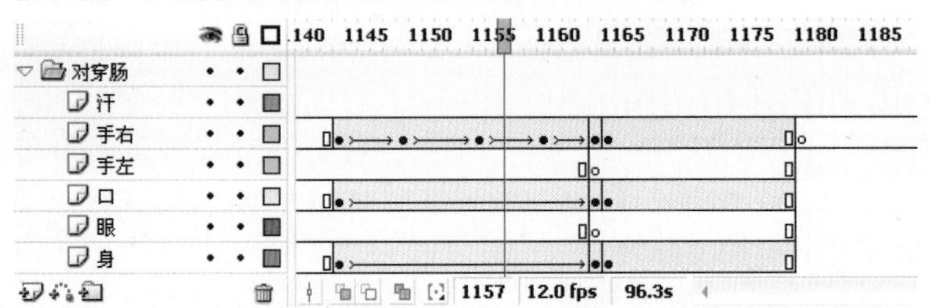

图8-64 【时间轴】面板

⑱打开【时间轴】面板中的“唐伯虎”文件夹，分别选择 4 个图层的第 1187 帧，并插入空白关键帧。选择“身”图层的第 1187 帧。从元件库中将“唐伯虎”文件夹中的“身侧”图形元件拖入舞台的右侧。选择“口”图层的第 1187 帧，插入空白关键帧，从元件库中将“唐伯虎”文件夹中的“口”图形元件拖入舞台中，如图 8-65 所示。在图层的第 1200 帧，插入关键帧，将“身侧”图形元件适当向右移动，并在第 1187 帧和第 1200 帧之间创建补间动画。

图8-65 “唐伯虎”对对子

⑲对穿肠迅速往后退，一副被打败的狼狈样。在【时间轴】面板上选中“对穿肠”文件夹下的“身”图层的第1201帧，插入空白关键帧，从元件库中将“对穿肠”文件夹中的“身”图形元件拖入舞台中。在图层的第1217帧，插入关键帧，将“身”图形元件按比例缩小。在【时间轴】面板上选中“对穿肠”文件夹下的“口”图层的第1201帧，插入空白关键帧，从元件库中将“对穿肠”文件夹中的“口”图形元件拖入舞台中。在【时间轴】面板上选中“对穿肠”文件夹下的“手右”图层的第1201帧，插入空白关键帧，从元件库中将“对穿肠”文件夹中的“手右”图形元件拖入舞台中。并在此帧绘制另一只手，如图8-66a所示。在【时间轴】面板上选中“对穿肠”文件夹下的“手右”图层的第1204帧、第1208帧、第1213帧和第1217帧，插入空白关键帧，改变两手臂的位置，并在两帧之间创建补间动画，如图8-66b所示。

a　　　　　　b

图8-66　舞台上的“对穿肠”

在【时间轴】面板上选中“对穿肠”文件夹下的“身”图层的第1218帧，插入空白关键帧，从元件库中将“对穿肠”文件夹中的“身”图形元件拖入舞台中。在【时间轴】面板上选中“对穿肠”文件夹下的“手右”图层的第1218帧，插入空白关键帧，从元件库中将“对穿肠”文件夹中的“手右”图形元件拖入舞台中。在【时间轴】面板上选中“对穿肠”文件夹下的“口”图层的第1218帧，插入空白关键帧，从元件库中将“对穿肠”文件夹中的“口”图形元件拖入舞台中。

在【时间轴】面板上选中“对穿肠”文件夹下的“身”图层的第1236帧，插入空白关键帧，在【时间轴】面板上选中“对穿肠”文件夹下的“手左”图层的第1236帧，按F7键，插入空白关键帧。在【时间轴】面板上选中“对穿肠”文件夹下的“口”图层的第1236帧，插入空白关键帧，从元件库中将“对穿肠”文件夹中的“口”图形元件拖入舞台中。从元件库中将“对穿肠”文件夹中的“手”图形元件拖入舞台，如图8-67所示。在【时间轴】面板上选中“对穿肠”文件夹下的“手左”图层的第1255帧，插入空白关键帧，按住Shift键，将手放大，如图8-68所示。

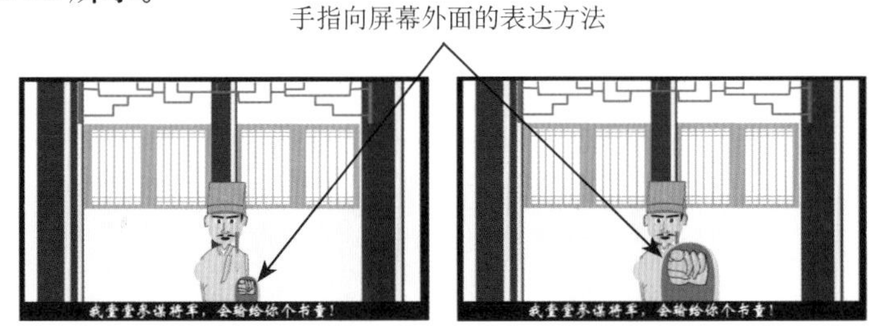

图8-67 “对穿肠”出对子　　图8-68 “对穿肠”出对子

在【时间轴】面板上选中“对穿肠”文件夹下的“身”图层的第1256帧，插入空白关键帧，从元件库中将“对穿肠”文件夹中的“身侧”图形元件拖入舞台中。在【时间轴】面板上选中“对穿肠”文件夹下的“手右”图层的第 1256 帧，插入空白关键帧，从元件库中将“对穿肠”文件夹中的“手右”图形元件拖入舞台中。在【时间轴】面板上选中“对穿肠”文件夹下的“口”图层的第 1256 帧，插入空白关键帧，从元件库中将“对穿肠”文件夹中的“口”图形元件拖入舞台中。在【时间轴】面板上选中“对穿肠”文件夹下的“汗”图层的第 1256 帧，插入空白关键帧，从元件库中将“对穿肠”文件夹中的“汗”图形元件拖入舞台中。

⑳打开【时间轴】面板中“唐伯虎”文件夹，分别选择 4 个图层的第 1277 帧，并插入空白关键帧。选择“身”图层的第 1277 帧。从元件库中将“唐伯虎”文件夹中的“身侧”图形元件拖入舞台的右侧。选择“口”图层的第 1277 帧，插入空白关键帧，从元件库中将“唐伯虎”文件夹中的“口”图形元件拖入舞台中。在图层的第 1284 帧，插入关键帧，将“身侧”图形元件适当向右移动，移到舞台中间。并在第 1277 帧和第 1284 帧之间创建补间动画，如图 8-69 所示。

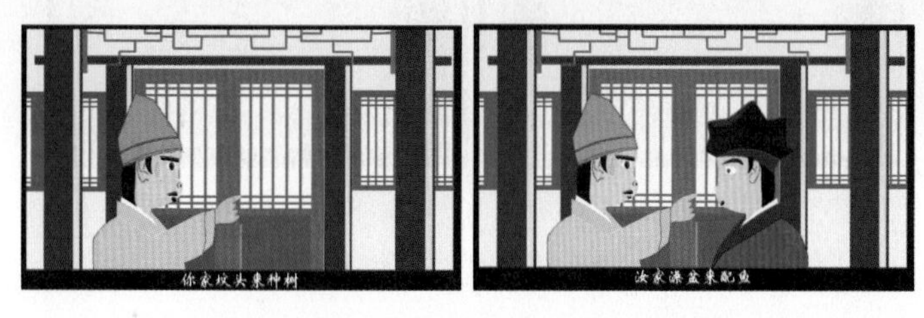

a　　　　b

图8-69 “对穿肠”和“唐伯虎”对峙

打开【时间轴】面板中的“唐伯虎”文件夹，分别选择 4 个图层的第 1376 帧，并插入关键帧。在【时间轴】面板上选中“对穿肠”文件夹下的“身”、“口”、“手右”和“汗”图层的第 1357 帧，按 F6 键，插入关键帧。

在【时间轴】面板上选中“对穿肠”文件夹下的“身”图层的第 1358 帧，插入空白关键帧，从元件库中将“对穿肠”文件夹中的“身侧”图形元件拖入舞台中。在【时间轴】面板上选中“对穿肠”文件夹下的“手右”图层的第 1358 帧，插入空白关键帧，从元件库中将“对穿肠”文件夹中的“手右”图形元件拖入舞台中。在【时间轴】面板上选中“对穿肠”文件夹下的“口”图层的第 1358 帧，插入空白关键帧，从元件库中将“对穿肠”文件夹中的“口”图形元件拖入舞台中。在【时间轴】面板上选中“对穿肠”文件夹下的“汗”图层的第 1358 帧，插入空白关键帧，从元件库中将“对穿肠”文件夹中的“汗”图形元件拖入舞台中。

在【时间轴】面板上选中“对穿肠”文件夹下的“身”、“口”、“手右”和“汗”图层的第 1376 帧，按 F6 键，插入关键帧。并将各图形元件移动到适当位置，在第 1358 帧和第 1376 帧之间创建补间动画，如图 8-70 所示。

图8-70 “对穿肠”晕倒

㉑在【时间轴】面板上选中“对穿肠”文件夹下的“身”图层的第1377帧，插入空白关键帧，从元件库中将“对穿肠”文件夹中的“身侧”图形元件拖入舞台中的右下脚。在【时间轴】面板上选中“对穿肠”文件夹下的“手右”图层的第1377帧，插入空白关键帧，从元件库中将“对穿肠”文件夹中的“手右”图形元件拖入舞台中。在【时间轴】面板上选中“对穿肠”文件夹下的“口”图层的第1377帧，插入空白关键帧，从元件库中将“对穿肠”文件夹中的“口”图形元件拖入舞台中。在【时间轴】面板上选中“对穿肠”文件夹下的“汗”图层的第1377帧，插入空白关键帧，从元件库中将“对穿肠”文件夹中的“汗”图形元件拖入舞台中，并在舞台中绘制几滴“血”，起到喷血的效果，如图8-71所示。

图8-71 “对穿肠”吐血

8.3 同类索引——相声《包公出门》

相声的制作与小品制作略有不同，在相声制作过程中，往往有一或两个主角，而这两个人的出场时间占了总动画时间的大部分。因此这些主角在制作时可一成不变地放在【时间轴】面板下方的图层中。在说话和做其他手势时，通过绘制好的嘴、手等在时间线上特定位置做一些简单的动作。而需要调入外景时，有时只需要覆盖在上方图层，有时通过小小的修改即可。许多方法读者可在制作中慢慢体会。

这里要介绍的相声的名称为《包公出门》，是一段双簧。相声中戏说一位快板书演员在醉酒后说书，而引起笑话的一段故事。其中的人物关系有说双簧的两个人本身，还有他们所提及的主人公相声演员，以及快板书演员，说书的主人公包公等人物。影片关系复杂，涉及3个主要场景，需要掌握好场景间的切换关系。下面简单介绍一下影片的规划和设计。

镜头淡入效果，两位相声演员在舞台中，开始说相声。当相声谈到说书的人、唱戏的人和说唱的人的时候，在镜头中旋转闪过这些人物。在接下来的设计中都将这样处理，不再一一介绍。当相声说到有灰堆、中东、发华等的时候，根据原创相声表演可以发现，右边相声演员纳闷的表情。因此，在此也将对表情进行勾画。当两位相声演员说到龙图公案的时候，需要切换到相应的包公出现的场景，这是相声作品本身所不能表现的地方，而在Flash中可以方便地实现。

相声《包公出门》片段的效果如图8-72所示。

图8-72　最终效果

● **制作步骤**

新建一个 Flash 文档，命名为“包公出门 .fla”。

1. 设置文档属性，导入外部元件

选择【修改】→【文档】菜单命令，打开“文档属性”对话框，将其属性设置为“宽：550px，高：400px”，背景颜色为黑色，播放速度为每秒 24 帧，标尺单位为像素。

打开外部库中的“包公出门元件 .Fla”文件，将准备好的按钮和影片剪辑拖入到库中，如图 8-73 所示。关闭外部库。

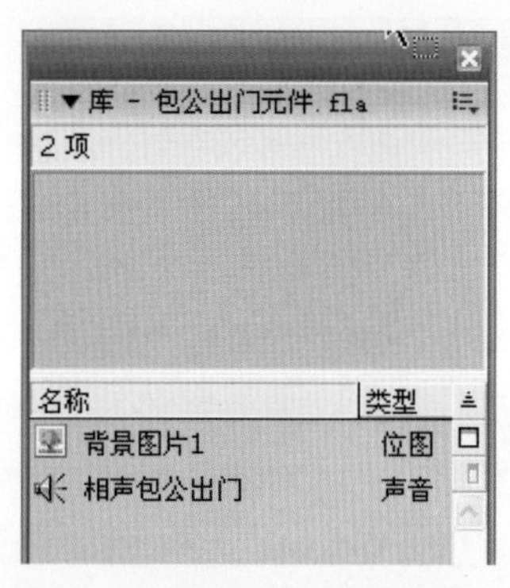

图8-73　将外部元件导入到库

在外部的元件库中给大家准备了一幅背景图片和相声“包公出门”的声音文件。其他的元件都在 Flash 中绘制完成。

“loading 动画”的制作同“唐伯虎点秋香”片段一样，在此不再详细介绍。

2. “声音和台词”的制作

❶在【时间轴】面板上，从上到下依次新建“声音”、“台词”、“台词背景”和“背景”4 个图层。

选择“背景”图层的第 178 帧，从【库】面板中将“背景图片 1”拖入舞台中，调整大小和位置。选择第 4677 帧，插入帧。

选择“台词背景”图层的第 181 帧，单击工具栏中的【矩形工具】按钮，设置笔触颜色为“无”，填充色为“土黄色”，绘制一个“宽为 740，高为 38”的矩形。调整 Alpha 值为 40%，如图 8-74 所示。选择第 4677 帧，插入帧。

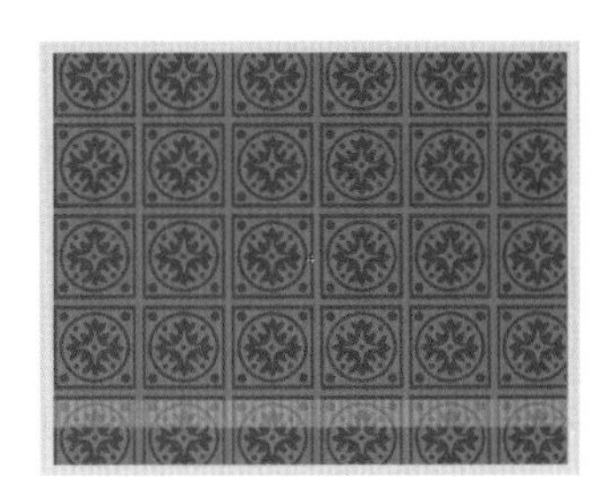

图8-74 台词背景的位置

选择声音图层的第 1 帧，在帧上添加如下动作脚本代码。

```
play ();
```

在【属性】面板的“声音”下拉菜单中选择“相声包公出门”。选择第 4677 帧，插入帧。选择“台词”图层，在该图层上首先将台词布置在时间轴的位置上。单击工具栏中的【文本工具】按钮 A，设置字体为“黑体”，字体大小为“30”，字体颜色为“白色”，台词制作同“唐伯虎点秋香”片段一样，在此不再详细介绍，在相应的帧下背景的中间位置，插入相应的台词。

❷选择“背景”图层的第 1 帧，绘制一个大小与背景相同的黑色的矩形，选择第 47 帧，插入关键帧，选择该帧上的矩形，在【属性】面板中颜色设置为“黑色”。在第 1 帧和第 47 帧之间创建补间动画。选择“台词”图层的第 1 帧，使用【文本工具】按钮 A，绘制文本“快板书”。选择第 47 帧、第 139 帧和第 176 帧，按 F6 键，插入关键帧。设置第 1 帧和第 176 帧，调整“Alpha”的值为“0%”。在第 1 帧和第 47 帧，第 139 帧和第 176 帧之间创建补间动画。播放时文字“快板书”有淡出的效果。

3. 人物影片剪辑的制作

❶首先绘制左边演员的素材。新建一个影片剪辑元件，命名为“身体”。单击工具栏中的【矩形工具】按钮，设置笔触颜色为“无”，填充色为“深灰色”，绘制一个竖的长方形。单击工具栏中的【选择工具】按钮，调整直线的曲度。单击工具栏中的【钢笔工具】按钮，来增加和删除节点，配合【部分选取工具】调节椭圆轮廓节点的位置。通过复制得到另一个相同的图形，在【属性】面板中改变填充颜色为浅灰色，使用【任意变形工具】，顺时针方向旋转一个小的角度。

新建一个影片剪辑元件，命名为“脸”。绘制人脸上的头发、耳朵、鼻子和眉毛。如果五官的其他部分是显示表情的关键，则应该做成动画效果，如图 8-75 所示。

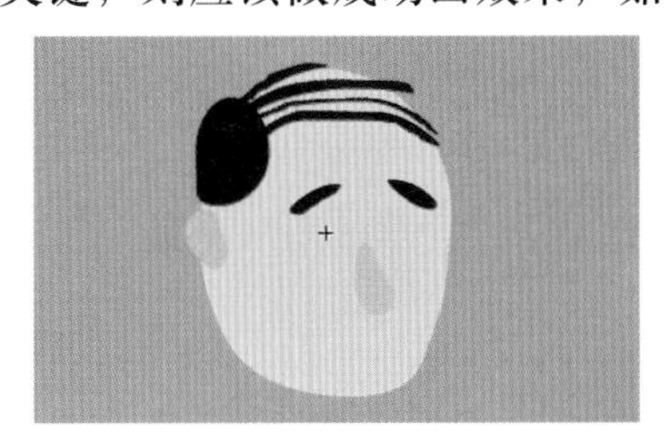

图8-75 左演员头

新建一个影片剪辑元件，命名为“眼”。单击工具栏中的【刷子工具】按钮，设置好刷子的大小，颜色为黑色，在屏幕中点出两个黑点，作为人的眼睛，如图 8-76 所示。选择第 20 帧和第 21 帧，按 F7 键，插入空白关键帧。这样，在播放时眼睛就会有眨动的效果。

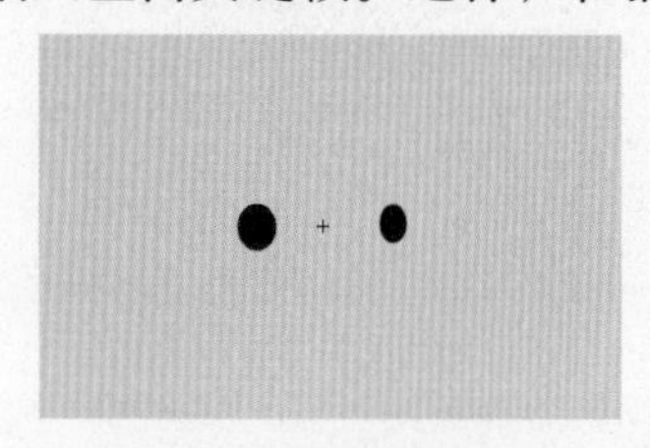

图8-76　左演员眼睛

新建一个影片剪辑元件，命名为“嘴”。在第 4 帧、第 7 帧和第 10 帧，按 F7 键，插入空白关键帧。选择第 12 帧，插入帧选择第 1 帧，绘制图形如图 8-77a 所示，选择第 4 帧，绘制图形如图 8-77b 所示。选择第 7 帧，绘制图形如图 8-77c 按钮，选择第 10 帧，绘制图形如图 8-77d 所示。

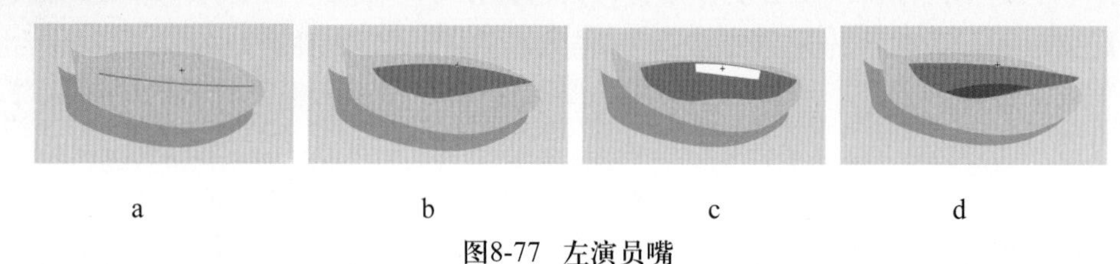

a　b　c　d

图8-77　左演员嘴

新建一个影片剪辑元件，命名为“手”。单击工具栏中的【矩形工具】按钮，设置笔触颜色为“无”，填充色为“浅灰色”，绘制一个竖的长方形和一个横的长方形。单击工具栏中的【选择工具】按钮，调整直线的曲度和角点的位置。调整竖的长方形成手臂弯曲的形状，调整横的长方形成扇子的形状，再进行细微的修改，如图 8-78 所示。

新建一个影片剪辑元件，命名为“手 1”。用上述同样的方法绘制另一只手臂，如图 8-79 所示。

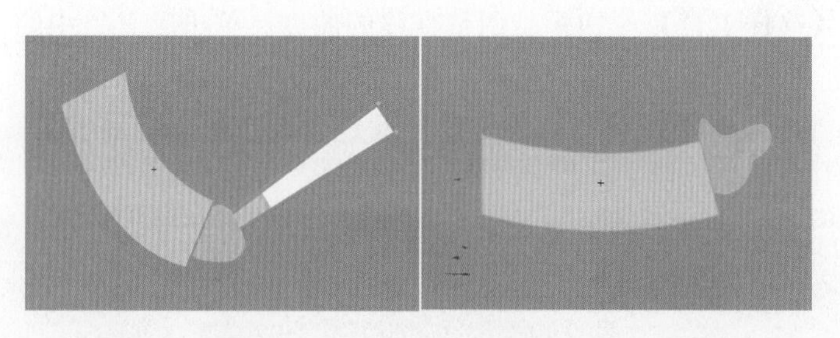

图8-78　左演员左手　　图8-79　左右演员手

在【库】面板中新建一个名称为“左演员”的文件夹，将绘制好的“身”、“脸”、“眼”、“嘴”“手”和“手 1”影片剪辑元件拖入到文件夹内。

❷接下来绘制右边演员的素材。新建一个影片剪辑元件，命名为“身体”。用与上面相同的方法绘制身体，如图 8-80 所示。

新建一个影片剪辑元件，命名为“脸”。绘制人脸上的头发、耳朵、鼻子、眼睛和眉毛，如图 8-81 所示。

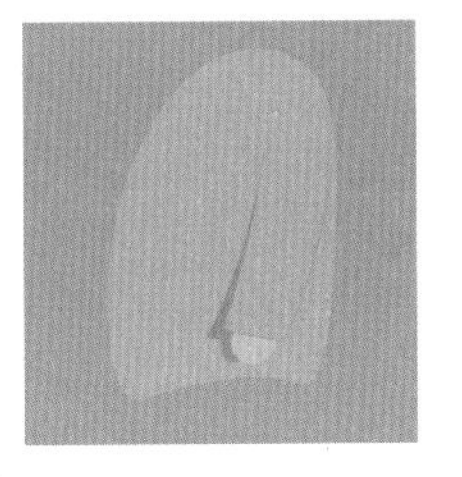

图8-80 右演员身体　　图8-81 右演员头

新建一个影片剪辑元件，命名“嘴”。在第 4 帧、第 7 帧和第 10 帧，按 F7 键，插入空白关键帧。选择第 12 帧，插入帧，选择第 1 帧，绘制图形如图 8-82a 所示，选择第 4 帧，绘制图形如图 8-82b 所示，选择第 7 帧所示，绘制图形如图 8-82c 所示，选择第 10 帧，绘制图形如图 8-82d 所示。

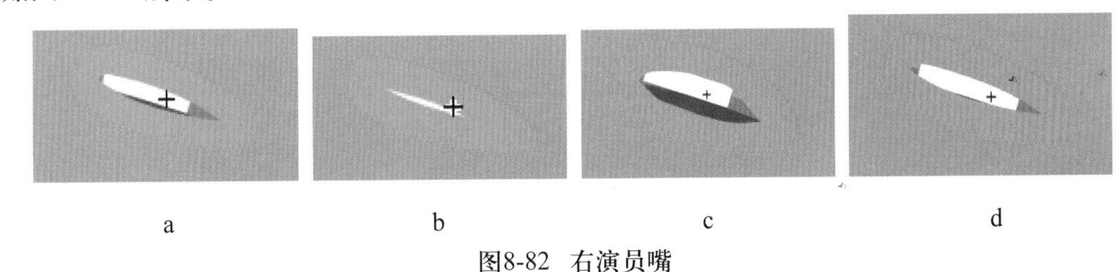

a　b　c　d

图8-82 右演员嘴

新建一个影片剪辑元件，命名为“手”。单击工具栏中的【矩形工具】按钮，设置笔触颜色为“无”，填充色为“浅灰色”，绘制一个竖的长方形和一个横的长方形。单击工具栏中的【选择工具】按钮，调整直线的曲度和角点的位置。调整竖的长方形成手臂弯曲的形状，再进行细微的修改。

在【库】面板中新建一个名称为“右演员”的文件夹，将绘制好的“身”、“脸”、“嘴”和“手”影片剪辑元件拖入到文件夹内。

❸绘制其他人物造型。绘制其他人物不需要像绘制相声演员那么精致，也不需要五官的动作，因此简单绘制一下就可以了，在此不再详细介绍。其他人物的绘制如图 8-83 所示。

图8-83 其他人物的塑造

4. 动画制作

➊人物造型绘制完了，在上面绘制的影片剪辑中，有的动画效果读者可以自行创作。在“台词背景”和“背景”图层之间从上到下依次新建名称为“场外景”、“右人”和“左人”3个文件夹。

在【时间轴】面板上选择“场外景”文件夹，在里面由上到下依次新建“图层 1”、“图层 2”、“图层 3”、“图层 4”、“图层 5”、“图层 6”和“图层 7”7 个图层。

在【时间轴】面板上选择“右人”文件夹，在里面由上到下依次新建“嘴开”、“嘴合”、“头”、“手”和“身”5 个图层。

在【时间轴】面板上选择“左人”文件夹，在里面由上到下依次新建“嘴”、“眼”、“头”、“影”、“手”和“身”6 个图层，如图 8-84 所示。

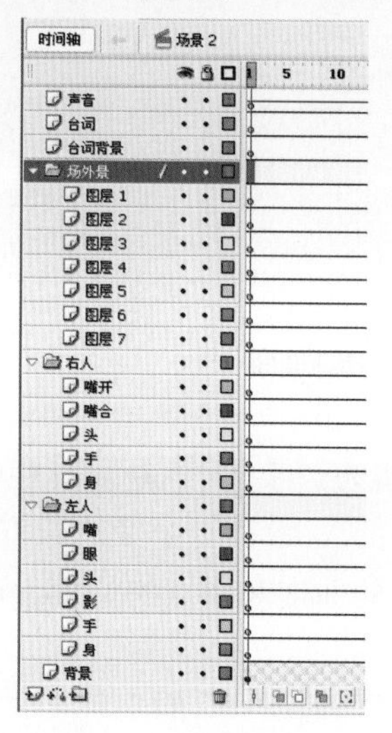

图8-84 【时间轴】面板

➋打开【时间轴】面板中的“左人”文件夹，分别选择 6 个图层的第 179 帧，并插入空白关键帧。选择“身”图层的第 179 帧。从元件库中将“左演员”文件夹中的“身”图形元件拖入舞台的左侧。选择“手”图层的第 179 帧，插入空白关键帧，从元件库中将“左演员”文件夹中的“手”和“手 1”图形元件拖入舞台中。将所需元件拖入到对应图层的相应位置。这样，在整个时间轴上都有了“左演员”和“右演员”两个角色。在需要插入外景时，编辑【时间轴】面板中的“场外景”文件夹中图层的内容，可方便地实现与外景之间的切换。

打开【时间轴】面板中的“右人”文件夹，分别选择 6 个图层的第 179 帧，并插入空白关键帧。将元件拖入到对应图层的相应位置，如图 8-85 所示。

图8-85 双簧演员在舞台中的布置

在【时间轴】面板中，“左人”文件夹中的“嘴”图层和“右人”文件夹中的“嘴开”与“嘴合”图层上，当演员有台词时，从【库】面板中的相应文件夹中将“嘴”影片剪辑元件拖入到舞台中的相应演员的嘴的位置。

不要嫌烦，上面这么多工作都做好了，这只是很小的一部分工作，后面在动画设计上更需要我们花心思。按Ctrl + Enter组合键测试影片，制作的人会说话，是不是很有意思？选择“左人”文件夹中的“手”图层，不时地在长度为10的两个帧之间，选择“手”影片剪辑元件，使用【任意变形工具】将右边演员的头逆时针旋转一个小的角度，这样人物就更活灵活现了。

❸在【时间轴】面板上选中“左人”文件夹中的“手”图层，在第212帧和第222帧之间，从【库】面板中的“左演员”文件夹中将“手1”影片剪辑元件拖入舞台。同样在这两帧之间，在【时间轴】面板中的“右人”文件夹中的“头”图层，使用【任意变形工具】将右边演员的头逆时针旋转一个小的角度，制作点头的效果，如图8-86所示。注意，这些动画都在第212帧和第222帧之间。

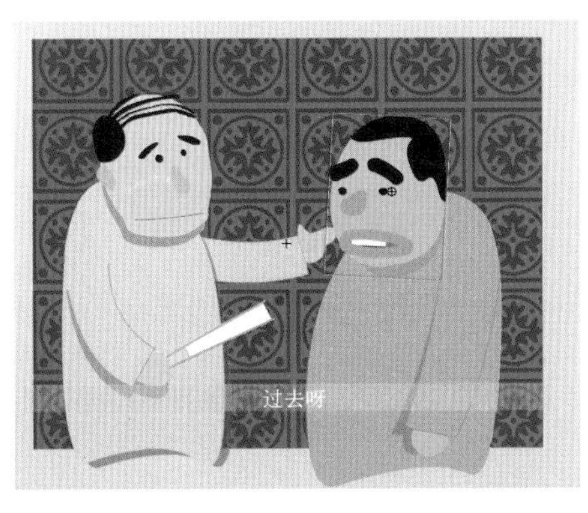

图8-86 双簧演员在舞台中动作

在【时间轴】面板上选中“场外景”文件夹中的“图层7”图层，在第243帧和第257帧之间，从【库】面板中将“说书的”影片剪辑元件拖入舞台，盖住下面的场景，如图8-87所示。

在【时间轴】面板上选中“场外景”文件夹中的“图层7”图层，在第273帧和第288帧之间，从【库】面板中将“唱戏的”影片剪辑元件拖入舞台，盖住下面的场景，如图8-88所示。

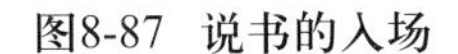

图8-87 说书的入场　　图8-88 唱戏的入场

❹在【时间轴】面板上选中“右人”文件夹中的“头”图层，在第345帧和第349帧之间，使用【任意变形工具】，将右边演员的头逆时针旋转一个小的角度，制作点头的效果。

在【时间轴】面板上选中“场外景”文件夹中的“图层7”图层，在第210帧和第250帧之间，从【库】面板中将“现场抓词”影片剪辑元件拖入舞台，盖住下面的场景，如图 8-89 所示。

在【时间轴】面板上选中“场外景”文件夹中的“图层 7”图层，在第 773 帧和第 793 帧之间，从【库】面板中将“快板书演员”影片剪辑元件拖入舞台，盖住下面的场景，如图 8-90 所示。

图8-89 抓词人入场

图8-90 快板书演员

小技巧

在制作时需要绘制嘴巴快速说话的动画效果，并伴随一些文字符号的变化，给人以快速讲话而又听不清楚的感觉。

❺在【时间轴】面板上选中“场外景”文件夹中的“图层 7”图层，在第 880 帧和第 899 帧之间，绘制背景如图 8-91 所示。这个背景就是包公等人物出场的背景。以后可以复制背景到需要用到的场景中，不再具体说明。

在【时间轴】面板上选中“右人”文件夹中的“头”图层，在第 345 帧和第 349 帧之间，使用【任意变形工具】将右边演员的头水平翻转，制作回头的效果，如图 8-92 所示。

图8-91 龙图公案背景

图8-92 右演员表情

❻在【时间轴】面板上选中“场外景”文件夹中的“图层 7”图层，在第 1074 帧和第 1119 帧之间，绘制背景。选择“图层 6”图层，在第 1074 帧和第 1096 帧之间，从【库】面板中将“说一段演一段”影片剪辑元件拖入舞台，制作补间动画，制作出从右到左跑动的动画效果。在第 1097 帧和第 1119 帧之间，从【库】面板中将“说一段演一段”影片剪辑元件拖入舞台，制作补间动画，制作出从左到右跑动的动画效果，盖住下面的场景，如图 8-93 所示。

a

b

图8-93 快板书演员表演

❼在【时间轴】面板上选中“场外景”文件夹中的“图层 7”图层，在第 1275 帧和第 1294 帧之间，绘制“灰堆”效果图案，如图 8-94a 所示。

在【时间轴】面板上选中“场外景”文件夹中的“图层 7”图层，在第 1295 帧和第 1326 帧之间，绘制“中东”效果图案，如图 8-94b 所示。

在【时间轴】面板上选中“场外景”文件夹中的“图层 7”图层，在第 1327 帧和第 1350 帧之间，绘制“发华”效果图案，如图 8-94c 所示。

a

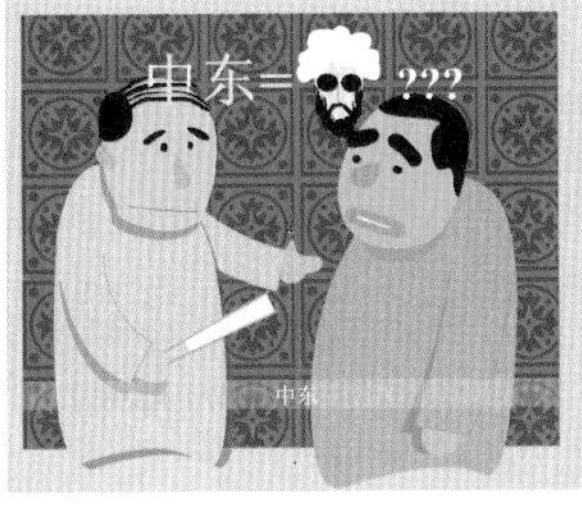

b

c

图8-94 右演员联想

❽在【时间轴】面板上选中“场外景”文件夹中的“图层 7”图层，在第 1456 帧和第 1623 帧之间，绘制背景。选择“图层 6”图层，在第 1456 帧和第 1623 帧之间，从【库】面板中将“快板书演员”影片剪辑元件拖入舞台，制作补间动画，制作出从右到左跑动摇晃的进入效果，选择“图层 5”图层，在人物的鼻子上绘制一个红圆圈，在和“图层 6”图层的相同帧处创建补间动画，运动应该和人物的运动一致。

❾在【时间轴】面板上选中“场外景”文件夹中的“图层 7”图层，在第 1725 帧和第 1823 帧之间，绘制背景。选择“图层 6”图层，在第 1725 帧和第 1823 帧之间，每隔 10 帧绘制快板书演员打竹板的两个动作。

在【时间轴】面板上选中“场外景”文件夹中的“图层 7”图层，在第 1865 帧和第 1931 帧之间，绘制背景。选择“图层 6”图层，在第 1865 帧和第 1931 帧之间，从【库】面板中将“快板书演员”影片剪辑元件拖入舞台。在“图层 5”图层上配合声音绘制嘴巴说话的动画效果，在“图层 4”图层绘制口水四溅的动画效果，如图 8-95 所示。

a

b

图8-95 说书打快板

⑩在【时间轴】面板上选中“场外景”文件夹中的“图层 7”图层，在第 2035 帧和第 2086 帧之间，绘制背景。选择“图层 6”图层，在第 2035 帧和第 2086 帧之间，从【库】面板中将“包公正面”影片剪辑元件拖入舞台，如图 8-96 所示。

在【时间轴】面板上选中“场外景”文件夹中的“图层 7”图层，在第 2087 帧和第 2178 帧之间，绘制背景。选择“图层 6”图层，在第 2087 帧和第 2178 帧之间，从【库】面板中将“张龙赵虎”影片剪辑元件拖入舞台，如图 8-97 所示。

图8-96 包公出门

图8-97 张龙赵虎前面走

⑪在【时间轴】面板上选中“场外景”文件夹中的“图层 7”图层，在第 2359 帧和第 2387 帧之间，绘制背景。选择“图层 6”图层，在第 2359 帧和第 2387 帧之间，从【库】面板中将“王朝马汉正脸”影片剪辑元件拖入舞台。

在【时间轴】面板上选中“场外景”文件夹中的“图层 7”图层，在第 2388 帧和第 2449 帧之间，绘制背景。选择“图层 6”图层，在第 2388 帧和第 2449 帧之间，从【库】面板中将“王朝马汉对脸”影片剪辑元件拖入舞台。

在【时间轴】面板上选中“场外景”文件夹中的“图层 7”图层，在第 2450 帧和第 2486 帧之间，绘制背景。选择“图层 6”图层，在第 2450 帧和第 2486 帧之间，从【库】面板中将“王朝马汉流汗”影片剪辑元件拖入舞台，如图 8-98 所示。

在【时间轴】面板上选中“场外景”文件夹中的“图层 7”图层，在第 2487 帧和第 2516 帧之间，绘制背景。选择“图层 6”图层，在第 2487 帧和第 2516 帧之间，从【库】面板中将“王朝马汉晕”影片剪辑元件拖入舞台，如图 8-99 所示。

图8-98 王朝马汉流汗　　图8-99 王朝马汉晕

在【时间轴】面板上选中“场外景”文件夹中的“图层 7”图层，在第 2800 帧和第 2864 帧之间，绘制背景。选择“图层 6”图层，在第 2800 帧和第 2864 帧之间，从【库】面板中将“王朝马汉倒地”影片剪辑元件拖入舞台，如图 8-110 所示。

图8-110 王朝马汉倒地

⑫在【时间轴】面板上选中“场外景”文件夹中的“图层 7”图层，在第 3177 帧和第 3306 帧之间，绘制背景。选择“图层 6”图层，在第 3177 帧和第 3306 帧之间，从【库】面板中将“包公正脸”影片剪辑元件拖入舞台，每隔 10 帧将“包公正脸”影片剪辑元件上下移动一下，制作包大人走动的动画效果，如图 8-111 所示。

在【时间轴】面板上选中“场外景”文件夹中的“图层 7”图层，在第 3307 帧和第 3390 帧之间，绘制背景。选择“图层 6”图层，在第 3307 帧和第 3390 帧之间，从【库】面板中将“包公爬行”影片剪辑元件拖入舞台，如图 8-112 所示。

图8-111 包公站起来　　图8-112 包公爬行

在【时间轴】面板上选中“场外景”文件夹中的“图层 7”图层，在第 3391 帧和第 3450 帧之间，绘制背景。选择“图层 6”图层，在第 3391 帧和第 3450 帧之间，从【库】面板板中将“快板书演员”影片剪辑元件拖入舞台。在“图层5”图层上配合声音绘制嘴巴说话的动画效果，在“图层4”图层制作汗水流下的动画效果，如图8-113所示。

在【时间轴】面板上选中“场外景”文件夹中的“图层7”图层，在第3451帧和第3541帧之间，绘制背景。选择“图层6”图层，在第3451帧和第3541帧之间，从【库】面板中将“包公正脸”影片剪辑元件拖入舞台。在“图层5”图层上配合声音绘制嘴巴说话的动画效果，如图8-114所示。

图8-113 快板书演员流汗

图8-114 包公说话

⑬在【时间轴】面板上选中“场外景”文件夹中的“图层7”图层，在第3662帧和第3710帧之间，绘制背景。选择“图层6”图层，在第662帧和第2710帧之间，从【库】面板中将“撒鸭子回家”影片剪辑元件拖入舞台，制作从左到右跑动的动画效果，盖住下面的场景，如图8-115所示。

图8-115 撒鸭子回家

⑭在【时间轴】面板上选中“场外景”文件夹中的“图层7”图层，在第3839帧和第3906帧之间，绘制背景。选择“图层6”图层，在第3839帧和第3906帧之间，从【库】面板中将“包公正脸”影片剪辑元件拖入舞台。在“图层5”图层上使用【文本工具】，输入文本“寂寞啊！寂寞”，如图8-116所示。

在【时间轴】面板上选中“场外景”文件夹中的“图层7”图层，在第3205帧和第3279帧之间，绘制背景。选择“图层6”图层，在第3205帧和第3279帧之间，从【库】面板中将“包公正脸”影片剪辑元件拖入舞台。在“图层5”图层上使用【文本工具】，输入文本，如图8-117所示。

图8-116 包公在家

图8-117 包公为难

⑮在【时间轴】面板上选中“场外景”文件夹中的“图层 7”图层，在第 4528 帧和第 4670 帧之间，绘制背景。选择“图层 6”图层，在第 4528 帧和第 4670 帧之间，从【库】面板中将“快板书演员流血”影片剪辑元件拖入舞台，在第 4535 帧和第 4670 帧之间，创建快板书演员向右侧倒下的补间动画，如图 8-118 所示。

在“图层 4”图层上，在第 4528 帧和第 4670 帧之间，从【库】面板中将“包公脚”影片剪辑元件拖入舞台，在第 4535 帧和第 4645 帧之间，创建包公脚踢快板书演员脸部的补间动画。

在“图层 5”图层上，分别在第 4534 帧和第 4543 帧上绘制一个爆炸图案，表示快板书演员被踢中了，如图 8-119 所示。

图8-118 包公踢人

图8-119 快板书演员倒下

到此，整个相声《包公出门》便制作完成。

范例对比

与短剧《唐伯虎点秋香》片段相比，此相声《包公出门》是由同名相声改编而来的。相声是舞台上两个人通过绘声绘色的对话和即兴模仿各种人物神态动作进行的表演，因此在制作 Flash 相声人物时，表情和动作要更加丰富一些。现实中说相声不可能将相声中的内容、场景一一用画面展现出来，而在 Flash 相声制作中就可以方便地做到这一点。在短剧《唐伯虎点秋香》片段中大量的镜头切换和人物的关系的变化，都是影视剧中常用到的表现手法。

短剧《唐伯虎点秋香》片段和相声《包公出门》都取材于原创电影和相声，因此在改编成 Flash 短剧或者 Flash 相声的时候，应尽量忠实于原创场景和人物特征。两者在人物制作中都投入了大量精力，这在制作 Flash 短剧、相声时比绚丽的画面更加重要。

8.4 本章小结

通过本章的学习，了解了小品短剧和相声的制作方法，学习了用 Flash 制作小品短剧和相声的过程中的许多技巧以及一些需要注意的要点。通过两个例子的学习和对比，了解了 Flash 小品短剧和相声的相同之处和各自特点。在制作 Flash 小品短剧的时候，所有场景应都忠实于原创，制作 Flash 相声则不同，可以添加一些制作者对相声理解的一些东西，从某些方面说，制作 Flash 相声更具有创造性。

第9章 Flash MV

MV 是指 Music Video，就是音乐录影带的意思。简单地说，制作 Flash MV 就是在 Flash 中配合音乐，制作相应的视频动画，并添加歌词字幕的过程。自从网上出现用 Flash 制作的 MV 之后，越来越多的朋友都迷上了这种创作方式，将自己喜欢的歌曲做成 MV 送给朋友或自己欣赏,这样也促进了 Flash MV 的发展。由于用 Flash 制作的 MV 作品主要用于网络传输，它们是基于矢量技术的，不可能加入大量的位图或视频，因此在制作 MV 的过程中还需要考虑到 MV 的大小，以便在网上发布作品。

9.1 案例简介——《我们的故事》

通过学习制作歌曲《我们的故事》的 MV，使读者熟悉 Flash 制作 MV 的基本方法和 Flash 在 MV 制作中的一些技巧，使读者进一步了解 MV 制作的一些步骤。学会在时间轴上布置不同场景的一些方法，能制作较大型的 MV。下面制作的是陶喆的《我们的故事》的 MV。

歌曲《我们的故事》的歌词大意就是情侣中有一个人要出国了，在机场话别，要记住彼此有过的感情。根据歌词可以确定一种制作的 MV 的风格。在本例中场景大致包含了——开场动画、独自思念、飞机起飞、上网联系、独自思念和恋人归来。

在本例中，使用专业绘图软件制作了 MV 中需要的大部分图片，这样可以使图片精美、风格突出，表现出强烈的视觉冲击效果。相应地，素材中的图片材料比较多，而且图片的质量比较高，这样也就导致了发布的影片将会比较大，因此相对不适合嵌入网页播放，但是随着网络设备的日益发展，这个缺点也将消失。

整个《我们的故事》MV 的效果如图 9-1 所示。

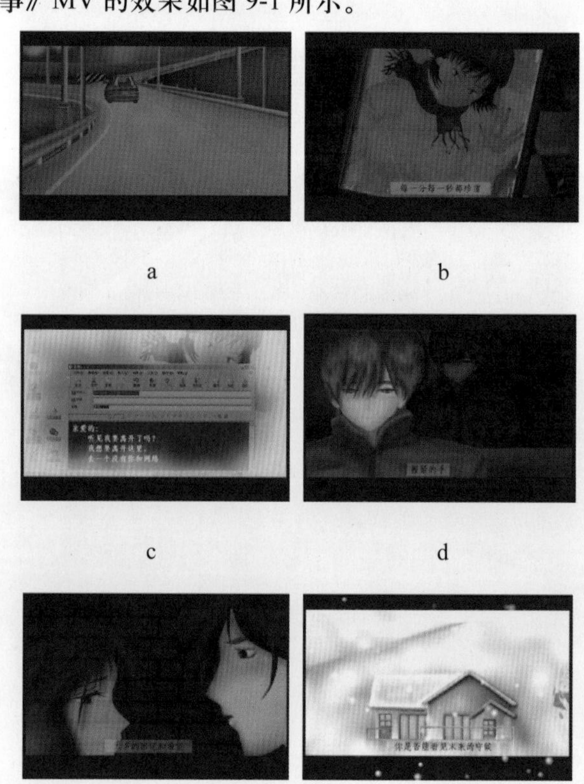

a b

c d

e f

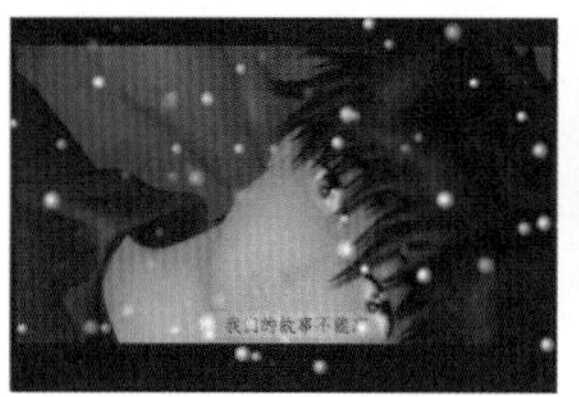
g

h

图9-1 最终效果

9.2 具体制作

新建一个 Flash 文档，命名为“我们的故事 .fla”。

1．设置文档属性，将元件导入到库中

选择【修改】→【文档】菜单命令，打开“文档属性”对话框，将属性设置为“宽：600px，高：400px”，背景颜色为“黑色”，播放速度为每秒 12 帧。

打开【库】面板，选择【文件】→【导入】→【打开外部库…】命令，打开“我们的故事元件 .Fla”文件，将准备好的外部库中的“元件”文件夹拖入到库中。关闭外部库。

2．制作舞台框和布置歌词

❶选择【窗口】→【其他面板】→【场景】菜单命令，或者按 Shift + F2 组合键，打开【场景】面板，在【场景】面板中将“场景 1”重命名为“我们的故事”。关闭【场景】面板。

图9-2 【时间轴】面板

在【时间轴】面板上，从上到下依次新建“背景”图层，“歌词”、“11 开门”、“10 寂寞”、“9”、“8”、“7”、“6”、“5”、“4”、“3”、“2”、“进度条”和“1 汽车”文件夹。【时间轴】面板，如图 9-2 所示。

注意：在制作Flash动画的过程中，可以将【时间轴】面板中的图层用几个文件夹来管理。将在图层上新建文件夹的工作放在MV制作的前面，是为了方便大家了解整个图层的情况。在实际制作该MV的过程中，则是先建立“背景”图层、绘制背景，再在下方建立“歌词”文件夹，将歌和歌词布置好。然后从前往后制作MV动画场景，在【时间轴】面板图层下方，按照绘制场景的不同从下到上依次新建文件夹。在【时间轴】面板中的图层和文件夹的数量是不确定的，通常是随着MV制作过程中场景的变换来新建图层和文件夹，直到整个MV制作完毕。采用这种方式制作动画时，用【时间轴】上帧的“帧标签”来标记场景内容比较方便。

小技巧

在【时间轴】面板的属性下拉菜单中勾选“较短”，这样【时间轴】面板中的字体会变小，方便更多图层的绘制操作。

在【时间轴】面板上选中“背景”图层的第1帧，在舞台中绘制宽为1500，高为800的黑色矩形，并在矩形中间删去一个宽为590，高为300的矩形。选择第3755帧，插入帧。锁定该图层。

❷ 在【时间轴】面板的“歌词”文件夹中从上到下依次新建“歌词”和“我们的故事”两个图层。

在【时间轴】面板上选中“我们的故事”图层的第134帧和第3635帧，插入空白关键帧。选择第134帧，在【属性】面板声音下拉菜单中选择“我们的故事”。在同步下拉菜单中选择“数据流”，指定声音以流播放，使声音和时间轴保持同步，这样在制作歌词时容易实现同步。而要使声音保持连续播放，则需要制作loading动画，等下载完整个MV后开始播放。

在【时间轴】面板上选中“歌词”图层，从【库】面板中将“歌词”文件夹下的歌词在时间轴上依次排开。按Enter键，边听音乐边调整歌词的延续长度。为了增加观赏效果，可以创建补间动画改变歌词的亮度达到淡入淡出的播放效果。

3．“loading”界面和入场动画制作

❶在【时间轴】面板“1汽车”文件夹中从上到下依次新建“action”、“说明”、“按钮”、“开场”和“汽车”5个图层。

在【时间轴】面板上选中“开场”图层的第1帧，从【库】面板中将“开场”图形元件拖入舞台中间。选择第3帧和第45帧，插入关键帧。选择第45帧处的“开场”图形元件，在【属性】面板里的颜色下拉菜单中选择“亮度”，设置值为“100%”。在第3帧和第45帧之间创建补间动画。选择第51帧，插入帧。

在【时间轴】面板上选中“按钮”图层的第3帧，插入空白关键帧，在帧上添加如下动作脚本代码。

```
stop();
```

从【库】面板中将“开始”按钮元件拖入舞台的右下方位置，在按钮上添加如下动作脚本代码。

```
on (release) {
gotoAndPlay(4);
}
```

在【时间轴】面板上选中“action”图层的第1帧，在帧上添加如下动作脚本代码。

```
afscommand("allowscale", "true")
afscommand("fscommand", "true" );
afscommand("fullscreen", "true");
```

在【时间轴】面板上选中“说明”图层的第1帧，添加内容为“音乐：我们的故事〈陶喆〉

制作：×××”的静态文本框。

在【时间轴】面板上选中“汽车”图层的第 52 帧，插入空白关键帧。从【库】面板中将“汽车”影片剪辑元件拖入舞台的中心位置。选择第 398 帧，插入帧。“汽车”影片剪辑是长度为 340 帧的开场动画，制作比较简单，读者在前面的学习中应该已经掌握，在这里就不再赘述。关键的一点是要掌握好“汽车”影片剪辑的长度，在主场景的时间轴上要预留出相应的长度。【时间轴】面板，如图 9-3 所示。

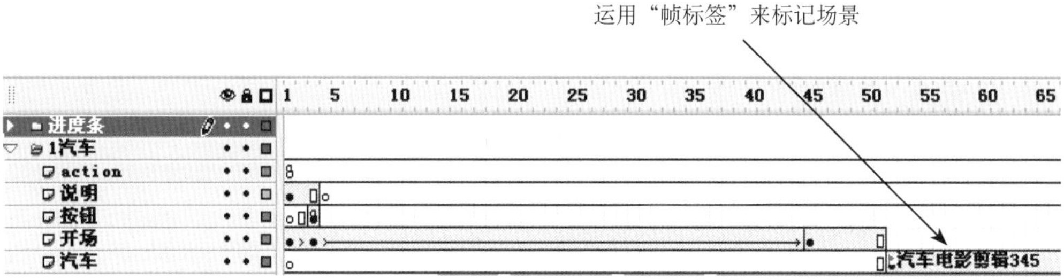

运用“帧标签”来标记场景

图9-3 【时间轴】面板

❷在上面已经提到为了播放的连续性，需要添加下载动画，接下来在 MV 开始的前两帧简单地制作下载动画。在【时间轴】面板的“进度条”文件夹中从上到下依次新建“action”、“文字”和“进度”3 个图层。

在【时间轴】面板上选中“进度”图层的第 1 帧，从【库】面板中将“进度条”影片剪辑元件拖入舞台的下方位置，设置实例名称为“guishu”。在“进度条”影片剪辑元件中制作了一个 100 帧的动画，在相应的帧处显示进度条的百分比状态。这样动作脚本代码在每次刷新数据之后指定“进度条”影片剪辑元件调用相应的帧，就可以方便地实现控制显示下载进度。选择第 2 帧，插入帧。

在【时间轴】面板上选中“文字”图层的第 1 帧，在“进度条”影片剪辑元件后绘制一个动态文本框，设置变量为“a”，用来显示当前的下载百分比。选择第 2 帧，插入帧，如图 9-4 所示。

图9-4 loading动画

在【时间轴】面板上选中“action”图层的第 1 帧，在帧上添加如下动作脚本代码。

```
byteloaded = _root.getBytesLoaded(); // 此语句可得到当前动画已经下载的字节数，除
                                        以 1024 就换算成 KB 了
bytetotal = _root.getBytesTotal()  // 此语句可得到当前动画的总数据量
loaded = int(byteloaded/bytetotal * 100); // 把前面两个量进行比较，就得到已经下载的
```

```
                                        数据的比例
a = loaded+" %"
guishu.gotoAndStop( loaded);
```

在【时间轴】面板上选中“action”图层的第 2 帧，插入空白关键帧。在帧上添加如下动作脚本代码。

```
if (byteloaded ==bytetotal)  {
gotoAndStop(3);
} else {
gotoAndPlay("guishu");
}
```

【时间轴】面板如图 9-5 所示。

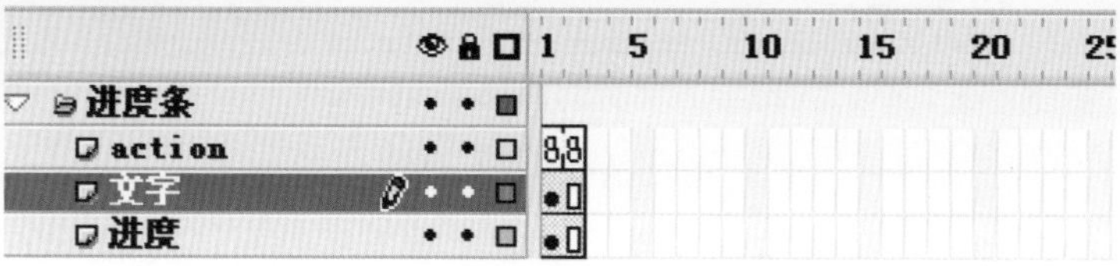

图9-5【时间轴】面板

4.“2”文件夹中的动画制作

❶动画已经做到了第 398 帧，在时间轴接下来的帧上继续制作动画。在【时间轴】面板“2”文件夹中从上到下依次新建“变化”、“头发”和“屋里”3 个图层。

在【时间轴】面板上选中“变化”图层的第 399 帧，插入空白关键帧，从【库】面板中将“变化”图形元件拖入舞台的中间位置，在【属性】面板里的颜色下拉菜单中选择“亮度”，设置值为“－100%”。选择第 432 帧，插入关键帧，选择“变化”图形元件，在【属性】面板中的颜色下拉菜单中选择“Alpha”，设置值为“0%”。在第 399 帧和第 432 帧之间创建补间动画，这样在 MV 播放时的动画效果为，从昏暗到逐渐明显。选择第 433 帧，插入空白关键帧。在第 496 帧和第 523 帧之间，用同样的方法相反地制作场景变黑的退场动画效果。

❷分别在【时间轴】面板上选中“头发”和“屋里”图层的第 399 帧，插入空白关键帧。从【库】面板中将“头发”图形元件拖入到“头发”图层的第 399 帧处，舞台靠右的位置。从【库】面板中将“房屋模糊渐变”影片剪辑元件拖入到“屋里”图层的第 399 帧处舞台中间的位置。分别选择“头发”和“屋里”图层的第 463 帧，插入关键帧，调整两个帧上元件的大小和位置。

分别在“头发”和“屋里”两个图层的第 399 帧和第 463 帧之间创建补间动画。在第 496 帧和第 523 帧之间，用同样的方法相反地制作男生从右边退场的动画效果，如图 9-6 和图 9-7 所示。【时间轴】面板，如图 9-8 所示。

图9-6 男孩远

图9-7 镜头拉近动画效果

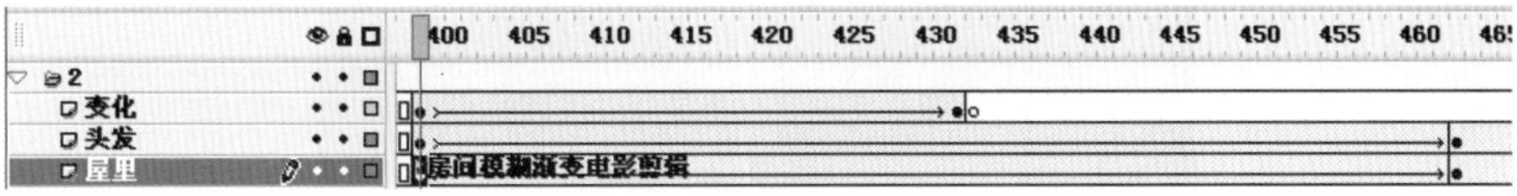

图9-8【时间轴】面板

> **小技巧**
>
> 在这里要做的是镜头拉近的动画效果，镜头拉近时需要注意的一点是前景的放大速度比背景的速度要快，另一点是在镜头拉近时景深变得尤其明显。所以需要适当地变化背景，使得背景变得模糊。除了掌握好这两个要点外，还需要注意控制镜头的焦点变化来表现主体，这样镜头拉近的效果就不再神奇了。“房屋模糊渐变”影片剪辑元件的制作是由一张清楚和一张模糊的同场景的图片应用于同一个场景，通过改变这两张图片的透明度（Alpha值）来实现清楚到模糊的变化的。

5．“3”文件夹中的动画制作

❶在【时间轴】面板的“3”文件夹中从上到下依次新建“走走”、“清楚”和“模糊”3个图层。

在【时间轴】面板上选中“走走”图层的第524帧，插入空白关键帧。从【库】面板中将“走走”影片剪辑元件拖入舞台中间，在【属性】面板的颜色下拉菜单中选择“亮度”，设置值为“－100%”，“走走”元件中绘制的是男生正面走路的动画。选择第544帧，插入关键帧，将“走走”影片剪辑元件稍微放大些，在第524帧和第544帧之间创建补间动画。选择第533帧，插入关键帧，在【属性】面板的颜色下拉菜单中选择“亮度”，设置值为“－50%”。选择第544帧舞台中的“走走”影片剪辑元件。在【属性】面板的颜色下拉菜单中选择“高级”，设置“红＝62%，绿＝62%，蓝＝62%，Alpha＝100%”。选择第598帧，插入关键帧，选择舞台中的“走走”影片剪辑元件。在【属性】面板的颜色下拉菜单中选择“亮度”，设置值为“－100%”。在第544帧和第598帧之间创建补间动画。

❷在【时间轴】面板上选中“清楚”图层的第524帧，插入空白关键帧。从【库】面板中将“房里清楚”图形元件拖入舞台的中间位置，在【属性】面板的颜色下拉菜单中选择“亮度”，设置值为“－100%”。选择第598帧，插入关键帧。选择第524帧舞台中的“房里清楚”图形元件，将元件按比例放大。在第524帧和第598帧之间创建补间动画。选择第544帧，插入关键帧。选择舞台中的“房里清楚”图形元件，在【属性】面板的颜色下拉菜单中选择“高级”，设置“红＝20%，绿＝20%，蓝＝20%，Alpha＝100%”。

❸在【时间轴】面板上选中“模糊”图层的第524帧，插入空白关键帧。从【库】面板中将“房里模糊”图形元件拖入舞台的中间位置，在【属性】面板的颜色下拉菜单中选择“亮度”，设置值为“－50%”。选择第598帧，插入关键帧。选择舞台中的“房里模糊”图形元件，在【属性】面板的颜色下拉菜单中选择“亮度”，设置值为“－100%”。选择第524帧舞台中的“房里模糊”图形元件，将元件按比例放大一些，使得其同“房里清楚”图形元件一样大小。在第524帧和第598帧之间创建补间动画，如图9-9所示。【时间轴】面板，如图9-10所示。

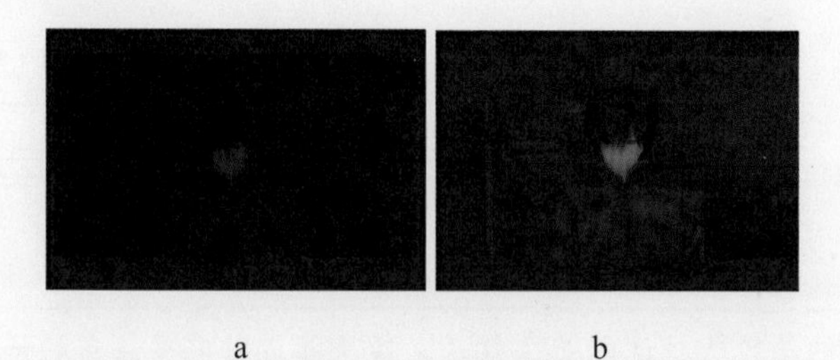

a　　b

图9-9　人物走动

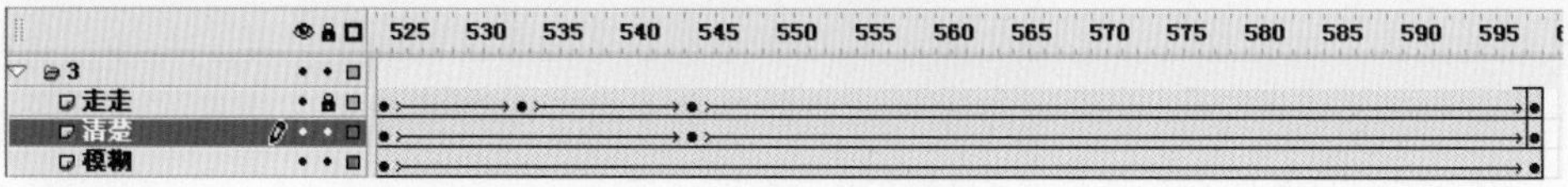

图9-10 【时间轴】面板

6．“4”文件夹中的动画制作

❶在【时间轴】面板“4”文件夹中从上到下依次新建“相片”、“相框”、“蹲着”和“背景”4个图层。

在【时间轴】面板上选中“蹲着”图层的第599帧，插入空白关键帧。从【库】面板中将“蹲”影片剪辑元件拖入舞台的相应位置，在【属性】面板的颜色下拉菜单中选择“Alpha”，设置值为“0%”，“蹲”元件播放的是一个长度为11帧的镜头焦点走动拉近的效果。选择第601帧、第634帧和第698帧，插入关键帧。选择第634帧舞台中的“蹲”影片剪辑元件，在【属性】面板的颜色下拉菜单中选择“Alpha”，设置值为“100%”。选择第688帧，插入关键帧。在第601帧和第634帧，第688帧和第698帧之间创建补间动画，如图9-11所示。【时间轴】面板，如图9-12所示。

a　　b

图9-11　人物蹲着

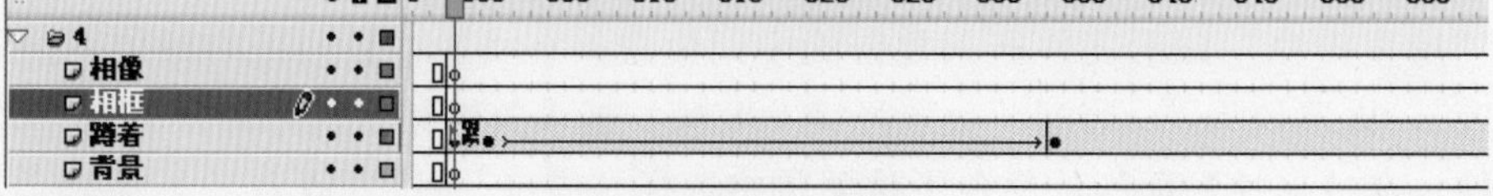

图9-12【时间轴】面板

❷在【时间轴】面板上选中“背景”图层的第698帧，插入空白关键帧，从【库】面板中将“地板”图形元件拖入舞台。如图9-13所示。分别选择第709帧、第771帧和第783帧，插入关键帧。分别选择第698帧和第783帧舞台中的“地板”图形元件，在【属性】面板的颜色下拉菜单中选择“Alpha”，设置值为“0%”。分别选择第709帧和第771帧舞台中的

"地板"图形元件，在【属性】面板的颜色下拉菜单中选择"Alpha"，设置值为"100%"。在第698帧和第709帧、第709帧和第771帧、第771帧和第783帧之间创建补间动画。

❸在【时间轴】面板上选中"相框"图层的第708帧，插入空白关键帧，从【库】面板中将"相框"图形元件拖入舞台的下方位置。选择第717帧，插入关键帧，将"相框"图形元件移动到舞台中间位置。选择第738帧，插入关键帧。选择"相框"图形元件，在【属性】面板的颜色下拉菜单中选择"Alpha"，设置值为"0%"。在第708帧和第717帧，第717帧和第738帧之间创建补间动画。如图9-14所示。

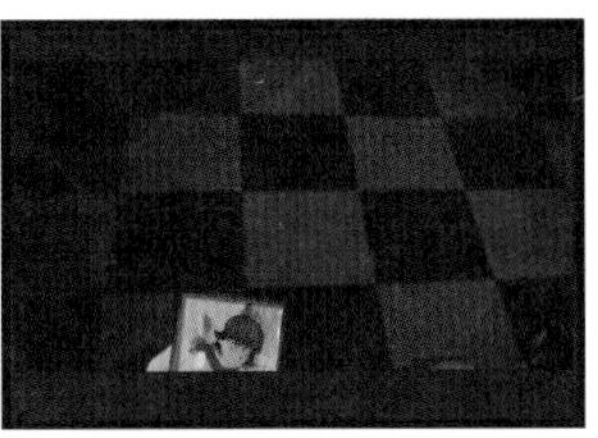

图9-13 地板的位置　　图9-14 相框由下方进入动画效果

❹在【时间轴】面板上选中"相片"图层的第730帧，插入空白关键帧。从【库】面板中将"相片"图形元件拖入舞台中并调整大小和位置，使其和"相框"图形元件中的相片位置重合，如图9-15所示。在【属性】面板的"颜色"下拉菜单中选择"Alpha"，设置值为"0%"。选择第742帧，插入关键帧，将"相片"图形元件略微缩小。在【属性】面板的颜色下拉菜单中选择"Alpha"，设置值为"100%"。在第730帧和第742帧之间创建补间动画。选择第756帧，插入关键帧，选择舞台中的"相片"图形元件，将元件放大，如图9-16所示。在第742帧和第756帧之间创建补间动画，在【属性】面板下拉菜单中选择"逆时针"，设置值为"1"次。选择第764帧和第776帧，插入关键帧。选择第776帧舞台中的"相片"图形元件，在【属性】面板的颜色下拉菜单中选择"Alpha"，设置值为"0%"。在第764帧和第776帧之间创建补间动画。【时间轴】面板，如图9-17所示。

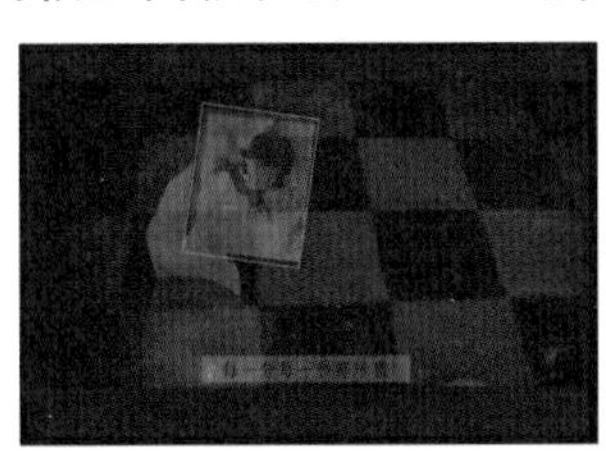

图9-15"相片"元件位置　　图9-16"相片"元件旋转放大动画效果

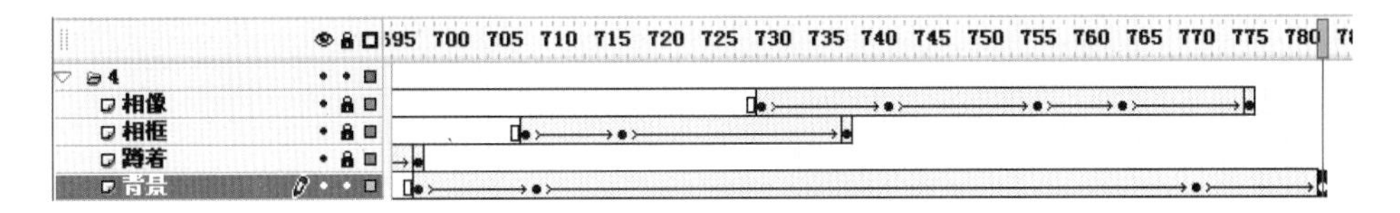

图9-17【时间轴】面板

7."5"文件夹中的动画制作

❶在【时间轴】面板"5"文件夹中从上到下依次新建"闪电"、"牵手"和"老照片"3个图层。

在【时间轴】面板上选中“老照片”图层的第784帧，插入空白关键帧。从【库】面板中将“照片”图形元件拖入舞台稍微靠左的位置，为照片向右缓动做准备。在【属性】面板的颜色下拉菜单中选择“Alpha”，设置值为“0%”。选择第841帧，插入关键帧。将“照片”图形元件稍微右移，并在【属性】面板的颜色下拉菜单中选择“Alpha”，设置值为“100%”。在第784帧和第841帧之间创建补间动画。选择第802帧，选择舞台中“照片”图形元件，在【属性】面板的颜色下拉菜单中选择“Alpha”，设置值为“100%”。选择第842帧、第843帧和第850帧，插入关键帧。选择第842帧，选择舞台中“照片”图形元件，在【属性】面板的颜色下拉菜单中选择“亮度”，设置值为“60%”。选择第843帧，选择舞台中“照片”图形元件，在【属性】面板的颜色下拉菜单中选择“亮度”，设置值为“100%”。选择第850帧，选择舞台中“照片”图形元件，在【属性】面板的颜色下拉菜单中选择“亮度”，设置值为“－100%”。在第843帧和第850帧之间创建补间动画。选择第853帧，插入帧。

❷在【时间轴】面板上选中“牵手”图层的第784帧，插入空白关键帧，从【库】面板中将“牵手”图形元件拖入舞台中间位置，在【属性】面板的颜色下拉菜单中选择“Alpha”，设置值为“0%”。选择第853帧，插入关键帧。在第784帧和第853帧之间创建补间动画。选择第842帧，插入关键帧，选择舞台中“牵手”图形元件，在【属性】面板的颜色下拉菜单中选择“Alpha”，设置值为“30%”。

❸在【时间轴】面板上选中“牵手”图层的第842帧，插入空白关键帧。从【库】面板中将“闪电吧”图形元件拖入舞台中间位置，使得闪电放在两人牵手的中间位置。在【属性】面板的颜色下拉菜单中选择“亮度”，设置值为“100%”。选择第853帧，插入关键帧。选择舞台中“闪电吧”图形元件，在【属性】面板的颜色下拉菜单中选择“Alpha”，设置值为“0%”。在第842帧和第853帧之间创建补间动画，如图9-18所示。【时间轴】面板如图9-19所示。

a　　　　b

图9-18　闪电动画效果

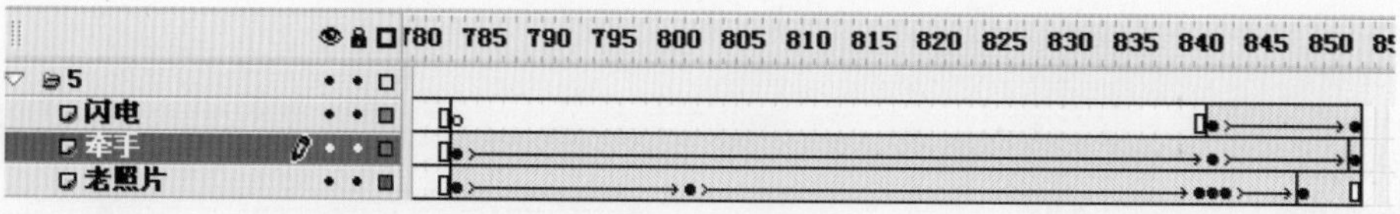

图9-19【时间轴】面板

8．“6”文件夹中的动画制作

歌曲播放到这里，与歌曲对应的画面内容是乘坐飞机走的这一段。在这一段的内容中，会教大家如何制作主人公乘飞机离开的场景。

❶在【时间轴】面板的“6”文件夹中从上到下依次新建“伤者”、“机窗”、“伤者影”、“变化”、“飞机”和“蓝天”6个图层。

在【时间轴】面板上选中“蓝天”图层的第854帧，插入空白关键帧。从【库】面板中将“蓝天”图形元件拖入舞台，使元件的左下角与舞台的左下角位置对齐。灰色的心情，蓝天也应该是灰色的，在【属性】面板的颜色下拉菜单中选择“亮度”，设置值为“－30%”。蓝天在接下来的运动都是配合主景的运动而运动的，是一个很好的衬托，因此具体的动画效果在下面的步骤中来制作。先选择第1053帧，插入帧。

❷在【时间轴】面板上选中“飞机”图层的第854帧，插入空白关键帧。从【库】面板中将“蓝天”图形元件拖入舞台，如图9-20所示。制作飞机起飞时不停抖动的效果时，由于频率比较高，所以需要制作逐帧动画。镜头不断地拉近，飞行在场景中不断变大，蓝天也不断变大，如图9-21所示。在第918帧和第932帧之间，飞机起飞后，平稳飞走，在飞机往右移动时，相对应蓝天要快速向左移动，这样飞机就会有快速飞行的动画效果。

❸在【时间轴】面板上选中“变化”图层的第854帧，插入空白关键帧。从【库】面板中将“变化”图形元件拖入舞台的中心位置，在【属性】面板的颜色下拉菜单中选择“Alpha”，设置值为“100%”。选择第871帧，选择舞台中的“变化”图形元件，在【属性】面板的颜色下拉菜单中选择“Alpha”，设置值为“0%”。【时间轴】面板，如图9-22所示。

图9-20 飞机起飞　　图9-21 飞机离开

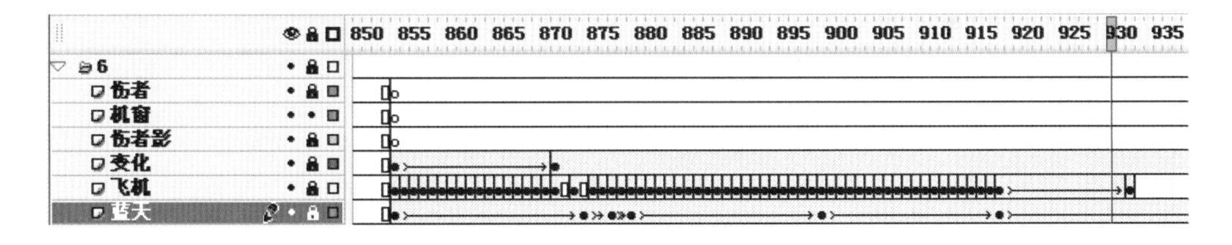

图9-22【时间轴】面板

在【时间轴】面板上选中“机窗”图层的第943帧，插入空白关键帧。从【库】面板中将“机窗”图形元件拖入舞台，在舞台左对齐位置，在【属性】面板的颜色下拉菜单中选择“亮度”，设置值为“－50%”。选择第949帧，将舞台中“机窗”图形元件向左移动两个窗口的距离。在第943帧和第949帧之间创建补间动画。

❹分别在【时间轴】面板上选中“伤者”和“伤者影”图层的第943帧，插入空白关键帧。从【库】面板中分别将“乘客”图形元件拖入到两帧处，两个人物的位置稍微错开，如图9-23所示。选择“伤者影”图层的第943帧，选择舞台中“乘客”图形元件，在【属性】面板的颜色下拉菜单中选择“Alpha”，设置值为“30%”。分别选择“伤者”、“机窗”和“伤者影”图层的第994帧，插入关键帧，将3个帧上舞台中的所有内容按比例放大。分别选择“伤者”、“机窗”和“伤者影”图层的第1010帧，插入关键帧，将3个帧上舞台中所有的内容向右移动一格机窗的位置，如图9-24所示。分别在这3个图层的第943帧和第994帧、第994帧和第1010帧之间创建补间动画。选择“机窗”图层的第1053帧，插入关键帧。选择

舞台中的“机窗”图形元件，在【属性】面板的颜色下拉菜单中选择“Alpha”，设置值为“0%”。在第1010帧和第1053帧之间创建补间动画。

❺在【时间轴】面板上选中“蓝天”图层的第943帧，插入关键帧。选择舞台中的“蓝天”图形元件，在【属性】面板的颜色下拉菜单中选择“亮度”，设置值为“－50%”。选择第994帧，插入关键帧，将舞台中的“蓝天”图形元件向左移。在第943帧和第994帧之间创建补间动画。选择第1053帧，插入关键帧。选择舞台中的“蓝天”图形元件，向右移动一段距离。在第994帧和第1053帧之间创建补间动画。选择第1027帧，插入关键帧。选择第1053帧，插入关键帧。选择舞台中的“蓝天”图形元件，在【属性】面板的颜色下拉菜单中选择“亮度”，设置值为“－100%”。【时间轴】面板如图9-25所示。

图9-23 乘客靠窗动画效果

图9-24 窗外云彩动画效果

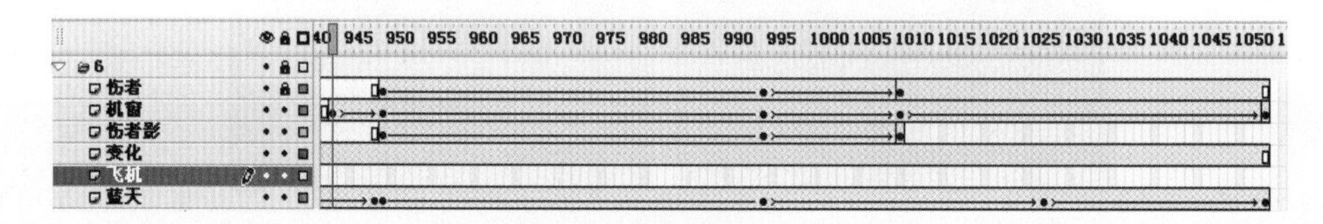

图9-25【时间轴】面板

> **小技巧**
>
> 选择第994帧，插入关键帧，将舞台中的“蓝天”图形元件向左移。在第943帧和第994帧之间创建补间动画，这样在MV播放时，感觉就像是飞机快速往前飞行了。

9．“7”文件夹中的动画制作

❶在【时间轴】面板的“7”文件夹中从上到下依次新建“变化”、“回忆”、“降落”、“道别”、和“上网”5个图层。

在【时间轴】面板上选中“回忆”图层的第854帧，插入空白关键帧。从【库】面板中将“回忆”图形元件拖入舞台中间位置，如图9-26所示。选择第1232帧，插入帧。

❷在【时间轴】面板上选中“上网”图层的第854帧，插入空白关键帧。从【库】面板中将“上网”图形元件拖入舞台，使元件的上方与舞台的上方位置对齐。选择第1125帧，插入关键帧，将“上网”图形元件向上移动到舞台的中间位置，如图9-27所示。选择第1147帧，插入关键帧。在第854帧和第1125帧，第1125帧和第1147帧之间创建补间动画。

❸在【时间轴】面板上选中“变化”图层的第1054帧，插入空白关键帧。从【库】面板中将“变化”图形元件拖入舞台的中间位置，在【属性】面板中的颜色下拉菜单中选择“亮度”，设置值为“－100%”。选择第1084帧，插入关键帧。选择“变化”图形元件，在【属性】

面板的颜色下拉菜单中选择“Alpha”，设置值为“0%”。在第1054帧和第1084帧之间创建补间动画，制作渐亮的入场动画效果。选择第1085帧，插入空白关键帧。用同样的方法，在第1137帧和第1147帧之间，相反地制作场景变黑的退场动画效果。【时间轴】面板如图9-28所示。

图9-26 回忆效果

图9-27 上网动画效果

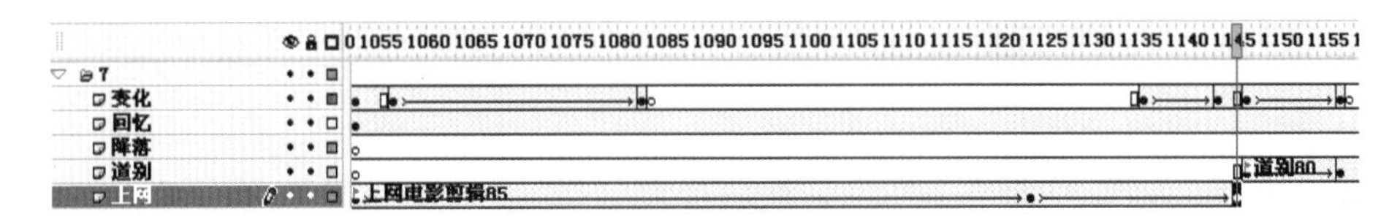

图9-28【时间轴】面板

④在【时间轴】面板上选中“道别”图层的第1148帧，插入空白关键帧，从【库】面板中将“道别”影片剪辑元件拖入舞台的中间位置。选择第1158帧，插入关键帧。选择第1232帧，插入帧。“道别”影片剪辑元件中有一个脚本控制打字效果的方法，即让已经设置好的字一个一个地显示出来。下面简单介绍一下在“道别”影片剪辑元件中，第1帧上的动作脚本代码，代码如下。

```
Text = " 亲爱的："
a = a+1;
show = mbsubstring(Text, 0, a);
if (a>mblength(Text)) {
gotoAndPlay(12);
}
```

其中，变量“Text”给定的值是：“亲爱的：”，变量“a”是一个累加记录当前显示的字符数，变量“show”是关联动态文本框的变量。函数“mbsubstring ()”的作用是从目标字符串Text中获取a个指定的字符数。If语句判断是否显示完毕，如果没有显示完毕，将在接下来的帧（离第1帧越远，打字就越慢）中返回到该帧继续执行显示字符；如果已经显示完毕，那么跳转到第12帧，从那里开始将用同样的方法显示第2句话。依此类推，这样打字的效果就制作出来了，读者在自己制作的过程中应该注意动态文本框放置的位置，那样显示出来的段落才会整齐。

⑤在【时间轴】面板上选中“变化”图层的第1148帧，插入空白关键帧。从【库】面板中将“变化”图形元件拖入舞台的中间位置，在【属性】面板的颜色下拉菜单中选择“亮度”，设置值为“－100%”。选择第1158帧，插入关键帧，选择“变化”图形元件，在【属性】面板的颜色下拉菜单中选择“Alpha”，设置值为“0%”。在第1148帧和第1158帧之间创建补间动画，制作渐亮的入场动画效果。选择第1159帧，插入空白关键帧。用同样的方法，在第1222帧和第1232帧之间，相反地制作场景变黑的退场动画效果，如图9-29所示。【时间轴】面板如图9-30所示。

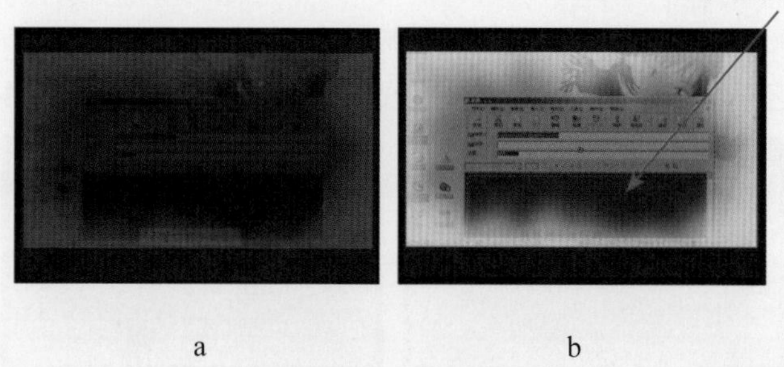

图9-29　打字动画效果

图9-30 【时间轴】面板

❻在【时间轴】面板上选中“降落”图层的第1233帧，插入空白关键帧，从【库】面板中将“降落”影片剪辑元件拖入舞台的中间位置，“降落”影片剪辑元件是一个长度为87帧的飞机降落动画。选择第1331帧，插入帧。

❼在【时间轴】面板上选中“变化”图层的第1233帧，插入空白关键帧。从【库】面板中将“变化”图形元件拖入舞台的中间位置，在【属性】面板的颜色下拉菜单中选择“亮度”，设置值为“-100%”。选择第1255帧，插入关键帧。选择“变化”图形元件，在【属性】面板的颜色下拉菜单中选择“Alpha”，设置值为“0%”。在第1233帧和第1255帧之间创建补间动画，制作渐亮的入场动画效果。选择第1256帧，插入空白关键帧。用同样的方法，在第1304帧和第1331帧之间，相反地制作场景变黑的退场动画效果，如图9-31所示。【时间轴】面板如图9-32所示。

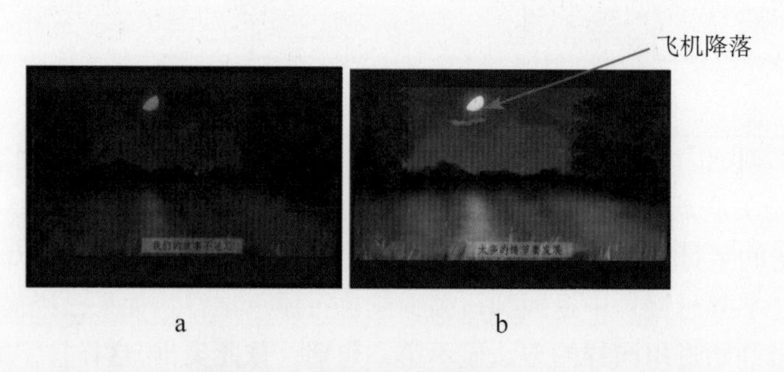

图9-31　飞机降落动画效果

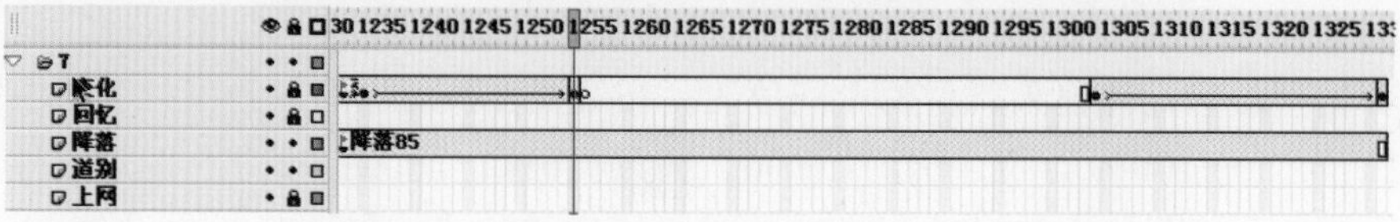

图9-32 【时间轴】面板

10．“8”文件夹中的动画制作

❶在【时间轴】面板的“8”文件夹中，从上到下依次新建“露珠”、“房子侧面”、“远房”

和“篱笆”4个图层。

在【时间轴】面板上选中“篱笆”图层的第1331帧，插入空白关键帧。从【库】面板中将“篱笆”图形元件拖入舞台中，在【属性】面板的颜色下拉菜单中选择“Alpha”，设置值为“0%”。选择第1395帧，插入关键帧，选择舞台中的“篱笆”图形元件，将元件略微左移。在第1331帧和第1395帧之间创建补间动画。分别选择第1348帧和第1374帧，插入关键帧。选择第1348帧舞台中的“篱笆”图形元件，在【属性】面板的颜色下拉菜单中选择“Alpha”，设置值为“100%”。选择第1374帧舞台中的“篱笆”图形元件，在【属性】面板的颜色下拉菜单中选择“Alpha”，设置值为“100%”，如图9-33所示。【时间轴】面板如图9- 34所示。

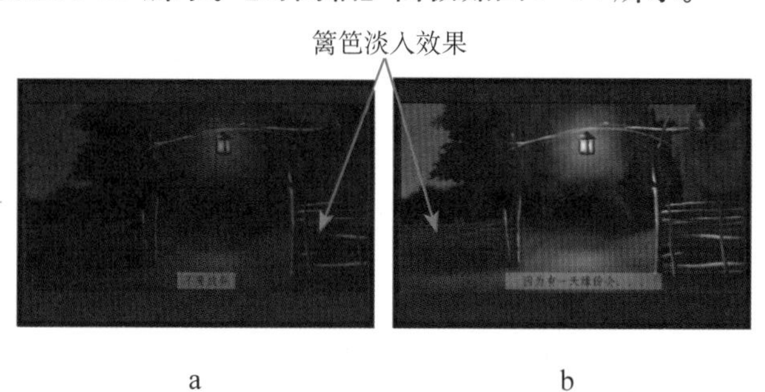

图9-33 篱笆动画效果

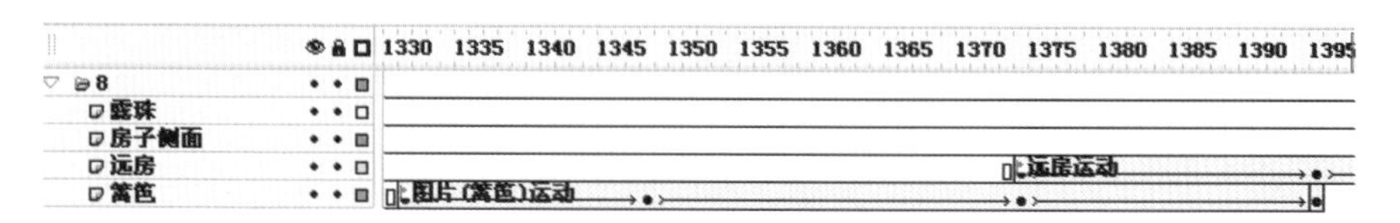

图9-34 【时间轴】面板

❷在【时间轴】面板上选中“远房”图层的第1374帧，插入空白关键帧，从【库】面板中将“远房”图形元件拖入舞台中，在【属性】面板的颜色下拉菜单中选择“Alpha”，设置值为“0%”。选择第1442帧，插入关键帧，选择舞台中的“远房”图形元件，将元件略微左移。在第1374帧和第1442帧之间创建补间动画。分别选择第1395帧和第1426帧，插入关键帧。选择第1395帧舞台中的“远房”图形元件，在【属性】面板的颜色下拉菜单中选择“Alpha”，设置值为“100%”。选择第1426帧舞台中的“远房”图形元件，在【属性】面板的颜色下拉菜单中选择“Alpha”，设置值为“100%”。这样在两个画面交替时会有朦胧而又自然的过渡感觉，如图9-35所示。【时间轴】面板如图9- 36所示。

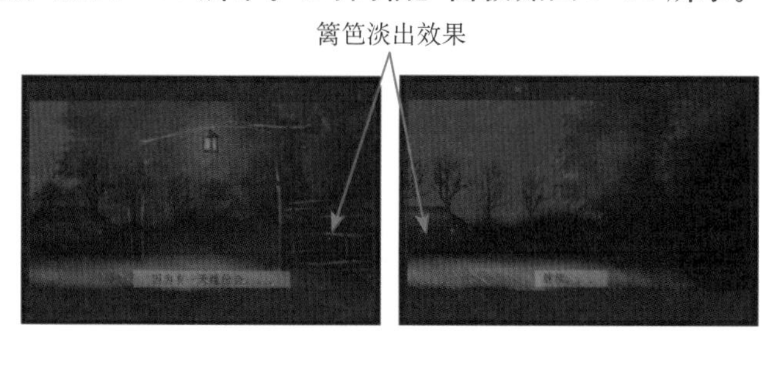

图9-35 远房入场动画效果

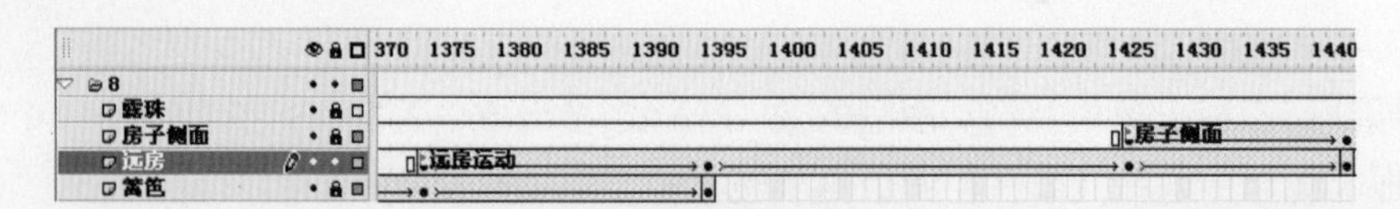

图9-36 【时间轴】面板

❸在【时间轴】面板上选中“房子侧面”图层的第1426帧，插入空白关键帧。从【库】面板中将“房子侧面”图形元件拖入舞台中，在【属性】面板的颜色下拉菜单中选择“Alpha”，设置值为“0%”。选择第1495帧，插入关键帧，选择舞台中的“房子侧面”图形元件，将元件略微左移。在第1426帧和第1495帧之间创建补间动画。分别选择第1442帧和第1465帧，插入关键帧。选择第1442帧舞台中的“房子侧面”图形元件，在【属性】面板中颜色下拉菜单中选择“Alpha”，设置值为“100%”。选择第1465帧舞台中的“房子侧面”图形元件，在【属性】面板的颜色下拉菜单中选择“Alpha”，设置值为“100%”。同样在两个画面交替时会有朦胧而又自然的过渡感觉，如图9-37所示。【时间轴】面板如图9-38所示。

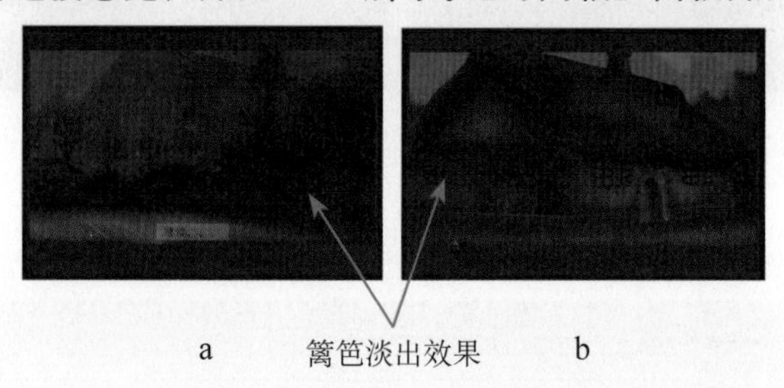

a　　篱笆淡出效果　　b

图9-37 房子侧面入场动画效果

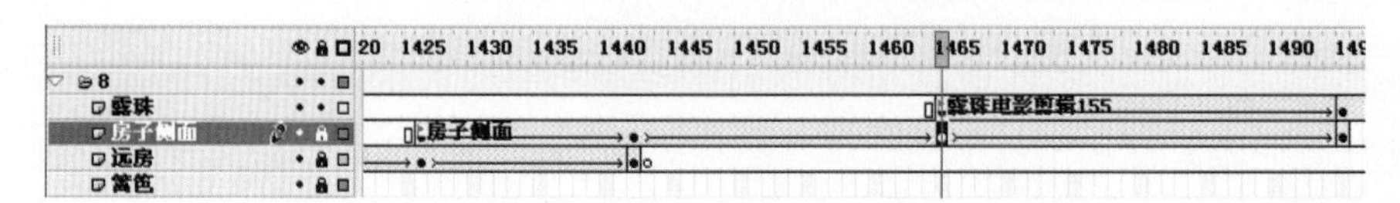

图9-38 【时间轴】面板

❹在【时间轴】面板上选中“露珠”图层的第1465帧，插入空白关键帧，从【库】面板中将“露珠”影片剪辑元件拖入舞台中，如图9-39a所示。在【属性】面板的颜色下拉菜单中选择“Alpha”，设置值为“0%”。选择第1624帧，插入关键帧。分别选择第1495帧和第1603帧，插入关键帧。选择第1495帧舞台中的“露珠”影片剪辑元件，在【属性】面板的颜色下拉菜单中选择“Alpha”，设置值为“100%”，如图9-39b所示。选择第1603帧舞台中的“露珠”影片剪辑元件，在【属性】面板中颜色下拉菜单中选择“Alpha”，设置值为“100%”。在第1465帧和第1495帧，第1603帧和第1624帧之间创建补间动画。“露珠”影片剪辑元件中包含长度为155帧的动画，动画从近景的露珠滴下，切换到远景的房屋，再将房屋慢慢拉近的一个动画效果，如图9-39c所示。

小技巧

在前面介绍的镜头拉近有背景景深，那是焦点在前景的缘故，如果镜头焦点落在背景上，那么前景也有景深。这里镜头拉近的方法和前面一样，前景的放大速度比背景的放大速度要快，读者可试用不同的放大速度组合，来学习和体会这种镜头拉近的效果，如图9-39d所示。

a 近景的露珠

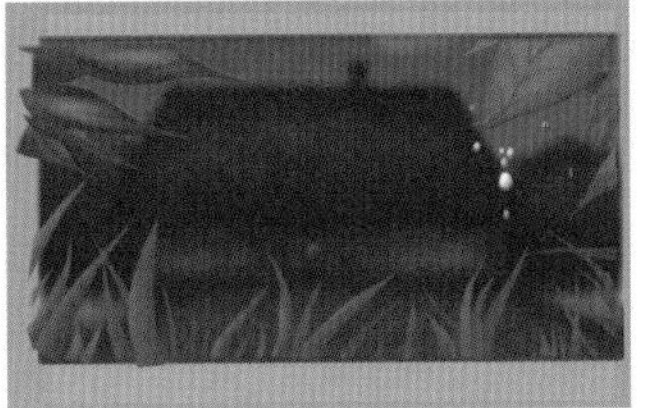

b露珠滴下

c 镜头切换到远景

d镜头拉近

图9-39“露珠”影片剪辑元件的动画效果

11．“9”文件夹中的动画制作

❶在【时间轴】面板“9”文件夹中，从上到下依次新建“桌人大”、“整体”、“变化为了落泪”、“落泪”、“变化为了桌人”、“男孩眼泪”、“桌人”、“女孩侧面”、“帅男孩”、“光晕”、“油灯”、“墙壁”、“床”和“屋内”14个图层。其中，在“变化为了落泪”图层下面，依次新建“桌子”和“坠泪”两个文件夹。在“桌子”文件夹中从上到下依次新建“落泪”和“桌子”两个图层，在“坠泪”文件夹中从上到下依次新建“坠泪”、“模糊”和“清楚”3个图层。

❷在【时间轴】面板上选中“床”图层的第1625帧，插入空白关键帧，从【库】面板中，将“床”图形元件拖入舞台的中间位置。选择第1642帧，插入关键帧。选择第1625帧，选择“床”图形元件，在【属性】面板的颜色下拉菜单中选择“Alpha”，设置值为“0%”。在第1625帧和第1642帧之间创建补间动画。选择第1683帧，插入关键帧，将“床”图形元件向舞台的左侧拖动适当距离。在第1642帧和第1683帧之间创建补间动画。选择第1704帧，插入关键帧，选择“床”图形元件，在【属性】面板的颜色下拉菜单中选择“Alpha”，设置值为“0%”。在第1683帧和第1704帧之间创建补间动画，如图9-40所示。

a

b

图9-40 屋内镜头拉近效果

选择文件夹“9”下的所有图层的第1656帧（除“床”图层），插入空白关键帧，【时间轴】面板如图9-41所示。

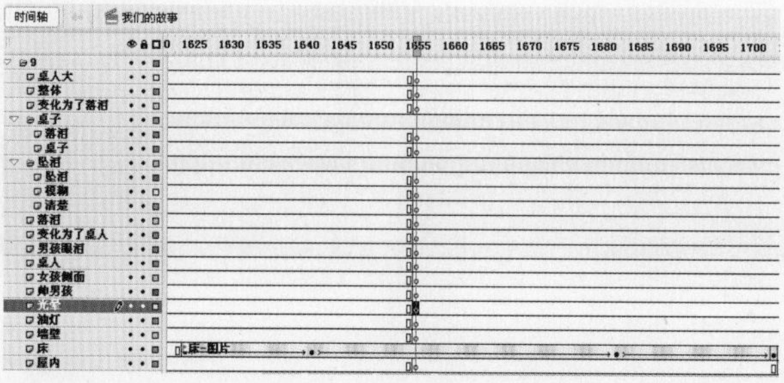

图9-41 【时间轴】面板

❸在【时间轴】面板上选中“屋内”图层的第1705帧，插入空白关键帧，从【库】面板中将“屋里的灯”图形元件拖入舞台的中间位置。选择第1731帧，插入关键帧。选择第1705帧，选择“屋里的灯”图形元件，在【属性】面板的颜色下拉菜单中选择“Alpha”，设置值为“0%”。在第1705帧和第1731帧之间创建补间动画。选择第1790帧，插入关键帧，将“屋里的灯”图形元件向舞台的左侧拖动适当距离。在第1731帧和第1790帧之间创建补间动画，如图9-42所示。【时间轴】面板如图9-43所示。

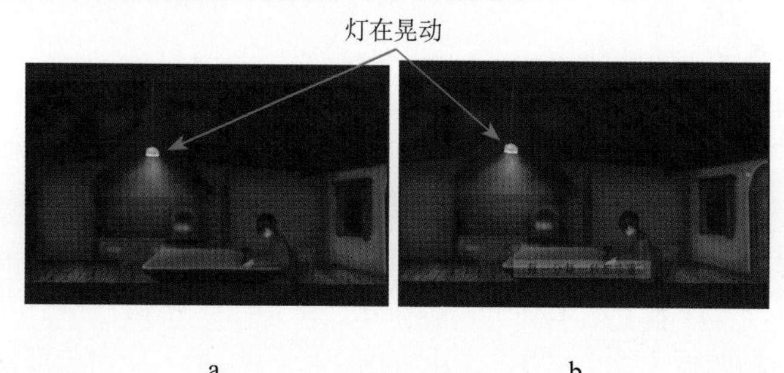

图9-42 屋里的灯动画效果

图9-43【时间轴】面板

❹在【时间轴】面板上选中“桌人大”图层的第1790帧，插入空白关键帧，从【库】面板中将“人物吧”图形元件拖入舞台左面。选择第1821帧，插入关键帧。选择第1790帧，选择“人物吧”图形元件，在【属性】面板的颜色下拉菜单中选择“Alpha”，设置值为“0%”。在第1790帧和第1821帧之间创建补间动画。

❺在【时间轴】面板上选中“变化为了桌人”图层的第1790帧，插入空白关键帧，从【库】面板中将“变化”图形元件拖入舞台的中间位置。选择第1810帧，插入关键帧。选择第1790帧，选择“变化”图形元件，在【属性】面板的颜色下拉菜单中选择“Alpha”，设置值为“0%”。选择第1810帧，选择“变化”图形元件，在【属性】面板的颜色下拉菜单中选择“Alpha”，设置值为“65%”。在第1790帧和第1810帧之间创建补间动画。

❻在【时间轴】面板上选中“男孩的眼泪”图层的第1790帧，插入空白关键帧，从【库】面板中将“发光”影片剪辑元件拖入舞台的中间位置。选择第1810帧，插入关键帧。选择

第 1790 帧，选择“发光”影片剪辑元件，在【属性】面板的颜色下拉菜单中选择“Alpha”，设置值为“0%”。选择第 1810 帧，选择“发光”图形元件，在【属性】面板中颜色下拉菜单中选择“Alpha”，设置值为“100%”。在第 1790 帧和第 1810 帧之间创建补间动画。

⑦在【时间轴】面板上选中“桌人”图层的第 1790 帧，插入空白关键帧，从【库】面板中将“桌人动画”影片剪辑元件拖入舞台的中间位置。选择第 1810 帧，插入关键帧。选择第 1790 帧，选择“桌人动画”影片剪辑元件，在【属性】面板的颜色下拉菜单中选择“Alpha”，设置值为“0%”。选择第 1810 帧，选择“桌人动画”图形元件，在【属性】面板的颜色下拉菜单中选择“Alpha”，设置值为“100%”。在第 1790 帧和第 1810 帧之间创建补间动画。

⑧在【时间轴】面板上选中“桌人大”图层的第 1845 帧，插入空白关键帧，从【库】面板中将“人物吧”图形元件拖入舞台左面。选择第 1913 帧，插入关键帧。选择第 1845 帧，选择“人物吧”图形元件，在【属性】面板的颜色下拉菜单中选择“Alpha”，设置值为“100%”。选择第 1913 帧，选择“人物吧”图形元件，在【属性】面板的颜色下拉菜单中选择“Alpha”，设置值为“0%”。在第 1845 帧和第 1913 帧之间创建补间动画。

⑨在【时间轴】面板上选中“变化为了桌人”图层的第 1852 帧，插入空白关键帧，从【库】面板中将“变化”图形元件拖入舞台的中间位置。选择第 1864 帧，插入关键帧。选择第 1852 帧，选择“变化”图形元件，在【属性】面板的颜色下拉菜单中选择“Alpha”，设置值为“65%”。选择第 1864 帧，选择“变化”图形元件，在【属性】面板中颜色下拉菜单中选择“Alpha”，设置值为“100%”。在第 1852 帧和第 1864 帧之间创建补间动画。

⑩在【时间轴】面板上选中“男孩的眼泪”图层的第 1852 帧，插入空白关键帧，从【库】面板中将“发光”影片剪辑元件拖入舞台的中间位置。选择第 1864 帧，插入关键帧。选择第 1852 帧，选择“发光”影片剪辑元件，在【属性】面板的颜色下拉菜单中选择“Alpha”，设置值为“65%”。选择第 1864 帧，选择“发光”图形元件，在【属性】面板的颜色下拉菜单中选择“Alpha”，设置值为“0%”。在第 1852 帧和第 1864 帧之间创建补间动画。

⑪在【时间轴】面板上选中“桌人”图层的第 1864 帧，插入关键帧，如图 9-44 所示。【时间轴】面板，如图 9-45 所示。

a

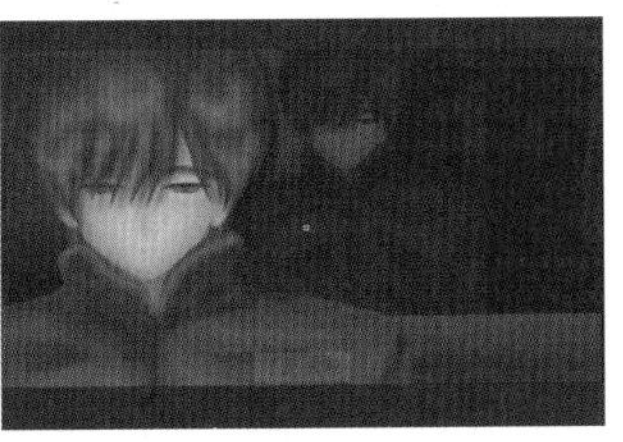

b

图9-44 “桌人动画”动画效果

图9-45 【时间轴】面板

⑫在【时间轴】面板上选中“油灯”图层的第1880帧，插入空白关键帧，从【库】面板中将“油桌”影片剪辑元件拖入舞台左下角。选择第1908帧，插入关键帧。选择第1880帧，选择“油桌”影片剪辑元件，在【属性】面板的颜色下拉菜单中选择“亮度”，设置值为“－100%”。选择第1908帧，将“油桌”影片剪辑元件拖放到舞台中间，使灯正好在舞台中间。在第1880帧和第1908帧之间创建补间动画。选择第1956帧，插入关键帧，将“油桌”影片剪辑元件缩小，使其能够整个放入舞台。在第1908帧和第1956帧之间创建补间动画。选择第2004帧，插入关键帧，将“油桌”影片剪辑元件的右边与舞台对齐，拖动左边放大。在第1956帧和第2004帧之间创建补间动画。选择第2032帧，插入关键帧，将“油桌”影片剪辑元件整体放大，并在【属性】面板的颜色下拉菜单中选择“Alpha”，设置值为“0%”。在第1908帧和第1956帧之间创建补间动画。

⑬在【时间轴】面板上选中“墙壁”图层的第1880帧，插入空白关键帧，从【库】面板中将“墙壁”图形元件拖入舞台，偏向左面。选择第1908帧，插入关键帧。选择第1880帧，选择“墙壁”图形元件，在【属性】面板的颜色下拉菜单中选择“亮度”，设置值为“－100%”。选择第1908帧，将“墙壁”图形元件向右拖动一定距离。选择“墙壁”图形元件，在【属性】面板的颜色下拉菜单中选择“亮度”，设置值为“－80%”。在第1880帧和第1908帧之间创建补间动画。选择第1956帧，插入关键帧，将“墙壁”图形元件放大。选择“墙壁”图形元件，在【属性】面板中颜色下拉菜单中选择“亮度”，设置值为“－70%”。在第1908帧和第1956帧之间创建补间动画。选择第2004帧，插入关键帧，将“墙壁”图形元件继续放大，盖住整个舞台。在第1956帧和第2004帧之间创建补间动画。选择第2032帧，插入关键帧，选择“墙壁”图形元件，并在【属性】面板的颜色下拉菜单中选择“亮度”，设置值为“－100%”。在第1908帧和第1956帧之间创建补间动画。

⑭在【时间轴】面板上选中“整体”图层的第1884帧，插入空白关键帧，从【库】面板中将“帅男孩”图形元件拖入舞台，偏向右面。选择第1908帧，插入关键帧。选择第1884帧，选择“帅男孩”图形元件，在【属性】面板的颜色下拉菜单中选择“Alpha”，设置值为“0%”。选择第1908帧，选择“帅男孩”图形元件，在【属性】面板的颜色下拉菜单中选择“Alpha”，设置值为“30%”。在第1884帧和第1908帧之间创建补间动画。选择第2032帧，插入关键帧。选择“帅男孩”图形元件，在【属性】面板的颜色下拉菜单中选择“Alpha”，设置值为“0%”。在第1908帧和第2032帧之间创建补间动画，如图9-46所示。【时间轴】面板如图9-47所示。

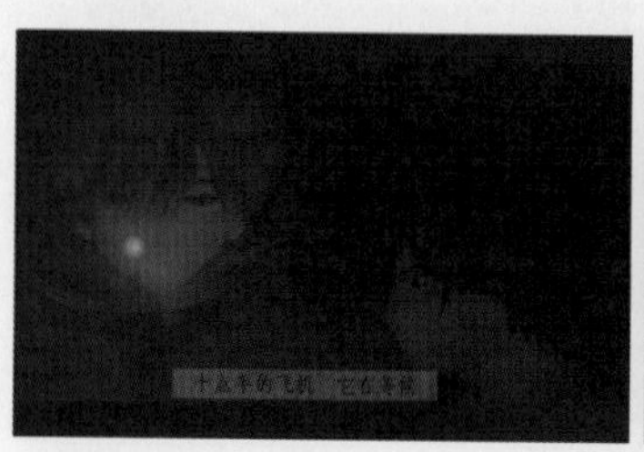

a

b

图9-46　帅男孩动画效果

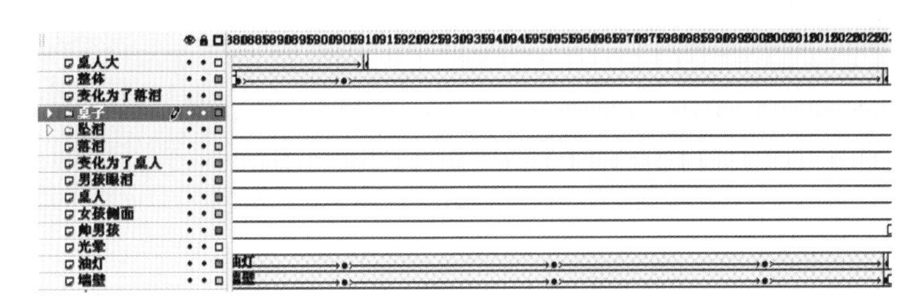

图9-47 【时间轴】面板

⑮在【时间轴】面板上选中“帅男孩”图层的第2034帧，插入空白关键帧，从【库】面板中将“帅男孩”图形元件拖入舞台的右上角。选择第2082帧，插入关键帧，将图形元件拖入舞台一定距离。选择第2034帧，选择“帅男孩”图形元件，在【属性】面板的颜色下拉菜单中选择“亮度”，设置值为“－80%”。选择第2082帧，选择“帅男孩”图形元件，在【属性】面板的颜色下拉菜单中选择“亮度”，设置值为“－50%”。在第2034帧和第2082帧之间创建补间动画。选择第2106帧，插入关键帧，将“帅男孩”图形元件向舞台中心拖动一定距离。在第2082帧和第2106帧之间创建补间动画。选择第2131帧，插入关键帧，将“帅男孩”图形元件再向舞台中心拖动一定距离，在【属性】面板的颜色下拉菜单中选择“无”，在第2106帧和第2131帧之间创建补间动画。选择第2154帧，插入关键帧，选择“帅男孩”图形元件，在【属性】面板的颜色下拉菜单中选择“Alpha”，设置值为“0%”。在第2131帧和第2154帧之间创建补间动画。

⑯在【时间轴】面板上选中“墙壁”图层的第2034帧，插入空白关键帧，从【库】面板中将“墙壁”图形元件拖入舞台。选择第2049帧，插入关键帧。选择第2034帧，选择“墙壁”图形元件，在【属性】面板的颜色下拉菜单中选择“亮度”，设置值为“－100%”。选择第2049帧，选择“墙壁”图形元件，在【属性】面板的颜色下拉菜单中选择“高级”，设置“红＝21%，绿＝21%，蓝＝21%，Alpha＝100%”，如图9-48所示。在第2034帧和第2049帧之间创建补间动画。选择第2131帧，插入关键帧，将“墙壁”图形元件向下拖动一定距离，选择“墙壁”图形元件，在【属性】面板的颜色下拉菜单中选择“高级”，设置“红＝28%，绿＝28%，蓝＝28%，Alpha＝100%”，如图9-49所示。在第2049帧和第2131帧之间创建补间动画。选择第2154帧，插入关键帧，选择“墙壁”图形元件，在【属性】面板的颜色下拉菜单中选择“亮度”，设置值为“－100%”。在第2131帧和第2154帧之间创建补间动画。

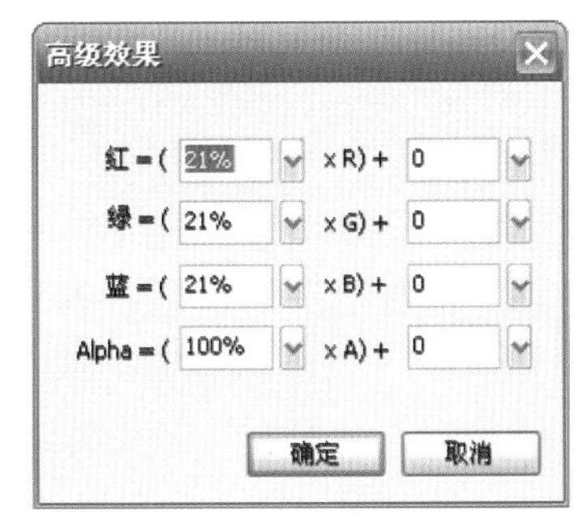

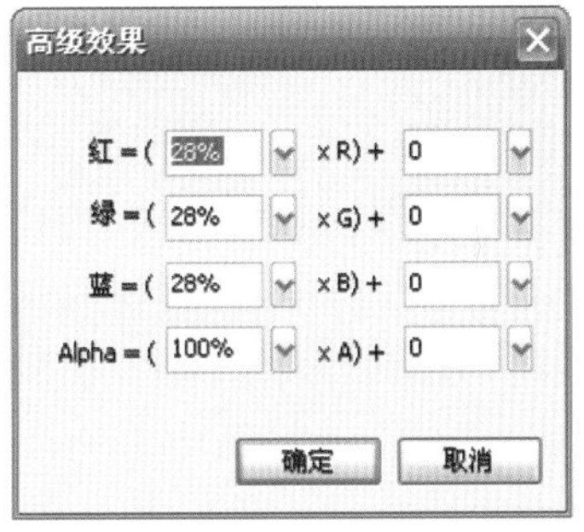

图9-48 第2049帧处元件颜色设置对话框 图9-49 第2131帧处元件颜色设置对话框

⑰在【时间轴】面板上选中“光晕”图层的第 2106 帧，插入空白关键帧，从【库】面板中将“发光”影片剪辑元件拖入舞台的左下角。选择第 2131 帧，插入关键帧，将“发光”影片剪辑元件拖动靠近舞台中心。选择第 2106 帧，选择“发光”影片剪辑元件，在【属性】面板的颜色下拉菜单中选择“Alpha”，设置值为“100%”。在第 2106 帧和第 2131 帧之间创建补间动画。选择第 2154 帧，插入关键帧，选择“发光”影片剪辑元件，在【属性】面板的颜色下拉菜单中选择“Alpha”，设置值为“0%”。

⑱在【时间轴】面板上选中“女孩侧面”图层的第 2107 帧，插入空白关键帧，从【库】面板中将“女孩侧面”图形元件拖入舞台的左半边。选择第 2131 帧，插入关键帧。选择第 2107 帧，选择“女孩侧面”图形元件，在【属性】面板的颜色下拉菜单中选择“Alpha”，设置值为“0%”。选择第 2131 帧，选择“女孩侧面”图形元件，在【属性】面板的颜色下拉菜单中选择“Alpha”，设置值为“70%”。在第 2107 帧和第 2131 帧之间创建补间动画。选择第 2154 帧，插入关键帧，选择“墙壁”图形元件，在【属性】面板的颜色下拉菜单中选择“Alpha”，设置值为“0%”。在第 2131 帧和第 2154 帧之间创建补间动画，如图 9-50 所示。【时间轴】面板如图 9-51 所示。

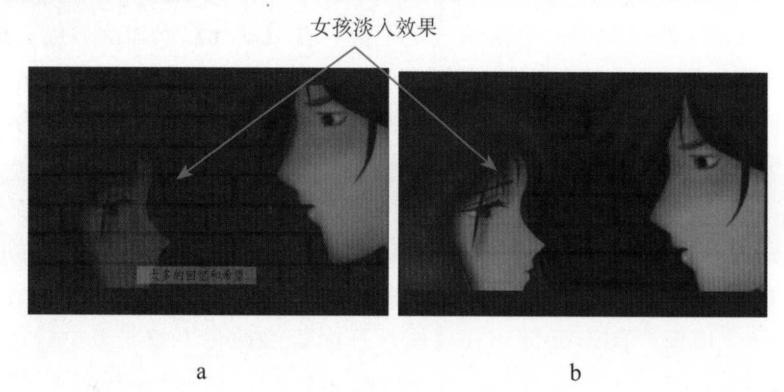

a　　b

图9-50　男孩思念女孩动画效果

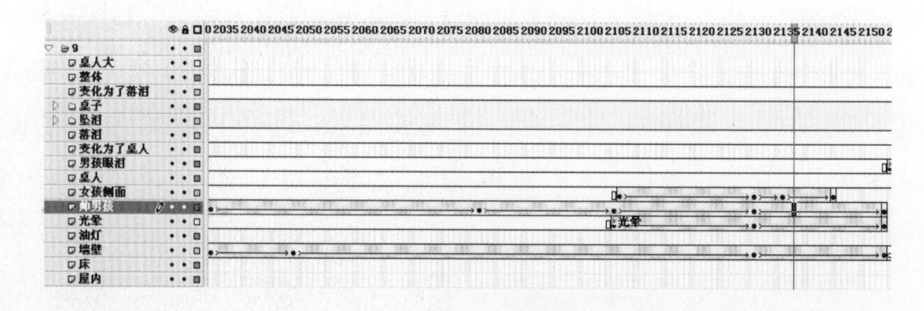

图9-51　【时间轴】面板

⑲在【时间轴】面板上选中“男孩眼泪”图层的第 2155 帧，插入空白关键帧，从【库】面板中将“男孩的眼泪”影片剪辑元件拖入舞台的右半边。选择第 2185 帧，插入关键帧。选择第 2155 帧，选择“男孩的眼泪”影片剪辑元件，在【属性】面板的颜色下拉菜单中选择“Alpha”，设置值为“0%”。选择第 2185 帧，选择“男孩的眼泪”影片剪辑元件，在【属性】面板的颜色下拉菜单中选择“亮度”，设置值为“－ 50%”。

⑳在【时间轴】面板上选中“墙壁”图层的第 2156 帧，插入空白关键帧，从【库】面板中将“墙壁”图形元件拖入舞台。选择第 2185 帧，插入关键帧。选择第 2156 帧，选择“墙

壁”图形元件。在【属性】面板的颜色下拉菜单中选择“亮度”，设置值为“－100%”。选择第2185帧，选择“墙壁”图形元件，在【属性】面板的颜色下拉菜单中选择“亮度”，设置值为“－70%”。在第2156帧和第2185帧之间创建补间动画。选择第2221帧，插入关键帧，选择“墙壁”图形元件，在【属性】面板的颜色下拉菜单中选择“亮度”，设置值为“－100%”。在第2185帧和第2221帧之间创建补间动画。选择第2222帧和第2235帧，插入关键帧,选择第2235帧,选择“墙壁”图形元件,在【属性】面板的颜色下拉菜单中选择“亮度”，设置值为“－70%”。在第2222帧和第2235帧之间创建补间动画。选择第2297帧，选择“墙壁”图形元件，在【属性】面板的颜色下拉菜单中选择“亮度”，设置值为“－50%”。在第2222帧和第2235帧之间创建补间动画。

㉑在【时间轴】面板上选中“落泪”图层的第2222帧，插入空白关键帧，从【库】面板中将“泪滴”图形元件拖入舞台的上侧。选择第2296帧，插入关键帧，将“泪滴”图形元件拖到舞台的下侧，如图9-52所示。【时间轴】面板如图9-53所示。

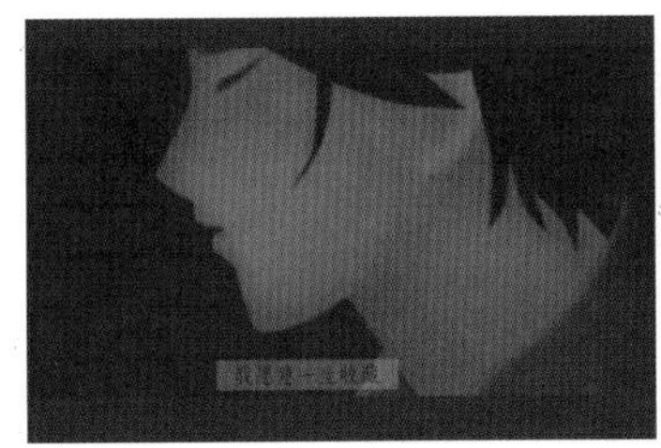

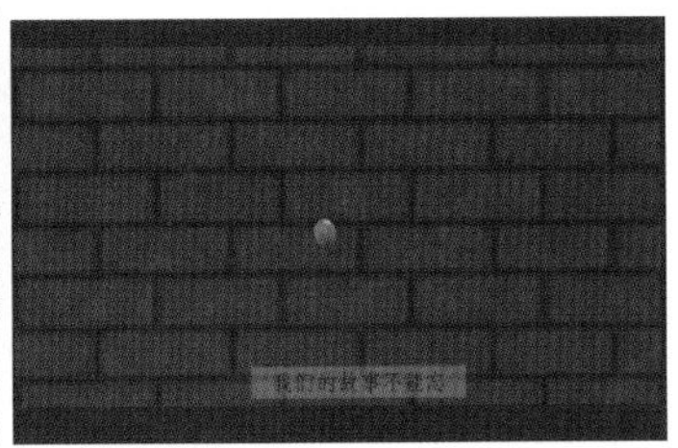

a　　　　　　b

图9-52　男孩落泪动画效果

图9-53　【时间轴】面板

㉒在【时间轴】面板上选中“坠泪”文件夹下的“坠泪”图层的第2299帧,插入空白关键帧。从【库】面板中将“泪滴2”图形元件拖入舞台，将其放大覆盖整个舞台。选择第2339帧，插入关键帧，将“泪滴2”图形元件缩小。在第2299帧和第2339帧之间创建补间动画。

㉓在【时间轴】面板上选中“坠泪”文件夹下的“模糊”图层的第2299帧,插入空白关键帧。从【库】面板中将“桌子模糊”图形元件拖入舞台,在【属性】面板的颜色下拉菜单中选择“亮度”，设置值为“－20%”。选择第2339帧，插入关键帧，在【属性】面板的颜色下拉菜单中选择“Alpha”，设置值为“0%”。在第2299帧和第2339帧之间创建补间动画。

㉔在【时间轴】面板上选中“坠泪”文件夹下的“清楚”图层的第2299帧,插入空白关键帧。从【库】面板中将“桌子清楚”图形元件拖入舞台,在【属性】面板的颜色下拉菜单中选择“亮度”，设置值为“－30%”。

㉕在【时间轴】面板上选中“桌子”文件夹下的“桌子”图层的第2340帧,插入空白关键帧，从【库】面板中将“油桌”图形元件拖入舞台。选择第2450帧，插入关键帧，并在第2340

帧和第 2450 帧之间创建补间动画。

㉖在【时间轴】面板上选中“墙壁”图层的第 2340 帧，插入空白关键帧，从【库】面板中将“墙壁”图形元件拖入舞台。选择第 2450 帧，插入关键帧，将“墙壁”图形元件向下拖动一定距离。并在第 2340 帧和第 2450 帧之间创建补间动画，如图 9-54 所示。

在【时间轴】面板上选中“变化为了落泪”图层的第 2426 帧，插入空白关键帧，从【库】面板中将“变化”图形元件拖入舞台，在【属性】面板的颜色下拉菜单中选择“Alpha”，设置值为“0%”。选择第 2450 帧，插入关键帧，选择“变化”图形元件，在【属性】面板的颜色下拉菜单中选择“亮度”，设置值为“0%”。【时间轴】面板如图 9-55 所示。

a　　　　　　　　b

图9-54　眼泪滴下动画效果

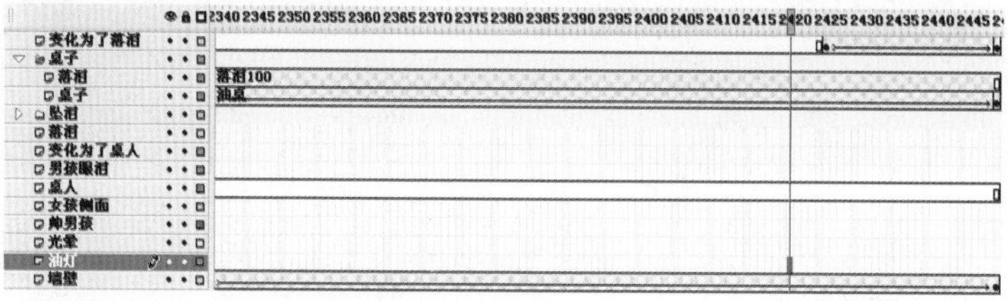

图9-55　【时间轴】面板

12．“10 寂寞”文件夹中的动画制作

❶在【时间轴】面板“10 寂寞”文件夹中从上到下依次新建“雪花”、“床上”、“睡觉”、“整床”、“圣诞”、“女孩 3”、“眼睛”、“寂寞”、“裸男”、“房子 2”和“房子 1”11 个图层。

❷在【时间轴】面板上选中“裸男”图层的第 2452 帧，插入空白关键帧。从【库】面板中将“裸男”图形元件拖入舞台右边，在【属性】面板的颜色下拉菜单中选择“Alpha”，设置值为“0%”。选择第 2525 帧，插入关键帧。在第 2452 帧和第 2525 帧之间创建动画补间。选择第 2484 帧，插入关键帧，选择舞台中的“裸男”图形元件，在【属性】面板中颜色下拉菜单中选择“Alpha”，设置值为“20%”，如图 9-56 所示。

❸在【时间轴】面板上选中“寂寞”图层的第 2484 帧，插入空白关键帧，从【库】面板中将“寂寞”图形元件拖入舞台中间略微靠右，在【属性】面板的颜色下拉菜单中选择“Alpha”，设置值为“0%”。选择第 2530 帧，插入关键帧。在第 2484 帧和第 2530 帧之间创建补间动画。选择第 2525 帧，插入关键帧。选择舞台中的“寂寞”图形元件，将元件略微左移，在【属性】面板的颜色下拉菜单中选择“Alpha”，设置值为“100%”，如图 9-57 所示。【时间轴】面板如图 9-58 所示。

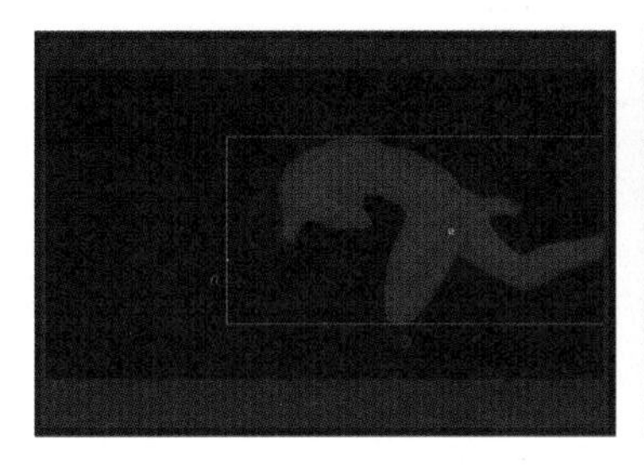

图9-56 裸男动画效果

图9-57 寂寞动画效果

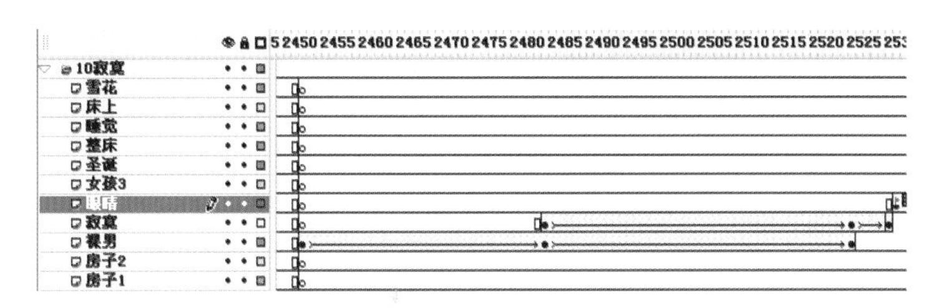

图9-58 【时间轴】面板

④在【时间轴】面板上选中“眼睛”图层的第2531帧，插入空白关键帧，从【库】面板中将“眼睛”影片剪辑元件拖入舞台的中间位置。选择第2641帧，插入帧。在“眼睛”影片剪辑元件中包含一个长度为110帧的眼睛无力地眨动的动画效果。

⑤在【时间轴】面板上选中“雪花”图层的第2636帧，插入空白关键帧，从【库】面板中将“雪花1”影片剪辑元件拖入舞台外位置，在影片剪辑元件上添加如下动作脚本代码。

```
onClipEvent (load) {
this._visible=false;
var num=70;
for (var i=1; i<=num; i++) {
    _root.attachMovie("snowa","snowa"+i,i);
    var scale=random(60)+71;            // 设置雪花的大小
    _root["snowa"+i]._xscale=scale;
    _root["snowa"+i]._yscale=scale;
    _root["snowa"+i]._x=random(600);
    _root["snowa"+i]._y=-random(400);
    _root["snowa"+i]._rotation=random(360);
    _root["snowa"+i].dir=-random(180);
    _root["snowa"+i].v=random(2)+2;
    _root["snowa"+i]._alpha=random(100);   // 设置雪花透明度
}
}
onClipEvent (enterFrame) {
    for (var i=1; i<=num; i++) {
            _root["snowa"+i]._x+=Math.cos(_root["snowa"+i].dir);
```

```
            _root["snowa"+i]._y+=_root["snowa"+i].v;
            if (_root["snowa"+i]._x>600) {
                        _root["snowa"+i]._x=0;
            }
            if (_root["snowa"+i]._x<0) {
                        _root["snowa"+i]._x=600;
            }
            if (_root["snowa"+i]._y>400) {
                        _root["snowa"+i]._y=0;
            }
    }
}
```

提示：上面的动作脚本代码实现在任意位置生成任意大小及透明度的雪花，并任意生成该雪花飘动的角度和运动速度（速度在2到4之间），然后通过脚本控制雪花下落。

❻在【时间轴】面板上选中“雪花”图层的第 3353 帧，插入空白关键帧，在帧上添加如下动作脚本代码。

```
for (i=0; i<=70;i++) {
removeMovieClip("snowa"+"i")
}
```

选择“房子 2”图层的第 2655 帧，插入空白关键帧，从【库】面板中将“车与路”图形元件拖入舞台外面的下方。选择第 2761 帧，插入关键帧，选择舞台中的“车与路”图形元件，将元件放置在舞台的中间位置。选择第 2796 帧，插入关键帧，选择舞台中的“车与路”图形元件，将元件按比例放大。在第 2655 帧和第 2761 帧，第 2761 帧和第 2796 帧之间创建补间动画。

❼在【时间轴】面板上选中“女孩 3”图层的第 2662 帧，插入空白关键帧，从【库】面板中将“女孩”图形元件拖入舞台外面的左边。选择第 2773 帧，插入关键帧，选择舞台中的“车与路”图形元件，将元件放置在舞台外面的右边。在第 2662 帧和第 2773 帧之间创建补间动画，如图 9-59 所示。

在【时间轴】面板上选中“整床”图层的第 2778 帧，插入空白关键帧。从【库】面板中将“床”图形元件拖入舞台中间偏上的位置，将元件按比例适当放大，在【属性】面板的颜色下拉菜单中选择“Alpha”，设置值为 0%。选择第 2796 帧，插入关键帧，选择舞台中的“床”图形元件，在【属性】面板的颜色下拉菜单中选择“Alpha”，设置值为“100%”。选择第 2856 帧，插入关键帧，选择舞台中的“床”图形元件，将元件按比例缩小到原大，并将人置入场景的中间位置。选择第 2887 帧，插入关键帧，选择舞台中的“床”图形元件，在【属性】面板的颜色下拉菜单中选择“亮度”，设置值为“－ 100%”。在第 2778 帧和第 2796 帧，第 2796 帧和第 2856 帧，第 2856 帧和第 2887 帧之间创建补间动画，如图 9-60 所示。

图9-59 房屋拉近动画效果

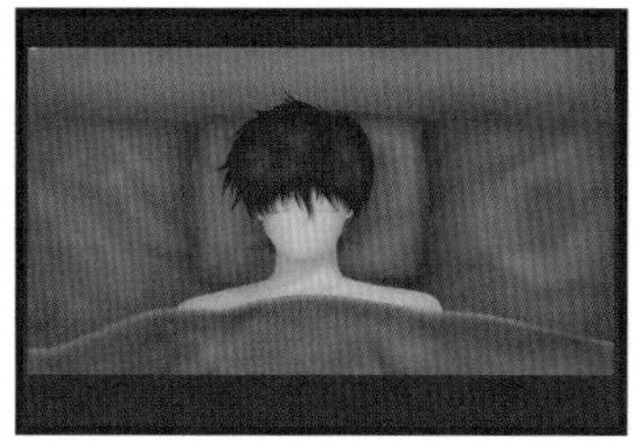

图9-60 睡觉动画效果

❽在【时间轴】面板上选中“睡觉”图层的第2887帧，插入空白关键帧。从【库】面板中将“睡觉”图形元件拖入舞台右边，在【属性】面板的颜色下拉菜单中选择“亮度”，设置值为“－100%”。选择第3034帧，插入关键帧。在第2887帧和第3034帧之间创建补间动画。选择第2919帧和第2990帧，插入关键帧，分别选择第2919帧和第2990帧舞台中的“睡觉”图形元件，在【属性】面板的颜色下拉菜单中选择“亮度”，设置值为“0%”，如图9-61所示。

a

b

图9-61 男孩睡觉动画效果

❾在【时间轴】面板上选中“床上”图层的第3035帧，插入空白关键帧。从【库】面板中将“床”图形元件拖入舞台右边，在【属性】面板中颜色下拉菜单中选择“亮度”，设置值为“－100%”。选择第3065帧，插入关键帧。选择舞台中的“床”图形元件，在【属性】面板的颜色下拉菜单中选择“亮度”，设置值为“0%”。在第3035帧和第3065帧之间创建补间动画。选择第3342帧和第3352帧，插入关键帧。选择第3352帧舞台中的“床”图形元件，在【属性】面板的颜色下拉菜单中选择“亮度”，设置值为“－100%”。在第3342帧和第3352帧之间创建补间动画，如图9-62所示。

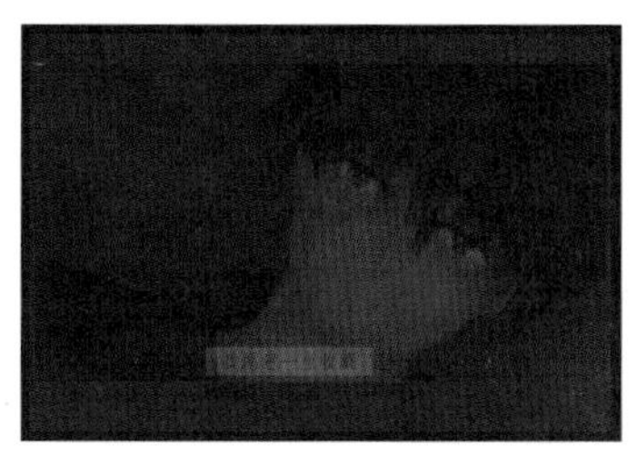

a

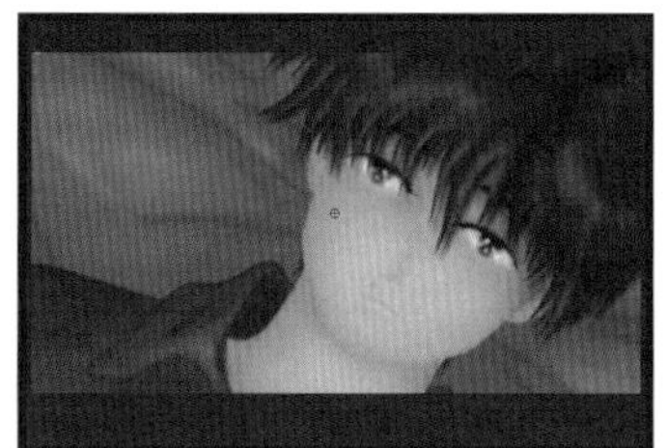

b

图9-62 男孩相思动画效果

⑩在【时间轴】面板上选中“房子 1”图层的第 3353 帧，插入空白关键帧，从【库】面板中将“车与路”图形元件拖入舞台右边，在【属性】面板的颜色下拉菜单中选择“亮度”，设置值为“100%”。选择第 3436 帧，插入关键帧，选择舞台中的“车与路”图形元件，将元件按比例缩小。在第 3353 帧和第 3436 帧之间创建补间动画。分别选择第 3380 帧和第 3405 帧，插入关键帧。分别选择第 3380 帧和第 3405 帧舞台中的“车与路”图形元件，在【属性】面板的颜色下拉菜单中选择“亮度”，设置值为“50%”。

在【时间轴】面板上选中“圣诞”图层的第 3353 帧，插入空白关键帧，从【库】面板中将“圣诞快乐”图形元件拖入舞台右边，在【属性】面板的颜色下拉菜单中选择“亮度”，设置值为“100%”。选择第 3436 帧，插入关键帧，选择舞台中的“圣诞快乐”图形元件，将元件按比例放大。在第 3353 帧和第 3436 帧之间创建补间动画。分别选择第 3380 帧和第 3405 帧，插入关键帧。分别选择第 3375 帧和第 3400 帧舞台中的“圣诞快乐”图形元件，在【属性】面板的颜色下拉菜单中选择“无”，如图 9-63 所示。

a

b

图9-63　女孩过圣诞节动画效果

13．“11 开门”文件夹中的动画制作

❶在【时间轴】面板的“11 开门”文件夹中，从上到下依次新建“按钮”、“变化”、“雪花”、“关门”和“开门”5 个图层。

❷在【时间轴】面板上选中“关门”图层的第 3436 帧，插入空白关键帧，从【库】面板中将“关门动画”影片剪辑元件拖入舞台中，使门位于舞台的中间偏右位置。分别选择第 3462 帧、第 3497 帧和第 3556 帧，插入关键帧。选择第 3556 帧舞台中的“关门动画”影片剪辑元件，将其放大，调整门框右侧与原来图形门框右侧的位置相对齐。这样在图片放大的过程中，就会有门渐渐关闭的动画效果。在第 3436 帧和第 3462 帧，第 3497 帧和第 3556 帧之间创建补间动画。

❸在【时间轴】面板上选中“变化”图层的第 3436 帧，插入空白关键帧。从【库】面板中将“变化”图形元件拖入舞台的中间位置，在【属性】面板的颜色下拉菜单中选择“亮度”，设置值为“100%”。选择第 3450 帧和第 3491 帧，插入关键帧。选择第 3491 帧舞台中“变化”图形元件，在【属性】面板的颜色下拉菜单中选择“Alpha”，设置值为“0%”。在第 3450 帧和第 3491 帧之间创建补间动画，制作渐暗的入场动画效果。选择第 3492 帧，插入空白关键帧。用同样的方法，在第 3544 帧和第 3556 帧之间，相反地制作场景变亮的退场动画效果，如图 9-64 所示。【时间轴】面板如图 9-65 所示。

a　　　　b

图9-64 关门动画效果

图9-65 【时间轴】面板

❹在【时间轴】面板上选中“开门”图层的第3564帧，插入空白关键帧，从【库】面板中将“开门”影片剪辑元件拖入舞台中，使门位于舞台的中间位置。在“开门”影片剪辑元件中包含一个长度为170帧的动画，表现的是一个女孩站在门口，然后门渐渐打开的动画效果。分别选择第3735帧和第3755帧，插入关键帧。选择第3755帧舞台中“开门”影片剪辑元件，在【属性】面板的颜色下拉菜单中选择“亮度”，设置值为“100%”。在第3735帧和第3755帧之间创建补间动画。

❺在【时间轴】面板上选中“变化”图层的第3564帧，插入空白关键帧，从【库】面板中将“变化”图形元件拖入舞台的中间位置，在【属性】面板的颜色下拉菜单中选择“亮度”，设置值为“100%”。选择第3735帧，插入关键帧。选择第3735帧舞台中“变化”图形元件，在【属性】面板的颜色下拉菜单中选择“Alpha”，设置值为“0%”。在第3564帧和第3735帧之间创建补间动画，制作渐暗的入场动画效果。选择第3736帧，插入空白关键帧，如图9-66所示。

a　　　　b

图9-66 开门动画效果

❻在【时间轴】面板上选中“雪花”图层的第3564帧，插入空白关键帧，从【库】面板中将“雪花2”影片剪辑元件拖入舞台外的位置，在影片剪辑元件上添加如下动作脚本代码。

```
onClipEvent (load) {
    this._visible=false;
    var num=70;
```

```
    for (var i=1; i<=num; i++) {
            _root.attachMovie("snowa2","snowa2"+i,i);
            var scale=random(60)+71;          // 设置雪花的大小
            _root["snowa2"+i]._xscale=scale;
            _root["snowa2"+i]._yscale=scale;
            _root["snowa2"+i]._x=random(600);
            _root["snowa2"+i]._y=-random(400);
            _root["snowa2"+i]._rotation=random(360);
            _root["snowa2"+i].dir=-random(180);
            _root["snowa2"+i].v=random(2)+2;
            _root["snowa2"+i]._alpha=random(100); // 设置雪花透明度
    }
}
onClipEvent (enterFrame) {
    for (var i=1; i<=num; i++) {
            _root["snowa2"+i]._x+=Math.cos(_root["snowa2"+i].dir);
            _root["snowa2"+i]._y+=_root["snowa2"+i].v;
            if (_root["snowa2"+i]._x>600) {
                    _root["snowa2"+i]._x=0;
            }
            if (_root["snowa2"+i]._x<0) {
                    _root["snowa2"+i]._x=600;
            }
            if (_root["snowa2"+i]._y>400) {
                    _root["snowa2"+i]._y=0;
            }
    }
}
```

上面的动作脚本代码实现了在任意位置生成任意大小及透明度的雪花，并任意生成该雪花飘动的角度和运动的速度（速度在 2 到 4 之间），然后通过脚本控制雪花下落。

❼在【时间轴】面板上选中“雪花”图层的第 3755 帧，插入空白关键帧，在帧上添加如下动作脚本代码。

```
gotoAndStop(3);
for (i=0; i<=70;i++) {
removeMovieClip("snowa2"+"i")；
}
```

选择“按钮”图层的第 3735 帧，插入空白关键帧，在帧上添加如下动作脚本代码。

```
stop();
```

从【库】面板中将“结束”按钮元件拖入舞台的右下方位置，在按钮上添加如下动作脚本代码。

```
on (release) {
gotoAndPlay(3736);
}
```

到此，整个 MV《我们的故事》便制作完成了。

9.3 同类索引——《风云决》

使用 Flash 制作 MV 时应该准备好相应的音乐和图片等材料。声音文件如果不是 Flash 8 所支持的格式，可以通过 Adobe Audition 等第三方专业音频处理软件进行转换，以得到自己需要的格式。如果影片的图片大多数为位图，推荐使用 Adobe Streamline 等软件将大量的位图转换成矢量图，当然少量的位图可在 Flash 8 中转换得到。在制作歌词同步的时候，需要选择声音的同步为“数据流”格式。

整个 MV《风云决》的效果如图 9-67 所示。

a b

c d

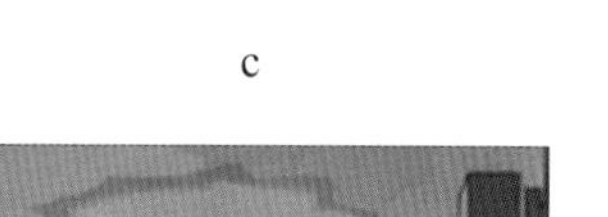

e f

图9-67 测试影片

● 制作步骤

新建一个 Flash 文档，命名为“风云决 .fla”。

1．设置文档属性，将元件导入到库

选择【修改】→【文档】菜单命令，打开“文档属性”对话框，将属性设置为“宽：800px，高：600px”，背景颜色为白色，播放速度为每秒 12 帧，标尺单位为像素。

打开【库】面板，选择【文件】→【导入】→【打开外部库…】命令，打开“风云决元件 .fla”文件，将准备好的外部库中的“元件”文件夹拖入到库中，如图 9-68 所示。关闭外部库。

图9-68　将外部元件导入到库

在导入的元件中有张韶涵的《风云决》声音文件和 MV 制作中需要用到的所有图片。

2．“loading”动画的制作

❶在【时间轴】面板上，从下到上依次新建“白转”、“图层 22”、“PLAY”、“图层 16”、“LOADING”、“介绍”、“女孩”、“风云决”、“云”和“图层 11”10 个图层。

❷在【时间轴】面板上选中“女孩”图层的第 1 帧，从元件库中将“小女孩”图片元件拖入舞台中，按住 Shift 键，按比例改变其大小，效果如图 9-69 所示。选择第 29 帧，插入空白关键帧。

❸在【时间轴】面板上选中“风云决”图层的第 1 帧，从元件库中将“标题”图片元件拖入舞台中，并选择第 29 帧，插入空白关键帧。选择“介绍”图层的第 1 帧，在舞台的左下角添加两个静态文本“原唱：任贤齐”和“制作：×××”。并选择第 29 帧，插入空白关键帧。选择“云”图层的第 1 帧，从元件库中将“运动”影片剪辑元件拖入舞台的上部，并复制为 3 个，改变其大小。选择第 29 帧，插入空白关键帧。选择“图层 11”图层的第 1 帧，从元件库中将“坦克”图片元件拖入舞台中。选择第 29 帧，插入空白关键帧。选择“LOADING”图层的第 1 帧，从元件库中将“1LOADING 条”影片剪辑元件拖入舞台中。并选择第 29 帧，插入空白关键帧，最后如图 9-69 所示。

图9-69　开始画面

❹选择“LOADING”图层的第 3 帧和第 10 帧，分别插入关键帧。选择第 10 帧时的“LOADING”元件，在【属性】面板中将 Alpha 的值设为 0%，并在第 3 帧和第 10 帧之间创建补间动画。

❺选择“图层 16”图层的第 1 帧，在帧上添加如下动作脚本代码。

```
a =getBytesLoaded();
b =getBytesTotal();
loaded=int(a/b*100);
xyz =loaded+"%";
```

选择“图层 16”图层的第 2 帧，插入空白关键帧，在帧上添加如下动作脚本代码。

```
if (a==b) {
    gotoAndPlay(3);
}else {
    gotoAndPlay(1);
}
```

选择“图层 16”图层的第 3 帧，插入空白关键帧。选择“图层 16”图层的第 17 帧，插入空白关键帧，在帧上添加如下动作脚本代码。

```
stop();
```

❻选择“PLAY”图层的第 11 帧，插入空白关键帧，将“元件 66”按钮元件拖入舞台。选择“PLAY”图层的第 17 帧，插入关键帧。并在第 11 帧和第 17 帧之间创建补间动画。选择第 11 帧的按钮元件，在【属性】面板中将 Alpha 的值设为 0%。

❼在【时间轴】面板上选中“白转”图层的第 18 帧，插入空白关键帧，将“白转”图形元件拖入舞台。选择“白转”图层的第 29 帧，插入关键帧。并在第 18 帧和第 29 帧之间创建补间动画。选择第 18 帧的图形元件，在【属性】面板中将 Alpha 的值设为 0%。选择第 29 帧的图形元件，在【属性】面板中将其亮度值设为－100%。这样起到一个过渡的效果。

3．制作舞台框和布置歌词

❶新建一个名称为“场景 2”的场景。在场景 2 的【时间轴】面板上，从下到上依次新建“黑色底”、“黑色”、“音乐”、“REplay”、“歌词字”、“白转”、“墓碑”、“女儿”、“主场景 2”、“飞机轰炸”、“xia yu 泪水”、“父亲手下雨”、“家里”、“手木牌”、“战争 2”、“手榴弹”、“鸟”、“墙壁 2”、“坦克”、“战争主场景”、“战争天空”、“公路”、“轿车”、“公路 2”、“公路云”、“光芒 2”、“光芒 1”、“亮点”、“大海”和“太阳”30 个图层。【时间轴】面板如图 9-70 所示。

图9-70【时间轴】面板

❷在【时间轴】面板上选中“黑色底”图层的第 1 帧，在舞台的外面绘制黑色的矩形，将舞台包围在中间。这样可以对一些图形元件多出舞台的部分进行遮挡。

在【时间轴】面板上选中“黑色”图层的第 1 帧，在舞台的上下两侧绘制黑色的矩形作为影片播放时的上下底边，如图 9-71 所示。

图9-71　舞台边框

❸在【时间轴】面板上选中“音乐”图层的第 1 帧，打开【属性】面板，在声音命令窗口选择“风云决—张韶涵 .mp3”，在同步命令窗口选择“数据流”，指定声音以流播放，使声音和时间轴保持同步，这样在制作歌词时容易实现同步。选择第 3064 帧，插入空白关键帧。

❹在【时间轴】面板上选中“歌词”图层，从【库】面板中将“歌词”文件夹下的歌词在时间轴上依次排开。

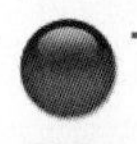

小技巧

按回车键，听音乐调整歌词的延续长度。为了增加观赏效果，可以创建补间动画来改变歌词的亮度，以达到淡入淡出的播放效果。

4．制作开场动画——太阳升起

❶在【时间轴】面板上选中“白转”图层的第 1 帧，插入空白关键帧，将“转白”图形元件拖入舞台。选择“白转”图层的第 15 帧，插入关键帧。并在第 1 帧和第 15 帧之间创建补间动画。选择第 1 帧的图形元件，在【属性】面板中将其亮度值设为 −100%。选择第 15 帧的图形元件，在【属性】面板中将 Alpha 的值设为 0%。这样起到一个过渡的效果。

❷在【时间轴】面板上选中“大海”图层的第 1 帧，将“大海”图形元件拖入舞台。选择“大海”图层的第 9 帧，插入关键帧。选择“天空”图层的第 1 帧，将“天空”图形元件拖入舞台。选择“天空”图层的第 9 帧，插入关键帧，如图 9-72 所示。

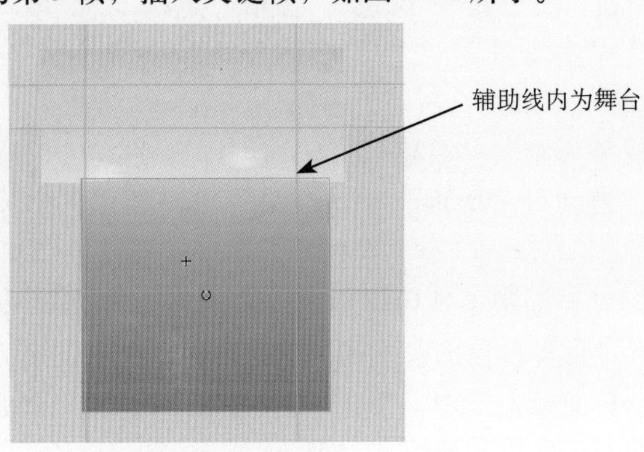

图9-72　大海与天空

分别选择这两个图层的第 114 帧，插入关键帧，并将“大海”图形元件向上拖动一个距离，将“天空”图形元件向下拖动一个距离。分别在第 9 帧和第 114 帧之间创建补间动画。

③ 在【时间轴】面板上选中“大海”图层的第 117 帧，点选大海图形元件，打开其【属性】面板，在“颜色”命令窗口中选择“高级”选项，并单击“设置”按钮。其参数设置为“红＝100%＋76，绿＝88%＋31，蓝＝88%＋31，Alpha＝100%”，如图 9-73 所示。这样大海就有一种太阳升起时的颜色。并在第 114 帧和 117 帧之间创建补间动画。选择第 118 帧和第 136 帧，分别插入关键帧。选择第 118 帧，点选大海图形元件，打开其【属性】面板，在“颜色”命令窗口中选择“高级”选项，并单击“设置”按钮。其参数设置为“红＝100%＋96，绿＝84%＋41，蓝＝84%＋41，Alpha＝100%”，如图 9-74 所示。选择第 136 帧，点选大海图形元件。打开其【属性】面板，将 Alpha 的值设为 24%，并在第 117 帧和 136 帧之间创建补间动画。选择第 165 帧，点选大海图形元件，打开其【属性】面板，将 Alpha 的值设为 28%，并将大海图形元件向下移动一定距离，在第 136 帧和第 165 帧之间创建补间动画。

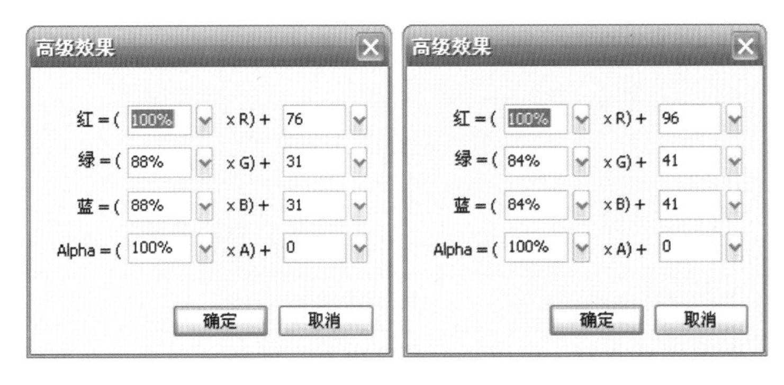

图9-73 大海颜色设置对话框1　　图9-74 大海颜色设置对话框2

小技巧

通过颜色高级效果设置，可制作当太阳从海平面升起时，整个海平面被太阳染成金黄色的效果。并随着太阳的上升，离开海平面而变回蓝色。

在【时间轴】面板上选中“天空”图层的第 118 帧，点选天空图形元件，打开其【属性】面板，在“颜色”命令窗口选择“高级”选项，并单击“设置”按钮。其参数设置为“红＝100%＋30，绿＝100%，蓝＝84%，Alpha＝100%”，这样天空就有一种太阳升起时的颜色。并在第 114 帧和第 118 帧之间创建补间动画。选择第 136 帧和第 165 帧，分别插入关键帧。选择第 136 帧，点选天空图形元件，打开其【属性】面板，将 Alpha 的值设为 30%。并在第 118 帧和第 136 帧之间创建补间动画。选择第 165 帧，点选天空图形元件，打开其【属性】面板，将 Alpha 的值设为 34%，并将天空图形元件向下移动一定距离，在第 136 帧和第 165 帧之间创建补间动画。

④在【时间轴】面板上选中“太阳”图层的第 114 帧，将“太阳”图形元件拖入舞台，使其上部正好与大海的上部对齐。选择“太阳”图层的第 118 帧，插入关键帧，将“太阳”

图形元件向上拖动部分位置。选择“太阳”图层的第136帧，插入空白关键帧，将“太阳2”影片剪辑元件拖动到舞台，如图9-75所示。分别在第114帧和第118帧、第118帧和第136帧之间创建补间动画。选择“太阳”图层的第136帧，点选“太阳2”影片剪辑元件，在其【属性】面板中进行设置，如图9-76所示。选择“太阳”图层的第165帧，插入关键帧，将“太阳2”影片剪辑元件改变位置并缩小，在【属性】面板中将颜色设置为“无”。在第136帧和第165帧之间创建补间动画。

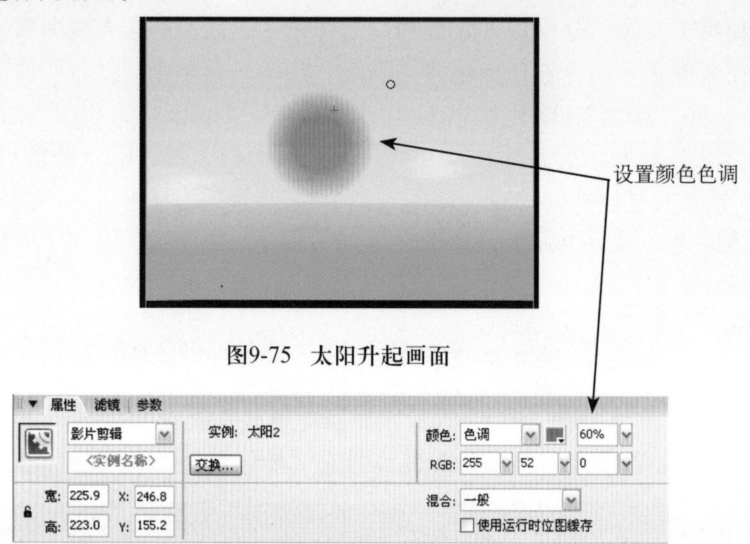

图9-75 太阳升起画面

图9-76 【属性】面板

小技巧

通过上面对太阳颜色变化制作补间动画，制作出金黄色的太阳升起后变成炙热的骄阳的效果。

❺在【时间轴】面板上选中“光芒1”图层的第165帧，插入空白关键帧，将“光芒1”图形元件拖入舞台。选择“光芒2”图层的第165帧，插入空白关键帧，将“光芒2”图形元件拖入舞台。

在【时间轴】面板上选中“光芒2”图层的第236帧，插入关键帧，改变“光”的位置，并在第165帧和第236帧之间创建补间动画。选择“光芒1”图层的第236帧，插入关键帧，改变“光”的位置，并在第165帧和第236帧之间创建补间动画。分别选择“光芒2”图层和“光芒1”图层的第289帧，选择“光芒1”图形元件，打开【属性】面板，将Alpha值设为0%，使太阳有渐渐消失的效果。

在【时间轴】面板上选中“光点”图层，在第170帧和第227帧之间，每隔3或者4帧插入一个关键帧。将一定数量的“光点”影片剪辑元件拖入舞台，越是到后面的帧，光点数量越多。并且“光点”在舞台上的位置根据“光芒”而定，如图9-77所示。

图9-77 光点

❻在【时间轴】面板上选中“光芒 2”、“光芒 1”、“亮点”、“大海”和“太阳”图层的第 297 帧，分别插入空白关键帧。

在【时间轴】面板上选中“白转”图层的第 292 帧，插入空白关键帧，将“白转”图形元件拖入舞台。选择“白转”图层的第 297 帧和第 302 帧，插入关键帧。并在第 292 帧和第 297 帧之间创建补间动画。选择第 292 帧的图形元件，在【属性】面板中将 Alpha 的值设为 0%。选择第 297 帧的图形元件，在【属性】面板中将 Alpha 的值设为 83%。选择第 302 帧的图形元件,在【属性】面板中将 Alpha 的值设为 0%。这样起到一个过渡的效果。

4．制作开场动画——开车

❶在【时间轴】面板上选中“公路”图层的第 298 帧，插入空白关键帧，将“公路”图形元件拖入舞台，如图 9-78 所示。选择“公路”图层的第 351 帧，插入关键帧，将“公路”图形元件向左拖动一定距离，并在第 298 帧和第 351 帧之间创建补间动画。选择第 352 帧和第 353 帧，插入空白关键帧。选择第 353 帧，将“公路 2”图形元件拖入舞台。选择“公路”图层的第 409 帧，插入关键帧，将“公路 2”图形元件向右下方拖动一定距离。

图9-78 公路

❷在【时间轴】面板上选中“公路”图层的第 411 帧，插入空白关键帧，将“公路”图形元件拖入舞台。选择“公路”图层的第 456 帧，插入关键帧，将“公路”图形元件向左拖动一定距离，并在第 411 帧和第 456 帧之间创建补间动画。

在【时间轴】面板上选中“轿车”图层的第 413 帧，插入空白关键帧，将“车”图形元件拖入舞台。选择“公路”图层的第 456 帧，插入关键帧，将“车”图形元件向上拖动一定距离，并在第 413 帧和第 456 帧之间创建补间动画。

在【时间轴】面板上选中“公路云”图层的第 411 帧，插入空白关键帧，将“公路云”图形元件拖入舞台。选择“公路”图层的第 451 帧，插入关键帧，将“公路云”图形元件向上拖动一定距离，并在第 411 帧和第 451 帧之间创建补间动画。这样车就有了开动的效果，如图 9-79 所示。

汽车的行驶是从地平线下慢慢露出

图9-79　车在行驶

③在【时间轴】面板上选中“公路”图层的第458帧，插入空白关键帧，将“公路4”图形元件拖入舞台，将小女孩放在舞台右下角，如图9-80所示。选择“公路”图层的第522帧，插入关键帧，将“公路4”图形元件向左拖动一定距离，将小女孩放在舞台中间，如图9-81所示。并在第411帧和第456帧之间创建补间动画。

图9-80 阳光照射小女孩　　　　图9-81 镜头拉近

④在【时间轴】面板上选中“公路2”图层的第524帧，插入空白关键帧，将“公路”图形元件拖入舞台。选择“公路”图层的第529帧，插入关键帧，将“公路”图形元件向下拖动一定距离，并在第524帧和第529帧之间创建补间动画。选择“公路2”图层的第575帧，插入关键帧，并在第529帧和第575帧之间创建补间动画。

在【时间轴】面板上选中“轿车”图层的第524帧，插入空白关键帧，将“车”图形元件拖入舞台。选择“公路”图层的第529帧，插入关键帧，将“车”图形元件放大，并在第524帧和第529帧之间创建补间动画。选择“轿车”图层的第575帧，插入关键帧，并在第529帧和第575帧之间创建补间动画。

在【时间轴】面板上选中“公路云”图层的第524帧，插入空白关键帧，将“公路云”图形元件拖入舞台。选择“公路”图层的第529帧，插入关键帧，将“公路云”图形元件向上拖动一定距离，并在第524帧和第529帧间创建补间动画，如图9-82所示。

a

b

图9-82　车在行驶中

❺在【时间轴】面板上选中“轿车”图层的第577帧，插入空白关键帧，将“轿车震动”影片剪辑元件拖入舞台，放大后使舞台中只有母亲的画面。选择“公路”图层的第631帧，插入关键帧，将“轿车震动”影片剪辑元件向右移动，并在第577帧和第631帧之间创建补间动画。选择“公路云”图层的第577帧，插入空白关键帧，将“公路云”图形元件拖入舞台。选择“公路”图层的第631帧，插入关键帧，将“公路云”图形元件向上拖动一定距离，并在第524帧和第529帧间创建补间动画，如图9-83所示。

在【时间轴】面板上选中“轿车”图层的第633帧，插入空白关键帧，将“轿车震动”影片剪辑元件拖入舞台。选择“公路”图层的第689帧，插入关键帧，将“轿车震动”影片剪辑元件向右移动，放大后使舞台中只有父亲的画面，并在第633帧和第689帧之间创建补间动画，如图9-84所示。

图9-83 母亲在行驶的车中

图9-84 父亲在行驶的车中

❻在【时间轴】面板上选中“公路2”图层的第691帧，插入空白关键帧，将“公路”图形元件拖入舞台，放大“公路”图形元件，使其在舞台中只有路面。选择“公路”图层的第698帧，插入关键帧，将“公路”图形元件缩小，并在第691帧和第698帧之间创建补间动画。选择“公路2”图层的第764帧，插入关键帧，将“公路”图形元件全部放在舞台中，并在第698帧和第764帧之间创建补间动画。

在【时间轴】面板上选中“轿车”图层的第691帧，插入空白关键帧。将“车后面震动”影片剪辑元件拖入舞台，放大“车后面震动”影片剪辑元件，使其充满整个舞台。选择“轿车”图层的第698帧，插入关键帧，将“车后面震动”影片剪辑元件缩小，并在第691帧和第698帧之间创建补间动画。选择“公路2”图层的第764帧，插入关键帧，将“车后面震动”影片剪辑元件缩小并向上移动一定距离，并在第698帧和第764帧之间创建补间动画，如图9-85所示。

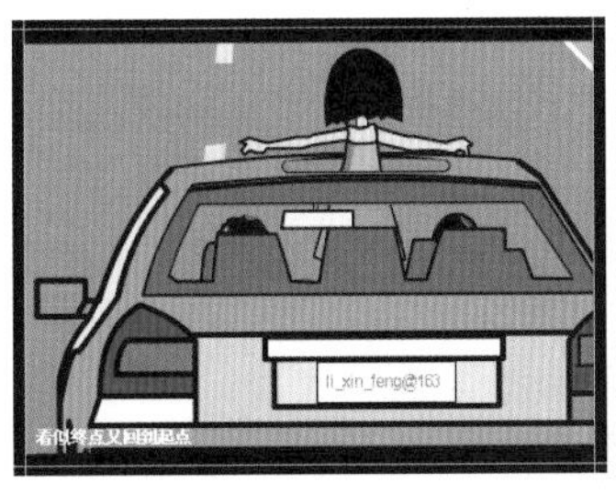

a

b

图9-85 车在行驶中

5．制作战争场景

❶在【时间轴】面板上选中“战争主场景”图层的第766帧，插入空白关键帧，将“飞机飞过”影片剪辑元件拖入舞台。选择第820帧和第821帧，插入空白关键帧，如图9-86所示。“飞机飞过”影片剪辑是飞机飞过的动画，这个动画绘制比较简单，在这里就不详细介绍了。其共有54帧，所以要在主场景中留有54帧的距离。

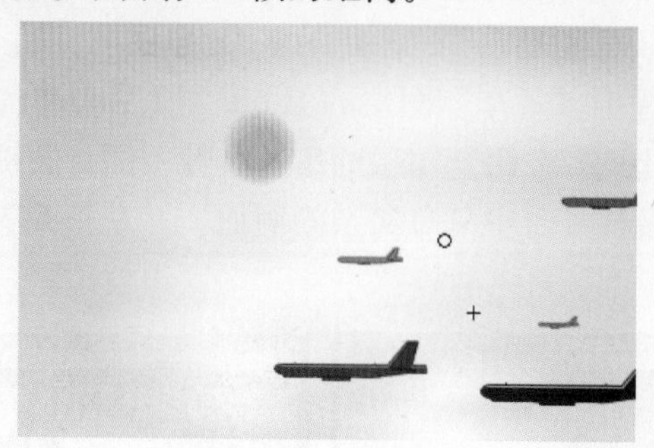

图9-86 飞机飞过

❷在【时间轴】面板上选中“战争主场景”图层的第821帧，将“飞机投弹”影片剪辑元件拖入舞台。“飞机投弹”影片剪辑元件是一个投弹的动画，如图9-87所示。这个动画绘制比较简单，在这里就不详细介绍了。其共有34帧，所以要在主场景中留出34帧的距离。

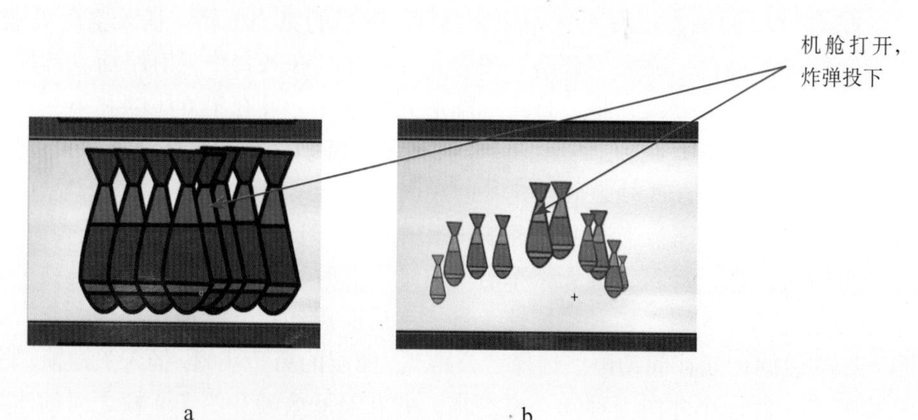

图9-87 飞机投弹

❸在【时间轴】面板上选中“战争主场景”图层的第885帧和第886帧，插入空白关键帧，并选择第886帧，将“战争主场景”影片剪辑元件拖入舞台，如图9-88所示。

在【时间轴】面板上选中“战争主场景”图层的第1046帧，插入空白关键帧，将“战争主场景”影片剪辑元件拖入舞台。选择第1059帧，插入关键帧，并打开【属性】面板，将其Alpha的值设为0%。在第1046帧和第1059帧之间创建补间动画。

在【时间轴】面板上选中“坦克”图层的第1046帧，插入空白关键帧，将“战争坦克动”影片剪辑元件拖入舞台。选择第1059帧，插入关键帧。选择第1046帧，打开【属性】面板，将其Alpha的值设为0%。在第1046帧和第1059帧之间创建补间动画。

在【时间轴】面板上选中“墙壁2”图层的第1046帧，插入空白关键帧，将“战争墙壁动”影片剪辑元件拖入舞台的下侧。选择第 1059 帧，插入关键帧。选择第 1046 帧，打开【属性】面板，将其 Alpha 的值设为 0%。在第 1046 帧和第 1059 帧之间创建补间动画。

在【时间轴】面板上选中“战争 2”图层的第 1046 帧，插入空白关键帧，将“战争主场景 2 大兵”图形元件拖入舞台的下侧，靠在墙边。选择第 1059 帧，插入关键帧。选择第 1046 帧，打开【属性】面板，将其 Alpha 的值设为 0%，如图 9-89 所示。在第 1046 帧和第 1059 帧之间创建补间动画。

图9-88 战争主场景

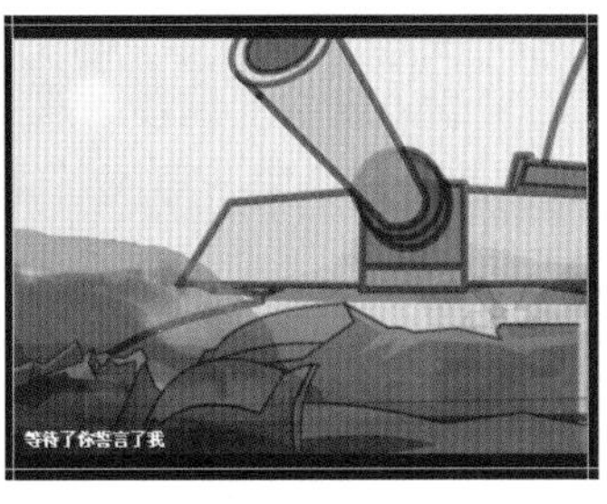

图9-89 战争场景

❹在【时间轴】面板上选中“战争 2”图层的第 1074 帧，插入关键帧，并将“战争主场景 2 大兵”图形元件放大，在第 1059 帧和第 1074 帧之间创建补间动画。分别选择第 1124 帧、第 1189 帧和第 1231 帧，插入关键帧，并分别将“战争主场景 2 大兵”图形元件，向下移动，这样可制作出逐渐消失的效果。同时在这几个帧之间创建补间动画。

分别选择“战争 2”图层的第 1074 帧和第 1231 帧，插入关键帧，将“战争墙壁动”影片剪辑元件向左下脚移动。同时在这几个帧之间创建补间动画。

在【时间轴】面板上选中“坦克”图层的第 1124 帧，插入关键帧，并将“战争坦克动”图形元件放大，在第 1059 帧和第 1124 帧之间创建补间动画。选择第 1231 帧，插入关键帧，将“战争坦克动”图形元件再放大一点，这样可制作出坦克逐渐接近的效果。在第 1124 帧和第 1231 帧之间创建补间动画。

在【时间轴】面板上选中“战场天空”图层的第 1059 帧，插入空白关键帧，并将“战场天空颜色动”图形元件拖入舞台，选择第 1231 帧，插入关键帧，打开【属性】面板，将其亮度的值设为 −40%。在第 1596 帧和第 1231 帧之间创建补间动画。

在【时间轴】面板上选中“手木牌”图层的第 1125 帧，插入空白关键帧，并将“战争主场景 2 大手动”影片剪辑元件拖入舞台，平放在舞台右下脚。选择第 1190 帧，插入关键帧，将手臂抬起，第 1125 帧和第 1190 帧之间创建补间动画，如图 9-90 所示。

在【时间轴】面板上选中“手木牌”图层的第 1197 帧和第 1231 帧，插入关键帧。选择第 1231 帧，将“战争主场景 2 大手动”影片剪辑元件的位置恢复到第 1125 帧时的位置。选择“手榴弹鸟”图层的第 1197 帧，插入空白关键帧，并将“战争主场景 2 大手弹”影片剪辑元件拖入舞台，放在手的位置。选择第 1231 帧，插入关键帧，将“战争主场景 2 大手弹”影片剪辑元件放在坦克前面的位置，如图 9-91 所示。

图9-90 大兵　　图9-91 扔手榴弹

❺在【时间轴】面板上选中“战场 2”图层的第 1233 帧，插入空白关键帧，并将“战场天空”影片剪辑元件拖入舞台，选择第 1357 帧，插入关键帧，打开【属性】面板，将其亮度的值设为 -16%。在第 1233 帧和第 1357 帧之间创建补间动画。选择第 1406 帧，插入关键帧，打开【属性】面板，将其亮度的值设为 –66%。在第 1357 帧和第 1406 帧之间创建补间动画。选择第 1416 帧，插入关键帧，打开【属性】面板，将其亮度的值设为 –100%。在第 1357 帧和第 1416 帧之间创建补间动画。

在【时间轴】面板上选中“手木牌”图层的第 1247 帧，插入空白关键帧，并将“战场木牌”图形元件拖入舞台，隐藏在舞台的下面。选择第 1345 帧，插入关键帧，将“战场木牌”图形元件拖入舞台，如图 9-92 所示。在第 1247 帧和第 1345 帧之间创建补间动画。

图9-92 战场木牌

❻在【时间轴】面板上选中“手木牌”图层的第 1406 帧，插入关键帧，将“战场木牌”图形元件向舞台的右上侧拖动。在第 1345 帧和第 1406 帧之间创建补间动画。选择第 1416 帧，插入关键帧，打开【属性】面板，将其亮度的值设为 –100%。在第 1406 帧和第 1416 帧之间创建补间动画。

在【时间轴】面板上选中“家里”图层的第 1418 帧，插入空白关键帧，并将“父亲桌子 2”图形元件拖入舞台，选择第 1469 帧，插入关键帧，将“父亲桌子 2”图形元件拖动到舞台中间，如图 9-93a 所示。在第 1418 帧和第 1469 帧之间创建补间动画。选择“父亲手下雨”图层的第 1452 帧，插入空白关键帧，并将“父亲手”影片剪辑元件拖入舞台左下角。选择第 1469 帧，插入关键帧，将“父亲桌子 2”图形元件拖动到舞台中，“父亲桌子 2”图形元件的左下角，如图 9-93b 所示。在第 1452 帧和第 1469 帧之间创建补间动画。选择“家里”图层和“父亲手下雨”图层的第 1529 帧，插入关键帧。

手进入镜头

a b

图9-93 报纸镜头拉近

6．制作家的场景

❶在【时间轴】面板上选中“xia yu 泪水”图层的第 1530 帧，插入空白关键帧，并将“1 下雨 1”影片剪辑元件拖入舞台，如图 9-94a 所示。选择第 1612 帧，插入关键帧，将“1 下雨 1”影片剪辑元件在舞台中放大。在第 1530 帧和第 1612 帧之间创建补间动画。选择第 1612 帧，插入关键帧，将“1 下雨 1”影片剪辑元件放大，在舞台中显得更清楚，如图 9-94b 所示。选择第 1657 帧，插入关键帧，将“1 下雨 1”影片剪辑元件在舞台中再放大一些。

镜头拉近定位在窗户处

a b

图9-94 家

❷在【时间轴】面板上选中“父亲手下雨”图层的第 1351 帧，插入空白关键帧，在帧上添加如下动作脚本代码。

```
i=2000;
//rain() 函数产生一个雨点，并随机设置其位置、透明度和角度属性
function rain()
{
    raindrop.duplicateMovieClip("raindrop"+i,i*2);
    setProperty(eval("raindrop"+i),_x,random(800));
    setProperty(eval("raindrop"+i),_y,random(600));
    setProperty(eval("raindrop"+i),_alpha,10+random(25));
    setProperty(eval("raindrop"+i),_rotation,0+random(-10));
```

```
    i++;
    if(i>2500) // 当产生 100 个雨点后便重新开始循环，覆盖以前的雨点，以减小内存使用
    {
            i=2000;
    }
    updateAfterEvent();
}
id=setInterval(rain,1); // 每隔 5 毫秒产生一个雨点
```

在【时间轴】面板上选中“父亲手下雨”图层的第 1658 帧，插入空白关键帧，在帧上添加如下动作脚本代码。

```
clearInterval(id);
for (i=1;i<=2500;i++) {this["raindrop"+i].removeMovieClip();
}
```

❸在【时间轴】面板上选中“父亲手下雨”图层的第 1659 帧，插入空白关键帧，将“2 母亲桌子”图形元件拖入舞台。选择第 1717 帧，插入关键帧，将母亲的手向上抬起，如图 9-95 所示。

a　　　　b

图9-95　母亲

❹在【时间轴】面板上选中“父亲手下雨”图层的第 1718 帧，插入空白关键帧，将“2 母亲信手”图形元件拖入舞台。选择第 1773 帧，插入关键帧，将信放大，并将亮度值设为 0%。选择第 1837 帧，插入关键帧，打开【属性】面板，将 Alpha 值设为 12%。选择第 1848 帧，插入关键帧，将 Alpha 值设为 0%。并在这几个帧之间创建补间动画。

在【时间轴】面板上选中“家里”图层的第 1718 帧，插入空白关键帧，将“2 母亲信”图形元件拖入舞台，如图 9-96a 所示。选择“2 母亲信”图形元件，打开其【属性】面板，在“颜色”命令窗口选择“高级”选项，并单击“设置”按钮。其参数设置为“红＝95%，绿＝95%，蓝＝95%，Alpha ＝ 100%”。选择第 1837 帧，插入关键帧，将亮度值设为 -32%，如图 9-96b 所示。并在这几个帧之间创建补间动画。

伴随手的抬起，
镜头拉近

a b

图9-96 看信

❺在【时间轴】面板上选中“xia yu 泪水”图层的第1837帧，插入空白关键帧，并将“3”影片剪辑元件拖入舞台，打开【属性】面板，将Alpha值设为12%。选择第1848帧，选择“3”影片剪辑元件，打开【属性】面板，将Alpha值设为100%。并在第1837帧和第1848帧之间创建补间动画。选择第2010帧，插入关键帧。

6．制作飞机轰炸家园的场景

❶在【时间轴】面板上选中“飞机轰炸”图层的第2011帧，插入空白关键帧，并将“4轰炸2”影片剪辑元件拖入舞台，如图9-97所示。

在【时间轴】面板上选中“飞机轰炸”图层的第2145帧，插入空白关键帧，并将“5逃跑2”图形元件拖入舞台。打开【属性】面板，将亮度值设为0。选择第2259帧，插入关键帧，将“5逃跑2”图形元件向下移动一定距离。并在第2145帧和第2259帧之间创建补间动画。选择“主场景2”图层的第2145帧，插入空白关键帧，并将“5逃跑树”影片剪辑元件拖入舞台。选择第2259帧，插入关键帧，将“5逃跑树”影片剪辑元件向右移动一定距离，如图9-98所示。并在第2145帧和第2259帧之间创建补间动画。

图9-97 飞机轰炸

图9-98 城市的街道

❷在【时间轴】面板上选中“主场景2”图层的第2261帧，插入空白关键帧，并将“5逃跑”影片剪辑元件拖入舞台。选择第2380帧，插入关键帧，将“5逃跑”影片剪辑元件向右移动一定距离，如图9-99所示。在第2261帧和第2380帧之间创建补间动画。选择第2393帧，插入关键帧，选择“5跑动”影片剪辑元件，打开【属性】面板，将Alpha值设为0%。

在【时间轴】面板上选中“主场景2”图层的第2394帧，插入空白关键帧，并将“6士兵站立”影片剪辑元件拖入舞台，如图 9-100 所示。

图9-99 逃跑

图9-100 士兵

③在【时间轴】面板上选中“主场景 2”图层的第 2403 帧和第 2441 帧，插入关键帧。选择第 2441 帧，将“6 士兵站立”影片剪辑元件向舞台右侧拖动一定距离，并在第 2403 帧和第 2441 帧之间创建补间动画。

在【时间轴】面板上选中“主场景 2”图层的第 2442 帧，插入空白关键帧，将“6 母亲女儿”影片剪辑元件拖入舞台，如图 9-101 所示。选择第 2504 帧，插入关键帧。

在【时间轴】面板上选中“主场景 2”图层的第 2505 帧，插入空白关键帧，将“6 士兵站立 2”影片剪辑元件拖入舞台，如图 9-102 所示。

图9-101 母女遇到士兵

图9-102 母女与士兵对立

④在【时间轴】面板上选中“主场景 2”图层的第 2545 帧，插入空白关键帧，将“6 士兵把通缉令”图形元件拖入舞台，如图 9-103 所示。选择第 2546 帧和第 2615 帧，插入关键帧。选择第 2615 帧，将“6 士兵把通缉令”图形元件向舞台的左侧拖动一定距离。并在第 2546 帧和第 2615 帧之间创建补间动画。

在【时间轴】面板上选中“主场景 2”图层的第 2616 帧，插入空白关键帧，将“7”图形元件拖入舞台，如图 9-104 所示。选择第 2728 帧，插入空白关键帧。

图9-103 通缉令

图9-104 士兵开枪

其中，“7”图形元件是一个母亲为救小女孩，而挺身挡枪口的动画，在这里就不详细介绍，如图 9-105 所示。

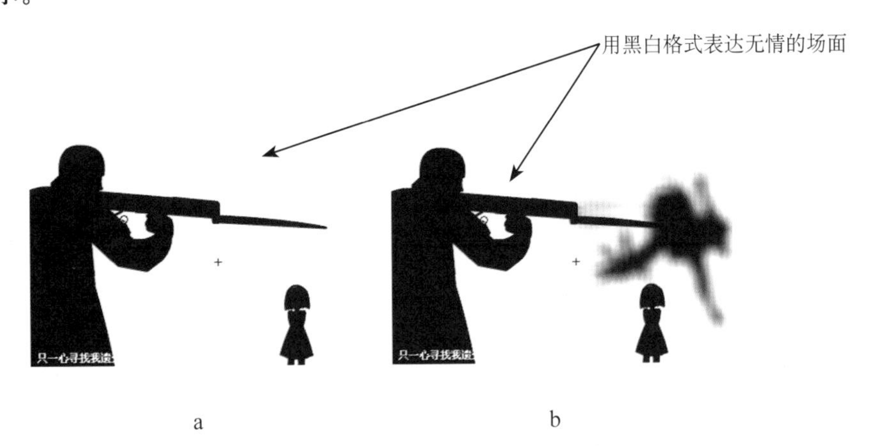

a　　b

图9-105　母亲救女儿

❺ 在【时间轴】面板上选中“飞机轰炸”图层的第 2734 帧，将“大兵 4”影片剪辑元件拖入舞台，选择第 2776 帧，插入关键帧，并将“大兵 4”影片剪辑元件向下移动一定距离。并在第 2734 帧和第 2776 帧之间创建补间动画。

在【时间轴】面板上选中“主场景 2”图层的第 2734 帧，插入空白关键帧，将“8 母亲”图形元件拖入舞台的下半部分。选择第 2776 帧，插入关键帧，将“8 母亲”图形元件向上拖动一定距离。并在第 2734 帧和第 2776 帧之间创建补间动画。

❻ 在【时间轴】面板上选中“主场景 2”图层的第 2777 帧和第 2791 帧，插入关键帧。选择第 2791 帧，将“8 母亲”图形元件缩小一些。并在第 2777 帧和第 2791 帧之间创建补间动画。选择第 2897 帧，将“8 母亲”图形元件再缩小一些。并在第 2791 帧和第 2897 帧之间创建补间动画。

在【时间轴】面板上选中“女儿”图层的第 2777 帧，插入空白关键帧，将“女儿背面”图形元件拖入舞台的右下部分，如图 9-106a 所示。选择第 2791 帧，将“女儿背面”图形元件拖入舞台中，如图 9-106b 所示。并在第 2777 帧和第 2791 帧之间创建补间动画。

镜头拉近效果，女儿由模糊变清晰

a　　b

图9-106　母亲倒下

在【时间轴】面板上选中“女儿”图层的第2897帧和第2916帧，插入关键帧。选择第2916帧，选择“女儿背面”图形元件，打开【属性】面板，将Alpha值设为0%。并在第2897帧和第2916帧之间创建补间动画。

❼在【时间轴】面板上选中“主场景2”图层的第2897帧和第2916帧，插入关键帧。选择第2916帧，选择“8母亲”图形元件，打开【属性】面板，将Alpha值设为0%。并在第2897帧和第2916帧之间创建补间动画。

在【时间轴】面板上选中“飞机轰炸”图层的第2897帧和第2916帧，插入关键帧。选择第2916帧，选择“大兵4”图形元件，打开【属性】面板，将Alpha值设为0%。并在第2897帧和第2916帧之间创建补间动画。

在【时间轴】面板上选中“墓碑”图层的第2897帧，插入空白关键帧，将“9石碑”影片剪辑元件拖入舞台的左半部分，如图9-107所示。选择第2916帧，插入关键帧。选择第2897帧，再选中“9石碑”影片剪辑元件，打开【属性】面板，将Alpha值设为0%。并在第2897帧和第2916帧之间创建补间动画。选择第2987帧和第2988帧，插入关键帧。选择第2987帧，将“9石碑”影片剪辑元件向舞台中间移动一段距离。并在第2916帧和第2988帧之间创建补间动画。选择第3012帧，插入关键帧，选择“9石碑”影片剪辑元件，打开【属性】面板，将Alpha值设为0%。并在第2988帧和第3012帧之间创建补间动画。选择第3063帧，插入空白关键帧。

图9-107　石碑

❽在【时间轴】面板上选中“REplay”图层的第3094帧，插入空白关键帧，将“元件69”影片剪辑元件拖入舞台，打开【属性】面板，将Alpha值设为0%。选择第3104帧，插入关键帧，并在第3094帧和第3104帧之间创建补间动画。

在【时间轴】面板上选中“REplay”图层的第3167帧，插入空白关键帧，在动作面板中添加代码：stop();。选择“黑色底”、“黑色”和“音乐”图层的第3168帧，插入帧。选择“歌词字”和“白转”图层的第3167帧，插入帧。选择“女儿”、“主场景2”、“飞机轰炸”、“xia yu 泪水”、“父亲手下雨”和“家里”图层的第3063帧，插入帧。

⑨在两个不同场景之间转换时，需要加入一个过渡画面。所以建立了一个“白转”图层，用于过渡画面。

在【时间轴】面板上选中“白转”图层的第349帧，插入空白关键帧，将“白转”图形元件拖入舞台。选择“白转”图层的第352帧和第357帧，插入关键帧。并在第352帧和第357帧之间创建补间动画。选择第352帧的图形元件，在【属性】面板中，将其Alpha的值设为0%。选择第357帧的图形元件，在【属性】面板中将其Alpha的值设为100%。选择第349帧的图形元件，在【属性】面板中，将其Alpha的值设为0%。这样就起到一个过渡的效果。

在【时间轴】面板上选中“白转”图层的第407帧，插入空白关键帧，将“白转”图形元件拖入舞台。选择“白转”图层的第411帧和第415帧，插入关键帧。并在第407帧和第415帧之间创建补间动画。选择第407帧的图形元件，在【属性】面板中，将其Alpha的值设为0%。选择第411帧的图形元件，在【属性】面板中，将其Alpha的值设为100%。选择第415帧的图形元件，在【属性】面板中，将其Alpha的值设为0%。这样起到一个过渡的效果。

利用同样的方法，分别在第455帧、第458帧和第461帧；在第520帧、第523帧和第526帧；在第630帧、第633帧和第636帧；在第761帧、第766帧和第770帧；在第816帧、第821帧和第825帧；在第881帧、第886帧和第896帧；在第1655帧、第1659帧和第1665帧；在第2004帧、第2011帧和第2020帧；在第2138帧、第2145帧和第2154帧；在第2613帧、第2616帧和第2622帧之间制作动画。

⑩在【时间轴】面板上选中“白转”图层的第1417帧，插入空白关键帧，将“转白”图形元件拖入舞台。选择“白转”图层的第1424帧，插入关键帧。并在第1417帧和第1424帧之间创建补间动画。选择第1417帧的图形元件，在【属性】面板中将其亮度值设为-100%。选择第1424帧的图形元件，在【属性】面板中，将其Alpha的值设为0%，这样就起到一个过渡的效果。

在【时间轴】面板上选中“白转”图层的第2723帧，插入空白关键帧，将“转白”图形元件拖入舞台。选择第2733帧的图形元件，在【属性】面板中，将其亮度值设为-100%。选择“白转”图层的第2733帧和第2765帧，插入关键帧。并在第2733帧和第2765帧之间创建补间动画。选择第2765帧的图形元件，在【属性】面板中，将其Alpha的值设为0%。这样就起到一个过渡的效果。

在【时间轴】面板上选中“白转”图层的第3023帧，插入空白关键帧，将“转白”图形元件拖入舞台。选择“白转”图层的第3050帧，插入关键帧。并在第3023帧和第3050帧之间创建补间动画。选择第3023帧的图形元件，在【属性】面板中，将其亮度值设为0%。选择第3050帧的图形元件，在【属性】面板中，将其Alpha的值设为-100%。这样就起到一个过渡的效果。

到此，整个MV《风云决》便制作完成了。

范例对比

与MV《我们的故事》相比,MV《风云决》画面的构成大部分是用Flash绘制矢量图。因此在Flash制作MV的过程中，用到了许多设置元件色调变化的动画补间，增强了MV表现效果。而MV《我们的故事》的画面构成素材大多数都是位图，由其他方式绘制完成后再导入到Flash中制作MV。画面的淡入淡出以及镜头的拉近拉远，都具有极强的质感和空间感觉，但是Flash文件会相对较大。

MV《风云决》和《我们的故事》在制作影片的过程中，通过在【时间轴】面板上新建图层来制作新场景,这样所需的图层量一般都会很多。《风云决》是设置“帧标签”来记录不同场景的位置的，而MV《我们的故事》是在图层上建立文件夹来管理图层的。

9.4 本章小结

通过本章的学习，了解了Flash制作MV的一些方法，介绍了MV制作过程中典型画面的制作和【时间轴】规划的方法。通过两个典型例子的学习和对比,看到了通过设置不透明度,来制作淡入淡出效果的应用。掌握通过在【时间轴】面板上新建图层，来制作新场景的方法，并介绍了通过设置“帧标签”来有效地管理大量图层中的不同场景的方法。

第10章 数据库连接

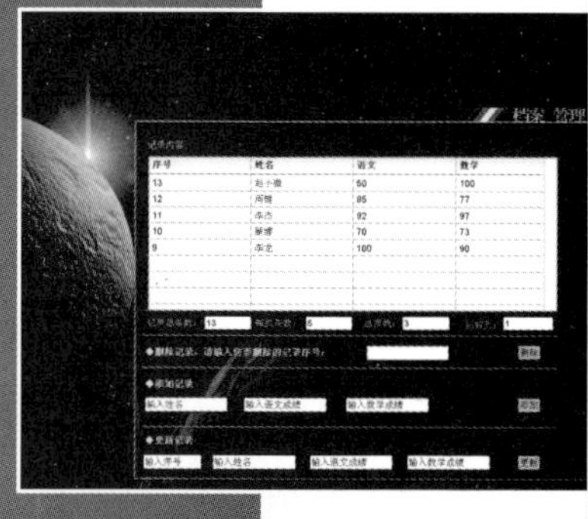

档案 管理
序号
姓名
语文
数学
13 50 100
12 85 77
11 92 97
10 70 73
9 100 90
◆添加记录
输入姓名
输入语文成绩
输入数学成绩
◆更新记录
输入序号
输入姓名
输入语文成绩
输入数学成绩
更新

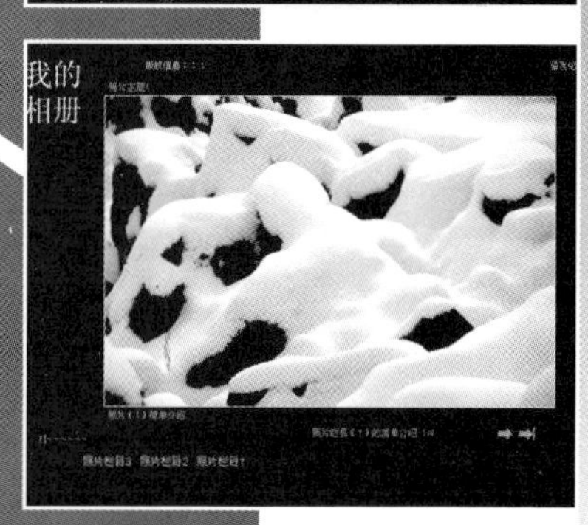

我的
相册

Flash 8 的接口程序十分丰富，几乎可以与其他任何的服务器端语言相结合。结合 Flash 能方便地制作出美观的界面，这一无可比拟的优点，在网站的制作中普遍被采用，而且已经成为一种趋势。ASP 作为一种服务器端脚本环境，有许多独有的特点，在现代的网络技术中占据着重要的地位。

在 Flash 与 ASP 的结合应用中，Flash 主要是接收用户输入的信息，并将脚本处理完的信息传递给用户，而 ASP 脚本在幕后处理所有的工作。ASP 作为服务器端的脚本可以访问数据库，并可以处理从 Flash 中传递来的信息，然后再传递回 Flash 电影，这样 Flash 的功能就得到了极大的扩展，使 Flash 更人性化。由于它可以保存用户的信息，因此诸如留言板、论坛、购物车等都可以使用 Flash 来实现。

10.1 案例简介——档案管理系统

通过“档案管理系统”的制作，学会 Flash 与 ASP 的结合应用，并能访问数据库，掌握 Flash 与 ASP 通讯的常用方法。理解 LoadVars 类是如何实现与 ASP 通讯的，理解 ASP 对数据库访问的基本方法。了解通过 Flash 实现网页的制作。

“档案管理系统”的基本原理是，使用 Flash 访问和修改数据库来达到档案管理的目的，而 Flash 访问数据库需要借助于 ASP。ASP 的英文全称是 MicrosoftActiveServerPages，它是一套微软开发的服务器端脚本环境，通过 ASP 可以结合 HTML 网页、ASP 指令和 ActiveX 元件建立动态、交互且高效的 Web 服务器应用程序。ASP 本身并不是一种脚本语言，它只是提供了一种使镶嵌在 HTML 页面中的脚本程序得以运行的环境。ASP 程序是以扩展名为 .asp 的纯文本形式存在于 Web 服务器上的，它可以用任何文本编辑器打开并编辑，ASP 程序中可以包含纯文本、HTML 标记以及脚本命令。使用时只需将 .asp 程序放在 Web 服务器的虚拟目录下即可。

Flash 与 ASP 结合使用访问数据库架构的原理如图 10-1 所示。在网络上，Flash 要想与服务器上的数据库连接，就需要通过 ASP 这个中间连接媒介。具体方法是，Flash 向 ASP 程序发送数据库连接和访问参数，ASP 根据这些参数访问数据库，把得到的数据通过 ASP 响应再返回到 Flash 网页中。

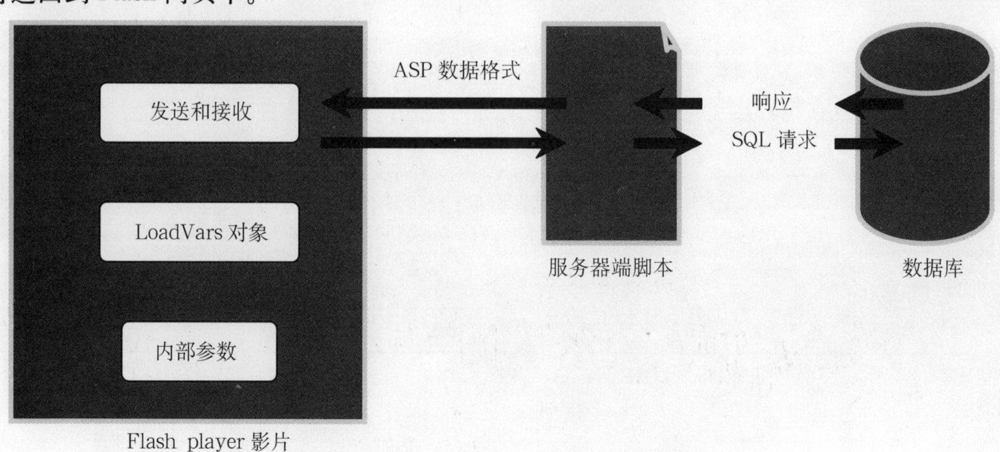

图10-1 Flash与ASP结合使用访问数据库架构原理

上面的结构分为 3 层，分别是 Flash 层、ASP 层和数据库层。每一层内部都有自己严格的语法结构，但它们都有通用的接口形式，因此只要处理好层与层之间的交互，就可方便地实现 Flash 与 ASP 的结合使用。Flash 与 ASP 之间的交互的实现要使用 HTTP 协议，简单地说，Flash 与 ASP 的通讯要使用 HTTP 协议，加载的任何变量必须是标准的 MIME 格式（CFM 和 CGI 脚本使用的标准格式）。

> **提示**：标准的 MIME 格式为http://URL?参数1=值1&参数2=值2[&参数3=…]。

Flash 与 ASP 常用的通讯方法有使用，loadVariables 函数和使用 LoadVars 类两种。loadVariables 函数提供了一种简单的方法让用户可以从服务器端的 ASP 或者 PHP 页面载入变量，除了使用 GET 方法外，它还可以使用 POST 方法将客户端提交的数据传递给服务器。

> **提示**：在处理大量客户端与服务器端交互的信息时，使用过多的loadVariables语句会让整个程序的维护性和可读性变得复杂。LoadVars 类比 loadVariables() 提供了更高的灵活性，使用 LoadVars 类不再是在 SWF 文件和服务器之间传输变量，为了与 Web 服务器交换 CGI 数据的常见任务，提供一个更清晰、更面向对象的接口。

除了以上两种常用的方法以外，也可通过使用 XML 类，定义 XML 对象来对服务器端收发 XML 类型数据，在本例中也将涉及此内容。在某些特定的场合，也可使用 getURL 函数。getURL 函数的特别之处在于，它能打开一个新的 ASP 网页，并使这个网页接收到传递的变量，这样 ASP 网页就能根据这个变量进行各种设置和显示了。遗憾的是，getURL 函数无法指定传递变量的个数，它会非常机械地把同一层级下的所有变量都传递给 ASP，如果把调用 getURL 函数的语句和大量其他 AS 语句都混在一起，势必会传递大量的垃圾变量，解决的方法是把要传递的变量和调用 getURL 函数的语句都写在一个独立的 MC 中。

在 ASP 与数据库的交互中，一般使用 ADO 控件进行数据连接，通过 SQL 语言实现数据的解析。读取数据库的语句一般形式如下。

（1）定义一个 Connection 对象。

```
set conn=Server.CreateObject("ADODB.Connection")
```

（2）用 Connection 对象打开数据库，这里打开的是本地的名为 base.mdb 的 Access 数据库。

```
conn.open("driver={Microsoft Access Driver (*.mdb)};dbq=" + Server.MapPath("shujuku.
mdb"));
```

（3）创建一个“记录集”，即“Recordset”，它的任务是储存从数据库里提取出来的数据。

```
rstemp = Server.CreateObject("ADODB.Recordset");
```

（4）创建查询数据库的 SQL 语句，这里将查出数据库 base.mdb 中的数据表“datasheet”里的所有数据：

```
sql="select * from datasheet";
```

（5）执行数据库查询，最后的参数字段“3”主要用来指定打开和查询数据库的方式。

```
rstemp.Open(sql, conn, 3);
```

上面介绍了 ASP 与数据库交互的简单实现方法。要实现更多的对数据库的操作，还应掌握更多的 SQL 以及相关的语言。SQL 是专门用来查询数据库的语言，它可以按照指定的规则查询数据库中指定的表和字段，功能强大，而且非常容易理解，在这里不再详细介绍。

通过浏览器访问的档案管理页，效果如图 10-2 所示。

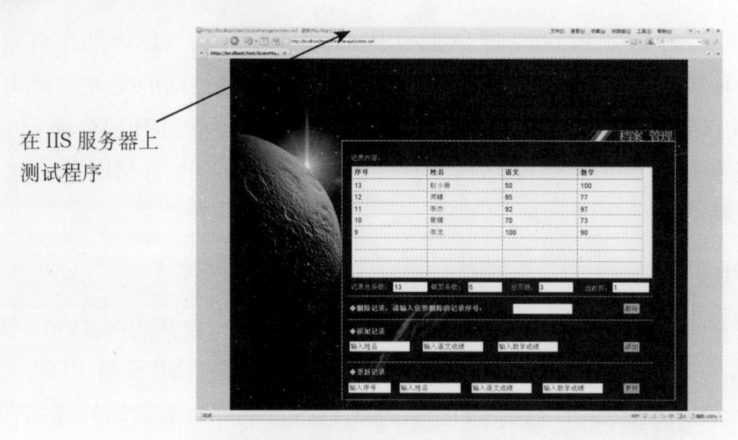

图10-2 将“档案管理系统”发布到Internet上后的访问效果

10.2 具体制作

1．Flash 部分

❶首先要准备图片，选择一张带有科幻色彩的背景，如图 10-3 所示。用来衬托透明菜单的科幻意境。

图10-3 背景图片

❷新建一个 Flash 文档，命名为“ScoreManageSystem.fla”。将其属性修改为“宽：800px，高：600px”，背景颜色为（#FFCC99），播放速度为每秒 12 帧，标尺单位为像素。在时间轴面板上，从下到上依次新建“背景”、“透明选项卡”、“界面布局”、“ 动态文本”、“ 文字说明”和“as” 6 个图层。按 Ctrl ＋ Alt ＋ Shift ＋ R 组合键，打开标尺。

小技巧

在制作基于Web技术的Flash作品时，作品往往是网页的全部或者是固定框架内的一部分，对于尺寸和大小都有相应的要求。因此，使用标尺成为许多Flash设计者的共同习惯。学习和掌握标尺及参考线等技巧，用来制作此类Flash是一种理想的办法。

❸在【时间轴】面板上选中“背景”图层的第 1 帧，将准备好的背景图片拖入舞台中，设置“宽＝ 800，高＝ 600；x ＝ 0，y ＝ 0”。

在【时间轴】面板上选中“透明选项卡”图层的第 1 帧，单击工具栏中的【矩形工具】按钮，设置笔触颜色为绿色，绘制矩形框。单击矩形框，在属性面板中设置“宽＝578，高＝440；x＝200，y＝140”。在【颜色】面板的【混色器】选项卡中设置填充颜色为“红＝0，绿＝57，蓝＝0，Alpha＝40%”，填充类型为“纯色”。

单击工具栏中的【文本工具】按钮 A，设置字体为“宋体”，字体大小为“20”，输入静态文本“档案管理”。为该文本区域绘制相应的背景，如图 10-4 所示。

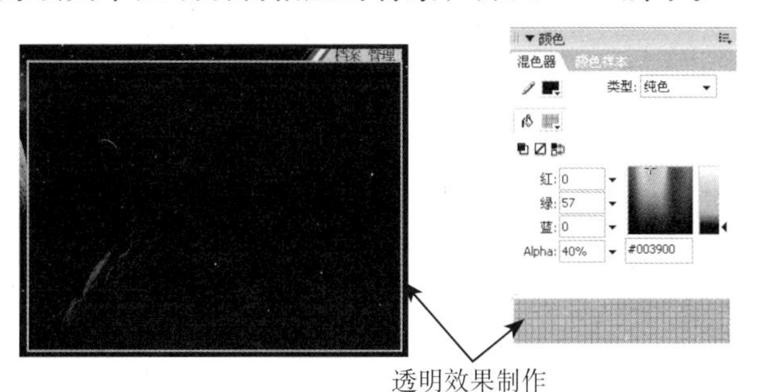

图10-4　绘制透明选项卡的背景

❹新建一个按钮元件，命名为“删除按钮”，用来点选删除数据库中的内容。单击工具栏中的【文本工具】按钮 A，设置字体为“宋体”，字体大小为“12”，输入静态文本“删除”。

新建一个名称为“图层 2”的新图层，将该图层拖到“图层 1”图层的下方。单击工具栏中的【矩形工具】按钮，设置笔触颜色为暗红色，填充色为浅灰色，绘制一个矩形作为文本的背景。分别设置按钮的“弹起”、“指针经过”和“按下”帧。

用同样的方法制作“添加按钮”和“更新按钮”按钮元件。

返回场景 1，选择“界面布局”图层的第 1 帧，单击工具栏中的【线条工具】按钮，设置笔触颜色为浅灰色，在舞台下半部分绘制三条等长的直线。从库面板中分别将“删除按钮”、“添加按钮”和“更新按钮”按钮元件拖入舞台的相应位置，分别设置实例名称为“shanchu_btn”、“tianjia_btn”和“gengxin_btn”。

选择“文字说明”图层的第 1 帧，单击工具栏中的【文本工具】按钮 A，设置字体为“宋体”，字体大小为“12”，字体颜色为“蓝色”，分别输入文字“◆显示记录信息：”、“◆删除记录，请输入您要删除的记录序号：”、“◆添加记录：”和“◆更新记录：”。

设置字体颜色为“黑色”，分别输入文字“记录总条数：”、“总页数：”、“每页条数：”、“当前页：”和“记录内容”，并分别将文本框移动到相应位置，如图 10-5 所示。

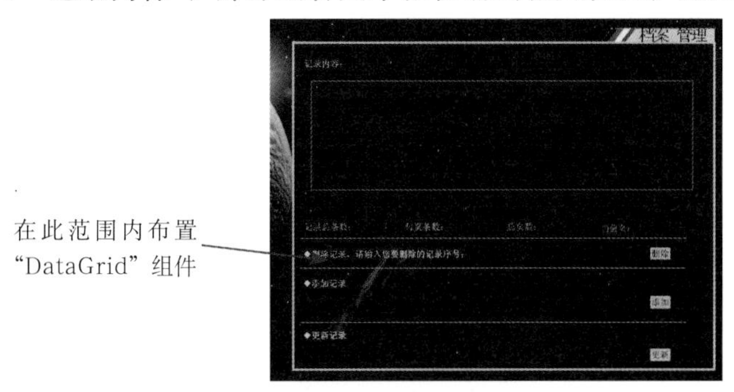

图10-5　布置静态文本和按钮

❺选择“动态文本”图层的第 1 帧，单击工具栏中的【文本工具】按钮 A，设置字体为“宋体”，字体大小为“12”，字体颜色为“黑色”，并设置“在文本周围显示边框”。

在“记录总条数”静态文本框后面绘制动态文本框，设置实例名称为“zongtiaoshu_txt”，用来显示数据库中的名单总数。

在“总页数”静态文本框后面绘制动态文本框，设置实例名称为“zongyeshu_txt”，用来显示数据的总页数。

在“每页条数”静态文本框后面绘制动态文本框，设置实例名称为“meiyetiaoshu_txt”，用来显示当前设置状态下的每页显示人数。

在“当前页”静态文本框后面绘制动态文本框，设置实例名称为“dangqianye_txt”，用来显示当前页的页码。

在“删除记录……”静态文本框后面绘制动态文本框，设置实例名称为“shanchuxuhao_txt”，用来输入要删除名单中的序号。

在“添加记录”静态文本框下面绘制 3 个动态文本框，从左到右依次设置实例名称为“tianjiaxingming_txt”、“tianjiayuwen_txt”和“tianjiashuxue_txt”，用来输入要添加名单的内容。分别在相应的文本框内输入文本“输入姓名”、“输入语文成绩”和“输入数学成绩”。

在“更新记录”静态文本框下面绘制动态文本框，从左到右依次设置实例名称为“gengxinxuhao_t”、“gengxinxingming_txt”、“gengxinyuwen_txt”和“gengxinshuxue_txt”，用来更新数据记录。分别在相应的文本框内输入文本“输入序号”、“输入姓名”、“输入语文成绩”和“输入数学成绩”。

提示：“输入文本”作为与用户交互的一种方式，它既可以让用户输入参数参与Flash的内部运算，也可将Flash运算后得到的参数显示给用户。需要注意的是，在作为输入的动态文本框，应该为该文本框设置一些提示性参数，用来说明该动态文本框的用途。

在“记录内容”静态文本框下面，选择【窗口】→【组件】菜单命令，打开组件面板，如图 10-6 所示，将“User Interface”中的“DataGrid”组件拖入舞台中。在属性面板中，设置实例名称为“myDataGrid”，宽和高分别为“525”和“140”，调整其位置。所有动态文本框和组件布置完后，如图 10-6 所示。

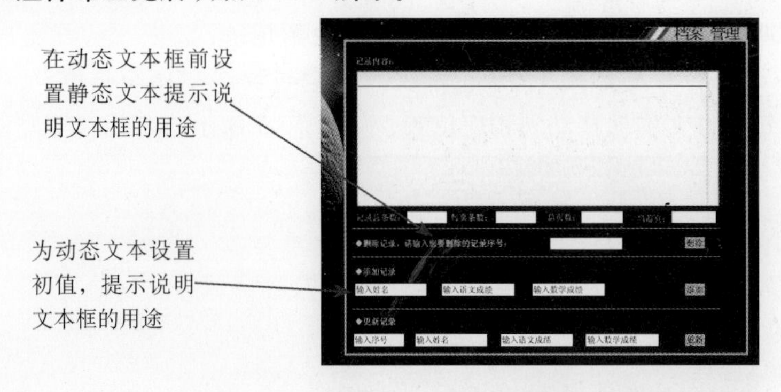

图10-6 布置动态文本和“DataGrid”组件

这里使用了“DataGrid”组件，以表格的形式来显示该页下的名单及相应的语文和数学成绩。DataGrid 组件由数据模型和显示数据的视图组成，相应的使用方法不再详细介绍，读者可以根据自己的需要设置喜欢的表格样式。

❻选择“as”图层的第 1 帧，在帧上输入如下动作脚本代码，

```
//================ 系统初始化 =================
//——————————界面初始化
// 编码
System.useCodepage = true;
//——————————变量初始化
// 声明一个 " 选项 " 变量，ASP 将根据这个变量决定当前演示的是哪项功能
// 初始化这个变量为 " 显示 "，用来显示记录
var xuanxiang = " 显示 ";
// 当前页初始为第 1 页
var dangqianye = 1;
// 每页记录数初始为 5 条
var meiyejilu = 5;
//——————————数组初始化
//——————————对象初始化
//LV 对象，从上到下依次用于 " 显示 "，" 删除 "，" 添加 " 和 " 更新 "
var xianshi_lv = new LoadVars();
var shanchu_lv = new LoadVars();
var tianjia_lv = new LoadVars();
var gengxin_lv = new LoadVars();
//================ 逻辑功能区 =================
//——————————显示功能测试
xianshi();
//——————————删除功能测试
shanchu_btn.onRelease = function() {
    shanchu();
};
//——————————添加功能测试
tianjia_btn.onRelease = function() {
    tianjia();
};
//——————————添加功能测试
gengxin_btn.onRelease = function() {
    gengxin();
};
//================ 函数模块区 =================
//——————————" 显示 " 功能
function xianshi() {
    // 将选项设置为“显示”
```

```
    xuanxiang = " 显示 ";
    //LV 对象获取 " 选项 " 内容
    xianshi_lv.xuanxiang_flash = xuanxiang;
    // 获取 " 当前页 "
    xianshi_lv.dangqianye_flash = dangqianye;
    // 获取 " 每页记录数 "
    xianshi_lv.meiyejilu_flash = meiyejilu;
    // 将以上获取的内容传递给 Flash
    xianshi_lv.sendAndLoad("aspserverscript.asp?bianliang="+random(9999), xianshi_lv,
"post");
    // 加载完成后显示一系列相关信息
    xianshi_lv.onLoad = function(chenggong) {
            if (chenggong) {
                    // 显示当前页（直接从 Flash 获得）
                    dangqianye_txt.text = dangqianye;
                    // 显示每页记录数（直接从 Flash 获得）
                    meiyetiaoshu_txt.text = meiyejilu;
                    // 显示总条数、总页数和本页的记录内容
                    zongtiaoshu_txt.text = xianshi_lv.zongtiaoshu_asp;
                    zongyeshu_txt.text = xianshi_lv.zongyeshu_asp;
                    myDataGrid.removeAll();
                    var objXml = new XML(xianshi_lv.neirong_asp);
                    objXml.ignoreWhite = true;
                    // 设置显示水平网格线
                    myDataGrid.setStyle("hGridLines","true");
                    // 设置网格列宽
                    myDataGrid.getColumnAt(0).width = 40;
                    myDataGrid.getColumnAt(1).width = 170;
                    myDataGrid.getColumnAt(2).width = 60;
                    myDataGrid.getColumnAt(3).width = 60;
                    // 在网格中显示
                    var objItem:Array  = objXml.firstChild.childNodes;
                    for (var i:Number = 0; i <objItem.length; i++){
var strID = objItem[i].childNodes[0].childNodes[0].nodeValue;
var strName = objItem[i].childNodes[1].childNodes[0].nodeValue;
var stryuwen = objItem[i].childNodes[2].childNodes[0].nodeValue;
var strshuxue = objItem[i].childNodes[3].childNodes[0].nodeValue;
var objListItem = { 序号 :strID, 姓名 :strName, 语文 :stryuwen, 数学 :strshuxue};
                    myDataGrid.addItem(objListItem);
```

```
                    }
            } else {
                    neirong_txt.htmlText = " 加载失败！ ";
            }
    };
}
//——————————" 删除 " 功能
function shanchu() {
    // 将 " 选项 " 设置为 " 删除 "
    xuanxiang = " 删除 ";
    // 将设定为 " 删除 " 的 " 选项 " 记录在用于删除的 LV 对象中
    shanchu_lv.xuanxiang_flash = xuanxiang;
    // 获得要删除的记录序号，也记录在 LV 对象中
    shanchu_lv.xuhao_flash = shanchuxuhao_txt.text;
    shanchu_lv.sendAndLoad("aspserverscript.asp?bianliang="+random(9999), shanchu_lv,
"post");
    shanchu_lv.onLoad = function() {
            // 根据 ASP 传回来的 " 成功 " 进行对应的操作
            if (shanchu_lv.chenggong_asp == " 成功 ") {
                    shanchuxuhao_txt.text = " 删除成功 ";
                    // 最后调用 " 显示 " 函数，在 "neirong_txt" 文本框中刷新内容显示
                    xianshi();
            } else {
                    shanchuxuhao_txt.text = " 删除失败 ";
            }
    };
}
//——————————" 添加 " 功能
function tianjia() {
    // 将 " 选项 " 设置为 " 添加 "
    xuanxiang = " 添加 ";
    // 将设定为 " 添加 " 的 " 选项 " 记录在用于添加的 LV 对象中
    tianjia_lv.xuanxiang_flash = xuanxiang;
    // 接收字段内容
    tianjia_lv.xingming_flash = tianjiaxingming_txt.text;
    tianjia_lv.yuwen_flash = tianjiayuwen_txt.text;
    tianjia_lv.shuxue_flash = tianjiashuxue_txt.text;
    tianjia_lv.sendAndLoad("aspserverscript.asp?bianliang="+random(9999), tianjia_lv,
"post");
```

```
    tianjia_lv.onLoad = function() {
            // 根据 ASP 传回来的 " 成功 " 进行对应的操作
            if (tianjia_lv.chenggong_asp == " 成功 ") {
                    tianjiaxingming_txt.text = " 添加成功 ";
                    // 最后调用 " 显示 " 函数，在 "neirong_txt" 文本框中刷新内容显示
                    xianshi();
            } else {
                    tianjiaxingming_txt.text = " 添加失败 ";
            }
    };
}
//——————————" 更新 " 功能
function gengxin() {
    // 将 " 选项 " 设置为 " 更新 "
    xuanxiang = " 更新 ";
    // 将设定为 " 更新 " 的 " 选项 " 记录在用于更新的 LV 对象中
    gengxin_lv.xuanxiang_flash = xuanxiang;
    // 接收字段内容
    gengxin_lv.xuhao_flash = gengxinxuhao_txt.text;
    gengxin_lv.xingming_flash = gengxinxingming_txt.text;
    gengxin_lv.yuwen_flash = gengxinyuwen_txt.text;
    gengxin_lv.shuxue_flash = gengxinshuxue_txt.text;
    gengxin_lv.sendAndLoad("aspserverscript.asp?bianliang="+random(9999), gengxin_lv,
"post");
    gengxin_lv.onLoad = function() {
            // 根据 ASP 传回来的 " 成功 " 进行对应的操作
            if (gengxin_lv.chenggong_asp == " 成功 ") {
                    gengxinxuhao_txt.text = " 更新成功 ";
                    // 最后调用 " 显示 " 函数，在 "neirong_txt" 文本框中刷新内容显示
                    xianshi();
            } else {
                    gengxinxuhao_txt.text = " 更新失败 ";
            }
    };
}
```

提示：AS中的代码不难理解，首先是“界面初始”，定义了需要传递给ASP的3个变量“选项”，“当前页”和“总页数”。另外还声明了4个用于各种功能演示的LoadVars对象，以备下面的需要。“逻辑功能区”的代码非常简单，只有一句函数调用，这正是逻

辑区的精髓，通过简洁的代码清晰地反映其逻辑功能。代码最多的是“函数模块区”，这里定义的是“显示”函数，注意它的数据流程，首先它将“选项”、“当前页”和“每页记录数”记录在LoadVars对象中，然后通过LoadVars对象的sendAndLoad方法将这些信息发送给ASP，ASP接收到信息后，根据这些信息正确地输出所需的内容，这些内容遵循“变量/值”配对规则，最后，Flash通过LoadVars对象又接收到这些返回的内容，并在接收成功后，在指定的动态文本框中显示它们。

特别的是，在“显示”功能函数模块中，通过语句“var objXml = new XML(xianshi_lv.neirong_asp);”定义XML对象，并将返回的文本数据转换为XML数据，记录在objXml中。这样，objXml通过调用XML类的方法，方便地获取ASP端返回的数据。

“shanchu”函数，这个函数中的代码。“功能逻辑区”通过“删除”按钮调用删除函数。在“xianshi”函数中的第一行添加了一句：xuanxiang="显示"，这是为了让“xianshi”函数更加独立，在“shanchu”函数中，当删除完成后，调用了“xianshi”函数，以便让大家在Flash中能及时看到删除后的结果，如果“xianshi”中没有定义“xuanxiang”，则在“shanchu”函数中调用“xianshi”函数时，“xuanxiang”的值依然为“shanchu”，这样ASP中的“xianshi”函数就无法获得正确的参数，而显示删除后的内容了。

注意：

（1）LoadVars对象在调用“sendAndLoad”方法发送变量的时候，会把LoadVars对象中储存的所有变量都发送给ASP。

（2）ASP在接收LoadVars对象传递过来的变量时，只需要在Request中使用与Flash中相同的变量名字就可以了。

（3）ASP输出的资料一定要使用“变量/值”配对的格式，因为只有输出成这种格式，Flash才能像处理TXT一样将ASP输出的资料分别记录在几个变量并保存在指定接收资料的LoadVars对象中。

（4）传递大量资料时，必须使用POST方法。

❼整个“档案管理系统”便完成了，保存文件。选择【文件】→【发布设置…】菜单命令，打开发布设置对话框。在“格式”选项卡中勾选 Flash 和 HTML，在“Flash”选项卡版本下拉菜单中选择“Flash Player 8”，在“ActionScript 版本”下拉菜单中选择“ActionScript 2.0”。其他遵循默认设置。单击【发布】按钮。

2．ASP 脚本部分

在看代码之前，请大家先思考这样一个问题，如果要删除一条记录的话，依据什么删除呢？依据“yuwen”成绩可以吗？打开的数据库表可以看到“德化”、“龚丽”和“李龙”都是 100 分，如果删除语文成绩为 100 的记录，就会同时把这三个人的记录都删除了。如果依据“姓名”进行删除，在实际应用中也会有重复，为了避免发生这种情况，一般都依据数据类型为“自动编号”的字段，因为自动编号字段是绝对不会重复的，这里的“xuhao”数据类型为自动编号。

注意：

（1）LoadVars与外部文本文件通讯的基本原理（变量/值配对）。

（2）ASP如何接收变量以及输出内容（Request和Response）。

（3）LoadVars与ASP通讯基本原理（依旧是变量/值配对原理）。

（4）ASP操作数据库的基本技巧，包括：

①如何查询并显示数据表内容。

②如何删除一条记录。

③如何添加一条新记录。

④如何更新一条记录。

⑤如何显示记录的总条数。

⑥如何分页、翻页以及显示总页数、当前页码和当前页内容。

打开记事本，在记事本中输入如下脚本代码。

```
<%@LANGUAGE="JAVASCRIPT"%>
<%

// 建立数据库链接对象
lianjie = Server.CreateObject("ADODB.Connection");
// 打开数据库
lianjie.Open("driver={Microsoft Access Driver (*.mdb)};dbq=" + Server.
MapPath("shujuku.mdb"));
// 创建“记录集”
rs = Server.CreateObject("ADODB.Recordset");
// 设置一个选项变量，根据这个选项的值来决定执行对应功能的代码，这个变量来自
Flash
var xuanxiang=Request("xuanxiang_Flash");
%>
<%
//————————根据变量“xuanxiang”决定调用对应的函数
if(xuanxiang==" 显示 "){
  // 查询显示记录演示
  xianshi();
}else if(xuanxiang==" 删除 "){
  // 删除记录演示
  shanchu();
}else if(xuanxiang==" 添加 "){
  // 添加记录演示
  tianjia();
}else if(xuanxiang==" 更新 "){
  // 更新记录演示
  gengxin();
}
%>
```

```
<%
//————————定义 " 显示 " 的功能函数
function xianshi(){
// 查询的 SQL 语句
sql="select * from shujubiao order by xuhao desc";
// 执行数据库查询
rs.Open(sql, lianjie, 3);
// 从 Flash 接收当前页码
var dangqianye=Request("dangqianye_Flash");
// 从 Flash 接收每页显示的记录条数
var meiyejilu=Request("meiyejilu_Flash");
// 声明一个变量，用来存储要输出的内容，初始为空
var shuchuneirong="";
// 设置每页显示的记录条数
rs.PageSize=meiyejilu;
// 设置当前显示的页码
rs.AbsolutePage=dangqianye;
// 获取记录总条数
var zongtiaoshu=rs.RecordCount;
// 获取总页数
var zongyeshu=rs.PageCount;
// 利用循环显示一页的所有内容，具体的页码在第二段代码的 "rs.AbsolutePage" 中指
定了
for (i=0;i<meiyejilu;i++){
 if(!rs.EOF){
 // 获取字段内容
 var xuhao=rs("xuhao");
 var xingming=rs("xingming");
 var yuwen=rs("yuwen");
 var shuxue=rs("shuxue");
 // 将要显示的内容记录在 "shuchuneirong" 中
   shuchuneirong =shuchuneirong+"<oneperson><xuhao>"+ xuhao +"</
xuhao><xingming>"+xingming+"</xingming><yuwen>"+yuwen+"</
yuwen><shuxue>"+shuxue+"</shuxue></oneperson>";
 rs.MoveNext();
 }
}
// 将查询出来的内容输出成变量 / 值配对形式
```

```
Response.Write("neirong_asp="+"<?xml version = '1.0'?><onepage>"+shuchuneirong+"</
onepage>");
// 输出总条数
Response.Write("&zongtiaoshu_asp="+zongtiaoshu);
// 输出总页数
Response.Write("&zongyeshu_asp="+zongyeshu);
}
%>

<%
//————————定义 " 删除 " 的功能函数
function shanchu(){
// 接收从 Flash 传递过来的序号 ID
var id=Request("xuhao_Flash");
// 删除的 SQL 语句
sql="delete from shujubiao where xuhao="+id;
// 声明一个变量用来存储要输出的内容，初始为空
var shuchuneirong="";
// 设置每页显示的记录条数
rs.PageSize=meiyejilu;
// 设置当前显示的页码
rs.AbsolutePage=dangqianye;
// 获取记录总条数
var zongtiaoshu=rs.RecordCount;
// 获取总页数
var zongyeshu=rs.PageCount;
// 利用循环显示一页的所有内容，具体的页码在第二段代码的 "rs.AbsolutePage" 中指
定了
for (i=0;i<meiyejilu;i++){
 if(!rs.EOF){
 // 获取字段内容
 var xuhao=rs("xuhao");
 var xingming=rs("xingming");
 var yuwen=rs("yuwen");
 var shuxue=rs("shuxue");
 // 将要显示的内容记录在 "shuchuneirong" 中
   shuchuneirong =shuchuneirong+"<oneperson><xuhao>"+ xuhao +"</
xuhao><xingming>"+xingming+"</xingming><yuwen>"+yuwen+"</
yuwen><shuxue>"+shuxue+"</shuxue></oneperson>";
```

```
  rs.MoveNext();
  }
}
// 将查询出来的内容输出成 " 变量 / 值 " 配对形式
Response.Write("neirong_asp="+"<?xml version = '1.0'?><onepage>"+shuchuneirong+"</
onepage>");
// 输出总条数
Response.Write("&zongtiaoshu_asp="+zongtiaoshu);
// 输出总页数
Response.Write("&zongyeshu_asp="+zongyeshu);
}
%>

<%
//————————定义 " 删除 " 的功能函数
function shanchu(){
// 接收从 Flash 传递过来的序号 ID
var id=Request("xuhao_Flash");
// 删除的 SQL 语句
sql="delete from shujubiao where xuhao="+id;
// 执行数据库查询
rs.Open(sql, lianjie, 3);
// 提示删除成功
Response.Write("&chenggong_asp= 成功 ");
}
%>

<%
//————————定义 " 添加 " 的功能函数
function tianjia(){
// 接收姓名字段
var tianjiaxingming=Request("xingming_Flash");
// 接收语文成绩
var tianjiayuwen=Request("yuwen_Flash");
// 接收数学成绩
var tianjiashuxue=Request("shuxue_Flash");
// 删除的 SQL 语句
    sql="insert into shujubiao (xingming, yuwen, shuxue) values ('"+tianjiaxingming+"',"+
tianjiayuwen+","+tianjiashuxue+")";
```

```
// 执行数据库查询
rs.Open(sql, lianjie, 3);
// 提示删除成功
Response.Write("&chenggong_asp= 成功 ");
}
%>


<%
//————————定义 " 更新 " 的功能函数
function gengxin(){
// 接收序号字段
var gengxinxuhao=Request("xuhao_Flash");
// 接收姓名字段
var gengxinxingming=Request("xingming_Flash");
// 接收语文成绩
var gengxinyuwen=Request("yuwen_Flash");
// 接收数学成绩
var gengxinshuxue=Request("shuxue_Flash");
// 删除的 SQL 语句
sql="update shujubiao set xingming="+"'"+gengxinxingming+"',yuwen="+gengxinyuwen+
",shuxue="+gengxinshuxue+" where xuhao="+gengxinxuhao;
// 执行数据库查询
rs.Open(sql, lianjie, 3);
// 提示删除成功
Response.Write("&chenggong_asp= 成功 ");
}
%>
```

另存为 aspserverscript.asp 文件。关闭记事本。

注意：文件的后缀是 .asp，不要是 .txt。

一些简单的 ASP 脚本常识就不再介绍了，这里主要介绍一下功能的实现。代码一共有 4 段：第 1 段声明使用 JS 脚本；第 2 段主要是一些初始化，最后一句比较重要，变量“xuanxiang”将决定下面调用哪个函数以执行对应的功能；第 3 段是逻辑功能区，根据变量“xuanxiang”决定调用哪个函数；第 4 段是定义的“显示”函数，用来显示页码、记录条数和记录内容，而且最后还以“变量 / 值”配对的形式输出它们，以便于返回 Flash。需要提示的是，这段代码中最开始“每页记录数”和“当前页”是从 Flash 传递过来的；最后一段代码用来关闭记录集对象和数据库连接。在后台代码中，最重要的是，要明白哪些变量是要从 Flash 传递过来的，哪些又是需要返回 Flash 的。

小技巧

为了避免混淆，一般把从Flash传递给ASP的变量后加“_Flash”后缀，而从ASP返回Flash的变量后则加“_asp”后缀。

注意：“rs”是“Recordset”对象的一个实例，从数据库里查询出来的数据都会储存在这个实例中，之所以这么做，是因为“Recordset”对象有很多属性和方法方便使用，比如这里的“PageSize”和“AbsolutePage”。

可以修改一下“dangqianye”，只要“当前页”小于等于“总页数”，就能正确地显示本页的内容。其实，现在很多 Flash 留言本中的分页就是用的这一原理，只不过到时候留言本中的分页不可能像现在这样手动修改“AbsolutePage”的值，而需要从 Flash 传递页码值，然后在 ASP 中接收并赋值给“AbsolutePage”。

特别的，在定义“显示”的功能函数中，在给变量“shuchuneirong”赋值时，为标准的 XML 数据格式。因为传递给 Flash 的内容要以表格的形式显示出来，而 Flash 有强大的 XML 类的支持，可方便地提取所需要的内容。当然也可以通过函数循环一个一个地将数据传给 Flash，但是不建议大家这样使用。

注意：

（1）建议每个功能函数里都重新声明连接对象和recordset对象，并在函数结尾关闭。

（2）在第三段的功能逻辑代码区，调用“shanchu”函数。

（3）“xianshi”函数中的SQL语句最后一段“order by xuhao desc”，表示让记录按xuhao字段倒序排列。这是为了以后“添加”功能服务的，它可以让最新添加的记录显示在最上边，便于观察。

3．数据库部分的制作

数据库的种类很多，大型数据库有：Oracle、Sybase、DB2 和 SQL server；小型数据库有：Access、MySQL 和 BD2 等。数据库是指长期储存在计算机内的、有组织的、可共享的数据集合。

数据库包含关系数据库、面向对象数据库及新兴的 XML 数据库等多种，目前应用最广泛的是关系数据库，若在关系数据库基础上提供部分面向对象的数据库功能，这样的数据库叫对象关系数据库。在数据库技术的早期，还曾经流行过层次数据库与网状数据库，但这两类数据库目前已经极少使用。

❶就以访问 Access 数据库为例。打开 Microsoft office Access 2000 或更高版本，选择【文件】→【新建…】菜单命令，选择【空数据库…】，新建一个名称为“shujuku.mdb”的数据库文件。

❷选择【视图】→【数据库对象】→【表】菜单命令，选择【使用设计器创建表】，设置 4 个字段，分别代表序号、姓名、语文成绩和数学成绩，相应的字段名称为 xuhao、xingming、yuwen 和 shuxue。设置“xuhao”字段的数据类型为“自动编号”，设置“xingming”字段的数据类型为“文本”，设置“yuwen”和“shuxue”字段的数据类型为“数字”。数据表中字段名称、字段数据类型和字段内容如图 10-7 所示。

关闭数据表，在提示的对话框中将新建的表存成“shujubiao”。

小技巧

在数据库中，自动编号是唯一的，永远不会重复，因此查询“序号”始终是指向唯一的一个人。“姓名”所对应字段的数据类型为“文本”，“语文成绩”和“数学成绩”所对应字段的数据类型为“数字”。

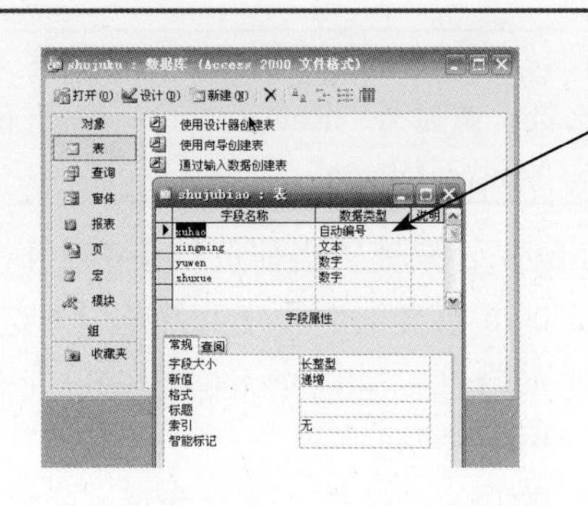

图10-7 字段数据类型

❸打开刚创建好的数据表，在数据表中输入13个人的姓名，和相应的语文成绩和数学成绩（里面内容均为虚构，仅做示范用），内容如图10-8所示。到这里数据库就建立好了，别忘了保存数据库。

将ASP脚本“aspserverscript.asp”、数据库“shujuku.mdb”、“ScoreManageSystem.html”和“ScoreManageSystem.swf ”4个文件放在同一个文件夹下，在IIS上运行这个文件夹。设置ScoreManageSystem.html为默认首页。

shujubiao : 表

xuhao	xingming	yuwen	shuxue
1	周星星	77	72
2	淑贞	90	95
3	苏其	99	78
4	德化	100	99
5	小布	34	58
6	毛毛	75	67
7	扬莹玉	87	83
8	龚丽	100	77
9	李龙	100	90
10	蒙娜	70	73
11	李杰	92	97
12	周键	85	77
13	赵小微	50	100
(自动编号)	无名氏	0	0

图10-8 数据表内容

10.3 同类索引——电子相册

Flash有着强大的XML支持，可方便地读取外部XML文件来管理文件内容，利用XML最基本的语言描述方式，加上Flash制作的动态界面，就能快速、简便地开发Flash网站。最重要是，以后再更新Flash图片时非常方便，只需修改一下XML文件即可。如果想开发一个不支持数据库空间上的Flash网站，或是说数据量太小，使用数据库显得太笨拙的话，使用XML将是最方便的方法。本例的目的是用Flash制作一个电子相册，通过XML数据交换来达到展示和管理电子相片的目的，电子相册可以用于作品展示平台，也适合图片收藏、作品等。

XML是Extensible Markup Language的缩写，即可扩展标记语言，这里不再详细介绍XML的特点。XML的节点管理非常有效，在电子相册中，不同分类的图片放置在不同的文件夹中，就像是XML的节点一样，因此制作Flash时通过XML来管理图片变得非常简单。在Flash中，XML对象成为了内建的对象，可以明显地感觉到在Flash中XML对象的性能的提升。在调用XML对象的任何方法之前，必须使用new XML()构造函数来建立XML对象的实体。在Flash中，使用XML接口获取外部数据是最有效的方法之一，通常还有

WebSerivce 接口和 LoadVars 方法。通过本例的学习，可以学习 Flash 通过 XML 实现与网络资源交互。

实例效果如图 10-9 所示。

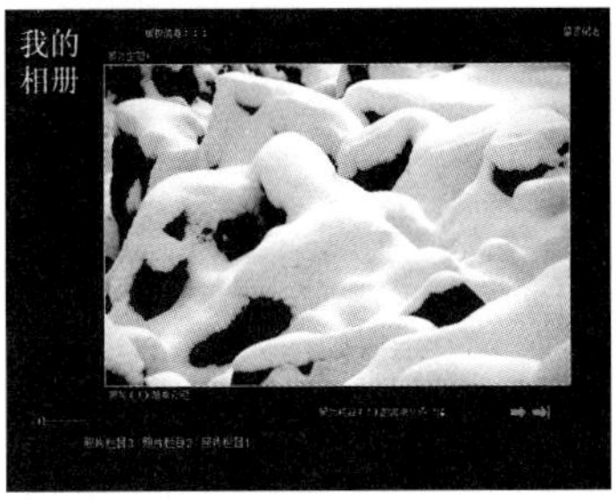

图10-9　影片测试效果

● **制作步骤**

新建一个 Flash 文档，命名为“电子相册 .fla”。

❶背景和像框的制作

制作电子相册的背景，如图 10-10 所示，详细的制作方法这里就不做介绍了。

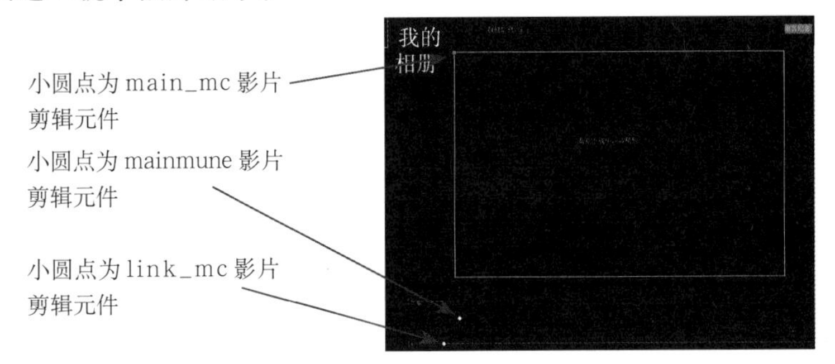

图10－10　电子相册的背景

编辑好的图层面板如图 10-11 所示。

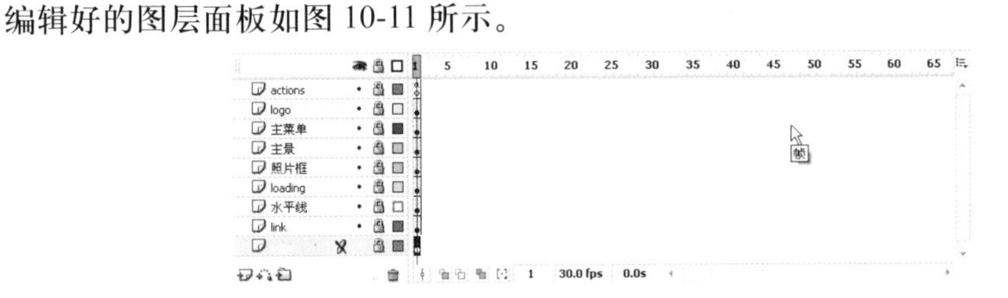

图10-11　图层编辑面板

制作如图 10-12 所示的各个元件。

图10-12　元件库

❷主要元件的制作

1．新建一个影片剪辑元件，命名为“main”，分别将第 1 帧到第 5 帧这 5 帧转换为空白关键帧。在第 2 帧上添加如下代码。

```
file_arr = new Array();
file_xml = new XML();
system.useCodepage = true;
file_xml.ignoreWhite = true;
file_xml.onLoad = function(success) {
    if (success) {
            var mu_xml = file_xml.firstChild.firstChild;
            while (mu_xml != null) {
                    file_arr.push(getTrackData(mu_xml));
                    mu_xml = mu_xml.nextSibling;
            }
            file_arr.reverse();
            //数组内的数据需要翻转
            _root.selectsub = file_arr[0].FieldURL;
            _global.subname = file_arr[0].Description;
            _root.main_mc.gotoAndPlay(2);
            nextFrame();
    } else {
            gotoAndPlay(1);
    }
};
function getTrackData(mu_xml) {
    var muData = new Object();
    var mudata_xml = new XML();
    mudata_xml = mu_xml.firstChild;
    while (mudata_xml != null) {
            muData[mudata_xml.nodeName] = mudata_xml.firstChild.nodeValue;
            mudata_xml = mudata_xml.nextSibling;
    }
    return muData;
}
file_xml.load("xml/main.xml");
stop();
```

在第 3 帧上添加如下代码。

```
s = 0;
totalfile = file_arr.length;
```

```
// 设置栏目主题按钮的位置
// 行距为 26pix，按钮间距为 76pix，每行 9 个。
while (file_arr[s].Title != null) {
    t = s+1;
    h = Math.ceil(t/9);
    l = t-(h-1)*9;
    this.attachMovie("subbtn", "subbtn"+t, 300+t);
    this["subbtn"+t]._x = 76*(l-1);
    this["subbtn"+t]._y = 26*(h-1);
    this["subbtn"+t].btn_txt.text = file_arr[s].Title;
    this["subbtn"+t].field_txt.text = file_arr[s].FieldURL;
    this["subbtn"+t].descript_txt.text = file_arr[s].Description;
    s++;
}
nextFrame();
```

在第 4 帧上添加如下代码。

```
nextFrame();
```

在第 5 帧上添加如下代码。

```
stop();
```

将“mainnune”元件拖入舞台的如图 10-10 的位置，设置实例名称为“mainnune”。用同样的方法，新建一个影片剪辑元件，命名为“mainboard”，分别将第 1 帧到第 5 帧这 5 帧转换为空白关键帧。在第 1 帧上添加如下代码。

```
stop();
```

在第 3 帧上添加如下代码。

```
picturelist_arr = new Array();
picturelist_xml = new XML();
system.useCodepage = true;
picturelist_xml.ignoreWhite = true;
picturelist_xml.onLoad = function(success) {
    if (success) {
            var pic_xml = picturelist_xml.firstChild.firstChild;
            while (pic_xml != null) {
                    picturelist_arr.push(getTrackData(pic_xml));
                    pic_xml = pic_xml.nextSibling;
            }
            nextFrame();
    } else {
            gotoAndPlay(2);
    }
```

```
};
function getTrackData(pic_xml) {
    var trackData = new Object();
    var data_xml = new XML();
    data_xml = pic_xml.firstChild;
    while (data_xml != null) {
            trackData[data_xml.nodeName] = data_xml.firstChild.nodeValue;
            data_xml = data_xml.nextSibling;
    }
    return trackData;
}
picturelist_xml.load(_root.selectsub+"/info.xml");
stop();
```

在第 4 帧上添加如下代码。

```
i = 0;
while (picturelist_arr[i].ImageURL != null) {
    j = i+1;
    this.attachMovie("img","img"+j,100+j);
    if (j == 1) {
            this["img"+j]._x = 0;
            this["img"+j]._y = 0;
    } else {
            this["img"+j]._x = 1200;
            this["img"+j]._y = 0;
    }
    this["img"+j].picbox.loadMovie(_root.selectsub+"/"+picturelist_arr[i].ImageURL);
    this["img"+j].title_txt.text = picturelist_arr[i].Title;
    this["img"+j].descript_txt.text = picturelist_arr[i].Description;
    i++;
}
_global.clearimg = function() {
    for (m=1; m<(picturelist_arr.length+1); m++) {
            removeMovieClip("img"+m);
    }
};
currentPage = 1;
first_btn._visible = back_btn._visible=next_btn._visible=last_btn._visible=0;
nextFrame();
```

在第 5 帧上添加如下代码。

```
nextFrame();
```

在第 6 帧上添加如下代码。

```
// 照片框下面显示的文字，效果为 " 照片栏目的简单介绍 + 目前显示第几张 / 本栏总照片数 "
stage_txt.text = subname+"::"+currentPage+"/"+picturelist_arr.length;
if (currentPage == 1) {
    if (picturelist_arr.length == 1) {
            next_btn._visible = last_btn._visible=0;
    }
    first_btn._visible = back_btn._visible=0;
} else if (currentPage == picturelist_arr.length) {
    next_btn._visible = last_btn._visible=0;
} else {
    first_btn._visible = back_btn._visible=next_btn._visible=last_btn._visible=1;
}
first_btn.onPress = function() {
    aaa = eval("img"+currentPage);
    aaa._visible = 0;
    currentPage = 1;
    aaa = eval("img"+currentPage);
    aaa._visible = 1;
    while (aaa._x != 0) {
            aaa._x = aaa._x-1;
    }
    gotoAndPlay(5);
    updateAfterEvent();
};
back_btn.onPress = function() {
    aaa = eval("img"+currentPage);
    aaa._visible = 0;
    currentPage--;
    aaa = eval("img"+currentPage);
    aaa._visible = 1;
    while (aaa._x != 0) {
            aaa._x = aaa._x-1;
    }
    gotoAndPlay(5);
    updateAfterEvent();
};
```

```
next_btn.onPress = function() {
    aaa = eval("img"+currentPage);
    aaa._visible = 0;
    currentPage++;
    aaa = eval("img"+currentPage);
    aaa._visible = 1;
    while (aaa._x != 0) {
            aaa._x = aaa._x-1;
    }
    gotoAndPlay(5);
    updateAfterEvent();
};
last_btn.onPress = function() {
    aaa = eval("img"+currentPage);
    aaa._visible = 0;
    currentPage = picturelist_arr.length;
    aaa = eval("img"+currentPage);
    aaa._visible = 1;
    while (aaa._x != 0) {
            aaa._x = aaa._x-1;
    }
    gotoAndPlay(5);
    updateAfterEvent();
};
stop();
```

将“mainboard”元件拖入舞台的如图 10-10 的位置，设置实例名称为“main_mc”。

> **提示**：“mainboard”影片剪辑的第3帧处，语句“piclist_xml.load(_root.selectsub+"/info.xml");”实现访问外部xml文件。定义“function getTrackData()”实现对读入的xml文件的数据处理。定义“function getLinkData()” 实现对读入的xml文件内链接的获取。

❸自动调整图片实现

在“actions”图层的第 1 帧上添加如下代码。

```
// 页面自动适应 flash 长度
_root.footer.onEnterFrame = function() {
    this.gy = _root.main._y+_root.main._height;
    this._y += (this.gy-this._y)/3;
    _root.link_mc._y = this._y+5;
    var winHeight = this.gy+this._height+10+_root.link_mc._height;
    fscommand("setwinheight", winHeight);
```

```
};
// 变量初始化
selectsub = "";
_global.subname = "";
```

❹ XML 脚本的制作

编辑 XML 的后台程序 main.xml 如下。

```
<?xml version = "1.0" ?>
<BookStuff>
<Topic>
<Title><![CDATA[ 照片栏目 1]]></Title>
<FieldURL><![CDATA[photos/images1]]></FieldURL>
<Description><![CDATA[ 照片栏目（1）的简单介绍 ]]></Description>
</Topic>
<Topic>
<Title><![CDATA[ 照片栏目 2]]></Title>
<FieldURL><![CDATA[photos/images2]]></FieldURL>
<Description><![CDATA[ 照片栏目（2）的简单介绍 ]]></Description>
</Topic>
<Topic>
<Title><![CDATA[ 照片栏目 3]]></Title>
<FieldURL><![CDATA[photos/images3]]></FieldURL>
<Description><![CDATA[ 照片栏目（3）的简单介绍 ]]></Description>
</Topic>
</BookStuff>
```

在每个照片文件夹下放置一个名称为 info.xml 的脚本文件，用来记录照片名称。编辑 info.xml 如下。

```
<?xml version = "1.0" ?>
<BookStuff>
<Topic>
<Title><![CDATA[ 照片主题 1]]></Title>
<ImageURL><![CDATA[1.jpg]]></ImageURL>
<Description><![CDATA[ 照片（1）简单介绍 ]]></Description>
</Topic>
<Topic>
<Title><![CDATA[ 照片主题 2]]></Title>
<ImageURL><![CDATA[2.jpg]]></ImageURL>
<Description><![CDATA[ 照片（2）简单介绍 ]]></Description>
</Topic>
<Topic>
```

```
<Title><![CDATA[ 照片主题 3]]></Title>
<ImageURL><![CDATA[3.jpg]]></ImageURL>
<Description><![CDATA[ 照片（3）简单介绍 ]]></Description>
</Topic>
<Topic>
<Title><![CDATA[ 照片主题 4]]></Title>
<ImageURL><![CDATA[4.jpg]]></ImageURL>
<Description><![CDATA[ 照片（4）简单介绍 ]]></Description>
</Topic>
</BookStuff>
```

到此，电子相册就制作完成了。

提示：

（1）所显示的照片最佳尺寸为600×400，即满框（图片尺寸和swf的大小已做最优化选择，适合800×600和1024×768）。

（2）每一个栏目放的照片不要太多，建议在30张以内。

（3）修改、添加栏目主题、友情链接只需修改xml文件夹里相应的xml文件就可以。

（4）编辑xml/mainmune.xml时要注意，在<FieldURL><![CDATA[xxxxxxxxxx]]></FieldURL>中，“xxxxxxxxxx”是照片所在的文件夹，要新建相应的文件夹。每个照片文件夹都有一个info.xml文件，是记录照片的信息。

范例对比

与“档案管理系统”相比，“电子相册”就没有那么复杂的数据交换过程，只是执行的 XML 中提供的图片路径信息，并将图片按照需要显示出来，XML 本身就是一种数据库。

“档案管理系统”需要许多 Flash 以外的知识，在本例中只是非常简单地介绍了一下。如果需要其他功能，读者需要查阅相关语言的文献，以便更好地实现设计所需要的功能。在“档案管理系统”中信息的传递，也用到了 XML 格式，使得在数据传回给 Flash 时使用 XML 类强大支持能力，可方便地进行数据处理。Flash 对 Web 的支持在这两个例子中都得到了很好的体现。

10.4 本章小结

通过制作“档案管理系统”的学习，了解 Flash 与 ASP 通讯的常用方法，学会 LoadVars 类是如何实现与 ASP 通讯的，理解 ASP 对数据库访问的基本方法。通过“电子相册”制作的学习，了解 Flash 处理 XML 的方法，理解 XML 类在处理与外部通信时的重要作用。Flash 8 的接口程序十分丰富，几乎可以与其他任何的服务器端语言结合，而 ASP 和 XML 作为最经典的 Web 语言，值得大家深入了解和学习。

第11章 网站制作

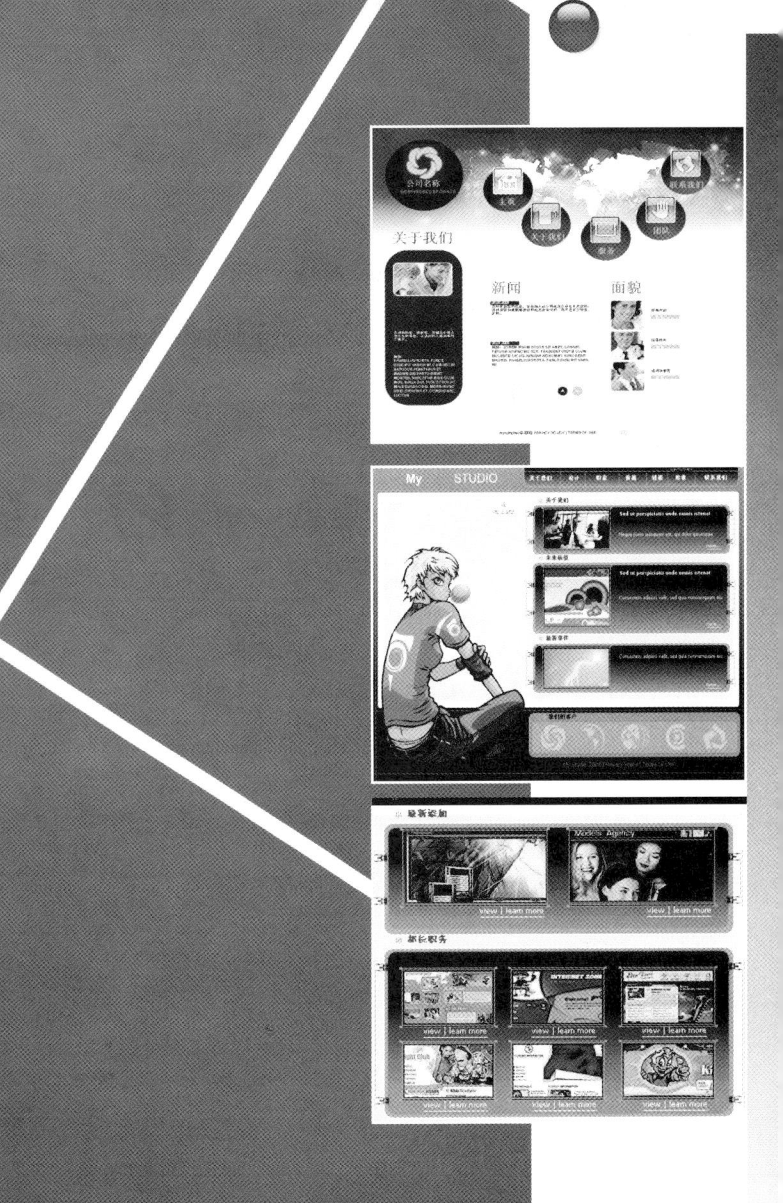

公司名称
主页
关于我们
服务
团队
联系我们
关于我们
新闻
面貌
My
STUDIO
最新添加
view | learn more

Flash是一种功能强大的网站设计工具，能制作出高水平的视觉效果，这样的网站能给客户留下深刻的印象。Flash可以制作商务网站展示公司产品，或者制作发布个人信息的个人网站，开发互动游戏网站等。很多人担忧，Flash制作的网站受整站的带宽与下载时间的限制，然而访问高视觉要求的网站往往是高要求的客户，而此类客户的终端的硬配置通常较高，带宽限制变成了一种多余的担忧。在有特殊要求时，可使用大量或全代码制作网站，来减小网站的“体积”，同样能达到理想的视觉效果。Flash网站在搜索引擎中不能获得较好的排名，是因为搜索引擎对其不友好，Flash开发公司以及搜索引擎公司都在积极采取方法改善此问题。

11.1 案例简介——企业网站

在前面的章节中学习了Flash的绘图动画以及网络编程能力，用小型Flash动画装饰简约的网页来增加网站的观赏性等。在这一章中将把Flash的这些能力全部融合起来，用Flash打造一个有视觉冲击力的商务网站。

商务网站的设计，一般需要规划网页总数、数据库类型、设计使用的程序、语言版本、欢迎页动画和留言板等。在功能上，根据客户的要求一般需要考虑在线订单、会员管理系统、新闻管理系统、信息发布系统、产品发布系统、邮件列表、关键词检索、智能检索系统、购物车系统、网上投票系统、图文管理系统、人才招聘系统、自助友情链接、聊天室、商务交流系统、OA网络办公、BBS论坛、精美计数器、访问统计系统和网站后台管理等内容。

本例的企业网站的设计有欢迎页动画、首页、“关于我们”子页面、“服务”子页面和“联系我们”子页面。网站设计有php的留言板，方便访问者留言。

完成后的动画效果，如图11-1所示。

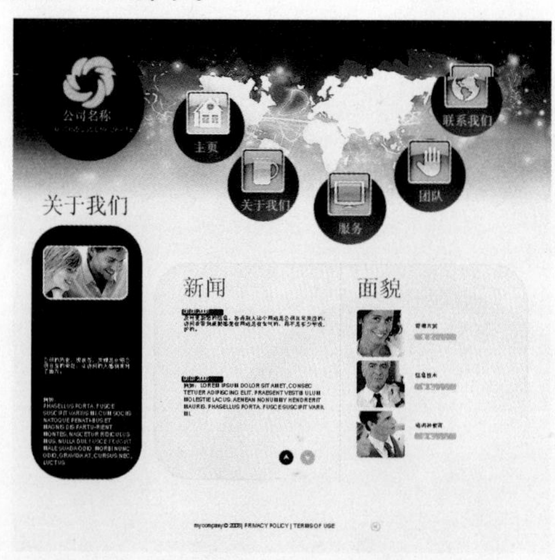

图11-1 企业网站最终效果

11.2 具体制作

新建一个Flash文档，命名为“main”。

❶设置文档属性，将元件导入到库

选择【修改】→【文档】菜单命令，打开“文档属性”对话框，将属性设置为“宽：780px，高：750px”，背景颜色为白色，播放速度为每秒 40 帧，标尺单位为像素。

打开【库】面板，选择【文件】→【导入】→【打开外部库…】命令，打开“main 元件 .Fla”文件，将准备好的外部库中的“元件”文件夹拖入到库中。关闭外部库。里面包含了制作网站需要的一些声音文件和图片。

在【时间轴】面板上，从下到上依次新建“loading”、“主画面 1”、“遮照 1”、“反光 1”、“主画面 2”、“遮照 2”、“logo1”、“logo2”、“反光 2”、“版权”、“声音控制”、“进入动画”、“页面”、“导航”、“更多”、“as”、“声音 1”和“声音 2”。其中，“遮罩 1”和“遮罩 2”分别是“主页面 1”和“主页面 2”的遮罩层。

❷ LOADING 动画的制作

新建一个影片剪辑元件，命名为“loading”，制作 loading 动画。单击工具栏中的【文本工具】按钮 A，在舞台中绘制静态文本框，输入文字“loading”。在文本框下方绘制 5 个蓝色的小方块，将小方块水平排开，并将当前帧延长至 100 帧。设计每隔下载 20%，小方块跳动并变成绿色。

新建一个影片剪辑元件，命名为“loading 跳动”，单击工具栏中的【矩形工具】按钮，在舞台中绘制一个蓝色的小方块，并将其转换为“loading1”的影片剪辑元件。将当前帧延长至 16 帧，选择第 5 帧和第 16 帧，分别转换为关键帧。并将第 5 帧处的方块放大，而将第 16 帧处的方块略微放大，在第 1 帧和第 5 帧，第 5 帧和第 16 帧之间创建补间动画。在【时间轴】面板上“图层 1”图层的上方新建两个图层，选择“图层 2”图层的第 5 帧，插入空白关键帧，打开【库】面板，将“loading1”的影片剪辑元件拖入到舞台上，与下方的方块中心对齐，并在【属性】面板中调节颜色模式为“色调”，设置颜色为黑色。选择第 16 帧，转换为关键帧，并在【属性】面板中设置颜色为绿色，并将第 5 帧处的方块缩小到很小，在第 5 帧和第 16 帧之间创建补间动画，如图 11-1 所示。在“图层 3”图层的第 16 帧上输入如下动作脚本代码。

```
stop();
```

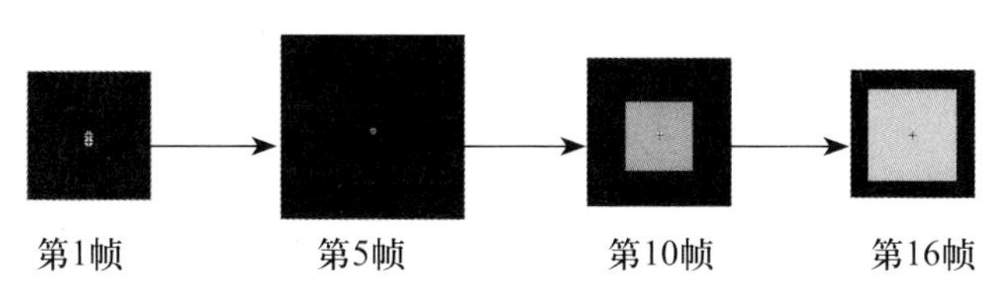

图11-2 方块的跳动

在【库】面板中打开“loading”的影片剪辑元件，在【时间轴】面板上“图层 1”图层上方新建 5 个图层。将“图层 2”图层重命名为“移动”，选择第 20 帧，插入空白关键帧。将“loading1”的影片剪辑元件拖入舞台，使得与第一个方块中心对齐，复制该帧。选择“图层 3”图层的第 40 帧，插入空白关键帧，粘贴帧。调整“loading1”的影片剪辑元件与第二个方块中心对齐。按照以上操作步骤，将剩下的图层制作完成。再新建两个图层，分别命名为“AS”和“声音”。选择“AS”图层的第 1 帧，在帧上输入如下动作脚本代码。

```
stop();
```

选择“声音”图层的第1帧，在【属性】面板中设置声音为“Beep”。

返回“场景1”，在【时间轴】面板上选择“AS”图层的第1帧，在帧上输入如下动作脚本代码。

```
stop();
```

选择“loading”图层的第1帧，打开【库】面板，将“loading1”的影片剪辑元件拖入到舞台的中间位置，在影片剪辑元件上输入如下动作脚本代码。

```
onClipEvent (load) {
    total = _root.getBytesTotal();
}
onClipEvent (enterFrame) {
    loaded = _root.getBytesLoaded();
    percent = int(loaded/total*100);
    text = percent+"%";
    this.gotoAndStop(percent);
    if (loaded == total and total>380 and a !=1) {
        a=1;
            _root.play();
    }
}
```

动画效果如图11-3所示。

图11-3 LOADING动画效果

选择第13帧，插入关键帧，在【属性】面板中调整“loading1”影片剪辑元件的“Alpha”值为0%。在第1帧和第13帧之间创建补间动画。

❸主页面弹出动画的制作

在制作主页面弹出动画之前，首先弹出logo更能让访问者加深对公司的印象。在【时间轴】面板上“logo1”图层的第5帧处，从【库】面板中将“logo动画”的影片剪辑元件拖入舞台的中上部。在第5帧和第27帧之间制作动画效果，让logo下落到舞台中部。在第27帧和第46帧之间制作动画效果，让logo稍稍弹起，并将第46帧延长至第71帧。在第72帧和第85帧之间创建动画效果，让logo变成白色后消失（背景为白色）。

伴随logo动画的播放，主页面背景也通过动画的方式铺展开来。制作一个“百叶窗”开启动画的遮罩，让主页背景像百叶窗一样展开。

首先，在【时间轴】面板上“主页面1”图层的第11帧处，从【库】面板中将“主页面背景1”的影片剪辑元件拖入舞台，和舞台顶端对齐。在第11帧和第47帧之间制作动画效果，使其淡入场景，并将第47帧延长至第71帧。在第72帧和第87帧之间创建动画效果，使其从顶端飞出舞台。

接着，制作“百叶窗”的开启动画，首先要制作单个“窗叶”的展开。绘制一个横向长条的矩形，要求长度能盖住整个画面，通过制作动画效果让其在 15 秒内展开，这样单个“窗叶”就制作完成了。接下来制作整个“百叶窗”遮罩，新建一个影片剪辑元件，命名为“遮罩”。将制作好的单个“窗叶”拖入到舞台上，复制帧，并将该帧延长到第 49 帧。在上方新建一个图层，选择第 3 帧，粘贴帧，在舞台中调整元件的位置，使其排在下面图层中元件的下方。按照以上操作方法，将背景以这些“窗叶”覆盖，如图 11-4 所示。

在【时间轴】面板上“反光 1”图层的第 40 帧处，从【库】面板中将“反光 1”的影片剪辑元件拖入舞台，调整其位置，并将该帧延长至第 73 帧。再在第 74 帧和第 84 帧之间制作淡出动画效果。

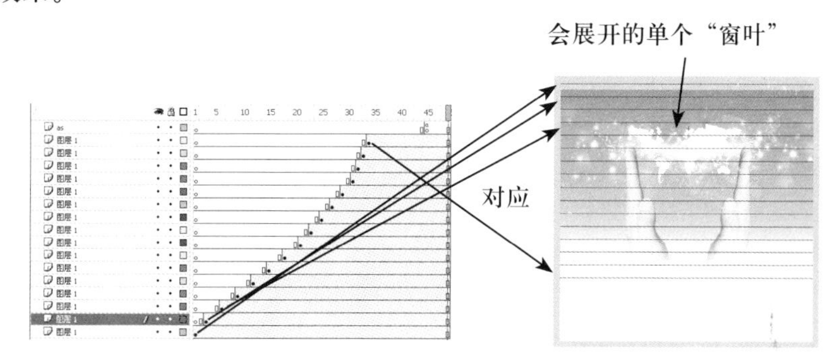

图11-4 “百叶窗”动画效果原理

在【时间轴】面板上“遮罩 1”图层的第 11 帧处，从【库】面板中将“遮罩”的影片剪辑元件拖入舞台，覆盖全部画面，并将该帧延长到第 79 帧。

使用同样的方法，在“主页面 2”和“遮罩 2”图层的第 85 帧和第 210 帧之间，制作百叶窗效果。在【时间轴】面板上的“反光 2”图层的第 146 帧处，从【库】面板中将“反光 2”的影片剪辑元件拖入舞台上，并调整其位置，将该帧延长至第 210 帧。在“logo2”图层的第 77 帧处，从【库】面板中将“logo 动画”的影片剪辑元件拖入舞台的左上角，并将该帧延长到第 210 帧。

> **提示**：此时设计动画停止在第 71 帧，并制作一个会闪动的“进入”影片剪辑元件拖入舞台。当访问者单击“进入”时才能进入网站首页。

首先让网站停在第 71 帧。在【时间轴】面板上，选择“AS”图层的第 1 帧，在帧上输入如下动作脚本代码。

```
stop();
```

在【时间轴】面板上“遮罩 1”图层的第 11 帧处，从【库】面板中将“进入”的影片剪辑元件拖入舞台中心。在第 43 帧和第 53 帧之间制作动画效果，让“进入”下落到舞台中部，并制作淡入效果，如图 11-5 所示。在第 53 帧和第 71 帧之间制作动画效果，让“进入”稍稍向上运动，选择第 71 帧处舞台中的“进入”影片剪辑元件，在元件上输入如下动作脚本代码。

```
on (release) {
_root.play();
}
```

图11-5 将“进入”元件拖入舞台

在第 71 帧和第 81 帧之间制作动画效果，向下淡出舞台。

❹导航的制作

首先制作导航按钮。设计导航按钮，当鼠标滑过的导航为当前页时，导航图标保持原动作不变，反之则鼠标滑过导航按钮时会变大且上面不时有高光打过。此时如果图标在变大的过程中鼠标滑出当前按钮，那么按钮不会再继续变大而是变回到原来大小。当鼠标按下，如果在切换页面动画时，那么按下的导航按钮将不会被响应。清楚了设计思路，制作将变得简单，一个导航按钮由背景、标题、图标、高光动画、动作脚本和声音组成。新建一个影片剪辑元件，命名为“导航按钮”，在【时间轴】面板上新建相应的图层。

为了简单起见，将所有导航按钮制作成一个元件，根据不同的要求，导航按钮被加载到场景时，通过脚本代码给导航按钮赋值，通知导航按钮显示相应的图标和标题。新建一个影片剪辑元件，命名为“导航图标组”，在第 1 帧到第 5 帧的每帧处放置一个图标，当然这些图标需要对齐，如图 11-6 所示。选择第 1 帧，在帧上输入如下动作脚本代码。

```
stop();
```

图11-6 每帧处的图标

小技巧

在不同帧上的图标需要对齐，实现起来有很多办法。最容易想到的就是打开【对齐】面板，将所有图标对齐到舞台中心。还可以通过参考线等方法实现对齐，在这里要介绍的是通过编辑多个帧的方法。在【时间轴】面板上，单击【编辑多个帧】按钮，选择第 1 帧到第 5 帧，这样所有帧上的图标就在舞台中了。选择所有图标，打开【对齐】面板，通过垂直对齐和水平对齐将图标对齐。

使用同样的方法制作“导航标题组”，如图 11-7 所示。

主页　关于我们　团队　服务　联系我们

图11-7 每帧处的标题

注意：也许有人想问，为什么不把“导航图标组”和“导航标题组”做成一个元件，其实前面已经提到，在设计的时候，图标是要变大的，而标题是不变的，因此分开制作，比较方便。

打开“导航按钮”元件进行编辑，在【时间轴】面板上“背景”图层的第 1 帧处，单击工具栏中的【椭圆工具】按钮，在舞台中绘制一个蓝色的圆作为背景，并将此帧延长至第 40 帧。选择“标题”图层的第 1 帧，从【库】面板中将“导航标题组”影片剪辑元件拖入蓝色圆圈的下方，在属性面板中，设置其实例名称为“title1”，并将该帧延长至第 40 帧。选择“图标”图层的第 1 帧,从【库】面板中将“导航图标组”影片剪辑元件拖入蓝色圆圈的上方，在【属性】面板中，设置其实例名称为“icon1”。在第 1 帧到第 20 帧之间制作动画效果，让图标变大，在第 20 帧到第 20 帧之间制作动画效果，让图标变小。这样，当鼠标滑入导航按钮后很快滑出，这时就可以通过跳转播放（_totalframes - _currentframe）帧实现镜像变小了。

选择“高光”图层，在第 7 帧和第 20 帧制作高光移动效果，在第 20 帧和第 33 帧之间制作高光淡出效果,并在上方建立一个遮罩层,限制其显示范围为图标的上方。分别选择“AS”图层的第 1 帧和第 20 帧，插入空白关键帧，分别在帧上输入如下动作脚本代码。

```
stop();
```

分别选择“AS”图层的第 1 帧和第 20 帧，插入空白关键帧，在【属性】面板中分别设置帧标签为“s1”和“s2”。选择“声音”图层的第 2 帧插入空白关键帧，在【属性】面板中设置声音为“bot”。到此，导航按钮便制作完成了。

新建一个影片剪辑元件，命名为“导航”，从【库】面板中将“导航按钮”影片剪辑元件拖入舞台。返回“场景 1”，从【库】面板中将“导航”影片剪辑元件拖入舞台，在【属性】面板中，设置其实例名称为“item1”，按 F9 键打开【动作】面板，在影片剪辑元件上输入如下动作脚本代码。

```
onClipEvent(load) {
    num=1;
    this.title1.gotoAndStop(num);
    this.icon1.gotoAndStop(num);
}
on(rollOver) {
    if(_root.link!=num) {
        this.gotoAndPlay("s1");
    }
}
on(rollOut, releaseOutside) {
    if(_root.link!=num) {
        this.gotoAndPlay(_totalframes - _currentframe);
    }
}
on(release) {
    if(_root.link!=num and _root.animation==1) {
        _root.animation=0;
        _root.link_prev=_root.link;
        _parent["item" + _root.link].gotoAndPlay("s2");
```

```
            _root.link=num;
            _root.play();
        }
}
```

双击编辑该影片剪辑元件,选择“图层 1”图层的第 12 帧、第 27 帧和第 44 帧,插入关键帧。在【时间轴】面板上,单击【编辑多个帧】按钮，选择第 1 帧到第 44 帧，舞台中 4 个关键帧处的“导航按钮”影片剪辑元件都显示在舞台中了。在第 1 帧到第 12 帧之间制作动画效果，从下方淡入到舞台上方，在第 12 帧和第 44 帧之间制作动画效果让“导航按钮”影片剪辑元件跳动一次，如图 11-8 所示。

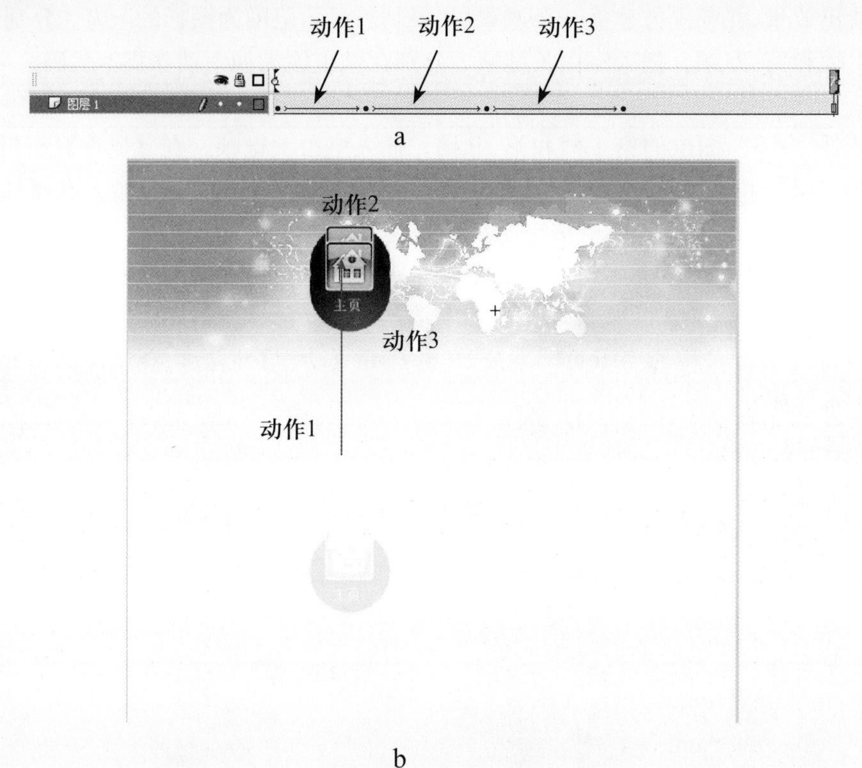

图11-8 编辑多个帧

> **小技巧**
>
> 通过上述办法编辑制作“导航”影片剪辑元件时，可以参考“场景 1”的布置。

在“图层 1”图层上方新建一个图层,从【库】面板中将“导航按钮”影片剪辑元件拖入舞台，在【属性】面板中，设置其实例名称为“item2”，在影片剪辑元件上输入如下动作脚本代码。

```
onClipEvent(load) {
    num=2;
    this.title1.gotoAndStop(num);
    this.icon1.gotoAndStop(num);
}
on(rollOver) {
    if(_root.link!=num) {
        this.gotoAndPlay("s1");
    }
}
on(rollOut, releaseOutside) {
    if(_root.link!=num) {
        this.gotoAndPlay(_totalframes - _currentframe);
    }
}
on(release) {
    if(_root.link!=num and _root.animation==1) {
        _root.animation=0;
        _root.link_prev=_root.link;
        _parent["item" + _root.link].gotoAndPlay("s2");
        _root.link=num;
        _root.play();
    }
}
```

用同样的方法，制作第二页的导航按钮进入的动画，第二页的导航按钮比第一页的导航按钮要出来得晚一些，因此所有的帧都整体滞后几帧。

小技巧

细心的读者早就会发现，其实第二页导航按钮的动画和脚本制作与第一页导航按钮的制作基本一样。两者使用的“导航按钮”元件、制作的动画、在影片剪辑上的动作脚本代码都是基本一样的，那么可不可以通过复制图层来简化制作呢？答案是可以的，但不是复制图层，而是复制帧。

当完成第一页导航按钮的淡入和跳动动画之后，在上方新建一个图层。选择已经完成的图层，在任意帧上右击复制帧，然后选择新图层的第 5 帧（第二页的导航动画比第一页的导航动画滞后 5 帧）右击粘贴帧，选择第 70 帧，按 F5 键插入帧。

此时，刚制作的舞台中的按钮的位置是重合的，还需要做一些调节。如果只是用鼠标拖动对每个关键帧中的元件来调整位置，也许在播放影片的时候动画的轨迹就不再那么精确了。在这里还有一个小技巧，那就是“编辑多个帧”。在编辑多个帧的状态下，选择第二页导航按钮图层上的所有关键帧，再在舞台中选择所有的“导航按钮”元件，同时调整位置。

每个关键帧上的“导航按钮”元件的代码和实例名称也需要做些相应的修改。

第三页、第四页和第五页的导航按钮的动画和脚本都是同样的，这里就不再介绍了。完成之后，所有图层的关键帧上的“导航按钮”元件的位置如图 11-9 所示。

新建一个图层，命名为“as”，选择第 70 帧，插入空白关键帧，在帧上输入如下动作脚本代码。

```
stop();
```

图11-9 “导航”元件的制作

返回“场景 1”，选择“导航”图层的第 108 帧，从【库】面板中将“导航”影片剪辑元件拖入舞台，在【属性】面板中，设置其实例名称为“menu”，并将该帧延长至第 210 帧。

❺首页的制作

新建一个影片剪辑元件，命名为“页面”，在【时间轴】面板上，从下到上依次新建“背景”、“高光”、“文本”和“AS”图层。

在【时间轴】面板上选择“背景”图层的第 1 帧，在舞台中绘制背景，如图 11-10 所示。

图11-10 页面背景的制作

选择“高光”图层的第 1 帧，从【库】面板中将“页面高光”影片剪辑元件拖入到页面的灰色矩形区域，制作页面中的高光效果。

选择“内容”图的第 1 帧，将文本图片等内容绘制在页面中，如图 11-11 所示。页面中的新闻内容、图标按钮以及“更多”按钮的需要制作相应的影片剪辑元件。

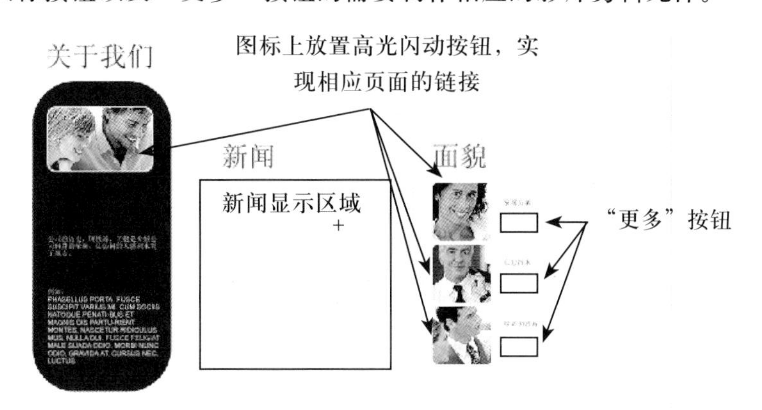

图11-11 页面内容的制作

下面简单介绍一下带高光的按钮的制作。新建一个影片剪辑元件，命名为“按钮 2”，设计一个按钮，当鼠标滑过时播放半透明光带从右侧进入按钮，当鼠标滑出按钮时光带则从右边退出。其设计思路和前面做“百叶窗”展开动画相似，不同的是前面做的是矩形由小变大的形状变化，现在做的是从右到左的运动效果。将完成的按钮放置在每个需要链接的图标的上方，并添加相应的单击响应代码实现链接。

“更多”按钮的制作不再介绍，需要注意的是它是一个通用的按钮，可以不需要在按钮上添加文本图层，而是将按钮元件拖入舞台后，在按钮上方绘制文本框，输入相应的链接名称即可。

新建一个影片剪辑元件，命名为“新闻”，在这里制作新闻的内容以及滚动按钮。在【时间轴】面板上，从下到上依次新建“显示区域”、“文本”和“按钮”图层。

提示：在 Flash 8 中，遮罩图层下的文本动画不能显示，但是通过编写脚本代码绘制的遮罩，能显示文本动画。因此，在制作时绘制一个矩形实例，用来制作编写脚本代码实现的遮罩的参考位置和大小。

如果一定要用遮罩层来遮罩文本，也是可以实现的。在绘制的文本【属性】面板中，选择【滤镜】选项卡，增加一个“模糊”滤镜，设置“模糊 X”和“模糊 Y”都为“0”，如下图所示。这样文本就能被显示出来了，只是有大量文本框的时候制作比较麻烦。

在“显示区域”图层上绘制一个矩形，其区域就是用来显示文本的区域。将其转换为“显示区域”的影片剪辑元件，在【属性】面板中设置实例名称为“mask”，“Alpha”值为 0%。

在“文本”图层上绘制文本框，输入新闻标题和内容，并将其转换为“滚动页面”的影片剪辑元件，在【属性】面板中设置实例名称为“scrolltext”。

制作两个按钮元件，名称为“向上”和“向下”，用来点击滚动页面。从【库】面板中将两个按钮元件拖入“按钮”图层的第 1 帧。在“向上”按钮上添加如下动作脚本代码。

```
on (press) {
    scrolltext._y = scrolltext._y-pageStep1;
    if (scrolltext._y>mask._y) {
        scrolltext._y = mask._y;
    }
    if (scrolltext._y<mask._y+viewHeight-contentHeight) {
        scrolltext._y = mask._y+viewHeight-contentHeight;
    }
}
```

在“向下”按钮上添加如下动作脚本代码。

```
on (press) {
    scrolltext._y = scrolltext._y-pageStep2;
    if (scrolltext._y>mask._y) {
        scrolltext._y = mask._y;
    }
    if (scrolltext._y<mask._y+viewHeight-contentHeight) {
        scrolltext._y = mask._y+viewHeight-contentHeight;
    }
}
```

制作完成的“新闻”元件如图 11-12 所示。

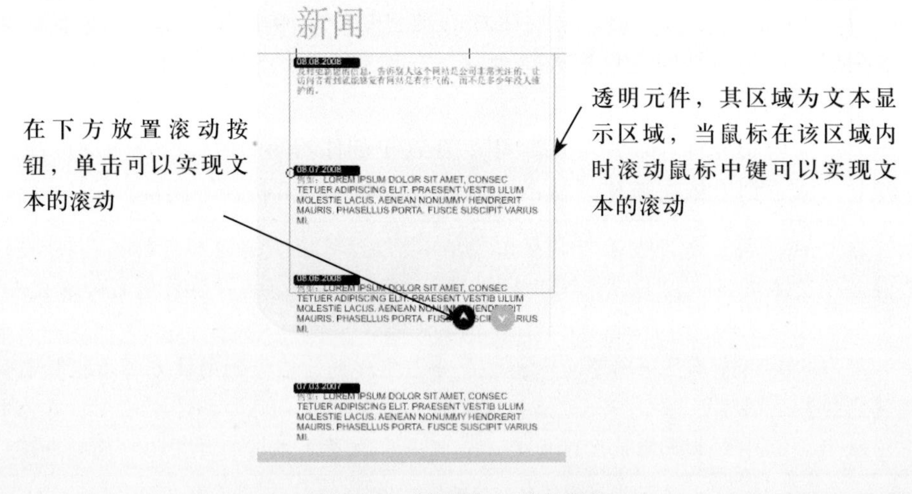

图11-12 “新闻”元件的制作

打开“页面”元件，在【时间轴】面板上选择“内容”图层的第 1 帧，从【库】面板中将“新闻”影片剪辑元件拖入舞台的相应位置。在该影片剪辑元件上输入如下动作脚本代码。

```
onClipEvent (load) {
    viewHeight = mask._height;
    heightCorect = false;
    mouseWheelHitTest = true;
```

```
    wheelStep = -2;
    pageStep1 = -20;
    pageStep2 = 20;
    contentHeight = scrolltext._height;
    up._visible = viewHeight<contentHeight ? (true) : (false);
    down._visible = viewHeight<contentHeight ? (true) : (false);
    mouseListener = new Object();
    mouseListener.onMouseWheel = function(delta) {
        if (!mouseWheelHitTest || mask.hitTest(_root._xmouse, _root._ymouse, false) ||
hitTest(_root._xmouse, _root._ymouse, false)) {
            scrolltext._y = scrolltext._y-delta*wheelStep;
        if (scrolltext._y>mask._y) {
            scrolltext._y = mask._y;
        }
        if (scrolltext._y<mask._y+viewHeight-contentHeight) {
            scrolltext._y = mask._y+viewHeight-contentHeight;
        }
    }
};
    Mouse.addListener(mouseListener);
    mask1 = scrolltext._parent.createEmptyMovieClip("mask1", scrolltext._parent.
getNextHighestDepth());
    with (mask1) {
        beginFill(255, 50);
        lineStyle(0, 16711935, 100);
        moveTo(mask._x, mask._y);
        lineTo(mask._x+mask._width, mask._y);
        lineTo(mask._x+mask._width, mask._y+viewHeight);
        lineTo(mask._x, mask._y+viewHeight);
        endFill();
    }
    scrolltext.setMask(mask1);
}
```

到此，首页的内容便制作完成了。

❻其他子页面的制作

在“页面”影片剪辑元件的第 2 帧，制作“我们是谁”页面，对应导航按钮“关于我们”，如图 11-13a 所示。在第 3 帧制作“服务”页面，对应导航按钮“服务”，如图 11-13b 所示。在第 4 帧制作“我们的团队”页面，对应导航按钮“团队”，如图 11-13c 所示。在第 5 帧制作“联系我们”页面，对应导航按钮“联系我们”，如图 11-13d 所示。

图11-13 其他页面的制作

在第 5 页的“联系我们”页中，嵌入有留言系统，可以将访问者的联系方式和需求保留下来。

选择“AS”图层的第 5 帧，插入空白关键帧，在帧上输入如下动作脚本代码。

```
rec="ice@template-help.com";
serv="php";

var fields_descriptions= Array ("",
                                   Array("t1", "your_name", " 您的名字 :"),
                                   Array("t2", "your_email", " 您的 Email:"),
                                   Array("t3", "telephone", " 手机号码 :"),
                                   Array("t4", "message", " 您的留言 ")
                              );

function reset_txt(name,name2,value) {
        path=eval(_target);
        path[name2]=value;

    this[name].onSetFocus=function() {
        path=eval(_target);
```

```
            if(path[name2]==value) { path[name2]="";}
        }

        this[name].onKillFocus=function() {
            path=eval(_target);
            if(path[name2]=="" ) { path[name2]=value;}
        }
}


for (i=1; i<=fields_descriptions.length; i++) {
        reset_txt("t"+i, fields_descriptions[i][1], fields_descriptions[i][2]);
}
```

选择“清除按钮”，在影片剪辑元件上输入如下动作脚本代码。

```
on (rollOver) {
        this.gotoAndPlay("s1");
}
on (releaseOutside, rollOut) {
        this.gotoAndPlay("s2");
}
on (release) {
        for (i=1; i<_parent.fields_descriptions.length; i++) {
                _parent.reset_txt(_parent["t"+i],
_parent.fields_descriptions[i][1], _parent.fields_descriptions[i][2]);
        }
}
```

选择“发送按钮”，在影片剪辑元件上输入如下动作脚本代码。

```
on (rollOver) {
        this.gotoAndPlay("s1");
}
on (releaseOutside, rollOut) {
        this.gotoAndPlay("s2");
}
on (release) {
        for (i=1; i<_parent.fields_descriptions.length; i++) {
                if
(_parent[_parent.fields_descriptions[i][1]]!=_parent.fields_descriptions[i][2]) {

        this[_parent.fields_descriptions[i][1]]=_parent[_parent.fields_descriptions[i] [1]]+
```

```
"&777&"+_parent.fields_descriptions[i][2];
            }
            _parent.reset_txt(_parent["t"+i], _parent.fields_descriptions[i][1], _parent.fields_
descriptions[i][2]);
}

this.recipient=_parent.rec;
delete(i);
getURL("contact."+_parent.serv, "_blank", "POST");


}
```

到这里，整个“页面”影片剪辑元件便制作完成了。

接下来需要将完成的“页面”影片剪辑元件布置在“场景 1”中，制作从左边淡入的效果，并且在单击导航按钮切换页面时从右边淡出效果，如图 11-14a 所示，设置其实例名称为“pages”，影片从①到②为页面的第一次加载，从下方淡入，从②到③为一次小跳动。此时影片停止在该位置，当单击导航按钮时，进行页面切换，首先导航按钮将变量“_root.animation”赋值为 0，将变量“_root.link”赋值为加载的页面数；然后影片从③到④从右侧淡出，在运行到⑤的时候，影片将“_root.link”指向的页面调出，并且从⑤到⑥从左侧淡入。从⑥到③做一个小的跳动，【时间轴】的时间线重新跳转并停止在前面的③处，并且将变量“_root.animation”赋值为 1，等待下一次导航按钮被按下，如图 11-14b 所示。

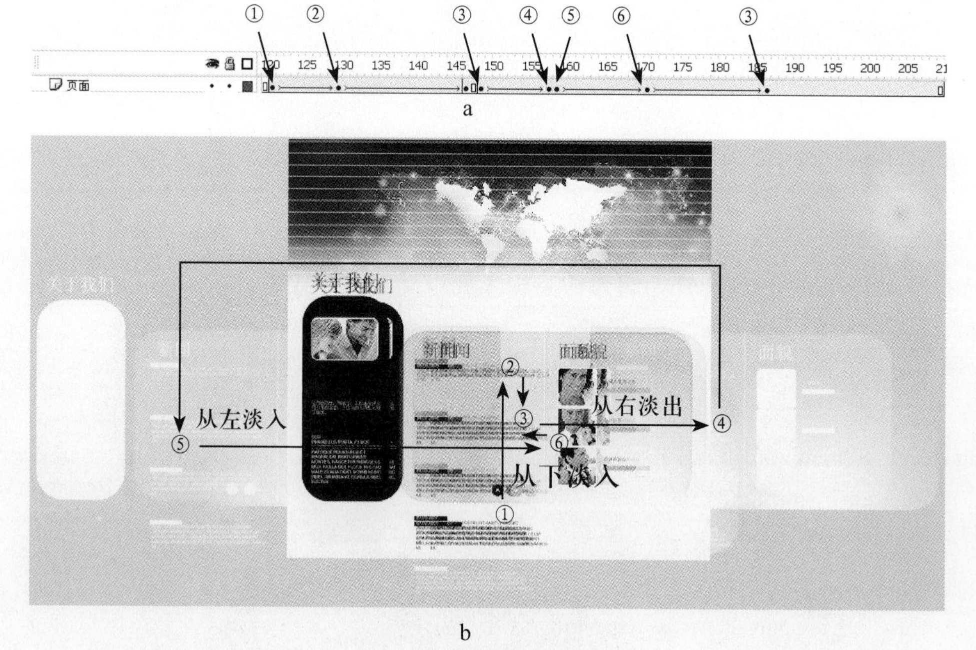

图11-14 页面切换动画

在【时间轴】面板上选择“AS”图层的第 1 帧，在帧上输入如下动作脚本代码。

```
stop();
```

在【时间轴】面板上选择“AS”图层的第 149 帧，插入空白关键帧，在【属性】面板中设置帧标签为“s1”在帧上输入如下动作脚本代码。

```
stop();
_root.animation=1;
```

在【时间轴】面板上选择“AS”图层的第 159 帧，插入空白关键帧，在帧上输入如下动作脚本代码。

```
pages.gotoAndStop(_root.link);
```

在【时间轴】面板上选择“AS”图层的第 190 帧，插入空白关键帧，在帧上输入如下动作脚本代码。

```
gotoAndStop("s1");
```

前面提到在网站中有许多页面都有“更多”按钮，其实这些按钮都是控制一个实例名称为“scroller”的影片剪辑，将其移动到舞台中设置为可见，并像“页面”影片剪辑元件一样调用被点击按钮所指向的页面。在整个网站中，只有这两个页面影片剪辑元件是内容本体，因此它是设计人员维护网站时需要理解的部分。更多影片剪辑的制作这里就不再具体介绍了，其第一页的制作如图 11-15 所示。

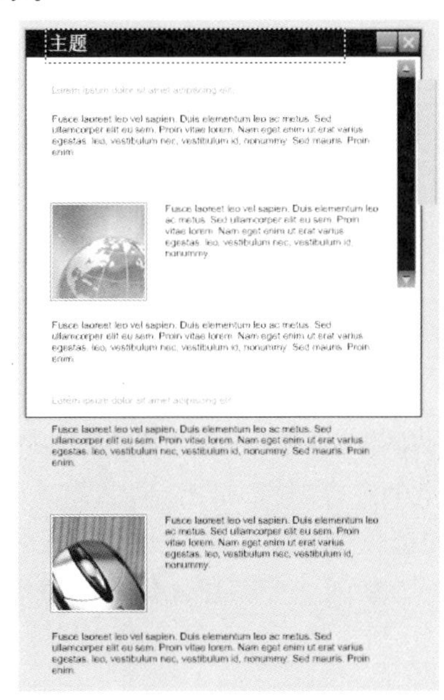

图11-15 第一页的制作

在【时间轴】面板上选择“AS”图层的第 64 帧，插入空白关键帧，在帧上输入如下动作脚本代码。

```
_root.scroller._x = 300.2
_root.scroller._y = 150.7
_root.scroller.gotoAndStop(2);
```

在【时间轴】面板上选择“AS”图层的第 150 帧，插入空白关键帧，在帧上输入如下动作脚本代码。

```
_root.scroller.gotoAndStop(2);
```

提示：通过脚本设置实例“scroller”的位置，然后将其停止在第2帧。在实例“scroller”的第2帧为空，因此通过导航进行页面切换后，该实例将被重置为不可见。

到此，网页的页面就都制作完成了。

❼声音的控制

返回“场景1”，在【时间轴】面板上，选择“声音1”图层的第4帧，在【属性】面板的“声音”下拉菜单中选择“int”，作为在播放“logo”动画时的声音。选择“声音1”图层的第72帧，在【属性】面板“声音”下拉菜单中选择“muz”，作为网页的背景音乐。

在【时间轴】面板上，分别选择“声音2”图层的第117帧和第151帧，在【属性】面板“声音”下拉菜单中选择“page_in”，作为页面切换动画时的声音。在“效果”下拉菜单中选择“自定义”，单击“编辑…”按钮，打开【编辑封套】面板，在声音末尾设置音量渐渐变小的效果。以上声音在【属性】面板中，设置同步为“事件”和“循环”。

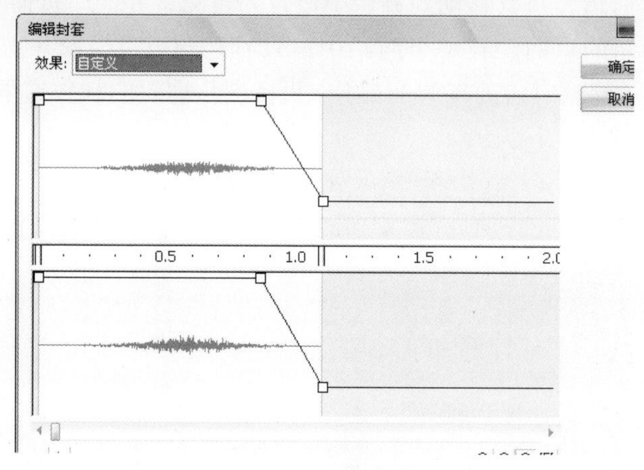

图11-16 编辑声音

也许有些访问者不喜欢网站给准备的音乐，或者不方便打开声音，此时一个声音控制的按钮就显得必不可少了。新建一个影片剪辑元件，命名为“声音控制”，在第1帧放置一个绿色的喇叭，并且在上方拖入一个按钮元件，调整大小正好盖住绘制好的喇叭。在第2帧上绘制一个灰色的喇叭，同样在上方拖入一个按钮元件并调整大小，如图11-17所示。在上方新建一个名称为“as”的图层，分别在第1帧和第2帧上输入如下动作脚本代码。

```
stop();
```

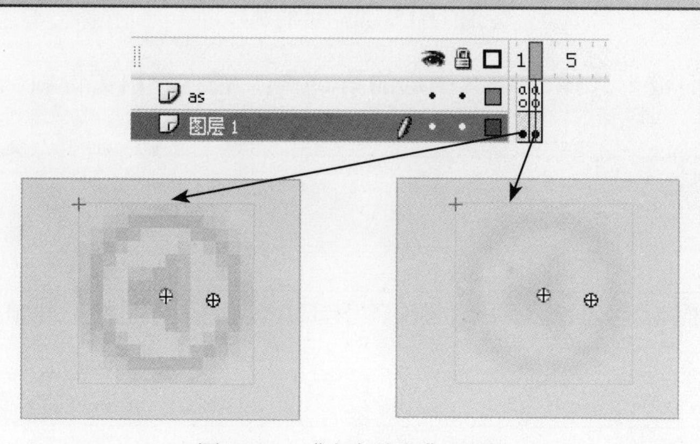

图11-17 “声音控制”元件

在第 1 帧的按钮上输入如下动作脚本代码。

```
on (release) {
	gotoAndPlay(2);
	_root.soundstatus = "off";
}
```

在第 2 帧的按钮上输入如下动作脚本代码。

```
on (release) {
	gotoAndPlay(1);
	_root.soundstatus = "on";
}
```

返回“场景 1”,在【时间轴】面板上选择“声音控制”图层的第 41 帧,从【库】面板中将“声音控制”元件拖入舞台的右下方，在影片剪辑元件上输入如下动作脚本代码：

```
onClipEvent (load) {
	_root.soundstatus = "on";
	_root.mySound = new Sound(_level0);
	_root.mySound2 = new Sound(_level1);
	_root.mySound3 = new Sound(_level2);
	_root.mySound4 = new Sound(_level3);
	_root.mySound5 = new Sound(_level4);
	maxvolume = 100;
	minvolume = 0;
}
onClipEvent (enterFrame) {
	if (_root.soundstatus == "on") {
		step = 5;
	}
	if (_root.soundstatus == "off") {
		step = -5;
	}
	maxvolume += step;
	if (maxvolume>100) {
		maxvolume = 100;
	}
	if (maxvolume<0) {
		maxvolume = 0;
	}
	_root.mySound.setVolume(maxvolume);
	_root.mySound2.setVolume(maxvolume);
	_root.mySound3.setVolume(maxvolume);
```

```
    _root.mySound4.setVolume(maxvolume);
    _root.mySound5.setVolume(maxvolume);
}
```

在第 41 帧到第 63 帧之间制作“声音控制”元件从右边淡入到场景的动画效果。这段脚本会在单击“开关”按钮后，音量渐出至没有，再次单击后，音量渐入至 100%。原理非常简单，这里不再详解。

关于“版权”图层的制作，根据设计的要求完成即可，在此也不再介绍。到此，整个企业网站便制作完成了，保存并测试影片。

11.3 同类索引——个人网络

下面将介绍个人网站的制作实例。一般为了便于管理、维护和升级，将个人网站分为多网页来制作，而且可大大减小 Flash 网站的体积，减少用户浏览时的下载时间。在网站的制作中，主页的制作是必不可少的。通过主页的链接将子页面加载到首页的不同层级，当用户加载其他子页面时可以设置当前层级页面的属性，进行透明变化、消隐或者卸载，来达到想要的过渡效果。子页面的制作最好和主页尺寸要求相互匹配，并将制作完成的子页面放置在指定的文件夹中，方便主页的加载以及日后的管理和维护。

在本例中设计在首次打开网页时，首页通过 loadMovieNum（）方法载入一个默认子页面到第二层级。当通过导航点击打开，除当前子页面以外的其他子页面时，主页将需要加载的子页面的连接以变量的形式通知当前子页面。当前子页面执行相应的加载和卸载等动作，那么被点击的子页面就按照设计的样式加载到主页中来了。

完成后的动画效果，如图 11-18 所示。

图11-18　个人网站最终效果

● 制作步骤

新建一个 Flash 文档，命名为“main”，用来作为网站的主页。

❶设置文档属性，将元件导入到库

选择【修改】→【文档】菜单命令，打开“文档属性”对话框，属性设置为“宽：770px，高：600px”，背景颜色为灰色，播放速度为每秒 30 帧，标尺单位为像素。

打开【库】面板,选择【文件】→【导入】→【打开外部库…】命令,打开“main 元件 .Fla”文件，将准备好的外部库中的“元件”文件夹拖入到库中。关闭外部库。里面包含了制作需要的一些声音文件和图片。

❷ LOADING 动画的制作

首先绘制主页的背景，在【时间轴】面板上选择“图层 1”图层，重命名为“背景”。选择第 1 帧，在舞台中绘制一个和舞台一样大小的灰黑色矩形，设置其填充色为上明下暗的过渡色，这样给人以稳重的感觉。将该关键帧延长至第 180 帧。

LOADING 动画设计风格比较简约，以一个 LOADING 图标和一个进度条组成。新建一个影片剪辑元件，命名为“loading1”，绘制 LOADING 图标，如图 11-19 所示。

图11-19　LOADING图标

返回“场景 1”,在【时间轴】面板中“背景”图层上,从下到上依次新建一个名称为“背景 1”、“背景 2”、“背景 3”、“链接”、“标题”、“声音控制”、“AS”和“声音”的图层。选择“背景 3”图层的第 1 帧，在【库】面板中将“loading1”影片剪辑元件拖入舞台中心，选择第 2 帧和第 5 帧,分别插入关键帧。选择第 6 帧,插入空白关键帧。选择第 5 帧的“loading1”影片剪辑元件，在【属性】面板中设置“Alpha”值为“－ 100%”。在第 2 帧和第 5 帧之间创建补间动画，制作 LOADING 图标快速消隐的过程。

选择“背景 3”图层的第 1 帧，单击工具栏中的【矩形工具】按钮，在进度条的放置位置绘制一个细长的黄色矩形。选择绘制好的矩形，将其转换为“loading2”的影片剪辑元件。双击“loading2”的影片剪辑元件,在【时间轴】面板中“图层 1”图层上新建一个图层，命名为“图层 2”，右键单击该图层，将其设置为遮罩层。在舞台中绘制一个比黄色矩形大的灰色矩形，覆盖黄色矩形。选择绘制好的矩形，将其转换为“loading3”的影片剪辑元件。同时选择两个图层的第 100 帧，插入关键帧。选择“图层 2”图层的第 1 帧，将“loading3”的影片剪辑元件拖动到黄色矩形的左边对齐，在第 1 帧和第 100 帧之间创建补间动画，如图 11-20 所示。

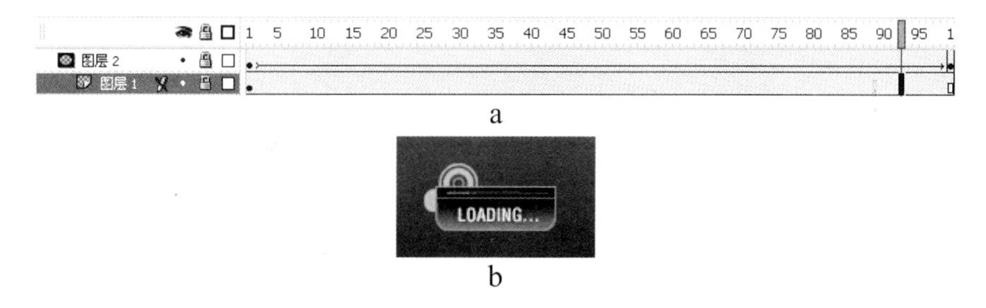

a

b

图11-20　LOADING动画效果

返回“场景 1”，在【时间轴】面板上选择“背景 3”图层的第 1 帧，在舞台中选择进度条“loading2”的影片剪辑元件，按 F9 键打开【动作】面板，在影片剪辑元件上添加如下动作脚本代码。

```
onClipEvent (load) {
    total = _root.getBytesTotal();
}
onClipEvent (enterFrame) {
    loaded = _root.getBytesLoaded();
    percent = int(loaded / total * 100);
    text = ("Loaded " + percent) + "%";
    gotoAndStop(percent);
    if (loaded == total) {
        _root.gotoAndPlay(2);
    }
}
```

到此，LOADING 动画就制作完成了。

小技巧

在此个人网站中，除了主页加载时需要 LOADING 动画，其他每个子页面加载时同样需要。而通常为了保持网站的统一风格，都会使用相同或风格相近的 LOADING 动画，因此下面的 LOADING 动画的制作将不再具体介绍。

❸背景展开动画的制作

动画加载完后，首先需要将背景以动画的形式在舞台中铺展开。网页的基本布局如图 11-21 所示。

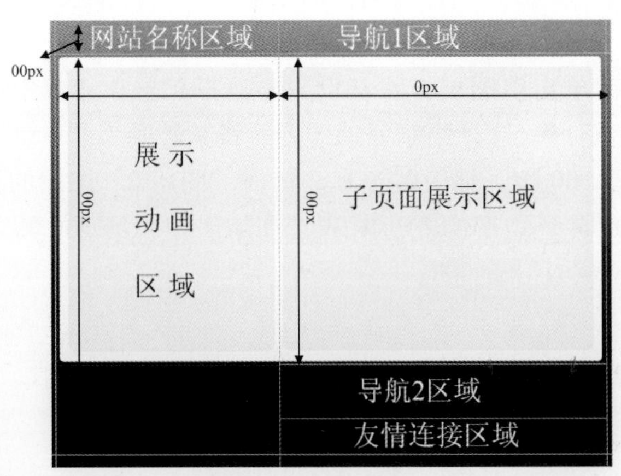

图11-21　页面规划

在【时间轴】面板上，选择“背景 1”的第 5 帧，插入空白关键帧，在舞台中心绘制同 LOADING 图标相同大小和位置的矩形，将其转换为“背景 1”的影片剪辑元件。选择第 20 帧，插入关键帧，并将该关键帧延长至第 180 帧。选择第 20 帧处舞台中的“背景 1”的影片剪辑元件，在【属性】面板中设置宽为“745”，高为“408”。在第 5 帧和第 20 帧之间创建补间动画。

在【时间轴】面板上“背景 2”图层的第 5 帧和第 15 帧之间，制作如上相同动画效果。需要注意的是，将“背景 1”的影片剪辑元件“Alpha”的值设置为“20%”。选择第 16 帧，插入空白关键帧。

接下来绘制展示动画区域内的灰色背景框的展开动画。在【时间轴】面板上，选择“背景 2”的第 25 帧，插入空白关键帧。在舞台中绘制灰色矩形，在【属性】面板中设置宽为“285”，高为“382”，X 为“23”，Y 为“62”，并将其转换为“背景 2”的影片剪辑元件。选择第 40 帧，插入关键帧，并将该关键帧延长至第 180 帧。选择第 25 帧处舞台中的“背景 2”的影片剪辑元件，单击工具栏中【任意变形工具】按钮，按住 Shift 键将其按比例缩小。在第 25 帧和第 40 帧之间创建补间动画。

使用上述同样的方法，制作子页面展示区域的灰色背景展开动画。在【时间轴】面板上“背景 3”图层的第 25 帧和 40 帧之间创建补间动画，并将第 40 帧延长至第 180 帧，如图 11-22 所示。

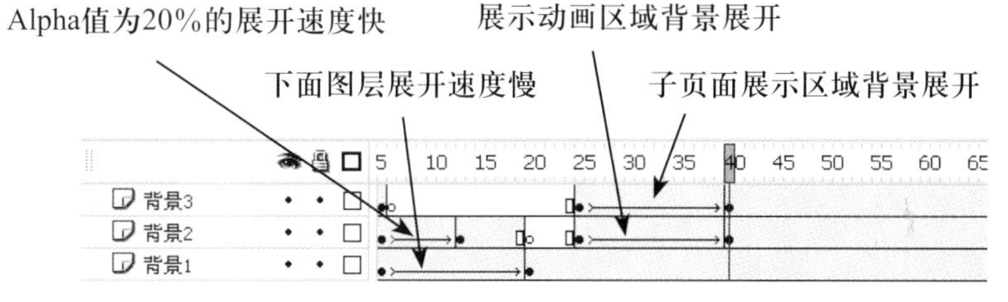

图11-22　【时间轴】面板

到此，背景展开动画制作完成了。

在【时间轴】面板上选择“AS”图层的第 1 帧，插入空白关键帧，在帧上输入如下动作脚本代码。

```
FlSysVar = "UTF-8_accept_all";
stop();
```

选择“AS”图层的第 55 帧，插入空白关键帧，在帧上输入如下动作脚本代码。

```
loadMovieNum("menu-1.swf", 2);
```

❹导航的制作

新建一个影片剪辑元件，命名为“导航 1”，用来实现网站内部子页面的导航。在【时间轴】面板上，从下到上依次新建名称为“背景”、“文本”和“按钮”的图层。

在【时间轴】面板上选择“背景”图层的第 1 帧，单击工具栏中的【矩形工具】按钮，在舞台中绘制一个宽为“445”，高为“42”的矩形，设置填充色为上黑下灰的渐变颜色。单击工具栏中的【线条工具】按钮，绘制几个方形的区域，用来分隔子页面导航按钮，如图 11-23 所示。

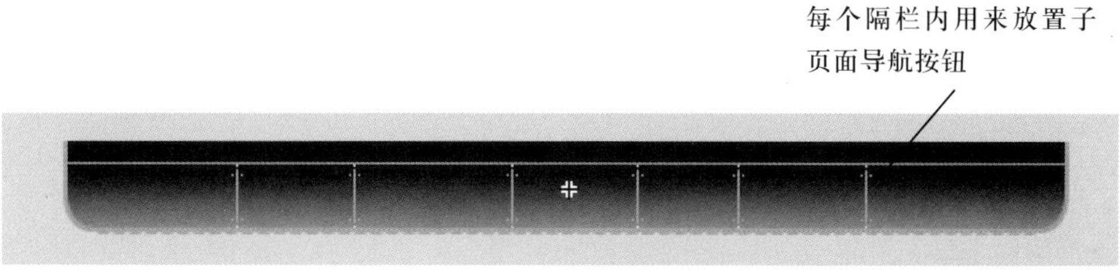

每个隔栏内用来放置子页面导航按钮

图11-23　导航背景

> **提示：**在图 11-23 中隔栏的大小是由导航按钮的长度决定的，而这里制作的导航按钮的长度又是由子页面的名称长度决定的。因此，如果不能确定每个导航隔栏的宽度，可以先制作按钮，再来制作隔栏。

在【时间轴】面板上，选择“文本”图层的第 1 帧，单击工具栏中的【文本工具】按钮 A，在舞台中绘制静态文本框，输入文字“关于我们 设计 职责 价格 链接 形象 联系我们”，并调整位置和大小，如图 11-24 所示。

图11-24 导航文本

接下来制作按钮组。在【时间轴】面板上选择“按钮”图层的第 1 帧，单击工具栏中的【矩形工具】按钮，在舞台中绘制一个矩形，鼠标使其正好盖住文本“关于我们”4 个字。将其转换为“导航 1 按钮组”的影片剪辑元件。双击鼠标编辑该影片剪辑元件，选择舞台中的矩形，将其转换为“按钮”的按钮元件。双击编辑该按钮元件，从下到上依次新建“按钮”和“声音”图层。将唯一的关键帧拖动到“按钮”图层的“点击”帧,并在“声音”图层的“指针经过”帧的【属性】面板中设置声音为“Media 5”，在“点击”帧的【属性】面板中，设置声音为“Media 6”。一个按钮便制作完成了，【时间轴】面板如图 11-25 所示。

	弹起	指针经过	按下	点击
声音				
按钮				

图11-25 【时间轴】面板

> **小技巧**
>
> 将一个绘制好的图形转换为元件，是一种方便有效的制作方法。如果在制作元件时没有严格的尺寸设计，需要参照场景的图形时，首先在场景中绘制，然后再将其转换为元件。上面就是一种元件内的元件需要参考场景的图形的制作方法，当然这个方法也不是唯一的，但是很方便。

返回“导航 1 按钮组”影片剪辑元件,在【时间轴】面板上将“图层 1”图层重命名为“按钮”。打开【库】面板，再拖入 6 个“按钮”按钮元件到舞台上，分别盖住文本“设计 职责 价格 链接 形象 联系我们”。在【属性】面板中从左到右,依次设置按钮的“实例名称”为“b1”、“b2”、“b3”、“b4”、“b5”和“b6”。

选择“b1”按钮元件，在按钮上添加如下动作脚本代码。

```
on (rollOver) {
    _root.position = this.b1._x+this.b1._width*0.5;
    gotoAndStop(2);
    play();
}
on (release) {
```

```
    if (_root.pressed_link != 1) {
        _level2.gotoAndPlay("disappear");
        _root.pressed_link = 1;
    }
}
```

选择“b2”按钮元件，在按钮上添加如下动作脚本代码。

```
on (rollOver) {
    _root.position = this.b2._x+this.b2._width*0.5;
    gotoAndStop(2);
    play();
}
on (release) {
    if (_root.pressed_link != 2) {
        _level2.gotoAndPlay("disappear");
        _root.pressed_link = 2;
    }
}
```

使用同样的方法，在按钮“b3”、“b4”、“b5”和“b6”上添加动作脚本代码。需要注意的是，要将各自的代码做必要的修改。

提示： 在上述的代码中，变量 _root.position 是用来记录鼠标滑过按钮的中心位置在宽度方向上的值，用来指导接下来制作的滑标的运动位置。当按钮被按下时，如果按下的按钮不指向当前页，那么就通过 _level2.gotoAndPlay("disappear") 语句通知子页面跳转到帧标签为“disappear”位置，并设置全局变量 _root.pressed_link 为按下按钮所指向的子页面。

新建一个影片剪辑元件，命名为“滑标”，制作一个简单的滑标，用于鼠标跟随。绘制一个简单的背景，并在其上方制作一个闪动的蓝色小圆圈，具体制作就不再详细介绍。滑标制作如图 11-26 所示。

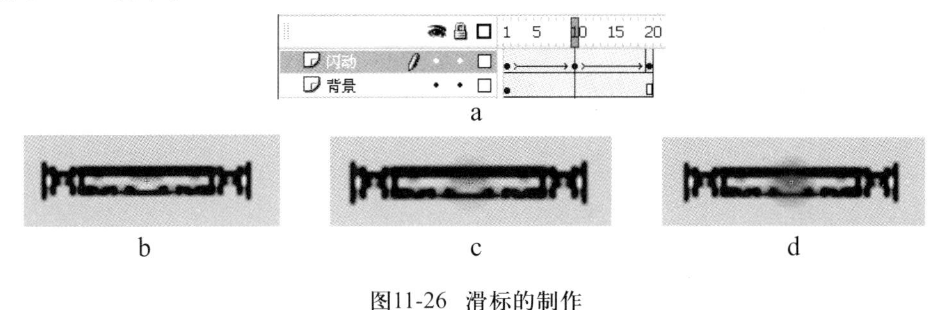

图11-26 滑标的制作

打开“导航 1 按钮组”影片剪辑元件，在【时间轴】面板上选择“滑标”图层的第 1 帧，打开【库】面板，将“滑标”影片剪辑元件拖入舞台，并调整到合适的大小，如图 11-27 所示。

调整滑标所在位置和大小

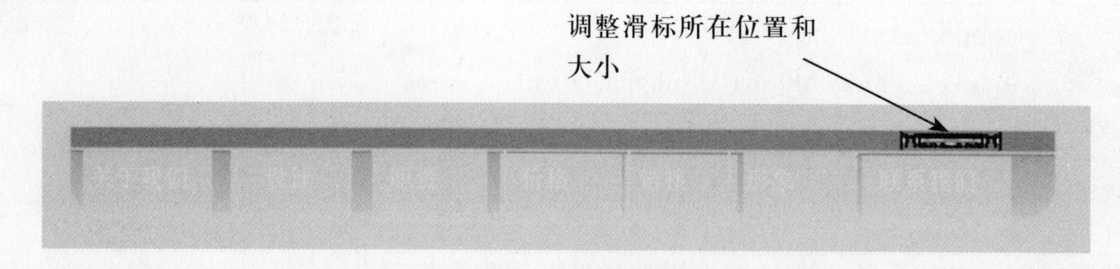

图11-27 滑标的位置

选择“滑标”影片剪辑元件，在影片剪辑元件上输入如下动作脚本代码。

```
onClipEvent (load) {
	_root.position = _parent.b1._x+this.b1._width*0.5;
	acceleration = 0.15;
}
onClipEvent (enterFrame) {
	distance = Math.abs((_root.position-_x));
	if (distance>1) {
		if (_root.position>_x) {
			_x = (_x+distance*acceleration);
		} else {
			_x = (_x-distance*acceleration);
		}
	}
}
```

提示：滑标的初始位置在按钮“b1”上面 _root.position，当鼠标滑动到其他位置时，_root.position 将被更新，并且在上面的动作脚本代码中运行调整滑标的位置。滑标的移动是有一定加速度的，其值与鼠标滑动到的按钮中心在宽度方向上的位置距离成比例关系。

到此，“导航 1”影片剪辑元件便制作完成了。

“导航 2”影片剪辑元件的制作相对比较简单，在网页中是用来链接“我们的客户”的信息。制作不同的按钮，使得鼠标滑过按钮时有所变化即可，在此不再详细介绍。“导航 2”影片剪辑如图 11-28 所示。

图11- 28 “导航2”影片剪辑元件

返回“场景 1”，在【时间轴】面板上“链接”图层的上方，从下到上依次新建“导航 1”和“导航 2”图层。选择“导航 1”图层的第 25 帧，插入空白关键帧。打开【库】面板，将“导航 1”影片剪辑元件拖到舞台外的右上角，如图 11-29b 所示。选择第 33 帧，插入关键帧，

并将该帧延长至180帧。选择第33帧处舞台中的“导航1”影片剪辑元件，将其拖入到舞台内的右上角，如图11-29c所示，在第25帧和第33帧之间创建补间动画。

在【时间轴】面板上选择“导航2”图层的第30帧，插入空白关键帧。打开【库】面板，将“导航2”影片剪辑元件拖到舞台外的右下角，如图11-29d所示。选择第43帧，插入关键帧，并将该帧延长至180帧。选择第48帧处舞台中的“导航2”影片剪辑元件，将其拖入到舞台内的右下角，如图11-29e所示，在第30帧和第43帧之间创建补间动画。

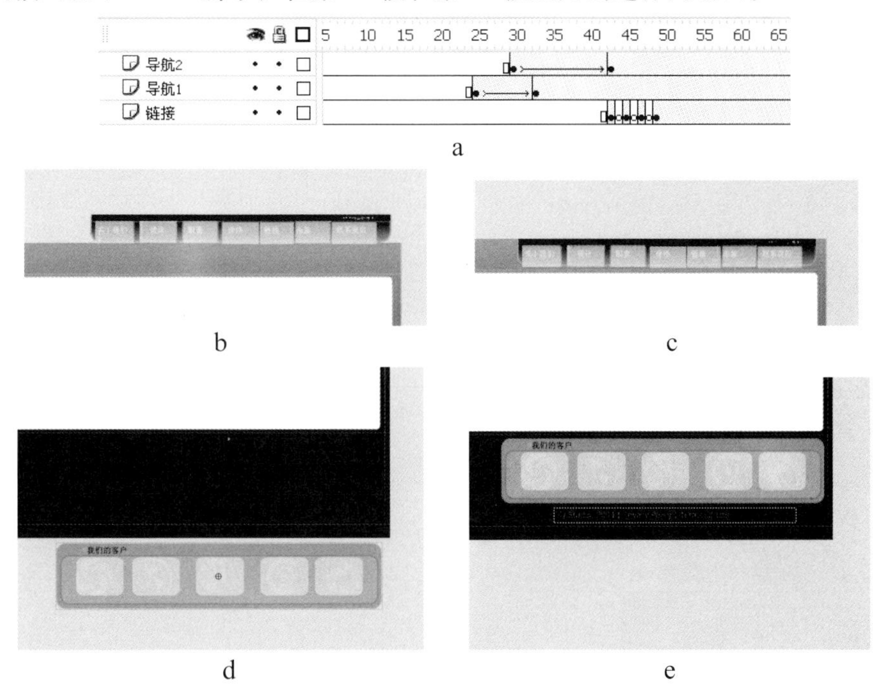

图11-29 导航的布置

在“导航2”的下方为友情链接区域，在【时间轴】面板上选择“链接”图层的第43帧，插入空白关键帧，并将该帧延长至180帧。选择第43帧，单击工具栏中的【文本工具】按钮A，在舞台中绘制静态文本框，输入文字“My Studio 2008 | Privacy Policy | Terms of Use”，并在每个链接上方布置一个相应链接的按钮元件。同时选择第44帧到第49帧，将其转换为关键帧，在第44帧、第46帧和第48帧处，清除帧。

小技巧

通过上述方法，将帧选择并转换为关键帧，然后每隔一帧进行1次“清除帧”，可以很方便地制作闪动效果。

❺动感喇叭的制作

制作3个会动的喇叭，配合音乐的节奏一张一合，非常具有动感，首先来绘制一个简单的喇叭。新建一个影片剪辑元件，命名为“喇叭1”，单击工具栏中的【椭圆工具】按钮，绘制一个白色的圆，再在内部绘制一个小的黑色同心圆，将黑色的圆圈删除，就得到了一个白色的圆环，将圆环转换为“圆圈 1”的图形元件。选择第 55 帧和第 140 帧，插入关键帧。选择第 55 帧处舞台中的圆环，单击工具栏中【任意变形工具】按钮，按住 Shift 键，将其按比例缩小，如图 11-30 所示。

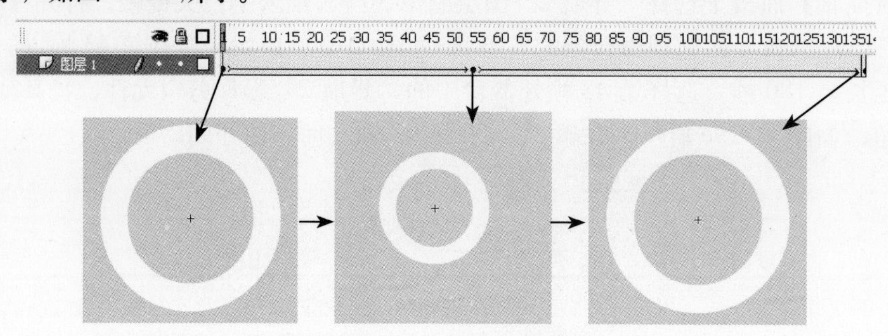

图11-30 “喇叭1”的制作

接下来绘制一个稍微复杂一点的喇叭，新建一个影片剪辑元件，命名为“喇叭 2”。在舞台中绘制一个白色的圆圈和一个白色的圆环，分别将它们转换为图形元件，具体制作不再详细介绍。【时间轴】面板如图 11-31 所示。

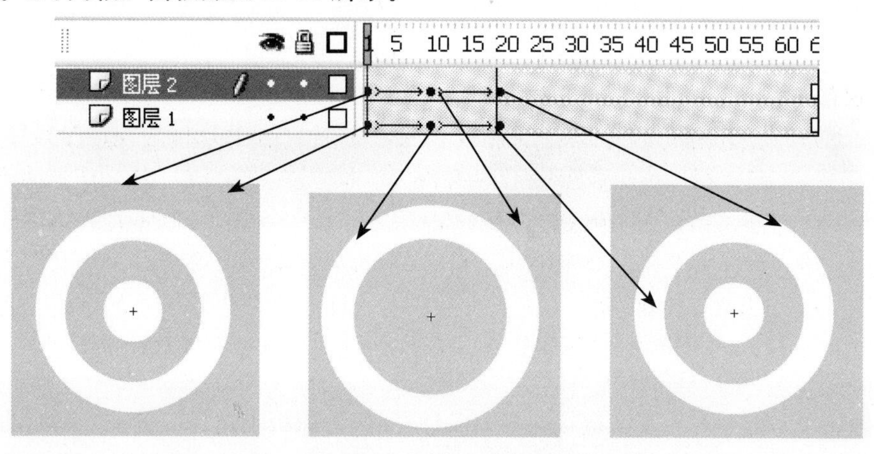

图11-31 【时间轴】面板

用上述同样的方法绘制“喇叭 3”，需要注意的是，这 3 个喇叭的张合节奏有所区别，在制作的时候需要自己对音乐有所把握。

新建一个影片剪辑元件，命名为“动感喇叭”，将这些做好的喇叭放置在一起。打开【库】面板，将“喇叭 1”、“喇叭 2”和“喇叭 3”影片剪辑元件拖入舞台，调整其大小和位置。如图 11-32 所示。

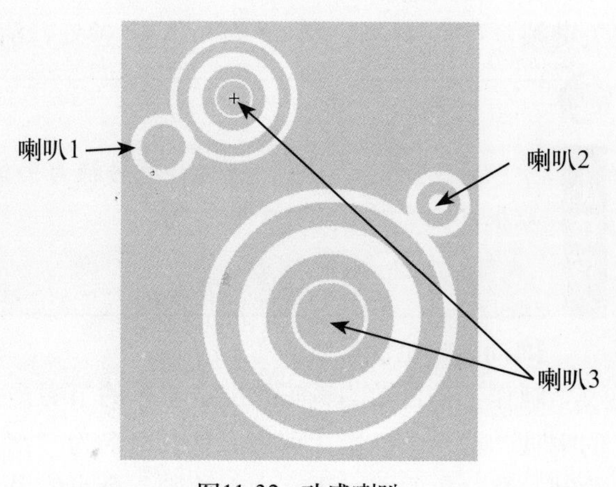

图11-32 动感喇叭

返回“场景 1”，在【时间轴】面板上“导航 2”图层的上方，新建“动感喇叭”图层。选择第 25 帧，插入空白关键帧，打开【库】

面板，将“动感喇叭”影片剪辑元件拖入舞台，将该帧延长至 180 帧，如图 11-33 所示。

图11-33 动感喇叭的布置

❻人物的制作

新建一个影片剪辑元件，命名为“人物动画”，制作一位年轻人吹泡泡糖的动画效果。本例的设计是在舞台上打开一个孔，然后一个人物慢慢上升至舞台中，最后是人物在循环吹泡泡糖的过程。

在【时间轴】面板上，从下到上依次新建“背景”、“人物”和“AS”图层，并且建立“人物”图层相应的遮罩层。选择“背景”图层的第 1 帧，单击工具栏中的【椭圆工具】按钮绘制两个椭圆。通过调整和填充渐变颜色，绘制成立体的圆孔，并将其转换为“孔”的影片剪辑元件，将帧延长至第 86 帧。选择“人物”图层的第 24 帧，插入空白关键帧，从【库】面板中将“人物”影片剪辑元件拖入舞台中，通过编辑多个帧可以参考人物大小来确定孔的动画。在【背景】图层的第 1 帧到第 22 帧之间，制作孔从小变大的动画效果，最终孔的大小只要满足人物穿过即可。选择“遮罩”图层的第 24 帧，插入空白关键帧，在舞台中绘制遮罩，让孔上方的人物为可见，并将该帧延长至第 65 帧。关闭编辑多个帧状态，选择“人物”图层的第 65 帧，插入关键帧。选择第 24 帧处“人物”影片剪辑元件，将其垂直拖动到孔的下方，并在【属性】面板的“颜色”下拉菜单中选择“高级”。单击“设置…”按钮，打开“高级效果”对话框。将所有颜色设置为 0%。在第 24 帧到第 65 帧之间创建补间动画。在“背景”图层的第 71 帧到第 85 帧，制作孔变小的动画效果，如图 11-34 所示。

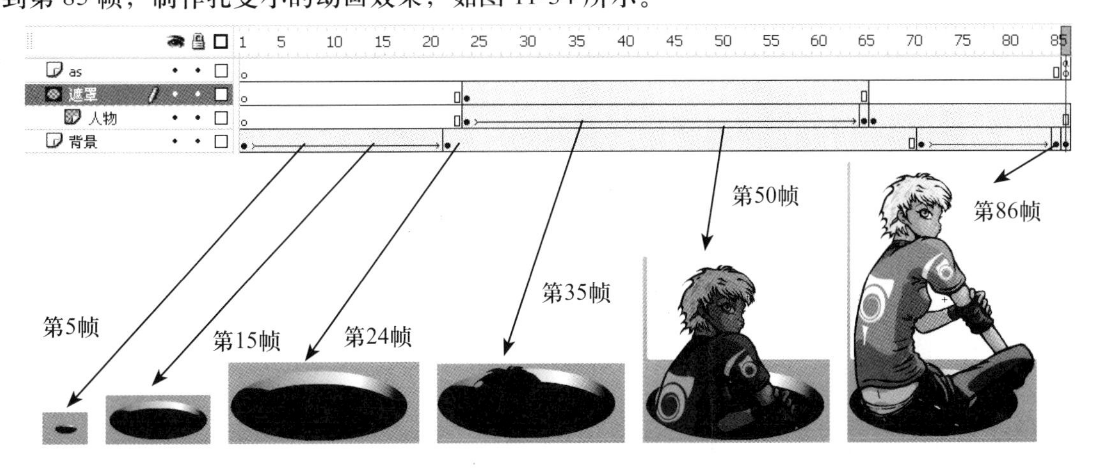

图11-34 人物动画制作

选择“AS”图层的第 86 帧，插入空白关键帧，在帧上输入如下动作脚本代码。

```
stop();
```

新建一个影片剪辑元件，命名为“泡泡动画”，制作吹泡泡糖动画效果。选择“人物动画”影片剪辑元件背景图层的第 86 帧，插入关键帧。从【库】面板中将“泡泡动画”影片剪辑元件拖入舞台，双击编辑该元件。在【时间轴】面板上，从下到上依次新建“图层 1”、“图层 2”和“声音”图层。选择“图层 1”图层的第 1 帧，绘制一个粉色的泡泡，将其转换为“泡泡”的影片剪辑元件。在第 1 帧到第 150 帧之间制作“泡泡”被吹大的动画效果，并将其延长至第 151 帧。在“图层 2”的第 150 帧到第 157 帧之间绘制逐帧动画，制作泡泡炸开的动画效果，如图 11-35 所示。

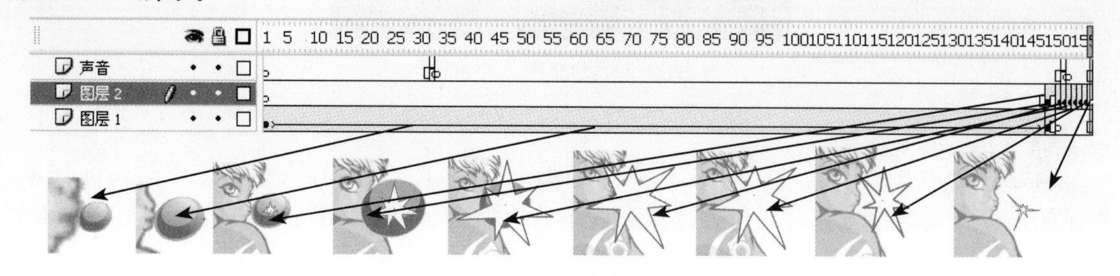

图11-35 吹泡泡动画

选择“声音”图层的第 33 帧，插入空白关键帧。在【属性】面板“声音”下拉菜单中选择“Media14”的吹泡泡声。选择第 153 帧，插入空白关键帧，在【属性】面板“声音”下拉菜单中选择“Media15”的泡泡炸裂声。

返回“场景 1”，在【时间轴】面板上“动感喇叭”图层的上方，新建“人物”图层。选择“人物”图层的第 40 帧，插入空白关键帧，从【库】面板中将“人物动画”影片剪辑元件拖入舞台展示动画区域，并将其延长至第 180 帧。

❼声音控制和标题动画

如果没有声音，Flash 网站本身就缺少了一些元素，声音在这里起到了画龙点睛的作用，有了声音，网站就充满了动感和活力。标题动画制作比较简单，在此不再介绍。

在【时间轴】面板上分别选择“声音”图层的第 3 帧、第 4 帧、第 31 帧、第 32 帧、第 47 帧、第 48 帧、第 56 帧和第 57 帧，插入空白关键帧。选择第 3 帧，在【属性】面板的“声音”下拉菜单中选择“Media3”；选择第 31 帧，在【属性】面板的“声音”下拉菜单中选择“Media12”；选择第 47 帧，在【属性】面板的“声音”下拉菜单中选择“Media17”；选择第 56 帧，在【属性】面板的“声音”下拉菜单中选择“Media19”。

在【时间轴】面板上“声音控制”图层的第 44 帧到第 52 帧之间，制作声音控制面板进入动画效果。选择第 53 帧，在声音控制面板喇叭上方放置一个影片剪辑，该影片剪辑有第 1 帧和第 2 帧两个帧，分别对应声音开和声音关两个图形，设置其实例名称为“on/off”，并将该帧延长至第 180 帧。在声音控制面板相应位置放置两个按钮，分别对应“on/off”开关，在“on”上方的按钮上添加如下动作脚本代码。

```
on (release) {
    if (_root.sto == 1) {
        Soun.setVolume(100);
```

```
            _root.sto = 0;
            tellTarget ("_root.onoff") {
                gotoAndStop(1);
            }
        } else {
            Soun.setVolume(0);
            _root.sto = 1;
            tellTarget ("_root.onoff") {
                gotoAndStop(5);
            }
        }
}
```

在“off ”上方的按钮上添加如下动作脚本代码。

```
on (release) {
        if (_root.sto == 1) {
            Soun.setVolume(100);
            _root.sto = 0;
            tellTarget ("_root.onoff") {
                gotoAndStop(1);
            }
        } else {
            Soun.setVolume(0);
            _root.sto = 1;
            tellTarget ("_root.onoff") {
                gotoAndStop(5);
            }
        }
}
```

选择“AS”图层的第 2 帧，插入空白关键帧，在帧上输入如下动作脚本代码。

```
soun = new Sound();
```

❽子页面的制作

要说主页是一棵花蕊，那么这些子页面肯定就是漂亮花蕊上的花瓣了；要说网站的展示形式是躯体，网站的内容肯定就是灵魂了。在子页面里面根据展示内容的要求可以适当灵活地调整布局，这样子页面也就不是一成不变的。

由于篇幅的限制，在此仅详细介绍“关于我们”子页面的制作。

新建一个 Flash 文档，命名为“menu-1”，制作“关于我们”子页面。该页面也是当首页使用 loadMovieNum 调用该页面时，需要载入的 SWF 文件。将文档属性设置成同主页面一样，并且按照页面规划拉入参考线，在页面展示区域内制作子页面。根据设计内容确定页面的布局，在本例中，该页面设计有“关于我们”、“展望未来”和“最新事件”这 3 部分内容，在此将简单介绍一下设计思路和制作过程。首先在页面动画开始播放前，需要一个 Loading 动画；然后 3 部分内容的背景框从上到下依次展开；接着主题图片从上到下依次进入舞台；再接着文本淡入到舞台；最后标题的闪现。听起来似乎很麻烦，其实比起前面的主页面的制作要简单许多。

在【时间轴】面板中“背景”图层上，从下到上依次新建名称分别为“loading”、“背景 1”、“背景 2”、“背景 3”、“图片 1”、“图片 2”、“图片 3”、“文本”、“标题 1”、“标题 2”、“标题 3”和“AS”的图层。

前面动画的制作已经非常详细，在此不再详细介绍，在第 1 帧到第 6 帧之间制作 Loading 动画淡出效果。

在“背景 1”图层的第 5 帧到第 14 帧之间，制作第一个背景框展开的动画效果；在“背景 2”图层的第 10 帧到第 19 帧之间，制作第 2 个背景框展开的动画效果；在“背景 3”图层的第 15 帧到第 24 帧之间，制作第 3 个背景框展开的动画效果。如图 11-36 所示。将这 3 个图层分别延长至第 136 帧。

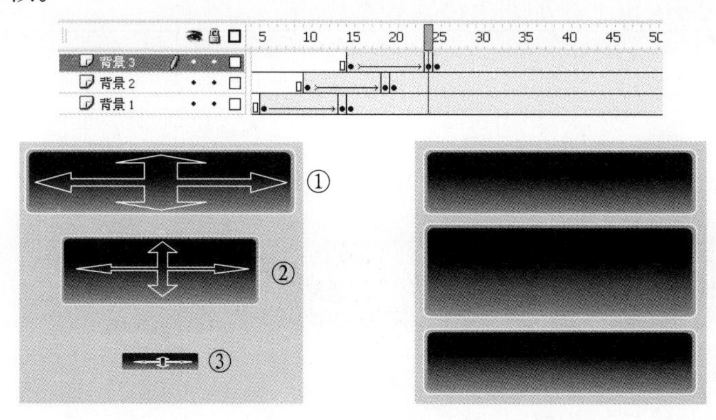

图11-36 背景展开

在“图片 1”图层的第 30 帧到第 39 帧之间，制作第 1 个图片进入的动画效果；在“图片 2”图层的第 39 帧到第 48 帧之间，制作第 2 个图片进入的动画效果；在“图片 3”图层的第 48 帧到第 57 帧之间，制作第 3 个图片进入的动画效果。再分别在图层上方新建遮罩层，绘制遮罩区域，并将这 6 个图层分别延长至第 136 帧，如图 11-37 所示。

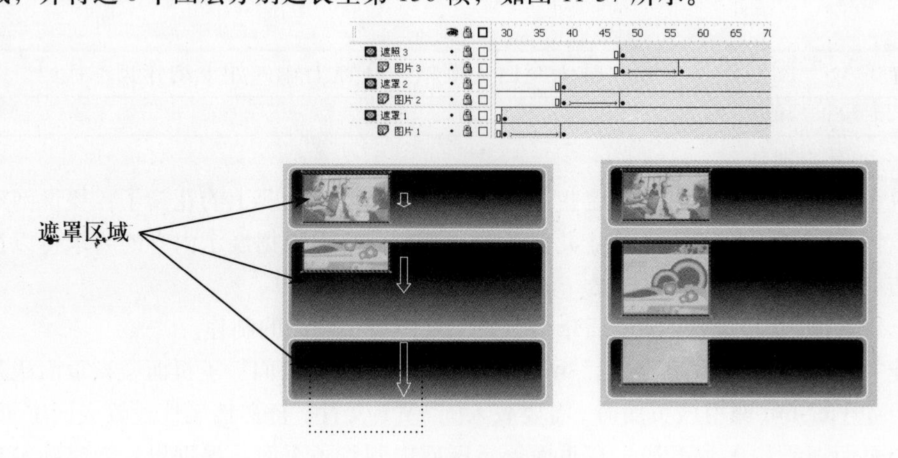

图11-37 主题图片进入动画

在“文本”图层的第 57 帧到第 65 帧之间制作文本的淡入动画效果，并将这个图层延长至第 136 帧。

在“标题 1”图层的第 65 帧到第 71 帧之间制作标题闪动动画效果，第 71 帧到第 74 帧之间制作标题淡入动画效果，并将该帧延长至第 136 帧。“标题 1”和“标题 2”图层制作方法同上，如图 11-38 所示。

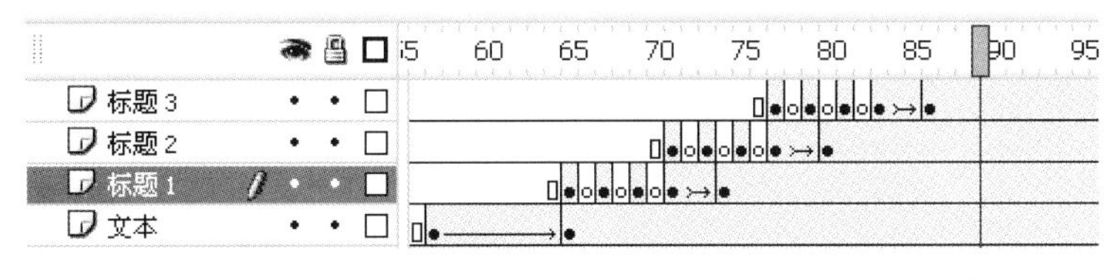

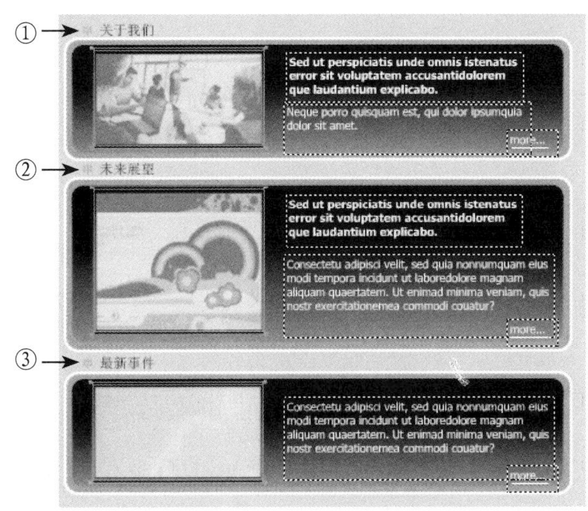

图11-38　标题动画制作

分别选择“声音”图层的第 6 帧和第 7 帧，插入空白关键帧。选择第 6 帧，在【属性】面板“声音”下拉菜单中选择“Media3”，作为页面打开时的音乐。

选择“AS”图层的第 135 帧，插入空白关键帧，在帧上输入如下动作脚本代码。

```
stop();
```

选择“AS”图层的第 146 帧，插入空白关键帧，在【属性】面板中设置“帧标签”为“disappear”，在帧上输入如下动作脚本代码。

```
load_link = ("menu-" + _level0.pressed_link) + ".swf";
loadMovieNum(load_link, 2);
stop();
```

到此，“关于我们”的子页面就制作完成了。其他子页面的制作将不再详细介绍，每个页面完成后的效果如图 11-39 所示。

图11-39 其他页面的制作

按照导航顺序，将每个子页面发布后的SWF页面分别对应命名为“meun-2.swf”、“meun-3.swf”、“meun-4.swf”、“meun-5.swf”和“meun-6.swf”，并且将这些子页面和主页面放置在同一个文件夹内。现在打开主页面测试一下网页的展示效果吧。

范例对比

与例子“企业网站”相比，本例的最大特点是，采用加载外部页面到场景的方法实现导航。很明显的一个优势就是页面载入的时间会大大缩短，并且可以不载入没有被点击的页面，这种方法在制作图片和声音元素比较多的网站时非常适用。但是，与“企业网站”相比，它的页面之间的切换会受到加载时间的影响，不如“企业网站”页面切换快速，在设计要求页面之间不容许打断的时候，需要重新考虑实现方法。

11.4 本章小结

Flash在展示企业产品和企业辉煌时有着不可比拟的优势，众多企业选择了Flash制作网站就充分表明了Flash在商务网站中的重要性。通过本章的学习，使读者熟悉Flash网站的制作方法，了解Flash在网站制作方面的一些基本功能。